院士谈力学

刘俊丽　刘曰武／编

科学出版社

北京

内 容 简 介

本书汇集了钱学森、周培源、郭永怀、钱伟长等力学界35位院士的55篇文章，这些文章凝聚了三代力学家对于力学的看法和讨论。按内容归纳为：关于力学学科，力学学科的若干分支与研究方向，力学教育与力学科普四大类。文章后面附有院士的照片和简介。

本书内容丰富，通俗易懂，适合高中以上文化程度的广大读者阅读，对学习力学课程的大学生也是一本很好的参考书，也可供高等院校力学、物理、工程技术等专业的师生和研究人员阅读参考。

图书在版编目（CIP）数据

院士谈力学/刘俊丽，刘曰武编. —北京：科学出版社，2015
ISBN 978-7-03-044446-2

Ⅰ. ①院… Ⅱ. ①刘… ②刘… Ⅲ. ①力学－普及读物 Ⅳ. ①O3-49

中国版本图书馆 CIP 数据核字（2015）第114395号

责任编辑：刘信力 / 责任校对：张凤琴
责任印制：赵 博 / 封面设计：黄华斌

科学出版社 出版
北京东黄城根北街16号
邮政编码：100717
http://www.sciencep.com
北京中科印刷有限公司印刷
科学出版社发行 各地新华书店经销
*
2016年9月第 一 版 开本：787×1092 1/16
2024年4月第六次印刷 印张：26 3/4
字数：619 000

定价：98.00元

（如有印装质量问题，我社负责调换）

序

《院士谈力学》即将与大家见面了，我欣然应邀为之作序。

力学是关于物质世界宏观机械运动的科学，包括诸如物体的受力、运动、流体的流动、固体的变形、断裂、损伤等研究。它既是一门基础学科，又是一门技术学科。回顾新中国成立以来的重大成就，如两弹一星、具有自主知识产权的飞机、潜艇，还有高层建筑、巨型轮船、高水平的桥梁(如跨江跨海的各种吊桥斜拉桥)、海洋平台、海港与栈桥、精密机械、机器人、高速列车等，都有力学工作者的指导与参与，包含着我国数万力学工作者的心血和贡献。

力学对于国家的建设和现代化是重要的。这本《院士谈力学》文集可以帮助广大读者，特别是进入力学领域的或打算进入力学领域的年轻朋友了解力学，使其对于力学学科的性质、研究内容和今后发展，有一个更好的认识。书中收集了力学界的若干位院士对有关问题的文章和谈话。其中，有老一代的力学家如钱学森、周培源、郭永怀、钱伟长的文章，也有力学界许多后起之秀的文章。可以说，这本书凝聚了三代力学家对于力学的看法和议论。

事物总是在不断发展的，力学学科也是在不断发展的，这些文章并不是想给出有关问题的现成答案，如果这些文章所提出的问题和发表的看法，能够引起读者关注，引起读者的兴趣，并且能够使读者进一步思考这些问题，我想这本书就起到了它应起的作用。

该书分四部分。第一部分是关于力学学科的论述；第二部分是关于力学学科若干分支和研究方向的论述；第三部分是对力学教育的论述；第四部分是对力学科普的论述与科普文章。正如钱令希等院士所说："普及是科学的力量所在，在某种意义上说，它是一切科学活动的目的和归宿。"

我们所处的时代是一个飞速发展的时代，是一个从物质到观念都迅速转变的时代，在科学和力学上，是一个呼唤杰出人物的时代。年轻朋友们，力学界展开双臂热烈欢迎你们投身力学事业，并为之作出贡献和发挥你们才能。

郑哲敏

2015年4月29日

前　言

在各方面的大力支持下,《院士谈力学》一书终于出版了。

力学作为应用性较强的基础科学,在我国的科学发展、经济建设和国防建设中发挥了不可替代的重要作用。在力学学科的发展过程中,逐渐形成了一支具有前瞻性、思想性、创造性和引领性的科学家群体,暨力学及其相关学科的院士群体。他们始终站在力学学科的发展前沿,高屋建瓴地论述力学发展中遇到的科学和应用问题,为力学学科的发展做出了历史性的贡献。

编者出于对院士群体的崇敬,并为弘扬他们的科学精神和学术思想;也出于对力学学科的热爱,对力学史方法论研究的兴趣以及对力学学科传承和发展的责任感;同时为方便读者阅读、省去检索查找之苦,便萌生了将院士谈力学的文章集结成册的想法。编者利用工作之余收集和整理相关资料,从院士们发表的大量论文和著作中,遴选出部分论及力学学科发展以及通俗易懂的文章集结为《院士谈力学》一书,以供力学及相关学科的青年科技工作者阅读参考,也欢迎社会各界力学爱好者阅读此书。

《院士谈力学》收集了包含周培源、钱学森、郭永怀、钱伟长等力学界35位院士的55篇文章。编者在收集资料、整理形成书稿的过程中,根据文章内容并结合力学学科的特点,将其归纳为"关于力学学科""力学学科的若干分支与研究方向""力学教育""力学科普"四部分。第一部分"关于力学学科"共有11篇文章,从中可以看到不同历史时期的力学发展状况,以及院士们描绘的力学和力学相关学科的发展蓝图。第二部分是"力学学科若干分支与研究方向"共有26篇文章。文章论述了建国以来我国主要力学分支学科的历史沿革、发展现状和未来前景,其中包括流体力学、固体力学、物理力学、爆炸力学、实验力学、计算力学、渗流力学、工程力学、热力学、环境力学、微尺度力学和生物力学等。第三部分"力学教育"是院士们对现代科学技术教育理念的相关论述文章,共4篇。第四部分"力学科普"共收录14篇佳作,文章深入浅出,集科学性、逻辑性和趣味性于一体,具有鲜明特色。

编者特别邀请到我国两院院士、国家最高科学技术奖获得者郑哲敏先生为本书作序,在此特别致谢!

《院士谈力学》一书的出版,得到了作者或家属的授权,感谢他们的鼎力支持!部分院士还亲自提供文章供编者采编,感谢他们!编者在编辑此书过程中,还得到北京大学武际可教授和天津大学王振东教授的热忱帮助,在此一并表示感谢!

为便于读者了解作者,书后附有院士的简介和照片。由于版面所限,删去了原文中的摘要和关键词。还需特别说明的是,扉页上院士照片是以院士出生年为序。

对于编辑中的缺点和不足之处,敬请读者批评指正。

编　者

2016年6月13日于北京中关村

目　　录

关于力学学科

力学学科的若干分支与研究方向

力学教育

力学科普

关于力学学科

谈谈对力学的认识和几个关系问题*

周培源
（北京大学）

力学的发生和发展一开始就是由生产决定的。恩格斯曾经举出了古代力学发展的背景是农业发展的某一阶段，城市和大建筑的产生，手工业的发展，航海和战争等例子。一六八六年牛顿对力学的总结，最初是从天体运动的研究开始的。当时，天文学、数学和力学是自然科学中仅有的三个成熟的伙伴。它们互相渗透，互相促进。牛顿力学的发展为大工业准备了基础，也对物理学其他分支的发展起过巨大的推动作用。海王星的发现是牛顿力学科学预见的光辉范例。牛顿力学的惊人成就，甚至影响了人们的世界观。这也可以说是物极必反的结果。但是，当人们克服了机械唯物论思想，继续前进的时候，力学并没有消失，只是采取了新的思想，取得了新的形式。甚至，经典力学本身的力量也依然在到处发挥着作用。统计力学和探索微观运动的量子力学，都是从经典力学出发的。

这里，我们首先要提到的是物质的宏观运动和微观运动的关系。力学是关于物质宏观运动规律的科学。力学的运动规律是牛顿的运动规律。依据牛顿运动规律的运动是机械运动。一直到现在，力学在工程方面的应用越发深入，在绝大部分的工程（包括建筑、水利、交通、机械、采矿、冶金、化工、石油、军事、空间工程）中，处处都需要力学。工程向力学提出了层出不穷的问题，力学也不断以新的成果，深刻地改变着工程设计的思想。近年来，力学又在认识自然方面，恢复和扩大了过去的老传统。力学工作者投身到宇宙论、天体演化、星系结构、天体爆炸、太阳风、行星磁场等研究，也投身到大气、洋流、海浪、地壳运动、地幔对流等的研究。生物力学出现了。它将为力学和农业及医学建立越来越紧密的联系。可以这样说，近代力学的发展，已深入到自然科学的许多部门。力学在物质宏观运动范围内所处理的问题，所以有这样的广泛性，起因于力学是研究自然界中最基本、最简单的运动形式，即位置移动。

从这个意义上来说，大尺度宇宙空间的天体运动，也包含位置的移动。狭义或广义相对论力学所处理的物质宏观运动问题，也是力学所处理的问题。

分子、原子的运动与结构，属于物质的微观运动。它们的规律为量子力学和量子电动力学。这些规律是从力学和电动力学的规律上分别发展出来的，但不同于力学的规律。物质的微观运动已不是单纯的位移，而具有新的形式，如从一个稳定态跃迁到另一个稳定态。基本粒子的规律还不清楚。我们有责任去揭示宏观现象和微观现象之间的联系。物理力学就是这样一个例子。

第二，基础研究和应用研究的关系。从生产实践和科学实验（观察）提出具体问题，对之研究、概括、提高、总结，成为力学的基础理论，再将这种基础理论应用到尚未研究过

* 原文刊登在《力学与实践》1979 年第 1 卷第 1 期。

的具体问题，找出它的特殊本质，借以补充、丰富和发展共同性的力学原理。这种从特殊到一般，从一般到特殊的往复循环的认识过程，是力学研究和其他一切科学研究所共有的。

自古以来，力学研究就有基础研究和应用研究两条途径。牛顿就认识到了这一点。他在《自然哲学的数学原理》序言中谈到：古人用两种方法演述力学，其一是纯理的，用论证精确地推进，其一是实用的。一切技术方面的事情都属于后者，实际上力学这个名称，就是由此得来的。

我们的革命导师马克思把力学叫做“大工业的真正科学的基础”，而另一位革命导师恩格斯则把力学叫做“最基本的自然科学”。他们从不同的侧面来说明力学的地位和作用。学习他们的教导，对我们力学界是非常有益的。我们不必重复十八世纪力学成为黄金时代的历史，以为力学可以包打天下；我们也不必妄自菲薄，以为力学已经古老，力学的原理、原则已经完成。剩下的只有应用了。毛主席教导我们：“在生产斗争和科学实验范围内，人类总是不断发展的，自然界也总是不断发展的，永远不会停止在一个水平上。因此，人类总得不断地总结经验，有所发现，有所发明，有所创造，有所前进。”只要自然界存在着机械运动，以及机械运动和其他高级运动形式的相互联系，力学就永远有无止无境的研究课题，就永远有无限光辉的前景。

从力学长期发展的历史来看，我们可以得出这样一个初步的结论，就是力学具有很强的基础性，又有极为广泛的应用性，两者相辅相成，互相促进，所以，力学既是基础科学，又是应用科学。这和数学、物理学、化学、生物学等门科学，并没有什么两样的地方。

如果上面的结论可以成立，我们能否这样说，就它的性质来说，力学属于基础科学，和数、理、化、天、地、生一起共称七大基础科学；同时，我们也能否这样说：就它的应用范围的广泛性来说，力学也属于技术科学。因此，我们既要充分重视力学的基础研究，又要十分注意力学的广泛应用。为什么说要充分重视，因为我们这几年来受到“四人帮”破坏最甚的是基础理论研究。“四人帮”之所以这样做，其目的是为了反对毛主席和周总理，为了篡党夺权。但为害所及是自然科学基础研究，包括力学在内。这几年来，计算靠引进程序，实验靠模仿，理论工作奄奄一息。我们很少提出新概念、新思想、新理论。对近年来国际上很活跃的连续介质力学基本理论，非线性波和非线性失稳理论，材料力学性质及其微观探索，湍流理论等，或则无何进展，或则至今仍是空白。如果我们不重视基础研究，我们只能亦步亦趋，永远谈不上赶超。要彻底改变这种情况，非要狠狠砸烂“四人帮”造成的种种精神枷锁，破除心头余悸不可。为什么要十分注意应用研究呢？因为大量应用工作都直接和工业、农业、国防的现代化有关。所以，我们一方面要注意抓住四个现代化所需要解决的重大的关键性的力学问题，重点安排力量，充分利用现代化的计算工具和实验手段，多快好省地加以解决。另一方面要妥善作出全面安排，广泛调动应用力学工作同志的积极性。现在，很多产业部门已经开始从单纯按产品组织科研，进而重视同时按学科组织应用基础的研究。因而工程力学得到很大的重视，这是十分可喜的现象。只有力学的应用研究壮大了，力学的基础研究才能上得去。

第三，新老学科的关系。在力学领域中，有几个历史悠久的传统学科，如质点和刚体力学，流体力学，固体力学和土力学等，在这些学科中，近年来，国外在理论、方法、现象方面都不断有所突破，例如：孤立波理论、失稳分岔理论、有限元法、断裂力学、剪切湍流、变形体热力学、弹黏性介质中的记忆衰退理论等。这些方面需要向纵深发展,扩大战果。我们还要继续发现新的突破口,我们要决心去攻克难关。要避免目前的“浅水区拥挤不堪,深水区无人问津”的现象。

近年来,在国内和国外陆续出现一些新兴学科,如岩体力学,地球力学,物理力学,等离子体动力学,宇宙气体动力学,化学流体力学,爆炸力学,生物力学,理性力学等。这些学科,多半是和其他学科相互渗透建立起来的。它们的崛起,好像雨后春笋,有旺盛的生命力。这些学科,又像未开垦的处女地一样,到处有吸引人的前景。我们认为,老学科有责任来扶植新学科。我们鼓励传统学科中有经验的科学家向新学科进军,开辟新领域。在新学科领域里工作的同志要加强学习,学习老学科的经验和我们所不熟悉的相邻学科的知识。新学科中的新发现,有可能反过来促进老学科的突破。有的老一辈科学家提倡“人梯”精神,愿意为新学科的成长铺平道路,这是非常值得赞扬的精神。

第四,理论和实验的关系。理论必须以实验为基础,实验必须有理论作指导。一个新理论,必须能够解释旧理论能解释的现象,还必须能够解释旧理论所不能解释的现象。这还不够,新理论还必须预见到尚未出现的现象,并通过科学实验的实践得到证实。因此,理论工作是离不开实验的。实验是理论的前提,科学实验的实践,又是检验理论是否正确的唯一标准。在许多复杂的应用问题中,实验常常又是解决问题的仅有的方法。然而,在我国目前的力学工作中,实验研究没有得到应有的重视,特别是实验研究工作中技术系统的建立没有受到重视,必须认真地加以解决。

院士简介

周培源(1902.8.28—1993.11.24)

科学家、教育家和社会活动家。1924年毕业于清华学校。1926年获美国芝加哥大学学士、硕士学位。1928年获美国加州理工学院理学博士学位。1955年被选聘为中国科学院学部委员(院士)。曾任清华大学教授,北京大学教授、副校长、校长,中国科学技术协会主席、名誉主席,中国科学院副院长,中国物理学会理事长、名誉理事长,中国力学学会名誉理事长,九三学社中央委员会主席,全国政协副主席等职。我国近代力学事业的奠基人之一。主要从事流体力学中的湍流理论和广义相对论中的引力论的研究,并取得突出成果。是湍流模式理论奠基人。20世纪30年代在美国参加爱因斯坦领导的广义相对论讨论班。研究并初步证实了广义相对论引力论中“坐标有关”的重要论点。为发展中国现代科学教育事业、开展国际学术交流与促进世界和平等作出了杰出贡献。1982年获国家自然科学奖二等奖。

论技术科学*

钱学森
(中国科学院力学研究所)

1　科学的历史发展与技术科学概念的形成

在人们从事生产的过程中,他们必然地累积了许多对自然界事物的经验。这些经验可以直接应用到生产上去,也可以先通过分析、整理和总结,然后再应用到生产上去。直接应用这一个方式是工艺的改进,是所谓工程技术,把经验来分析、整理和总结就是自然科学的起源①。所以工程技术和科学研究只不过是人们处理生产经验和对自然界观察结果的两方面,基本上是同一来源,而且两方面工作的最终目的也是一样的,都是为了改进现有的和创造更新的生产方法,来丰富人们的生活。

因此在科学发展的早期,我们不能把科学家和工程师分开来。一位物理学家也同时是一位工程师,牛顿就是一个著名的例子。牛顿不但发现了力学上的三大定律,因而奠定了理论力学的基础,而且他也是一位结构工程师,他设计了一条在英国剑桥大学校址中的木结构桥,这桥据说至今还存在。再像欧拉,他是一个大数学家,同时他在工程结构的稳定问题上也作出了伟大贡献。但是在十九世纪中,当科学在资本主义社会中得到了迅速的发展,科学家的确和工程师分手了。科学家们忙于建立起一个自然科学的完整体系,而工程师们则忙于用在实际工作中所累积了的经验来改进生产方法。在欧洲的一些学者和科学家,对工程师是看不起的,认为他们是一些有技术,但没有学问的人,而工程师们又认为科学家是一些不结合实际的幻想者。一般讲来,两方面的人缺乏相互之间的了解和合作。

当然,科学家和工程师分手的这种现象,也是事实上的需要。每一方面的工作因发展而变得更复杂了,工作量也大了,要一一兼顾,自然是不可能的。分工就成为必需的。但是这也不能完全解释为什么分工之后不能保持紧密的联系,其中必定有更深入的原因。我觉得这原因是:当时科学的发展还没有达到一个完整体系的阶段,自然科学的各部门中虽然有些部分是建立起来了,但另一些部分又确是模糊的,不明确的。这也就是说:当时的自然科学因为它自身还有不少漏洞,还不是一个结实的结构,所以当时的自然科学还不能作为工程技术的可靠基础,把工程技术完全建筑在它的上面。例如,虽然热力学早已搞得很明白了,可是热力学的基本,也就是用分子的运动来解释热能现象的统

---

* 原文刊登在《科学通报》1957 年第 4 期。

① 在这里,自然科学这一名词是用来包括数学、物理学、化学,以及生物学、地质学等科学。但是自然科学不包括工程技术。

计物理,就存在着许多困难。这些统计物理中的困难要等到量子力学的出现才能得到解决。就因为这些在自然科学中的缺陷,有一些纯由理论所推论出来的结果显然与事实不相符合,这也动摇了工程师们对当时自然科学的信心。所以我们可以完全了解在十九世纪中和二十世纪初年工程师们与科学家中间的隔膜。

但是在本世纪中自然科学的发展是非常快的,个别自然科学的部门在较早的年代也已经达到完整的阶段,电磁学和力学便是两个例子。而正好在这个时候电机工程和航空工程两个崭新的工程技术先后出现了。因为它们是当时的新技术,没有什么旧例和旧经验可作准则。工程师们为了迅速地建立起这两门技术就求助于电磁学和力学,用电磁学和力学作为电机工程和航空工程的理论基础。这样才又一次证明了自然科学与工程技术问题的密切关系,才指明了以前工程师们不重视自然科学的错误。而也就是在这个时代,物理学、化学等自然科学学科很快地发展成现代的科学,补足了它们以前的缺陷。所以在今天来看,我们对物质世界的认识,只要是在原子核以外,只要除开个别几点,是基本上没有问题了。在原子和分子世界中,有量子力学;在日常生活的世界里,有牛顿力学;在大宇宙的世界里,有一般相对论的力学。只有原子核内部的世界现在还没有一定的看法。因此我们也可以说,对工程师说来,自然科学现在已经很完整了,它已经是一切物质世界(包括工程技术在内)的可靠基础。

由这个事实出发,有许多科学家认为:一切工程技术可以看作是自然科学的应用,而一个工程师的培养只要在他的专门业务课程之外,再加上自然科学就行了,就可以保证他在以后工作中有解决新问题和克服困难的能力。在四十几年前的美国,他们的确是这样看法。有名的麻州理工学院就是建立在这个原则上的。把工程师的培养和技术员的培养分开来,把工程师作为一个科学的应用者,这在当时是一个带有革命性的改革。这个改革在一定程度上是成功的,而这种培养工程师的方法也就被其他学校和其他国家中的工程技术学校所采用,逐渐成为一种典型的工程技术教育。由这种课程所培养出来的工程师比起老一辈的工程师来,的确有科学分析的能力,在许多困难的问题上不再完全靠经验了,能用自然科学理论来帮助解决问题。但这不过在一定程度上如此,至于课程改革原来的目的:把工程技术完全建立在自然科学的基础上的这个目的,是没有完全实现的。我们先看一看课程的组成。这种课程是四年制,前两年着重在自然科学,后两年着重专门业务。但是这两部分之间没有能结合起来。有人说以这个办法受教育的学生,前两年他是一个学者,追求着自然界的真理,运用理论的分析而且做严密的实验,确是在高度学术空气中生活着的。但是一过了两年,进入了后一阶段的教育,他又忽然从学术空气中被赶出来,进入了工程师们所习惯的园地,放弃了分析方法,去研究经验公式了。我们知道这样培养出来的工程师一进入到实际工作中,不久就把他们学过的自然科学各个学科的大部分都忘了,数学也不大会用了,只不过还会运用自然科学的一般原则来帮助他的思考罢了。要真正以科学的理论来推演出他们在工作中所需要的准则,他们还是不能做到的。

其实这一种困难是可以理解的,因为美国麻州理工学院对工程技术的看法是有错误的地方的。错误在什么地方呢?我们可以这样看:自然科学的研究对象并不是大自然的整体,而是大自然中各个现象的抽象化了的、从它的环境中分离出来的东西。所以自然科学的实质是形式化了的、简单化了的自然界。因此,虽然关于原子核以外的世界,现在已经发现了许许多多的自然规律，但究竟自然科学还是要不断的发展的。在任何一个时代，今天也好，明天也好，一千年以后也好，科学理论决不能把自然界完全包括进去。总有一些东西漏下了，是不属于当时的科学理论体系里的；总有些东西是不能从科学理论推演出来的。所以虽然自然科学是工程技术的基础，但它又不能够完全包括工程技术。如果我们要把自然科学的理论应用到工程技术上去，这不是一个简单的推演工作，而是一个非常困难、需要有高度创造性的工作。我们说科学理论应用到工程技术上去是不合适的，应该更确当地说科学理论和工程技术的综合。因此有科学基础的工程理论就不是自然科学的本身，也不是工程技术本身，它是介乎自然科学与工程技术之间的，它也是两个不同部门的人们生活经验的总和，有组织的总和，是化合物，不是混合物。

显然，我们不可能要求一个高等学校的学生仅仅用四年的功夫把这个非常困难的工作做好。他们最多只不过能把科学和工程混在一起，决不能让两者之间起化合作用，所以美国麻州理工学院式的教育决不能完全达到它预期的目的，要作综合自然科学和工程技术，要产生有科学依据的工程理论需要另一种专业的人。而这个工作内容本身也成为人们知识的一个新部门：技术科学。它是从自然科学和工程技术的互相结合所产生出来的，是为工程技术服务的一门学问。

由此看来，为了不断地改进生产方法，我们需要自然科学、技术科学和工程技术三个部门同时并进，相互影响，相互提携，决不能有一面偏废。我们也必须承认这三个领域的分野不是很明晰的，它们之间有交错的地方。如果从工作的人来说，一人兼在两个部门，或者甚至三个部门是可以的，所以一个技术科学家也可以同时是一个工程师；一个物理学家也可以同时是一个技术科学家。不但如此，这三个领域的界限不是固定不移的，现在我们认为是技术科学的东西，在一百年前是自然科学的研究问题，只不过工作的方法和着重是有所不同罢了。我们要明确的是：在任何一个时代，这三个部门的分工是必需的，我们肯定地要有自然科学家，要有技术科学家，也要有工程师。

2　技术科学的研究方法

既然技术科学是自然科学和工程技术的综合，它自然有不同于自然科学，也有不同于工程技术的地方。因此，研究技术科学的方法也有些地方不同于研究其他学科的方法。

因为技术科学是工程技术的理论，有它的严密组织，研究它就离不了作为人们论理工具的数学。这个工具在技术科学的研究中是非常重要的，每一个技术科学的工作者首先必须掌握数学分析和计算的方法。也正因为如此，某一些技术科学的发展，必定要等待有了所需的数学方法以后才能进行，例如，近几十年来统计数学的成就就使得好几门技术科学（如控制论和运用学）能够建立起来，所以作为一个技术科学工作者，除掌握现有的数学方法以外，还必须经常注意数学方面的发展，要能灵敏地认出对技术科学有用的新数学，快速地加以利用。他也要不时对数学家们提出在技术科学中发现的数学问题，求得他们的协助，来解决它。自然我们也可以说，关于这一点，技术科学与自然科学各部门的研究没有什么大的差别。但是实际上技术科学中的数学演算一般要比自然科学多，数学对技术科学的重要性也就更明显些。也因为技术科学中数学计算多，有时多得成了工作量中的主要部分,这使得许多技术科学的青年工作者误认为数学是技术科学的关键。他们忘了数学只不过是一个工具,到底不过是一个“宾”,不是“主”。因此我们可以说:一件好的技术科学的理论研究,它所用的数学方法必定是最有效的;但我们决不能反过来说,所有用高深数学方法的技术科学研究就都是好的工作。

也是因为技术科学研究工作中,用数学分析和计算的地方很多,所以许多具体分析与计算的方法,像摄动法、能量法等,都是技术科学研究中所创造出来的。这方面贡献特别多的是技术科学中的一个部门——力学。唯其如此,最近电子计算机的发展,就对技术科学的研究有深切的影响。因为电子计算机能以从前不可想象的速度进行非常准确的计算,有许多在以前因为计算太复杂而用实验方法来解决的问题,现在都可以用计算方法来解决了,而且在时间方面以及所需的人力物力方面都可以比用实验方法更经济。这一点说明了电子计算机在技术科学研究中的重要性。在将来,我们不能想象一个不懂得用电子计算机的技术科学工作者。但更要紧的是:由于电子计算机的创造,数字计算方法将更加多用,技术科学的研究方法将起大的变化。我们才在这改革的萌芽时期,而且电子计算机本身也在迅速地发展,将来到底能做到什么地步,现在还不能肯定,能肯定的是:下一代的技术科学工作者的工作方法必定和我们这一代有所不同。

我们在前面已经说过:数学方法只是技术科学研究中的工具,不是真正关键的部分。那么,关键的是什么呢?技术科学工作中最主要的一点是对所研究问题的认识。只有对一个问题认识了以后才能开始分析,才能开始计算。但是什么是对问题的认识呢?这里包含确定问题的要点在哪里,什么是问题中现象的主要因素,什么是次要因素,哪些因素虽然也存在,可是它们对问题本身不起多大作用,因而这些因素就可以略而不计。要能做到这一步,我们必须首先做一些预备工作,收集有关研究题目的资料,特别是实验数据和现场观察的数据,把这些资料印入脑中,记住它,为做下一阶段工作的准备,下一个阶段就是真正创造的工作了。创造的过程是:运用自然科学的规律为摸索道路的指南针,在资料的森林里,找出一条道路来。这条道路代表了我们对所研究的问题的认识,对现象机理的了解。也正如在密林中找道路一样,道路决难顺利地一找就找到,中间很可能要被不对头的踪迹所误,引入迷途,常常要走回头路。因为这个工作是最紧张的,需要集中全部思考力,所以最好不要为了查资料而打断了思考过程,最好能把全部有关资料记在脑中。当然,也可能在艰苦工作之后,发现资料不够完全,缺少某一方面的数据。那么为了解决问题,我们就得暂时把理论工作停下来,把力量转移到实验工作去,或现场观察上去,收集必需的数据资料。所以一个困难的研究题目,往往要理论和实验交错进行好几次,才能找出解决的途径。

把问题认识清楚以后,下一步就是建立模型。模型是什么呢?模型就是通过我们对问题现象的了解,利用我们考究得来的机理,吸收一切主要因素、略去一切不主要因素所制造出来的“一幅图画”,一个思想上的结构物。这是一个模型,不是现象本身。因为这是根据我们的认识,把现象简单化了的东西;它只是形象化了的自然现象。模型的选择也因此与现象的内容有密切关系。同是一个对象,在一个问题中,我们着重了它本质的一方面,制造出一个模型。在另一个问题中,因为我们着重了它本质的另一面,也可以制造出另一个完全不同的模型。这两个不同的模型,看来是矛盾的,但这个矛盾通过对象本身的全面性质而统一起来。例如,在流体力学中,在一些低速流动现象中,空气是被认为不可压缩的,无黏性的。在另一些低速流动现象中,因为牵连到附面层现象,空气又变为有黏性的了。在高速流动现象中,空气又变成可压缩的了。所以同是空气,在不同的情况下,可以有不同的模型。这些互相矛盾的模型都被空气的本质所统一起来。

我们已经说过,在摸索问题关键点的时候,我们依靠自然科学的规律。这也说明技术科学的工作者必须要能彻底掌握这些客观规律,必须知道什么是原则上可行的,什么是原则上不可行的,譬如永动机就是不可行的。我们也可以说唯有彻底掌握了自然科学的规律,我们的探索才能不盲目,有方向。正如上面所说的,自然科学的规律是技术科学研究的指南针。

有了模型了,再下一步就是分析和计算了。在这里我们必须运用科学规律和数学方法。但这一步是"死"的,是推演。这一步的工作是出现在科学论文中的主要部分,但它不是技术科学工作中的主要创造部分。它的功用在于通过它才能使我们的理解和事实相比较,唯有由模型和演算得出具体数据结果,我们才能把理论结果和事实相对比,才可以把我们的理论加以考验。

由前面所说的技术科学工作方法看来,也许有人要问:技术科学的研究方法又有什么和自然科学研究方法不同的地方呢?我们可以说这里没有绝对的差别,但是有很重要的相对差别。我们可以说以自然科学和工程技术来对比,工程技术里是有比较多的原始经验成分,也就是没有严密整理和分析过的经验成分。这些东西在自然科学里一般是很少的,就是因为某一问题分析还不够成熟,不可避免地含有经验成分,那也是自然科学家们要努力消除的。但在技术科学里就不同了。它包含不少的经验成分,而且因为研究对象的研究要求的不同,这些经验成分总是不能免的。因此这也影响了技术科学的研究方法,它在一定程度上是和自然科学的研究方法有所不同的。我们也可以从另一个方面来说,技术科学是从实践的经验出发,通过科学的分析和精炼,创造出工程技术的理论。所以技术科学是从实际中来,也是向实际中去的。它的主要的作用是从工程技术的实践,提取具有一般性的研究对象,它研究的成果就对那些工程技术问题有普遍的应用。也正因为如此,技术科学工作者必须经常和工程师们联系,知道生产过程中存在的实际问题。有时一个技术科学工作者也直接参加解决生产中发生的问题,以取得实践的经验。照这样说,一个技术科学工作者的知识面必然是很广阔的,从自然科学一直到生产实践,都要懂得。不仅知识广,而且他还必须要能够灵活地把理论和实际结合起来,创造出有科学根据的工程理论。

有了工程理论,我们就不必完全依赖工作经验,我们就可以预见,这正如有了天体力学的理论,天文学家们就可以预见行星的运动,预告日蚀、月蚀等天文现象。由这一点看来,工程理论又是新技术的预言工具。因而技术科学也能领导工程技术前进,是推进工程技术的一股力量,是技术更新、创造新技术所不可缺的一门学问。

3　力学与航空技术

我们现在举一个技术科学对工程技术所起作用的实例:航空技术。在这里起重要作用的是力学这一个技术科学,这我们在前面也已经讲到。力学对航空技术的贡献是有决定性的,是技术科学与工程技术相互作用的典型。力学本身也就成为技术科学的一个范例,也是我们现在对技术科学这一个概念的来源。

在古典的力学中有两个重要的分支:一个是流体力学,一个是固体力学。流体力学是处理液体和气体的运动的,所以它也包括了气体动力学和空气动力学。固体力学是处理固体在外力或加速度作用情况下所产生的应力应变,所以包括了弹性力学和塑性力学。显然,流体力学与飞行器的外形设计和推进问题有密切关系,而固体力学则与飞行器的结构设计有密切的关系。自然我们认识到流体力学也必然与许多其他工程技术有关系,像水利工程、蒸汽或燃气涡轮、船舶的设计等。固体力学也必然与所有工程技术中结构强度问题有关系。但是因为在力学迅速发展的时期中,也就是过去这五十年,只有航空技术上的问题最迫切,最严重,所以与力学相互作用最强的是航空技术,而不是上面所说的其他工程技术。

在飞机设计中一个基本问题是升力和阻力。升力是飞行所必需的,然而有升力就必然产生阻力。怎么样才能在一定升力下减少阻力呢?这也等于问:什么是一定升力所产生的最小阻力呢?流体力学的伟大科学家L.普朗特耳在受了兰开斯特耳意见的影响下,创造了著名的有限翼展机翼理论,给出了计算由升力所产生的阻力的方法,这就是所谓感生阻力公式。普朗特耳的研究也指出了减少阻力的方法,他的公式说在一定升力系数下,感生阻力系数是与翼展比成反比例的。因此要减少感生阻力,我们就应该加大翼展比,也就是把翼面作得狭而长。

感生阻力的问题解决了,接着下面的问题就是不由升力所产生的阻力了,也就是所谓寄生阻力。这一部分阻力是由于空气的黏性而来的。空气的黏性很小,但是它并不等于零。怎么样来考虑小黏性所产生的作用呢?这也是流体力学对航空技术的一个大贡献。它指出小黏性的作用是局限于附在表面一层气流中,也就是附面层中。流体力学也给出分析附面层的方法;并且指出:附面层有时会因为沿着表面在流向压力增加,感到运动的阻碍,因而从表面分离出去。这样分离了的附面层就造成涡流,减少了升力,加大了阻力。这些流体力学上研究的结果不但给设计飞机翼形和飞机舱形以原则性指导,而且指出,要减少寄生阻力,我们就必须减小附面层的面积,也就是减少表面面积。由于这一结果,飞机的设计才由多翼面的、带支柱的外形,走向单翼面、完全流线型化了的外形。

制造完全流线型化的单翼飞机,不能再用不够坚固的、旧的、钢架蒙布式的结构,而必须改用全金属的薄壳结构。但是这是一种新型的结构,工程师们没有足够的经验,要能设计出有高效能的结构,这还是要请教弹性力学家们。他们首先给出计算薄壳结构的折曲负荷或临界负荷的方法,也就是解决弹性稳定问题。虽然早在十九世纪欧拉就研究过这个问题,给出细柱临界负荷的公式;但是飞机上用的结构要比这复杂得多,而且薄壳是有表面曲度的,古典的、所谓小挠度理论是不正确的,它给出过高的临界负荷。在另一方面,有些表面曲度小的结构,虽然折曲了,但是仍然能担起更大的负载。所以弹性力学家们也还研究了结构在超越临界负荷的情况,也就是解决了所谓“有效宽度”的问题。这一连串的研究都是在1933年前后作的,因此奠定了全金属飞机结构的理论基础。

在这里我们必须说明的是:结构强度的问题终了是要牵连到材料破坏问题上去的,因为强度就是在破坏的时候的负载,而且对金属材料来说,在未破坏以前,也必先进入塑性变形阶段,因此也要牵连到塑性力学的问题。一直到现在,材料强度问题与塑性力学问题都在研究着,但都还没有得出定论。所以自然科学的已知规律显然还不能完全包括工程技术上的现象。但是力学工作者并不因此而放弃对结构强度问题的研究。他可以一面用弹性力学的理论,一面吸取工程实践上的经验和实验的结果,把它们综合起来,创造出有科学根据而又有实际意义的结构理论,这种在现实条件下争取有用的理论的精神,是技术科学工作者所不可缺的。

由于上面所说的这些发展,在第二次世界战争中,飞机的时速已经达到了700公里,接近了声音传播的速度(约每小时1000公里)。当时因为初步实验上发现物体阻力在声速附近急骤加大,在工程师中间也有人以为要飞机超过声速是不可能的,说存在着声速的墙。就在这时候,气体动力学家们作出了翼面和机身在超声速气流中的运动理论,设计了超声速的风洞,做了许多超声速气流的实验。他们用理论和实验双方并进的方法证明超声速飞机的阻力系数实际上不会太大,所以并没有所谓声速的墙。在另一方面,气体动力学家也参加了喷气推进机的创造和发展,大大地增高了飞行推进机的效能,因而减少它的质量。力学家的这些贡献,促成了超声速飞行的实现。这一关一打破,航空的发展更快了。现在流体力学家正在努力于高超声速气动力学和稀薄气体动力学的研究,帮助超高空、超高速飞行的实现,因而也在促进星际航行的诞生。

因为技术科学的研究对象是具有一般性的,它的研究成果也有广泛的应用。力学的工作,虽然是由于航空技术迫切的要求,但是,现在已经得到的流体力学和固体力学的研究结果,对其他工程技术部门来说也有很大的帮助。例如,燃气轮机的创制成功是离不开气体动力学的;而掌握了高速气流动力学以后,我们也就很自然地看到把高速化学反应用到化学工业中去的可能性。这些力学在航空技术以外的应用对将来的工程技术都是非常重要的。它也说明了,通过技术科学研究中的总结,一个技术部门的经验与成就就能超越它们的局限性,伸展到其他方面去,推进了另一些技术部门的发展。技术科学家也是利用这一可能性来预见新技术,指出工程技术下一阶段的发展方向。

4 技术科学的一些新发展方向

我们在上一节中,约略地介绍了些几门技术科学的情况。但是流体力学、弹性力学和塑性力学都是比较成型的,已经有了不少工作的学科;现在,我们要谈一谈今后技术科学发展的几个方向,几个需要开拓的学科。为了简明起见,我们制了一张表(见表1)。表的第一栏是学科的名称。第二和第三栏是这个学科在自然科学抽用的部分和在技术经验方面抽用的部分。这也就形成这个学科的资料,要从这两部分综合起来创造出这门技术科学。第四栏是现在可以看出来的内容,也就是研究题目。第五栏是这门学科研究成果的应用,也因此可以表现出这门科学的重要性。我们从这个表里面可以看出第三栏的技术经验组成部分和第五栏的应用方面常常是相同的,这又一次说明技术科学基本上是从工程技术上来,到工程技术中去的学科。

表 1　技术科学的几个发展新方向

部门学科	组成部分		研究的内容	成果的应用
	自然科学和技术科学方面	工程技术方面		
化学流体力学	1. 流体力学,气体动力学 2. 化学动力学	1. 化学工业 2. 冶金工业 3. 工业中燃烧装置	1. 有化学变化的流体运动 2. 固定和流体化的触媒床 3. 燃烧和爆震 4. 冲激管中的化学作用	1. 化学工业 2. 冶金工业 3. 工业燃烧装置 4. 内弹道问题
物理力学	1. 物理化学,化学物理 2. 量子力学,统计物理 3. 固体物理	1. 化学工业 2. 材料研究	1. 气体、液体、固体的热工性质 2. 固体材料强度及变形问题 3. 物质在不可逆过程中的性质 4. 气体在超高温中的性质	1. 一般工程技术 2. 高温技术
电磁流体力学	1. 流体力学 2. 电磁学 3. 电子物理 4. 天文观测	1. 超高速飞行技术 2. 原子能技术	电磁流体的运动规律	1. 超高速飞行技术 2. 原子能技术
流变学	流体力学	1. 油漆、食品工业等 2. 高分子化合物工业	1. 流变化测量方法的分析 2. 流变体运动规律	1. 轻工业生产技术和轻工业产品的改进 2. 超高压滑润剂和轴承
土和岩石力学	1. 固体动力学,固体力学 2. 强度理论	1. 挖土工程 2. 隧道工程 3. 爆破工程 4. 采矿工程	1. 土和岩石的物理性质 2. 爆破的动力学过程 3. 土壤加固问题	1. 土石工程 2. 采矿工程 3. 爆破工程 4. 挖土机械的设计
核反应堆理论	1. 原子核物理,中子物理 2. 热传导	原子能利用	反应堆理论,反应堆动态性能	原子能利用
工程控制论		1. 随伺机械,工业控制系统 2. 自动化生产方法	1. 各种控制系统的分析和综合 2. 自动测量的系统 3. 自动校正的系统	1. 工业控制系统 2. 生产过程自动化
计算技术	1. 数理逻辑 2. 控制论	1. 自动控制系统 2. 电子工艺学	1. 模拟计算机 2. 数据计算机 3. 复合计算机	1. 科学问题的计算 2. 自动控制系统
工程光谱学	1. 物理光学,各种光谱 2. 量子力学,统计物理	工业分析仪器	1. 光谱分析 2. 质谱分析 3. 辐射在不均匀气体混合物中的规律	1. 工业分析 2. 生产过程自动化中的控制测量
运用学		1. 工程经济 2. 经济规则 3. 运输规则 4. 生产规则	1. 线形规则,动态规则 2. 运输机问题 3. 排队问题	1. 工程经济 2. 经济规则 3. 运输规则 4. 生产规则 5. 产品系列化问题

表1也许太简单了，我们再来介绍一下各学科的大意。

化学流体力学 这是一门研究流体中有化学变化、热的发生和吸收的动力学。因为有化学变化，所以流体各部分的成分就不能一样，成分不一样就引起了各种扩散过程。自然，因为有热能的发生和吸收，也有温度的不均匀性，有热传导的问题。所以，它基本上是一门比流体力学还要复杂的科学。

物理力学 这门技术科学的目的是由物质的微结构，原子、分子的性质，通过统计物理的方法来计算物质的宏观性质，这里也包含材料强度的物理理论。这也就是说我们希望用计算的方法来得到工程用的介质和材料的性质。这是一个节省时间、人力和物力的很上算的方法。虽然近代物理和化学的成就是很大的，但是要完全靠它们来推演出物质的宏观性质还是不可能的，在许多地方，我们要采用半理论半经验的方法来解决问题。这也说明了物理力学的内容和研究方法与统计物理、物理化学、化学物理是有所不同的。物理力学要在这些自然科学的基础上，更进一步地结合实际，求对工程技术有用的结果。

电磁流体力学 这是研究导电液体和气体在电磁场中的动力学。导电的液体是液体金属，它们在核子反应堆中常常被用为冷却剂。要传送液体金属可以用一种电磁泵，泵里面完全没有转动的机件，只靠转动的电磁场来推动液体金属。导电的气体是离子化了的气体，也就是高温的气体(在一万度以上的高温)。这种高温在超高速飞行器的附面层里可以出现；这里的问题是怎样才能有效地冷却表面，不使它的温度过分升高。

流变学 流变学是研究特别液体的动力学。这类液体的应力应变关系要比普通液体(像水)复杂得多，它包括胶体、油漆等。这门技术科学已经有多年的历史，只不过这方面的工作做得不够。譬如，一方面我们可以用仪器测定油漆的各种性质，一方面我们对油漆也有些具体的要求，像用刷子刷上油漆，过后要不显刷子的印迹。但是现在的流变学就还不能把这两件事连起来，明确要什么样的物理性质才能满足具体要求。要做到这样，就是流变学今后发展的主要方向。

土和岩石力学 我国现在正在进行大规模的基本建设，在土石工程中累积了不少经验，在大爆破作业中也学会了先进操作方法。但这些都还没有作出科学的总结，创造出土壤和岩石移动工程的理论，这是不应该的。土和岩石力学的研究任务就是要补足这个缺陷。此外，我们也要研究电流对土壤的影响，土壤中的电渗问题等。

核反应堆理论 这门技术科学的内容是设计反应堆的理论，几年来这方面的工作一直是物理学家兼任的，现在应该把这部分工作计划为技术科学的一个部门，不再去麻烦物理学家。

工程控制论 这是生产过程自动化和自动控制系统的基础理论。它比一般所论自动调节和远距离操纵理论的范围要广，而它也正在引用最近系统数学的成就来更进一步扩大它的领域，为设计更完善的自动控制系统打下基础。

计算技术 这学科是为了设计更好的、多种多样的电子计算机，和更有效地使用电子计算机。现在在这一个方面工作的有无线电电子工程师、电路网络专家，也有计算数学专家和数理逻辑家。如果只把这些不同专业的人放在一起，他们只形成一个“混合物”，是不会有效地共同工作的。只有当这几方面的专家互相了解，互相贯通了他人的专业以后，也就是说结合起来成了“化合物”以后，这才能推进计算机的发展，做到这一步也就是把他们各个不同的专业变成一个共同的专业——计算技术这一门技术科学。

工程光谱学 要把生产过程自动化,就要能迅速地、精确地知道生产过程每一部分的情况,作为控制的依据。在许多化学工业、冶金工业和燃烧过程中,最主要的测定就是物质成分的分析。最快最准的测定方法就是光谱分析法和质谱分析法,而且这些分析的一套仪器也能自动化,不经过人的操作,就能将分析的结果传输到过程的控制系统中去。怎么样来设计这种自动仪器?这需要理论。此外,现在我们只知道怎样处理均匀气体的光谱,如果我们更进一步处理不均匀气态的光谱,像一个火焰的光谱,用这样的光谱分析出其中每一点的不同成分,那就需要更进一步来发展光在物质中传导的理论。这些问题就是工程光谱学的研究对象。

运用学 这门技术科学工作的内容是用近代数学的成就,特别是统计数学的成就,来研究最有效地使用人力、生产工具、武器、物资等的方法和安排,也就是把一切规划工作放在科学的基础上。自然,以前作规划工作的人们也引用了些数学,但是因为用的数学方法是很初级的,工作的范围受了很大限制,所以不能够彻底解决问题。运用学就是要用最有效的数学方法来突破这个限制,创造出作规划的一般方法,建立起规划的理论。我们可以看到,运用学研究中所出现的因素与一般科学有所不同。它不研究物质的能量和动量,也没有什么动力学问题。运用学专考究一个组织、一个系统的运用效果,和组织间与系统间的消长关系。

我们在附表里和前面各节中介绍了些技术科学的发展新方向,有的是新的学科,有的是老学科但是要朝新的方向走。这里必须说明的是,由于个人知识的限制,我不可能把所有发展的方向都罗列出来,列出来的是不完全的,而其中有一半是和力学有关的。显然还有许多别的学科没有列出来,举一个例子,现在物理学家研究半导体,但是他们研究的重点是半导体在电子器件和电力技术上的应用,所以这样的一门学科实在是一门技术科学。此外也很显然地,说这些是发展的新方向,并不等于说老一点的技术科学部门就没有前途,不必发展了。人们的知识是要永远前进的,不会走到终点的。而且任何在这些旧部门工作的人,任何流体力学家、弹性力学家、塑性力学家,都知道在他们自己专业里面还存在着一连串的问题等待解决,这些问题也和工程技术有密切关系,不容忽视。

5 技术科学对其他科学的贡献

我们在前面已经提到自然科学、技术科学和工程技术之间的相互影响和相互提携,这也就是说,我们不能只看到自然科学作为工程技术的基础这一面,而忽略了反过来的一面,一个反馈作用,也就是技术科学对自然科学的贡献。为什么有这一个可能性呢?我们在第一节里就说明为什么自然科学是不可能尽善尽美的,不可能把工程技术完全包括进去,而技术科学却能把工程技术中的宝贵经验和初步理论精炼成具有比较普遍意义的规律,这些技术科学的规律就可能含有一些自然科学现在还没有的东西。所以技术科学研究的成果再加以分析,再加以提高就有可能成为自然科学的一部分。这里的一个明显例子就是工程控制论。工程控制论的内容就是完全从实际自动控制技术总结出来的,没有设计和运用控制系统的经验,决不会有工程控制论。也可以说工程控制论在自然科学中是没有它的祖先的。但是工程控制论一搞出来,我们很容易看到它的应用并不局限于人为的控制系统。在自然界里,生物的生长和生存都有它们自己的相应控制系统;而这些自然控制系统的运行规律也是依照工程控制论中的规律的。所以工程控制论中的一些规律,必然是更广泛的控制论的一部分,而这个更广泛的控制论就是一切控制系统(人为的和自然的)的理论,它也必然是生物科学中不可缺少的,是生物科学的一部分。现在有些人认为从前生物科学家因为没有控制论这一工具,所以只看到了生命现象中的能量和物质运动问题,没有注意到更关键的控制问题,因而歪曲了实际,得不到深入的了解。由此看来,一门技术科学,工程控制论,对一门自然科学,生物科学,是有非常重要的贡献的。

其实技术科学对其他科学的贡献还不限于自然科学。我们来看一看运用学。这门学科也是在自然科学领域里没有祖先的。它是由于改进规划工作的实际需要而产生的。规划工作中的工程经济、运输规划还可以说是工程技术,而生产规划就已经有点出了工程技术的范围,部分地踏入社会科学的领域中去了。现在运用学的历史还太短,内容还不丰富,但是我们肯定,再过些时候,当运用学有了进一步的发展以后,它的应用范围必定会更扩大,会更向社会科学部门伸展。我们这样说是有缘故的。考虑一下社会科学中的一个重要部门的政治经济学对社会主义部分有些什么研究的题目,这里有关运用学的至少有下列几个:

(1)国民经济各部门间的关系,也就是生产生产资料的部门和生产消费资料的部门之间的关系,工农业生产部门和交通运输部门之间的关系,生产部门和商业部门、物资供应部门、财政金融部门等之间的关系。

(2)各地区间的关系,也就是在一个社会主义国家里面,因为各个地区人口条件和自然条件的差别,造成在某种程度上的地区相对独立性,不可能每一地区都完全平衡,每一地区都和其他地区有同样的发展程度,这里就产生了地区间的关系。

(3)社会主义国家和别的国家的经济关系,也就是社会主义国家之间的关系和社会主义国家与资本主义国家之间的关系。

上面这一些经济关系的分析和研究可以用一个运用学里面的工具,线性规划来进行。自然,线性规划是一个初步的近似解法,但是运用学的发展自然会创造出更好的工具,像非线性规划和动态规划。所以我们相信一门技术科学,运用学,对政治经济学会作出很大的贡献。把政治经济学精确化,也就是把社会科学从量的侧面来精确化。

在这里我想应该附加一个说明。许多人一听见要把社会科学精确化一定会有意见,就要提出抗议说:社会科学是碰不得的,自然科学家也好,技术科学家也好,你们都请站开!我想这大可不必,但所以有些人会对社会科学的精确化有这样反应,也不是没有一定的理由。可能是因为怕如此一精确化,反而把社会科学搞坏了。在资本主义国家中也的确有一批所谓度量经济学①(econometrics)家,他们的大本营在美国的芝加哥,目的是把数学的分析方法应用到经济学上去。他们已经搞了几十年了,但是没有搞出什么好结果,没有能解决经济上的什么问题。这是证明了经济学不能精确化吗?我想不是的。这些度量经济学家们的出发点是资本主义不正确的经济学说。用资本主义的不正确观点,怎样会得出与实际相符合的结果呢?如果度量经济学家成功了,那我们倒反而要担心了。我们知道引用数学不会把原则上不正确的东西变成正确,也不会把原则上正确的东西变成不正确,数学只是一个工具,一个加快我们运算的工具,使得我们的分析能够更深

---

① 也有人把 econometrics 译作技术经济,但是从它的内容来看,这个译名可能是不合适的。

入,更精确。所以我们没有理由怕社会科学会因引用数学方法而搞坏了。

另一个对社会科学精确化的顾虑是怕社会现象中有许多因素不能确实的估计,因而认为精确化是不可能的。不能确实估计的因素可以在两种不同情况下出现,一种是统计资料不够;一种是因素本身确是不易预见的,例如,工人劳动积极性。前一种情况是不应该有的,真正的困难倒是因为不采用数学分析方法,所以难以确定哪一个统计数字是重要的,因而统计资料有不切实用的情形。至于第二种情况,因素的可能变动大,不易固定,我想也不是放弃精确化社会科学的理由;谁都承认社会科学不是毫无客观规律的学问,只要有规律,这些规律就可以在一定程度上用数来描述出来。如果一个因素不能固定,我们也可以不固定它,把它当作一个有某种统计性质的“随机变数”,也就是说标明这个因素不同数值的几率是什么,整个问题的演算仍然可以精确地进行。而且近代统计数学有多方面的发展,我们完全有条件来处理这种非决定性的运算,只不过计算的结果不是一定的某种情况,而是很精确地算出各种不同情况的出现几率是什么。这对规划工作来说是正确的答案。而其实一件在起初认为不能用数字来描述的东西,只要我们这样地来做,我们就发现,通过这个工作能把我们的概念精确化,把我们的认识更推深一步。所以精确化不只限于量的精确,而更重要的一面是概念的精确化。而终了因为达到了概念的精确化也就能把量的精确化更提高一步。

再有一个反对把社会科学精确化的理由是说:社会现象中的因素如此之多,关系又如此之复杂,数学的运算怕是不能实行的。其实这一个理由现在也不成立了。现在我们已有了电子计算机,它的计算速度,远远超过人的计算速度,因此我们处理复杂问题的能力提高了千万倍,我们决不会只因为计算的困难而阻碍了我们的研究。

由此看来,我们没有理由反对把精密的数学方法引入到社会科学里。但是到底这样精确化又有什么好处呢?举个例子:精确化了的政治经济学就能把国民经济的规划做得更好、更正确,能使一切规划工作变成一个有系统的计算过程,那么就可以用电子计算机来帮助经济规划工作,所以能把规划所需的时间大大地缩短。也因为计算并不费事,我们就能经常地利用实际情报,重新作规划的计算,这样就能很快地校正规划中的偏差和错误。我们甚至可以把整个系统放到一架电子计算机里面去,直接把新的统计资料传入计算机,把计算机作为经济系统的动态模型,那就可以经常不断地规划,经常不断地校正,这样一定能把经济规划提到远超过于现在的水平。所以我们可以想象得到,通过了运用学把数学方法引用到社会科学各部门中去,我们就能把社会科学中的某些问题更精密地、更具体地解决。当然,也许现在的社会科学家们会认为这样就把社会科学弄得不像社会科学了,但是之所以“不像”,正是因为有了新的东西,有了更丰富的内容,正是因为社会科学里产生了新的部门,这又有什么不好呢?

6 谢　　语

作者在写这篇论文的时期中,把内容的一部分或全部和中国科学院及中国科学院力学研究所的许多位同事讨论过。因为有了这些讨论,起先说得不清楚的地方说得更明白些了;起先说得不妥当而容易引起误解的地方也就修正了。作者在这里对他们给的帮助谨表谢意。

院 士 简 介

钱学森(1911.12.11—2009.10.31)

应用力学、工程控制论、系统工程科学家。1911年12月11日生于上海,籍贯浙江杭州。1934年毕业于交通大学。1939年获美国加州理工学院航空与数学博士学位。1957年被选聘为中国科学院学部委员(院士)。1994年被选聘为中国工程院院士。

曾担任中国科学院力学研究所首任所长、第七机械工业部副部长、国防科学技术委员会副主任、中国科学技术协会主席和全国政协副主席、中国科学院数理化学部委员、中国力学学会第一任理事长,中国自动化学会第一、二届理事长、中国宇航学会名誉理事长、中国人民解放军总装备部科技委高级顾问等职。

在应用力学、工程控制论、系统工程等多领域取得出色研究成果,为中国航天事业的创建与发展作出了卓越贡献。1956年获中国科学院自然科学奖一等奖,1986年获国家科技进步奖特等奖,1991年被授予“国家杰出贡献科学家”荣誉称号,1999年被国家授予“两弹一星”功勋奖章。

我对今日力学的认识*

钱学森

从过去 100 年来力学发展的情况看,力学是一门处理宏观问题的学问。它包括相对论,但它不包括量子理论。它是用理论,通过具体数字计算解答一个个实际问题。这些问题在过去都来自工程技术,但今后也会来自自然科学的研究,如对星系的运动发展。

力学是要对实际问题做出数字解答,当然要用电子计算机。这就是两方面的问题:一是对计算机的要求,看来是不会有上限的;今天已有每秒数十亿次 FLOP 的计算机,力学也欢迎将来每秒万亿次 FLOP 的巨型计算机。二是计算方法的问题;这也需要不断研究改进。

力学工作也会遇到一时对解决实际问题的理论方法尚不能认为有十分把握,怎么办?这时就要设计一个实验,用实验来验证理论的关键部分。如现在要设计超声速燃烧的冲压发动机(scramjet),就要作爆燃风洞的试验,它的实验时间还不到(1/10)s,但已足够验证理论的正确性了。有了对理论的把握就可以心中有数地去解决实际课题了。

总起来一句话:今日力学是一门用计算机计算去回答一切宏观的实际科学技术问题,计算方法非常重要;另一个辅助手段是巧妙设计的实验。

院 士 简 介

钱学森院士简介请参见本书第 18 页。

* 原文刊登在《力学与实践》1995 年第 17 卷第 4 期。

当前力学发展的趋势*

钱伟长

（上海工业大学）

1　历史的回顾

在党的领导下，在力学工作者的努力下，从第一届理事会起，到现在25年来，我国力学界发生了很大的变化，这个变化是可喜的变化。

我们力学工作者的队伍扩大了。人的变化是最根本的。没有人什么也干不了。第一次会议时，曾做过一些调查，大概那时从事力学工作的不到一千人，而且其中的大多数或绝大多数是改行过来的。他们原来是学各种工程技术的，或是学物理、学数学的。那时都是由于工作需要而转到力学方面来的。而现在不一样，我国力学队伍人员大大增加了，以至无法统计。刚才，我看到一份材料：《振动与冲击》中的一篇文章上说，现在搞振动这行的人，在全国已是上千人。而这一行在力学界里还是较薄弱的，因此，可以想象我们还有很强的力学分支，那就不晓得有多少人了！听说搞爆轰的队伍有一万多人。人员队伍的确扩大了。这支队伍扩大的过程，应该说是大家努力的结果。在1955年那时期，全国高等学校里，只有北京大学一个力学系。从那以后，逐步建立了各校的数力系和力学系，至今全国已有40多个力学系（从综合大学到多科性工业大学都有），这是一个高速发展过程！至于需要不需要这么多的系，当然还要设法调整，以满足国家的需要，过分超过需要也不合适。譬如，据说现在全国高等学校力学招收的学生很多。这就足以证明：我们这一行发展很快，与1955年那时是完全不一样。

在设备方面：1955年的时候，全国就只有几台拉力机，个别的学校有万能机，有的有一两台疲劳机，风洞很少，非常可怜。而今各校都有较充分的设备，有比较完善的风洞基地，而且还有氢气炮这样的设备。在波和水阻实验方面有了规模巨大的船舶、水槽、水池试验中心。从实验能力来看，1955年时，光弹实验还不太敢做，个别的学校开始试做。而现在这些全都能做了。设备上有了跃进，这是我们大家辛勤劳动的成果。

我们的工作领域也大大地扩大了。在1955年时，大量的工作是结构力学，有一部分开始搞弹性问题，写了一本弹性力学方面的书。有一部分搞水力学。搞流体力学，气体力学的也只有很少几个人。在教学方面：现在弹性力学是一般的课程，塑性力学也大量使用，还有不少是弹塑性动力学的。气体、流体、土力学、泥沙、渗流、岩石还有生物力学等都普遍地在发展，这就表示我们这些人在25年来付出了辛勤劳动，这一点我们必须讲一讲。虽然经历了十年浩劫，但困难的时期我们都渡过了，现在有了这样一些成果，是值

---

* 原文刊登在《工程力学》1984年第1卷第1期。

得高兴的。从这里应该看出,我们的国家是大有希望的。

虽然有了这样一个队伍,有了这样一些设备,有了这么多单位,工作领域也逐步扩大了,可是我们的任务还是非常重的。我们一定要摆平我们的任务,既要照顾到现在,也要看到将来。

我们要担负起"四化"建设的任务。首先应在现有的知识范围内,努力完成生产建设中的攻关问题。有些难点可以通过力学学会组织力量联合起来攻关。当然不只是机械工程。其次我们的队伍应继续壮大。40 个系应调整加强。要进一步提高学生的外语水平。现有的这支技术队伍要扩大,而提高比扩大更重要。否则,今后的任务不能承担,教育工作委员会应很好地考虑这一问题。第三是,目前在力学方面还有很多空白领域,这是与我们这样大的国家不相称的。我们虽然不是经济大国,但也是地大物博,这些空白领域应该加以占领,至少应与其他大国一样。

2 当前力学研究的主要对象

力学研究的对象随着经济、工程技术的发展而变化。由于力学科学发展的原动力来源于生产,因此应首先面向生产。我们力学工作者的任务就是要改善生产与设计水平。例如,1910 年至 1930 年期间,在航空、航天方面,那时是生产水平高出于力学水平。以后在三十年代后期,慢慢地使力学水平满足了航空工业的要求,那时的航空工业就有了飞跃的发展——从螺旋桨开始发展成喷气发动机,以后又有火箭、航天。这样一个过程,总是工业技术发展在前,当力学水平基本达到工业的要求后,生产则向更高的水平继续前进。

可是,现在什么是生产中最重要的?从全世界的情况分析出发,可归纳为两个问题,一是能源问题,另一是环境问题。能源问题。我们国内已经感到,就像钱学森同志所说,海洋工程向我们提出来了,可是海洋工程中什么是属于我们的力学问题,我们还没有弄得很清楚。他们面临的是重重困难,而这些问题中有些不是我们的力学问题,有些则肯定是。正像航空工业发展时重重困难,但后来解决了。今天,我们面临的是能源这样一个大海洋。我们必须跳下去,否则就不会发现问题。

环境问题也是如此。我们人民生活的环境与工业发展愈来愈矛盾。如北京的噪音、空气、水的污染的问题都是相当严重的,北京的用水都是靠地下水供应的。这些问题,明明存在,我们力学工作者尚未参加分析。如果要战胜这些问题,就要求我们跳下去,理解它、分析它,利用我们自己特有的一套方法,去解决问题。

工作对象在发展过程中起了变化。像能源、环境等这些新的问题被提出来了;而许多老任务,像机械工业中大量的力学问题等,又不能像国外那样可以放手给生产部门,有的还要我们帮助去做,这就使得我们的肩上要担双重任务。由于科学的发展,技术的发展,现今已由过去一般计算工具发展到使用计算机。计算机的发展影响力学发展是很大的。过去我们做工作是一张纸,一支笔,因为重点是分析处理方法。现在则不一样,要用计算机进行计算,而且还有激光这些工具,可以做非破坏性实验和非接触测量。例如,高速运动测量,过去不能做,而现在能做了。总之,所研究的对象变了,工具变了,还有其他科学的巨大发展,都向我们提出重大要求,提出很多问题。这些必然影响力学学科的发展。如对宇宙的认识方面,由于航天技术和微波技术的发展,我们对于宇宙的理解已与四十年代无法相比。又如,生物科学在目前开发得很快,而我们则理解甚少。这些已向力学提出要求,深刻地影响着力学的发展。比如,运动速度,过去是处于一般速度,而现在则是高速和超高速。物质在一般速度下,稳态或拟稳态是适用的,而到了高速、超高速,这套办法就失效了。因此,就会引出很多过去看不到的东西,超高速的运动经常有物相的变化。过去碰撞过程不考虑物相变化,而现在碰撞波是有相变的。如撞击速度达到13000 米/秒时,子弹可以汽化,在相当高的速度下,本来是固体运动却变成气体运动。

又如,低温到高温问题,现在温度愈来愈高,目的是要强化化学过程。进入高温后,过去静态的、非耦合的热应力理论都已不能解决问题。如果要对热冲击的问题进行研究,变形和热一定是耦合的,只有这样,才能研究高速变形下的高温问题。

还有由一般载荷变到现今的超大载荷、超高压、超大型建筑……都有不少新的力学问题。

再有,过去不考虑电磁现象,而今则要考虑进去,很多问题避不开电磁问题。

在处理介质对象方面,过去和现在亦有很大不同:

(1)过去都是单相、单元的物质,而现在基本上很多地方都是多相、复合介质。例如,土壤力学,孔隙与黏性是二相,孔隙是可压缩的;血液是二相流,血液包括血浆和血球,而血球又是可变形的。血球在微血管中通过,就是一个非常复杂的力学问题。

(2)过去所研究的是化学稳定的介质,而今是化学不稳定,变化的物质。研究既有化学变化又有变形运动的力学称为化学流体力学。

(3)过去是均匀介质,而今大量的问题是非均匀介质,如岩体力学。

(4)我们过去搞的问题是物质组成基本不变的介质,而今碰到的是物质组成可变的介质,如宇宙中的星云。

(5)过去研究是无生命介质,而今要研究有生命的介质。例如,骨头从动物身上取下来,刚取下来与闲置几天后完全不一样;又如,肌肉切下来,泡在液体里,几天后不一样,它们死的过程都不一样。有生命介质与无生命介质完全不一样,切割下来,离开人体与在人体上的组织是有差异的,可我们就是要研究它,了解它,从而认识有生命介质。

(6)由无电磁效应的介质到考虑有电磁效应的介质。

(7)由连续介质到现今的非连续的、集体颗粒运动的介质。

(8)过去在加速运动下,可看出精确的本构关系,这是我们思想上的习惯。而现在有些介质本构关系是模糊性。它是有规律的,但强求规律、精确度是没有意义的。因此,必须把模糊数学用到力学中来,而我们现在还没有把这个观点用上。总而言之,我们所研究的对象发生了很大变化,这就引导我们进一步把力学加以改造。但原来的东西还要用,如果把原来的观点去掉,我们必然会遇到很多困难。因为眼前生产建设上碰到的大量的问题,还是可以用单相、单元的均匀物质的方法来处理。

3　当前应重视的几个问题

工作条件在变,那么在这种情况下,当前应重视什么呢?我认为应重视:①动力问题;②非线性问题;③在有规律中呈现无规律的问题,即模糊数学对于在力学中的应用,时效问题即是如此;④逐步重视突变理论,眼前还看不到,但可能很快就会看到它的重要性了。

4 力学工作方式的革命

要适应工作条件的变化,老的工作方式必需改变。

过去是习惯于通过实验建立模型,然后建立方程式。像弹性、塑性、流体、气体等模型已建立一二百年了。因此,是可相信的。在特定问题下求解:分析求解,近似求解。所以力学工作者要有非常好的数学基础,总的情况就是这样。当然塑性力学困难一些。因此,以前在大学就很简单,设数学力学系,解决问题的重点是求解。而现在不是,现在重点是从实验建立模式、模型。这是首要的问题,也是很困难的问题。如最关键的土力学的模式就很不完整,还未得到共同的认识。因为不同的条件,土的模式不一样。渗流也发生这样问题,模式没有共同的承认。计算机使求解数学方程的过程大大简化了,从而使力学工作者的数学训练,有了较大的解脱,改变了我们的工作情况。当然,我们并不能说,微积分从今以后就不需要了。因此,我们的工作方式既要使用一二百年前建立的模式,又要对新问题建立新模式。现在,当我们拿到一篇文章时,首先看模式用得是否正确,这是最重要的。当然,求解就变得较为次要。这就使计算技术占据相当重要的地位。从发展需要看,当然不是说分析求解不重要。系统求解,还是很重要的。

所以,对力学工作者的培养一方面应增强对各方面认识的能力,加强对工作对象的物理的和工程的训练。另一方面是计算技术要重视。加强对近似法的训练。当前在培养人材方面的问题是知识面太窄,固体就是固体,不理解流体,而流体也不问固体,然而要解决的实际问题则是全面的。因此,在人员培训方面,我呼吁不应该把专业分得太细。因为如果分工太细,则影响理解和处理问题的能力。

现在我们正处在大好时代。是转变为一个新的时代的过程。一般工业技术的问题要解决,而且还要准备解决发展中出现的问题。所以,我们是任重道远。我们应进一步努力,克服旧社会遗留的现象,就是各搞各的,派系摩擦。应远看前方,忘掉个人。有人说:“祖国不爱你,你为什么爱祖国,要等价交换。”这是不对的,我们不应等价交换,我们的工作不是等价交换!我们的工作是为了祖国和人民的需要,绝不应该反过来问人民给予了我们什么。因此,要去掉这种思想,使我们干部进一步团结起来共同战斗。

院士简介

钱伟长(1912.10.9—2010.7.30)

物理学、力学、应用数学家。1912年10月9日生于江苏无锡。1935年毕业于清华大学物理系。1942年获加拿大多伦多大学应用数学系博士学位。1955年被选聘为中国科学院学部委员(院士)。1956年当选为波兰科学院外籍院士。

曾任上海大学校长,上海市应用数学和力学研究所所长,清华大学副校长,中国科学院力学所副所长。全国政协第六至九届副主席,民盟中央名誉主席。我国力学、应用数学、中文信息学的奠基人之一,也是中国科学院力学研究所和自动化研究所的创始人之一。

创建了板壳内禀统一理论和浅壳的非线性微分方程组,在波导管理论、奇异摄动理论、润滑理论、环壳理论、广义变分原理、有限元法、穿甲力学、大电机设计、高能电池、空气动力学、中文信息学等方面都有重要贡献。1956 年、1982 年先后获国家自然科学奖二等奖,1997 年获何梁何利基金科学与技术成就奖。

力学和它的发展*

谈镐生
(中国科学院力学研究所)

1 科学的先驱

为什么十七世纪以前没有真正的“科学”?

公元前三世纪,希腊文化曾经有过高度的发展.阿基米德(287~312,B. C.)的静力学,欧几里得(300,B. C.)的几何学,都是杰出的科学先驱例子。但是最有影响的亚里士多德(384~322,B. C.)的动力学,却是一些荒谬的唯心臆测。可是由于亚里士多德在学术界的权威性,他的思想整整统治了西方经院学派达两千年之久,其中经过随着希腊文化的衰落而来的宗教统治和黑暗时代,一直到十五世纪文艺复兴,欧洲人思想上才逐渐得到解放。首先在文学和艺术上大放光彩。但当时的科学却仍然处于幼虫冬眠状态,“科学时代”的开始,是在十七世纪。这主要是由于三个方面的结合,即古老的天文学,力学和数学的质变性飞跃。具体地说,是在开普勒(1571~1630),伽利略(1564~1642)和牛顿(1642~1727),尤其是在牛顿手中,为科学打下了坚实的基础。从此千帆竞发,山花烂漫,写出了三百多年的辉煌科学发展史。

这一段为时两千年的科学先驱时期的特点是:在天文学上虽然累积了大量观察结果,但一则由于托勒密(121~157)“地心说”的影响,天文现象被复杂化,披上了一件神秘的外衣;二则由于亚里士多德唯心论断的影响,动力学始终在荒谬的臆测中打圈子。观察累积的大量资料得不到发挥作用,这主要是由于缺乏一个正确的出发点(哥白尼(1473~1543)的“日心说”),缺乏独立思考的创新精神,缺乏采用实验手段来校验并否定臆测的“膺理论”(如伽利略的实验方法)。而最关键的,则还是缺乏在总结实验工作的基础上,“向理论提高迈进”的这一飞跃性大步伐;此外还受到由于不存在“分析数学”这样一个有力工具的限制,因而对现象的动态研究就显得全然无能为力了(牛顿的微积分,微分方程和三大运动定律)。

2 科学的黎明(科学方法,力学和数学)

在哥白尼“日心说”的基础上,通过分析太柯勃拉(1546~1601)的大量观测数据,开普勒终于归纳得到了他有名的行星运动三大定律:

(1)连接太阳和一行星的半径在等时间内扫过等面积。

---

* 原文刊登在《力学学报》1978年第14卷第3期。

(2)一个行星的轨道是以太阳为焦点的椭圆。

(3)不同行星的“周期平方”正比于相应椭圆轨道“长轴的立方”。

但由于这些定律是以积分(而非微分)形式出现的,所以除了对当时观察到的天体运动之外,不具有更普遍的意义。这代表了自然科学工作方法的第一部曲——“观察”。

伽利略通过实验手段,在比萨斜塔上当众进行了有名的落体实验,以简单而活生生的事实,一举推翻了统治西方学术界两千年的亚里士多德“重体下落快,轻体下落慢”的唯心臆断。他还通过多次斜面落体实验,总结得到了正确的落体运动规律。此外,伽利略还利用自制的望远镜,观察到金星的盈亏现象,肯定了“日心说”的正确性。他创始了自然科学工作方法的第二部曲——“实验”。

牛顿首先在伽利略和他自己的大量实验基础上,抽象外推,把实践的结果上升为理论。他大胆外推,提出了有名的牛顿三大运动定律:

(1)物体保持静止,或以等速沿一直线运动,除非它被外力所迫而改变其状态。

(2)运动量的改变正比于作用的外力,并沿着外力作用的方向。

(3)对每一作用,存在一大小相等,方向相反的反作用——两物之间的作用,永远相等,反向。

这个飞跃性的步骤,形成了自然科学工作方法的第三部曲——“理论”。

“科学方法”的三部曲“观察,实验,理论”这个环套是由开普勒,伽利略和牛顿完成的。从牛顿开始,在人类认识自然的方法上,就出现了一个崭新的时代,即所谓“科学时代”。

3 牛顿和它的三大运动定律(力学的基础)

关于牛顿三大运动定律,按照目前的理解回头看,我们完全可以无情地说,只有第二第三两定律才是具有实质性,起到纲领性作用的真正的“定律”。用数学形式表示,第二定律是一个左端为“力”,右端为“动量对时间的一阶导数”的微分方程。当无外力作用时,这个方程的一次积分给出了物体运动所必需遵守的“动量守恒”定律,这显然就是牛顿的第一定律。如对这个方程和路线间的“标量积”进行线积分,则左端给出外力所作的“功”,右端给出物体“动能”的增加。假如存在“位势”(作用外力为它的梯度的负值),则上述左端积分与路线无关,等于位势的下降。使两个结果相等,就立即得出结论:在势场中物体运动的总能量(动能加势能),遵守一个“能量守恒”定律。

第三定律说明了对于一个多质点系统,由于质点间的相互作用相等反向,不影响质心的运动,因而多质点系统的运动,完全可以按整体的“质心运动”,以及按质点对质心的“相对运动”,分别处理,这就大大提高了第二定律的适应性。就太阳系来说,不论是托勒密的“地心说”,还是哥白尼的“日心说”,都不代表绝对真理。但由于太阳和行星间质量的悬殊,质心基本落在太阳上面,因而相对地说,日心说就代表了一个远较明智的坐标抉择,它剥去了地心说的神秘外衣,给出了一个合理简单的太阳系运动图像。

以上的讨论可以说是一种“事后诸葛亮”的分析。其实这是欠公允的。现在让我们从认识论的角度来对牛顿的三大运动定律进行逐条分析。

第一定律的第一点——无外力作用时,物体静者恒静——,这是人们所熟知的;但是第二点——动者沿一直线作等速运动——，则是一个极其大胆的外推。因为实际上，从来，也永远不会有人能用实验来证明这个论断的正确性。通过第三点——只在外力作用下，物体才改变其运动状态——，牛顿对上一外推的无法证实性给出了解释，从而为定律提供了闭合的环节。

第二定律，上面已经用回顾的方式作了讨论。由定义的角度看，有人认为通过第二定律，牛顿实际上既给“力”下了一个定性的定义，即“力”就是改变物质运动状态的原因；又通过方程给“力”下了一个定量的定义。也有人认为“力”这个东西是人们熟知的，当你手提肩挑时能感到，用秤也能读出“物体的重力”。在平衡静止情况下，外力给予物体的加速度和“重力加速度”大小相等，方向相反。因此不妨认为通过第二定律，牛顿给物体的“质量”下了定义，即“质量”为“重力”和“重力加速度”间的比值。

第三定律表示了物体之间相互作用的关系，预示了后来由达朗贝尔(1717～1783)通过引进“惯性力”而建立起来的达朗贝尔原则，即“动态的静止平衡定理”。

“力学理论”是定量的规律，它既要总结过去，又要预言未来。为了达到理论阶段的飞跃，牛顿不能不依靠一个能以表达物理量瞬时变化的运算规律，这就是微分运算。牛顿为了完成他的运动定律，在数学上发明了微积分(莱布尼茨独立地通过几何学研究发明了微积分)。因此牛顿不但是“理论力学”的奠基人，也是“分析数学”的奠基人，一个人同时开创性地竖起物理科学的两大支柱，这是人类智慧的奇迹。

4 牛顿力学体系

牛顿的最大贡献，首先在于完成了科学方法的最后环节，即由实践到理论的上升飞跃，从而开始了三百多年来的科学时代。其次是为物理学的两根支柱，理论力学和分析数学，奠定了坚实的基础。牛顿的力学观形成了所谓“牛顿力学体系”。

究竟什么是牛顿力学体系？

牛顿力学体系的核心，当然是他有名的三大运动定律。它们决定了古典力学的范畴，决定了三百多年的力学发展方向。无疑今后还将继续指导力学学科的发展。

牛顿力学体系实质上是建筑在四个独立“概念”的基础之上的一坐大厦。这四个基础概念是：①绝对化的“质量”；②绝对化的“空间”；③绝对化的“时间”；④“力”(或“场”)。这里“绝对化”是指不受物体运动状态影响的意思。

牛顿的运动方程，是在这四个物理量的基础上建立起来的，一个以微分方程形式表示的函数关系式。出现在方程左端的项为“力”，右端的项为“质量”与“坐标对时间的二阶导数”的乘积。由于这定律是以一个二阶常微分方程的形式出现的，它的解，即运动的轨迹，显然由两个初始条件就完全可以决定。这就是说：物体的运动，遵循一个严格的因果关系，即“因果律”。因此，可以说，牛顿力学体系具有两个主要特点，即：

(1)遵循严格的“因果律”。

(2)存在“时间”和“空间”的绝时化，以及它们之间的独立性。

它的这两个特点，在某种意义上，后来可又变成了它的缺点，导致了牛顿力学体系的局限性，即出现了受常规尺度和速度限制的适用范围。二十世纪初，两个新力学体系(相对论力学，量子和波动力学)的兴起，就是在极端情况下，对这两个特点，即“因果律”和

“时空的绝对化及可分割性”的挑战。关于这一点，下面在第8节将详细阐述。

牛顿对力学学科的主要奠基性贡献，除了他的三大运动定律之外，还有一个有名的“万有引力”定律。即两物体之间，存在着相互的向心引力，它和质量的乘积成正比，和距离的平方成反比，系数为一个普适的万有引力常数。

牛顿假设了所有物体，不管是天体还是地面物体，都受同一运动规律的制约。应用微积分，易于证明一个具有等线速度的圆周运动，是一个有向心加速度的运动。这个加速度等于半径和“角速度平方”的乘积。把这个结果代入牛顿第二定律，如果同时假设一质量远大于另一质量，可以近似认为大质量固定不动，小质量绕大质量作圆周运动，这时这个定律就立即给出了“周期平方”正比于“半径立方”的结果。把这个简化结果应用到行星绕日运动，正就是开普勒得到的第三定律。假如用极坐标和一般向心力场的椭圆轨道演算，同样易于证明开普勒的第一和第二定律，这里就不赘述。总之，牛顿通过他的三大运动定律和万有引力定律的结合，轻而易举地从理论上解释了开普勒由观测结果总结得到的行星运动规律。当然，引进普适的万有引力常数，这又是牛顿的另一大胆创新。

对于具有分布质量的物体，不难证明它对外部所产生的“引力场”，是和该物体质量分布无关的，可以假设全部质量集中在一点，即所谓“质心”。因此，对于一个质量来说，它受到由另一质量所产生的，和质量成正比，和距离平方成反比的“引力场”的作用，“场”无非是一个物理量的空间表述。不相接触的物体间的相互作用，通过物质和引力场的相互作用来表述。在引力场中两点间的线积分，导致了“引力势”的概念。把这概念和第二定律相结合，立即得到物体在势场中必须遵守的“能量(势能加动能)守恒定律”。

牛顿最大成就之一，就在于他发明了表达因果性物理定律的必要工具，即数学方法。这个数学表示，前面已经提到过，必须具有微分方程的形式。关于这一点，爱因斯坦(1879～1955)曾作过如下的论述：

“为了给予他的体系以数学的形式，牛顿首先发现微分的概念，并用微分方程的形式来表达他的运动定律——这或许是有史以来一个人所能迈出的一个最大的理智步伐”。

为了解决具体力学问题，即具有初始条件的问题，对微分方程还必须进行求解，而这也是由牛顿对积分学的发展而获得解决的。

5　牛顿以后的古典力学和数学(十七至十九世纪)

十七世纪开始了科学时代。由于人们掌握了科学方法，自然科学(认识自然)在各方面都呈现出了一派突飞猛进的大好形势，而其中由牛顿一手奠定了基础的物理科学两大支柱，力学和数学，尤其起了带头和主力军的作用。

从十八世纪到十九世纪末，是牛顿力学体系绝对统治物理科学的辉煌发展时期。这期间力学和数学，相互带动，相互促进，成为科学发展史上得天独厚的一对孪生子。在此同时，属于物理学范畴的其他分支学科，如热学，声学，光学，电磁学，也都欣欣向荣，茁壮成长。到十九世纪就逐渐形成了古典物理学的黄金时代，形成了具有五大分支学科的物理学。除了力学之外，声、光、热、电都各自建立起了数学上形式完美的“唯象理论”。

当然，声学和光学，由于它们直接代表了某种介质的振动和传播，一开始就显出了它们的力学性本质。但热和电则一时仍然被看成是一种神秘性的流体。正在这个时期,由于分子运动论和统计力学的异军突起,到十九世纪末,热学终于又被纳入了微观古典统计力学的范畴。“热”无非是物质分子微观运动现象的集体宏观表现。热力学所包含的宏观经验常数,像扩散,黏性,热传导系数等,都可由统计力学给以理论的推导和解释。洛伦兹的电子论出现后,电流被剥去了神秘的外衣,也成了仅仅是带电粒子在电势场作用下的物质流。电磁学和电动力学则当然本身就是一种“作用场”的理论。“作用场”无非是“力”的一种空间表达形式。例如引力可用引力场来表示,电磁力可以用电磁标量——矢量势场来表示。所以,早在古典物理学的黄金时代,“力学”就既成为物理学的第一个主要分支,同时又和数学一起,成为物理学的两个基础了。

6 十八世纪的力学

十八世纪力学的主要发展,在于把牛顿的力学体系,向深度和广度两方面推进:

(1)拉格朗日(1736～1813)通过引进广义坐标,在牛顿力学的基础上,建立了“分析力学”,解决了多质点系统运动的问题。引进了拉格朗日函数并推导了有名的拉格朗日方程组。

(2)力学和具体物性的结合:在固体方面,欧拉(1707～1783)发展了刚体运动,固体弹性和稳定性方面的研究。在流体方面,欧拉,拉格朗日,达朗贝尔和伯努利等发展了理想流体动力学。

这时期在数学方面,相应地出现了泛函理论,欧拉—拉格朗日的变分原理;拉普拉斯(1749～1827),泊松(1781～1840),达朗贝尔等的古典场方程分析,即所谓物理数学。

6.1 分析力学

十七世纪费马对光学曾引进了最小光程原理,十八世纪马柏杜在把费马原理推广到力学领域的尝试中提出了最小作用原理。但由于当时缺乏严谨的数学分析,在科学界曾引起了大量争论。这个争论,最后终于在欧拉,拉格朗日和十九世纪哈密顿(1805～1865)手中得到了肯定解答。

拉格朗日通过引进用多自由度的广义坐标和广义速度来表达多质点系统的动能和势能,并引进了拉格朗日函数(动能和势能的差),直接由牛顿第二定律,推导得了适用于多质点系统的拉格朗日广义坐标运动方程。

广义坐标把线性运动和角运动等价对待,通过动能和势能在广义坐标中的表达式,可以直接把复杂系统的运动方程组写出。这样就把牛顿力学的功能大大提高一步,形成了拉格朗日的“分析力学”。

6.2 牛顿力学和具体物性的结合

对于具有结构的固体,在不平衡的外力作用下,它的刚体运动规律由牛顿第二定律给出,这方面欧拉作出了细致的研究和贡献。在平衡外力作用下,由于物质的“可变形性”,物体内部产生了应力分布和形变,因此发展了一门所谓“固体力学”的分支学科,它的内容包括了弹性力学和物体受载情况下的稳定性研究。

对于不具有结构的流体介质(液态,气态),在不平衡外力作用下,产生介质的流动,形成了“流体动力学”的一门分支学科。它通过对介质微元,在牛顿力学基础上,进行连续性和动量关系的探讨,建立起了相应的偏微分运动方程组。这方面主要的贡献,是欧拉得到的固定坐标系中的分布流场方程组,以及拉格朗日求得的随流质点动力学方程组。其他如伯努利运动方程,达朗贝尔疑难,都是比较杰出的成果。

这一时期在数学上则出现了泛函分析。为了解决泛函的极值问题,拉格朗日发展了变分原理,得到了欧拉的极值微分方程组。

假如采取拉格朗日函数为泛函内的被积函数,则立即得到了有名的拉格朗日运动方程组。但这一证明,却是后来由哈密顿提供的,即有名的“哈密顿原理”。将于下节阐明。

在古典场论问题中,还出现了具有普遍意义的典型“物理数学”方程,如拉普拉斯方程,泊松方程,达朗贝尔方程等。对于这些方程,随着在不同坐标系中的求解,导致了各种特殊函数,例如,贝塞尔函数,球谐函数,勒让德多项式等。有关这方面的详细讨论,超出本文范围,不加赘述。

7 十九世纪的力学(和应用数学)

十九世纪是古典力学发展的高潮,牛顿力学体系的黄金时代。在这期间,在向广度和深度的推进上,都出现了飞跃性的发展,其中占主要地位的有四个方面:

(1)分析力学——哈密顿的原理,函数和方程。

(2)统计力学——麦克斯韦和玻尔兹曼的分子运动论。吉布斯的统计力学。

(3)流体力学——纳维-斯托克斯方程。开尔文和赫姆霍兹的环流守恒定理。

(4)电动力学——麦克斯韦的电磁方程和电磁波理论。

从力学体系本身来评价,以上四个方面的发展,各有其特点和重要性,无可轩轾。哈密顿的原理,函数和方程,起到了从牛顿力学通向广义相对论,量子和波动力学的桥梁作用。统计力学的建立,把牛顿力学推进到微观世界。由于分子运动论的发展,热学终于被纳入力学的范畴,同时由于它引进了几率和分布的概念,又预示了微观世界中蕴藏着因果律的危机。流体力学的发展,一方面由于考虑了介质的黏性,建立起纳维-斯托克斯方程,奠定了研究真实流体运动的基础。由雷诺发见的湍流现象,则形成了百年来物理和力学上最大的难题,迄今尚未看到解决问题的眉目。另一方面,理想流体力学,在数学形式上达到了如此高度的完整性,以至被认为它已完成了发展的使命。由于流场势函数满足拉普拉斯方程,二维流场理论和复变函数论等价,三维流场理论和势论等价,而后者则正是十八、十九两世纪来取得了最完美发展的分析数学。最后,麦克斯韦电磁方程的建立和推理,导致了电磁波以光速传播的结论,预言了无线电波传播的可能性,后来终于由赫兹的实验得到了证实。马可尼的实验,开始了无线电通讯时代,使人类生活改变面貌。麦克斯韦从理论上证实了可见光无非是一定波长范围内的电磁波,从而确立了光的波动性和电磁性。从物理学发展的角度看,有些作者把麦克斯韦列为出现在牛顿和爱因斯坦之间的最杰出的科学家,是有一定道理的。

作为牛顿力学体系本身的一个发展阶段,可以说哈密顿原理的引进,是牛顿三大运动定律以后出现的一个最大飞跃。它赋予了拉格朗日的分析力学以新的意义,真正完成了马柏杜把费马光程极值原理向力学推广的尝试,起到了从经典力学到广义相对论的桥梁作用。另一方面,由拉格朗日函数相切变换得到的哈密顿函数和他的正则方程,以及描述粒子运动的哈密顿-雅可比特征函数方程,正好就是他结合几何光学和波动光学的光程方程。这又对后来薛定谔波动方程的建立起到了桥梁作用。因此可以说,哈密顿既是古典力学的开拓者,又是两个新兴力学的先行者。

十九世纪也是数学发展史上的黄金时代。除了上节提到过的泛函分析和各种特殊函数外,勒让德(1751～1833)变换和李(1842～1899)群,对热力学唯象理论的势函数,以及哈密顿函数的建立,起了主导作用。黎曼(1826～1866)发展了复变函数论,创立了抽象"黎曼几何";吉布斯发展了矢量分析;勒维-切维太发展了张量分析,这些都为后来爱因斯坦建立广义相对论奠定了数学基础。

从十七世纪到十九世纪中叶,数学一直是沿着"应用数学"的方向发展的。应用数学的特点,是富有创造性,而较欠严格性。最有名的例子,就是傅里叶(1768～1830)引进的级数展开方法,哈维赛(1850～1925)引进的算符运算方法,当时都遭到数学界的嘲笑,后来才得到证明。本世纪的例子,则为有名的狄拉克 δ 函数。这些在力学和物理学的发展上,都起了极为重要的作用。

十九世纪中叶以后,数学界开始出现了另一分支的发展,即所谓纯数学。它认为数学就是单纯的逻辑推理,否认"直觉"在数学上的作用。对于这一点,彭加莱(1854～1912)曾进行了严肃的批判。这里不赘述。

总的来看,力学的发展和应用数学的发展,是相互带动,相互促进,不能分开的。过去如此,将来还将如此。

8 二十世纪——新力学的兴起(相对论力学,量子和波动力学)

8.1 古典力学

二十世纪初期,在和两个新兴力学诞生的同时,古典流体力学方面也出现了一个飞跃,这就是普朗特的"边界层理论"。按照赫姆霍兹的结论,飞机是不可能飞起的,但莱特兄弟的飞机终于离开地面了。闭眼不承认现实呢?还是丢弃完美发展了的理想流体力学呢?普朗特指出,空气的黏性作用,被局限在翼面附近一个薄薄的边界层之内。由于边界层中出现分离流造成了"绕翼旋流",同时在起飞点留下了一个"起始涡旋",机翼带走的是一个相等反向的"随翼涡旋",两者之间则由"曳行涡旋"连接形成了闭合涡环。这个"随翼旋流"就产生了升力。这个直观的理论,一举解决了流体力学的危机。它解释了飞行的现实,又挽救了完美发展的理想流体力学。这一工作在流体力学史上是划时代的。自从普朗特的原始论文出现后,七十多年来关于边界层研究的论文,已多达数千篇。边界层理论的出现,可以说是二十世纪古典力学方面的首要大事。

8.2 新兴力学

两门新兴力学,就是描述微观世界物质运动规律的量子力学,和描述宏观世界或高速运动物质运动规律的相对论力学。在形式上它们和古典力学截然不同。但当两者趋于常规状态时，都自动向古典牛顿力学转化。这就是由玻尔提出的有名的“对应准则”。和古典力学相比，两者都需要用远较复杂的数学工具表达。量子力学用抽象的函数空间(希尔伯特空间)，相对论力学用抽象的几何空间(黎曼空间)表述。离开了数学的语言，要给它们以轮廓清晰的描绘，是一件困难的工作。以下简单地对它们的内容作一通俗介绍的尝试。

8.2.1　量子力学

量子力学时代，是从1903年普朗克为了解释黑体辐射能谱在短波长区不遵守古典辐射规律，通过引进粒子性的能量子概念，从理论上获得了正确的能谱而开始的。当时他本人认为只是一个模型。年轻的爱因斯坦却立即接受了这个革命性的观点，认为是物理的实质，并通过对光电效应只依赖于光频，和光强无关的理论分析，证实了“光子”的存在(后来康普顿实验又一次证实了这点)。对于原子光谱，按照古典辐射理论，电子绕原子核作轨道运动，由于辐射损失能量，电子的轨道半径不断缩小，频率增大，因此应该给出一个连续谱，孤立谱线的出现，是不可理解的。为了解释原子结构的稳定性，玻尔引进了电子轨道的“量子化”条件。即每一轨道相应于一定能级，只当电子从一轨道跃迁进另一较低能级的轨道时，才发出辐射，辐射的能量则为能级间由量子化条件决定的非连续性差值。但量子化条件本身又带来了新的困难，即它缺乏理论依据。这个困难经过了曲折的发展阶段，最后终于在1925年薛定谔波动方程建立以后，才得到了合理解释。薛定谔方程的建立，既有赖于哈密顿的先行工作，而主要还通过德布洛意“物质波”理论，即在微观世界中，物质和光一样，既具有粒子性的一面，又具有波动性的一面(由戴维森-顾麦实验证实)。把薛定谔方程应用到电子轨道运动，波函数解的单值性要求，导致了方程的特征值，即非连续性的能级。对于特征波函数的物理意义，由玻恩给出，即波幅的平方值相应于“物质空间存在”的几率。这种几率性的解释，和海森伯对共轭可观测量间的有名的“测不准原则”一起，从根本上动摇了微观世界中的“因果律”。

8.2.2　相对论

狭义相对论：对于作相对等速运动坐标系中的速度效应，1905年爱因斯坦在光速的绝对化基础上(迈克尔逊实验)，通过洛伦兹变换得到了表述，从而否定了古典力学中的时间和空间的绝对化概念，建立了不可分割的四度时-空结构。为了保持牛顿第二定律，还需要放弃质量的绝对化概念。狭义相对论力学的结论，导致了运动坐标系中：①长度(沿运动方向)的收缩；②时间的变慢；③质量的增加；④质能间的转换。最后这个惊人结论，破坏了古典力学的质量守恒和能量守恒定律，导致了新的“质能守恒”定律。并预言了获得原子能的现实性。

广义相对论：对于加速运动坐标系，1916年爱因斯坦引进了引力场和加速度的等效原理，论证了质量的存在造成时-空的弯曲。引力场无非是一个四度时-空结构中的曲率场。一个质点在引力场中的自由落体运动方程，由弯曲时-空结构中的短程线方程取代。从而突出了力学的几何性。

半个多世纪来的物理学新发展，可以说完全是建筑在这两个新兴力学的基础之上的。

由于量子力学和相对论的出现,牛顿力学体系的一统世界似乎发生了动摇,牛顿力学似乎不再能作为自然界的真理了。但是进一步的分析易于看到,每一科学原理的真理的界限都是相对的。新兴力学——波动力学(量子力学)和几何力学(相对论)——的兴起,与其说是对牛顿力学体系的否定,倒不如说是对牛顿力学体系的扩展,使"力学"的范畴得到了向大小两端的延伸。可以作如下的示意图:

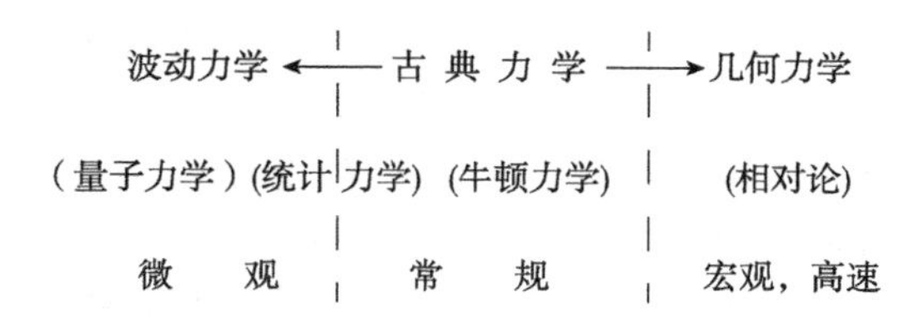

因此,作为新的力学概念,牛顿对于"力"的定义,即改变物体运动状态的原因,可以完全保留下来。力学的基本定律,在常规情况下,完全保留为牛顿的力学体系。在微观世界,"力"表现为粒子之间的"相互作用场"。基本运动方程由薛定谔的波动方程给出。即突出了力学的波动性。在宏观世界,"力"表现为时-空四度结构的曲率。基本运动方程由四度空间的短程线方程给出。即突出了力学的几何性、由微观到常规到宏观世界,力学的统一性表现为"对应准则"的存在。量子力学,古典力学,相对论力学各具有其适应的范畴。在各自的领域内,都表达了相对的真理。作为力学学科,应当在古典力学体系基础上,接受新的发展,把新的力学,即相对论力学,量子和波动力学包括进去,作为一个力学工作者,在工作上可以集中研究某一体系领域中的现象。但在观念和认识上,则应该对传统的和新兴的力学范畴都争取有一定的认识。应该看到力学的整个领域。看到实际上力学和数学一起,形成物理科学的基础,物理学的两根主要支柱。一切物理现象,都在力学概念的基础上,通过数学的渠道,取得深入的认识开尔文认为他对一个物理现象,假如不能取得一个力学的模型,他就没有真正懂得它。这种看法,虽然一度被嘲笑为机械唯物论的观点,但在新的力学概念基础上,看来仍然是站得住的提法

作为结语,下面让我引用德布洛意的一段话:

"力学的原理取得了如此高度的完美性,以致五十年前,大家相信实际上它已经完成了它的发展。可是正在这时,相继出现了两个非常出乎意外的古典力学的发展——一方面是相对论,另一方面是波动力学。它们导源于或则解释非常微妙的电磁现象,或则解释原子尺度范围内的可观测过程的需要。相对论力学只打乱了人们对于时间和空间的传统观念,它在某种意义上,却完成并给古典力学加上了皇冠;量子和波动力学则给我们带来了更为激进的新概念,并迫使我们放弃基层现象的连续性和绝时决定性概念。今天相时论和量子力学,形成了我们对整个力学现象领域认识的前进途中的两个最高峰。"(见,R. Dugas 力学史,1955)

(1)力学的内涵:"物质,空间,时间。"

(2)世界的存在,是物质的运动。(物质的时-空存在!)

力学就是研究"物质运动规律"的科学。

(3)物理科学——认识自然;工程技术——改造自然。

(4)力学既是物理科学的基础,力学又是工程技术的基础。

院 士 简 介

谈镐生(1916.12.1—2005.9.28)

力学、物理学、应用数学家，籍贯江苏武进。1939 年毕业于上海交通大学。1949 年获美国康奈尔大学航空、数学、力学博士学位。1980 年当选为中国科学院学部委员(院士)。

曾任中国科学院力学研究所研究员、副所长。20 世纪 50 年代解决了一些流体力学中的关键性问题：建立了激波马赫反射理论(核爆炸破坏理论的关键性工作)，开拓了直升机翼流场的研究，解决了著名的普朗特—卡门疑难，求得了水翼理论的基本解。在稀薄空气动力学、湍流研究、推动力学学科现代化等方面作出了重要贡献。

21 世纪初的力学发展趋势*

郑哲敏 周 恒
(中国科学院力学研究所) (天津大学)
张涵信
(中国空气动力研究与发展中心)
黄克智 白以龙
(清华大学) (中国科学院力学研究所)

力学是力与运动的科学,它研究的对象主要是物质的宏观机械运动,它既是基础科学,又是众多应用科学特别是工程技术的基础。它过去建立在牛顿定律和经典热力学的基础上,现在则扩大到量子力学描述的微观层次。

力学和天文学、微积分学几乎同时诞生,曾在经典物理的发展中起关键作用。20 世纪力学在推动地球科学,如大气物理、海洋科学等的定量化方面,作出了重大贡献。近年来还在材料科学、生物学、医学等科学分支中起着越来越重要的作用。

由研究弦、杆、板振动而形成的数学物理方法中的谱理论,很自然地被移用到量子力学。由力学现象中首先发现的分叉(可追溯到 200 多年前 Euler 对压杆稳定性的研究)、孤立波(约 100 年前)、混沌(30 年前)等现象以及相应的理论方法,是被称为 20 世纪自然科学最重要发展之一的非线性科学的核心部分。由于力学本质上是研究物体宏观运动的,而宏观运动是人类唯一可以直接感知,因而更易理解的运动,所以由力学中首先发现的带有规律性的现象,后来被发现具有超出宏观运动意义的这种人类认识自然的无穷尽的过程,今后仍将继续不断。

力学又是为数极多的工程技术的基础学科。在 20 世纪,出于工程技术发展的需要(顺便提一句,工程可以说无一例外地是宏观的),应用力学有空前的发展。在力学理论的指导或支持下取得的工程技术成就不胜枚举。最突出的有:以人类登月、建立空间站、航天飞机等为代表的航天技术;以速度超过 5 倍声速的军用飞机、起飞重量超过 300t、尺寸达大半个足球场的民航机为代表的航空技术;以单机功率达百万千瓦的汽轮机组为代表的机械工业,可以在大风浪下安全作业的单台价值超过 10 亿美元的海上采油平台;以排水量达 5×10^5t 的超大型运输船和航速可达 30 多节、深潜达几百米的潜艇为代表的船舶工业;可以安全运行的原子能反应堆;在地震多发区建造高层建筑;正在陆上运输中起着越来越重要作用的高速列车,等等,甚至如两弹引爆的核心技术,也都是典型的力学问题。

力学在解决众多的新的工程技术问题及向其他学科渗透中,大大丰富了力学学科本

* 原文刊登在《力学进展》1995 年第 25 卷第 4 期。

身。在传统的理论力学、材料力学、流体力学等学科外形成了空气动力学、水动力学、渗流力学、物理化学流体力学、弹塑性力学、断裂与损伤力学、岩土力学、振动学、生物力学、结构力学、爆炸力学、等离子体动力学、物理力学、细观固体力学等分支。在有些方面，解决了过去不能解决的问题，如高速空气动力学之对于航空、航天技术。有些方面，则大大改变了传统的概念，如断裂、损伤力学的成果深刻地改变了强度设计的观点。又如，由于结构动力学的发展及对地震波的研究，打破了过去在地震多发区不能盖高层建筑的禁区。

由于解决科学和工程技术问题需要计算，力学工作者在电子计算机出现之前就已经提出了不少有效的数学工具和计算方法。由边界层研究发展起来的奇异摄动法已经形成普遍使用的数学手段。有些方法，如Galerkin法，松弛法等，至今仍是计算数学的基本方法之一。在高速电子计算机出现后，力学的计算更是如虎添翼，新的计算方法迅速出现，如从结构力学中发展起来的有限元法，现在已是各种科学问题（远不限于力学）的基本算法之一。由于流体力学计算的需要，极大地推动了有限差分法的发展。现在，计算力学已是整个计算科学中最重要的支柱之一。

从以上对力学发展过程的回顾可以清楚地看到，力学是随着人类认识自然现象和解决工程技术问题的需要而发展起来的。力学又的确对认识自然和解决工程技术问题起着极为重要、在很多时候是关键的作用。环绕我们的自然界，如今还有众多的关系到人类生存和生活质量的宏观现象，远没有被认识清。如全球的气候问题、环境问题、海洋问题、自然灾害（如台风等）问题等，将会继续不断提出新的力学问题。更不用说，21世纪将出现的更新、更大、更复杂的工程技术问题有赖于力学的新发展去解决。只要承认人类永远生活在宏观环境中，就不难理解力学的发展对人类生存和社会进步是永远不可少的。

目前在科学的研究上，正在采用对同一问题在不同尺度上进行研究的方法，力学也不例外，例如，为了更好地理解材料的力学性能，既需要在宏观层次上，又需要在细观、甚至微观层次上进行研究，但是如何将不同层次的现象联系起来，无论对哪一学科都还是难题。证诸科学发展的历史，有理由相信首先突破这一难点的有极大可能是力学，其方法论的意义因而也将是巨大的。

以下就力学几大方面的现状和发展趋势做一简述。

1 固体力学

固体力学是研究固态物质和结构（构件）受力而发生的变形、流动和破坏的一门学科。固态物质和结构的多样性，使其受力后的响应丰富多彩。如弹性、塑性、蠕变、断裂、疲劳等。而众多自然现象（如地震）和关键工程问题（如飞机强度），则是固体力学研究对象的实例。

固体力学在过去的年代，创立了一系列重要概念和方法，如连续介质、应力、应变、分叉、断裂韧性、有限元法等，这些辉煌成就不但造就了近代土木建筑工业，机械制造工业和航空航天工业，而且为广泛的自然科学如偏微分方程、非线性科学、固体地球物理学等提供了范例或基本理论基础。

尽管固体力学中的弹性力学是一门定量化程度很高的精确学科,但是现代固体力学由于其涉及对象的复杂性,提出了一系列处于科学前沿的挑战性问题。例如:

工程材料实际强度和目前的理论强度相差一至二个数量级。这个矛盾曾推动位错、裂纹等的重要物理、力学理论的建立。然而,至今这个根本矛盾依然存在。固体力学如今不仅限于计算微小应变和应力,而且要求判断变形局部化、损伤、寿命乃至断裂。更进一步的问题是如何将不同性能和功能的材料合理地配置在一起,形成某种特定的复合材料,以实现实用所要求的某种考虑如比重、刚度、强度、韧性、功能乃至价格等多种因素的优化组合,并促成材料设计科学。再进一步是将各种特定的制备和加工技术,如塑性成形、粒子束加工等工艺,也达到机理性的认识和优化控制。到那时,整个材料和制造业,将从所谓的“厨房中的化学”变为节省资源,节省能源,优化合理的产业。

现在的各类复杂结构,包括桥梁、飞机,到人工器官的设计,还是不够科学的、优化的。带来的问题是火箭、飞机屡有失事;多数结构依靠过大的安全系数(如飞机为1.5)来换取安全,不必要地耗费了许多材料。即使如此,桥梁等建筑物的坍塌仍时有发生。如何优化设计各类复杂结构(如高速运输工具),使其在各类载荷环境(冲击、循环载荷、潮湿、低温等)下可靠、舒适地运行,既是十分实际的工程问题,也属复杂系统响应这类前沿科学问题。地震是怎样发生的,泥石流和滑坡能否预测预报,作为大型土木工程(水坝,建筑物)基础的岩石和土在长时受载下的流变等一系列地质力学和岩土力学问题,仅靠目前的连续介质力学也是难以解决的,必须针对地学特点构筑新的力学模型,以作为地球动力学和工程地质学的基础。

所以,展望下世纪初固体力学的发展,可以呈现如下趋势:

经典的连续介质力学将可能会被突破。新的力学模型和体系,将会概括某些对宏观力学行为起敏感作用的细观和微观因素,以及这些因素的演化,从而使复合材料(包括陶瓷、聚合物和金属)的强化、韧化和功能化立足于科学的认识之上。

固体力学将融汇力-热-电-磁等效应。机械力与热、电、磁等效应的相互转化和控制,目前大都还限于测量和控制元件上,但这些效应的结合孕育着极有前途的新机会。近来出现的数百层叠合膜“摩天大厦”式的微电子元器件,已迫切要求对这类力-热-电耦合效应做深入的研究。以“Mechronics”为代表的微机械、微工艺、微控制等方面的发展,将会极大地推动对力-热-电-磁耦合效应的研究。

固体力学中压杆变形的分叉,曾是促进非线性动力学近代大发展的一个核心概念。随着固体力学把固体和结构视为含多个物质层次的复杂系统,并研究它在外载荷下的演化过程,可以预期非线性动力学,非平衡统计和热力学的概念和方法将会大大丰富起来。

分子动力学等微观模拟方法和复杂结构的仿真将会随着计算机的飞速发展,更大规模地、更迅速地在固体力学和工程设计中得到应用与发展。目前工程界广泛应用的有限元法,就是计算机技术与固体力学相结合的产物,它曾极大地推动了本世纪工程科学的发展。过去,限于计算机的速度和容量,许多非线性问题不能很好解决。分子动力学模拟目前离实用还有很大距离。但下世纪初,这种局面势必会有很大变化。

固体力学的上述发展,无疑会推动科学和工程技术的巨大进步。

2 流体力学

现代意义下的流体力学形成于本世纪初，它是通过 Prandtl 的边界层理论完成的。但在此以前的不少理想流体研究的成果，至今仍有意义，如水波的基本理论。Prandtl 的边界层理论还导致了应用数学中有名的渐近匹配法的形成，并迅速在其他学科中找到了广阔的应用领域。上个世纪在运河河道中发现的孤立波在60年代得到了彻底的解决，既推动了力学和数学的发展，也迅速导致在其他学科如光学、声学中发现类似的现象。现在孤立波（光学中称孤立子）已成了光通信的基石。本世纪60年代，为探索为何基于流体力学方程的数值天气预报只能准确到很少几天，通过简化这组方程之后，得到了现在已十分著名的 Lorenz 方程。数值计算表明，它的解对初值十分敏感，以致一定时间之后，其值变得几乎完全不可预测的了。这一发现开辟了混沌研究新领域，奠定了非线性科学的基础。这一事实还说明，流体力学方程（NS 方程）的内涵十分深邃，对它的了解还远不是充分的。水波中各种波的非线性作用的研究，也丰富了非线性科学的内容。凡此种种，显示出了本世纪流体力学在科学发展中的作用。

流体力学在工程技术中的作用，更是有目共睹的。飞机的飞行速度得以超过声速，是空气动力学发展的结果。人类登月的成功，大型火箭和航天飞机的实现，需要解决成千上万个前所未有的难题，而力学问题往往首当其冲。为此形成了高超声速气动力学，物理化学流体力学，稀薄气体力学等一系列新的分支学科，并极大地推动了计算科学的发展。为解决喷气机的噪声问题，提出了流体噪声理论，它完全不同于经典的声学理论。各种高速、高机动性和高敏捷性的军用飞机和安全、舒适的大型民航机的研制成功，同样需要流体力学提供的新思想和新成果。70年代兴起的海上采油工业，若没有流体力学的研究成果为依据，设计、建造单台价值超过10亿美元的海上采油平台是不可能的。巨型船舶、高性能潜艇及各种新型船舶的研制中，流体力学问题仍是首先要加以解决的。其他如地下油气开采也得益于流体力学的指导。大型水利枢纽的设计和建造，离开了水力学是不可能的。各种大型建筑物，如火电站的冷却塔和大跨度桥梁等遭风载破坏的教训，引起了力学和工程界的密切关注，形成了风工程这门新的学科。大型汽轮机、燃气轮机及涡喷发动机等现代动力机械的研制，提出了许多新的流体力学问题，形成了独特的翼栅及内流理论，其中还伴有高温、化学反应、多相等复杂因素，总而言之，没有流体力学的发展，本世纪的许多工程技术，特别是高新技术的发展是不可能的。

流体力学在取得巨大进展的同时，也留下了一些仍待解决的问题。不尽快地将它们解决，必然对科学及工程技术的进一步发展带来困难。同时，技术的发展是无止境的。仅就交通运输为例，无论是空中、水上水下，还是陆地上的交通工具都在朝着更大、更快、更安全、更舒适的方向发展，新问题将层出不穷。

第一个大问题是湍流。经过几代人的努力，对这一问题的认识已大为深化，这才有上述各项成就。绝大多数情况下，流体运动都处于湍流状态。目前计算这类问题的办法都带有经验的成分，因此计算结果不十分有把握，各种办法的普适性和预测能力均差，特别是对于超声速、高超声速流中的湍流，情况尤其如此。随着高新技术的发展，发现过去的经验局限性太大，因而亟待在湍流的研究上有所突破。

各种物体如飞机、船舶等航行器在流体中运动特别是在作非定常运动时，会产生十分复杂的流场。其核心问题是各种涡系的生成、消长和流动分离的产生。有关机理的许多问题尚未弄清，因为其中包含复杂的非线性因素。这方面的研究成果将对未来空中及水中航行器的研制产生重大影响。

下世纪初，空天飞机和新一代的超声速民航机的成功研制将首先取决于流体力学的进展。在有关的高温空气动力学中必须放弃原先的热力学平衡的假定。吸气式发动机中 H_2，O_2 在超声速流动状态下的混合、点火等，都是过去的理论和实践未能解决的难题。超声速流边界层的控制、减阻以及降噪控制等也带来一系列新问题。

船舶除了向更大、更快的方向发展外，还提出了许多新型船舶，包括贴近水面航行、必要时可升空飞行或降在水面上的大型冲翼艇。这时计算各种航态和海况下的波载荷，将遇到极大的困难。由于波载计算不准而导致在恶劣海况下失事，即使对现代的常规船舶也仍是屡见不鲜的。80年代末至今已有10余艘船在北海失事。从流体力学的角度看，冲翼艇的困难主要在于有事先未定的自由表面，表面边界条件的非线性，波浪的随机性，水表层为湍流，以及流体与船舶运动相耦合等。

风浪相互作用机制，至今尚未弄清，而它是天气预报这类全球性问题的重要环节，也是近年来正在探索的通过遥测水面波参数以测量近水面风速这一新技术的基础。这个问题的突破将大大改进收集全球气象数据的广度和精度。

海面波浪参数的遥测数据还有可能用以探测潜航的潜艇及海流，但这要开辟传统波浪理论未涉及的有旋流对波浪的影响这一新的领域。

为了尽可能多地开采地下油气，需要深入研究渗流机理并将其定量化。渗流的研究还有助于了解植物体内液体的运动规律。进而了解各种新陈代谢的宏观机制。

化工流程的设计，在相当大的程度上可归结为流体运动的计算问题，包括多相流及非牛顿流。由于流动的复杂性，不少重要化工装置的设计带有很多经验因素，以致不能发挥最大效益。因而针对若干典型化工装置进行深入研究，将为化工设计提供新方法，实现可观的经济效益。在未来生物技术产业化的过程中，会遇到类似或更复杂的情况，因而这方面的研究是真正形成生物技术工业不可缺少的基础。

由于复杂流场计算的需要，各种计算方法和理论还需大大发展，以期能精确捕捉激波和分辨旋涡运动、能够处理非线性自由表面及湍流问题等。由于计算量特别巨大，必须发展新的计算机硬件和软件，特别是并行机及其软件，并行计算软件的发展，也必须结合具体计算对象来研制。因而计算流体力学的发展，既是解决具体问题所需，也将对计算科学作出重要贡献。

3 一般力学

一般力学的对象主要是有限自由度系统的运动及其控制，有时它包含一个或多个无限自由度子系统。它包括运动稳定性理论、振动理论、动力系统理论、多体系统力学、机械动力学等，其中运动稳定性理论源出于对天体的形状及轨道稳定性问题的研究。Lyapunov的工作是经典之作，本世纪中叶出现的自动控制理论深得其益，其思想及方法至今仍在许多学科中被引用。振动理论及机械动力学为机械工业（广义的）的发展解决了众多的问题。动力系统理论则已成为目前方兴未艾的非线性科学的重要组成部分。为分析运动稳定性及动力系统行为而形成的摄动法、分叉理论、非线性振动分析方法等不仅影响到力学其他分支,也影响到很多其他学科。在机械动力学中,系统地研究了转子系统的动力学,使得目前极为广泛使用的各种旋转机械的设计制造成为可能。振动理论为消除各种机械的有害振动和噪声提供了理论指导,否则诸如消除潜艇的噪声和设计制造出噪声很低乘坐舒适的现代轿车是不可能的。另一方面,各种利用有利振动的工程机械也被广泛使用。

但是,随着技术的发展,新问题仍层出不穷。随着各种机器人的日益广泛采用,不仅需要研究组成机器人的多体系统的运动和控制,而且还要考虑某些部件的弹性,否则不能保证其定位精度。人造卫星往往带有尺寸很大的柔性部件和液体。为保证其稳定性,传统的运动稳定性理论已不能解决问题,需要有能分析这类既有刚体,又有可大变形的柔体及液体的系统的理论和方法。高速列车的速度越来越快,车辆(包括单车和列车)运行时的平稳性是必须保证的。现有的理论在这里再一次显得不够,因为有必要把车辆和轨道作为一个系统来考虑。要考虑轮轨接触的弹性变形及轮轨之间单边接触这类强非线性问题。近年来我国多次发生大型汽轮发电机组的事故,说明在越来越大和越来越复杂的机械系统中,仍有不少重要力学问题没有被认识。大并不是小的简单放大,复杂也不是若干部分的简单相加。在有些复杂系统中,采取先分析单个零部件而后综合分析的办法往往并不很有效。这时有可能要对复杂系统进行直接建模,但遇到非线性系统,由于其行为的复杂性,例如,分叉、混沌等的出现,给系统建模和求解带来了很多新的困难问题,其中包括理论的、实验的及计算方面的。各种参数对系统行为的影响尤其复杂。不解决这类问题,未来的大型空间站的设计、建造及运行将不可能实现,因为大型空间站正是由很多部件,包括刚性的、弹性的、柔性的(大变形体),液体的,以及在其中工作、生活的人所组成的大型复杂系统。在现代及未来大气中飞行器运动的分析及控制问题中,建模时已着手同时考虑飞行体及气动力的耦合。例如,在现代大型民航机上已经采用了电子主动控制,使原本不稳定的机翼不仅能保持稳定,而且减轻了重量,增加了飞行舒适性。

一般力学近来已开始进入生物体运动问题的研究,研究了人和动物行走、奔跑及跳跃中的力学问题。这种在宏观范围内对生物体进行的研究,已经带来了一些新的结果。亿万年生物进化的结果,的确把优化的运动机能赋与了生存下来的物种。对其进一步研究,可以提供生物进化方向的理性认识,也可为人类进一步提高某些机构或机械的性能提供方向性的指导。

非线性科学是目前正在日益显示其重要性的学科。宏观的机械运动中不仅同样包含着各种非线性现象,而且再一次提供了最直观、最易于感知的实例。由于力学为非线性现象提出了很多典型例子,因此,众多的力学工作者参与研究,必将推动非线性科学的发展。

4 力学与其他学科的交叉

力学中的交叉学科由三部分组成,第一部分由力学学科内部不同分支学科所组成,

第二部分由力学与其他学科交叉组成。前者如流体弹性力学，后者如物理力学，物理、化学流体力学等。第三部分则兼有前两者的特点，如爆炸力学、物理化学渗流、材料力学性质、生物力学等。交叉（分支）学科，并非两个学科或分支学科的简单加合，它基于其源学科但又有区别，因为其研究对象自身包含两学科的复杂组合。交叉学科有利于发展新学科并促使源学科的发展。

20世纪力学与其他学科交叉对推动科学和工业的发展起了巨大的作用。突出的例子有力学与各项工程学科交叉产生的工程力学，与地学相结合的地球流体力学，与天文相结合的星系的螺旋结构理论。20世纪中叶以来与生命科学和医学相结合的生物力学建立了起来。同一时期被提出的物理力学也被广泛接受。力学家突破传统声学，建立了流体动力声学理论，没有它就无法理解和克服诸如喷气噪声等问题。这种交叉不仅不会结束，而且其广度和深度还一定会不断增加。

展望21世纪，力学与其他学科的交叉必将进一步扩大与加强。这里只强调提出其他几个我们认为将在21世纪有重要发展或重大影响的交叉领域，它们是，力学与生命科学的交叉，力学与地学的交叉，以及物理力学。

力学与地学的结合。正如与天文学一样，从力学角度讨论地球形状与稳定性的问题有很长的历史。后来，弹性波的理论又与地震波的研究有密切的关系。本世纪随着力学与地学各自的发展，两者的结合发展到了新的水平，并出现了进一步结合的迫切需要，为21世纪这两个学科的交叉提供了新的机会。

本世纪，气象预报从经验的发展到数字的，其精确性有很大的提高。这些成就是建立在将流体力学应用于大气运动的深入研究的基础上的，是两个学科中的科学工作者分别与其共同努力的结果。将流体力学应用于海洋，也产生了类似的效果。因而本世纪中叶以来出现了至今仍十分活跃的地球流体力学（GFD）这个新的分支学科。

本世纪，出于工程建设的需要，力学界形成了土力学、岩体力学、渗流力学（水、石油）、抗震工程力学等新的学科分支，使人们对工程尺度内的地质现象（如地基的稳定性、边坡的稳定性、泥石流、雪崩等）有了一些基本的研究手段。地学方面，在工程地质、地震学、大地测量、地层构造方面也都有突出的进展。特别引人注意的是板块运动的学说以及它的一系列推论。双方面的这些进展，孕育着使地学走向精确化定量化的巨大机遇，而力学与地学相结合将使人们迅速抓住这个机遇。为此我们认为下世纪在以下几个领域可能取得重要进展：

（1）地球动力学，中心问题有：板块运动的驱动力来源；地幔对流的流体力学理论；地震机制。

（2）大气与下垫面（有植被、无植被、地面、海洋、冰雪等）的相互作用及传热、传质过程，可以统称为大气的边界层理论。

（3）环境与灾害力学，包括污染物在水体、土体、岩体中的扩散与富集，各种气象灾害（如台风、风暴潮），地质灾害（如滑坡、塌方、地面沉降、泥石流、沙漠入侵、瓦斯突出），地震发生的机制、监测、预报的研究，地震对各类建筑物的破坏与抗震研究，以及其他自然和工业灾害（如各种火灾）等。

（4）渗流力学问题，特别是裂隙介质中的多相渗流规律的研究。有必要深入到细观和微观层次，考虑表面化学因素。这样做有可能提出新的二次和三次采油新技术。

力学与生命科学的交叉。人们关心生命，特别是人体生命活动的规律是很自然的事。从力学角度研究生命现象因而也有很早的历史，一直可以追溯到伽里略，牛顿和哈维。本世纪 30 年代 A. Hill 更曾因骨骼肌收缩原理的研究获诺贝尔奖。但作为一个独立的分支学科的生物力学，却兴起于本世纪 60 年代中期。与之相适应，近来生物医学工程得到迅速的建立与发展。生物力学的原理还被用于设计生物反应器，以规模生产有生物活性的物质。

60 年代中期至 70 年代是生物力学开创和奠基阶段，其特点是将力学方法和生理学、解剖学等方法相结合，研究组织和器官层次上的生命现象。80 年代至 90 年代初，生物力学进入细胞范围也从医学、生物医学工程，扩展到生化工程，生物技术，细胞生物学等新的领域。近 5 年来，生物力学界提出组织工程(tissue engineering)，受到多方面的重视，被认为有很好的发展前景。

生物力学本世纪主要涉及以下几个方面：①生物流变学(包括软组织的力学性质、血液流变学、肌肉力学等)；②生理流动的力学规律(包括脏器血循环规律、动脉粥样硬化与流动状态的关系、呼吸系统动力学、微循环力学等)；③器官力学(心脏、肺、关节与关节液和软骨等)；④细胞力学；⑤人体和其他生物的运动学。主要的成果有：为软组织的本构关系建立了基本的模型，并提出了活组织零应力状态的重要概念；建立以肺为典型的器官动力学和肺循环力学模型；发现了血液流动状态与血管壁细胞形态间的密切关系；发现了应力与生长间的密切关系。

下个世纪，总的看来生物力学将沿着已经开始的道路前进，一方面它和生物学各分支结合，另一方面又与医学与生物生化制品相结合。21 世纪生物医学工程可望有重大的发展，其中组织工程将是它的一个前沿，生物力学正是这个前沿的基础。计及应力-生长关系的活组织的本构关系、应力-细胞生长规律、动脉粥状硬化的流体力学机理、以微循环为核心的器官血液循环规律等有望成为研究的热点。生物力学还将为生物反应器和分离器的设计提供科学依据，并相应地为其提供新方法和新技术。植物的生物力学研究也将作为改善生态环境和提高农作物产量努力的一部分列入 21 世纪日程。

力学与物理学的进一步交叉。力学家的任务是认识宏观世界的物质运动规律。随着研究对象所处的条件日益走向极端：如高温、高压、高应变率、高应力状态，力学家日益认识到需要从原是物理学家研究的微观世界运动规律中吸取知识。于是在本世纪 50 年代力学家提出了物理力学，目的是想通过物质微观分析，把有关物质宏观力学性质的实验数据加以整理和总结，找出其中的规律，且进而利用这些规律去预见新的材料性质。这个分支学科一经提出便得到多方面的响应。应当说，在本世纪中这样的目的是部分地达到了。例如，高温气体的研究确实促进了航天工程方面气体动力学问题的解决。在气体激光器和核爆炸研究中，物理力学也起了相当核心的作用。另一方面，在应用物理力学方法解释固体的塑性、强度、损伤和断裂方面，却遇到了极大的困难。将物质的微观理论渗入到固体材料的变形与强度理论，并使两者相结合而得到发展的进程一直很缓慢。从位错理论出现到现在已有 60 年的历史了，但它仍未能真正定量化地进入到力学中来。这显然是由于问题特有的复杂性和综合性造成的，使宏观与微观间的鸿沟难以逾越。

但是，情况在发生重要的变化，现在人们已经认识到，对于多晶材料而言，至少存在着宏观、细观和微观三个主要层次。它们之间并不存在着从微观可以推导出宏观性质的顺序关系,或者说宏观并不是微观的简单演绎。从分子运动论发展到以 Navier-Stokes 方程为基础的流体力学的发展史已经说明了这个问题。近代非线性科学的理论对此做了深刻的揭示。另外,本世纪以来,在固体力学领域内,本构理论的几何框架已臻成熟,细观力学也得到了广泛的重视。同时,随着非平衡/不可逆热力学的兴起,力学家注意到了在变形与强度问题上热力学的重要性,并对此作出了贡献。变形与损伤的统计理论也已提到了日程上。这些进展汇集起来表明,在下个世纪某个时候,比较满意地建立宏、细、微观层次之间的关系,深刻揭示多晶材料的塑性与强度行为,为应用提供足够精确的定量理论与结果,这应当是物理力学研究的重要领域。为此,以下几个方面的问题应当给予充分重视:①固体的非平衡/不可逆热力学理论;②塑性与强度的统计理论;③原子乃至电子层次上子系统(原子键,位错,空位等缺陷)的动力学理论。为深入进行这些研究,应当充分利用与开发计算机模拟(如分子动力学)和现代宏、细、微观实验与观测技术。

院士简介

郑哲敏

爆炸力学、应用力学和振动专家,原籍浙江鄞县,1924 年 10 月 2 日生于山东济南。1947 年毕业于清华大学,获学士学位。1949 年和 1952 年分别获美国加州理工学院硕士学位和博士学位。曾任中国力学学会理事长,中国科学院力学研究所所长。1980 年当选为中国科学院院士(学部委员)。1993 年当选为美国工程院外籍院士。1994 年选聘为中国工程院院士。

中国科学院力学研究所研究员。早期从事弹性力学、水弹性力学、振动及地震工程力学研究。1960 年开始从事爆炸加工、地下核爆炸、穿破甲、材料动态力学性质、爆炸处理水下软基等方面的研究。开展爆炸成形模型律、成形机理、模具强度、爆炸成形材料的动态力学性能、爆炸载荷等方面的理论研究和实验工作,同时解决了成形参数与工艺问题,开辟了力学与工艺相结合的“工艺力学”新方向,在爆炸力学的理论和应用方面作出贡献。荣获 2012 年度国家最高科学技术奖。

周　恒

流体力学家,1929 年 11 月 20 日生于上海,籍贯福建浦城。1950 年毕业于北洋大学水利系。1993 年当选为中国科学院院士。天津大学教授。

发展了流动稳定性理论,特别是发现了流行多年的流动稳定性弱非线性理论的根本缺陷并提出了改进方法提出了剪切湍流中的相干结构的较系统的动力学模型提出了一种控制超音速混合层以增强混合的方法,提出并证实了在超音速混合层及边界层流中引入扰动后会导致小激波的出现发现了槽道流及边界层流从层流到湍流的转捩过程中导致流动剖面突变的机理从理论和实践的结合上,解决了二自由度气体动压轴承陀螺马达的自激振荡问题。1987 年获国家自然科学奖二等奖。

张涵信

力学家，1936年1月1日生于江苏沛县。1958年毕业于清华大学水利工程系。1959年和1963年分别在清华大学和中国科学院力学研究所完成研究生第一阶段和第二阶段的学习并毕业。1991年当选为中国科学院学部委员（院士）。中国空气动力研究与发展中心研究员，曾任中国空气动力学会理事长。

用摄动法成功地解决了当时国际上难以解决的钝头体高超声速绕流及其熵层问题，发展了钝头细长体绕流的熵层理论，提出了高超声速流动中第二激波形成的条件。首次提出判定三维流动分离的数学条件，揭示了涡旋沿其轴向的分叉演化规律及分离流场的拓扑结构规律和飞行器动态稳定性及其分叉演化的判则。发现三阶色散项和差分解在激波处出现波动的联系，提出建立高分辨率差分格式的物理构思，并建立了无波动无自由参数的耗散（NND）差分算法及高精度算法（ENN）。建立了云粒子侵蚀、真实气体实验模拟的相似准则。为航天飞行器研制了大量数值计算软件。获国防科工委科技进步奖一等奖4项。1993年获国家自然科学奖二等奖。

院士简介

黄克智院士简介请参见本书第217页。
白以龙院士简介请参见本书第62页。

谈谈应用力学*

郑哲敏
（中国科学院力学研究所）

我们力学学会又称理论与应用力学学会，这与国际理论与应用力学联合会的名称相一致。这说明，将力学分为理论与应用力学两大部分是国内外力学界的共识。

力学可以分为理论力学与应用力学是显而易见的，不过要严格加以界定却不一定大家都一致，也没有必要，特别是因为在某种意义上说，这个问题取决于研究者本人的态度，然而从总体上加以界定又是可能和必要的。一般说，如果主要是为了深入探讨与认识某种力学规律，并无明确的直接应用目标，或者研究某种规律的必要性是从众多可能的应用中提炼出来的，在现阶段又并不限于某一特定应用，则可以称之为理论力学，另一方面如果是为了解决实际应用中的某些特定的问题，则属于应用力学的范畴。

从人力与资源的投入看，各国在应用力学方面往往数倍于在理论应用力学方面。我国的情况也不例外，理论力学与应用力学之间存在着天然的沟通关系，因此，应用力学发展的好与坏又深刻地影响着整个力学的发展。

在这篇文章里，我想谈谈对发展应用力学的一些看法以及我们力学学会在促进应用力学发展方面可以做些什么事。

应用力学的范围十分广，因为力学除了自身就是自然科学的一个组成部分外，又是许多其他自然科学分支。应用科学和工程技术的基础。工程力学实际上也是应用力学的一个部分，应用力学的这些作用，在一些传统领域里如机械、土木、水利、航空、航天、天文等早已被公认，在另一些领域则近些年才被深入认识，如大气科学、固体地球科学、海鲜物理、声学等。在又一些领域则刚开始被认识，如环境科学与工程、灾害学，材料科学、生物学等。应用力学又是推动近代电子计算机发展的主要学科之一。最早的大型电子计算机用于弹道计算，后来又用于冲击波的计算，一直到现在，世界上最先进的电子计算机仍以很多时间用于计算流体力学问题。

本世纪以来，应用力学发展了自己一套行之有效的方法论。那就是在捕捉主要影响因素的基础上，建立数学模型，并发展了多种有效的解法，或用于求得解析解或用于求数值解。力学在应用相似准则与发展模型实验方面也有许多可靠的方法。所有这些的目的，是为了能够定量的预测给定条件下力学体系的行为，因而应用力学的成果可直接用于设计和预报，这种方法论又是在力学研究中不断得到充实、创新与发展。这样，应用力学（及力学）就成为很有活力与前途的独立学科。

以上两点，即应用力学现实的与潜在的广泛应用价值和应用力学在自然科学与技术科学发展中的独特作用，我认为有必要加以宣传。力学学会在这方面是可以大有作为

* 原文刊登在《力学与实践》1995 年第 17 卷第 1 期。

的。这是我想说的第一点。

既然目的在于应用，那么对于应用力学工作者来说，深入而不是肤浅了解应用对象，应用的环境，应用的条件就是十分必要的了。否则的话，很难想象能正确提炼应用中需要解决的关键问题，也很难想象所设定的研究目标及成果能为应用部门所采纳，更不用说能与应用部门建立共同的语言了。这个了解过程往往是反复和逐步深入的，因而也是很艰巨的，但只有这样才能在占有第一手材料的基础上形成理性的认识。此外，这又是一个与另一个或几个行业中工作的人们建立共同工作与相互信任关系的过程。这一点在进入一个新领域时，是尤其重要的。这里用得着一句常说的话，那就是"不入虎穴，焉得虎子"。

我们的专长是力学，进入一个应用领域的首要目的是为了更好地解决那个应用领域的某些问题，而且带着这样的信念，那就是，如果能做到这一点，而且能持续不断地做到这一点，就一定会得到某些规律性的新知识，足以起到推动应用力学的发展的作用。所以，我们带进那个领域的知识，应当是力学中有关的最新知识，通过我们的参与，使那个领域里产生有别于我们参与前的变化，如更好的设计，更好的工艺流程，更高的效率，更新的概念等等。变化的大小则是我们工作成绩的一种衡量。

因此，一个应用力学研究人员应该有明确的应用领域，尽管在不同时期领域可以发生变化。他还要有个高的目标，要决心在应用领域内做出成绩。在学科方面，他应当有很好的基础，并且在科研过程中，不断更新与丰富自己的知识，从而发展了学科。

这使我想到了第二个建议.如果我们力学学会有更多的会员同时参加到有关应用领域的学会中去，如果有更多的这些学会的会员参加到力学学会来，我国应用力学的发展一定会更好些，因为这样做可以更好地沟通力学界与应用部门的关系.另外，力学学会除办一些专业性的学术会议外，是不是可以多办些专门针对一些应用领域的专题讨论，如三峡大坝建设中的边坡稳定与变形问题，跨音速飞行中的非定常流与翼面控制问题，高速列车的气动力、冲击振动与路基问题，大型零件热加工中的流体与固体力学问题，某些重大地质灾害问题等.我们希望力学界的同志参加，更希望有应用或其他领域应用研究部门的同志参加.通过直接的交流，这类活动一定会对推动应用力学的发展，扩大它的社会效益起到积极的作用.

在应用力学方面，本世纪以来，我们的先辈们已经为我们树立了榜样.他们给我们定下的标准是很高的：既要深入实际的应用领域，又要搞清复杂实际问题的机理，建立可用于预测(即指导设计，加工工艺等)的数学模型，和给出数学问题的正确解.他们的成就也是辉煌的。

目前，应用力学面临着新的形势.有一位著名的应用力学家曾对我说，力学现在太难了，要学的东西太多，容易的问题已经被解决了，剩下的尽是难题.

但是力学界并没有被难倒.国内外力学界一次次向公认的难题如湍流、固体材料的大变形、损伤与破坏发动进攻，有些方面取得了很好的进展.另外又扩大了它的研究范围，结构的优化、生物力学、力学与地学的结合(如地球流体力学、地球构造动力学)、物理化学流体力学都是这方面很好的例子.对于从事应用力学研究的人们来说，只要坚持为应用服务，坚持科研，不在学科上固步自封，一时的困难是终于会被克服的.

力学学会做为一个民间学术团体，在宣传应用力学的作用方面应当说是具有特殊优势的,因为它集中了全国绝大多数力学工作者,又不为部门利益所约束.

在新的理事会成立并选出新的常务理事与理事长之际,就以这些话表示我的祝贺吧!

院士简介

郑哲敏院士简介请参见本书第 43 页。

现代力学的发展*

林同骥　浦　群
（中国科学院力学研究所）

1　引　　言

现代力学是一门蓬勃发展的学科，它涉及的范围非常广，包括近100个学科分支。仁者见仁，智者见智。想就现代力学的发展作扼要的介绍和概括有很大困难。但力学毕竟是一门科学，有其内容、特点和发展规律。力学学科分支之间也有内在联系。对现代力学发展的评述，即便是粗线条的，也会在概念、思路、观点和方法上对具体力学问题的研究有所帮助。

基于上述考虑，本文简要说明现代力学的由来，提出现代力学学科纲目划分的设想，扼要评述现代力学学科中作为纲的学科的现况和发展。在这基础上提出现代力学的特点、发展动力和对力学工作者的要求。

本文是一个尝试。考虑到所讨论的问题涉及范围很广，限于笔者水平，只能从所熟悉的情况，从某些角度，提出一些看法，抛砖引玉。

2　历　　史

力学的发展有着悠久的历史。古希腊时代力学附属于自然哲学，后来成为物理学的一个大分支。17世纪后期，1687年牛顿三大定律的提出标志着力学开始形成一门独立的学科。此后，随着资本主义生产的发展，到18世纪末，以动力学和运动学为主要特征的经典力学日益完善。19世纪，大机器生产促进了力学在工程技术和应用方面的发展，推动了结构力学和水力学的建立；同时，力学与当时蓬勃发展的数学相结合，促使了弹性固体力学和黏性流体力学等主要分支的建立。在19世纪末，力学已是一门相当发展并自成体系的独立学科。

20世纪以来，开头的60年时间里，力学的发展和航空航天事业有着密切的联系。当时航空航天中的力学问题也是力学研究的主要课题。力学的发展对航空航天事业起了重大的推动作用。这一时期也孕育着其他一些新的力学学科分支，但从力学的整体看，它们还处于从属地位。力学学科的主战场是有关航空航天的问题。我们将这一阶段的力学称为近代力学。

本世纪60年代中到今天的20多年时间里，和前一阶段相比，情况有了很大的变化。

---

* 原文刊登在《力学进展》1990年第20卷第1期。

大批新兴的力学学科分支如雨后春笋蓬勃涌现。它们从量变到质变,占领了力学的主要舞台,呈现出百花齐放百家争鸣的壮丽局面。我们将这一阶段的力学称为现代力学,以区别于前一阶段的近代力学。从目前情况看,这仅仅是现代力学的开端。这一趋势估计将延伸到21世纪,并将有更大的发展。

3 领　　域

现代力学呈现出百花齐放百家争鸣的局面,就其学科分支而言已接近100个。为给出现代力学发展的概貌,需要区分这些学科分支的主次,给出力学学科的纲和目,在这基础上作扼要的评述。

从力学学科发展的高度看,要求学科的纲有一定的覆盖面,即纲的数目不宜过多,范围不宜过窄,同时纲和纲之间要有相对的独立性,避免不必要的重复。有了学科的纲,则学科的目就不难安排。当然纲和目不是绝对的,它们随着学科的发展而发展。

根据上述考虑,分析了力学总体和学科分支的现况,我们提出现代力学学科基本上可划分为3大类型和13个纲的设想。第一类型是传统的力学分支,我们选取(1)一般力学,(2)固体力学,(3)结构力学,(4)流体力学,(5)空气动力学和(6)岩土力学等6个学科分支作为纲;第二类型是力学和其他基础科学的结合,选取了(7)数学力学,(8)物理化学力学,(9)天体物理力学,(10)地学力学和(11)生物力学等5个学科分支作为纲;第三类型是力学和一些迅速发展的现代技术科学的结合,选取了(12)计算力学和(13)实验力学等2个学科分支作为纲。这样,3大类型总共有13个纲。上面选出的13个纲,多数情况比较清楚,有些需作讨论,这将在下面关于各个纲的评述中给出。

以上3大类型和13个纲在一定程度上反映出现代力学发展的特点和趋势,概括了现代力学的整个领域,并照顾到今后的发展。3大类型中第一类型是历史形成的,随着学科发展,传统分支犹如古树发新芽,形成了不少新的生长点;第二类型酝酿已久,固然未十分定型,但体现了当今科学向交叉和边缘发展的总趋势;第三类型早已散见于各个力学分支中,但近20年来它从量变到质变,以崭新的姿态活跃于现代力学的舞台,成为力学发展中的一个重要方面军,体现了现代力学发展的一个重要特点。

此外,13个纲的划分也满足了一定覆盖面和相对独立性的要求。注意到作为力学学科发展的纲应包括基础和应用两方面,不同的纲有不同的侧重。纲以外较细的力学学科分支则列为学科的目,根据它们的内容和特点分别纳入有关的纲内。

按照观点的不同,个别纲目可有不同安排,这是很自然的,可待时间去解决,不必强求一致,也不致影响力学发展的全局。下一节里我们将按照上面给出的力学学科的3大类型和13个纲的顺序,对它们的特点和问题、现况和发展作扼要的评述。

4 现况和发展

本节按照上述现代力学学科发展的类型和纲的划分,对它们的特点和问题,对各个纲的主要活跃领域、前沿课题和发展趋向,作有选择的扼要介绍和评述,在这基础上提出现代力学发展的概貌和特点。

4.1　力学的传统分支

这一类型基本上属力学的传统的分支，在力学学科蓬勃发展的今天，它们各自出现了许多新的学科内容、发展方向和生长点。

4.1.1　一般力学[1-5]

一般力学主要研究牛顿力学的一般原理和一切宏观系统的力学现象。作为力学学科的一个分支，有相当广的覆盖面，因此把它列为一个纲。同时也应注意到一般力学有其特殊的历史形成过程，它的性质和内容不如其他纲明确，需要进一步研究。一般力学的主要内容包括理论力学、分析力学、陀螺力学、运动稳定性、动力学控制、波动力学、振动和非线性声学等。着重工程实际问题的应用研究，同时在这基础上深入基本理论研究。活跃领域有下列几方面：

(1)动力学控制和运动稳定性问题。在机器人研制中考虑铰链的弹性和存在间隙等问题。注意卫星姿态、挠性结构、陀螺系统以及多体系统的控制稳定问题。研究航天器、火箭、飞机和车辆的振动和噪声问题。

(2)非线性动力学。研究分叉、浑沌、突变和孤立子等问题，研究有关的方程特性和流动现象。

(3)力学中的数学方法。包括变分原理、奇异摄动法、模糊数学、微分几何、泛函分析、拓扑学和概率论等在力学中的应用。

上述一般力学中有关数学力学问题今后可能归入下面将提到的数学力学范畴更为合适。

4.1.2　固体力学[6-11]

固体力学是一个古老的力学分支，把它作为力学学科发展的纲理所当然。它的活跃领域有新型材料的力学问题、交叉领域和耦合问题以及固体力学在工程中的应用等。

(1)新型材料的力学问题。有陶瓷的变形和断裂，纤维增强复合材料性能，各向异性固体的屈服和稳定性，高分子材料的力学性能，固体材料中细观现象和微观结构对塑性变形，疲劳和断裂的影响，材料在各种复杂环境条件下的性能，以及大变形和破坏力学等。

(2)交叉领域和耦合问题。在弹塑性力学方面，黏弹塑性、脆塑性、热塑性和超塑性等交叉领域受到重视，着重研究本构关系、变形规律、动态载荷和弹塑性应力波的传播等问题。在蠕变、损伤、断裂和疲劳方面有断裂与蠕变耦合，疲劳与断裂相互作用，动态载荷下裂纹扩展和传播，以及由此出现的高温问题，疲劳腐蚀寿命、低周疲劳和夹杂物对钢的疲劳性能的影响。

(3)固体力学在工程中的应用。包括土木、机械、水利、航空、航天、建筑、近海工程、地质、地震和勘探等方面。

4.1.3　结构力学[5,12-16]

结构力学有很大的覆盖面，它和固体力学在基础理论和应用方面各有不同的侧重点，有相对的独立性。从传统力学的整体布局和今后力学发展的趋势看，并参考力学学科专业方向的划分，我们把结构力学单独列为一个纲。

结构力学的前沿问题主要是现代工程中提出的新型结构力学问题，包括海洋工程、机器人、车辆系统、空间站、反应堆等工程问题。

(1)海洋工程中的结构力学问题。有加强薄板薄壳：局部大变形，失稳和断裂；管节点应力分析：复杂管节点的组合载荷和局部变形，结构的断裂控制理论；结构物动力响应：不规则三维结构物、固定式和浮式平台和张力腿平台在不规则波浪中的动力响应，流体和结构物的相互作用；柔性构件研究：绳索，锚链，索网，细长管道等；结构优化：具有随机参数系统的结构分析和优化。

(2)其他工程中的结构力学问题。机器人结构：包括海底疏浚，原子能工业和宇宙环境中的机器人，灭火机器人，截瘫患者助行器等；车辆系统力学：关注纵向运动性能，横向受力和稳定性以及垂直方向载荷；空间站中主要指通讯卫星和天线等薄壁柔性结构的力学问题；反应堆结构包括各种类型的裂变和聚变反应堆中的结构力学问题的研究。

4.1.4 流体力学[1,3,17-26]

流体力学范围非常广，用简短的评述概括有一定困难，只能重中取重。流体力学的活跃领域有旋涡和波浪，多相流，湍流，以及工业流体力学等问题。

(1)水动力学。以旋涡和波浪为特征的水动力载荷；大尺度物体波浪载荷；水波稳定性：分叉，共振和色散问题；海洋波浪谱，波浪预测和风生浪问题；船舶和浮体动力学。

(2)多相流。包括气液固多相流和非牛顿流问题，考虑管流、缝流、非均相流和接触面作用。涉及石油开采和输运，水煤浆和泥浆制备和输运，泥石流、雪崩、火山爆发，种子、谷物、水果、浆状饲料、食品加工、胶体等低雷诺数流动问题。

(3)湍流。湍流的物理机制，数学模型，测量技术；大涡结构，拟序结构；定常和非定常三维边界层的转捩和分离，数值模拟和数值实验；湍流的利用和控制等问题。

(4)工业流体力学。各种类型建筑物的风载；车辆运行稳定性和减阻；水力机械；波能机；工业中的流体机械，如增氧机和射流泵等；运动姿态和体育器械。

4.1.5 空气动力学[27,28,50,51]

自本世纪初航空航天技术飞速发展以来，随着飞行速度的提高，空气动力学面临着一系列急待解决的理论和实际问题，促使这一力学学科分支迅猛发展。作为力学的一个传统分支，它有相当大的覆盖面，其自身的特点越来越鲜明，它与传统流体力学分支之间各有其特殊的侧重点和相对的独立性，从学科发展的整体布局看，并参照力学学科专业方向的划分，我们将它列为现代力学发展的一个纲。

空气动力学的活跃领域是航天飞行器的再入气动问题，新型飞机的气动问题和设计优化问题，以及有关的基础研究。包括实验研究，数值模拟，理论分析和应用。风洞仍是重要手段，计算空气动力学前景广阔。

(1)再入气动问题。黏性干扰效应，真实气体效应和稀薄气体效应对气动力和气动热的影响；热控制、热环境和热防护的研究；动态气动力和复杂流场研究：操纵稳定性，大攻角问题，级间分离，外挂物分离和投放，喷流影响等。

(2)气动设计。飞行器和新型飞机的气动布局和气动力，发动机内流、进气道和发动机的匹配，机体和发动机设计一体化，设计优化等。

(3)有关的基础研究。空气动力学中旋涡流动特性及其控制；马赫数接近于1的绕流和内流；高雷诺数绕流；运动激波与物体相互干扰；三维流动分离；跨声速下振动翼型和机翼的气动力，包括流动分离和黏性作用。

4.1.6 岩土力学[28]

岩石和土是特殊的非均匀各向异性介质。岩土力学研究的活跃领域有岩石和土的静动力学性质，岩土本构模型，工程中的岩土力学问题，以及有关的测量仪器和测量技术等。

(1)岩石和土的力学性质。包括静力学和动力学性质，岩土的本构模型理论和验证，强度破坏和稳定性理论，以及加强土的力学性质等。

(2)工程中的岩土力学问题。工程地质和环境，结构物设计施工和性状；滑坡问题，土坡稳定性的加强和判别；岩土爆破，土岩基础和结构物相互作用，桩土作用。

(3)测量仪器和测量技术。发展现场和实验室测量仪器和测量技术，相互配合解决工程实际问题并提高到理论。

(4)其他有关问题。黄土剥蚀；沙丘迁移；泥沙淤积；冰川运动；冻土，雪崩，泥石流，以及冰雪力学和散体力学等。

4.2 力学与基础科学的结合

力学与其他基础科学，如数学、天文学、物理学等的相互发展之间早就有密切的联系。在现代，力学与其他基础科学的结合已形成许多独立的学科分支，其特点是学科的交叉和边缘性质，我们将它们列为现代力学发展的第二类型。

4.2.1 数学力学[30,31,52,53]

数学和力学长期以来一直有着密切的联系，它们相互促进地发展着。许多著名的力学家也是著名的数学家，如 I. Newton, J. L. Lagrange, P. S. Laplace, A. L. Cauchy, G. G. Stokes, H. Lamb, A. E. H. Love, G. I. Taylor, T. von Karman,等等.

现代科学技术的飞跃发展给力学提出许多新的课题，从线性、光滑、单相分析到非线性、非光滑、多相以及出现相变的分析；从连续介质到散体；从固定边界到运动或自由边界；从双面约束到单面约束；从解的唯一性到分叉以至浑沌现象。为了更好处理这些问题，需要应用和发展新的数学。

上述这些力学问题涉及的近代数学方面有微分几何、微分拓扑、泛函分析、变分不等式、群论、模糊数学以及突变、分叉、浑沌等。

这方面有关的力学分支有分析力学，非线性力学，理性力学等。其中一些部分目前一般划分为一般力学的内容，但其数学力学的特点非常明显。从发展趋势看，数学力学作为数学与力学的结合，是现代力学发展的一个重要方面，为此，我们将它列为力学学科发展中的一个纲。

4.2.2 物理化学力学[32,33]

物理化学力学是物理学、化学和力学的结合。这方面的力学学科分支很多，有的是物理学和力学的结合，也有化学和力学的结合，更多的是物理学化学两者和力学的结合，可简称为理化力学。物理化学力学的一个发展趋势是研究角度从宏观到细观和微观。在深入解决实际应用问题的同时会涉及分子、原子中的微观现象，涉及统计力学和量子力学的内容，需要给予考虑。物理化学力学的主要内容和活跃领域有：

（1）物理力学。介质非平衡性质，临界现象和相变。

（2）电磁流体和等离子体动力学。波动与振荡，等离子体平衡与约束。

（3）传质传热和燃烧。薄膜传质，高热流传热，燃烧稳定性问题。

（4）渗流中的物理化学过程。二次三次采油问题。

（5）爆炸力学。爆炸在工业中的应用和防护问题。

（6）化学反应动力学。化学和量子力学的结合。

这里我们从力学学科的角度对上述一些交叉学科分支的安排提出初步设想。注意到同样一个交叉学科分支在不同的基础学科中所占的位置可能不同。

4.2.3 天体物理力学[34,35]

天体物理力学是天体物理和力学的结合。早期力学的发展就和天体有密切联系，牛顿三大定律的发展溯源于行星轨道观察。今天，要了解宇宙的形成和发展以及地球周围介质对气象和生态的影响，需要深入研究天体物理中的力学问题。这方面活跃领域有：

（1）太阳地球物理学。研究太阳星际间磁场结构；太阳风与地球磁层及电离层之间的相互作用；地球周围介质的长期发展趋势以及它们对气象和生态的关系；研究地震和火山爆发的前兆和预测。

（2）宇宙流体力学。研究太阳系和宇宙的起源和演化。宇宙间充满磁性灰尘和等离子体，通过红外、紫外、X射线和γ射线观察可重新构象五六十亿年前的一些事件，研究人为的和自然界天体旋转运动中的共振现象以及星云形成中的力学问题。

4.2.4 地学力学[36−39]

地学力学是地学与力学的结合。认识利用和改进人们生产和生活的自然环境，尤其是地表自然环境是人类面临的日益迫切的问题。活跃领域有：

（1）地球构造力学。地球表面大陆和海洋的形成和发展，板块学说和它们在地震工程和地质找矿中的应用，地磁成因和变化。

（2）环境力学。冰川，冻土，雪崩，滑坡，泥石流，风沙，沙漠迁移，河道、港口、水库的泥沙淤积，黄土剥蚀，水土流失和土地盐碱化等问题。火山爆发，森林火灾，海气交换，地气交换，以及植被内的湍流交换等问题。

上述一些问题在地学和土木、水利工程中都早已提出，并积累了大量研究成果，但如何与力学更好地结合还是近20余年逐渐开始的。总的看来地学和力学的结合在现代力学中占有重要的位置，并有迅速发展，因此我们把它列为现代力学发展的一个纲。

4.2.5 生物力学[40,54]

生物力学是生物学和力学的结合.注意有机体的独特性质，如生长，变化，生殖能力，衰老和死亡过程，反馈系统，控制系统等。从宇航员在失重环境下的反应可看出力学对所有这些问题都起着重要作用。

基本研究领域有：活的组织器官，整个机体的结构；组织本构方程：生物流体方面如血液，大分子溶液，肺肝肾的渗流机制，关节润滑等，生物固体方面如骨，血管，软骨，肌肉等；活组织与器官的生长和修复，强度和耐受性，创伤；理论模型和计算机模拟；生物仪器。

前沿问题有：矫正生物学；细胞的运动，细胞与毛细管壁的相互作用，表面力；心血管和肺的力学；遗传工程；新陈代谢速率与环境条件如压力和应变的关系；神经和感觉器官，眼外科，耳听觉。

4.3　力学与技术科学的结合

现代力学发展的第三种类型是力学与技术科学的结合。现代迅速发展的技术科学如计算机技术和光电技术以前所未有的速度推动了力学研究的进展。这些技术科学与力学的结合已经形成了如计算力学和实验力学这样具有特色的独立分支，它们有很大的覆盖面，并在现代力学发展中占有日益重要的地位，因此我们把计算力学和实验力学作为现代力学发展的纲。

4.3.1　计算力学[41-44,55]

计算力学是根据力学基本规律，利用现代电子计算机和各种数值方法解决力学问题的一门新兴学科。随着电子计算机的发展，作为科研基本手段，数值计算与实验及理论三足鼎立。今天计算力学已成为力学学科中极其重要的方面，它在计算方法和在力学中的应用上都有很大发展，用计算机进行数值实验前景广阔。

(1)计算方法的研究。有限差分法，有限元法，边界元法，网格标记法，网格涡法和格子气体法等。着重研究非线性解的运算稳定性，计算精度，收敛速度和推广应用面等。其中计算网格的选取和初值的选取占有重要地位，并行处理和区域分解法受到重视，这里涉及搭接或对接的精度、稳定性和守恒条件等问题。

(2)应用研究。目前发展较快的主要有计算固体和计算流体。计算固体方面有：晶状金属、细观结构和延展性及断裂过程的模拟，大应变和破坏情况下材料的性能和本构关系，摩擦和接触、金属成形和加工、焊接工艺及残余应力的发展等生产工艺的仿真，有关三维问题及复杂加载历史问题的计算。计算流体方面有：湍流的数值模拟，大雷诺数流动的数值模拟，微观力学计算，波浪和旋涡流动、钝体波浪载荷的数值计算，马赫数接近于1的跨声速流动计算等。

4.3.2　实验力学[45-49]

实验力学是实验和测试技术与力学的结合。近20年来，由于激光技术、超声技术、电子技术、计算机图像处理和其他信息处理技术的迅速发展及其在实验力学中的应用，一些以往难以实现的定量测量现在成为可能，从而推动了力学研究的进展。今天实验力学在实验测试技术和理论上都有很大发展，已成为一门重要的独立的力学学科分支，为此，将它列为现代力学发展中的一个纲。

实验力学涉及面非常广，力学各个分支都离不开实验。尤其对于新兴和幼年的力学学科分支，实验现象的观察和探索占有重要地位。对于许多动态的和复杂的力学问题，实验研究常常起着关键的作用。

实验力学的活跃领域和发展方向主要列举以下几个方面：

(1)动态测试技术。研究动光弹，动云纹干涉，动散斑，动全息等测试技术以及它们在动断裂、热冲击、爆炸破坏、冲击破坏和波的传播干涉等方面的应用。

(2)激光和声技术。研究非定常流和振荡流中边界层分离、二次流和角部流场的激光测速，二相流钝体绕流流场中不同大小粒子的数密度和速度分布的激光测量技术等。研究声技术在非破坏测量和生物肌体测试中的应用等。

(3)流动显示技术。研究油流、铝粉、氢气泡、彩液、甘油水溶液、电解质沉淀、核磁共振等技术对各类流动特性如流线、迹线、粒子轨迹、流向、等时线、分离流线、极限流线、密度分布和温度分布等的显示。研究湍流流场大涡结构、钝体振荡绕流流场中旋涡的发展、定常和非定常跨声速绕流流场以及破碎波的发展过程等。

(4)数据采集和图像处理。涉及计算机数字处理技术、频闪光源、光电转换、多火花高速摄影、脉冲全息照相、固体激光器和氩离子激光器等在力学实验中的应用研究等。

从上述现代力学3大类型和13个纲的情况可以看到：现代力学在发展方向和研究内容上涌现出大批新的生长点和边缘及交叉领域，并迅速发展形成新的学科分支，它们占领了力学研究的主要舞台，呈现出百花齐放、百家争鸣的崭新局面。

5 特点和动力

综上所述，现代力学的发展表现出下列一些特点：

(1)许多新学科分支正处在发展的初期阶段，还不成熟，但前途无量。

(2)多数学科分支具有边缘和交叉性质，表现在力学和其他基础科学或技术科学的结合。

(3)研究对象从单纯到复杂、从理想到真实。

(4)研究角度从宏观到细观和微观。

(5)数值计算作为科研基本手段，与实验研究和理论分析三足鼎立。

(6)实验研究占有重要地位，测试技术有飞跃发展。

(7)研究成果应用到生产的周期缩短。

(8)生产对力学提出更高更深入的要求。

上述这些特点和趋势方兴未艾，将会延续到下一世纪，并将有所发展。

归纳分析上述情况，我们看到推动力学发展的主要动力有下列三方面：

(1)生产发展的需要。为不断提高生产力，向力学提出新的问题，要求予以解决。

(2)学科发展的内在规律。包括力学内部以及力学和其他科学的相互作用。

(3)工程技术和力学学科间的相互作用。

上述三方面的推动力是长期存在的，但它们对现代力学发展的作用，从世界范围看，在深度、广度和速度上，都远远超过以往任一时期。

从前面现代力学概貌介绍和特点的分析可以看出，现代力学的发展使力学工作者面临着新的局面，在基础知识、科研思想、科研方法等方面向力学工作者提出了更高的要求，既提出了挑战，也提供了机会。

参考文献

[1] Aref H. Chaos in the dynamics of a few vortices-fundamentals and applications. Theoretical and Applied Mechanics, 1984, Lyngby, North-Holland (1984): 31－42

[2] Bjornϕ L. Aspects of aonlinear acoustics. Theoretical and Applied Mechanics，1984，Lyngby，North-Holland (1984)：97－116

[3] Kirchgassner K. Nonlinear wave motion and homoclinic bifurcation. Theoretical and Applied Mechanics，1984，Lyngby，North-Holland (1984)：219－232

[4] Saffman P G. Three dimensional stability and bifurcation of steady water waves. Theoretical and Applied Mechanics，1984，Lyngby，North-Holland (1984)：355－363

[5] Hagedorn P. Active Vibration damping in large flexible structures. Theoretical and Applied Mechanics，1984，Lyngby，North-Holland (1984)：83－100

[6] Fichora G. Analytic problems of material with memory，Postprints. Theoretical and Applied Mechanics，1980，Toronto，North-Holland (1980)：223－230

[7] Hutchinson J W. Mechanisms of toughening in ceramics. Theoretical and Applied Mechanics. 1988，Grenoble，North-Holland (1989)：139－144

[8] Milton G W. The theory of composites，17th ICTAM，1988，Abstracts，Resumes Vol. A (1988)：7

[9] Sobczyk K. Stochastic modelling of fatigue accumulation. Theoretical and Applied Mechanics，1988，Grenoble，North-Holland (1989)：283－299

[10] Tvergaard V. Plasticity and creep at finite strains. Theoretical and Applied Mechanics，1988，Grenoble，North-Holland (1989)：349－386

[11] Chaboche J L. Phenomenological aspects of continuum damage mechanics. Theoretical and Applied Mechanics，1988，Grenoble，North-Holland (1989)：41－56

[12] Paulling J R. Hydrodynamics synthesis of marine structures. Theoretical and Applied Mechanics，1984，Lyngby，North-Holland (1984)：257－292

[13] Pederson R T. Structure design of marine. Theoretical and Applied Mechanics，1984，Lyngby，North-Holland (1984)：293－310

[14] Price W G，Wu Y. Hydroelasticity of marine structures. Theoretical and Applied Mechanics，1984，Lyngby，North-Holland (1984)：311－354

[15] Schiehlen W O. Vehicle system dynamics. Theoretical and Applied Mechanics，1984，Lyngby，North-Holland (1984)：389－398

[16] Storakers B. Nonlinear aspects of delamination in structural members. Theoretical and Applied Mechanics，1984，Lyngby，North-Holland (1984)

[17] Faltinson O M. Hydrodynamic loads on marine structures. Theoretical and Applied Mechanics，1984，Lyngby，North-Holland (1984)：117－134

[18] Hutter K，Alts T. Ice and snow mechanics，a challenge to theoretical and applied mechanics. Theoretical and Applied Mechanics，1984，Lyngby，North-Holland (1984)：163－218

[19] Libchaber A. From pexiodicity to chaos in hydrodynamic systems. Theoretical and Applied Mechanics，1984，Lyngby，North-Holland (1984)：233－236

[20] Mitsuyasu H. Recent studies on ocean wave spectra. Theoretical and Applied Mechanics，1984，Lyngby，North-Holland (1984)：249－262

[21] Saffman P G. Three dimensional stability and bifurcation of steady water waves. Theoretical and Applied Mechanics，1984，Lyngby，North-Holland (1984)：355－368

[22] Hopfinger E J. Turbulence and vortices in rotating fluids. Theoretical and Applied Mechanics，1988，Grenoble，North-Holland (1989)：117－138

[23] Kisffer S W. Multiphase flow in explosive volcanic and geothermal eruptions. Theoretical and Applied Mechanics，1988，Grenoble，North-Holland (1989)：145－171

[24] Savage S B. Flow c granular materials. Theoretical and Applied Mechanics，1988，Grenoble，North-Holland (1989)：241－266

[25] Batchelor G K. A brief guide to two-phase flow. Theoretical and Applied Mechanics，1988，Grenoble，North-Holland (1989)：27－40

[26] Van Wijngaarden L. Flow of bubbly liquids. Theoretical and Applied Mechanics，1988，Grenoble，North-Holland (1989)：387－406

[27] Smith J H B. Vortex flow in aerodynamics. Ann. Rev. Fluid Mech.，1986，18：221－242

[28] Smith F T. Interactions in boundary-layer transition. Theoretical and Applied Mechanics，1988，Grenoble. North-Holland (1989)：267－281

[29] Sulencon J. Yield-strength of anisotropic soils. Theoretical and Applied Mechanics，1984，Lyngby，North-Holland (1984)：369－386

[30] Arnold V I. Bifurcation and singularity in mathematics and mechnics. Theoretical and Applied Mechanics，1988. Grenoble，North-Holland (1989)：1－25. 数学和力学中的分叉和奇异性(朱照宣译). 力学进展，19，2 (1989)：217－231

[31] Miles J W. The pendalum，from Huggens′ horologium to symmetry breaking and chaos. Theoretical and Applied Mechanics，1988，Grenoble，North-Holland (1989)：193－215

[32] de Gennes P G. Dynamics of wetting and drying，17th ICTAM，1988，Abstracts，Resumes Vol. A (1988)：3

[33] van der Meulen J H J. Some physical aspects associated with cavitation. Theoretical and Applied Mechanics，1988，Grenoble，North-Holland (1989)：369－386

[34] Alfven H，Cech F. Space research and the new approach to the mechanics of fluid media in cosmos. Theoretical and Applied Mechanics，1984，Lyngby，North-Holland (1984)：1－29

[35] Lin C C. Galaries，turbulence and plasmas. Proceedings of the second Asian congress of fluid mechanics. 1982，Beijing，China，Science Press (1983)

[36] Wang R. Some problems of mechanics in tectonic analysis. Theoretical and Applied Mechanics. 1988，Grenoble，North-Holland (1989)：407－426. 王仁. 大地构造分析中的一些力学问题. 力学进展，1989，19(2)：145－157

[37] Huppert H E. Fluid dynamical processes in the earth′s crust. 17th ICTAM，1988，Abstracts，Resumes Vol. A (1988)：15

[38] Spence D A. Fluid driven fractures. Theoretical and Applied Mechanics，1988，Grenoble，North-Holland (1989)：301－314

[39] Turcotte D L. Fractal applications to complex crustal problems. Theoretical and Applied Mechanics，1988，Grenoble，North-Holland (1989)：337－347

[40] U. S. National Committee on Biomechanics. Future projects in biomechanics. Report of a workshop，Univ. of Houston，Houston TX 77004，U. S. A.，1985

[41] Herring J R. Numerical simulation of turbulence. 17th ICTAM，1988，Abstracts，Resumes Vol. A (1988)：4

[42] Needleman A. Computational micromechanics. Theoretical and Applied Mechanics，1988，Grenoble，North-Holland (1989)：217－240

[43] Oshirma Yuko. Numerical study of interaction of two vortex rings. Fluid Dyn. Res.，1986，1(1) (1986)：215－227

[44] Kawamura T，Takami H，Kuwahara K. Computation of high Reynolds number flow around a circular cylinder with surface roughness. Fluid Dyn. Res.，1986，1(2)：145－162

[45] Teneda S. Flow field visualization. Theoretical and Applied Mechanics, 1984, Lyngby, North-Holland (1984): 399－410

[46] Werle H. Hydrodynamics flow visualization. Ann: Rev: Fluid Mech., 1973, 5: 361－382

[47] Van Dyke M. An album of fluid motion. Parabolic, Stanford, California, U. S. A., 1982

[48] Gollub J P, Simonelli F. Bifurcations and modal interactions in fluid mechanics: surface waves. Theoretical and Applied Mechanics, 1988, Grenoble, North-Holland (1989): 73－82

[49] Hino M, Nadaoka K, Kobayashi, T. Flow structure measurement by beam scan type LDV. Fluid Dyn. Res., 1986, 1(1): 177－190

[50] 航天高技术概念研究阶段空气动力学手段研讨会简报. 中国航空学会通讯, 第12期(1987年12月)

[51] 庄逢甘, 赵梦熊. 航天飞机的空气动力问题. 气动实验与测量控制, 1987, 1(4): 1－7

[52] 郭仲衡. 略谈数学在力学理论研究中的作用. 力学与实践, 1987, 9(1): 16－19

[53] 梅凤翔. 分析力学的近代发展. 力学与实践, 1987, 9(1): 10－15

[54] 冯元桢(首席作者). 生物力学. 力学进展, 1987, 17(1): 81—87. 译自 Appt. Mech. Rev., 38, 10 (1985): 1251－1255

[55] 卞荫贵. 黏性流体力学的数值解法. 力学进展, 1983, 13(1): 19－33

院士简介

林同骥(1918.12.12—1993.7.29)

流体力学家,籍贯福建福州。1942年毕业于中央大学。1948年获英国伦敦大学航空工程博士学位。1980年当选为中国科学院学部委员(院士)。

曾任中国科学院力学研究所研究员、副所长,《力学学报》主编。在弹性力学研究中获得了不同厚度和不同弯度的翼型截面柱体圣维南扭转和弯曲问题的精确解析解。在稀薄气体的研究方面,为在滑流领域利用皮托管测量总压提供了理论依据,并考察了 Burnnet 方程中高阶项的作用。主持设计建造了我国第一座暂冲式超声速风洞和气源系统。提出的端头热应力匹配问题和相应研究,为我国第一代洲际导弹弹头防热材料的选择和结构方案的确定提供了依据烧蚀图像的研究,为我国洲际导弹的防热设计作出了贡献。设计建造了我国第一个U形振荡水槽,并开展了相应研究。

力学在现代自然科学和工程中的作用*

白以龙
(中国科学院力学研究所)

力学是研究物质的宏观运动的一门科学。就语义上而言,mechanics 是多义的,指研究力的作用的学问,研究机械制作的学问以及工作的技能。从自然科学的发展过程看,力学是由于人们探索周围的物体,如天体、抛体的运动规律而发展起来的。后来,以牛顿的几大定律为核心内容,而开始形成一个学科。

其实,牛顿力学只是揭示了我们周围五彩缤纷世界的一个侧面,但被认为是近代自然科学开始形成的标志。因为,第一,它是人类自然认识史上第一次科学的理论概括,从而打破了神学的统治;第二,它为工业革命打下了基础,开始了人类大规模利用自然的时代。这两件事都是人类文明史上划时代的大事情。

在牛顿的《自然哲学的数学原理》一书出版(1687 年)之后的 300 年中,自然科学的各个领域都得到了飞速的发展。特别是 20 世纪上半期物理学的革命,带动了自然科学的全面发展。相形之下,力学似乎退出了原来的主导地位。事实上,力学家们已更向前走了一大步,把对自然的认识和重大的新兴工程的发展结合起来,使应用力学各分支成为现代许多大工业的基础。如使航天和航空工程克服了推进、声障、热障等重大技术难关,而成为大规模的产业。从哥廷根的克莱因、普朗特到加州理工学院的卡门、钱学森,是这一潮流的杰出代表。

然而,在航天事业产生了振奋人心的辉煌成就之后,力学研究却似乎被人们冷淡了。一种倾向性的看法是,从传统的土木工程到新兴的航天工程,都可以靠已有的工程积累而在工程行业范围内推动自身的发展。另一种有影响的看法是,力学作为科学上的一次突破已成为历史。目前,它的作用就是工程应用。对此,笔者认为实际情况远非如此。请看下面两个例子。

(1)断裂力学是从二次大战之后才逐渐发展起来的一个力学分支。它基于在材料中存在的裂纹的尖锐前沿受力状态具有奇性,这一力学概念抽象,揭示了各类材料在各类工程条件下断裂的原理。现在这一成就已被广泛应用于从土木工程到核工程的众多领域,产生了巨大的效益。而这类普遍性的新概念,只有从工程中经过力学抽象才能产生的。

(2)热对流是力学中的一个古老问题。1900 年贝纳尔观察到流体从静平衡到胞格状规则环流的过渡。1916 年瑞利发现该过渡系由一个无量纲数——瑞利数 $Ra=g\beta d^3\Delta T/(\kappa V)$

---

* 原文刊登在《中国科学基金》1993 年第 7 卷第 3 期。

（温度引起的热胀浮力/黏性）来表征。对无自由界面的热对流，临界 Ra 值为1708。如果 Ra 非常大，稳定的贝纳尔胞格就让位于湍流。60年代，洛仑兹以截断热对流偏微分方程为背景，发现了混沌。从这种流动问题出发，提出的多重流动模式选择、长程关联的耗散结构、确定性系统中的内在随机性等，都是近年来导致人们自然观产生重大变化的新观念。

以上两个例子从不同的侧面表明，力学不仅广泛推动着工程学的进展，又是新自然观的重要起源。那么，为什么又会出现上述那些看法呢？看来，力学学科有其特殊之处。

首先，自牛顿以后，自然科学又经历了几次伟大的理论综合和概括。但是，自然科学发展的主要倾向之一却是综合的反面。以具体物质对象为客体的“块块”型的学科，越分越细，形成科学的主要结构形式。而力学研究的一些重要内容，由于其应用性广，被有关“块块”和工程领域广泛吸收。如天体运动之于天文学，空气动力学之于航空航天工程等。同时，力学从性质上不同于“块块”型的学科如声学、光学等，力学更接近一种“横”的学科。譬如，大家都很具体地知道光、声是什么，但力是什么，它既可以指肌肉的力，也可以指场力。概言之，“力”并不限于某一种具体的客体，而是对产生运动的所有相互作用的一种抽象。因此，在“块块”各占一方的结构下，力学却没限于某一“块块”。

其次，力学大量涉及的是我们周围的宏观世界。受过中等教育的人，便已熟知既直观又可亲身体验的力学定律。因此，有人便认为，对这些身边早已熟悉的事物，还有什么更深刻的规律值得研究呢？其实正是我们周围的世界，从土地、大气、海洋、生物到人类及其生产活动，构成了复杂的宏观世界，我们身处其中，往往见怪不怪，结果常常受到惩罚。最近揭示的确定性系统中的内在随机性，只是这类复杂性的一种表现。

力学正是从我们熟知的这些宏观事物的普遍相互作用，来探索其复杂性，为人类的生产和生活服务的。谈镐生先生曾经比喻讲，数学和力学如同“π”字的两条腿，支撑起庞大的科技知识宝库。

那么，力学又怎样在现代自然科学和工程中发挥其作用呢？

现代科学的另一个重要趋势是综合，特别是要增进对复杂系统的认识。对此，力学提供的方法是极有用的工具。首先，力学研究方法既不是笼统的统计相关，也不是深究细微的描述分类，或一丝不苟的逻辑。力学研究强调的是突出主要矛盾，阐明控制机理。特别是针对包含多个时间尺度、多个空间尺度、多种物理因素、多个运动模式的复杂系统，发展了许多行之有效的办法，达到既可抓住主要控制因素又可定量预测的目的。量纲分析方法能使人们在现象的具体规律不甚清楚的条件下，便得以用简明的手段找到控制法则。数量级估计则能使诸多因素的相对重要性一目了然，从而使主要矛盾突出出来。二者配合起来，人们便能从表象进入对现象本质的总体认识。例如，黏性是流体的一个基本属性，但力学家经过量纲和量级分析指出，在流动中黏性大小本身并不是本质性的，要看流体速度和特征尺寸的乘积与黏性的比值，才能恰当衡量黏性的重要性，这就是雷诺数。由此推出，在附于物体表面的一薄层流体，即边界层中，黏性是不可忽略的。这不仅从本质上深化了对流动中黏性的认识，也从根本上推动了飞行器和流体机械的进步，力学研究还陆续发现了各类无量纲数，清楚地表明了各类不同性质的物理量间的比较关系。例如，众所周知的马赫数，是质点的运动速度和物质中声音信号传播速度之比。这些无量纲数，无论是马赫数、雷诺数还是瑞利数的一些确定值，又都表示这类比较关系达到某个临界态，此时，控制现象的主次要因素发生变化，从而往往标志着运动模式的转换，这一点已在前面以瑞利数为例叙述过了。力学中发展起来的标度律和相似律，使得对复杂现象的描写大大简化，从实验室到工程实际的距离大大缩短，因此，已被许多近代科学分支和工程设计采用，这里限于篇幅，不再举例解释。配合这些，力学家们还发展了一系列应用数学方法，例如，渐近分析、摄动法等，以给出简明的定量预测。

为什么力学能提供这一类适用性普遍的方法呢？最简单的回答是，力学乃是贯穿多层次复杂系统的“横”的学科。其目标就是寻找各类因素的相对重要性和转换关系，而不拘泥于单一规律的细枝末节。在这个意义上讲，对我们周围的宏观系统而言，力学方法是研究它们的一类普遍法则。这类法则，既不同于精密研究数和形的数学，也不同于研究某具体物质对象的物理学。看来，针对这类复杂系统的特殊需要而发展起来的力学方法，具有其无法替代的特点。也许正因为如此，近代力学在一些从传统观点看似乎与“力”无关的领域，诸如生存环境系统、地球物理系统、生物体等方面，在建立机理模型上都有别开生面的进展。

力学在现代自然科学和工程科学中的另一个作用，在于力学能提供许多重要的、物理内蕴丰富但又简明直观的原型问题，或称范例。人们对周围世界的认识，总是从典型到一般，从直接感受到抽象。由于力学对象大多是人们感官所及，因此非常适宜作为深入认识的起点。而且，现在人们越来越认识到力学现象常常隐含了许多层次的重要规律。例如，湍流，时时处处可见，但它却包含了从分子到容器尺度的各种层次的运动，从而形成引人入胜的复杂性，至今吸引着各类探索者。至于热对流中的贝纳尔胞格，水波中的孤立子等，现在则都已成为近代自然哲学中的典型例子。

对于工程而言，力学最重要的作用，是能把工程经验经过模型化提炼和总结，使其成为广泛适用的定量理论法则，进而为未来的技术奠定基础，打开道路。在过去的岁月里，力学的这种作用在土木、机械、航空航天工程等广泛领域中得到承认。这也就是普朗特、卡门等受到工程界普遍尊敬的原因。今天，力学正从这类“机械性”的物质对象跨入到更广泛的宏观世界，如材料科学、环境工程、生物医学工程等。力学之所以能起这种作用，是由于其借助了分析，实验和数值模拟三大手段，综合利用前面提到的几种分清层次、突出控制因素的有效方法。这个途径比之于不少应用中流行的方法，如统计、关联、类比、1∶1实验等，具有省时省力又可直接揭示现象本质的优点，从而，可以达到认识现象、控制机理的目的。对于复杂系统的工程，当然问题的难度就更大了。但是，越是如此，越要做好各类影响因素的综合效果的总概算，人们才能从“验方”“炒菜”以及“头痛医头，脚痛医脚”的工作方式走上科学的道路。

“不识庐山真面目，只缘身在此山中”。现在已日益清楚，似乎，我们才刚刚认识周围这个熟悉的世界的复杂性。特别是，我们又恰恰生存和依赖于这个世界。因此，以认识这个宏观世界的一般运动规律为目标的力学的作用，看来也需要我们给予再认识。或许，我们应当恢复牛顿把力学作为“自然哲学的数学原理”的精神。

院士简介

白以龙

力学家，1940 年 12 月 22 日生于云南祥云，籍贯浙江镇海。1963 年毕业于中国科学技术大学力学系。1966 年中国科学院力学研究所研究生毕业。1991 年当选为中国科学院学部委员（院士）。2002 年当选为欧洲科学院院士。中国科学院力学研究所研究员，曾任该所副所长，中国力学学会理事长等职。

主要从事爆炸、固体和非线性力学研究。阐明了热塑剪切变形局部化的准则、演化和结构针对冲击载荷下材料的破坏建立了统计细观损伤力学，提出了损伤演化诱致突变和跨尺度敏感性等概念。代表作有 Adiabatic Shear Localization(with Dodd)，《统计细观损伤力学和损伤演化诱致突变》（与夏蒙芬，韩闻生，柯孚久合作）。1993 年获国家自然科学奖二等奖。

关于力学学科*

李家春　　　　方岱宁
（中国科学院力学研究所）　（清华大学）

力学是有关力、运动和介质（固体、液体、气体和等离子体）宏、细/微观力学性质的学科，研究以机械运动为主及其同物理、化学、生物运动耦合的现象。它的主要分支学科有：固体力学，主要研究材料与结构的变形、损伤、断裂和破坏的规律；流体力学，主要研究流体介质的流动和相应的动量、能量和物质输运的规律；动力学与控制，主要研究离散系统的运动规律和演化。

由于人们可以亲自观察到宏观力学现象，所以力学是人类在生产实践活动中最早取得直接经验，并加以利用的自然科学领域。到17世纪，大量积累起来的天文观测事实已经成为原始创新的源泉，并孕育着科学理论的诞生。牛顿适时地提出了三大定律和万有引力定律，建立了牛顿力学。牛顿力学不仅从理论上严格证明了开普勒的行星运动规律，甚至还可以预见未被观察到的行星——天王星的存在，牛顿力学的出现标志着真正自然科学的兴起和黎明。

18世纪，连续介质力学的出现使力学学科从物理学中脱颖而出，成为一门独立的学科。然而，力学中的运动定律，哈密顿力学，能量守恒原理等无时无刻不在物理学发展过程中得到应用。量子力学和相对论则是经典力学向着微观和宇观的衍生，因此，德布罗意认为：相对论和量子力学形成了我们对整个力学现象领域认识前进途中的两个最高峰。鉴于力学的基础性，它还曾经和继续推动着其他基础学科的发展。孤立波和激波现象推动了数学家对各种非线性发展方程的研究，解释流动转捩和压杆稳定是研究分岔理论的动力，非线性系统相空间分析促进了动力系统和现代微分几何的发展，哈密顿力学是辛几何诞生的物理背景；天体物理是等离子体动力学的一个重要应用领域；动力气象学的出现推动了大气科学的发展，考虑层结和旋转效应的地球物理流体则是大气动力学和物理海洋学的基础；基于力学原理的地球构造动力学，探讨地壳和岩石圈大尺度构造运动的动力过程和驱动机制，包括地幔对流，涌升热柱，海底扩张，岩石的剪切、挤压、褶皱、破裂和地应力演化等，可以用来解释地震、火山、成矿的原因；应力与生长则是生物力学的重要课题。

在自然规律的科学认识论方面，由于牛顿力学可以准确预测宏观世界物质低速运动的规律，是自然规律因果论和确定论思想的重要来源和直接证据。随后，数学家提出了描述不确定现象的概率论和随机论。1960年，洛仑茨在研究对流运动时，发现了反映内在随机性、对初始扰动敏感依赖的混沌现象，冲击了牛顿的确定论观点，这是是力学对自然规律认识论飞跃的又一重大贡献。

---

* 摘自《2006－2007 力学学科报告》，北京：中国科学技术出版社：4－6。

在科学研究方法论方面,伽利略通过在比萨斜塔上有名的自由落体实验,以简单的事实证实了正确的运动规律。"观察、实验、理论"科学方法的三部曲是由力学家开普勒、伽利略和牛顿完成的,从而开创了科学研究的崭新时代;20 世纪,力学家谢道夫总结的量纲分析是具有普遍意义的理论方法,它不仅可以指导工业放大和缩尺实验,而且是科学家在复杂纷繁的现象中识别主次因素的有效工具。著名力学家泰勒曾根据 1945 年美国在新墨西哥州爆炸火球的照片,用量纲分析方法计算出原子弹的 TNT 当量使学术界感到震惊。力学家善于应用理论和实验相结合的方法,由表象到本质,由现象到机理,由定性到定量,解决自然科学和工程技术中的关键科学问题。力学家及时地预见到计算将成为科学研究的重要要途径,提出了有限元方法,并形成了计算力学学科。在超级计算机出现后,力学中大规模复杂工程问题计算的需求,对于促进计算科学的发展起了重要作用。

马克思指出:"力学是大工业的真正科学的基础。"经典力学曾是工业革命的杠杆,随后造就了一个时期的辉煌。例如,在力学原理指导下,瓦特发明了蒸气机离心调速器之后,蒸汽机才真正成为动力。爱因斯坦曾对连续介质力学给予了极高的评价,称其具有"伟大的实际意义"。20 世纪初,人类刚刚实现动力飞行,普朗特提出的边界层和升力线理论,使飞机的科学设计成为可能。随后,通过在冯·卡门领导下的古根海姆实验室应用力学学派的共同努力,突破声障和热障,逾越声速,人造卫星,登月计划,使人类进入空间时代,这是力学发展的"黄金时期"。近 50 年来,大型客机、载人飞行和深空探测在流动控制、轻质材料、防热方法、推进技术等方面给力学家提出了新的课题。社会的需求表明,现代力学不仅是航空、航天工程的先导,而且还与能源、环境工程,海洋、海岸工程,石油、化学工程,土木、机械工程。材料、信息工程,生物、医学工程有紧密的联系和广泛的应用,并处于核心地位。例如,由于理解了飓风形成、发展及其与全球天气系统相互作用的机理,飓风登陆和强度的预报将得到改进;对具有群体缺陷、裂纹和裂隙的不连续、非均匀介质的力学演化过程的了解可以减轻因地震、滑坡、泥石流、矿井崩塌等灾害给人类带来的威胁和损失。界面不稳定限制了现有核聚变装置的能量密度,了解和控制这种不稳定可以加速聚变能的利用。核电、风能、高坝和大功率水轮发电机组是能源现代化的关键技术,需要研究极端环境下材料和结构的力学行为和安全评估;要设计出在严峻海洋环境中安全、可靠作业的深水平台,必须正确预测流体动力载荷和海洋结构物的动力响;多相物理化学渗流的研究可以预见在地层中油、气、水、聚合物、表面活性剂的运动和分布,从而通过提高驱动效率和扩大波及面积实现提高采收率;化学工业的效率也依赖于通过控制流动中"传热、传质和化学反应"过程得以提高;可以制造出各种新一代微尺度装置,如:代替电池的燃烧器、冷却电子系统的先进流动控制装置,检测 DNA 的"芯片实验系统";血液流动对动脉粥样硬化和血管重建有重要作用,需要更好地理解壁面剪应力与瘢痕的形成,内皮细胞相应的反应与组织生长的关系,才能发展对这些疾病更好的治疗方法。由此可见,力学已经是现代社会经济发展和人类生活中不可替代的重要学科,因此,钱学森说:"不可能设想,不要现代力学就能实现现代化"。而探究各种真实介质的复杂力学行为是对力学家新的挑战。

综上所述,力学学科是自然科学的先导和基础,它在学科自身发展和实际工程应用的驱动下不断发展,为人类社会的进步做出了巨大贡献,应用和理论力学学派的光辉成就已经载入科学史册。毫无疑问，现代力学仍将是一门具有广泛应用的和强大生命力的重要基础学科。

院 士 简 介

李家春

力学家，1940 年 7 月 26 日生于上海。1962 年毕业于复旦大学数学系。2003 年当选为中国科学院院士。中国科学院力学研究所研究员。曾任科技部“九五”攀登项目“流体和空气动力学关键基础问题研究”首席科学家，中国力学学会理事长。

长期从事流体力学研究，在流动的非线性问题和力学中数学方法领域作出了理论成果。提出了摄动级数多对复奇点的判别准则；最早用速度剪切解释有风时 B—J 不稳定的机理，得到弱风时不稳定加强、强风时不稳定抑制的新结论；对自然环境中的波、流、涡、湍流进行了深入研究，解决与流体力学有关的诸如陆面过程、海气相互作用、台风异常路径、土壤侵蚀、海洋内波和波、流、结构相互作用等环境科学和海洋工程问题。

院 士 简 介

方岱宁院士简介请参见本书第 237 页。

从应用力学到工程科学*

李家春
（中国科学院力学研究所）

近来，我们都在开展纪念钱学森先生百年诞辰的活动。实际上，中国科学院科技翻译工作者协会在李佩先生的主持下，在两年前就开始将《钱学森文集》译成中文出版的工作。今年，力学所也编辑出版了记载钱学森在创建力学所时期活动的纪念文集——《钱学森在创建力学所的日子里》。在此过程中，我重温了钱学森先生有关文章，回顾了以往的历史，思考了他的科学思想。在这里，谈谈对钱学森工程科学思想的粗浅认识，作为对钱学森百年诞辰的纪念。

1　工程科学促进科学、工程结合

19 世纪末，克莱因受美国芝加哥世界博览会的启示，在德国哥廷根大学创立了应用力学系，以促进科学与工程的结合，成效显著。1903 年，莱特兄弟实现了人类第一次动力飞行后不久，普朗特就提出了边界层和升力线理论，给出了摩阻、诱导阻力和升力的计算方法，解决了现代飞机设计问题。1929 年，冯.卡门到美国加州理工学院担任古根汉姆实验室主任，吸引了一批学术精英，发展可压缩空气动力学，克服“声障”、“热障”，使人类进入太空时代。所以，20 世纪上半叶是应用力学的“黄金时期”。

钱学森先生从 1935 年到美国 20 年期间，提出卡门－钱公式、发现上临界马赫数、创立高超声速和稀薄气体动力学、解决有曲率的薄壳稳定性问题，为应用力学的发展做出了杰出贡献，并亲历了美国的远程火箭、核工程等重大工程发展过程。1948 年，钱学森担任了加州理工学院喷气推进中心主任。

然而，实际工程往往会涉及比应用力学更加广泛的领域。于是，钱学森继承和发扬了应用力学学派的风格，从学科分类的高度，提出必须建立介于自然科学和工程技术之间学科门类——工程科学的思想，旨在加速科学与工程的结合。1947 年钱学森乘回国之际，就这个题目在浙江大学和清华大学做了演讲，并于 1948 年在 *Journal of the Chinese Institute of Engineering* 发表论文“Engiineering and Engineering Sciences”[3]，阐明了工程科学的意义、目标、内涵和人才培养的系统认识。之后到他回国以前，他身体力行，完成了物理力学、工程控制论等工程科学新领域的研究工作。

2　工程科学重视新兴学科建设

1955 年 10 月，当钱学森刚刚踏上祖国土地时，他所接受的第一项使命就是创建中国

* 摘自《钱学森科学和教育思想研讨会工程科学思想专题纪念文集》，2011：4－8。

科学院力学研究所。他在回国以后不久,就到东北各地考察,对我国的工业发展、高等院校和研究机构有了一个全面的了解。他感到新中国刚刚成立,国家需要在原有薄弱的基础上,迅速建立起一个完整的工业体系,百废待兴,时不待人。于是,他认定所要建立的力学研究所是技术科学研究所[4]。

1956 年 1 月力学所成立,钱学森组建了弹性力学、塑性力学、空气动力学、化学流体力学、物理力学、运筹学和自动控制等研究组。1958 年中国科学院接受人造卫星任务,钱学森、郭永怀、杨刚毅泛舟昆明湖,确定我所的方向为上天、入地、下海、为国民经济服务。1960 年,钱学森在"518"会议上,确定力学所从事基础性预先研究的定位,并开展有关高能火箭发动机传热与燃烧,飞行器再入气体动力学,高温结构强度,高马赫数冲压发动机和金属薄板零件爆炸成形等协作课题。之后不久,我所就开拓了高速空气动力学、磁流体力学、爆炸力学等学科。这些学科大多属于钱学森所划分的工程科学的门类,有些是新的学科发展方向,连同全国各单位的新兴学科和实验基地建设,奠定了我国近代力学的基础[5]。

1978 年,钱学森在全国学科规划会上做报告,分析国际上力学学科的发展态势,指出高速电子计算机的出现使力学的发展突破了经典力学的框架,要求大家关注用宏微观结合的方法研究介质的物性,重视与地球、生物、物理、化学交叉的新的学科生长点。会后不久,全国有限元方法、计算流体力学的讲习班、学术会议方兴未艾,出现了诸如:理性力学、材料力学性能、流变学、地球力学、海洋工程力学、生物力学、等离子体力学,乃至后来的非线性力学等新兴学科,推动了现代力学各学科分支在我国的发展[6]。

我们回头来看,钱学森先生这些安排高瞻远瞩、独具匠心,是战略性的学科布局。尽管当时中国科学院的 581 任务只是放一颗人造卫星。但是,根据苏联成功发射载人飞船成功,美国酝让阿波罗计划等背景,钱学森预见到,我国发射人造卫星以后,必然要朝着返回式卫星、载人飞船和建立空间站的路线,朝着新目标,迈向新高度。因此,力学所当年在液氢液氧高能火箭发动机、飞行器再入气动防热等方面的阶段性研究成果确实为我国的航天事业做出了先导性的贡献。有人评价说,钱学森回国把我国的航天事业至少提前了 20 年,今天我们成功地实现了"天宫一号"与"神八"的空间交会对接,这不能不归功于钱学森远见卓识和工程科学思想的成功实践。

尽管今天我国已经发展成为世界第二大经济体,但与世界先进强国相比还有不少差距。经济发展的需求和国际竞争的压力,要求我们必须大力强化研究工作,把基础科学的发现几乎马上就得到应用。工程科学直接面向工程,可以回答诸如:所规划的工程项目的可行性,实施工程项目的最佳途径和万一项目失败应采取的补救措施等问题。几十年实践经验也充分证明,发展工程科学可以加速科学与工程的结合,从而促进我国工业和经济的快速发展。毫无疑问,坚持工程科学思想应是国家研究所发展的必由之路。

3 工程科学要求培养创新人才

在钱学森的心目中,工程科学家应该具备的素质是:要掌握工程分析的数学方法,工程问题的科学基础和工程设计的原理和实践。至于杰出人才,钱学森要求他们不仅要在国内某一领域首屈一指,而且要在国际上位居前列;不仅个人要具备拔尖的学术水平,还要有能力团结一大批人,统领一大批专家攻克重大的科技难关。他所推崇培养方法是加州理工学院的模式，即要理工结合、知识宽广。比如当时在加州可以听到有用的数学（即应用数学）、原子物理、核工程、量子化学、遗传学，乃至艺术门类的课程。要提倡不同学派和学术观点的自由讨论，鼓励出"good idea"，即创新思想和独立工作能力。因此，规模不大的加州理工学院迄今获得众多的诺贝尔奖，培养了钱学森、郭永怀、钱伟长、谈家桢、西尔斯、马博等这样杰出的人才。

20世纪五、六十年代，钱学森为了实践工程科学思想，采取了各种措施加速人才培养。1958年秋，创立清华工程力学班和中国科学技术大学，并为这项工作倾注了大量心血。他亲自为力学班讲授水动力学课，他亲自担任近代力学系主任，为科大学生讲授星际航行概论。实际上，清华力学班和中国科技大学是钱学森培养工程科学人才的苗圃，他通过把握所系结合、专业设置、课程教育、生产实习、毕业论文等环节，为国家培养了一大批知识面宽、解决实际问题能力强的优秀的工程科学人才。日后，他们成为我国与工程相关的各战线、各行业中的骨干和领军人物，在国家经济建设、特别是在航天工程中发挥了重要作用[5]。

晚年的钱学森最关心的一件事，仍然是人才培养问题。2005年3月29日，他为此特地请人来记录了他关于人才培养的思考。以后，他也多次向前来看望他的中央领导表述了他的意见和建议。由于种种因素，目前我国的教育还没有摆脱应试教育的羁绊，因此，我国的大学还培养不出杰出的人才。但是，钱学森提出工程科学人才的标准值得我们思索、他在培养工程科学家过程中的实践经验值得我们采纳，加州理工学院的培养模式值得我们借鉴。尽管深化教育体制改革的任务十分艰巨，任重而道远。如果我们能够不畏艰难、坚持不懈、身体力行、付诸实践，在人才培养的百年、千年大计问题上迈出新的一步，回答钱学森的世纪之问，这就是我们纪念钱学森先生的现实意义所在。

院士简介

李家春院士简介请参见本书第65页。

力学学科的若干分支与研究方向

流体动力学简介*

周培源
(北京大学)

力学,和其他各门自然科学一样,是在人类社会生产实践中产生和成长起来的。牛顿(1642~1727)对动力学基础——物体运动三定律——的奠定和万有引力的发现,主要根据于当时从天文观察总结出来的行星绕太阳运动的规律,而天文学在十六、十七世纪的进展是由于西方资本主义萌芽时期商业扩张对航海所提出的迫切要求。社会生产力的发展,需要更多地知道物质运动。自然界的物体,按照它们物理和化学的性能来说,在一般的温度与压力条件下可分作气体、液体和固体三种。虽然不论气体、液体和固体都是由不同的原子或分子所组成,即严格说来,物质的微观质量分布是不连续的,但是从宏观的力学运动问题角度来看,三种不同物态的物质都可以当作连续体来处理,而不考虑物质结构的间断性。和固体在普通的温度与压力条件之下有固定的形状相反,气体与液体是没有固定形状的;它们的物理与化学性质也有很大差别。但是它们的力学性质在类似的条件下是相同的。因此气体与液体的介质在外力和介质内部应力作用之下的运动问题可用同样的运动规律来解并都是流体力学的组成部分。流体力学又可分作流体静力学和流体动力学:流体静力学处理流体在外力与内部应力——压力——合作用之下的平衡问题;流体动力学是求流体在外力与介质内部应力合作用之下和满足一定的边界条件下的运动情况,如流体的速度分布,包括压力在内的应力分布及作用在流体边界上的应力分布等。在建立流体动力学基础工作中俄罗斯科学院院士欧拉(1707~1783)作出了重要的贡献。这篇关于流体动力学的简介分作"我国社会主义建设对流体动力学所提出的要求"和从这些要求所归纳成的"流体动力学的主要内容"两部分。

1 我国社会主义建设对流体动力学所提出的要求

在党的伟大号召下祖国正经历着轰轰烈烈的技术革命与文化革命。社会主义建设事业的飞跃发展也向流体动力学提出许许多多任务和课题。兹分下列几方面来谈。

1.1 水利建设、农田灌溉、动力气象与洪水计算

祖国大规模的水利建设和农田灌溉的主要工作之一,是通过管道或渠道在压力或重力作用之下输送水量。这也是近代都市建设中从水源供应工厂、机关、学校、商店和居民用水的工程问题。特别在全国农田水利化的今天,农民要把明渠改为暗渠,应该如何排列暗渠来获得最大的灌溉效益,是一个具有极大经济价值的问题。流体在管道中运动是

---

* 原文刊登在1958年12月《物理通报》。

流体动力学中的一个老问题。管道中流体运动基本上有两种不同的情形。管道的直径如果比较小,流速比较慢,而流体的运动黏性系数(它等于流体的黏性系数与密度之比)比较大,如血液在血管中流动一样,则这种流动称作层流或片流运动,并已有圆满的解。相反地,如果管道的直径比较大,流速比较高和运动黏性系数也比较小,则流体作湍流运动;自然界大气、河流和工程上的许多流体的运动都是湍流的运动,而湍流是复杂的流体运动现象。更困难的是:我国许多条水流湍急的河流如黄河与永定河的河水中都含有大量的泥沙;泥沙在河水中出现更增加流体运动问题的复杂性。长江的含沙量虽然没有黄河那么高,但在修建三峡水库时长江的泥沙问题也不容忽视。在有高度含沙量的河道上修建水库时,水库中的泥沙沉淀与淤积以及水库下游的河床演变包括冲刷和淤积都变成水利工程上的重要问题。由于我国河流的含沙量都比较高,故解决河流中的泥沙运动更具有巨大的国民经济意义。

和河流中的泥沙运动相仿还有水力采煤工程中的煤浆输送,选矿工程中的浮选与某些工业中的烟尘控制等类似的流体动力学问题。

在修建水库时除须注意泥沙沉淀外,水坝基础下流水的渗透对于水坝的安全也是一个重要工程问题。另外,流体的渗透运动在农田水利工作中也有重要的应用。天津专区根据农民“压碱”的经验把大面积盐碱地整治成丰产地。压碱的方法是把淡水灌在田内,通过淡水在泥土中的渗透作用把土里的盐碱成分逐渐排洩出去。这说明:劳动人民的生产经验可总结成理论,并用此理论来进一步指导生产实践。

用流体动力学的规律和方法来讨论大气的运动组成了动力气象学的内容。大气在自然界中的运动现象甚为复杂。除了作用在大气上的外力,内部应力,气流必须满足一定的边界条件外,还须考虑到:空气密度在离地面不同高度的改变,大气中的云雾和水蒸气的运动,由于太阳的照射和地面的辐射而在空气中产生的热传导与对流所引起的温度的变更以及由于地球的自转在大气上所产生的科赖奥力和离心力。为此准确的长期天气预报必须通过大规模的观察和艰巨的理论计算工作。另一方面暴雨或长期降水在河流中所造成的洪水涨落与洪峰演进等计算也必须依据流体动力学的规律来进行。

1.2 交通运输、波浪与潮汐

设计与制造地面上的交通运输工具如一般车辆、火车、汽车和船舶的共同问题,是在一定的动力供应下如何把由于运动所引起的作用在这些工具上的阻力减小到最低值以便取得最高限度的机械效率。作用在运输工具上的阻力一般可分作两部分:一部分为机械内部的摩擦阻力;另一部分为运输工具在流体介质如空气和水中运动时所受到介质的阻力。减小机械内部阻力的方法是采用各种不同类型的机械轴承,如同在全国范围内所推行的滚珠轴承一样。在轴承中必须有滑润剂,这滑润剂的运动是黏性流体的运动。此外,一般车辆,火车和汽车的运动速度如果比较小,则空气作用在它们上的阻力可以略去不计。如果车辆的运动速度提高,则火车头与汽车的外形须设计成流线型以便减小空气对它们的阻力。

船舶在航行中的能量耗损一部分是由于船身表面和水的摩擦以及在船身后面所产生的尾流;另一部分则出于船舶航行时在水面上所产生的波浪。为了进一步减低船舶的造波阻力和船身与水的摩擦阻力并缩小船后的尾流,苏联工程师们建成了水翼轮船。这种具有水翼装置的轮船加速船行达到一定运动速度时,作用在水翼上的举力即可把整个船身抬出水面,并使它的速度超过每小时一百公里。另一种减低造波阻力的方法是建造潜水舰艇,使整个舰艇在水面下航行,这样也可使它达到较高的航行速度。

我国有漫长的海岸线与许多内地湖泊。海水的运动,水波在海面或湖面与海滩上的传播和对堤岸与码头的冲击,以及如何利用江河出口处海水潮汐涨落的动力,都属于流体动力学的研究范围。

1.3 航空与高速飞行

二十世纪航空事业的发展不仅对流体动力学甚至对力学的整个领域起了极重要的促进作用。人类很早就有像鸟类般在天空中飞翔的幻想。我国在战国时代就有公输般与墨翟先后制成能飞行的“木鹊”与“木鸢”的传说。但是历史上第一个用机械装置能飞行的飞机是由俄国的莫查伊斯基在1882年发明并试飞成功的。在本世纪初俄罗斯伟大的力学家儒科夫斯基奠定了飞机机翼与螺旋桨的流体动力学的理论基础。儒科夫斯基不仅是一位理论家,同时他也是实验空气动力学的创始人。他在十月革命之后积极拥护苏维埃政权并亲自领导苏联政府新成立的中央空气和流体力学研究所。由于二十世纪生产力发展的需要,儒科夫斯基创造性的发现以及德国普朗德尔在儒科夫斯基的理论基础上所创立的有限翼展的机翼理论的应用,航空事业在过去的半世纪内有了飞跃的发展。伟大的列宁称儒科夫斯基为“苏联航空之父”是十分恰当的。

儒科夫斯基的理论只是在流体的运动速度比声速小很多时有效。在这种运动情况下流体密度的改变很小,可以不加考虑,这种流体的运动称作不可压缩流体的运动。在1930年以前的飞机速度都比较小,故空气可以如同水一样当作不可压缩的流体来处理。在第二次世界大战期间,飞机的速度大大提高了。到了现在喷气歼击机的速度已从接近声速到超过声速。在这种高速飞行情况下空气的压缩性不可在理论中忽视。苏联力学家恰布雷金在本世纪初年在可压缩流体动力学的理论工作上曾作出杰出的贡献。以恰布雷金的工作为基础我国力学家钱学森曾求出亚音速机翼理论中的举力公式,这也是亚音速机翼理论的基本公式。

在本世纪的五十年代里苏联科学家们就开始研究火箭的工作,在卫国战争之后苏联对火箭的研究更获得了惊人的成就,如洲际弹道导弹和人造地球卫星的放射成功;它们的飞行速度远比一般的高速飞机要高,因而对流体力学又提出新的研究课题。例如,人造地球卫星须穿过大气层到达离地面几百公里到一千公里以上的高空。在高空的空气密度甚为稀薄,这种稀薄气体的运动不同于一般介质具有连续性的流体的运动。另外,高速飞行器在空气中的运动速度达到一定的高度时,由于飞行器表面与空气摩擦以及激波与摩擦相互作用所产生的高温,空气中会出现电离现象。银河系中星际气体在电磁场中的流动也有类似的运动情况。这些流体的运动问题都属于新开辟的电磁流体动力学的范畴。

在喷气式飞机发明之前,飞机一般都靠螺旋桨的转动来推动飞机前进。不论飞机的或轮船的螺旋桨的理论都是以流体动力学的运动规律作根据的。喷气发动机中的气流也服从流体运动的规律。

1.4 土木、建筑与桥梁工程

土木、建筑与桥梁工程中的力学问题主要属于材料力学与结构力学的范畴，但也还有一些问题向流体力学工作者提出。高建筑物如烟囱、塔、高楼在狂风吹袭下所受的压力，水坝、堤岸与码头所受到水浪冲击的作用力都须依据流体运动的规律来确定。桥墩能承受流水的压力不致破坏和桥面与桥架在风力作用下所引起的振动，都是流体动力学处理的课题。美国西部一个山谷中的一座桥梁在设计时未考虑到风作用在桥身上的空气动力的作用；结果由于这空气动力的不断作用引起了桥身强迫振动的共振现象而使整座桥梁最后破裂。这是桥梁工程史上一个很著名的例子。

1.5 动力机械

通过飞机和轮船的动力装置用螺旋桨的转动来使流体运动，再从流体运动的反作用就可以反过来推动飞机和船舶的前进。和这个情形相反，通过水坝管道放出的流水、蒸汽机锅炉中发出的水蒸气和用其他燃气的方法产生的气体的流动在涡轮机叶片上的作用可用来推动涡轮机转动而获得机械能。我国大规模的社会主义建设对动力机械功率的要求越来越高。苏联已制成了三十万千瓦功率的大型涡轮发电机。正在准备修建的长江三峡水库需要比三十万千瓦还要高功率的水力发电机。在这样大功率的动力装置中，任何能改进涡轮叶片的设计，都可以获得巨大的额外功率。因此解决这样的流体绕叶片的运动问题对国家经济建设可作出巨大的贡献。同时我国目前的农田水利工作普遍地提出了低水头发电的课题。这种低水头动力机械的研究工作也应引起流体力学工作者的同样重视。

1.6 化学、冶金与石油工业

在这些工业部门的生产过程都牵涉到在液体与气体中的质量与动量的传输、热传导、热对流与冷却以及化学作用等问题。例如，煤的综合利用，现在全国进行的钢铁工业中的高炉、平炉与转炉中黑色金属的冶炼，有色冶金工业中的沸腾焙烧，石油炼制工业所包括的干馏与催裂化都包括流动、传质、传热与化学变化等过程。不久前科学院已试验成功页岩地下干馏，并已正式出油。这是我国煤和页岩工业一项技术革命的开端，天然石油在地层下和天然气与水混在一起流动，故是一种多孔介质内的多相渗流。在这一系列的工业生产中都有流体动力学的问题。

2 流体动力学的主要内容

以上所述是目前我国社会主义生产实践向流体动力学所提出的几个主要方面的问题；在每一个方面都有许多个具体课题，这些课题还和力学的其他学科如固体力学与刚体力学有着密切的联系。在我国社会生产力不断发展的进程中，各个方面的课题会不断增加，每个课题的研究领域也会逐渐扩大。这些课题的来源虽然不同，但是按照它们的性质和实验与理论的处理方法可以归纳成几种类型，因而组成了流体动力学的若干学科。显然，这些学科并不是一成不变的，它们会适应生产实践的需要而产生新的生长点。

现在在下列各节中分别简要地介绍流体运动的描述方法、物理定律及流体动力学各个学科的主要内容。

2.1 流体运动的描述方法与流体所服从的物理定律

在质点动力学中质点是一个物体的数学抽象。在物体运动的领域内,如果物体的体积比运动领域小很多,则物体可被抽象成一质点而略去它的体积。流体运动是一种介质的运动。在处理流体运动问题时,我们采用体积很小的、相当于质点动力学中的质点的流体微团,然后考虑这个微团在外力和介质内的应力作用之下的运动情况。流体微团体积很小,它有如下的几何意义:一方面它比在运动中的整个流体的体积要小很多,而另一方面它还有一定限度的大小,使它能够包括许许多多气体或液体的分子,所以即使在流体微团中流体仍可以当作连续体来考虑。所采用的流体微团遍及流体介质中各点,流体的偏微分运动方程在满足一定边界条件下的积分就可以给出在边界范围内整个流体的运动情况。求出运动方程这样的数学解是流体动力学的基本理论任务;流体动力学的实验工作一方面在于发现新的流体运动现象,另一方面则在于检验理论结果是否和客观现实相符合。流体动力学的最终目的则在于推动生产前进。

描述流体的运动情形一般有两种方法:一种为说明流体微团在上述各种力作用之下在时间过程中在空间内的运动过程,这种方法称作拉格朗日方法;另一种则描述流过每一个固定点的流体微团的运动情况。流体中每一点既有流体在运动,故整个运动的流体在同一瞬时形成一速度场。这种描述方法称作欧拉方法;欧拉法与拉格朗日法是可用数学变换互相转换的。流体的一般运动也可以分作两种:一种是流体微团有平移变形而没有转动的运动,称作位运动或势运动;另一种流体微团则具有转动的运动,称作涡旋运动。流体的普通运动是这两种性质不同运动的合成。

如果我们考虑只有一种气体的流体运动问题而介质中不包含其他物质并只在没有热量输入的情况下运动,则流体的运动规律是由下列三个物理定律所组成:

(1)物质不灭或物质守恒定律。这定律的物理意义是指,流体的质量在运动的过程中既不能产生又不能消灭。这也是物理学中的一个普遍定律。在流体动力学中这个规律的具体表达法,是流体元素中的质量不因运动而有所改变,并可写成以连续方程命名的数学形式。

(2)物态方程。这方程是气体在温度平衡状态时从热力学的第一与第二定律并一般根据表达能量守恒的气体的绝热过程导出;它是气体的密度、压力与温度的代数关系。液体的运动与低于声速的气体运动的物态方程可以简单地归结为流体的密度是一常数。

(3)运动方程。这是牛顿的质点第二运动定律在流体动力学中的推广。它是流体微团在外力和介质内部应力(包括介质中的压力)作用之下的运动方程;方程中的应力在不同类型的运动问题中以不同的数学形式出现。

2.2 不可压缩的理想流体运动

如果流体的运动速度比介质中的声速小很多,则流体的密度改变可以略去不计,因而这类型的流体运动称作不可压缩的运动。自然界中这类运动现象很多。水的一般流动，环绕低速飞行器的气流，机械轴承中滑润剂的流动渗流等都属于不可压缩运动的范畴。不可压缩流体密度是常数这个关系，代替了物态方程，换句话说，流体中的压力改变基本上不影响流体的密度。密度是常数的关系在数学计算上也简化了表达物质守恒的连续方程。

和人类关系最密切的两种流体是空气和水。这两种流体有一个共同的特点，即它们的黏性系数都比较小，在一些运动问题中可以略去不计。这种略去黏性的流体运动称作理想流体的运动。当飞机在天空中飞行，船舶或潜水艇在水中航行时，除靠近机身或船艇旁的流体作黏性运动外，流体的其他部分都可近似地当作理想流体即略去黏性作用的流体运动。理想流体的运动方程是欧拉运动方程；作用在理想流体介质内部的应力只有压力而没有其他分力。欧拉方程是一个非线性的偏微分方程组，故它的一般解是比较复杂的。但是理想不可压缩流体的位运动，即流体微团只有平移变形而无转动的变形，则可用谐函数的方法求出普通解。这部分称作经典流体力学，结果有广泛的实际应用。儒科夫斯基和普朗德尔的机翼理论、涡轮机理论、鱼雷的入水与在水里的脱体运动、水喷注在空气中的喷射与水面波的传播等都是不可压缩理想流体位运动的实例。

理想不可压缩流体位运动的理论虽然能近似地说明自然界气体和液体某些运动的速度分布，但是它与一般实际情况毕竟还有很大的距离。按照这个经典流体动力学的理论，刚体浸没在理想不可压缩流体中作等速运动并没有脱体现象时不会遇到介质的阻力。这称作达朗贝尔尔佯谬的理论结论是与客观实际不相符合的。

2.3　不可压缩黏性流体运动：片流与湍流

物体在流体中运动遭到介质的阻力是因为真实流体不是理想流体；流体内部的应力除压力外剪应力（切应力）也起重要的作用。管道或渠道中的水流，滑润剂在机械轴承中的流动，雾点在空气中的下降，水在泥土中的渗透以及靠近飞机机翼、机身或船舶近旁的流体运动都不能用理想流体的运动规律来概括。以气体的运动问题来说，由于气体的分子有不规则的运动，气体介质中二邻近具有不同速度的流体微团之间会有动量交换，这个动量交换引起了流体微团间的相互内摩擦应力的作用。分子运动论和实验都肯定了，这个由于分子不规则运动所引起的剪应力是和流体微团速度对坐标的梯度成正比的。这种黏性力也称作牛顿应力。牛顿应力不仅在气体中作用着，甚至在微观结构比气体复杂得多的液体中也同样生效。以牛顿应力作黏性流体内部摩擦应力的动力学方程称作奈菲尔-斯托克斯方程。显然，理想流体的欧拉运动方程是奈菲尔-斯托克斯方程的特例。

滑润剂在机械轴承中的活动与雾点在空气中的慢慢下降属于同一类型的黏性流体运动。在这一类型的流体运动中作用在流体微团上的黏性力要比克服流体微团运动惯性的力为大。飞机机翼及机身邻近流层中的流动属于另一类型的黏性流体运动。在这一类的流动中上述两方面的力在流体上起同样重要的作用。黏性流体的运动类型可用一个常数 R（$R=Ua/v$）来区别，R 中的 U 代表流体的一个特征速度，a 是一个特征长度，v 为流体的运动黏性系数；称作雷诺数的 R，代表克服流体惯性的力与黏性力之比的数值级。在第一类型的黏性运动中 R 一般小于 1；后一类流动的雷诺数则大于 1，民航机的雷诺数可高达几百万或几千万。因此在处理环绕飞机机翼与机身的空气流动问题时，可略去黏性力而用理想流体的运动来表达。但是按照不可压缩流体运动的理论，流体须在机翼与机身表面上滑动。实际上由于空气的黏性作用,在飞机各部分表面上的空气微团是沾附在飞机表面上的。为此从机翼与机身表面到理想流体运动之间的薄层内,流体与飞机表面的相对速度从零增加到理想流体的速度;流体的黏性内摩擦力主要在这簿层流体内发生作用。这薄层流体称作边界层;流体运动的雷诺数愈高,则沾附在物体表面上的流体边界层愈薄。边界层外面的流体运动虽然可以用理想流体的运动来代表,但是边界层内的流体运动对外面理想流体的运动也能起重要的影响;常因边界层从物体表面分离而改变了外部理想流体的速度分布。此外,流体运动的雷诺数如有 1 的数值级,则黏性在流体的整个流场中所起的影响都不能忽视。

高雷诺数黏性流体的片流运动实际上是一种不稳定的流动。如以在管道中的流动作例子,则当流动雷诺数 R(R 中的 U 代表流体在管道中截面上的平均速度,a 为管道的半径)一般高达 1400 左右时,管道中的流体运动不再是片流而变成由许许多多小涡旋所组成的湍流运动。普通湍流可分作流体的平均运动和迭加在这平均流动上的流体涨落运动或脉动。作用在流体平均流动的介质应力除了原有的黏性力之外,还有由于流体微团脉动引起的动量交换所产生的似应力,也称雷诺应力;这似应力要比黏性应力的数值大得多。自然界的湍流现象是甚为广泛的:湍急的河流、大气运动、自来水管道中的水流、风洞实验、环绕飞机的气流和喷气飞机喷射器中的气流等,都有较高的雷诺数,故都是湍流运动的具体例子。

2.4 可压缩流体运动——气体运动

作高雷诺数湍流运动的流体速度一般比介质中的声速为低,故流体的运动仍是不可压缩的流体运动。如果流体的速度接近声速或超过声速时,则流体——多半为气体——的可压缩性必须在理论中予以考虑。影响高速运动物体的作用除了在物体表面上的摩擦阻力与物体后面尾流中的能量耗损外,还有在物体头部上的流体可压性的压力阻力又称波动阻力。一般的炮弹在空气中速度约等于空气中声速的二三倍,故作用在炮弹上的压力阻力占炮弹阻力的极大部分。现在喷气歼击机的飞行速度已达到声速左右。飞机接近声速时的空气阻力的增加率很高。因此如果依旧采用机翼与机身成垂直的设计,则到靠近声速时飞机阻力会增加到这样大的程度:即使飞机引擎的马力不断增加也不可能越过声速。为了减小空气作用在飞机上的波动阻力,工程师都采用机翼后掠式的设计。这种形状的飞机可以用超过声速的速度飞行。

超声速的气体运动带来新的物理现象,其中最突出的为激波在气体中的出现。在超声速气流中激波前后气体的流速、压力与温度都是不同的,故气体从激波的一面到另一面经过了一个不可逆的过程,凡不可逆的过程都带来气流的能量耗损。

由于气体动力学运动方程的非线性,流体力学工作者尽量简化气体的运动问题。首先略去气体的黏性;其次,假定气流的运动是无旋位流;再次,考虑气体的定常运动。在上述条件下某些类型超声速(即流体的速度高于声速)与亚声速(即流速低于声速)的气体运动可用线性化之后的运动方程表达并能获得普通的数学解。但是在另一方面在相同的简化条件下非线性的气体的跨声速运动(即气体有着从亚声速过渡到超声速的速度分布)则尚未获得圆满解。实际上附在物体表面上边界层内气体的黏性对气流的流动能起重要作用;它对激波所产生的影响还需要作进一步深入的探索。

2.5 多相流体、化学流体、流变学、稀薄气体及电磁流体力学与结束语

以上所介绍的流体动力学的各部门，只讨论具有一种气体或液体在没有热量输入情况下的运动情形。如果在介质运动的同时有传热过程，则在2.1节中所述的三个物理定律之外，还须运用热传导的规律。另外，如果一种介质中尚含有其他物质不论气体、液体或固体，则须依据物质扩散过程的定律来处理这种多相流体的运动问题。多相流体在进行运动的同时假如还有化学作用，则还须一并考虑化学反应规律。结合化学反应的流体力学也称作化学流体力学。多相流体力学与化学流体力学按各种不同的运动情况与物理条件都可有不可压缩、可压缩、湍流、渗流等不同的运动问题。

再如，在具有不同成分泥沙的河流中，有的泥沙夹杂着有机物，这种泥沙在河水中并不沉淀，它的黏性内摩擦也不服从牛顿摩擦定律。这类非牛顿流体的运动形成一门新的学科，称作流变学。

不论在单相或多相流体动力学中，我们都假定流体是一个连续体，也就是说，流体微团的体积虽小，但是它仍含有许许多多的组成流体的分子，故在运动问题中流体仍可当作连续介质来处理。另一方面当火箭或人造地球卫星进入高空运动时，高空的空气密度异常稀薄，这种气体不能当作连续介质来考虑，它的运动问题属于稀薄气体动力学的范围。带电粒子在电磁场中的宏观运动问题如等离子区的运动问题，则属于电磁流体力学。稀薄气体动力学和电磁流体力学都是流体力学中的新兴部门。

总之，生产实践的不断发展，向流体动力学不断提出新的研究课题，这些课题的解决就丰富了并发展了流体动力学；而流体动力学的发展再进一步指出生产实践向前推进的新方向。

院 士 简 介

周培源院士简介请参见本书第5页。

物理力学介绍*

钱学森
（中国科学院力学研究所）

1 引　言

物理力学是一个新的力学分枝，具体地提出这个名词还只不过四五年；所以我们必需解释一下物理力学是什么、是为什么的。先说物理力学是为什么的：物理力学的目的是想通过对物质的微观分析，把有关物质宏观性质的实验数据总结和整理，找出其中规律。然后再进一步利用这些规律去预见新物质新材料的宏观性质。我们特别注重工程技术里所要用的物质和材料，像动力机械的介质、结构里的金属和非金属材料等。因此，正和力学本身一样，物理力学也是一门为工程技术服务的技术科学。

自然，当我们开拓一门技术科学的新领域，我们不能够只想主观的兴趣，更重要的是要考虑工程技术里有没有这个需要。那么问题就在工程师们是不是要一个材料性质的计算方法，材料性质的一个理论。一直到现在，工程师仍在材料性质方面是不靠什么理论的，他们要知道什么物质或材料的性质，他们就作一些实验来测定所要的数据，他们完全用经验方法来解决这个问题。例如，蒸汽的热力性能是用实验方法来量的，钢材的强度和弹性也是用材料试验机来决定的。那么现在为什么又提出新花样，要用理论来帮助呢？问题是这个帮助能不能有效。有效的帮助一定为工程师们所欢迎，没有效的帮助一定遭到工程师们轻视。在以前，一方面因为工程师所要解决的材料问题并不复杂，实验方法用起来方便而又省事。另一方面呢，物质的微观结构还没有搞清楚，也实在没有能力来建立物质宏观性质的理论。可是现在不同了，一方面工程师所要解决的材料问题复杂得多了，高温、高压、超高温、超高压是现实的问题了，材料在各种放射线作用下的性能也是急待解决的了，完全靠实验方法就有些困难，它要庞大的设备和长久的时日来做实验。而另一面，由于近代物理学和化学的发展，只要是在原子核以外，除了个别几处以外，物质的微观结构已经基本上没有问题，物理力学的基础已经有了，也就有条件来建立这门技术科学。物理力学就在这样一面有需要一面有可能的情况下产生的，它的确可以帮助工程师们，在介质和材料问题上大大地节省时间、人力和物力。自然，物理力学的最终目的是：能够就工程师所提出的技术条件，“设计”出能完全满足这技术条件的介质和材料，不再像现在那样去摸索；而费了多大气力摸索出来的东西，又有时不能令人十分满意。

---

* 原文刊登在 1957 年 4 月《物理通报》。

2 物理力学的根源和研究方法

当然，一门新的学问决不会没有它的根源，相反地，新学问也必定有它的来历，有旧的已成长了的学科作为它的基础。我们在前面已经说过物理力学的建立是依靠近代物理学和化学的成果的，这也就是物理力学这个名词的来源，——用物理学的观点来解决力学里的问题。与物理力学尤其有密切关系的是统计力学和分子运动论这一门统计物理；在化学里的量子化学或化学物理和物理化学也是研究物理力学所必需的学科。这些物理学和化学里的部门都是从物质的原子和分子结构出发，先知道了原子和分子的性质，然后用统计的方法来计算物质中千千万万原子和分子聚在一起的性质。这正是物理力学由微观结构到宏观性质的这条路，它们和物理力学的紧密关系是容易了解的。

值得注意的是：在早年的时候，物理学家和化学家之所以研究物质的宏观性质，他们的目的和我们现在的目的是不相同的。在以前，物质的微观结构还没有肯定，原子和分子论只不过是一个有理的假定，人们对原子和分子也抱着"将信将疑"的态度，物理学家和化学家为了帮助明确微观结构的概念，就研究怎样从假设的微观结构来推论出已知的宏观性质。如果推论出来的宏观性质和直接测量出来的性质相符合，那么假设的微观结构也就有更多的真实性。所以在这个时代，我们可以说物理学家和化学家是用物质宏观的性质来帮助决定物质的微观结构。可是现在不同了，情形反过来了。我们对微观结构是搞得很清楚了，分子是由原子构成的。而原子呢，它是由一个中心非常密集的原子核和周围很稀散的电子云所构成的。这一个肯定了的，具体的微观结构就成了我们的可靠的出发点，这是已知的。通过统计方法我们可以推论出宏观的性质，作为未知的是宏观性质。所以用从前的情形和现在的情形对比，微观结构和宏观性质的已知和未知关系是恰恰反转过来了。

现在也许有人要问：既然统计物理、量子化学和物理化学同物理力学有密切的关系，而且又有些一样的看法，那么物理力学和它们之间有什么区别呢？是不是物理力学只不过把这些物理学和化学部门应用到工程技术问题上去呢？其实问题没有这样简单，虽然物理力学引用许多物理学和化学的理论，但是它又不完全是统计物理和物理化学的分枝，它是和这些基础科学有分别的。所以有这个分别的原故是：基础科学并不能完全解决工程技术里所提出的问题，光是它还不行。譬如说：在原则上，我们可以用量子力学的方法来算出氧原子的结构，从氧原子的结构我们可以算出氧分子的结构，氧分子的性质（它的大小，相互作用的力等）；但是一直到现在，谁也没有实际这样作过，谁也没有能够只用量子力学来算出氧气的性质。问题在于执行这个计算是非常烦难的，难到实际上不能算出来。所以原则上可行还不够，一定要实际上也可行。关于氧气性质的问题，我们还是靠一些实验来测定氧分子的性质：用氧气的黏度来测定它的大小，它的相互作用力；用氧气的光谱来测定它的振动能位。有了这些实验数据，我们就能由理论来算出氧气的热力学函数，它的热传导系数等新的、不必用实验去测量的宏观性质。就在这个此较简单的问题上，我们已经看出纯粹推演是不够的，一定要结合实验才行。何况物理力学里面的问题往往还没有氧气问题那样简单，更不能用单纯推演方法，更需要灵活地结合实验方法了。不是单纯推演就不是简单把基础科学应用到工程技术上去的问题,物理力学也就不只是把统计物理和物理化学应用到工程介质和材料问题上去。

既然不能单纯地从基础科学推演出物理力学,这也就是说物理力学的基础是广大的,不只是基础科学这一面,它也包括一切可以利用的实验和经验数据。什么是和物理力学有关的实验和经验数据呢?这里面有不少是物理学和化学手册中的物质性质的测定数据,冶金学中从长远以来所累积的金属材料性质,以及工程材料和介质的性质等。其实这还不够,物理力学是建筑在更广泛的基础上的:作为一门技术科学,它必然地是介乎基础科学和工程技术之间,一面吸取基础科学里的规律和理论,一面也要吸收工程技术里面的经验和规律,把两方面的东西融会贯通才行。什么是物理力学所最有关系的工程技术呢?这里有化工的许多经验规律,以及材料强度实验中所总结出来的原则。也许有人要问:工程技术里的一些经验规律和原则往往是不太成熟的,只能用在比较狭窄的范围里,这是不是物理力学好的原材料?要回答这个问题,让我们先来分析一下什么是成熟,什么是不成熟,成熟的意思是整理得有条有理,已经能够纳入科学理论的总体系里面;而不成熟的意思是还没有整理出头绪,还不能纳入科学理论总体系的东西。所以成熟的东西倒没有什么新鲜,既然已经是可以纳入科学理论里的东西,它也就是基础科学所能推演出来的东西。我们所要的倒正是那些“未入正宗”的东西,那才是新东西,那才是现在基础科学体系里面所没有的东西,那才是可以补基础科学之不足的东西。所以工程技术的经验规律也是物理力学所要的原材料。

其实,物理力学的工作能把工程技术的经验规律加以整理,使它们能和基础科学更相接近。虽然从基础科学家看来,仍然是经验规律,但它已经有所提炼,再进一步就可以被吸收到基础科学里面去了,很可能就成为物理学或化学的一部分。所以从基础科学的发展和充实来看,物理力学也是有它的贡献的。

现在我们已经说明了物理力学的目的是什么,这也就自然可以体会到研究物理力学的方法;研究物理力学的方法是和研究其他技术科学的方法一样的:在一般原则上,它和一切自然科学没有什么两样,只不过特别注意到下面这两点:第一是问题中实际机理的分析,从而认清问题中最重要的因素。在实际现象里,不像提炼了的基础科学问题,内容很复杂,千头万绪,要同时顾到其中每一个因素是不可能的,那样做势必至于无法进行运算。所以研究的第一步就是实事求是,做到完全了解问题重点所在,专为这一个问题制造出一个简单的模型,使模型里只包括机理里面最重要的因素。唯有这样,分析运算才能进行。自然,就是同一个东西,在不同情况下它可以显出它本质的不同方面,因此同一东西在不同问题里可以有不同的模型。举个例:当我们研究气体的黏度的时候,是把气体分子看作为一个各向同性相互作用的质点;但是当我们研究气体热力学函数的时候,又把气体分子看作具有内部结构而不光是质点了。模型是不同的,但是模型所代表的实在分子是一个。在深入地分析问题的机理的时候,也常常会发现手头资料不够,那就必需做新的实验。因此、研究物理力学也必然理论和实验并重,不可偏废一面。

物理力学研究方法的第二个要点就是注重运算的手段,也就是要求采用最有效的数学工具。这原因是:物理力学是要解决具体问题的,要做到工程师仍能使用物理力学的成果,不能满足于原则上的解决,一定要有数据。这样就必需把运算做到彻底,因而计算也就烦难了,“死”算是不行的,不采用高效率的运算方法自然就不能完成这个工作。

以上这两条研究方法也是从过去几十年的力学研究经验中所总结出来的，没有这两条，就没有力学里面的创造。

3 物理力学的内容

现在要说一说物理力学的内容。在这里我们是有困难的，因为物理力学的历史太短，可以说我们还在摸索的阶段，我们还不能够一下看到物理力学的全貌。因此、在下面所讲的只是一个初步看法，物理力学的内容一定会通过实践而丰富起来。

物质的性质可以分成两大类，一类是属于平衡现象的，像物态方程、比热、化学平衡等；一类是属于不平衡现象的，像物质的扩散、热传导、黏性、化学反应等。我们所以这样分的原故是因为直到现在这两类问题的处理方法是不相同的；对于第一类的平衡现象我们用统计力学的方法去解决，而对于第二类的不平衡现象，统计力学的方法还不能完全解决问题，一般地是需要用分子运动论的手法。统计力学的方法好处是在它的一般性，结果不为各个研究对象的不同本性所限制。例如，由统计力学所求出的热力学定律就不为各个物质本性所影响，不论氧气也好，木材也好，钢也好，都得遵守这些热力学的定律。只在把这些热力学定律用到热力学函数的具体计算上才需要引入物质的特性。但是也就是因为它的一般性，比较复杂的不平衡现象也就难用统计力学的方法，我们就必需在一开始就引入现象的具体模型，这才能进行运算。因此不平衡现象就少有一般的结果，每一类现象差不多都得分别处理，这是研究不平衡现象中的困难。

平衡现象的问题里，最简单的是低压气体在常温和较高温中的热力学函数的计算。我们知道物理学家们早就找出计算的方法，只要知道气体分子的各个振动能位就行；而振动能位可以从分子的红外光谱获得。可是对一个工程师来讲，在他选择热力介质的时候，他最想知道的是一个简洁的方法，能直接从分子结构式算出比热等热力学函数，这可以说是物理力学中的一个课题了。对这个题目现在我们已经有一个近似的答案，它是Bennewitz和Rossner[1]与Meghrebilan[2]的研究成果。他们发现两个原子结合起来有一定的结构强度，因此两个原子间的振动频率差不多与分子的其余部分无关。我们可以为每一对相结合的原子给一个伸张频率，一个挠曲频率，或者说每一个化学键有一个伸张振动的特性温度$\theta_v^{(1)}$和一个挠曲振动的特性温度$\theta_u^{(2)}$。如果一个分子里面有n个化学键，那么我们就有$2n$个振动，$2n$个振动的特性温度。如果分子里面的原子数目是a，那么一共有$3a$个自由度；如果这个分子是线型的，那么它有3个直线运动自由度、两个转动自由度，余下$(3a-5)$个振动自由度。如果这个分子是非线型的，那么它有3个直线运动自由度、3个转动自由度，余下$(3a-6)$个振动自由度。无论如何，一个多原子的分子的振动自由度的数目一般都比$2n$大，多出来的是什么振动呢？这自然是多原子参加的、较大范围的振动，前面所说的几位科学家建议我们用一个简略方法来计算这些$(3a-5-2n)$或$(3a-6-2n)$个振动的频率：算每一个频率都是一样，等于所有n个化学键的挠曲振动频率的平均值。而且，如果我们撇开过低的温度，那么分子的平移自由度和转动自由度是充分激发了的，因此我们就得出下列分子定容比热C_v的公式，其中k是玻尔兹曼常数。

线型分子：

$$\frac{C_v}{k}=\frac{5}{2}+\sum_{v=1}^{n}\frac{\left(\frac{\theta_v^{(1)}}{2T}\right)^2}{\operatorname{sh}^2\left(\frac{\theta_v^{(1)}}{2T}\right)}+\frac{(3a-5)-n}{n}\sum_{v=1}^{n}\frac{\left(\frac{\theta_v^{(2)}}{2T}\right)^2}{\operatorname{sh}^2\left(\frac{\theta_v^{(2)}}{2T}\right)} \tag{1}$$

非线型分子：

$$\frac{C_v}{k}=3+\sum_{v=1}^{n}-\frac{\left(\frac{\theta_v^{(1)}}{2T^2}\right)}{\operatorname{sh}^2\left(\frac{\theta_v^{(1)}}{2T}\right)}+\frac{(3a-6)-n}{n}\sum_{v=1}^{n}\frac{\left(\frac{\theta_v^{(2)}}{2T}\right)^2}{\operatorname{sh}^2\left(\frac{\theta_v^{(2)}}{2T}\right)} \tag{2}$$

$\theta_v^{(1)}$ 和 $\theta_u^{(2)}$ 的具体数字是从许许多多分子实测得的频率统计出来的，我们把它列在表 1 里。这也就是通过微观的分析，把物质宏观的性质总结出一般性的规律。有了这规律，一有了分子结构式我们就可以用(1)或(2)公式计算比热，一些典型结果列在表 2 里，其中也列入了实测的数据，我们可以看出来这个计算方法是很可靠的。值得注意的是表 2 的最后一行，这个分子一时还查不出实测的比热数据，可能还没有测出，但是我们可以不依赖实验把它算出来。

表 1　化学键的特性温度[2]

键	$\theta_v^{(1)}$，K	$\theta_v^{(2)}$，K	键	$\theta_v^{(1)}$，K	$\theta_v^{(2)}$，K
C—C(脂肪族)	1307	935	H—O	5030	1940
C—C(芳香族)	2154	862	H—S	3694	1235
C=C	1724	1307	S=O	1797	748
C≡C	2990	539	S—C	992	402
C—H	4315	1510	在 N_2O 的 N—N	3190	848
C—O	1480	1610	在 N_2O_4 的 N—N	402	719
C=O	2500	1120	N—N	1437	1290
C—N	1437	647	N—H	4740	1724
C≡N	3190	345	N—O	1823	949
C—CI	935	374	N=O	2112	935
C—F	1510	1724	Si—H	3132	1335
C—Br	877	1365	Si—O	1510	575
C—I	762	1264	B—H	3668	1654
			B—F	1280	992

表 2　定压比热的近似计算值和实验值[2]

分　子	温度℃	定压比热	
		近似计算值	实验值
CH_2OH	137	12.9	11.8
NH_2	0	8.4	8.7
	300	11.06	10.27
	500	12.51	11.31
	700	13.74	12.92

续表

分　子	温度℃	定压比热	
		近似计算值	实验值
	850	14.52	13.22
	1000	15.15	14.65
C_2H_2	20	20	21.8
	100	25.7	25.8
	350	39.45	38.9
CH_2NH_2	10	11.85	11.72
	25	12.29	12.41
	50	13.04	13.79
C_2H_2	64.5	14.1	13.4
N_2O	20	10.14	9.24
$(CH_3)_2NH$	10	15.8	15.8
	50	18	18.66
$CHCl_2Br$	27	16.19	
	42.7	21.72	

如果我们要知道气体在100大气压左右的情况，用理想气体的物态方程就不够准确，就得照顾到气体分子本身的体积和分子间的相互作用，也就是计算气体的维里系数。物理力学在这问题上的课题是：怎样从分子的结构式定出它的尺寸和相互作用的力。自然，因为在常温和较高的温度下，气体分子的转动自由度是充分激发了的，所以每个分子都在很快的转动。我们可以具体地估计一下分子自转一周的时间：如果A是分子的转动惯量，ω是自转的角速度，k是玻尔兹曼常数，T是绝对温度，那么分子的一个自由度的平均转动能是$\frac{1}{2}kT$，所以

$$\frac{1}{2}kT=\frac{1}{2}A\omega^2 \tag{3}$$

A可以从转动的特性温度θ_r算出来，

$$A=h^2/(8n^2\theta_r k) \tag{4}$$

其中h是普朗克常数。从(3)和(4)式我们可以算出转一周的时间，

$$\frac{2\pi}{\omega}=\frac{h}{k}\frac{1}{\sqrt{29_r T}}\sim 5\times 10^{-11}\frac{1}{\sqrt{29_r T}} \tag{5}$$

像氧气，$\theta_r\sim 2K$那么在$T=100K$的时候，自转一周的时间是2.5×10^{-12}秒。我们知道在100大气压左右的分子“碰撞”或碰头过程的时间大约是10^{-10}秒，所以在一次见面的时间，氧分子已经自转了好几十次。我们可以说从一个氧分子来看另外一个氧分子，它看不出什么哑铃形状的氧分子，看见的只是风车般一团圆球。由这我们可以体会到为什么气体分子可以作为是圆球形的，而圆球的半径是从分子的质中心到最远的一个原子的边缘。具体的运算是：从分子的结构式，利用已知的化学键的方向和原子的尺寸，搭起分子的空间架子，再求出分子的质中心，找出离质中心最远的原子，用这个原子的凡特瓦尔半

径描出这原子的电子云有效圆球范围,这就是最远原子的边缘了。我们就能这样找出整个分子的有效半径。Hamann 和 Pearse[3]就用了这个方法求出了分子的有效直径,我们把结果列在表 3 里。在那里也列出了由气体的维里系数所求出来的分子直径,我们可以看出这个方法也是相当成功的。当然,对一个很长的分子来说,像庚烷(C_7H_{16}),它的转动惯量一定相当大,因此转速也慢,我们的"风车"模型就不合适了,算出来的误差也自然要大些。但对一般不太大的分子来说,Hamann 和 Pearse)的方法是很有用的,所以我们已经有一个从分子结构式算分子直径的暂行方法,问题是怎样再加以改进,怎样再找出一个计算分子间相互作用力的方法。

表 3　分子直径/Å[3]

	由分子式	由维里系数		由分子式	由维里系数
Ne	3.20	3.08	环 C_3H_6	5.78	6.56
A	3.83	3.83	C_2H_6	5.54	5.10
H_2	3.14	3.28	C_3H_6	6.59	6.33
N_2	4.09	4.10	异 C_4H_{10}	6.94	6.90
O_2	4.00	4.02	新 C_5H_{12}	7.08	7.79
CO	4.10	4.10	C_3H_6	6.60	6.09
NO	4.04	4.29;3.56	异 C_4H_6	6.98	6.98
N_2O	5.21	5.15	正 C_4H_{10}	7.88	7.03
CO_2	5.13	5.13	正 C_5H_{12}	9.04	8.23
CH_4	4.16	4.28	正 C_7H_{16}	11.56	9.98
C_2H_4	5.33	5.54	正 C_4H_6	7.76	6.96

分子间的各向同性相互作用,也就是分子的圆球模型是广泛地被用于物性理论,像上面说过的维里系数的计算,此外还在计算黏性系数,扩散系数,也用在正常液体的理论,以及固体的物态方程理论。所以如果这个模型在不同情况下都一样可用,都有同样的准确度,那么通过理论我们就能把这一连串物质的多方面性质联系起来,可以"举一反三",知道了黏性系数就能计算出同一物质的维里系数,高压物态方程,液体性质,固体性质等。这自然是物理力学的理想。但是问题没有这样简单,在高压、在液态、在固态情况下,分子间的距离很小,分子的具体真实形状就不能用圆球来代表。正如人和人之间,朋友做得越亲切就越需要知道个人的真脾气,不能再随随便便认一下是人就行了。所以只用分子相互作用的一个规律就不够仔细。像 Lennard-Jones 规律:

$$\varepsilon_r = \varepsilon^* \left[2\left(\frac{r^*}{r}\right)^6 - \left(\frac{r^*}{r}\right)\right]^{12} \tag{6}$$

其中 ε 是两个分子在 r 距离的相互作用势,r^* 是平衡点(也就是没有相互作用力)的分子间距离,也就是上节里所说的分子直径,ε^* 是在 r^* 的 ε。这个规律在计算维里系数,黏性系数等"薄"气体问题的时候,都能得到满意的结果,但是一到"浓"气体问题像临界态、液态等,结果就不是一般地都好,就有好有坏。我想这里的原故是必需把分子的性质更仔细地体现出来,也许能把分子分一分类,用几个,不是一个,规律来代表它们。这个工作还没有开始。

在这里我们也要提一下一件40年前就完成的工作，Grüneisen[4]的固体物态方程理论。他把Debye的比热理论和Mie的固体弹性理论结合起来，写出了固体的物态方程。一有了物态方程，我们就可以算出热膨胀系数，弹性系数和温度的关系。这些关系是工程师们所需要的，但是一直埋没了这许多年，没有被利用。把这个理论整理出来，更加以改进也是物理力学任务之一。

以上我们所谈的大部都是平衡现象里的问题。在不平衡现象里除了黏性、扩散等问题以外，热传导问题是很重要的。但是要计算气体、液体、或固体的热传导系数有许多困难至今还没有能解决。问题的要点是：什么是能量传导的本体？什么是传导的速度？什么是传导体的自由路程？在气体里，看来问题是简单些，能量传导的本体是分子，传导的速度是分子的速度，传导体的自由路程是分子的自由路程。但是困难在分子的能量有三种，平移的、转动的和振动的，三种是不是一起传导？还是有先后？现在大家都公认振动能传得慢些，可是到底慢多少？这方面虽说也有一些工作，但是从分子结构式计算后滞时间还是一个没有解决的问题。在液体里，能量传导的本体看来是晶格中的振动波。传导的速度自然是振动波的速度，也就是声速。至于自由路程，我们就得考虑到液体里的晶格结构是局部的，差不多出了一个晶格以外，分子的排列就没有一定的次序。所以振动波出不了几个晶格或分子直径就打乱了，打乱了的意思就是自由路程打断了；因此在液体里面的自由路程只不过几个分子直径。如果是如此，那么一个波走一段自由路程的时间只有10^{-12}秒，而振动自由度的后滞时间是比这长得多，这就说明分子内部的振功能决不能参加热传导，也证实了晶格振动波是热传导的本体。用这个概念所算出的液体热传导系数离实验不出20%。在固体里，能量传导的本体也是晶格中的振动波，但对金属来说更重要的是自由电子云，这情况就已经复杂了，而最困难的是自由路程的问题。这和固体中原子的热振动、固体的外加杂质、固体中的脱节等缺陷都有关系，我们在这些方面的计算都不完全，只有一些质的一般概念，还没有量的理论。

在高温的气体里，另一个导热的方式是辅射。这也就是电磁波在气体中不断地被吸收，不断地再发射的过程。要分析这个现象我们自然也得先知道气体分子，原子，离子等的能位谱，以及它们与电磁波相互的作用。这个问题比起计算热工函数来要困难得多，我们还没有一套完整的方法。如此看来，热传导这个非常重要的问题是还要等待将来物理力学家的努力。

我们在前面说到，研究不平衡现象主要地是靠分子运动论的方法，现在我们就要提一下另外的一个方法。这个理论就是不可逆过程的热力学。如果没有外界的干扰，在自然界里一切不平衡都有逐渐趋于平衡的倾向，而这个过程都是不可逆的。如果不平衡的程度小，也就是离开平衡不远，那么我们就可以利用热力学中的摄动论来做出一般的分析。当然，摄动论是对论邻近于平衡态的不规则的变动，因此有从不平衡到平衡，也有从平衡到不平衡。不可逆过程的热力学有一个假设就是：不管从不平衡到平衡或从平衡到不平衡，过程在相空间所走的路都是同样的一条窄胡同，所以就是撇开从平衡到不平衡的一面，只考虑从不平衡到平衡，只考虑宏观的不可逆过程，也可以用热力学摄法论的结果。这是Onsager的假设。在Onsager[5]，deGroot[6]，Meixner[7]几个人的努力下，不可逆过程的热力学已经成了一个完整的体系，在研究不平衡现象的因果关系里它是很有用的。自然,不可逆过程的热力学因为是一个一般理论也就不能够给出具体数据,像扩散系数有多大等。但是它可以指出:因为有温度的不均匀,就可以产生扩散;反过来因为有温度的不均匀,也可以产生热的流动。不但如此,不可逆过程的热力学也给出这两个现象的系数间的关系。也就是说,如果从分子运动论算出所谓热扩散系数,那么我们就可以很容易地算出因浓度不均匀而引起的热流。所以不可逆过程的热力学的用处是:一面可以奠定一切不平衡过程的体系和其中关系,一面它也可以节省许多计算的劳力。

用了不可逆过程的热力学去分析有化学反应的流体,我们就发现一个有趣的化学反应和流体的应力张量间的关系。分析指出:化学反应速度可以改变一般热力学里的物态方程关系,必需加上一个修正项;而流体膨胀或压缩的速度也可以改变化学反应的速度。这是从前所没有想到的相互效果,也是还没有用分子运动论的方法去具体计算的效果。在爆震波里,化学反应的速度高,膨胀和压缩的速度一也是很大的,这两个效果是一定非常重要的。把这些现象仔细分析一下也是物理力学里的一个问题。

另外一个物理力学的问题是研究超高温气体的性质,也就是离子化了的气体的性质。我们知道在洲际弹道式导弹的附面层中可以达到一万度以上的高温,而氢聚变更要一亿度的高温,在这种温度下的气体都是离子化了的气体,也就是等离子区了。因为它导电,可以被电磁场所影响,研究它的运动是电磁流体力学的事;但是物理力学家一定先要供给电磁流体的运动方程式,也就是等离子区的宏观物理性质。例如,等离子区里的黏性和导热系数应该如何计算?应力张量和各个不均匀度有什么关系?这都是要找出答案的。

我们在一开始的第一节里曾提到物理力学的目的是:为工程师设计出符合要求的材料。现在在最后我们再把这个问题说得更具体些。如果我们把固体作为一个十全十美的晶体,那么我们就很简单地能从它的结构能算出拉破它所需要的力,这也就是完美晶体的强度。所不幸的是这样算出来的晶体强度要比实测的强度大几千倍,所以这理论固体强度是没有现实意义的。问题在什么地方呢?问题自然在我们不现实的假设:十全十美的晶体。因此人们就把各种脱节引入到单晶体里去,然后再计算有这种脱节的晶体的在外力下的变形和强度。自然我们还没有直接从显微镜看见脱节,它太小了;只不过有了一定脱节的密度的晶形,理论的计算确是能和实验的结果相合。我们做到了用一个事物—脱节,去解释许多的实际塑性和强度现象,也就是用一个未知去代替多个未知,这是应当认为前进了一步。这个情形和原子分子论是相似的,谁也没有直接看见原子或分子,但是从由它们推演出来的结果来看,原子和分子一定是存在的。我们从这个观点来看,脱节理论是有它的重要意义的。但是问题并不止乎此,照脱节理论所算出的单晶体强度比起实测的固体强度又太低了,这又是什么毛病呢?毛病就在工程上用的材料不是单晶体,而是多晶体—由许许多多细小的单晶体所组成的。多晶体是有别于单晶体的,因为多晶体有晶粒间界,而晶粒间界的性质和晶粒本身不同,由脱节所引起的形变也会因晶粒间界而受到阻挠,邻近晶粒方向的差别也会阻挠形变。这就是说多晶体比单晶体应该强一些好,这是合乎实际观察的,问题是在乎怎样具体把多晶体的变形和强度计算出来;这问题是复杂的,我们不但要考虑到上面已经说到的因素,而且正如葛庭燧所说,也要考虑到晶粒间界本身的滑移和强度[8]。这还是纯金属或是金属的固体溶液,如果谈到一般合金,那晶粒又可以是不相同的,有两种以上的晶粒共同存在,其中关系就更复杂了。显然建立起这样一个固体形变和强度的理论是需要的,但这专靠物理力学家还不够,必得要金属物理学家和塑性力学家也参加,由微观的看法和由宏观的看法"双管齐下"才能解决这个困难的问题,只有到那时候,我们才会有设计工程材料的理论。

参 考 文 献

[1] Bennewitz 及 Rossner,Zeit. Phys. Chem. (B) 39 卷,126 页(1938)

[2] R. Meghreblian,J. Am. Rocket Society,9 月号,(1951)

[3] S. D. Hamann 及 J. F. Pearse,Trans. Farady Soc. 48 (2)卷,101 页(1952)

[4] 见 Grüeisen,Handbuch der Physik,10 卷,1-52 页(1926)

[5] L. Onsager,Phys. Rev. 37 卷,405 页(1931)及 38 卷,2265 页(1931)

[6] DeGroot,"Thermodynamics of Irreversible Processes",North-Holland Publishing Company,Amsterdam,(1951)

[7] J. Meixner,Zeit. Phys. Chem. (B)53 卷,235-263 页(1943)

[8] 葛庭燧,物理学报 10 卷,365 页(1954)

院 士 简 介

钱学森院士简介请参见本书第 18 页。

激波的介绍*

郭永怀
(中国科学院力学研究所)

无论是爆竹的爆炸或是大炮的发射,在我们听到"拍"或"轰"的一声的时候,假如空气密度的疏密是眼睛看得见的话,我们就会看见一个密度很大的空气层从我们身上掠过去。这时如果把空气里的压强分布用曲面表示出来,在那个密度大的气层里,这个面就像个小山峰一样。要是用照相的方法把它照下来,相片上就呈现为一条黑线,图 1 所表示的便是大炮反射最初一瞬的情形。这里最外面的圆形黑线,便是上面所说压强高峰的侧影,这就是我们所要介绍的激波。

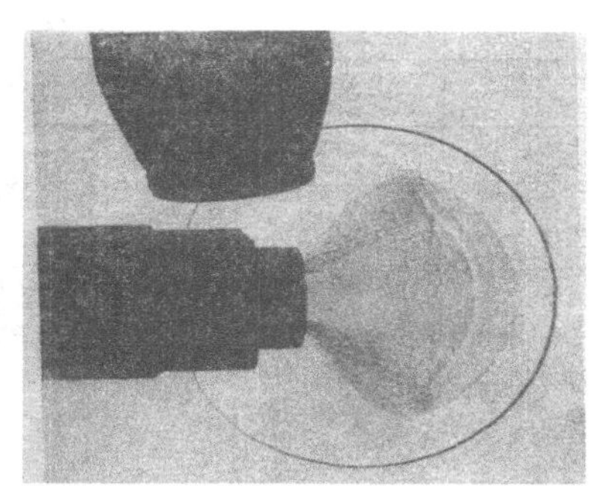

图 1

一般地说来,产生激波有两种方法:一种方法是利用火药的爆炸,放炮便是一个例子;另外一种方法是利用物体的高速运动,例如,发射出去的炮弹和超声速飞行的飞机。图 2 所表示的情况便是属于后面这一类。这里从炮弹尖端所发出的两条黑斜线就是激波,由于压强在激波上突然地增加,当炮弹或高速飞机飞过我们时,我们便能听到"拍"的一声响。从这两个例子我们也可以看出,激波的形状并不都是一样的。大体说来激波共有以下几类:球面、柱面、平面(又分正面和斜面两种)。它们的共同之点是,在和波面垂直的方向,压强、温度、密度的变化是突然的。在普通情况下,这种变化可以利用跃变来表示(图 3)。这个不连续的跃变差(通常用压强差 Δp 来表示)便叫做激波的强度。激波愈强,跃变差就愈大。

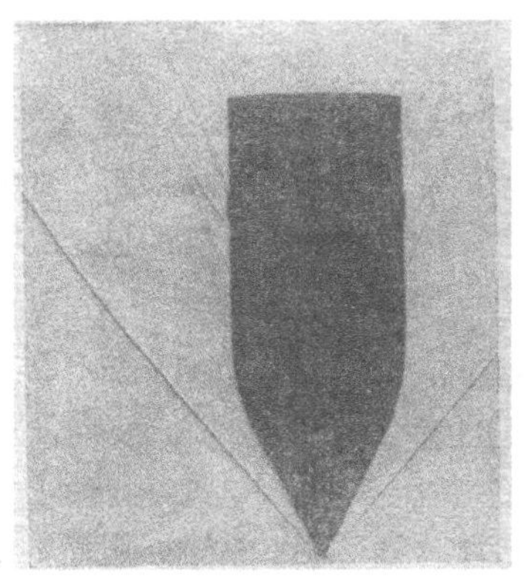

图 2

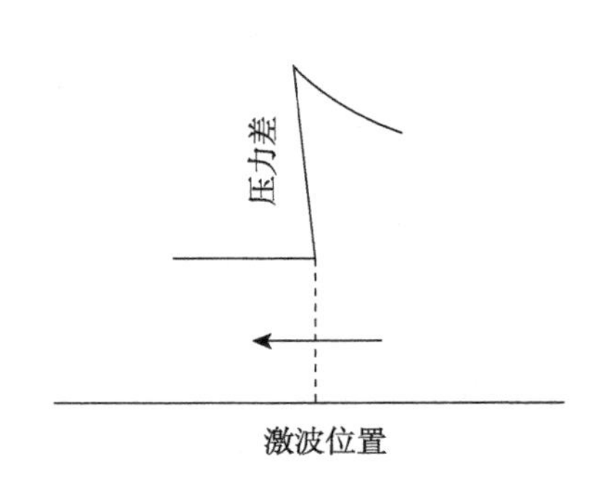

图 3 球面波径向压强分布

* 原文刊登在 1958 年 5 月《物理通报》。

类似这种不连续的传播现象,在自然界里是常常出现的,在有坡度的河流里出现“水跃”便是个例子。甚至在城市中的人群里也会发生。譬如说,一群赛跑的人,如最前面的一个忽然被交通挡住,而同时来不及警告后面的人,结果大家都来不及准备,便一个跟着一个地碰在一起,这个密度大的人堆,即激波,便以很高的速度对着跑的人传播过来(参看图 4)。

图 4 激波的形成

1 激波的形式

如果空气里忽然发生压强变化,这种变化便向各方传播,这就产生大家所熟知的所谓“波动”——像投一块石头到水里时,在水面上所出现的现象一样。如果波动区域里压强的起伏小,便叫做小振幅波。平常的声波便是属于这一类的。如果波动区域里压强起伏很大,便叫做大振幅波。

由于振幅小的关系,声波的传播对于气体的压强和密度影响非常小,结果声波就像沿着一条细长线而传播的波动一样,完全和这时介质的运动情况无关,而是只取决于空气在未扰动情况下的状态。如果大气是均匀的,声波相对于介质的传播速度便是个与波长无关的恒量。在标准状态下,如我们所熟知的,这个数值是每秒 331 米。传播速度既然是恒量,波动区域里压强和速度的微弱变化,即“波形”,便能保持固定不变地向前传播。在讨论波动时,这便是最简单的一种类型。

波动的振幅大时,情形就变得很复杂。波动所产生的压强变化大,在气体里所引起的质点运动也就大。对于固定的坐标说,大振幅的传播速度便是质点速度与声速之和。因为压强影响声速,而声速又与质点的速度有直接关系,结果大振幅的波动在传播过程中便不可能保持固定不变的波形。

在很简单的情况下,我们可以假设空气是个没有黏性的理想气体,并且波形是连续的(即圆滑、没有突变的)。在这样的运动中,气态的变化是可逆的,也就是说,熵这个量在传播过程中是不变的。为了便于讨论,我们进一步假设运动是一维的,即除了随时间的变化外,运动仅在传播方向有变化,在一根直管里所产生的波动便是这样。这种波动可分两类:膨胀波和压缩波。如果一个波经过一点之后,那点的气体是膨胀了,这个波就叫做膨胀波(图 5)。相反地,如果波通过后气体被压缩了,这个波便叫做压缩波(图 6)。

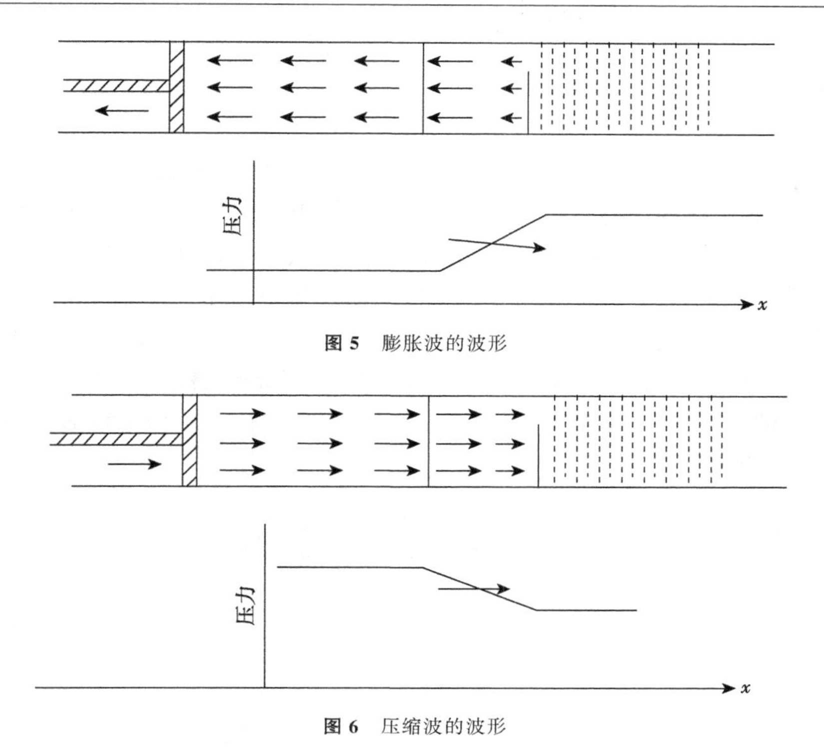

图 5 膨胀波的波形

图 6 压缩波的波形

设想在某一瞬间空气里产生了一个向右传播的膨胀波。从前面的讨论我们知道,压强高的地方,质点速度和声速都大;由于在膨胀波中波头的压强高而波尾的压强低,波头的传播速度总比波尾大,因此,这样一个膨胀波发生后不久就会逐渐消失(图 7)。相反地,如果在空气里产生了一个向右传播的压缩波,那么,尾部的传播速度要比头部为大,结果原来一个连续变化的压缩波,变化的坡度在传播过程中将不断增加,以致在一定的时间内便演变成为一个不连续的波(图 8)。

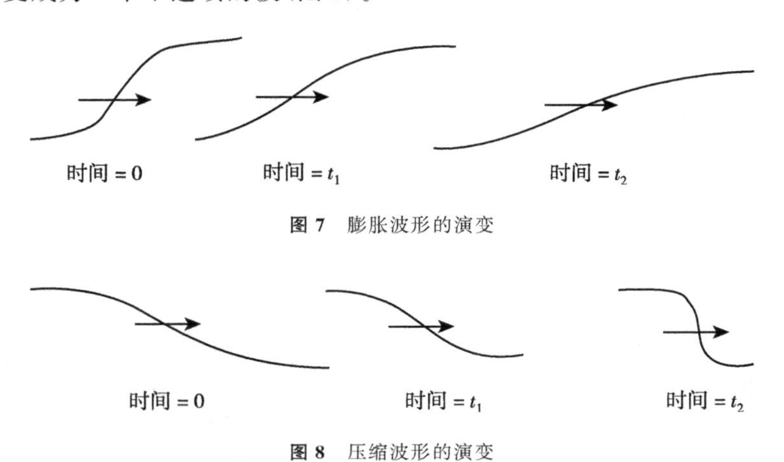

图 7 膨胀波形的演变

图 8 压缩波形的演变

这便是瑞曼(1859)的激波形成的理论。在这个理论中,他发现像图 6 所示的单值波形,在一定的时间以后,便能演变为三值的图形。这就是说,在某一点的坡度达到无穷值以后,原来的假设就不再适用。于是他推测,当坡度无穷大的时候,实际上就可能出现不连续的现象,如激波。他的这个推测已经为实验所证实了。

2 激波的传播

我们可以设想做这样一个简单的实验:在一个很长的直管里装置一个活塞(图 9),使活塞前后运动,在管内静止的气体里就能发生波动。当活塞急速往后退使它附近气体膨胀时,所发出向前传播的波便是一个膨胀波,因为显然波头的压强高而波尾的压强低。如果活塞向前急速地推进,使附近气体压缩,则在气体里产生一个向前传播的压缩波。根据前面的理论,这个连续的压缩波会很快地演变成为一个不连续的波,即激波。当激波形成以后,它就向前传播。如果活塞的速度不变,激波的传播速度也就不变,对于随着激波一起运动的坐标来说,这个运动便是一个定常运动(图 10)。由于传播方向与波面垂直,这个激波也叫做正激波。

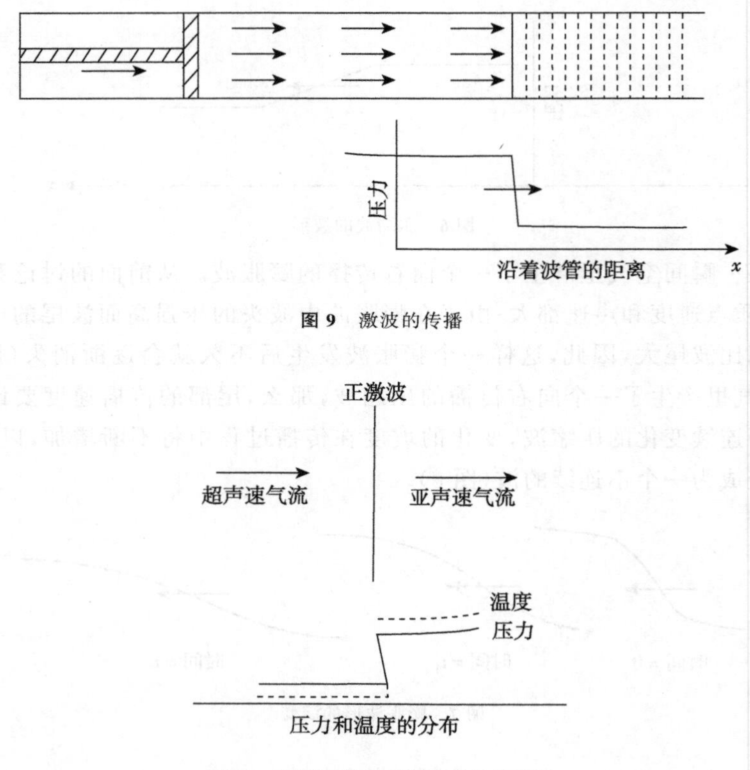

图 9 激波的传播

图 10 压强和温度在激波前后的情形

在一般的情况下,这个运动所牵涉到的参数有激波前后气体的压强、密度和温度以及激波和活塞的速度。在实际的问题里,波前气体的状态总是事先就可以肯定的,至于与活塞运动相应的速度或激波传播的速度,则一般不能预知而是需要给定或测量的。决定这样的问题首先就要解决激波的传播问题。在定常的情况下(参看图 10),激波面上各处的流量(单位时间内流过单位面积的质量)、动量(单位面积上的压强和由于流量所产生的作用)和能量(单位质量的动能和焓)在通过激波时是不变的(当然还须假设气体通过激波后并不发生化学变化)。

这三个条件中的前两个通常叫"力学条件",激波满足这两个条件是毫无疑问的。只有在能量守恒这个问题上,就不是那么明显。因为从理论上讲,气体是没有黏性的,如果没有黏性,能量守恒就意味着热力学里的熵也不变,这也就是说,不连续运动是不可能发生的。因此,通过激波的变化就必须是绝热、不可逆的。这就引进一个重要的辅助条件:通过激波时熵是向正的方向跃变的。

这些关系在气体动力学里就叫做激波条件。它们可以适用于激波,也同样适用于比较复杂的柱面波和球面波。根据这三个条件,我们可以把波后和波前的压强、温度、密度比表作波前的压强、密度、气体的特性和激波速度的函数。在这些关系中所出现的最要紧的一个参数便是激波速度和波前的声速的比值。从熵增加这一条件我们可以断定,这个比值,称为马赫数,永远大于1。这就是说,激波的速度永远大于声速。由于激波的压缩而产生的压强、温度、密度增加的倍数是和马赫数的平方成正比的。当激波趋近于声波(弱激波)时,马赫数便趋近于1,波前后的状态也便趋近均等。相反地,随激波的强度的增加,波后的压强和温度便很迅速地上升。另一方面,密度虽然也有增加,但是增加很慢,在激波极端强烈时,密度比便趋近一个恒量。对于空气来说,这个恒量几乎等于6,这也就是说,利用激波来压缩空气,密度最大不能超过6倍(图11)。

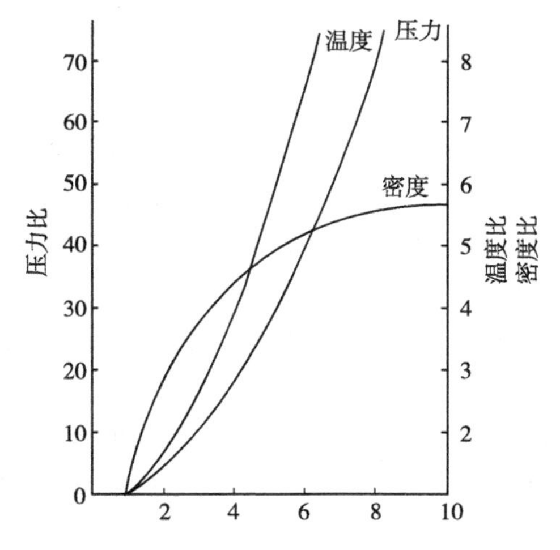

图11 压强、温度、密度与马赫数的关系

压强和温度的情况就不一样。激波的速度提高,即马赫数提高,压强和温度比就与马赫数的平方成正比地提高(图11)。温度和压强的这种变化是由于气体冲过激波之后(图11),立刻受到压缩的过程中大量的动能转变为热能。速度愈大,压缩愈强,温度也愈高。由于动能转变为热,通过激波以后气体的动能大大减低。对于激波说,波前的气流是超声速的,而波后的气流则是亚声速的。

简单说来,这便是激波前后的情况。只要激波不是过于强时,这些理论的推测是符合事实的。但是假使激波的强度很大,譬如说马赫数大于10,这个理论对于实际的气体说,就不够准确。原因是这样:在激波不强时,为了使空气(譬如说)的热运动状态能从波前的平衡状态过渡到波后的平衡状态,所需要的分子碰击次数不到10。这就是说,从激波一边到另一边的厚度,不到10个分子碰撞自由程。在一般的情况下,即马赫数为1或2,这个厚度的确是很小的,大约是10^{-4}厘米左右。前面所说的不可逆过程就是在这极狭小的区域里发生的。因此,理论上的不连续的假设,实际上是一个很准确的近似。

但是在激波很强的时候，由于激波后面的温度高，分子的剧烈碰击可能发生分离甚至电离现象。分子如果破裂，气体的分子数目就要增加，结果气体的热容量就要增加，温度就要降低。在这样情况下，通过激波的气体仍旧保持单纯的理想气体的假设已不能适用。我们必须进一步考虑气体分离或电离的影响以及这些物理现象发生的过程。这些研究对于今后新技术的发展将是很重要的。

3 激波对实际问题的重要性

激波是一个很普通的现象：它发生在高速气流里；强烈的燃烧里，即爆震波；也出现在星的爆炸和太阳表面气体的冲射。在技术方面，为了提高航空和火药爆炸的新技术，研究激波对于气流和激波对于导致火药爆炸的影响和作用都是很重要的。近年来天文物理学家还引用激波的特点来理解星际间的现象。在这里我们特别讨论一下下面的两个问题。

3.1 高速飞行

从图 2 里我们可以看出来，一个物体要以高于声速的速度飞行，它的前端便发生激波。激波的产生对于物体所产生的气流有什么影响呢？它的主要的影响是产生阻力（阻力大体上说可分为两种：一种来自黏性，一种就是来自激波），我们现在先谈激波阻力。

前面已经说过，激波的产生是通过一个不可逆的过程，一个运动中如果有激波发生，熵便不可能保持不变。这是因为当气体冲进激波从而被压缩以后，它同时便接受了由于耗损所生的热，结果熵便有增加。由于内耗的关系，动能便有损失。这个量的关系在热力学里是一个很著名的规律。在物体飞行的问题，这种损耗就表现成为对物体的阻力。

在炮弹和超声速飞行的研究中，如何选择飞体的几何形状以便减少动能的损失，是一个中心问题。从前面的讨论我们知道，激波的强弱决定熵增加的多少；同时熵的增加又决定了阻力。所以要达到减阻的目标，就要避免强激波出现。避免强激波最直接的办法是降低飞行速度，但是在高速飞行的先决条件下，这自然是不许可的。另外的一个方法则是以下面的事实为依据的。

在飞速指定后，我们可以比较两种情形：一个是正激波；一个是斜激波，即激波与飞行方向成一锐角（参看图 2）。我们知道，通过激波的跃变只限于与波面垂直方向的速度和动量，结果同样的飞速斜激波所导致的跃进显然就要小些，因此所引起的阻力也就小些。所以，在飞体的设计上，我们总是选择产生类似斜激波的几何形状。根据经验我们知道，钝头而厚的飞体，如球（图 12），比尖头、细或扁的形状（图 2）产生更强的激波。在不同的速度这两种物体阻力的比较，请参看图 13。

阻力大究竟有什么不好呢？我们知道，物体的飞行是依靠推力或爆炸所产生的动能。有了动能的损失，在炮弹的情形，同样的炮和炮弹，当然就发射不远。在飞机的情形，同样的一飞速，阻力如果大，就需要强大的发动机，这就要增加发动机的重量和耗油量。所以，在实际问题里，激波与飞体或管道（推进器的）的几何形状间的相互关系，是具有重要意义的研究题目。

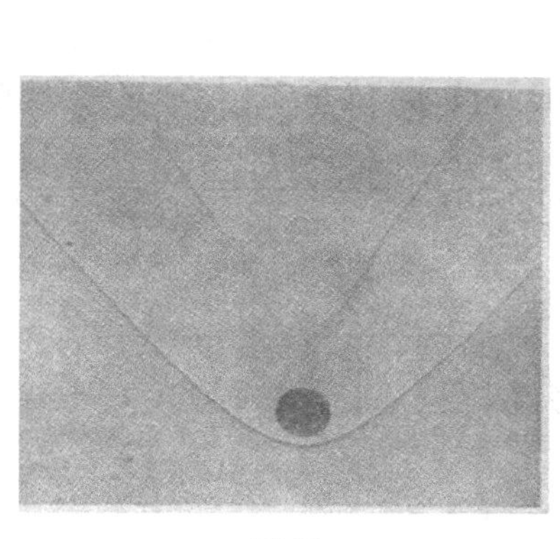

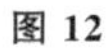

图 12

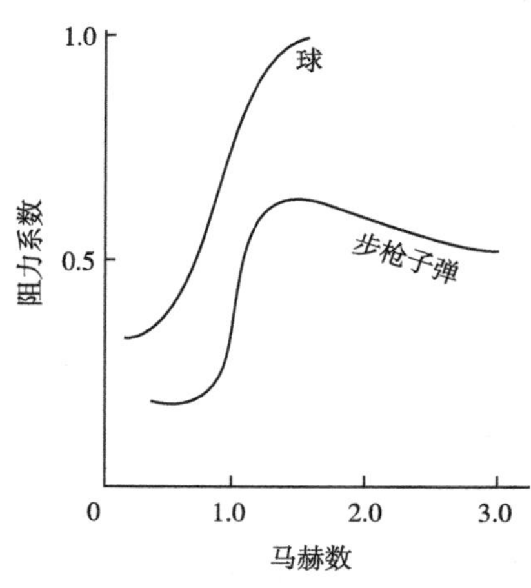

图 13 几何形对阻力的影响

3.2 实验的工具

上面所讲的是激波有害的一面,现在我们再谈谈它的有利的一面。

从激波的特性看来,正激波是一个很有效的压缩和产生温度的工具。譬如说,激波的马赫数等于 4 或 5,激波后面的压强就有 20 到 30 个大气压而温度就能达到 1800°绝对温度。在实验室里产生这样强度的激波是很容易的。有了这样的工具,我们便能利用它来研究化学反应的问题。因为激波的温度是可以预先拟定的,我们便能在各种情形下进行这类的研究。这对于探索化学链锁反应问题是极有用的。

另一方面,近几年来由于远距离导弹的成功,高速飞行已有实现的可能。飞行的速度很高,譬如说,马赫数等于 10,物体前端的激波就很强,它足以使气体里的分子发生化学变化。从空气的实验里我们知道,在温度近一万度绝对温度时,气体的组成便变为很复杂。由于空气分子在这样的高温下的分离、化合和电离,空气的特性就有很大的变化,它对于飞体外表的气流的影响也是巨大的。因此,为了设计效率高的飞行器,高温下气体性质的研究是很重要的。

研究高温下的气体的特性,激波也是一个有利的工具。为了要在实验室里进行这种研究,首先就需要产生近一万度绝对温度的温度,这样的温度在一个能发生激波的直管里已经达到了。这种管便叫做激波管(图 14)。

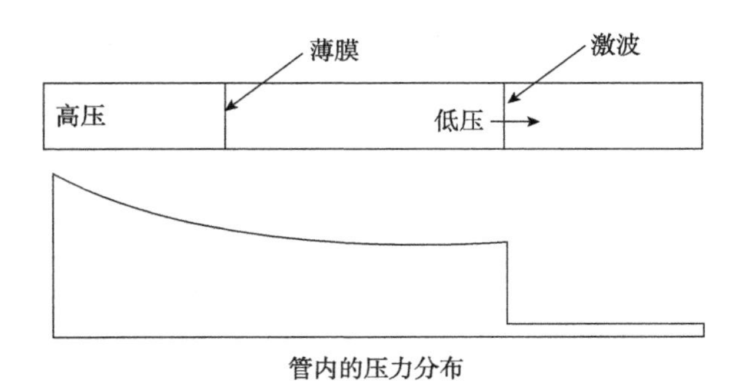

图 14 薄膜破裂后所发生的激波在管内传播的情形

什么是激波管呢？具体说来，它是一个两端密封而中间有一个分隔膜的直管，在膜的一边压强高，另一边的压强低。薄膜一旦破裂，高压室内的气体就往低压那边冲。由于气体的冲激，在低压室内便产生了一个激波，向低压一端传播。利用不同的薄膜以及高压和低压室的压强比，我们便能产生各种不同的激波，也就是说，各种压强下的不同温度。

这一方面的技术目前还正在迅速发展，前途是无限的。

院 士 简 介

郭永怀(1909.4.4—1968.12.5)

力学家、应用数学家。1909年4月4日生于山东荣成。1935年毕业于北京大学物理系。1945年获美国加州理工学院博士学位。1957年被选聘为中国科学院学部委员(院士)。1968年12月5日因飞机失事不幸牺牲，被追认为烈士。曾任中国科学院力学研究所研究员、副所长，第二机械工业部第九研究院副院长等职。我国近代力学事业的奠基人之一。在跨声速流和奇异摄动理论(PLK方法)方面的成就为国际公认。倡导了我国高速空气动力学、电磁流体力学和爆炸力学等新兴学科的研究。担负国防科学研究的业务领导工作，为发展我国核弹与导弹等事业作出了重要贡献。1999年被国家追授“两弹一星”功勋奖章。

现代空气动力学的问题*

郭永怀
(中国科学院力学研究所)

航空工业从开始以来,一个很重要的目标,就是不断地提高飞行器的速度。因为速度的增加,气流里所产生的现象,就逐渐复杂起来。

二十几年前,飞行速度平均在每小时三四百公里左右,建立在空气是不可压缩没有黏性的假设上的流体力学,对于飞机的设计,就有了很大的贡献。后来为了战争的要求,飞行的速度提到六七百公里,在飞行和制造上,就第一次产生了困难,就是所谓"空气可压缩的困难"。因此空气动力学就不得不抛去它本来的假设,而换为空气是一个可压缩的理想气体。它的研究的对象,就由纯粹计算流场的几何图形,转到考虑因为流动所引起的热力学的变态,这就发现冲击波一类的新现象。空气动力学就达到流体力学与热力学的结合。

现在各国又从事技术和军事的竞赛,洲际导弹和人造卫星不久即将成为事实,于是我们就又面临第三个新时代的开始。如果远距离航行实现,飞速总须在20倍声速以上,在这样高的速度下,气流里的温度,至少是在6000℃以上。空气的温度这样高,它就不能保持本来的状态,而发生分离和电离的现象。要了解这一类的问题,于是空气动力学就不得不进一步和物理化学汇合了。

空气动力学的范围,既是如是之广,一个全面的叙述是不可能的。我现在专就飞行器外表的气流,顺着速度的次序,很简单地介绍一个近十几年空气动力学在这方面存在的一些问题,并且可能的话,指出这些问题今后发展的方向。

1 跨声速气流

假设我们作这样一个实验:把一个二元的机翼模型架在风洞里,让空气吹过去,风速渐渐增加,翼截面上的气流就会慢慢地快起来,等到速度最高的一点达到那点的声速以后,我们就开始看到一些新现象。最显著的是流场里忽然发生了一些不稳定的扰动,用密度观察仪,我们就能看到许许多多的弱小的波动,跳来跳去(图1)。继续增加速度,这些小波动便次第变强,最后便堆垒一起而形成一个所谓λ冲击波(图2)。

如果我们在这样一个实验里,从事测量飞机模型所受的举力和阻力,我们就发现以下的结果。若是飞行的马赫数(即飞速和大气里的声速的比数)继续增加,飞机所受的举力,开始的时候因为表面上气流膨胀的关系,它就慢慢地升高,达到相当的程度,在λ波形成之后,翼表面上的压力就不随飞速很快地变化;相反地,腹面上的压力就很快地随速

* 原文刊登在《科学通报》1957年第10期。

图 1

图 2

度的增加而降低，结果举力到了最高点便又下跌(图 3)。当微波开始出现后，无旋流场就不存在。不断地增加马赫数，弱小的击波就逐渐地变强；因为击波的产生，在流场里就有了压力增加的不连续面，这就减低了流场一部份的动能，结果便出现了波阻力；冲击波愈强阻力就愈大。所以在举力下降的时候，阻力是很大的，这就产生所谓“空气可压缩的困难”(图 4)。在实际飞行时，最危险的是在举力下降时，力距由正转负，发生因机头重而引起的在飞行时的控制的问题(图 5)。

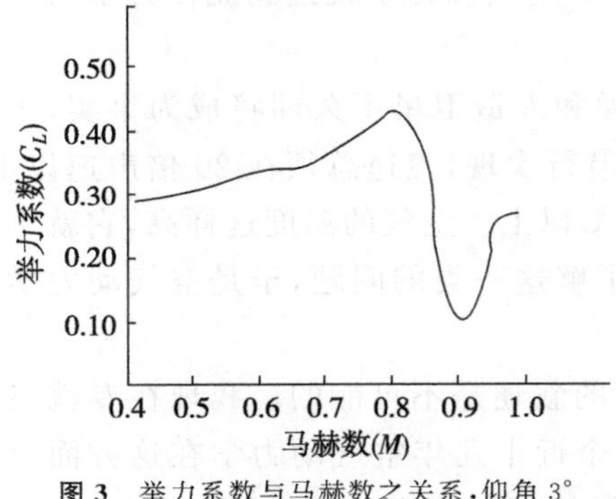

图 3　举力系数与马赫数之关系，仰角 3°

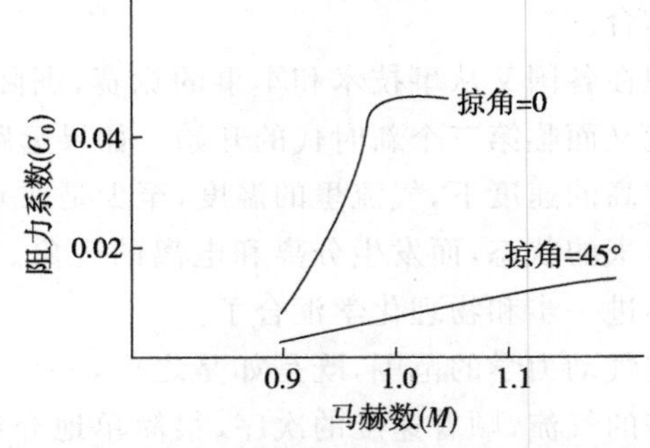

图 4　阻力系数与马赫数在掠角为 0°和 45°时的关系

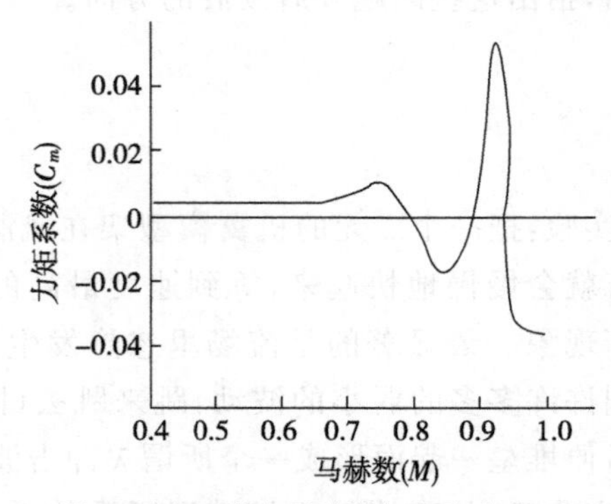

图 5　力矩系数与马赫数之关系，仰角 3°

从理论方面看，这又是怎么一个问题呢？我们知道，要是没有冲击波出现，在飞速到达一个特殊数目后(即全流场仅仅翼截面上最高流速等于那点的声速)，再提高飞速，贴着翼截面外边就有一或两个小区域是超声速流场，飞速增高，它们的面积也随着扩大。这样一个超亚声速混合的流场，要是能够使它实现，前面所看到的那些不利的现象就可以避免，跨声速飞行的问题就可以简单，推动机的能量也不需加大。

要解答这样的流场存在不存在的问题,我们首先要从理论方面看看,流场所适合的方程式的解存在不存在?因为流场有超亚声速并肩存在的特性,描写它的二次偏微分方程也就有不同的性格:在亚声速区域里是椭圆类型,在超声速区域里是双曲线类型。一个二次二元偏微分方程是属于哪一类型,完全看它的三个主要系数所符合的一个数学的关系。从一区到另外一区,它的类型不同,这个数学关系就必须变号。因为系数包括速势位的导数,所以描写跨声速流场的方程式,就必须是非线性的。在把一个翼截面的形状(直线的如菱形除外)确定之后,找这样一个微分方程的解,并且还要适合边界条件,是一个非常困难的问题。这可以说是空气动力学里没有解决的问题之一。

这样一个问题要是解决了,究竟有什么好处?我们知道在古典流体力学里有一个很有力的定理,就是固体在流体里以等速运动,如果流场是无旋并且是连续的,固体所受的力就是等于零。所以,要是我们能够找到一个解并且还能证明它的存在,我们就有了高效能的跨声速飞行的理论的根据。我们就可以期望提高飞机的速度,而不过分影响推进机的能量。

理论方面既得不到解决,同时在实验里我们又看到翼截面上最高流速达到声速以后,冲击波就开始形成,于是就有了两种揣测:一个是说在翼截面决定之后,无旋连续流场只有在某一些飞行马赫数才存在,也就是说,方程式的解对于飞行马赫数不是连续的,正同绳索振动的频率一样。因此,在实际飞行时,马赫数如果不符合理论的要求,冲击波就会产生出来。另外一个说法是方程式的解对于马赫数是连续的,但是并不稳定。这就是说,一有扰动,这种扰动就不会消灭。而渐渐滋长,至形成冲击波为止。这两种说法的结论是不冲突的,但是对导致这种现象的原因的看法,就根本不同。最后的解决,还要从方程式出发,所以哪种观点正确是很不容易证明的。

从正面既然不能克服跨声速飞行的困难,气体动力学家便提出一个延缓这个困难的发生的办法:就是采用有后掠角的机翼(图 6)。它的理论是,在二元的机翼外的流场,加一等速的横流(即垂直飞行方向),如果流场是无黏性的,它便不会增加或减少飞机本来所受的举力和阻力,其结果便把阻力增加和举力减少的现象移到更高的飞行马赫数了。在后掠角等于 45°的时候,飞行的马赫数就能提高到 40%左右。

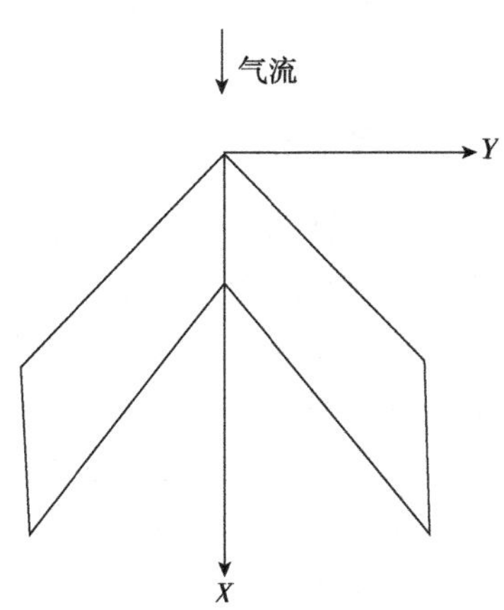

图 6 机翼平面圆形

实际上事情当然不是这样简单,因为机身机翼两端的存在,飞机外面流场就不是二元的,结果就减低了飞机的理想效能。此外翼面上的附面层,因为机翼的后掠,就发生不平均的分离现象,改变举力的分布,降低飞机的性能。虽然如此,采用后掠角的办法,依然削减了阻力,实现了跨声速飞行(图 4)。

2 超声速气流

超声速气流和跨声速气流不同,它的特点是稳定,并且所存在的冲击波,一般的极其微弱。因此就没有跨声速气流里的困难,飞行的问题就比较简单。

超声速流场和亚声速流场的另一区别，是超声速流场里要是有了扰动，它就不能向四处多方传播。譬如，一个压力点源，在空气里移动，如果它移动的速度比声速小，那么它的压力的影响，虽有上下游的不同，但仍能向各方传送。它在不同时间所达到的地方，就像图 7(a)里那些圆所标示的一样。如果它的速度比声速高，不同时间所发出的信号，就能彼此相切而形成一个圆锥面(图 7(b))，压力的影响就只限于圆维里面，它外边就得不到信号。这就把流场分为两个区域：一个是静止区，一个是扰动区。划分这两个区域的圆锥面，便叫马赫圆锥。因为这个关系，超声速流场的计算和亚声速流场是很不同的。

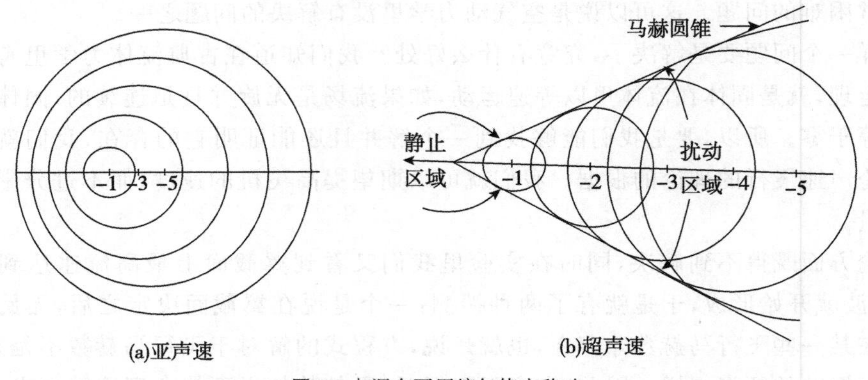

图 7　点源在可压缩气体内移动

假如机翼的厚度小，飞行马赫数又不过高，飞机产生的扰动就比飞速小，这时描写流场的方程式，就能根据逐次逼近的方法化为线性的。在机翼薄的假定下，气流在翼面垂直方向的详细情况可以忽略，翼形就可以用它的投影替代(图 6)，来简化边界条件。超声速机翼的理论，就是这样建立的。一般说来，因为题目的性质不同，我们可以分用以下三种方法。

2.1　重叠法

因为算学的问题是线性的，所以在边界条件确定之后，就可以用重叠法把方程式的基本解(即源)积分起来(即源的分布)，便得到一个解。这个方法的应用很广泛，它可以用到超声速或亚声速前椽的情形(就是与前椽垂直的流速高于或低于声速)，也可以用到超亚声速混合的前椽的情形。计算的问题，在一般情形下，都可以化为求一对阿贝尔(Abel)的积分方程的解。这个方法是 J. C. 依法尔(Evvard)和 E. A. 克拉舍持柯娃大约同时发现的。

此外还要注意后椽的问题。在超声速机翼理论里，后椽也有超声和亚声的区别。在亚声速时，与后椽垂直的流速低于声速。那里的流场就有亚声速流场的特性，它要适合库塔-儒柯夫斯基的条件。在超声速后椽的时候，那里的流场就有超声速流场的特性。翼面上下的压力在那里就可以不连续，而底上两面的流速的方向，就必须一样。

同样，因为有超亚声速前椽的分别，在那条线上流场的性质就也不同，这在阻力的计算上是很重要的。在超声速前椽的情况，问题比较简单。可是在亚声速前椽的时候，那条线上的流速便是无穷大，这对于阻力就有了贡献，这个贡献是“吸力”还是“推力”，就要看前椽的几何形状。所以在超声速机翼理论中，考虑前椽的阻力和它的几何形的关系，是很重要的。

2.2 圆锥形流

由于超声速流场的特性,在很多情况下流场变量会在通过一点的直线上不变,而仅随经纬两个方面改移。结果流场方程式就由三元化为二元,并且压力的分布,在线性的假设下,又能进一步从拉普拉斯方程式导得,计算的困难就大大减低(图 8)。

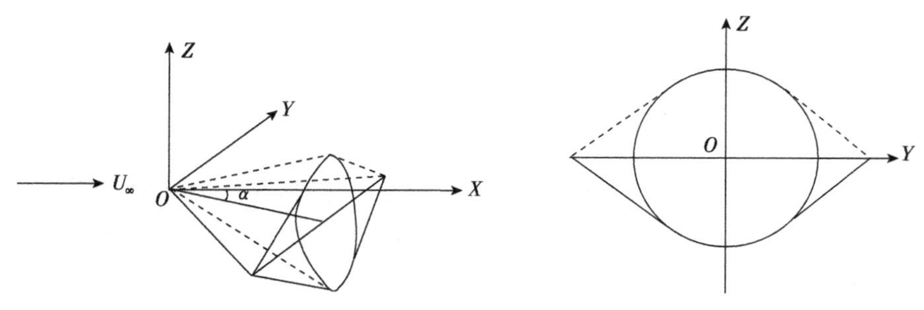

图 8 圆锥形流

圆锥形流的重要性是,适合于这个条件的非线性的三元流场也可以计算。在一般情形下,三元机翼理论的建立是很困难的,准确的解几乎是不可能。可是有了圆锥的特性,算学的问题就可以变为一个二元的,数字的计算就可以进行,所得的结果用来了解气流的问题和校勘近似解的准确度,都是很有用的。图 8 里的三角机翼,在仰角 4°和马赫数 3 的时候,近似解与准确解的此较,不论是冲击波,马赫圆锥和压力分布,两种计算的差别是很大的(图 9)。

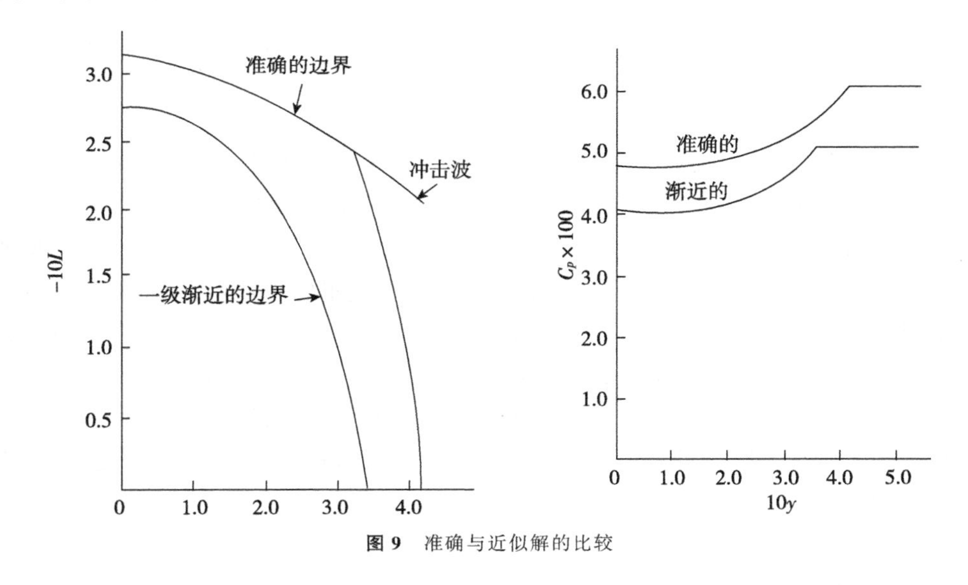

图 9 准确与近似解的比较

2.3 细长机翼

当机翼细长的时候,例如纵横比小而掠角大的机翼,或者是一个飞弹,气流在飞行的方向变化较慢,势位的方程式中的一项,包含在飞行方向的导数,就可略去不计。这就是说,要是流场在任何截面确定之后,在其他的截面上的问题就是一个二元的(图 10)。这个省略的方法,用到超声速机翼的问题上,是 R. T. 郑司(Jones)首先倡导的,它同亚声速里的有名的 M. M. 茫克(Munk)方法是一样的。在纵横比小的情况,机身和机翼的干扰就产生较大的影响,有了郑司的方法,这问题便得到了解决。

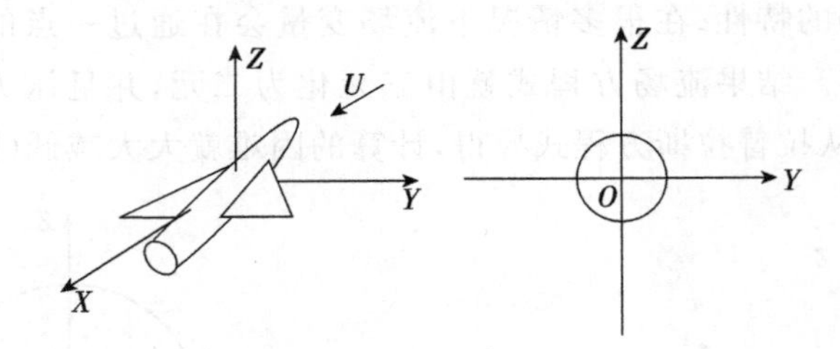

图 10　纵横比小的飞机

近年来在实验上发现,细长飞机的阻力,在接近声速时,和它的轴向截面积分布有直接关系。要是一个飞机的轴向截面积分布和一个轴向对称的物体的截面分布一样,它们的阻力就是相似的。例如,三个机形:A 是一个轴向对称体,B 是一个轴向对称体和一对后掠 45°的翼,C 是把 B 的机身修削过,使它的截面积分布和 A 一样。它们的阻力如图 11 所示。当马赫数低于 1.4,飞机 C 的阻力就比 B 的阻力少很多。

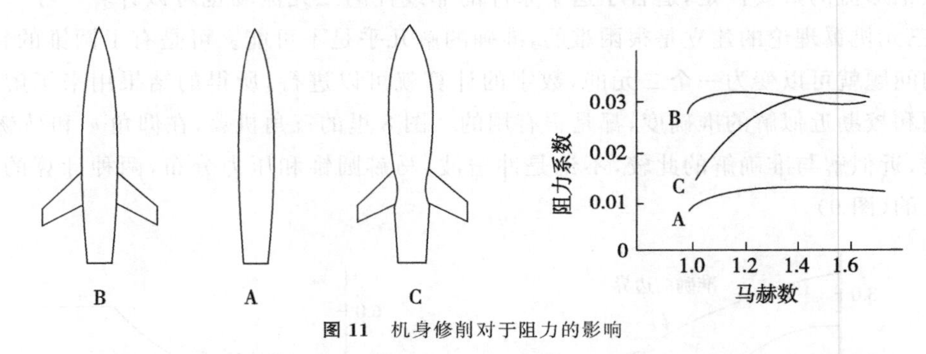

图 11　机身修削对于阻力的影响

从理论上说,这是一个最小阻力的问题。就是当机身和机翼规定后,机身应如何变形,才能得到最小阻力。这一类问题,也因有了郑司的方法而解决。

以上所说的这些方法,由于方程式的线性化,就有这样一个后果:就是在流场里所发生的扰动,它不能用当地的声速传播,而是按照远处空气里的声速传播,不随流量的变移而不同,结果所算出的冲击波形状就不够准确(图 9)。要是在一个问题里存在着复杂的冲击波的结构,因为波形的计算不准确,所算出的压力在翼面上的分布就不会可靠。最简单的一个例子,就是一个三角形翼所产生的斜击波与马赫圆锥的干扰。因为有冲击波的存在,一级近似解和准确计算的结果,相差就很大(图 9)。这是一个极普通的情形,在重要的问题里,这是必须注意的。

3　高超声速流

从实际数字的计算我们发现,马赫数增大,一级近似解的准确度逐渐减低。例如,计算在圆锥子午面里薄板上的压力,高速和低速两种情况之下,准确和近似的结果,相差就很大(图 12)。这就证明,在厚度小的假设下,马赫数大的时候,一级近似法所忽略的项目就会很重要。

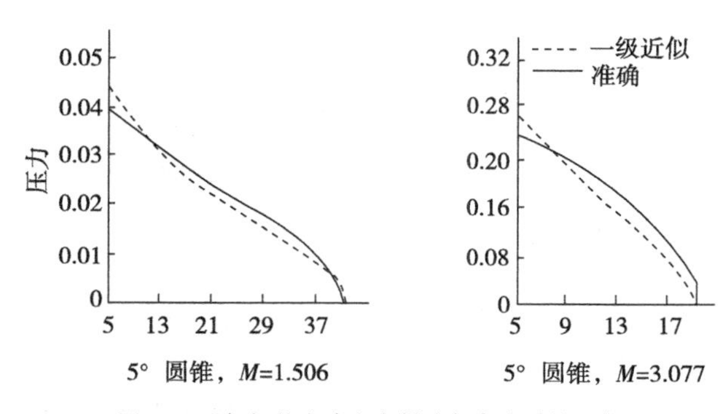

图 12 近似解的准确度在低速与高速时的比较

当飞速超过声速很大，即所谓高超声速，机翼的厚度虽小，而产生的扰动倒不一定小。在这种情况之下，流场里的马赫角就很小，斜冲击波的角也很小。例如，马赫角和机翼的厚度同样小，它们的比就是一个重要的数目。根据这个假设，我们就可以重新估计描写流场的方程式的各个项目，并且还可进一步把这个简化了的非线型的方程式，转换为一个同机翼厚度和马赫数无关的方程式。也就是说，两个翼面相似而厚度不同，如果厚度和飞行的马赫数的乘积一样，这两个流场便也相似。这个相似律是钱学森先生首先发现的。

这定律的应用很广泛。它可以应用到二元和三元流场，也不受无旋或有旋的限制。它在实际问题中的重要性，是在寻找不到三元的高超声速流场的解的时候，这个定律便能预先告诉我们举力和阻力与机翼的厚度和马赫数的关系，这对整理实验的数据是很有用处的(图 13)。

高超声速的另一问题，是飞体的顶端不尖，如圆形或方形。这样飞体前面的冲击波，就不能与飞体接触而保持一定距离。因此冲击波后面的流场就不能是纯超声速而是跨声速，计算上不论是二元还是三元的流场都是极其困难的。这是与实际有关的一个问题，很有研究的价值(图 14)。

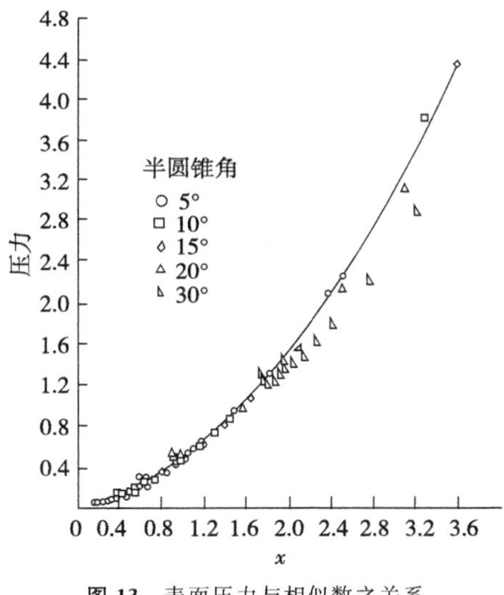

图 13 表面压力与相似数之关系

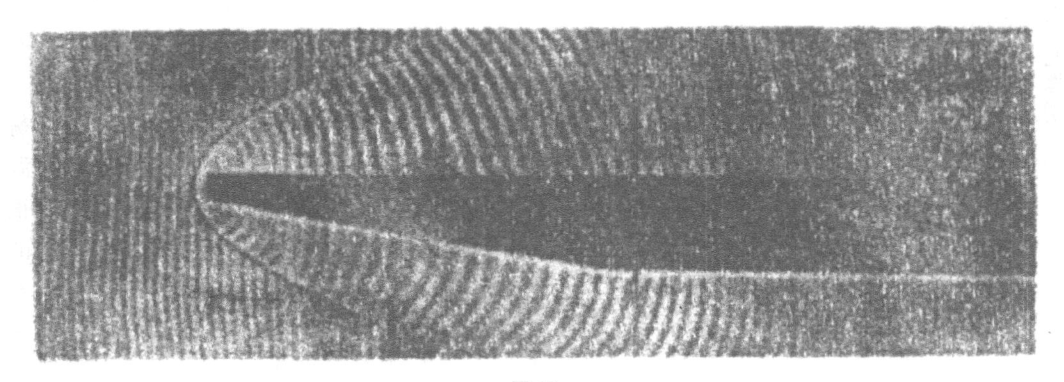

图 14

4　高超声速流——黏性的影响

当空气吹过一个平薄板时，因为黏性的关系，板的表面一层气流就被滞缓下来。在风速低的时候，这个黏性层是很小的。可是在风速高的时候，因为动能的消耗大而产生很高的温度，于是附面层里的气体就膨胀，附面层就会很厚。根据附面层的理论，我们知道附面层的厚度是和马赫数的平方成正比，和雷诺数的平方根成反比。所以在马赫数大(即速度高)的时候，附面层是可以很厚的。

在高超声速的情况下，因为有这样厚的一层气流被滞慢下来，为了保持物质连续条件，薄板附近的流线的旁转角就要增大，如同绕过一个有厚度的固体一样。结果纯粹由于黏性，就产生一个强烈的冲击波和高温度。从这个观点出发，这个问题是可以同一个无黏性气流吹过有厚度的固体一样处理的(图 15)。

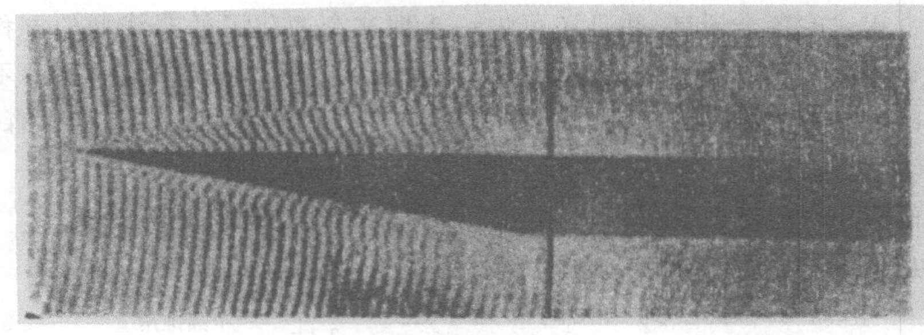

图 15

这里一个极有趣的问题，就是如何计算薄板极尖端的流场。在那里的流场，很显然的，不会是属于附面层类型的。要解决这个问题，就牵涉到纳费尔-斯笃克斯(Navier-Stokes)方程式的解在那点的特性。这是一个基本的问题，它的解决，新的观点是必要的。

5　高超声速流——分离电离的影响

一个飞弹在空气中飞行，因为顶端与空气挤压，那里就产生最高的温度(即所谓驻点温度)。如果空气是个理想气体，这点的温度与外界之差，就等于飞行的马赫数的平方乘外界温度的五分之一。

第二次世界大战，德国 V－2 飞弹的马赫数大约是 5。根据这个算法，它顶头上的温度，在将近地面时，就在 1500℃左右，这就很近于铁的熔点了。在不同的马赫数和一定的高度，我们可以画一条曲线。从这曲线可以看出，当飞行的马赫数是 10，在四公里上空，飞弹的最高绝对温度就达到五千多度(图 16)。换句话说，飞弹速度在十倍于声速的时候，它

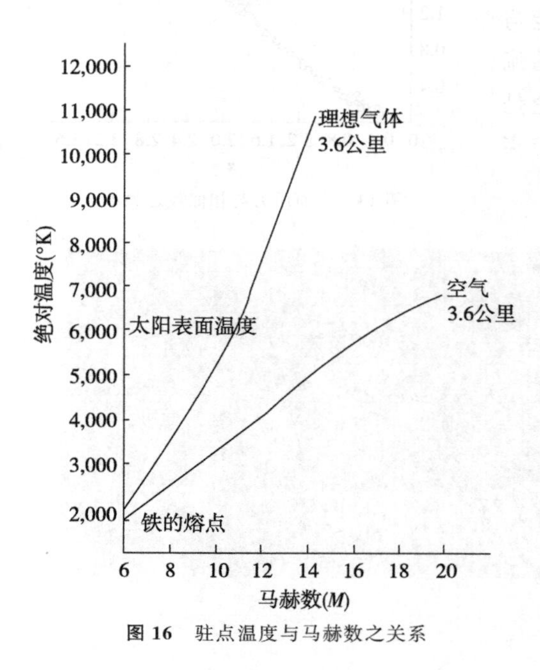

图 16　驻点温度与马赫数之关系

的顶端上的温度,就几乎同太阳表面的温度一样了。

事实上我们知道,这是不够准确的。因为当马赫数超过 5 以上,空气的分子的热运动就很强烈,在分子剧烈地碰撞时,便发生分离现象。飞得越快,温度愈高,分离现象就愈强。从击波管实验我们知道,在 50 公里的高度,分离现象在两千绝对温度、相当于马赫数 6 左右,就开始发生,到了四千多度,氧的分子就完全分离,电离现象接着就开始了(图 17)。

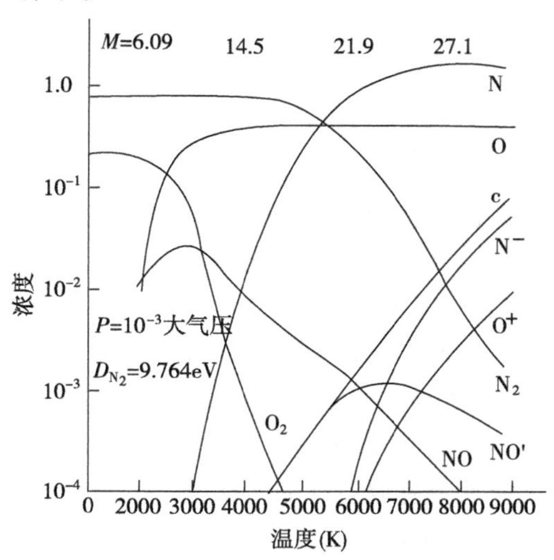

图 17 空气的分离与电离

在这样情况下,显然我们不能再把空气看作简单的理想气体,而应当看作相当复杂的混合气体。在讨论气体流动所产生的现象时,分离电离以及因分离而引起的化学链式反应的影响,就不能不管。例如,在估计驻点温度时,要是把这些现象算在里边,但是假设它们都在平衡状态,我们就可以得到一个结果(图 16),它同原来根据理想气体的假设所算出的结果相差很大。在马赫数 12,实际上能达到的温度,几乎是理想气体中的温度的一半。对于驻点温度的影响是这样大,对于流场其他的变量也是一样。这类现象对于未来航空工业的重要,是不难想见的。

因为有分离电离的发生,在空气动力学里就产生以下的一些问题:

(1)空气的组成。在普通温度和高度下,除了微量稀有气体,空气含有 78%的氮和 21%的氧。当飞速增加而发生分子分离后,从实验上知道,不仅有氮和氧的原子出现,还有一氧化氮存在。根据这个事实,在平衡状态下就可以算出不同温度和压力下各种气体的浓度(图 17)。在考虑空气分离发生后的不平衡现象时,一氧化氮的所以产生就是一个很重要的问题。

(2)弛豫时间。在分离、电离等现象发生以后,实际问题里所要知道的,便是决定从这个现象的开始到达热力学的平衡状态的过渡时间。知道了这个时间,我们方能决定,在一个问题里,哪里的气体已达到平衡,哪里的气体是在非平衡状态。在各种情形下,决定这个时间,便是一个很基本的研究。

举氮气的分离来说,如果分离的发生是由于两个原子的自由振动被激动过猛而破裂的结果,那么所算出的弛豫时间,在 2000℃左右,大约是千分之一秒。如果温度高,分子相碰的动能强,分离的发生就可以不必等待自由振动的激动。这样的话,在 9000℃时,弛豫时间便是 10^{-7}秒。实验证明这是正确的。

有了这两个不同的结果,我们便可以看出它在实际问题里的影响。假设气流的速度是每秒 6000 米,需要达到平衡的长度,根据头一个弛豫时间,就要 6 米,根据第二个便是 0.06 厘米了。这就是说,弛豫时间如果是千分之一秒,6 米长的机身,在飞速是每秒 6000 米的时候,机身外的气流,便都不在平衡状态,这对于飞机设计上所需要的数据的计算是很困难的。

此外,我们还要知道:①空气的热力学函数;②传送系数(即热传导,扩散,黏性等系数);③碰击截面;④化学反应速率,等等。这一系列问题的研究,是要从理论和实验双方进行的,它们的解决,对于将来航空工业的新技术的发展,是有莫大的贡献的。

6 电磁流体力学

根据实验的结果,在 20 公里高度,飞速在 15 倍声速左右,空气便是很好的电导体(图 18)。因此最高速的气流便能用电场和磁场来控制,这个技术的应用产生了一门新科学:电磁流体力学。

举个例来说,一个电导流体(如流体金属)装在直圆管里,在管的垂直方向再加一均匀磁场(图 19)。因为流场和磁场的相互感应,便产生电流场,在管的横截面上下就有电位差;在管的两端就建立了压力差,这就保持电导体的流动。这种办法已经用于循环原子反应堆里有放射性的冷却剂。同样地,在气体变成电导体时,气流里的动能和电能的交换,也是可能的。

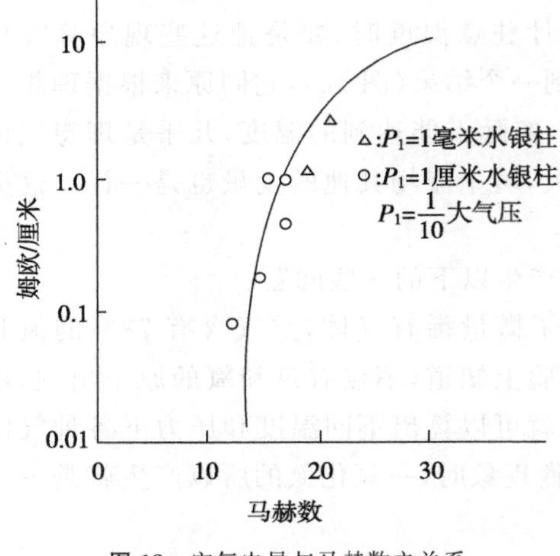

图 18 空气电导与马赫数之关系

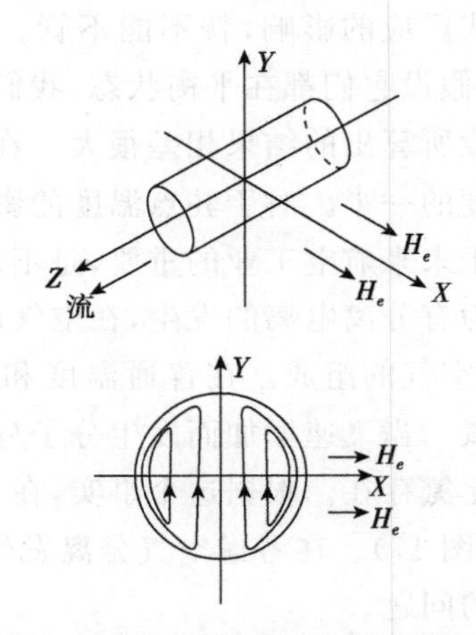

图 19 电磁流量计和感应电流的分布

7 高温下的冷却问题

高速飞行的最重要的一个障碍,就是高速度带来的高温度。为了解决高速飞行,如何冷却机身,便是一个最基本的实际问题。我们知道,当飞速逐渐增加,从热附面层传到机身的热,不论是在层流或湍流的时候,是和马赫数的平方成正比的。因此在高速飞行时,这个热量是很大的。

如果附面层是层流,这个热量是可以计算的。可是在湍流的时候,这个问题就很困难。速度要是低,这问题的处理,是一面靠实验,一面用动量与热量交换相似的观念,得到些估计。但这些办法,用到高速的问题上就完全不对。冯卡芒(von Kármán)在 1936 年曾为阻力作了一个估计。近几年来,有不少人(例如,范锥斯特(van Driest))想改进他的计算,可是结果与实验比较,一点也不符合(图 20)。阻力(即动量)既无法估计,进一步的热的交换问题就不能讨论。

温度再行上升，到分离和电离发生以后，在固体表面上就有再结合的现象，放出大量的热，热的传导问题就更加复杂。这类问题的研究，也是刚刚开始，还没有具体成就。

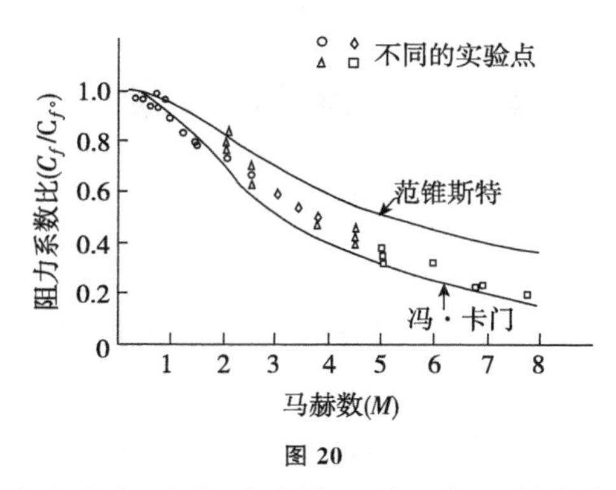

图 20

从这个简略的介绍可以看出，空气动力学还是一门比较年轻的科学。它的生活力还很强，将来的发展是无限的。在这个紧要关头，希望我们的空气动力学工作者，能够抓着时机，尽量地充实自己，好在空气动力学发展史上的第三个年代里，作些贡献。本文承钱学森先生读过，提出不少宝贵意见，特此致谢。

院 士 简 介

郭永怀院士简介请参见本书第 96 页。

关于非线性力学*

钱伟长
（清华大学）

我们知道，很多年以前人们就研究过非线性问题，但是，世界上第一个明确提出非线性问题的是钱学森的老师 von Kármán。1940 年，von Kármán 在美国航空科学年会上作了一个报告。这个报告后来发表在美国数学学会会报上，引起了人们对非线性问题的注意。他指出："现在力学的最大缺陷是仅仅停留在线性化的基础上，而工程实际需要非线性理论。"von Kármán 兼长流体力学和固体力学，他全面衡量了两个学科领域的状况，提出了一些当时看来难以解决的非线性问题。他的讲话使 Friedrichs 搁下数学，用整整 20 年的时间去研究薄板大挠度问题，也促使 RiViliu 因此去研究非线性材料的有限变形问题，这是非线性力学的开始。从此，力学工作者不断地向非线性力学进军。

非线性力学的出现是有其工业背景和生产背景的。首先是大量人造纤维和塑料和问世，这些材料的本构关系是非线性的；其次是航空工业采用薄的固体材料，凡这类材料都可以引起大变形，但应变很小，其本构关系依然是线性的，这就收几何非线性；第三是当时正在研制超声速飞机，空气动力学在亚声速、超声速范围都可以线性化，但在跨声速范围就不能线性化，这个问题同航空工业中突破"声障"这个问题密切有关；第四方面是在宇宙航行中如何选择从地球到月球耗能最小的轨道，这也是一个高度非线性的问题，在 40 年代没有计算机，人们只能用现有的数学工具去解决它，并提出了"限制轨道理论"。由此可见，为了适应工业发展的需要，我们从事力学研究不能局限在线性理论的范畴，必须进一步深入一非线性的领域中去。

从 50 年代起，人们认真地考虑了一些问题，提出两套处理非线性问题的办法。一是理性力学，它企图系统地、合乎逻辑地解决人们过去不太了解的物性问题；二是奇异摄动理论，它主要是用分析的方法来解决非线性问题，尤其是动力非线性问题，如波动、非线性振动和大量流体、固体力学问题。在这一方面，我国的科学家是作出了贡献的。在奇异摄动理论的七种比较有效的方法中，有三种是中国学者提出来的。这一方面的研究过去长期受不到重视，打倒"四人帮"以后，才冲破了障碍。美籍华裔学者林家翘讲"这是中国人最有成就的学科，为什么不介绍"。过去有人说这是理论脱离实际，这种说法，害人非浅。实际上，如果没有高水平的理论研究，就不能解决有重大意义的实际课题。近四年来，美籍华裔学者林家翘、丁汝在北京、上海就这方面问题进行讲学；我们自己也认识到它的重要性，也开始设置课程了。这一方面的理论研究正在发展中。此外，从 60 年代起，由于计算机的出现，它可以帮助我们解决用分析方法处理不了的复杂问题。当然，对

* 原文刊登在《力学进展》1983 年第 2 期第 13 卷。

于带有突变性的问题,目前计算机也无能为力。从 von Kármán 的时代至今已有 40 多年的历史,这是一个不短的时间,由于有了上述的分析方法、数值方法,研究非线性力学的条件成熟了。

现在,涉及非线性力学的课题很多,数学家也参加了我们的行列,研究理性力学和奇异摄动理论。有些理论问题虽然还没有搞清楚,但我们不能等待,我们依然可以用特定的方法去进行研究。譬如,最近认识到渗流力学中的 Darcy 定律是局部性的,要考虑非局部效应;对于土的本构方程也有了突破,承认土是由颗粒和空隙两组成的(包括充水、不充水的情况),两相混合理论提出来了,与实际情况也相符。Zienkwitz 对这个问题有贡献,中国科学院武汉岩体土力学研究所也在进行工作得出了类似的结论,这说明中国人并不落后,除了物理非线性问题外,还有板壳大挠度的几何非线性问题,以及兼有两种非线性现象的复杂情况,这时,材料一般都已进入塑性区域。关于高速变形,即塑性动力学问题,包括撞击、穿孔等也都是高度非线性的。在流体力学中,凡涉及高速和稳定性方面课题往往要考虑非线性效应。目前还有两个与国民经济密切有关、迫切需要解决的实际问题:一是造滴和空化过程,它对于船舶、水轮机的设计制造非常重要,要开发水力资源,这个问题是不能回避的;二是海洋工程中造波以及波和结构物的相互作用问题。要同时考虑水波和与其协调动作的海洋平台,其中包括了水、气、固以及计及表面张力效应的界面相间动量、能量交换,情况十分复杂。现在可用半经验公式进行计算。这个问题如果不尽快解决,就会使我国国民经济受到损失。

现在来讲讲从数学上处理非线性问题的情况。对于定常非线性问题,无论是用摄动法还是迭代法,都要求线性项是占主导地位的,非线性项是高阶小量,即弱非线性的情况。对于非线性项与线性项同阶,甚至超过线性项的强非线性情况,上述方法就无能为力了;对于非定常问题,分析解当然会遇到同样的困难。用数值方法进行计算时,可以用这一时刻的位移、变形、速度求出该时刻的加速度,并以此作为下一时间间隔的平均加速度,从而获得下一时刻的位移、变形或速度,于是非线性的困难就消失了;计算动力学的问题需要大型计算机,针对我国的情况,这就提出了如何在小机器上计算大型问题的新课题。最近有人提出了"子结构和多重子结构程序",从而扩大了小型计算机的应用范围;还有,要计算加速度,势必要涉及质量矩阵。30 年代以来,采用了集中质量矩阵,这对于大的限元来说,会引起较大误差。若采用小的有限元,计算工作量骤增。这是一个矛盾。Zienkwitz 提出用形参数分布来计算质量矩阵,即一致质量矩阵,由于它是稀疏矩阵,求逆工作量亦很大。在今年(1982)上海国际有限元学术会议上,我提出了对角化的一致质量矩阵有限元方法,Zienkwitz 一直在考虑这个问题。关于误差估计还有待于进一步研究。总的来说,对于非线性力学的研究还仅仅是开始,对于强的非线性问题,具有突变性的问题,还存在一些困难。目前已出现了一些新的数学方法,我们"理性力学与力学中的数学方法"专业组有责任把这些新的学科领域介绍进来,并予以研究开发。最近由江苏科技出版社出版了"现代连续统物理丛书",也是为了这个目的。

这次全国非线性力学会议的任务是要了解国内作非线性力学的发展状况,检阅我们的科研队伍。从国际潮流和我国国民经济发展的需要来看,我们必须跟上时代的步伐,把非线性力学的研究进一步开展起来,为我国的四个现代化作出贡献!

院士简介

钱伟长院士简介请参见本书第 23 页。

力学的展望——介绍“基础力学”*

谈镐生
(中国科学院力学研究所)

“不识庐山真面目,只缘身在此山中”。今天想请大家离开力学来看看力学。

1981 年 4 月 24 日我在光明日报上发表了《力学向何处去》一文,论述了力学发展的前景,指出力学学科将沿科学力学的方向前进。工程力学将为国民经济和国防建设的现代化奠定科学的现代化奠定理论基础。虽然工程应用是力学研究的主要方面,但千万不可丢了基础研究。基础研究是认识自然的,应用目标不必明确,但具有方向性的指导意义。应用研究目标明确,是在认识认识自然基础上改造自然的。这两者本来是相辅相成,不是不相容的。但由于定义不明,在群众中造成了一个错觉,似乎两者间有不可调和的矛盾。实质上连基础和应用这个方法本身也还不是没有问题的。国际力学学会的全称是国际理论和应用力学学会。把力学分成基础力学和应用力学,还理论力学和应用力学?看来都不如分成“科学力学”和“工程力学”来得恰当。理由很简单,工程的应用面广,国内的力学队伍,国际的力学队伍也一样,都偏重工程,很多人就把力学当工程看待,力学也就等价于工程力学了。这是不全面的,力学还有非工程的一面。比如,近二十年发展起来的天体物理力学,地球物理力学,生物物理力学,这些算什么呢?严格说,它们都是应用力学,用力学的手段来认识自然。但决不是“工程力学”。应该叫“科学力学”。科学认识自然,工程改造自然。不过科学力学这个名称还没有人提过。可能人家会问:“你是科学的,我们就不科学了?”所以,既然过去已把它叫成过“基础力学”,目前不妨姑且这样叫着。所谓“基础力学”,实质上就是“科学力学”!其实,“基础力学”这个名称以前也没有正式提出过,一直到 1981 年国务院学位委员会全国学科专业会议时才被拿出来。力学专业的第一门分学科就是“基础力学”。当时力学是被归口到理科的。这有它的原因,因为 1977 年我大声疾呼,并给中央写信,论证了力学的基础性,建议召开全国力学学科发展规划会议。后来在 1978 年,经过多次的科学家座谈,终于确认了力学的基础性,召开了全国力学学科发展规划会议,并在大会上肯定了七大基础学科:“力、数、理、化、天、地、生”。教育部大概根据这个理由,就把力学归口到理科,并且提出了“基础力学”专业。去年学位委员会专业会议上,力学专业组的同志们有意见,认为力学应当归属工科,要求会议把它改过来。所以,学位大会的第一个通知,把力学归口在理科;后来的文件,又把力学归口到工科去了。这说明什么呢?说明我们的力学队伍显然是一个工程力学队伍。

---

* 原文刊登在《力学与生产建设》,中国力学学会第二届理事扩大会议文汇编.北京:北京大学出版社,1982:17—19。

作为重点，力学工作当然应该放在工程技术上面。但是基础研究这边要不要挂个号？这个问题值得研究，应该研究。

1978 年我在力学所成立了基础研究室。虽然我们并没有叫“基础力学”研究室，但终于由此出现了这个“基础力学”的名称，“基础力学”的内容，就是“基础研究”的内容。

今天想讲两点。第一就是关于《力学向何处去》一文中的观点。“基础研究是认识自然的，应用研究是改造自然的。”“科学是认识自然的，工程是改造自然的。”“力学是研究物质运动规律的科学。”“物理学是研究一切自然现象的科学。”为什么这样提，因为过去有人把物理定义为研究物质运动规律的科学，这是偷梁换柱的做法。研究物质运动是力学的定义，物理学研究的对象更广，包括一切自然现象。“经典力学指牛顿力学。现代力学包括经典力学、量子力学和相对论力学”。因此，“在传统意义上，力学是物理学的一个主要分支；在现代意义上，力学同时又是物理学的理论基础”。自然科学的七大基础学科：“力、数、理、化、天、地、生”；按照现代观点，物理科学是一根梁，梁上开五朵金花，即“理、化、天、地、生”；梁下有两根支柱，即力学和数学。这个 Π 字模型是 1978 年我在《力学情报》中提出的。“自然科学现代的标志是它的物理化”。天体物理、地球物理、生物物理代表天文学、地质学、生物学的现代化，是靠物理学帮助它们现代化的。“物理学的现代化，通过它的力学化”。上个世纪的物理原是唯象理论，包括力、声、光、电、热。光和声代表一种振动的传播，一开始就显示出它们的力学性，到上世纪末，热和电都被统计力学统一起来。统计力学就是力学。所以经典物理学在力学的基础上获得统一，获得现代化。二十世纪近代物理的兴起，又是在新兴的量子力学基础上得到了发展。也就是说，物理学的现代化体现为它的力学化。现在我问，力学本身有没有现代化的需要呢？我认为：“力学的现代化，要通过它的物理化”。因为物理学家跑到力学队伍的前面，为力学开拓了新的领域，建立了新的、微观世界的量子力学。假如我们力学队伍不承认这个新力学，那是说不过去的。1978 年我与中国科技大学力学系座谈，要求力学系掌握四大力学：“理论力学、电动力学、统计力学、量子力学”。第一次座谈，他们不同意，认为这些是物理。但是当天晚上在李昌同志召开的系主任会议上，不但物理系，就是化学系、生物系，地学系等，也都是提出要把同大力学作为它们的基础课。在这种情况下，第二天我再问力学系，他们也接受了。

我们必需看到，力学是一门应用性极强的基础科学。没有一项工程技术，能够离开力学而存在。所以：“力学既是大工业的科学基础，又是物理科学的理论基础”。力学界同意我的观点的人不多。一般都认为这个观点太极端。可是物理学界同意我的观点的人不少。德布洛意也是这个观点。

事物总有两面，你要看哪一面就有哪一面。不要看了一面就急于否定另一面。我既强调力学的基础性，也强调力学的应用性，有人说谈镐生否定力学的应用性，那样说是不公平的。我只是要求大家不要丢掉基础。过去我们对基础不重视，在科学发展上吃上大亏。

现在简单谈一下所谓“基础力学”的内容——确切地说，也就是力学“基础研究”的内容，或者说，“科学力学”的内容、去年学位委员会力学专业组的同志讨论了力学的二级学科问题，确认了一般力学、固体力学、流体力学、气动力学、爆炸力学、岩土力学、结构力学、计算力学、实验力学等。剩下的像天体物理力学，地球物理力学，生物物理力学怎么办？等离子体力学怎么办？目前还在发展中的物理力学怎么办？当前国际上搞得很热闹的理性力学怎么办？这一大堆当时我们决定把它们统统往一个口袋里送，这就叫做“基础力学”。基础力学包括如下内容：

①天体物理力学；②地球物理力学；③生物物理力学。这三个是按照研究对象的不同尺度来提的，代表了从无穷大到无穷小的世界（生物物理的基础，是生物量子力学！）；④按照不同物态间共有的运动特征来说，则有层流、湍流、对流、分层流、多相流，流变，波动、稳定性等；⑤等离子体，即物质的电离态或第四态。在连续极限下，它是电磁流体力学，从离散观点看，是等离子体动力学。即使在连续极限下，所有用的方程除纳维-斯托克斯方程外，还要和麦克斯韦方程耦合，是一个很复杂的新学科。这门学科在国外已有四十多年的历史，可以说相当成熟。但是，对国内来说还是新的，应该发展；⑥物理力学，这是力学的前缘学科，是一门还没有成熟的学科。因为物理力学要求运用统计力学、量子力学，甚至量子场论的概念和技巧，来架起微观到宏观的桥梁。现在这座桥并没有架起来。要研究的内容很多，如相变理论，临界现象，超高温，超高压，材料强度的微观理论，激光和物质的相互作用等。虽然是一个没有成熟的学科，但它终究代表了力学发展的前缘；⑦理性力学，或叫数学力学。物理力学代表力学的物理化，理性力学代表力学的数学化，屈鲁斯戴明确提出的目标是力学的公理体系化。庞加累对纯数学派的公理体系观点作了尖锐的批判，指出层层剥去数学的外皮，最后剩下的还是一个物理直观。没有它，这门数学是没有生命的。理性力学强调物质本构关系的研究，为介质力学提供了一个完整的理论体系，这是很可贵的。但它的根子是离不开牛顿力学的。我们可以把理性力学和物理力学两者结合起来，叫它做“力学理论”。

以上这些就算是“基础力学”内容的介绍。也就是学位委员会力学专业组第一个大口袋的内容。为什么要讲这个问题呢？因为很多人问；报考研究生，也得向人家交待清楚：什么是“基础力学”。所以就借此机会说明一个。

最后，有一个想法。现在有一门新学科，叫做“科学学”，它研究科学的结构、功能、发展规律和社会作用。我看我们能否也考虑一下“力学学”。分析一下力学的结构、功能、发展规律和社会作用。当前大家致力于四化，即农业、工业、国防的现代化，同时也要致力于科学的现代化。在四化中，力学起什么作用呢？工程力学要做农业、工业、国防现代化的科学基础。科学的现代化在于它的物理化，而基础力学又是物理化的理论基础。所以力学是前程似锦，大有可为的。一些悲观失望的论调，认为美国大学里已经没有力学系了，可见力学没有前途了。这种观点是非常错误的。力学是最基础的科学，是基础科学的基础。正是由于力学的基础性到处被运用，所以反倒常常为人们所忽视。正如在人们的生活中，大家都知道粮食重要。但是水比粮更重要。一个人一星期不吃饭还能活着，一星期不喝水就不行了。而空气呢？它是看不见，摸不着的。既不用花钱买，看来也不值钱。可是谁要是十分钟不呼吸空气，他就完了。所以空气才是真正基础的，而人们却偏偏看不到它的基础性。力学是科学的空气，所以力学的基础性，也常常被人们忽视。我的话就讲到这里，谢谢大家。

院士简介

谈镐生院士简介请参见本书第 34 页。

发展中的计算结构力学*

钱令希
(大连理工大学)

在工程力学中,结构力学是个极重要的组成部分。任何工程都要设计和建造工程结构物,都有结构力学的问题需要解决。现代化的工程中,结构越来越复杂,要考虑的因素也越来越多,对力学的要求也就越来越高。近一二十年来,结构力学发生了非常深刻的变化。在各种因素中,电子计算技术的作用是最为突出的。现在被称作"计算结构力学"的,实际就是计算机化的结构力学。可以预料,今后随着力学与电子计算技术更加紧密的结合,在结构分析、设计的理论和方法的各个方面还将不断发生深刻的变革。现在的问题是,作为一个科学技术工作者,要自觉地来适应和推动这个前进的潮流,并以此来更新自己的工作内容,使自己的工作路子走得更宽些,步子迈得更大一点。

新的东西的出现引起新的变化。当电子计算机要改变人们的工作内容、方法和习惯时,不免会有阻力。我对计算结构力学的理解有一个过程。六十年代初,我初接触电子计算机时,完全没有看到它会使传统的结构力学如此改观。当时只感到它可以解除一下长久以来求解联立方程组的困难而已,所以没有重视计算机的重大作用,认为不一定人人都学。到七十年代初,感到情况有了变化,很多国际上结构力学的文献书刊越来越难读了,别人处理问题的内容、思考问题的方法、使用的数学手段,我都很生疏,有的甚至看不懂了,感到如果再故步自封,简直无书可读,也没有什么工作可做了。当时,国内许多从事结构力学和工程设计的人也都感到这个落后的局面必须改变。1973 年左右开始,在各个学校、研究、设计单位逐渐重视起电子计算技术的应用,而结构力学是最活跃的领域之一。到现在经过五六年的工夫,在实践方面有了相当大的展开,电子计算技术已比较普遍地应用到各种工程结构的研究和设计中去了。现在除了众多的专门电算程序,也编制了若干一定规模的通用程序。今后如果机器和设备的情况得到改善,实践和普及方面的进展还会更快。实践推动了理论工作方面的研究,在学校教学中也得到了反映。正如最近一位外国学者写的那样,计算机化结构力学这个提法,在过去甚至不被承认是固体力学的合法的分支,但到了今天,它已形成了横贯许多学科的局面,并且为了它的发展正在投入大量的人力和经费。

电子计算技术大大影响了结构力学这一点得到了广泛的承认。它使得结构力学的对象、任务、理论、计算模型、数学工具都发生了变化。

从结构力学的对象来看,过去大学里这门课程研究的对象是杆件系统的结构,至于板和壳的问题以及其他连续体力学,则必须另立各种不同的课程。各门课程有它自己的对象。这是因为在没有电子计算机的时代,这些对象的处理必须各行其是、自成体系。

---

* 原文刊登在《力学与实践》1979 年第 1 卷第 1 期。

即使是杆系结构，研究者为了处理各种类型的杆系结构，也必须寻找各种不同的特殊方法。问题都出在计算工作上，集中在怎样才能克服困难算出具体的数字来。现在计算机化了的结构力学，它可以通用同一个途径来处理杆系、板、壳和连续体。它的对象可以是一个各种构件的组合体。结构本来是组合的，一个建筑物，一条船，一架飞机，都是杆、板、壳和连续体的组合。过去是一样一样地来处理，现在则可以比较地按结构本来的面貌来研究。所以计算机化了的结构力学才是名符其实的结构力学。

结构力学的任务也有了很大变化。过去结构力学工作者把自己的任务限于结构的分析，也就是把一个结构在外因作用下的反应分析出来，至于结构的设计，那是工程师们的事，研究结构力学的人，没有精力去研究优化设计的理论。现在计算结构力学已经迈出了果断有力的一步，把结构优化设计作为自己的任务。它不仅分析和说明结构，还进一步设计和改造结构。

结构力学的基础理论是早已建立起来了。平衡、连续、物性三者的统一产生了力法和变位法，还有各种能量原理和变分原理。过去由于来自计算工作方面的障碍，各种特殊的计算方法层出不穷，而基础理论的作用却没有得到很好地发挥。计算结构力学使计算方法趋于统一。像以变位法为基础的直接刚度法，目前几乎成了统一的方法，而各种公理化了的变分原理增添了新的活力，更加发挥了它们的作用。

结构力学的计算模型关系到力学工作能否真实反映实际。以往总是把空间问题简化为平面问题来处理；把多维简化为少维；把非线性的问题简化为线性问题；把不均匀简化为均匀；把不连续的改为连续的；把动态的改为静态的。改来改去，无非是如何使问题好算一点。计算机化以后，结构力学可以处理复杂得多的计算模型，因此便于反映更真实的情况。

结构力学使用的数学工具也有了变化。以往杆系用线性代数；板、壳和连续体用偏微分方程。现在计算机的工作是离散化的数值计算。矩阵数学成为最有效的数学工具。计算结构力学离不开矩阵数学，这是因为矩阵数学本身的表达能力强，运算推演简洁方便，更重要的是它非常适应电子计算机的工作。凡是电子计算机的专长，诸如矩阵数学、循环迭代、逻辑判别等都是计算结构力学的重要工具。

总而言之，电子计算技术引起的一番变化产生了计算结构力学，使结构力学在理论上更统一和更有活力，应用上更方便和更广泛，不仅能够更真实地和可靠地反映实际，而且使解决问题的速度和周期大大地加快了。因此，结构力学在工程建设中的作用将更加富有成效。它的研究领域将向纵深发展。

在计算结构力学中，有两项最具代表性的工作：一是关于结构分析的有限元法；二是关于结构设计的优化设计的理论与方法。

有限元法是当前大家熟知的分析连续体的强有力手段，不仅在结构分析中如此，而且已相当普遍地应用于分析其他连续介质的物理现象。二十多年来，有限元法在国内外的发展大致可分三个阶段。开始阶段，在五十年代中期，飞机结构的分析中将一个连续部件看成是很多离散的元素的组合，然后用杆系结构力学中变位法的概念分析这些元素连接点的变位和内力。杆系是一种天然的有限元组合模型。把连续体离散化成人工有限元的组合，这个思想并不新鲜。但是，当杆系力学的理论与电子计算技术相结合后，立刻显示了有限元法的巨大威力。参加这个阶段工作的大多是力学工作者。这时的有限元法只是从直观概念出发,解决实际问题时怎么方便就怎么做。因此,有限元法有时很成功,也有不成功的时候。到六十年代初期的第二阶段开始,在大量力学工作者和少数数学工作者的参与下,搞清了有限元法与能量变分原理的联系。早先的连续体力学中,用瑞雷-李滋法近似处理能量泛函的极值问题,一直被认为是一个重大的突破。但是由于必须在连续体整个领域内假设近似的位移分布函数,这只有在比较简单的问题中才能做到,因此即使有了变分原理和瑞雷-李滋法这样强有力的工具,对于略为复杂一点的组合结构还是无能为力。有限元法最突出的优点是它只要求在各个元素范围内作出位移分布函数的合理假设,这样问题就简单得多了。这是一种对能量泛函作分块近似的瑞雷-李滋法,也就是各个元素交界上可以放松某种连续要求的变分原理。这种连续要求也可以进一步作为约束条件用拉格朗日乘子引入变分的泛函中。当有限元法有了这样的理论根据,于是研究者们自觉地以各种形式的变分原理为基础,建立了多种形式的有限元,其中包括直杆元、曲杆元、平面应力元、三维应力元、弯曲板元、壳元、夹层板元、复合材料板元,还有所谓奇异元、半无限元等。有限元还引发了子结构的概念,使复杂的结构可以分成若干层次来处理。在理论上,从变分原理建立起来的元都是可行的。当然,从实用的角度看,收敛有快慢之分,应用也有广窄之别。这个时期可以说是建立各种有限元的风行时期,到六十年代末达到了高潮。现在进入第三阶段,研究的重点逐渐在转移。有限元法吸引了很多数学工作者,进一步来探讨这个方法的数学基础和收敛问题,有所谓离散数学的提法。还有一种研究是建立各类没有变分原理的力学及非力学问题的方法,像加权残值法。另一方面,有限元法还应该发挥潜力和扩大应用;对各种非线性问题、各种有时间因素的动态问题,都还有深入研究的必要。此外,还有一些特殊问题,例如,局部效应、边界效应、刚度突变等,简单地使用普通有限元法和依靠计算机的运算能力是收效不大的,需要力学工作者从力学观点研究合理的计算模型,有时结合解析的方法,有时依靠定性的力学判断才能更有效地解决。

计算结构力学的另一重点是研究结构优化设计的理论和方法。设计要优化,这是长期以来人们的愿望。结构力学应该介入设计,这是理所当然的。要设计必须先会分析。过去结构力学着力于分析,建立了相当完善的结构分析理论,但是可以说,直到现在还没有科学的结构设计理论。结构方案的设计主要还是依靠工程师们的经验判断,力学起到的主要是校核分析的作用。现在有了像有限元这样强有力的分析方法和电子计算机,优化设计的研究已有了必要的基础。什么叫优,我们的标准是多快好省。结构设计的优化,必须综合考虑很多因素,包括经济、工艺、材料、使用等各个方面的因素,而结构强度、刚度的力学问题只是其中必须考虑的一个方面。所以说结构设计是一种综合工作,而综合要比分析复杂。如果说结构分析困难,那么结构优化设计的难度就要更高出一个量级。结构分析是就一个给定的结构方案,计算出结构各种反应,包括各部分的应力、变形、振动频率和总体的承载能力以及结构的重量和造价等。结构优化设计则是个逆问题。这里给定的是结构的一个理想目标,例如,要求结构最轻或最经济,要在应加限制的各种约束条件下,尽可能找出最优的结构方案。优化的要求有等级之别,如果把结构的外形布局、材料选择、工艺措施都作为可变的参数来优化,那就比较高级,但由于问题过于复杂,看来这还不是当前研究的重点。目前大部分力量在比较低的要求上探寻结构优化的途径,那就在给定的结构布局和材料的前提下,以构件截面作为可变参数来作优化,也就是力求将材料分布得恰当，使结构的重量最轻，或者它的造价最低。很久以来，人们曾经凭直观判断，提出等强度和满应力这样的感性准则来达到这个目的。这就是所谓准则设计。但是这类感性准则只考虑了强度方面的问题，而无法考虑刚度和其他方面的要求。此外，这类准则有时是无法满足的，有时满足了也不一定是最优解，但是由于运算简便，它们对于改进设计还是很起作用的。到五十年代末，非线性数学规划进入了结构优化设计的领域，把优化设计作为非线性规划的一个命题，看来是最恰当不过的了，只有非线性规划才能把优化设计追求的目标和应受的种种约束作完备的数学描述。虽然对结构力学工作者来说，数学规划论是很生疏的数学工具，但是既然这是研究优化设计最科学的手段，所以六十年代中花了很大的力气，把非线性规划现有的各种方法拿来作了尝试。有相当的收获和进展，对一些简单问题，可以求得很好的解答，但要求重分析的次数往往很庞大，从几十次到几百次，对于大型的复杂结构，每作一次重分析的代价是很大的，所以规划论方法虽然在理论上是最能适应各种复杂的情况，但是遇到复杂问题，实用起来却又显得过于困难，不易接受。到六十年代末，人们又回到准则设计的途径上来了。这时提出了能量在最轻结构中如何分布的问题，找到了相应于不同约束的能量准则，变化结构各部分的截面，用迭代的方法去满足某个准则，便可以得到最轻的结构。这些能量准则是用力学的理论推导出来的，在它适用的范围内理论上是正确的。它们是理性的准则，不同于以前的感性准则，于是准则设计向前迈了一个大步。能量准则设计的最大优点是计算工作简单，收敛快，而且不受结构规模大小的影响，一般要求重分析的次数在十次左右。但是它的应用有局限性，每个准则带一定的专用性质，不同的约束就有不同的准则。要是同时考虑多种约束，或是带来一定困难，或是带来一定的近似性。目前能量准则设计在美国航空结构的优化设计方面应用得很广泛，也很成功。在这同时，数学规划的方法仍在继续研究，因为这个途径具有适应性很强的优点。优化设计水平的提高，以及将来优化设计要向高级发展都还必须依赖数学规划。最近的研究使数学规划方法的效率有了显著的提高，在一些通用的考题上和几个简化的机翼模型上，要求的重分析次数也降到了十次左右。这个进展归功于把力学的概念、判断和有效的近似手段很灵活地应用到数学规划的步骤中去。看来，这种结合是富有成效的，有必要作进一步的发展。此外，数学规划论中的动态规划和几何规划在结构优化中也得到了很有效的应用。随机规划的应用也有人在研究。总的来说，结构优化设计的理论与方法的研究，目前在国内外还处于萌芽时期，正沿着不同的途径在作试探，在实用中，也已收到效果。

计算结构力学还很年青，是发展中的一个力学分支。随着电子计算机的日新月异，它的内容，包括理论和应用两个方面也将不断地发展。但是应该注意的是，力学是它的主体，是研究的前提，而计算是手段，是为力学服务的。以前的力学研究，常常受到人工手算的限制。今后的力学研究，这个限制解除了，可以充分利用计算机的力量，路子当然要宽得多了。但是机器帮助了人，人也要帮助机器。调通一个复杂的程序，要靠力学。一个行列式，有病没有病，病在那里，机器无法判别，也要靠力学的判断和改造。计算模型的好坏，主要是力学的事情。不能盲目使用计算机，要有一个估计，心中有数。要研究力学方面的定性理论，为数值解法提供依据。在研究中重视了计算，如果忽视了力学，碰到困难时，有力学基础的人还不要紧，否则就很难克服。目前要很好的使用计算机，编制一个高质量的程序不是一件容易的事，要付出很多艰苦的劳动。从事计算结构力学的研究,既要发展力学理论,又要掌握电子计算技术。一个人样样精通是不太可能的,必须组织起来,各有侧重,通力合作,才能上得快。过去几年,很多人为了掌握计算技术,辛勤劳动,编了不少专用的和通用的程序,解决了很多力学问题,必须总结和整理出来,建立起程序库,广为交流使用,避免重复劳动。这个普及电子计算技术的阶段是十分必要的,还需要继续努力,这是发展计算结构力学的起点。在这个起点上,要逐渐重视有关的力学的基础理论研究,并联系实际为四个现代化服务。同时,还要密切注意计算机的新发展。往前看,有可能将来电子计算机的使用,越来越简便,越来越手算化,那时计算结构力学的道路将更为宽广了。

院士简介

钱令希(1916.7.16—2009.4.20)

工程力学家。江苏无锡人。1936 年毕业于上海国立中法上学院(现上海理工大学)。1938 年获比利时布鲁塞尔自由大学最优等工程师学位。回国后历任铁路桥梁工程师,云南大学、浙江大学教授,1952 年起在大连工学院(现大连理工大学)工作,历任教授、系主任、研究所所长、院长。曾任中国力学学会理事长,中国高等教育委员会副会长。长期从事力学的教学与科学研究工作。在培养人才和推动科技进步两方面做出重要贡献。学术上,在结构力学、板壳理论、极限分析、变分原理、结构优化设计等方面有深入研究和重要成果。主张力学为工程服务,并身体力行,在桥梁、水坝、港工、造船和国防等工程中发挥了力学研究的作用。鉴于电子计算机强力推动科技进步,在我国大力倡导建立计算力学学科,并在大连理工大学培养和带领出一支优秀的计算力学队伍,在工程力学和结构优化设计方面做出显著成绩。1955 年选聘为中国科学院院士(学部委员)。

跨世纪的中国计算力学*

钟万勰　程耿东
（大连理工大学）

1　中国计算力学的形成和发展

随着计算机的发展，计算机技术、计算数学和力学交叉而产生了一个新的学科分支，这就是计算力学。计算力学致力于研究采用计算机技术求解工程和科学中的力学及与力学有关的耦合问题的理论、算法和软件。计算机技术提供的可能性和来自工业和其他科学部门的需求推动着计算力学的飞速发展，而在这世纪之交，计算力学取得的成就，使得计算和实验及理论分析已经成为力学工作者解决工程和科学中的力学问题的三大支柱，在推动力学学科自身发展中也起着越来越重要的作用。钱学森最近指出，"总起来一句话：今日的力学要充分利用计算机和现代计算技术去回答一切宏观的实际科学技术问题，计算方法非常重要；另一个辅助手段是巧妙设计的实验"。对于力学工作者来说，今天的计算力学已经成为他们通向工程的桥梁，为国民经济建设和国防建设服务的不可缺少的手段，也是力学学科和高新技术的结合点。

计算力学从60年代初开始登上国际力学界的舞台，并得到飞速的发展。50年代中期 Martin，Tuner，Clough，Todd 等提出了有限元方法的基本思想和方法，这个方法特别适合于在计算机上使用，对求解各类力学问题表现出广泛的适用性，由于商品化计算机的出现，特别是编程语言的出现，这种方法立即受到广泛的注意。经过 Zienkiewicz 等的发展，在工业应用需求的强大推动下，有限元方法的发展十分迅速，在不到10年的时间里构造了一大批单元，吸引了一大批数学工作者参加进来，和力学工作者一起逐步建立起有限元方法的数学理论，建立了通用的求解方法和程序段。在传统的力学中，结构力学和固体力学各类问题，如杆系、板、壳、块体，其基本方程和求解方法都有明显的差别，归属于不同的研究领域。现在，在计算力学这一新工具方法面前统一起来，力学界在历史上第一次向工业界提供了统一求解很多类型问题的方法和工具——有限元分析程序。这个方法的通用性使得它在土木、航空、机械工业中迅速得到了广泛应用，现在人们可以相当准确地预测出摩天大楼、跨海大桥、汽车、飞机和火箭的力学特性，模拟很多高速碰撞、爆炸和复杂的流动现象。这个方法的通用性使得它可以把固体力学、流体力学和一般力学这几个不同的力学分支中的问题的求解统一在一个框架中，组织在一个程序中，从而使得复杂的流固耦合、刚柔体耦合等问题的求解成为可能。由于其强大的生命力，这个方法迅速地向其他力学领域和物理领域推广。开发、销售有限元软件现在已经发展成

*　原文刊登在《力学与实践》1999年第21卷第1期。

为一个产业。在有限元法的带动下,其他的数值方法,例如边界元法也得到迅速的发展。

中国计算力学的发展可以追溯到60年代初,当时钱令希和陈百屏等就已注意使用矩阵表示结构力学的基本方程,在计算机上求解大规模的结构力学问题。由于文化大革命的原因,我国科学发展出现了一个时期的停滞。中国计算力学快速发展是在“文化大革命”的后期,一批中国力学工作者敏锐地注意到了国际计算力学的发展,并作出了快速的反应。1972年开始,在钱令希领导下,钟万勰等组织了一个小分队在上海开展杆系直接刚度法的研究和编制程序,并大力在设计部门推广应用,对土木工程界在设计和研究中使用计算机有很大的推动作用。这一段时期,张佑启和Zienkiewicz合作的介绍有限元的教材被翻译介绍到国内,河海大学徐芝纶出版了介绍有限元方法的教材并附有程序,普及这一新方法和向工程界介绍这一新方法成为力学界当时热点。钱令希在1978年建议了将计算力学列入中国力学发展规划,当年就在大连召开了全国高校计算力学大会,后来发展成为平均每四年一次的全国计算力学大会,至今已经召开了三次,在力学界吸引了一大批人投入这个新兴的领域。此后,在中国力学学会下成立了计算力学专业委员会,1981年中国建立了学位制度,在力学一级学科下设立了计算力学二级学科,大连理工大学、北京大学和吉林工业大学相继被批准有权授予计算力学博士学位,全国的计算力学硕士点发展到数十个。经过各方面的努力,出版了《计算结构力学及其应用》杂志,最近又被批准更名为《计算力学学报》,为计算力学研究工作者提供了出版和交流的园地。计算力学这门新兴的学科在中国逐步确立了地位。由于计算力学提供的手段大大增强了力学工作者解决工程和科学中力学问题的手段,相对地说容易得到社会和企业的理解和支持,计算力学在各个高校里都是力学学科中最活跃和工程实际结合最紧密的分支之一。在大连理工大学、北京大学、吉林工业大学、北京航空航天大学、西安交通大学、清华大学、浙江大学、西南交通大学、华中理工大学、同济大学等高校和科研院所都形成了一批研究队伍。

中国计算力学工作者积极参与了国际计算力学学术界的活动,钱令希参与发起了国际计算力学协会,钱令希、钟万勰、李开泰等在国际计算力学学会任职。现在,几乎所有的计算力学领域的国际杂志都有中国学者担任编委,他们中有钱令希、钱伟长、杜庆华、唐立民、钟万勰、程耿东。中国学者积极参与并在国内外组织了一系列的国际计算力学学术会议,组织了系列的中日、中美、中澳双边的边界元方法、结构优化等专业性的学术会议,形成了和国际学术界交流的十分活跃的局面。

2 中国计算力学研究工作的回顾

在计算力学基本理论、方法和应用软件上,中国学者都作出了自己的贡献。由于历史的原因,也由于从60年代兴起的有限元方法主要在固体和结构力学中得到迅速的应用。在计算流体力学领域内存在很多挑战性的课题,中国流体力学界也作出了很重要的贡献,在这一领域内传统的有限差分方法始终占有十分重要的位置,有关的工作主要发表在《计算物理》《力学学报》和《空气动力学学报》等杂志。我们的综述将集中在计算结构力学和计算固体力学。由于篇幅的限制和作者了解情况的局限,不免有很多重要工作遗漏,希望得到同行的理解。

2.1　有限元构造及其数学基础

早在1954年,胡海昌提出了弹性力学的变分原理,被国际上称为Hu-Washizu原理,这个最一般的变分原理成为有限元中杂交元和混合元法的基础。由美籍华人卞学璜开创,吴长春、陈大鹏、田宗漱和卞学璜等合作,对混合元、杂交元进行了深入的研究,唐立民、陈万吉及其课题组研究了多变量拟协调元和高精度有限元列式,龙驭球等研究了广义协调元,他们都分别发展了一批可靠的膜、板、壳、块体单元。陈至达、李锡夔等研究了非线性单元的构造。60年代,冯康等给出了基于分片插值和变分方法的偏微分方程的数值解法,可以看作最早给出了二维有限元收敛性的证明,建立了有限元方法的数学基础。石钟慈、张鸿庆等研究了有限元的收敛性数学理论。清华大学杜庆华、姚振汉等积极推进边界元法的研究和应用。徐次达等在加权残数法方面也都有很多重要的工作。

2.2　适合于计算机上的算法

由于中国的经济状况,中国力学界所得到的计算机条件比国外同行差很多,这反而使得算法的研究在中国计算力学界中成为一个重点。钟万勰、武际可等提出了求解各种形式的对称结构的群论数值方法、循环矩阵法,成功地在内存只有8K,16K的计算机上求解了电视塔、空间框架、大型冷却塔。由张佑启及其合作者曹志远等研究了有限条法、半解析法和超单元法,应用于一批土建和岩土工程问题。杜庆华、姚振汉、秦荣和袁驷等研究了边界元法、样条边界元法、有限条线法等,并应用于板弯曲、接触、热弹性和振动问题,将这些方法耦合起来应用于非线性问题。武际可、袁明武等对求解非线性问题的伪弧长法方法作了重要的改进,提高了通过分叉点时算法的效率和可靠性。钟万勰等采用参数二次规划求解了包括弹塑性接触、非关连流动和润滑的黏塑性分析等广泛的一类物理和几何非线性问题。陈万吉等应用数学规划理论改进了接触问题的计算方法。最近几年,冯康提出哈密顿动力体系的保辛差分为保守体系数值积分指出了方向。钟万勰等基于计算力学和最优控制的相似性将哈密顿体系理论应用于有限元并发展了精细积分方法。林家浩提出了高效的随机振动的确定性算法,提高了这类问题的计算效率1～2个量阶,被国内外同行广泛使用于大型水坝、桥梁、高层建筑的地震响应计算。张汝清、王希诚、李明瑞等对结构分析和优化的并行算法进行了深入的研究。

2.3　结构优化

1973年,在中国科学院力学规划座谈会上,钱令希作了题为《结构力学中最优化设计理论与方法的近代发展》的学术报告,引起了全国力学界和工程界对结构优化的关注和响应。在钱令希的领导下,大连理工大学的课题组开发出了“多单元、多工况、多约束的结构优化设计——DDDU系统”,把力学概念和数学规划方法相结合,成功地克服了一些传统的难点,形成了结构优化的序列二次规划法,并环绕这一方法研究了高精度的约束函数近似方法。夏人伟、黄季墀和黄海等研究了以函数的二级近似为基础的对偶算法,改进了几何优化问题中中间变量的选择。程耿东等对实心弹性薄板优化的研究成为近代结构布局优化的先驱,最近他们又对结构拓扑优化中的奇异最优解做了深入的研究。所提出的灵敏度分析半解析方法成为一个很有效的将分析和优化软件集成的方法。陈塑寰给出了重特征值和相近特征值的灵敏度分析方法。王光远等研究了结构模糊优化设计问题，提出了工程软件设计理论。朱伯芳、汪树玉等成功地将结构优化技术应用于大型水坝的设计，取得了明显的经济效益。实际工程中的很多优化问题都是离散优化问题，孙焕纯等对离散结构优化开展了多年深入的研究，提出了一些有效的算法。

2.4 各类耦合问题的求解

工程和科学的各个领域大量存在的力学问题是十分复杂的，有的涉及不同介质的力学问题的耦合，有的涉及力学现象和其他物理现象的耦合。各类土木工程结构的分析往往涉及耦合问题，例如，桥梁和高层建筑的施工过程力学、结构物和基础的相互作用、金属及塑料成形工艺力学、矿山和油田开采中的力学问题、生物力学和结构可靠度等也都属于耦合问题，计算力学界也都开展了深入的研究。孙钧、李锡夔和葛修润等研究了岩土力学的有限元计算及工程应用。

2.5 软件的开发和应用

计算力学必须讲究软件，分析重大复杂结构物的力学行为必须使用大规模综合性集成的软件系统，有人认为“21世纪谁控制软件，谁就控制整个世界”，未来的高技术在很大程度上是由计算机及软件来承载的。在70年代初，中国计算力学界开始了软件的开发，最初开发的是求解特定结构的程序，逐步发展到通用的大型计算力学软件开发。在计算力学软件的研制和推广过程中，出现了一大批大型通用软件，如大连理工大学先后开发的大型通用有限元软件 JIGFEX，DDDU 和 DDJ/W。航空工业界开发的大型通用 HAJIF，邓达华等开发的 MAC 有限元软件在机械工业内有相当的影响。这些软件中的不少有很先进的设计思想和独到的高效计算方法。吴昌华用 JIGFEX 计算机车内燃机的强度，效益斐然。崔俊芝、钟万勰等出版了研究有限元软件方法的专著。国外软件的引进在中国计算力学的工程应用中也起了重要的作用。例如，70年代末以北京大学为主，引进并开发的 SAP5 在土木建筑、航空航天、机械工业中得到了广泛应用，不仅解决了大批工程问题，而且普及了有限元的知识，开拓了有限元在中国的市场。随着计算机技术的发展，特别是微机的广泛使用和各种功能强大的计算机软件工具和开发平台的出现，近年来开发的软件，如北京大学袁明武等开发的 SAP84、大连理工大学顾元宪等开发的 MCADS，后处理和图形功能不断增强，和土建、机械、航空航天和船舶等行业的设计的结合日益密切。在中国土木建筑界，有关高校和中国建筑设计研究院等开发的基于有限元分析的建筑计算机辅助设计软件，如建筑工程界开发的大型 TBS 系统，已经基本上占领了中国市场。近年来中国建成了大量复杂的民用建筑和航空航天工程结构，它们的设计都应用了计算力学提供的软件工具。这些应该说是中国计算力学研究开发的重大成就，也是中国计算力学为国家经济建设和社会发展作出的重大贡献。

2.6 结构力学与最优控制相模拟的理论对于两大领域的沟通创造了条件

在力学的基本体系方面看，状态空间法、哈密顿体系以及随之而来的辛数学方法，还有深入发挥的前景，新的求解体系还可以进入数学物理方法并辐射到有关领域去。从数值计算的角度来看，在此基础上发展出来的精细积分法有广阔前景。精细积分法——反常用的以差分近似为基础的算法，例如，Newmark 法、Wilson-θ 法等，尽量采用解析公式，因此可以得到计算机上几乎是精确的结果。这对于多方面的学科都很有发展前景。

模拟关系指出，现代控制论的时间坐标相当于结构力学的空间坐标，因此，里卡蒂微分方程及相应两点边值问题的求解也可以发展出一套精细积分算法，同样可达到计算机上几乎是精确的结果。更进一步，对于近来发展的 H_∞ 鲁棒控制，已经证明它相当于 Rayleigh 商的本征问题，并且还可以用精细积分求解。

2.7　土壤渗流

人们对于改善人类自身生存环境的研究已给予愈来愈多的重视。对于由家庭、市政和工业废料等固体废物在土壤中的不适当埋置，以及对于由核能源工业发展而产生的核废料地下埋置问题等的研究，已形成了土壤环境力学或土壤环境工程的新研究领域。李锡夔等在国际上首先对非饱和土建立了作为变形多孔介质和多相孔隙流相互作用的数学模型和有限元数值模型。在此基础上发展了模拟非饱和土中污染运移过程的渗流-力学-传质耦合现象数学模型和有限元数值模型，研究和发展了控制污染物运移过程的瞬态非线性对流扩散方程的特征线 Galerkin 有限元方法和相应的无条件稳定隐式算法。基于钟万勰提出的时间域中精细积分方法，在算法的算子分离过程中确定对流函数的物质导数。精细积分方法和传统隐式数值积分方法的结合，使得所发展的利用算子分离过程的隐式特征线 Galerkin 方法具有远较现在常用的诸如流线上风 Petrov-Galerkin(SUPG)等方法更好的稳定性，精度和计算效率。

2.8　计算动力学

计算动力学研究多体系统动力学、机器人动力学与控制、复杂系统的非线性振动等学科中的计算理论与方法。随着计算机技术和计算数学的发展，动力学的研究对象逐渐摆脱了传统动力学中低自由度简单系统的束缚，已有能力对高度非线性的复杂大系统进行定量定性分析，并已应用于机器人、航空航天和车辆系统等重要工程领域。刘延柱、洪嘉振等研究了多体理论和工程软件，并用于工程问题。王照林、郑兆昌等研究了液固耦合问题和动力方程减缩问题，黄文虎、刘又午等研究了机器人动力学建模、控制和参数识别等问题，陈予恕等对非线性动力学的混沌与控制问题的研究等都有较大进展。

如何处理刚柔耦合问题中的运动刚度效应、系统中的摩擦冲击问题，液固耦合问题，机电耦合问题是目前计算动力学研究的难点和热点。由于问题的复杂性，如何根据问题的特点建立合理的计算模型是一个很重要的问题。从一般的力学原理出发所建立的包括各种相互作用的力学模型往往是不够的，有时必须综合考虑问题的力学性质和计算精度要求进行二次建模。另一方面，许多复杂系统的动力学方程不可避免地形成刚性微分代数方程组的形式，对这类方程的求解是目前没有很好解决但又必须解决的迫切问题。

3　展望中国计算力学的发展

在今后的 10 年到 15 年，中国经济建设和社会进步将会有更大的步伐，计算机软、硬件技术将会有惊人的进步，这一切将为中国计算力学的发展创造前所未有的机会和条件，中国计算力学一定会有十分广阔的发展前景。随着人类活动范围和建设规模的扩大，复杂大型结构的非线性力学问题的分析和优化的研究将成为计算力学的重要发展方向。高维非线性动力学问题和反问题的研究必须有计算力学工作者的参与。由于新材料和新工艺的不断出现，在材料科学和加工工艺的研究中有很多力学和其他学科相耦合的问题，对他们的研究也需要计算力学领域内深入的研究。为了人类的可持续发展，人类和环境的关系显得格外重要，无论是抵御自然灾害和防止环境污染，还是进一步认识人类的生命活动，都有很多力学及和力学耦合的问题需要解决。适应新型计算机结构，特别是并行计算机、计算机网络技术和多媒体技术的发展，各类高效的大规模问题的算法都将得到更多的重视。环绕着对人类智力活动的研究，人工智能、专家系统、神经元网络等技术此起彼伏地出现在学术舞台上，它们在计算力学中的应用成为最近一个时期研究的热点。由于对人类智力活动的认识的困难，在这一方向取得重大突破也许需要很艰巨的工作。工程单位的无图纸设计，对设计效率和质量的日益增长的要求，希望采用功能更为强大、分析更为准确的结构分析软件，并且希望将结构分析软件和设计图形表示结合起来，将可视化技术应用于工程分析和设计，需要更高水平的计算力学和CAD软件，以推动计算力学向更广阔的领域发展。

需要指出，与传统的力学问题不同，计算力学面临的科学问题，往往以寻求高效而可靠的算法和软件的形式出现，冗长的公式推导和证明往往不是衡量这一领域内成果水平的基本标准，在效率、精度和计算机实施上有重大突破的工作往往被记录在计算力学的发展史上。从这个意义上说，计算力学的发展更需要创造性的研究工作。

特别需要强调的是大型计算力学软件的开发。大型计算力学软件的开发往往需要几十乃至上百人的高智力的劳动和巧妙的设计思想，既是一项高难度的科学研究，也是一项大规模的工程。随着市场经济的发展，我国政府部门和社会公众对软件商品化的期望值很高，中国的计算力学软件事实上也正在向商品化方向发展，但是由于这类软件的科技含量很高、面向对象很特殊，商品化的过程面临更多的困难，在我国大中企业现有的状况下，完全依靠市场推动计算力学软件的发展非常困难。需要引起注意的是，计算力学软件和其他软件有完全不同的重要性。发达资本主义国家的实践说明，一个国家要有自主开发的航空航天、高速列车等高新技术，要有具有自己知识产权的各类重大工业装备生产能力，必须要有自主版权的计算力学软件。我们呼吁我国政府部门、各级领导和力学界的同仁给计算力学以更多的理解，呼吁国家和社会公众给计算力学软件的开发以更多的重视和支持，以更多的投入和地位。

参考文献

[1] 钱学森. 我对今日力学之认识，力学与实践，1995，17(4)

[2] 钱令希. 结构力学中的最优化设计理论与方法的近代发展. 大连理工大学学报，1973(3)；力学情报，1973(4)

[3] 钱令希. 谈计算结构力学. 力学与实践，1978

院士简介

钟万勰

工程力学、计算力学专家。原籍浙江德清，1934 年 2 月 24 日生于上海。1956 年同济大学桥梁与隧道系毕业。曾任大连理工大学工程力学研究所所长。1993 年当选为中国科学院院士。

60 年代发现潜艇耐压锥、柱结合壳失稳的不利构造形式。70 年代与小组基于群论研制了大量工程应用软件，并主持研制了三维大型有限元系统 JIGFEX/DDJ。80 年代提出了基于序列二次规划的结构优化算法及 DDDU 程序系统提出结构极限分析新的上、下限定理，继而又提出了参变量变分原理及相应的参变量二次规划算法用于弹一塑性变形及接触问题，是中国计算力学发展的奠基人之一。1989 年以来，发现了结构力学与最优控制相模拟据此又提出了弹性力学求解新体系与精细积分的方法论。

程耿东

力学专家。1941 年 9 月 22 日生于江苏苏州。1964 年毕业于北京大学数学力学系，1980 年获丹麦技术大学固体力学博士学位。曾任大连理工大学校长。从事工程力学、计算力学和结构优化的研究。1995 年当选为中国科学院院士。

70 年代参加研究结构分析的群论方法并成功地应用于水塔支架分析，研究汽轮机基础的动力分析。对实心弹性薄板的研究表明，为了得到全局最优解，必须扩大设计空间，包括由无限细的密肋加强的板设计，这项工作被认为是近代布局优化的先驱。提出并实现了结构响应灵敏度分析的半解析法，与丹麦学者共同研究了误差分析和提高精度的方法。指出结构拓扑优化中奇异最优解的本质，并给出了可行区的正确形状，在此基础上给出求解奇异最优解的拓扑优化问题算法。最近研究网格生成及在灾害载荷下的基于可靠度的结构优化。

流体动力学的发展——需求和前沿*

李家春
(中国科学院力学研究所)

流体动力学是研究流体介质的特性、状态,在各种力的驱动下的发生的流动,以及质量、动量、能量输运规律的力学分支学科。由于流体介质在自然界、生命体和工程中普遍存在,流体动力学与人类生活息息相关,从飞机、船舶的阻力到作用在高层建筑和桥梁上的风载,从大气、水体中污染物的扩散到发动机中空气和燃料的混合,从土壤、植被中的水分循环到人体中的血液流动,从海洋中的风生环流、热盐环流到天气、气候的预报,无不与流体动力学有紧密联系。

1 流体动力学的早期发展和黄金时期

大气和水是世间万物不可或缺的流体介质,早在数千年前,人们通过观察知道了水流就下、风有方向、摩擦生热等知识,积累了丰富的经验,并在生产实践和日常生活中用来制造筏、舟、帆、风车等,古巴比伦的灌渠、古希腊阿基米德的提水机、古罗马的供水系统和中国的都江堰水利工程都是明证。文艺复兴时期,达·芬奇在其著作中提到了管流,他设计的水利设施、发明的流体机械和所描绘的湍流图像令人惊叹!

17～18 世纪初,科学家在连续介质假定的基础上,应用牛顿力学建立了欧拉方程和纳维-斯托克斯方程,奠定了流体动力学的基础。此后,该学科朝着两个方向发展。一方面,数学分析原理日臻成熟,被广泛地应用于理想流体的研究。拉格朗日势流理论解决了水波等一些黏性可以忽略的流动问题,赫姆霍兹、开尔文等给出了旋涡运动的定律。另一方面,面对众多的实际问题,工程师导出了圣维南方程和达西定律,发展了水力学和渗流力学,其中不可避免地引进了一些经验常数,但在洪水演进、地下水利用及后来的油气藏开采中发挥了重要作用。

19 世纪和 20 世纪之交,与物理学惊人相似的是,流体动力学的发展也遇到了两朵“乌云”。一是 O. Reynolds 于 1883 年用圆管内水流实验观察到流动失稳和湍流现象。人们需要回答为什么当雷诺数(Reynolds number,*Re*)充分大时,会发生从层流到湍流的转捩,以及如何描述和预测流体团处于无规则状态时的充分发展湍流,这个问题使众多的流体动力学家、物理学家和应用数学家投入了毕生的精力;二是人类为了实现飞行的梦想,于 1903 年完成了第一次动力飞行,在计算机时代以前,人们需要回答应如何计算阻力和升力,使得工程师能够设计出安全、经济、高速的飞机。从普朗特提出边界层理论起,经过冯·卡门、G. I. 泰勒,以及俄罗斯科学家从齐奥科夫斯基起,经过茹科夫斯基、恰

* 原文刊登在《流体动力学》,北京:科学出版社,2014 年。

普雷金等几代杰出科学家近一个世纪的努力，突破“声障”“热障”，人类可以乘坐“波音”“空客”飞机遨游世界，并终于飞出大气层，建立空间站，登上月球，进入太空时代。两个难题的研究直接推动了一个世纪流体动力学的发展，并使力学学科进入了黄金时期。

在此进程中，中国科学家钱学森、周培源、郭永怀等在跨声速、高超声速空气动力学和湍流模式等方面的学术成就为国际航空航天事业作出了杰出贡献。从 20 世纪 50 年代起，我国开始发展近代流体动力学，专家们以“两弹一星”任务为契机，建立学科体制、制订学科规划、建设实验基地、培养年轻人才。特别是创立了高速空气动力学、化学流体力学、磁流体力学、物理力学等新兴学科，建立了中国科学院力学研究所、中国空气动力研究与发展中心、航天空气动力研究院、航空空气动力研究院等研究机构和大型试验基地。我国从 1970 年起相继发射第一颗人造卫星，返回式卫星，通信、气象、海洋、资源卫星，“神舟”系列载人飞船，启动了“嫦娥工程”，实现出舱行走和交会对接，跻身于世界航天强国之列。

改革开放 30 多年以来，我国恢复了在国际理论与应用力学联合会的地位，中国的流体力学也逐步走上国际舞台。1980 年，在周培源先生等的倡导下，成立了亚洲流体力学委员会，我国是该组织三个主要发起国之一；1987 年在沈元、庄逢甘、冯云桢先生的倡导下，国际流体力学系列会议在中国召开；1992 年，莱特希尔、郑哲敏主持了在北京召开的国际热带气旋灾害讨论会。此外，还有国际燃烧会议、国际稀薄气体动力学会议、中日湍流研讨会、中美日生物力学研讨会、中日流动显示会议在主办国轮流召开。在此期间，中国派出了大批学者参与国际交流，中国的流体动力学得到了全面发展，在油气开采、长江三峡、青藏铁路、高速列车等与国家经济社会紧密相关的重大工程中取得了举世瞩目的成就。

在 21 世纪，作为一门经典的基础学科，流体动力学未来究竟如何发展，流体动力学是否还有前沿科学问题需要解决，流体动力学家是否还能在工程领域发挥重要作用，这是流体动力学学科发展战略研究首先需要回答的问题。

2　流体动力学的机遇和需求

20 世纪，人类依靠科学和技术在空间、信息、生物技术领域取得重大突破，在上述高技术领域，前进的步伐不会放缓。另外，人口增长、资源短缺、能源危机、气候变化、社会动荡等问题给我们带来严重威胁。在 2012 年全球 15 个科学院联合签署的 G－Science 科技声明中，提出世界面临“满足水和能源需求”“应对自然和工程灾害”和“实现温室气体减排目标”的三大难题。

我国经过 30 多年的高速发展，目前已经成为世界第二大经济体，正在为实现全面建成小康社会目标而努力奋斗。前面提到的高技术领域和三大难题也是我国在经济社会发展中，为转变生产发展方式所必须认真思考和着力解决的共性问题。显然，它们与流体动力学的研究密切相关，并充分体现在国家科技重大专项、国家重点基础研究发展计划（“973”计划）、国家高技术研究发展计划（“863”计划）、《“十二五”国家战略性新兴产业发展规划》和国家自然科学基金的指南中。

在《国家中长期科学和技术发展规划纲要（2006～2020 年）》中，国家确定了涉及信息、生物等战略产业领域，能源资源环境和人民健康等的重大紧迫问题，以及军民两用和国防技术的共16个重大专项，其中大型油气田及煤层气开发、大型先进压水堆及高温气冷堆核电站、水体污染控制与治理、大型飞机、载人航天与探月工程等6项是与流体动力学紧密相关的。

在《国家“十二五”科学和技术发展规划》中提出：围绕培育和发展战略性新兴产业，集中力量实施一批科技重点专项，以尽快转变我国经济发展模式，提高经济发展质量。在重点发展的7个领域的新兴产业中，如节能环保中的煤炭清洁高效利用，净化废气、烟气、尾气的蓝天工程；高端装备制造中的高端海洋工程装备等科技产业化工程，研发高速列车谱系化和智能化等重大关键技术；新能源中的风电、新一代生物质能源、海洋能、地热能、新一代核能等关键技术、装备及系统等都离不开流体动力学的前沿研究。

总面言之，今天人类经济社会发展的重大需求仍然为流体动力学的发展提供了无限广阔的前景。

2.1 航空、航天工程

广袤的空间对于经济、科学和国家安全来说极其重要，是世界发达国家的必争之地。我国已经成为航天强国，未来的目标是建立空间站、开展空间应用和深空探测。但是，“挑战者号”“哥伦比亚号”失事导致美国航天飞机于2011年全部退役，表明人类尚未解决天地间运输系统问题。为适应未来航天工程的需求，我们需要分步研制经济、安全、可靠的水平起飞、水平降落的大型空天飞机。此外，临近空间飞行器作为在近空间做长时间、持续航行或以高超声速巡航的运载工具，特别是因为它们在通信导航、电子压制、灾害预警等方面极具发展潜力，是航天工程另一有前景的方向。这类飞行器都具有飞行高度介于空天之间、飞行时间长等特点，并兼有航空、航天器特性。为此，需要攻克吸气式冲压发动机、防热系统和飞行器构型一体化设计等难关。

对于民用客机，国际上已经形成几乎被波音和空客两大公司垄断的局面。我国的民用客机虽曾研制了“运十”，经过试飞，但最终未投入生产和运行。目前，我国的支线飞机，如“新舟”系列、ARJ系列等的性能尚需提高。大型客机C-919的研制正在有序进行，在国家重大专项的支持下，待解决的重大技术问题包括超临界机翼、增升装置、气动弹性、降噪措施和整机优化设计等。但是，关键还是要进一步深入研究可压缩湍流模型、流动控制、计算流体力学(CFD)和风洞试验技术等科技难题，以实现自主创新设计大型客机，并在航程、耗油率、升阻比、噪声水平、先进材料使用等方面达到国际先进水平，满足日益严格的适航要求和适应竞争激烈的市场环境。在研制大型客机的同时，设计先进的航空发动机也应提到议事日程上来。

高速列车虽然是陆上交通工具，但当运行速度超过300千米/小时时，空气动力的因素将占主导地位，空气动力学在这一领域日益重要。关于气动性能，需要研究气动阻力来源、减阻措施、过隧道和会车时的压力波、横风侧力、升力和倾覆力矩。就气动噪声来说，需要确定噪声源、噪声水平、减噪措施等。

2.2 海洋、海岸工程

中国具有漫长的海岸线和辽阔的海域，蕴藏着丰富的矿物、油气和生物资源，对经济增长、能源安全和领海安全至关重要。我国在 20 世纪 60～70 年代开发海洋，经 80 年代后的大发展，迄今已经建成海洋石油工业体系，具有自主设计和制造近海水深 300 米以下固定式平台的能力。近 30 年来，世界发展趋势已经从浅海到深水，从大陆架到深海盆，从水面到水下，所以，必须研制适合于深海作业的浮式结构，其中最有代表性的有张力腿平台（TLP）、半潜式平台（SEMI）、单柱式平台（SPAR）和浮式生产储油系统（FPSO）等。为了利用海洋空间，超大型浮式结构（VLFS）可以弥补沿海地区土地资源的不足。因此，海洋工程受到国家、工业界、工程界和科学界的重视。2010 年，我国自行设计研制的第一艘半潜式深水（3000 米）钻井平台——"海洋石油 981"顺利下水。海洋结构必须经受严峻海洋环境中巨大流体动力学载荷的考验，因此，海洋工程领域需要解决极端风、浪、流环境预测，浮式平台的慢漂和高频响应，立管、脐带管、输油管线的涡激振动，深海工作站结构和多相油气输送等流体动力学问题。

为了开发沿海城市和海岸带，我国相继设立了开发特区，建设了众多的大型机场，数十千米长的跨海大桥，现代化的第五、第六代集装箱船深水泊位和港口，还围海造田，以弥补土地资源的不足。上海浦东机场、天津滨海新区、唐山曹妃甸新区、东海大桥、胶州湾大桥、杭州湾大桥、港珠澳大桥、黄骅港、洋山港等都是大型的基础设施；长江口进行了大规模的双导堤加丁坝的航道整治工程，这些地区还会频繁受到海洋灾害的侵袭，因此，海岸工程问题迫切需要解决河口、海岸带复杂水流、盐度结构，航道、港口非恒定流输沙，海底沙波、沙脊迁移，桥墩、承台、桩基流动载荷、泥沙淘蚀、沙土液化，咸潮入侵，风暴潮、海啸防护，污染物输运和赤潮灾害，以及海岸工程对生态环境影响等问题。

2.3　能源、环境工程

随着经济的发展、城镇化率和生活水平的提高，人们对能源的需求将与日俱增。我国能源格局以煤为主，石油资源不足，需要科学制定我国能源发展的蓝图，逐步改善能源结构，提高能源利用效率，减少二氧化碳、硫/氮氧化物、碳氢化合物等的排放，保证能源安全，提高环境质量，促进经济发展，满足人民需求，实现国际承诺。显然，能源的开发、利用离不开与流体动力学相关的科学原理和先进技术。

在化石能源方面，除了煤的清洁燃烧、三次采油外，特别要加强页岩气、煤层气和天然气水合物等非常规化石能源开采中的流动问题研究。

在可再生能源方面，水电除了高坝安全、水轮机设计外，主要关注工程的环境影响（如泥沙、生态、污染、滑坡等）及其治理；风能利用包括风能资源科学评估、风电场选址、风机优化布置、叶片设计、减噪措施等。

在核能利用方面，必须安全第一、稳步发展。要重视裂变堆热冲击载荷作用下的安全壳设计，岩土体中高放核废料安全存储和沿海风暴潮、海啸侵袭下的安全防护问题；应预先开展可增殖核燃料的先进快堆、混合堆和加速器驱动次临界系统（accelerator driven sub-critical system，ADS）的先导实验研究；积极参加与国际 ITER 计划，解决反应推内高效传热、传质，TOKMAK 中液态金属多物理声输运、等离子体加热和稳定等关键科学问题，促进先进核电技术的工程化。

20 世纪中叶的八大公害事件促使人们普遍关注环境问题。经过 1972 年斯德哥尔摩（联合国人类环境会议）、1992 年里约热内卢（联合国环境与发展会议）和 2012 年联合国可持续展大会(里约+20峰会),人们就可持续发展取得共识,特别是经过IPCC持续研究,确认近百年来地球气温上升主要是人类活动在起主导作用,并于1997年签订《京都议定书》。近年来在巴厘岛、哥本哈根、坎肯、多哈、德班的联合国气候大会上,世界各国正在为制订新一轮的减排计划作出努力。我国虽提出了建设资源节约型和环境友好型社会的目标,将通过发展战略性新兴产业,转变生产发展方式实现预定目标,但因环境保护的意识不强、法制不建全,环境问题仍不容乐观,环境保护工作任重道远。

21世纪以来,极端自然灾害频发,其强度往往是50年一遇,甚至是100年一遇,应对重大自然灾害是当务之急。根据我国国情,应重点做好应对台风、风暴潮、洪水,溃坝、滑坡、泥石流等气象水文、地质灾害,建立预警系统;在全国合理调配水资源,发展节水农业,从而减轻洪涝和干旱灾害的影响。与此同时,太湖蓝藻、原油泄漏、雾霾天气等重大环境污染事件给我们敲响了警钟,需要通过调查污染物排放源、分析对流扩散规律,研究生物化学过程转化,获得各种污染物时空变化规律,控制纳污总量,合理设定排放标准,研制处理设备,结合法律、行政手段,努力改善我国的大气、水体、岩土体环境质量。对核电站的安全标准和核废料的管理更要严上加严。要科学地做好以上各项工作,就需要有流体动力学家的参与。

2.4 生物医学工程

保障人民健康是关注民生的重要课题。由于老龄化、工作压力、饮食卫生、环境污染,心脑血管病、糖尿病、各种癌症等重大疾病正在威胁着我们的生命。1960年以来生物力学的发展,增进了人们对人体生理、病理、诊断、治疗的认识,为提高人类的健康水平作出积极贡献,生物医学工程的应用前景十分广阔。

介入治疗是介于外科、内科治疗之间的新兴治疗方法,包括血管内介入和非血管介入治疗,现在已成为治疗的三大支柱性学科之一。近年来,由于医学图像和计算机技术的进步,可进行动脉系统血流流场的精细化数值模拟,并在影像设备(血管造影机、透视机、CT、MR、B超)的引导下规划和指导个体化心血管介入治疗,将血流动力学研究成果直接应用于临床治疗。

靶向疗法就是使小分子药物、单克隆抗体等瞄准肿瘤部位,在局部保存相对高的浓度,延长药物的作用时间,提高对肿瘤的杀伤力,减小正常组织、细胞损伤的疗法,效果优于化疗。目前,用于肿瘤靶向治疗的药物有化疗药(如缓释化疗药、脂质体化疗药)、化学消融药(如无水乙醇、冰醋酸、盐酸、硫酸等蛋白凝固剂)、基因及分子靶向药、中药等。流体动力学可为这类纳米颗粒药物设计和胶囊制备确定成分、大小、形貌等参数提供科学依据。

组织工程指的是利用力学、物理学、化学、生物学和工程学方法指导细胞生长、分化和组装,构建具有复杂结构和不同功能的三维组织,如人造脏器、皮肤、肌肉、血管、血液,供治疗和移植使用。人们利用微观生物力学原理,开展流体应力和物质输运对组织构建的作用、壳聚糖海绵状支架等材料的基本性能及其生物相容性等基础研究,并研制各种生物反应器,如应力可控的旋转式细胞/组织生物反应器,营养物质输运可控的逆流式生物反应器,规模化组织构建的心肌、血管、软骨的生物反应器等。

2.5 材料制备与控制器件

材料科学是一切制造业所需工程材料、功能材料、智能材料的知识源泉和技术基础。如果说材料设计是固体力学家的任务，那么材料制备就离不开流体力学家的智慧和贡献。在金属冶炼方面，连铸技术因可大幅度节能已经成为主导工艺，电磁搅拌和电磁阻尼是增强混合、减少缺陷、精密成形、提高型材质量的有效手段；在两元合金制备中，定向凝固技术有助于控制传热、传质、相变过程，并防止界面不稳定；空间材料制备通过抑制重力对流，控制热毛细对流，生长出均匀、大面积碳化硅、砷化镓晶体材料；气动雾化和等离子体技术正在微粉生产中发挥重要作用。

流动控制是流体动力学的传统课题，通过各种主动、被动手段，控制转捩、分离、相干结构可以调控各种流动，达到减阻、增升、掺混、降噪、提高机动性等目的。现有的方法有吹吸、柔壁、粗糙元、沟槽、开缝、射流、注剂等，最近又有零质量射流、矢量喷管等新技术，深入了解其科学原理、提高其效率和灵敏度是流体动力学家的职责；近年来，利用微加工技术制造了微电源、微机械（马达、泵、喷管等）、微燃烧室、微传感器、微作动器，具有灵敏、精密、节能、质轻、价廉的优点，成为流动控制的新方向；针对密集组装的微电子芯片，利用流动控制提高冷却效率，增加元器件的密集度，可以进一步使信息技术产品小型化；利用由不导电的母液和散布其中的电解质微粒组成的电/磁流变液，因它在施加/消除电/磁场后会固化/复原，可以制造如离合器、阻尼器、减振器和液压阀等控制器件。

3 流体动力学的前沿研究和交叉学科

毫无疑问，介质特性是流体物理的基础。20 世纪初，当我们的研究对象从理想介质深入黏性和可压缩的真实介质时，出现了近代力学，并在航空、航天工程方面取得了巨大成就。当我们的研究对象从真实介质深入复杂介质时，并不断从与物理、化学、地球、生命领域的学科交叉研究中发现新的生长点，流体动力学将在化工、石油、环境、能源、海岸、生物医学等工程领域取得突破性的进展。宏微观结合研究复杂流体和多学科交叉已经成为现代流体动力学的重要标志。

3.1 复杂流体

在自然界和工业中，往往会遇到复杂介质的流动问题。所谓复杂流体，指的是由多相、多组分或大分子物质构成的混合物，这种混合物还没有在分子水平上达到充分的混合而成为溶液，而是一种粗分散体系（颗粒粒径大于 0.1 微米）、胶体（粒径为 1～100 纳米）、多相体系或颗粒物质。

(1)非牛顿/黏弹性流体在高分子、生物、地质、建筑材料和食品工业中十分普遍，如果把这类物质视为单一介质，其本构关系往往呈现非牛顿流体或黏弹性介质行为。非牛顿流体包括宾汉流体、幂律流体，乃至触变流体等。如果这种介质同时显示流体和固体介质的特性，即为黏弹性流体，可以采用油壶和弹簧的串并联或连接成具有分形特征的网络结构，建立马克斯韦和开尔文模型。非牛顿和黏弹性流体力学可以揭示栓塞效应、维森贝尔格效应、开口虹吸效应、挤出膨胀效应、汤姆逊效应等的机制，促进与数学的学科交叉。需要研究非牛顿流体的稳定性的指进现象,研究河道、油藏、模具、血管中的非牛顿/黏弹性流体流动和电/磁流变液的智能特性,并在航道治理、三次采油、注塑成形和生物医学工程中得到应用。

(2)胶体又称胶状分散体。由于在胶体中含有两种不同状态的物质,一种分散,另一种连续,分散质是由粒径为1～100纳米的微小粒子或液滴组成的,所以胶体是一种介于粗分散体系和溶液之间的多相混合物,如气溶胶、悬浮液、乳状液等。鉴于胶体中的微小粒子处于不停顿的布朗运动中,有时往往还带有静电力,所以胶体处于亚稳状态,胶体的凝并和失稳现象备受关注,一旦凝并发生,分散质便会析出。科学家关注胶体凝并的统计理论,不同 Peclet 数下重力、布朗运动、静电力对凝并的影响,多分散体系的推广,凝并速率的实验测定,这都可应用到人降水,产液破乳、泥沙沉降等方面。

(3)多相介质指的是由气、液、固不同相物质构成的混合物体系,可以应用多相流理论进行研究。对于煤粉燃烧、纸浆流动、油气输送、泥沙运动、风蚀风沙、流化床等工程问题,可以采用将它的组成视为连续介质的双(多)流体模型,或者将某一相的液滴、气泡、颗粒群视为分散相的流体模型。相间的相互作用,质量、动量、能量交换的多相流建模,典型流动的流态及其转换,分散相对连续相湍的影响,多相湍流燃烧模型,多相输送,分离和计量都是前沿的课题。

颗粒物质是一种不同于连续介质的分散体系,在自然界和工业中比比皆是,如矿石、谷物、胶囊、片剂、沙粒、砾石、泥石流等,在运输、药物、环境工程有广泛应用。颗粒物质的粒径、形状、表面光滑性、均匀性不同,颗粒间作用力有范德华力、库伦力、接触力和隙间水的液桥毛细力等。颗粒物质可以是靠接触力形成力链支撑达到准静态,稳定破坏可以形成慢速颗粒流,而快速颗粒流则不考虑隙间流体的作用。颗粒流往往用宏观的连续介质和微观的动理论结合的方法进行研究。对于泥石流,它的起动,运动、分选、龙头、堆积和载荷都是值得关注的课题。

3.2 复杂流动

复杂流动是指含有分离、旋涡、激波、转捩和湍流的三维非定常流动,它仍然是流体力学家面临的难题,其核心还是对解决湍流的认识和方法。

自雷诺经典实验以来,数学家关心描述湍流的纳维-斯托克斯方程(Navier-Stokes equations,N-S 方程)解的存在唯一性;物理学家关心作为非平衡态典型案例的统计行为;流体力学家关心真实湍流的机制和预测湍流特性的方法。湍流研究推动了流体力学家一个世纪的努力,取得了巨大进展。人们已经确认流动失稳是湍流发生的原因,发现流动失稳自然演化和旁路转捩途径,认识非线性效应和模拟流动结构演化过程;对于湍流统计行为和流动结构有了深刻的理解,湍流模型已经应用于以航空为代表的众多工程中,解决了关键的科学和设计问题。

可压缩流动是当前研究的重点,包括转捩的机制和工程判据,转捩位置的确定,流动失稳的非线性发展,转捩对阻力、传热和分离的影响,湍流拟充结构,充分发湍流特性、湍流控制和湍流模型,可为发展自主知识产权的 In-house 软件提供理论基础。此外,应关注 RT(Rayleigh-Taylor,瑞利-泰勒)、RM(Richtmyer-Meshkov,里奇特梅耶-梅西柯夫)、KH(Kelvin-Helmholtz,开尔文-赫姆霍兹)、ST(Saffman-Taylor,沙夫曼-泰勒)、MA(Marangoni,马兰哥尼)等界面不稳定机制,重视湍流噪声、多相湍流、湍流燃烧、自然环境湍流和激波、旋涡、湍流相互作用研究,其中,大涡模拟和三维流场精细测量是湍流研究的前沿。

3.3 物理化学流体力学

物理化学流动在 20 世纪 50 年代由列维奇开创,主要涉及与对流、扩散、界面力、浸润、流态化、解离、电离、电泳、磁力、辐射、吸附、悬浮、乳化、凝聚、渗析、燃烧、化学反应等物理、化学现象相关的流体动力学学科。

磁流体和等离子体动力学是研究电磁场与导电流体介质相互作用的学科,于 20 世纪中期针对能源问题和高速流动中电离现象兴起。20 世纪 70 年代,决策者的误判阻滞了这门有应用前景的学科的发展,可以预期 21 世纪磁流体和等离子体动力学将会有新的机遇:在核聚变领域,针对托克马克装置,依靠磁约束将近亿摄氏度高温等离子体约束在环形线圈真空室中,以及依靠液态锂铅和中子反应补给氚,需要研究等离子体加热及其稳定性,液态金属流动的传热、传质、能量增益和相关工程问题;在天体物理领域,研究恒星、太阳的磁场起源、太阳耀斑、黑子活动、日冕抛射、太阳风、磁暴等日地环境问题;在工业应用方面,与液态金属流动相关的有输送液态钠、铝的密封电磁汞,难熔金属相、钽的富集,连铸的电磁搅拌、电磁阻尼技术等;与低温等离子体相关的有微电子和薄膜加工、粉体材料制备、材料表面工艺、金属焊接、固体废弃物处理、气体放电光源、等离子体推进等。

化学流体力学是将流体动力学原理应用于与伴有化学反应的相关的工程,如发动机、燃烧室、化工、冶金等,以实现、改善或提高工程装置的技术指标,其研究方向有热环境/热防护问题——因超高速气流导致高温,从而激发内自由度的流动问题,流动现象和化学过程的耦合不可避免,需要预测热环境,并提出热防护措施。对于在临近空间长时间巡航飞行的飞行器,需要面对热环境新问题,提出热防护的新途径;发动机推进研究——为适应空间站和深空探测需求的大推力火箭,尤其是需要研制冲压式超燃发动机,要对发动机的液体燃料喷注、雾化、混合、传热、冷却、推力、燃烧振荡进行深入研究;航空用涡扇发动机、冲压发动机也是化学流体力学的研究对象;在能源、环境方面有电站锅炉煤粉、水煤浆点火和稳燃,结合大气化学、水化学、生物化学建模以有效预报和治理雾霾、蓝藻和赤潮等;在化工方面有流态化机制及其工业应用、利用激波加热生产聚乙烯等,同时也应关注高层建筑和森林火灾规律及其防灾对策。

物理化学渗流在三次采油中至关重要。碱、表面活性剂、聚合物等驱替剂和筛选和配置要求高黏度和超低表面张力,使得在驱替过程中不发生指进现象,并改变湿润性以置换岩层上的油膜,扩大驱油体积、增强驱油能力,从而提高采收率;未来有潜力的非常规化石能源包括煤层气、页岩气和天然气水合物,其共性问题是低渗透、存在吸附态、岩层可变形等,涉及基质、割理、裂隙中的各向异性多重介质渗流、解吸、扩散、相变、非平衡等因素影响,以及水平井和各种压裂等技术的开发和应用。对于天然气水合物开采,还涉及热激发、降压法开采中相变渗流的物质、能量输运、物性变化和海底失稳等问题。

3.4 环境流体力学

环境流体力学分析大气、水体、岩土体中的流动与输运,以及其相伴的物理、化学和生物过程,研究环境问题发生、演化、影响、预报及其治理和对策。由此可见,其研究对象具有综合性,往往跨越几个时空尺度,并体现了它同物理、化学、地球和生命科学之间的交叉。针对我国国情,环境工程的研究重点为工业化、城镇化过程中的城市环境问题,西部干旱。半干旱地区的生态环境问题,大江、大湖流域的水文地质灾害问题,重大工程的环境影响和环境问题建模等。

大气环境主要研究大气边界层中的流动和物质、能量输运,解释各种大气环境现象,如沙尘暴、酸雨、雾霾、微气象等;重点研究各种复杂下垫面,如地形、植被、风浪上的大气边界层。水环境主要研究河流、湖泊、河口、海岸带流动及物质输移,关注山洪暴发、大江洪水,河口、海岸带非恒定输沙,湖泊、河流和河口海岸带营养盐、有机物、污染物输送。岩土体环境主要针对土壤侵蚀、山林滑坡、泥石流灾害,地下水资源,海水入侵、地面沉降等问题开展研究,与岩土体中的渗流运动紧密相关,尤其是可以在大型水利工程的环境评估中起重要作用。

全球大尺度的环境流动属于地球物理流体力学的研究范畴,包括大气环流、海洋环流和地幔对流,大都在大型国际研究计划的框架下进行,应更加重视各圈层间的相互作用。由于地球的旋转和介质密度不均匀,旋转和层结效应不可忽视。地球物理流体力学关注的问题有大洋环流、中尺度涡、海洋内波、海啸、热带气旋的路径、强度突变等。此外流体动力学可以帮助建立亚格子模型,消除气候模型中有关云、海冰、陆面过程、海气相互作用等方面的不确定性,成为改进大尺度模拟参数化方案,预报气候变化及其对我国环境影响的科学基础。

3.5 生物流体力学

生物流体出现在生命体内的各个方面,生命体的基本功能新陈代谢依靠流体流动得以维持,大脑、心脏、肺、肝脏、肾脏、眼等器官的正常功能由流体介质的输运过程得到保障,纳米(分子)、微观(细胞)和宏观(组织、器官)等任何尺度上的输运过程中断,就会引起动脉粥样硬化、动脉瘤、心力衰竭、脑卒中、青光眼等疾病,从而严重影响人类健康,因此,生物流体力学是生物力学的重要组成部分。生物力学的发展历程大致可分为两个阶段:20 世纪 60～90 年代,以定量生理学为基础,针对组织、器官、整体等宏观层次的研究对象,着重开展生物流变学、生理流动等方面的研究;20 世纪 90 年代以来,发展了分子、细胞等微观层次的生物力学,着重开展细胞对周围微环境的响应,发生迁移、黏附、生长、吞噬等与人类健康紧密相关的生命现象的观察和调控研究。

生物流体力学的主要研究方向如下。

(1)生物流变学,这是一门研究生命物质流变行为的学科,血液流变学的研究发现,血液在不同条件下表现出极为不同的本构特性,甚至呈现出黏弹性或弹塑性,其很大程度上是由于悬浮于血浆中的大量红细胞具有特异流变性,建立并完善活体组织的本构关系仍是生物流变学的主要任务。

(2)人体生理流动,研究血液循环系统、呼吸系统、消化系统、泌尿系统、视觉系统等中的流动、输运和生命现象。由于心脑血管病的普遍性和重要性，心脑血管血流动力学研究的较多，如血管中的脉搏波的传播，静脉与可瘘管中的血流动力学，微循环渗流和物质输送等，主要关注基于应力与生长关系的分析，发现动脉粥样硬化多发于人体动脉系统血管几何形状发生急剧变化分岔和弯曲的部位，即血液流动的分离和涡旋区，也考察如何改进支架和搭桥手术疗效。

(3)细胞、分子生物力学和力学生物学是生物流体力学的新生长点。一方面朝着力学→细胞→分子的方向在细胞、分子层面揭示生命活动的力学调控规律；另一方面朝着分子→细胞→组织→器官的方向研究生命活动过程中的流动规律，探索相关疾病预防、诊断、治疗的新方法和新技术，努力在相关疾病的基因治疗、干细胞治疗、药物设计等方面获得突破。

(4)仿生力学是通过研究和模仿生物活体结构的本构性质、生物体的各组成部分变形和相对运动，以及它在大气、水体外部环境中运动的动力学行为，为工程技术，如微型飞机、机器鱼等提供新的设计思想及工作原理的学科分支。目前的研究多集中在鸟类飞行和鱼类游动的力学原理，以及由此萌生的仿生技术方面，如模拟果蝇、蜻蜓等昆虫的悬停和拍翼飞行，揭示产生非定常高升力的机制，估算其能耗需求；模拟鱼类巡游和机动时，C形起动、S形起动和波状摆动时的运动学、动力学、旋涡系、阻力、推进效率和流动控制等问题；发展诸如梳状条纹投影法、投影栅线法测量蜻蜓翼构型的动态变形，在水洞中用染色法和三维DPIV定性和定量显示活鱼的尾迹流场；研制模拟昆虫二维、三维拍翼运动，鱼尾摆动模型的参数可调的实验装置也十分必要。

3.6　微纳米流体力学

鉴于对物质微观机制的需要，人们逐步积累了微尺度下的流动现象的认识，与宏观流动现象的明显差别是：大都处于低雷诺数层流状态、界面效应占主导地位、非连续介质现象显现、可用多物理场调控。20世纪90年代，随着微纳尺度器件加工工艺，如光刻、蚀刻、沉积、平版印刷等集成电路(IC)工艺，以及X射线的光刻、电铸、注塑相结合的工艺LIGA的进展，在微机电系统(MEMS)和微全自动化学分析系统(MACAS)基础上出现了微流控系统，或者被称为芯片上的实验室或化工厂。气体介质的微流动可以应用稀薄气体动力学及其模拟方法，尽管液体介质的连续性假设未受质疑，需要考虑壁面滑移、浸润、布朗运动、渗透、电泳、双电层、库伦力、范德华力等微观效应，低雷诺数流动理论也在这里有用武之地，于是发展了微流动的模拟和观测技术，从而可了解在电、磁、声、热、浓度、力控制下的简单流动行为，进一步研究在多物理场中复杂微流控系统中的流体、液滴、细胞、DNA运动、混合、传热、传质及其控制，以实现高效、快速、便捷、廉价地检测、诊断和调控微流动，完成其生物、化学、力学功能，可望被应用在剂量测定、化学分析、医疗诊断、喷墨打印等方面。

4　流体动力学的新方法

4.1　计算流体力学

在美国“加速战略计算创新计划”(ASCI)的推动下，2000年以来出现了计算速度每秒数十万亿次以上的超级计算机,如日本的地球模拟器、美国的蓝基因等,可以用来进行气候模拟、蛋白质折叠、油气开采、材料设计等科学问题的计算。现在已经有了每秒千万亿次的美洲豹、天河、K-Computer 等计算机,到 2020 年将有计算速度达到每秒百亿亿次的强大的 E 级计算机系统。总之,信息技术的发展极大地扩展了我们对流动问题的模拟能力,因此,计算流体力学的发展是现代流体力学的重要标志。

50 年来,计算流体力学日臻成熟。在计算方法上,以连续介质力学基本方程离散化为基础,发展了 FDM(有限差方法)、FEM(有限元法)、FVM(有限体积法)和谱方法等,研究了各种格式的相容性、稳定性、收敛性,分析了非物理因素的影响,特别是发展了人工黏性、FVS 型、Godunov 型、TVD 型、WENO 型格式,精确捕捉激波;利用 Marker in Cell、VOF、Level Set 确定自由面;为了研究微观机制和现象,分子或拟粒子模拟方法,如 MD(分子动力学)、DSMC(直接模拟蒙特卡洛)、DPD(耗散粒子动力学)、SPH(光滑粒子动力学)、DEM(离散元方法)等得到迅速发展。计算流体力学的成熟和大量专用软件的使用极大地缩短了工程的设计周期,降低了投资费用,计算流体力学仍然会得到快速发展。

人们将会更加关注有利于精准计算的高精度紧致格式、网格生成技术,有利于加快速度的并行计算、GPU 计算、加速收敛方法等高性能计算方法;关注物理建模,特别是湍流模型的进展以改进 N-S 方程的解算器,关注计算结果的验证、确认和可信度;关注发展通用和专用的数值软件,包括数值风洞和数值水池等。

4.2 实验流体力学

边界层理论的发展表明实验对流体力学发展的关键作用。即使在信息时代的今天,计算机不能完全取代实验,除了检验计算结果的可靠性外,实验现象给研究人员提供了真实的物理图像和深刻的科学认识。

至 2000 年,我国已经具备了进行现代流体力学研究的各种装备和测试仪器;从低速到高速的系列风洞、激波管、激波风洞、弹道靶、电弧加热器、电弧风洞、环境风洞,系列水槽、水池、高速水洞,压力、速度、温度、热流、浓度的传感器和测试仪器等。为了开展现代流体力学前沿研究和满足国家重大需求,在实验装备方面需要建设高参数和满足国家重大需求,在实验装备方面需要建设高参数和满足特殊需要的实验设备,以满足流动相似的条件,如大型跨声速风洞、增压风洞、低温风洞、高焓风洞、声学风洞、结冰风洞、静音风洞、等离子体风洞,风-浪-流深水池,微重力落塔和落管,还要注意发展基于高新技术的传感器、测试仪器和图像显示、数据采集、处理系统,包括激光测速仪、激发诱导荧光浓度仪、PIV、PTV、原子力显微镜等。对于自然环境问题,注意现场观测和相关仪器,如超声风速仪、ADCP、波高仪、中子水分仪、热通量仪,关注卫星遥感图像的分析与反演。同时,我们也要按照钱学森的思想,提倡设计小型实验来验证理论关键部分的研究途径。

5 结　　语

综上所述,我们可以得到如下共识。

流体动力学是一门描述流体介质的性质、运动规律、输运现象和动力学机制的分支学科，它的研究领域已经从工程问题扩展到自然界和生命体。不仅因为水和空气在那里普遍存在，等离子体在宇宙空间的星系、恒星、日地空间、高层大气和工业中也不罕见。所以，流体动力学涉及日常生活的方方面面，也必然在众多的科学和工程领域有迫切需求和良好机遇。

流体湍流和黏性、可压缩效应推动了一个世纪的流体动力学的研究进展，促进了孤立子、混沌、多尺度等现象的发现，推进了太空时代的来临和人类社会的重大变革。在未来，复杂流体和复杂流动是流体动力学基础研究的中心课题。流体动力学影响着国防、国土安全，交通，制造业，医学，能源和环境科学，尤其是针对国际科学理事会（ICSU）提出的“未来地球计划”（Future Earth）在满足人类对粮食、水、能源和健康需求的全球可持续发展方面，流体动力学家将面临新的挑战，并应责无旁贷地在科学原理、模拟手段和工程化实现方面发挥核心作用。所以，流体动力学不仅在传统的空气动力学和水动力学领域有新的学科前沿，而且在与物理、化学、地球、生命科学的融合中不断涌现新兴学科，因此，今天的流体动力学也必然是充满生机的多学科交叉领域。

流体动力学的研究对象复杂、应用广泛，非线性的 N-S 方程和流体动力学的研究引人入胜。应用数学、计算模拟和实验技术的飞速发展和普遍应用，开阔了人们的视野，增强了模拟能力，有助于人们深入理解丰富多彩流动现象的本质。可以深信，在 21 世纪，流体动力学将会取得比以往更加辉煌和丰硕的成果。

院 士 简 介

李家春院士简介请参见本书第 65 页。

渗流力学的新发展*

郭尚平 刘慈群 黄延章 阎庆来 于大森
（中国科学院兰州渗流力学研究室）

渗流力学的应用最先只涉及水利工程，水的净化和地下水资源开发等部门；大约从本世纪的20年代起，渗流力学开始成为石油和天然气开发工业的一项理论基础；在土壤盐碱化防治等方面，渗流力学也得到较好的应用。但是，仅以地下渗流来说，其应用范围也不只限于这些部门，如地热与地下化学流体资源开发，铀矿等资源的地下沥取，地下储气库工程，煤矿的瓦斯及地下水处理，城市地面沉降防治，地震预报，海水入侵，污水地下处理，岩盐层地区的工程和交通建设等方面，渗流力学都得到应用和发展。

许多生产部门越来越普遍地使用各种类型的人造多孔介质充填的装置和人造多孔材料，由于流体在其中的运动规律常常是不能忽视的，所以人造多孔介质内的渗流理论，即工程渗流，不断发展起来。在较多的工业部门，特别是化工部门，过滤常常是重要的生产环节，滤器多孔介质内的渗流问题已得到较多的研究。与聚合物溶液以及泥浆等的过滤有关的流动还是非牛顿流体渗流。在化工部门普遍使用的各种填充床内，也存在复杂的渗流问题。染料颜料和制糖工业等部门的渗流问题也已得到重视，例如，已经研究了多孔床内的糖溶液与水的混相驱替渗流。盐水淡化、浓缩分离技术中以半透膜为主体的多管多孔体系内的渗流问题已经得到研究。科研部门常用的色谱分析装置中的流体运动，已被作为渗流问题进行研究。粉末冶金、金属陶瓷工业方面已开展渗流研究，例如，关于金属陶瓷中的渗流线性定律及其上限临界雷诺数研究等。在机械工业的铸造技术中，还将热力学因素与渗流问题结合起来，研究铸造砂型中温度对气体渗流条件的影响。在建筑工业方面，已经研究过像砖、石、木材等建筑材料内的水气渗流与应力-应变关系等问题。在原子能工业废液处理方面也已开展渗流问题研究。此处，在聚合物生产加工、人造纤维喷丝技术、润滑技术以及减阻技术等领域，都已注意渗流问题。工程渗流迄今已涉及化工、冶金、机械、建筑、环境保护、原子能工业、盐水淡水、膜分离技术、染料颜料以及制糖等工业技术部门。

生产应用的需要和科学技术的发展促使渗流力学研究的内容越来越丰富，考虑的因素越来越复杂，渗流理论不断深化。分析最近10多年的发展趋势可以看出，下述几个方面的发展值得特别重视；考虑渗流过程中的热力学因素，发展非等温渗流；考虑渗流过程中的复杂物理过程和化学反应，发展物理化学渗流；考虑流体的流变性影响，发展非牛顿流体渗流，这些渗流问题往往又是多相渗流，因此，渗流理论深化的另一表现是深入考虑流体的多相性，继续发展多相渗流。此处，还初步地显露出一些新动向。例如，注意流体在孔隙内运动的细节，发展细观渗流；渗流力学与生物学科交叉渗透，发展生物渗流。

* 原文刊登在《力学进展》1986年第16卷第4期。

渗流力学的研究手段正在逐步实现现代化，其主要标志有二。一是比较普遍地使用现代电子计算技术，发展数值模拟。像上述的非等温渗流问题、非牛顿流体渗流问题、物理化学渗流问题、多相多维渗流问题以及生物渗流问题，一般都只能借助电子计算机用数值模拟方法求解。二是渗流力学的机理性研究的实验手段也在逐步现代化。这是因为有需要也有可能：复杂的渗流理论及其应用都需要深入了解渗流的机理，对机理的正确认识不仅是为了正确建立数学模型，而且还有可能为生产提出有关的建议。现代的物理模拟技术、测试技术、自动控制技术以及数据处理技术，为复杂的渗流机理的实验研究准备了较好的条件。

本文主要对几项新型渗流的发展进行综述。

1　非等温渗流

一般渗流力学只研究等温条件下的渗流；非等温渗流则同时考虑温度场和渗流场。在石油开发、地热开发以及机械和化工等部门都存在一些不能忽略温度场的渗流问题。

1.1　石油开发工程中的非等温渗流

目前普遍应用的注水开发油田技术，一般只能采出地下原油储量的25%～35%。为了提高采收率和相应地提高产油量，正在研究各种三次采油技术，其中之一是热力驱油技术，即向地层内注入载热流体，以及设法引起地层内原油就地燃烧的技术。前者包括注热水驱油、注蒸气驱油和蒸气吞吐等技术；后者俗称火烧油层。

非等温渗流有重要的应用意义，这是因为热力驱油技术是迄今所有各种三次采油技术中在技术-经济指标方面初步成熟的技术，且已进行大量的生产扩大试验和初步推广应用。

人工注入载热体提高采收率问题，早在1917年就知道，但到50年代才在油田上生产性实验应用。到1980年，美国的较大的热力驱油矿场实验已达150个；在苏联，各种提高采收率方法运用的储量，热力驱油点40%；加拿大和委内瑞拉分别有33个和39个热力采油方案在实施。

各类热力采油的技术发展情况，各国有所不同，美国的趋势是越来越重视蒸气驱油。1952～1963年期间，美国在90个热力采油矿场实验中，68个为火烧油层，22个为注热水和注蒸气，而蒸气注入中主要是间歇注入(蒸气吞吐)而非连续注入(蒸气驱油)。但是，到1980年，实施的注蒸气方案133个中，主要是连续注入蒸气驱油，蒸气驱油增加的产油量占其他所有方法增加的产油量的一半以上。在苏联，对低黏油主要用热水驱，对高黏油主要是注蒸气。1980年，在14个油田进行注蒸气实验。在委内瑞拉，则主要对高黏油田进行热力驱油实验。在1980年的39个热力驱油实验中，34个为间歇注蒸气，二个为连续蒸气驱，一个为热水驱，二个为火烧油层。在加拿大，1980年的33个热力驱油实施方案中，蒸气驱8个，间歇注蒸气9个，火烧油层16个。此外，在荷兰、西德等也在进行蒸气驱油实验。

在我国，50～60年代就在克拉玛依等油田进行火烧油层矿场实验，现在正在辽河和克拉玛依等油田进行注蒸气实验。

当前认为，从经济和技术考虑，注蒸气采油的地层深度一般不宜超过1000～1200米。提高注入速度及采用其他降低热耗的措施，工作深度可达1500米。热力采油可使采收率提高，美国、加拿大和委内瑞拉的13个油田的矿场实验结果表明，采收率一般可提高到50%以上，甚至可达73%，但很多人认为，注蒸气驱油的采收率一般为35%～50%。

为阐明各种热力驱油条件下的渗流机理和规律，为现场实验以及生产应用的需要，都必须进行各种渗流力学的模拟实验、理论分析及计算预测等研究工作，早在40多年前就已经开始了这方面的研究工作；60年代以来，研究规模迅速扩大，科研工作进展较快。

1.1.1 渗流机理

1.1.1.1 蒸气驱油的渗流机理

目前一般认为[1,2]，注入井周围的油层由近到远可分为三个带：蒸气饱和带，蒸气冷凝带和冷水带（即未被加热的部分油层）。由于蒸气有大量潜热可释放出来，所以在蒸气饱和带基本上保持蒸气温度。主要的驱油机理如下。

油的蒸气蒸馏　起初，当注入油层的蒸气量还较少（约占孔隙体积的一半）时，其密度小于原油密度的馏分气化，地层中即有大量气化的碳氢化合物渗流；注入更多的蒸气后，与原油密度同等的馏分气化；最后，重馏分也气化。200℃温度的蒸气能使沸点在350～400℃的馏分气化[3]。蒸气蒸馏的产品主要与原油组分有关，与原油的比重可能无关，与多孔介质特性和蒸气注入速度基本上无关。蒸气饱和压力和温度的变化对蒸馏产品有重大影响，过热蒸气一般能大大增加蒸馏产品[4]。

降黏　温度升高，原油黏度会降低，同时，原油含气量增加，可改善原油的流动特性，因而较小孔隙内的原油也能流动。特别是对高黏原油，这项机理非常重要[1]。

热膨胀　温度升高，原油体积和多孔介质固相体积都会膨胀，迫使更多原油渗流[1]。

混相　被蒸馏作用气化的气相烃向前渗流，在蒸气前沿的前面部分与较冷地层接触后又凝析为液态的轻质油。后者像溶剂一样与原油互溶，形成混相带，成为混相驱油渗流[1,3]。

附着力减弱　温度升高，黏性液体在固相表面的附着力会降低，导致油膜减薄，较小孔隙内的油也更易渗流[5]。

束缚水气化　高温引起束缚水气化，使油膜破裂、聚集而往外渗流[6]。

界面张力和毛管力减弱　温度升高，油水界面张力会降低，导致毛细管力减小。特别在亲油地层中，作为阻力的毛管力的减小给原油的渗出以有利的条件[7]。

以上是有利于提高驱油效率的条件。还存在不利于提高驱油效率的条件：

蒸气上覆　由于重力分离，蒸气有向地层顶部流动的趋势，容易在地层上部形成蒸气上覆。这种机理使油层剖面上的驱面效率不均一。

蒸气突进　由于油层非均质以及存在裂缝等，蒸气往往沿高渗透带或裂缝过早地突入生产井而影响驱油效率。

自发乳化　在蒸气驱油渗流过程中往往自发地形成油包水乳状液，使流体黏度升高，不利于流体渗流。

黏土膨胀　黏土质地层中的黏土膨胀和迁移会降低渗透性，不利于流体运动。

1.1.1.2　间歇注蒸气的渗流机器

间歇注蒸气是单井增产措施，其过程包括蒸气注入循环、短时间关井和采出循环。其渗流机理与连续注蒸气的渗流机理有一部分原则上相同。蒸气注入速度对渗流状况有较大影响：注入速度愈快，原油渗流速度和原油产量愈大。

1.1.1.3　热水驱油渗流机理

温度升高引起原油黏度降低以及原理和固相介质的热膨胀，都有利于原油渗流。

1.1.1.4　火烧油层渗流机理

使油层内的原油就地燃烧以提高原油采收率的过程，称为火烧油层，与此有关的渗流问题是复杂的非等温渗流和复杂的物理化学渗流相结合。此种渗流的物理化学过程，除一般的重力影响、毛管力影响和传质传热等外，至少还包括蒸馏，凝析，流体氧化和裂化，岩石氧化、分解和熔化等过程[8]。

1.1.2　物理模拟

物理模拟是非等温渗流研究的重要手段之一。用物理模拟方法可以模拟研究蒸气驱油渗流的流体运动、温度和饱和度分布、驱油效率以及油层动态等。迄今常用的物理模型大约可分三类[9]：蒸气-水模型，主要用于研究蒸气带的移动与扩展，温度分布及流动型式等；油-蒸气单元模型，主要用于研究有关岩石与流体的相互作用，岩石和流体的物理-化学性质变化，以及用添加剂进行处理时的有关效应等；井网模型，主要用于研究流体和温度分布及其对原油渗流的影响，评价油层地质条件（倾角、底水、气顶等）和人工条件（井网、井位、完井程度和生产措施等）对驱替效率等的影响。

在蒸气驱油渗流物理模拟的相似理论方面做了一些工作[10-12]。热力驱油的小尺度相似模拟困难很多，主要原因是，不仅必须模拟毛管力、黏滞力和重力，而且还需考虑像热交换以及热力对各种流体性质的影响等因素。在热力驱油模拟中，对流体性质特别是黏度与温度的关系有严格的要求，因而在模拟实验中常常采用真实的油层流体，但此时往往忽略了毛管力的相似。如果考虑了热交换、黏滞力和重力的相似，则在没有改变面张力时，就不可能满足毛管力相似条件。因此，很需要确定毛管力相似条件的满足程度对模拟结果的影响。关于这个问题已有一些结果：在均质物理模型上模拟研究中等黏度（1600 厘泊）的原油渗流的结果表明，忽略毛管压力相似可能严重地影响模拟结果[12]。在此项实验的基础上，用高黏度（10^5 厘泊）原油进行模拟实验的结果表明，对于高黏原油不必要求精确的毛管力模拟；但对中黏度（小于 10^4 厘泊）原油，如不考虑毛管力相似，则会导致采收率偏高[11]。

1.1.3　数学模型和数值模拟，理论分析工程计算

关于热力驱油渗流的理论分析和数值模拟，在 50～60 年代主要是研究注热水驱油、间歇注蒸气和热损耗方面的问题。从 60 年代末期起蒸气驱油渗流越来越被重视，而且数值模拟方法得到特别的重视，这一趋势在现在就更为突出。由于数值模拟方法的进步，像火烧油层渗流这么复杂的问题也得到了发展。从蒸气驱油渗流和火烧油层渗流的数值模拟水平来评论，渗流力学的数值模拟工作的进展是相当迅速的。

1.1.3.1 蒸气驱油渗流

这个问题实际上是非等温物理化学渗流，求解这类复杂的渗流问题主要靠数值模拟。60 年代开始这方面工作。1969 年[13]首先提出三相一维数值模拟。以后[14]又建议了一个考虑更多因素（一维流动、二维传热、三相流体、相间传质、凝析、蒸馏、溶气驱油和溶剂影响等）的数值模拟法；计算方法采用了隐式压力和显式饱和度，同时解压力方程和能量方程，改进了相约束条件，采用了计算传质项。有人还建议了理论分析-数值模拟相结合的方法[15]，比较全面地考虑了各种渗流机理：一维流动、三相流体、蒸气蒸馏、蒸气上覆、介质热膨胀、温度对介质热膨胀、温度对介质物理性质的影响以及溶剂影响等。由于在计算流体运动时采用了将地层分成小区的方法，还可在一定程度上考虑地层非均质。在具体方法上采用了三法结合的措施，分三步进行分析计算：采用同时解平衡方程和以分流原理为基础的蒸气-液体界面方程的办法计算加热区和蒸气区的体积以及蒸气区的形状；用多组分法计算蒸气区内蒸馏出的和余留的碳氢化合物的体积和组成，其具体方法是将蒸气区内的物质平衡、焓平衡与气化和潜热分页的热动力学结合分析；再将上述结果与流体运动结合分析和计算。1969 年，[12]推广[13]的方法，发展出二维数值模拟；[16]建议的三和二维数值模型考虑了较多的因素。1974 年，发展出三相三维数值模拟方法[17]，并在此基础上提出考虑蒸气蒸馏等机理的数值模拟方法[13]。蒸气驱油的三相三维渗流数学模型由五个方程组成[17]，即水、油和蒸气的质量守恒方程，能量守恒方程以及饱和蒸气压力和温度平衡方程。考虑蒸气蒸馏和溶解气的三相三维数值模拟方法如下[18]。设原油由三个组分组成：轻质组分或溶解气；可组蒸馏组分；不可蒸馏的重质组分。数学模型由七个方程组成：碳氢化合物三个组分的质量守恒方程；油相摩尔数约束条件；气相摩尔数约束条件；水的质量守恒方程；能量方程。油相和气相的摩尔数关系可由平衡常数表出；水相和气相的压力可由油相压力和毛管压力表出。

1.1.3.2 间歇注蒸气渗流

对间歇注蒸条件下的渗流问题，在 60 年代研究较多。[19]提出了一个重力排油条件下间歇注蒸气的动态分析数学模型，用有限差分法求解，可计算产油量和累积产油量等。[20]建议了一个在内能消耗条件下间歇注蒸气的渗流动态的数学模型。[21]提出了一个注溶剂又注蒸气条件下的渗流动态的数学模型。

1.1.3.3 热水-原油渗流

这方面的研究工作在 50～60 年代进行得较多。[22]对注热水加热井底附近油层和进入地层的热水的冷却过程，进行了分析性工作，但更普遍的是研究地层内热水驱油渗流问题。例如，[23]研究热水驱油的二维渗流，其解题步骤是联合应用两个方法：用交替方向隐式跳蛙法解质量守恒方程；用特征线法解能量方程。从计算结果得出重要的结论：热水段塞驱油和热水连续注入的驱油效果差不多，但能节省大量能源和投资。

1.1.3.4 火烧油层的渗流问题

这是一种非常复杂的渗流问题，在非等温的渗流过程中又存在复杂的物理现象和化学反应。但由于有现代计算技术的帮助，已有可能研究这类问题。较完善的火烧油层渗流的数值模拟法，一般都可容易地推广应用到其他热力驱油情况。

1979 年公布的一个二维三相渗流数值模型[16]，比较全面地考虑了火烧油层过程的机理，例如重力、毛管力、水油气三相流动、水和碳氢化合物的蒸发和凝析、传导和对流引起的传热。还考虑了四项化学反应:重碳氢组分生成焦炭,焦炭、重碳氢组分和轻碳氢组分的氧化。在模拟中应用了氧、惰性气、轻碳氢化合物拟组分、重碳氢化合物拟组分、水和焦炭的质量守恒方程,以及能量守恒方程,并用蒸气-液体平衡(应用与温度和压力有关的平衡系数)来描述蒸发和凝析过程。这项模拟主要是针对火烧油层情况,但也模拟了其他热力驱动渗流过程:火-水共驱,蒸气驱,热水驱以及间歇注蒸气等。

1980年提出了三维三相模型[24],考虑的因素比较全面:三相渗流,水、氧、不挥发油、二个挥发性组分等五个组分,蒸发-凝析和传热。用了五个质量守恒方程和一个能量守恒方程,油气相摩尔分数约束条件提供七个有限差分方程,含七个未知量(气饱和度增量、水饱和度增量、氧浓度增量、第四和第五个组分的浓度增量、温度和压力的增量)。

1980年[25]建议了一个更具普遍性的数值模拟方法,可以模拟一维、二维和三维的干式燃烧、湿式燃烧、正燃烧和逆燃烧,考虑四种相,即水、油、气和不流动的固相——岩石;还考虑任意数目的组分和组分的特性,任意组分可以分布在四种相的任意一相中或所有各相中;还考虑任意数量的化学反应,任意反应可有任意数量的反应剂和反应产品;还规定关于氧耗程度的任何假设条件,对全油层进行的氧浓度计算是根据流体运动情况和反应动力学情况计算的;在能量平衡中考虑了传导、辐射和热损失;还考虑了蒸发、凝析、毛管力及相渗透率随温度的变化。这项模拟方法实际上可用于从单相的地热问题直到注蒸气驱油和火烧油层的渗流问题。这个模型包含了(N_e+N_p+2)个方程:N_e个组分质量守恒方程,N_p个相的摩尔分数约束条件方程,一个能量守恒方程和一个饱和度约束条件方程。饱和度约束条件方程表示N_p个相饱和度之和应等于1;N_p个摩尔分数约束条件方程表示要求每一相的所有组分的摩尔分数之总和为1。计算中用隐式法处理有限差分方程。看来,这个模拟方法在流体运动、相间传质、组分数目和反应动力学等方面,都有所前进,是一个比较好的数值模拟方法。

1.1.3.5　热损耗及地层热学性质研究

热损耗是热力驱油中的一个严重问题,不少研究热力驱油的工作,考虑了向油层的盖层和底部隔层热损失[15,26]。[27]研究了当一维线性热传导方程适用时,热水驱油条件下总的热损失计算方法。

地层的某些热力学性质有时很难测试,因此研究了一些预测这些参数的计算方法。例如,[28]建议的以相关关系为基础的计算方法,可以在已知干砂岩热传导性质、饱和液体热传导性质和砂岩的其他性质后,预测饱和了液体的砂岩和部分饱和的砂岩的热传导性质。

1.2　地热渗流

地热层内的流体一般是热水、蒸气和CO_2,SO_2等不凝性气体。已对各种情况提出了数学模型和数值模拟方法,包括单相蒸气渗流、单相热水渗流、二相(水、气)二组分(蒸气和不凝气)渗流和单相二相分气体渗流等,下面举例叙述。

单向二组分气体渗流　[29]研究了当地热层的下部为底水、上部覆盖一个气顶时,由蒸气和不凝气(CO_2等)组成的单相二组分气体渗流和底水渗流,建议了个描述地层压力和气体的组成的数学模型。

单相蒸气径向渗流　[30]研究了在液相均匀分布且不流动、蒸气的相渗透率为常

值、地层内存在局部热平衡、温度变化只是由于相变，并忽略蒸气压的变化等条件下，单相蒸气径向流往生产井的渗流问题。假设生产一开始，积极的蒸发作用使井底附近产生出一个干区，其体积随产生过程而逐步扩大。这个圆形的动边界将过热蒸气带（干区）和饱和蒸气带（湿区）分开。建议了一个此种条件下的非线性的数学模型。用有限差分法解非线性的流动方程和能量方程；也用分析法解出了线性化后的蒸气流动方程。用分析法求解线性化后的模型，可以获得动边界的移动速度、压力降和饱和度分布等。

热水-CO_2二相渗流 [31]研究不考虑毛管力的热水与CO_2二相渗流，用交替方向隐式法求解非线性差分方程，可预测流动焓和CO_2的流量等。

1.3 工程渗流中的非等温渗流

一部分人工多孔介质中的渗流问题（特别是化工和机械等方面的）属非等温渗流范畴，有些问题早已作为非等温问题研究，例如考虑温度场的铸造砂型内的气体渗流问题[32]。

2 物理化学渗流

物理化学渗流是指伴有化学反应和复杂物理过程的渗流。这些物理过程和化学反应包括：对流、扩散、弥散、吸附、浓缩、分离、互溶、蒸馏、蒸发、凝析、传热、传质、相态转化、界面特性变化、乳化、泡沫化、离子交换、氧化、裂化、中和以及溶解等。前节所述的非等温渗流中已经包括了这些化学和物理过程的相当大一部分；本节考虑具有复杂物理过程和化学反应的等温渗流问题。物理化学渗流对三次采油技术、铀矿地下沥取、土壤盐碱化防治、化学工程、盐水淡化和膜分离技术等有重要意义。

2.1 机理

这里只讨论物理化学渗流机理的一些方面。

（1）**弥散**　多孔介质内的弥散主要与两项因素有关[33,34]：分子扩散；流体运动引起的分散。这种弥散大多出现在流动的主要方向和有流体通过的孔隙内；但当存在一端不边通的孔隙时，也出现与主要流动方向交叉的"横向"弥散。弥散出现在两种流体的界面区域，对化学流体段塞与另一流体（如原油）的驱替性渗流来说，弥散使化学溶液段塞发生混合和分散。

（2）**吸附**　化学溶液渗流时，溶液和固相表面的物理化学性质以及多孔介质的结构等影响使吸附作用相当复杂。吸附引起溶液浓度和固相表面上的溶质的量变化。表面活性剂、聚合物和苛性钠以及其他化合物的水溶液在多孔介质内运动时的吸附作用都必须重视。

（3）**界面特性变化**　各种类型的表面活性剂溶液可以改变界面特性：降低二相流体的界面张力；改变与液相接触的固相表面的润湿性（例如从亲油转向亲水）。这些界面特性的转化，有利于改善驱替性渗流的驱替效率。在工程实际中，表面活性剂可以是在注入液中带入多孔介质的，也可以是在多孔介质中生成的。例如，向地层中注入的碱水同地下原油中的天然有机酸作用，生成的皂类是很好的表面活性剂[35,36]。

(4)**相态变化,相间传质**　对于多相多组分的流体混合物系统,当组分、温度和压力一定时该系统的相态一定。若其压力与温度变化,则发生相间传质,相态状况随之变化。相态平衡是多相多组分混合物渗流的重要机理。这种渗流问题对石油开发工业的高压注气(CO_2 和烃类气体等)、混相驱油、热力驱油和凝析气田开发以及地热能源开发等工程有重要意义。

(5)**离子交换**　对有些渗流过程,离子交换具有重要意义[37-39]。当表面活性剂和聚合物等的溶液在多孔介质中驱替性渗流时,与这些化学溶液一道运动的离子(特别是高价离子)的浓度,或者说离子环境,对界面活性、相态状况以及流变情况都有重要影响,因而对整个渗流过程有重要影响。影响离子环境的因素是:地下原有的和注入的离子的组成、弥散等过程引起的混合、与多孔介质的黏土之间的阳离子交换、组成多孔介质的矿物的溶解度以及多孔介质的吸附情况等[37]。弥散过程本身也会引起阳离子交换[38]。

(6)**浓缩分离**　与膜分离和盐水淡化等技术有关的渗流,特别是与使用空心纤维和蜂窝式的分离、淡化技术等有关的渗流问题中,浓缩分离是重要过程。

(7)**氢化**　除热力驱油的非等温渗流外,地下渗流中具有氧化反应的流动也出现于例如铀矿沥取等的渗流问题中。对埋藏较深的砂岩铀矿藏,可从注入氧化剂(H_2O_2,纯氧,空气等),在注入液渗流过程中,氧化剂不断地与铀矿物发生氧化反应,含有铀的氧化物的溶液最后渗流入生产井。在地面上再设法从沥取出的铀氧化物溶液中取出铀[40]。

(8)**中和**　地下渗流中也存在中和反应,例如在石油开发工程中,向地层注入的碱液与地下原油中的天然有机酸作用生成皂类[35,36]。

2.2　数学模型和数值模拟

(1)**弥散**　可用不同的表达式描述多孔介质中的弥散[23]。当弥散很显著且无横向弥散时,可在简单的扩散方程内增加对流项;如果要考虑横向扩散,只需再作相应的修改。另一办法是在扩散方程中不用一般的扩散系数,而改用一项有扩散系数,等等。

(2)**相平衡**　相平衡可用实验方法测定,也可用数值模拟法计算。对二相流体混合物[41]和三相流体混合物[42]已建议相平衡的数值拟法。渗流问题中常见的三相流体混合物的实例是含油地层注入高压的 CO_2 或烃类气体。相平衡数值模拟的内容是:某一流体混合物的化学组成已知,即已知 n 个组分和每一组分的摩尔分数,要求计算等温条件下在三相区内作为压力的函数的相平衡。为此,先计算三相区的临界压力,即上限混溶压力和下限混溶压力。这就是计算相平衡的初始条件。[42]建议的相平衡数学模型由($6n+3$)个方程构成:总物质平衡方程一个,组分的物质平衡方程 n 个,组分约束方程 2 个,热动力学平衡方程 $2n$ 个,三个相的每一相的每个组分的有效压力方程 $3n$ 个(该有效压力考虑了状态方程,并表为压力、温度和组分的函数)。未知量数目也是($6n+3$)个:每一摩尔的流体混合物中,每个相的摩尔数共 3 个;每一相中每一组分的摩尔分数,共 $3n$ 个;每一相的每个组分的有效压力,共 $3n$。用最少变量迭代程序解此种数学模型较为有效。

(3)**离子变换**　已有一些考虑离子变换的数学模型和计算方法。例如,[37]建议一个不可压缩流体的一维渗流模型,考虑三个阳离子(钙、镁、钠)交换,考虑吸附,考虑油、水(束缚水,预注水)、表面活性剂、聚合物和阳离子等多组分,但忽略弥散、毛管力、重力以及表面活性剂和聚合物的离子作用，并假设地层黏土的阳离子交换容量为均质和常值，无机阴离子不吸附。其数学模型主要由下列方程构成：溶液和固定相的电中性条件方程，离子交换平衡方程以及各组分物质平衡方程等。以后又推广和发展了上述模型，在考虑弥散的条件下研究两个阳离子交换以及吸附对化学渗流的影响[38]，但所有物质平衡方程都限于单相流动，且不多于五个组分（钙、钠、不吸附的氯、表面活性剂及聚合物）。用钙浓度的有限元数值模拟和氯浓度的分析解相结合的方法求解。结果表明，当溶剂段塞尺寸小而弥散大的时候，考虑和不考虑弥散的计算结果是不同的。

(4)**化学输送** 化学溶液在多孔介质中流动时发生弥散和吸附，已建立考虑这种弥散和吸附的化学输送数学模型[34]。这个一维模型由质量守恒方程，即推广的扩散和化学吸附方程构成。其假设条件是：流体和岩石不可压缩；只在流动方向存在弥散。如不进行简化，对这一非线性数学模型只能用数值求解（该文用有限差分法求解），可预测流体内的浓度分布和多孔介质表面上的吸附量等。

(5)**考虑相平衡的渗流——多相多组分渗流** 这类渗流的研究，对高压注气（CO_2 和烃类气体等）和凝析气田等油田开发工程有重要意义。已在数学模型和数值模拟方面做了一些工作。提出三相三维多组分模型的作者，已经不止一个。[43]介绍上一个比较概括性的三相三维模型。假设流体混合物共有 n 个组分，每一组分都可存在（油气水）三相中的一些相或每一相中。该数学模型由（$3n+15$）个方程组成。由每一组分的守恒方程和三个相的达西定律导出 n 个渗流方程。辅助方程是：饱和度方程（三相饱和度之和为1）1 个，约束方程（每一相的质量分数之和为 1）3 个，密度和黏度方程（密度和黏度各为相的压力和组成的函数）各 3 个，相渗透率关系式（相渗透率是饱和度的函数）3 个，毛管力关系式 2 个，相平衡方程 $2n$ 个。相应的未知量为（$3n+15$）个：某一组分在某相中的质量分数 $3n$ 个，相的压力 3 个，相的饱和度 3 个，相的密度 3 个，相的黏度 3 个，相渗透率 3 个。[44]发展[41][42]关于相平衡数值模拟的设想，也建立了三维三相多组分渗流模型，并用最少变量迭代法求解非线性模型。但该模型忽略毛管力和重力的影响，并假设碳氢相和水相之间无物质交换。该模型由（$4n+4$）个方程构成：总烃摩尔平衡方程 1 个，烃的组分解摩尔平衡方程 n 个，水的摩尔平衡方程 1 个，饱和度平衡方程 1 个，相组成的约束方程 1 个，热动力学平衡方程 n 个，有效压力关系式 $2n$ 个。

这些多组分模型十分复杂，对高挥发性油类体系是必要的。对一般挥发性油类则可采用简化模型，即有限组分模型[43]：考虑油气水三个相及三个组分（油和气二个烃组分，一个水组分）。假设气组分可存在于油、气、水三相中，油组分只存在于油、气二相中，而水组分只能存在于水相中。这样建立的数学模型由分属于油、气、水三个组分的三个偏微分方程构成。对低挥发性油类体系，甚至可用更简化的“黑油”模型[43]。设存在油、气、水三相，水相同汕气相之间无物质交换；重质油组分不再能挥发。因而其实质是：水组分只存在于水相中，油组分只存在于油相中，气组分可存在于气相和油相中。由此建立的数学模型乃由油、气、水三组分的三个微分方程构成。

(6)**伴有氢化过程的渗流** 可用铀地下沥取的渗流模型来说明等温条件下的氧化渗流[40]。溶有氧化剂的流体流经含有铀矿物的砂岩地层，将铀矿物氧化并渗流至生产井。问题可简化为不可压缩流体的二维单相渗流用源汇法研究。关键问题是计算作为时间的函数的铀的浓度。具体做法是使用考虑了化学反应和弥散的组分平衡方程，同时考虑与铀矿争夺氧化剂的伴生矿物(如黄铁矿)的耗氧问题。用有限差分法解所得数学模型以预测渗流动态。

(7)**分流理论** 分流理论的建立是从水油二相一维渗流开始的[45],其数学方法主要是特征线法。关键环节是从质量守恒连续方程解出特征速度,然后可求出关键性物理量的分布,在此基础上可以计算有关的渗流过程,对水油驱替渗流,写出含有水饱和度和水分流的质量守恒方程后,可求出水饱和度的特征速度表达式,后者含义是:具有某一固定值饱和度的前沿的前进速度,与液流的组成的变化成正比,亦即与水饱和度的微小变化所引起的水分流的变化成正比。由此可计算固定值饱和度面在不同时间(隐式时间)的位置以及油水渗流过程。分析表明,在水油驱替条件下,一般都存在一个饱和度不连续的情况。

分流理论可推广到物理化学渗流、非等温渗流和非牛顿流体渗流[46]。此时,需要根据不同情况求出关键性物理量(如浓度、温度等)的固定值面的前进速度,大多有一个以上的特征速度。例如,以向地层注入聚合物溶液或含有其他组分的溶液为例,假设聚合物只在水相中运动而不入油中,可写出聚合物的质量守恒方程及水的质量守恒方程,设聚合物的体积分数与水的体积分数相比可以忽略,则可由上述守恒方程积分得出流体中聚合物浓度的特征速度。在这类条件下,通常出现二个不连续:第一个不连续出现在水饱和度从束缚水含量上升时,第二个不连续出现在该组分(聚合物)浓度的前沿。

向地层注入热水时,假设热对流是能量传输的主要形式,从质量守恒和能量守恒方程出发,可求出温度的特征速度,在此基础上可计算有关的渗流指标。

同样,对三相渗流例如普通的油气水三相渗流,可先为各项分别写出质量守恒方程,在忽略毛管力和重力的条件下,可以容易地求出二个特征速度以及油、气、水的分流。

(8)**一些具体的渗流问题** 至于针对各种具体情况建议的物理化学渗流的数学模型和数值模拟方法,则已有不少文献。例如,[47]建议了混相渗流条件下的三维三相非定常渗流模拟方法;[48]提出了胶束驱油条件下的二维数学模型;[49]建议了注入表面活性剂和聚合物时的胶束-聚合物和原油的驱替性渗流的数值模拟;[50]也提出了表面活性剂和聚合物驱油的数值模型;[51]建议了碱水驱替渗流时的三维三相数值模拟方法,等等。

3 非牛顿流体渗流

牛顿流体的剪切应力与剪切速率的关系,在直角坐标系上是一条通过原点的直线,因而有一个不随剪切速率变化的黏性系数。非牛顿流体的剪切应力和表观黏度与剪切速率的关系是通过原点的(无屈服应力)和不通过原点的(有屈服应力)曲线,以及不通过原点的直线。在工程上遇到的非牛顿流体,虽然也有触变性流体和黏弹性流体,但在一般条件下大多可视为塑性流体即宾汉流体,幂律型流体即拟塑性和胀塑性流体,以及有屈服应力的拟塑性流体。与渗流有关的非牛顿流体也大体是这种情况。

非牛顿流体渗流有现实的应用意义。以地下渗流来说,有些原油在地层条件下具有非牛顿流体的特性[52];为提高原油采收率和相应地提高产油量的三次采油技术中,向地层注入的驱油剂溶液大多是非牛顿流体,如一般的泡沫、聚合物溶液、乳状液和胶束液等[53];在二次采油和三次采油中,油层内常常自发地形成的乳状液一般都是非牛顿流体;

为增加单井产油量和注入量，普遍应用的油层水力压裂工艺中的工作液往往是非牛顿流体。以工程渗流而论，通过多孔滤器的聚合物溶液和泥浆是非牛顿流体[54]；在减阻技术中通过多孔壁喷射的聚合物溶液是非牛顿流体；在纤维生产的不止一个工序中，都存在非牛顿流体通过多孔介质的流动；人造纤维喷丝嘴内，通过多孔介质流动的聚合物熔体也是非牛顿流体[55]。

在非牛顿流体渗流的实验研究、理论分析和数值模拟方面都进行了些工作，包括渗流基本规律研究、径向渗流数学模型及其解在试井方面的应用、线性渗流理论和机理性的实验研究等。在探索非牛顿流体的基本规律方面进行了一些工作，例如乳状液在多孔介质模型和串联的毛管模型内渗流的基本规律[56]。由模拟实验得出，泡沫在非胶结多孔介质中，渗流的流速-压力梯度关系是幂律关系，并在此基础上导出了这种非牛顿流体的平面径向渗流的数学模型[57]。为弱可压缩的幂律体，导出了径向的非定常渗流数学模型[58,59]；并为常值流量条件得出了近似解[58-60]；为有井壁表皮效应的情况，也求出了分析解。这些结果都可用于解释幂律流体渗流的不稳定试井资料。

在非牛顿流体一维渗流方面，用不的方法做了一些工作[55]。一种是将多孔介质流动的所谓毛管或水力半径模型，与描述非牛顿流体流变性质的某种剪切速率-剪切应力关系结合[54]；另一种处理方法是，将达西定律应用于非牛顿流体。而流体流变特性的描述则靠渗流实验提供；再一种途径是，应用量纲分析方法于黏弹性流体渗流；还有一类方法是寻求相关关系等。

有些工作是用物理模拟研究机理性的问题，例如研究非牛顿性原油条件下油层内的死油区[61]。实验发现，与牛顿原油相比，非牛顿性原油条件下的驱油效率更小。当屈服应力很小时，无死油区；但当屈服应力很大时，则出现其饱和度等于原始饱和度的死油区[61]。还用直观的办法观测了泡沫这类非牛顿流体在多孔介质中发生、发展和消亡的规律[57]。

不久前开始了生物非牛顿流体渗流力学研究，研究了血液在多孔介质中流动的基本规律，导出了肺泡毛细管网内[62]以及其他脏器和组织内血液及其他生物流体渗流的数学模型。

4 生物流体渗流

在人体和动物体内，存在各种类型的多孔介质。植物的根、茎、枝、叶，也是多孔介质。在动物和植物体内都存在生物渗流。人体在动物体内的微细管道内的流动，从医学、生理学和一般生物流体力学的角度，作为“微循环”进行的研究工作已经不少，现在有人开始从多孔介质的概念出发，从渗流力学的角度研究生物流体在微细管道内的运动。[63]以动物脏器铸型标本为主要依据，在宏观和细观观测的基础上，对四类生物脏器的七种微细管道系统（肾、肺、肝、心的微细血管系统，肾的微细泌尿管道系统，肺泡微细支气管系统和肝的胆小管系统）的孔径和比面进行了研究，论证了这七类微细管道系统均属多孔介质，因而其中的流体运动确属渗流，其流动力学可作为渗流力学进行研究。为开展生物渗流工作，还开始研究了生物多孔介质的其他物理-力学特征，例如，孔隙率。建议了测定生物多孔介质孔隙率的技术和方法，并测定了三种脏器的微细血管系统多孔介质的孔隙率[64]。研究表明，单以血管体系多孔介质而论，不同的生物脏器的孔隙率差别很大(猪肾 16.1%，兔肝 27.5%，兔肺 49.5%)，但与常见的一些非生物多孔介质相比，都属于中等情况。

用物理模拟的方法研究了血液(羊血)渗流的基本规律[62]，初步结论是：血液(羊血)渗流的流速-压力梯度曲线是不通过原点、凹向流速坐标的曲线，确属非牛顿性流动；孔径愈小，流动的非牛顿性愈显著，孔径逐增，则非牛顿性减弱。这种渗流基本规律可用有屈服应力项的幂律式或多项式描述。该项物理模拟实验的流动雷诺数为 10^{-3} 数量级。该项模拟与肺泡隔毛血管网等微细血管网的情况比较类似。

以上述渗流基本规律为基础，为下述情况建议了生物体多重介质的渗流数学模型：肺内肺泡网和肺泡隔毛细血管网双重介质[62]，肝和组织间隙多重介质。

5 细观渗流

细观渗流指孔隙水平的渗流，主要研究各种类型的孔隙或微裂缝内的渗流细节。渗流力学研究中长期以来只注意宏观研究，以致对多孔介质内流体运动的实际细节了解不够。细观渗流的发展，必将促进渗流力学理论的进一步深化及其在生产实际中的应用。

地下渗流和工程渗流中的细观研究工作进展极其缓慢，因此现在仍处于开始阶段。发展缓慢的主要原因，是细观模拟技术和细观测试技术都相当困难。已经进行过的很少一点细观研究主要是针对水油渗流的情况。由于新型渗流力学的机理和规律更为复杂，加强细观渗流研究的迫切性就更为明显。

细观渗流的文献非常少，其概况如下：1952 年，研制出单层玻珠模型，并对不互溶的二相渗流进行观测[45]，发现各相流体沿着各自流通渠道流动；当饱和度改变时，渠道的大小也相应地改变；在有机圆珠的模型中，其泊水分布状况与玻珠模型中的情况不同，1961 年研制出毛管网络模型[66]，并观测了泊水流动状态，发现：在亲水模型中，水沿着毛管壁上的水环流动；在中性模型中，油可呈膜状在短距离内运动。1971 年，用石英砂夹层模型研究水湿系统中油的分布：油的小滴呈球形，大油块停靠在水膜上，死油区扩展范围不大。当增大压差时，死油区的油可部分被驱出。对油湿系统，油占据更多的小孔隙，附在孔隙表面；水的指进现象比水湿系统严重；对中性系统则可见细的油膜或油珠连接水线前后的油。1983 年公布了另一种细观模拟技术，这种技术还包括一种模型再生技术[57]。这种毛管网络型的细观模型的的润湿性是可控的，其中也包括强亲水、强亲油和中性三种典型的润湿性。强亲水模型的三相接触角一般控制在 30°以下；强亲油模型则控制在 160°以上；中性模型则控制在 90°左右。模型表面性质很稳定。模型再生技术可以保证一个模型多次地反复使用，而其各种参数保持不变；可以保证在其他参数不变的情况下，若干次地任意改变其润湿性。因而这种再生技术使实验数据精度提高，使重复实验和较精确的各种对比性实验有了可能；还可以研究一些以前缺乏再生技术时无法研究的问题。应用此种模拟技术和再生技术，研究了润湿性对油水二相渗流时流体分布规律和流动状态的影响，油气水三相分布及流动状态，油水二相驱替渗流过程的主要指标；还研究了多相系统渗流(油、气、水、泡沫)的细观机理，观测了在多孔介质中流动的泡沫的产生、发展和消亡的规律。

6 结　　论

(1)近10来年的情况表明,渗流力学的应用范围愈来愈广,对国民经济甚至社会发展确能起到一定的作用。从近期看,它对能源等生产部门的意义特别显著;从远期看,它对农业林业发展和人民健康事业也将起到作用。因此,必须重视和加强渗流力学研究。

(2)从生产的需求和学科的发展看,渗流力学的前沿是本文所称的新型渗流力学,即非等温渗流、物理化学渗流、非牛顿流体渗流和生物渗流。细观渗流也具的一定的前沿性质。

(3)从世界范围来看,现代电子计算技术和数值模拟方法已在渗流力学领域比较普遍地应用,新型渗流力学10年来的快速发展,在很大程度上与此有密切关系。新型渗流力学是相当复杂的渗流问题,在缺乏电子计算技术的条件下是很难得到发展的。因此必须充分使用和发挥现代计算技术和数值模拟的作用。

(4)为发展新型渗流力学,还应对实验研究特别是物理模拟给予充分重视。在不少问题上,特别是关于机理性的问题上,实验方法显然是重要的手段。对渗流机理等问题的充分的和正确的认识,是正确地建立数学模型的基础。有了正确的数学模型和现代的计算技术,即使是很复杂的渗流问题,也必能得到解决,只不过是时间的早迟而已。

参 考 文 献

[1] Willman B. T. ,et al. Trans. AIME,222(1961):681

[2] Wu C. W. ,SPE 6550(1997)

[3] Volek C. W. , et al,46th. Annu. SPE of AIME Fall Meeting. N. SPE-3441

[4] Wu C. H. ,et al. 50th Annu. SPE of AIME Fall Meeting. No. SPE-5569

[5] Абасов М. Т. ,и др. ,ДАН АзССР. ,32. 1 (1976):59－63

[6] Чекалюк Э. Б. , и др,Аз. НХ. 5(1954)

[7] Кусаков М. М. ,Сб. тр. Всес. Совт. по. химви п перерабетке иефти. Изд. АН АзССР(1953)

[8] Satman A. ,et al. 48th Annu. Meeting. California. SPE of AIME,7130(1977)

[9] Singhal A. K. ,Physlcal Model Study of Inverted Seven-spot Steamfloods in a Pool Containing Conventional Heavy Oil. JCPT(July-Sept. 1980)

[10] Niko H. ,et al,JPT. 23 (Aug,1971):1006－1014

[11] Puiol L. ,et al. SPE 4191(1972)

[12] Shutler N. D. ,Nurmerical Three-Phase Model of the TWO-Dimensional Steamflood Process, SPEJ(DEC. 1970):405－417

[13] Shutler N. D. ,SPEJ(June 1969):232－246

[14] Weinstein H. G. ,et al. SPE Symp. on Improved oil Recovery (Apr. 1974):253－270

[15] Rhee S. W. ,et al,SPEJ,20 4(1980):249－266

[16] Crookston R. B. ,et al. SPEJ. 19. 1 (1979):37－58

[17] Coats K. H. ,et al,SPEJ. (Dec . 1974):576－592

[18] Coats K. H. ,et al,SPEJ(Oct. 1976):235－247

[19] Kuo C. H. ,et al. 39th Annu. SPE of AIME Calif. Fall Meeting. SPE 2329

[20] Closman P. J. ,et al. 44th Anna. SPE of AIME Fall Meeting (1969),SPE 2516
[21] Doscher Todd M. ,et al. SPE of AIME. 48th Annu. Meetihg (1977),SPE 7118
[22] Нарый И. А. ,НХ. 2(1953):18－23; 3(1953):29－32
[23] Spillette A. G. ,et al. JPT,20. 6(1968):627－638
[24] Youngren G. K. ,SPEJ,20. 1 (1980):39－51
[25] Coats K. H. ,SPEJ. 20. б(1980):533－554
[26] Vinsome P. K. W. ,et al. JCPT,19. 3(1980):87－90
[27] Антимирнв М. , Нефть и газ. 11(1965):45－48
[28] Anand J. ,SPE of AIME. 43rd Annu. Fall Meeting(1972),NO. 4171
[29] Atkinson P. G. ,и цр. SPE of AIME. 48th Annu. meeting(1977),SPE 7132
[30] Moench A. F. ,SPEJ. 20. 5(1980):359－362
[31] Zyvoleski G. A. ,et al,SPEJ,20,1(1980):52－58
[32] Спасский А. ф. ,et al. Тр. Всесоюз. Н-и. иц-та подземпой газифнкацин уснй. вып. 7,(1962)
[33] Craig D. R. ,et al. Proc. 8th. World Petrol. Congress(1971):275－285
[34] Satter A. ,et al. SPEJ,20. 3 (1980):129－138
[35] Jennings H. Y. ,et al. SPEJ. 3(1975)
[36] Leach R. O. ,et al. JPT (Feb. 1962)
[37] Pope G. A. ,et al. ,SPEJ,18. 6(1978):418－434
[38] Lake L. W. ,et al. SPEJ. 18. 6(1978): 435－444
[39] Hill H. J. ,et al. SPEJ. 18. 6(1978):445－456
[40] Bommer P. M. ,et al. SPEJ 19,6(1979):393－400
[41] Fussell D. D. ,et al. SPEJ(June 1973): 173－182
[42] Fussell L. T. ,SPEJ,19. 4 (1979): 203－210
[43] Peaceman D. W. , Fundamentals of Numerical Reservoir Simulation. Eisevier Scientific Publishing Co. , Amsterdam (1977):24－34
[44] Fussell L. T. ,et al. SPEJ. 19,4(1979): 211－220
[45] Buckley S. E. ,Leverett M. C. ,Trans. AIME,146(1942):107－116
[46] Pope G. A. ,SPEJ. 20. 3(1980):191－205
[47] Spivak A. ,et al. Proc. 9th World Petrol. Congress,4(1975):187－200
[48] Limon J. T. ,et al. JCPT. 19. 3(1980):111－122
[49] Pope G. A. ,et al. SPEJ, 19. 6(1979): 357－368
[50] Pope G. A. ,et al. SPEJ. 18. 5(1978):339－354
[51] Brcit V. S. ,et al. SPE 7999. Veutura. California (Apr. 1979)
[52] Султанов В. И. ,АзИХ,1(1962): 25－28
[53] Gogarty W. B. ,et al. Proc. 8th World Petrol. Congress. 3(1971): 287－297
[54] Christopher R. H. ,et al, Ind. and Eng. Chem. Fundamenlals,4,4(1965): 422－426
[55] Savins J. G. ,Ind. and Eng. Chem. ,61. 10(1969):18－46
[56] Alvarado D. A. ,et al. SPEJ. 19. 6(1979):369－378
[57] Guo Shangping. Huang Yanzhang. Ma Xiaowu. Zhou Juan(郭尚平,黄延章,马效武,周娟), Proc. 2nd Asia Conf. on Fluid Mech. ,Beijing(1983)
[58] Ikoku. Chi U. ,et al. SPEJ,19. 3(1979): 164－174
[59] Odch A. S. ,et al. SPEJ,19. 3 (155－163)
[60] 刘慈群,力学与实践,4(1982):41－43

[61] Ковалев,А. Г. ,и лр. ,НХ. 10(1972):13 - 50

[62] Guo Shangping. Yu Dasen. Wu Wanti(郭尚平,于大森,吴万娣),Abstracts of The First China-Japan-U. S. A. Conf. on Biomech. ,Wuhan. China(1983):42

[63] 郭尚平,于大森,吴万娣,力学学报,1(1980):26 - 33

[64] 郭尚平,于大森,吴万娣,固体力学学报,2(1983):284 - 287

[65] Chatenever A. ,et al. Trans. AIME, 192(1952)

[66] Mattax C. C. ,et al. Oil and Gas J. ,42(1961)

[67] Donaldson E. C. ,et al. SPE of AIME. 46th Fall Meeting,2(1971)

院 士 简 介

郭尚平

流体力学家、生物力学家、油田开发专家。1930 年 3 月 17 日生于四川荣县,籍贯四川隆昌。1951 年毕业于重庆大学矿冶系。1957 年获苏联莫斯科石油学院副博士学位。1995 年当选为中国科学院院士。中国石油勘探开发研究院和渗流流体力学研究所研究员,曾任中国科学院兰州分院院长。

首先提出"微观渗流"概念、理论和实验技术,为提高石油采收率提供新的理论基础,使渗流和油藏工程研究深入到多孔介质的孔隙裂隙层次,让渗流力学与生命科学交叉渗透。首先提出"生物渗流"思想和理论,获国际同行高度评价。提出压裂采油中的渗流理论及集群(整体)压裂概念和效果(1957)等。我国最早按正规设计开发的大油田—克拉玛依油田的主要设计人之一,石油工业部大庆油田开发工作组渗流研究计算组负责人,为我国油田开发作出重要贡献。

渗流力学发展值得重视的几个方面*

郭尚平
(中国石油勘探开发研究院)

渗流是多孔介质内的流体运动。渗流力学研究多孔介质内流体运动的规律及其应用。渗流力学分为理论渗流力学、计算渗流力学(数值模拟)和实验渗流力学。

渗流力学理论和应用涉及多种工程技术和多个产业。诸如石油、天然气、煤层气、页岩油气、天然气水合物、地下水、地下卤水、地热、煤和铀等地下资源能源的成藏和开采、大坝、土坝、水堤、边坡和水渠等水工工程,土壤改良和盐碱化防治等农田水利工程、地震、地面沉降海水和咸水入侵等灾害的防治、重金属、农药和病菌病毒等对地下水和土壤的生物和化学污染的防治,电厂粉煤灰场、排土场浸堆、尾矿堆、垃圾填埋场工程,核废料、CO_2 及各种废弃物的地下埋藏,地下储气库和隧道建设等地下工程,染料颜料、粉末冶金、燃料电池和超滤膜等工业,甚至生物医学、古文物保护等,都需要渗流理论、渗流计算和渗流动态预测预报等作为其工程技术的基础和方法。

渗流力学的应用领域日益广阔,发展速度亦逐步加快。由于生产实践中渗流问题的复杂程度,计算分析所需的高精确度以及科学研究和技术开发课题的难度都不断增加。因此现代渗流力学的理论深度和应用方法也较快提高。下面主要以油气渗流为例,简述当前渗流力学发展值得重视的几个方面。

(1)纳米多孔介质渗流。长期以来,渗流研究计算涉及的多孔介质的孔隙尺寸一般是微米级,其渗透率一般是毫达西级。如今,生产实际中的储层多孔介质越来越多的属纳米级多孔介质,其孔隙尺寸小至数十至数百纳米甚至只有几个纳米,渗透率小至数十至数百微达西,甚至仅数个微达西(例如,页岩油气、致密灰岩油、致密砂岩油气的储层及煤层气储层等)。纳米级多孔介质内的渗流规律(包括物理学、化学、物理化学、生物和力学等过程)及相应的计算分析方法等与微米级多孔介质渗流相比,很可能有较大差异,需要认真研究,其中有些基础问题值得重视。例如,在微细至数个、数十纳米的孔隙内,各类油、气、水等物质的运动属什么性质和规律。

(2)微观宏观结合的渗流研究。近年来,微观渗流的物理模拟方法和数值模拟计算都发展较快。通过微观渗流研究能知道孔隙裂隙内的物理、化学、生物学和力学等细节,认识微观渗流机制和规律,但是不能提供宏观综合数据,而后者为生产实际应用所必需,凭借宏观渗流研究能提供宏观综合数据,但不知道或不确切知道孔隙裂隙内的微观机制和规律,微观宏观结合可使渗流理论深化,使渗流分析计算更接近生产实际。更重要的是,微宏结合的渗流研究计算(简称“微宏渗流”)能够为每一瞬间同时提供宏观综合数据及多孔介质内任何空间点的微观细节,这将大大促进渗流理论和计算方法的发展并提高

* 原文刊登在《科技导报》2012 年第 30 卷第 35 期。

生产应用效果。近年来,主要由于微观渗流数值模拟计算方法的进展,微宏渗流研究已经能够模拟计算诸如小岩心规模的油水两相渗流及启动压力梯度与孔隙内壁边界层关系等各类问题。

(3)渗流的精细研究。以石油开采为例,先是基于自然能量的一次采油,再是人工补充能量的二次采油,三是各种物理的、化学的、生物的人工方法的三次采油。然后又进行三次采油后的四次采油。二次采油后油层内的剩余油饱和度分布非常分散,从宏观角度看,许多剩余油小块在储层各处不规则地随机分布,从微观角度看,无数极小的油膜油滴等在孔隙裂隙内随机分布,必须尽力精细地用渗流力学方法分析计算出这些剩余油饱和度分布,才能在三次采油中经济有效地采出剩余油,三次采油后,剩余油饱和度分布更为分散零乱,要求渗流力学提供更精细的方法计算分析剩余油饱和度分布,以便在四次采油时经济有效地进一步采出剩余油。可见生产发展要求我们建立非常细致、精细的剩余油饱和度分布的渗流力学理论和方法。

(4)复杂多重介质渗流。现今发现的油气储层多重介质比以往所知的多重介质复杂很多。以碳酸盐岩储层为例,同一储层中,存在微细的孔隙裂隙多孔介质,也存在其尺寸达数个、数十个和数百个毫米的大缝和大洞,还存在长宽高各为数十米,甚至长达百来米的厅堂型的巨型洞穴。洞穴和裂缝内某处可能基本无充填,某处可能充填各种尺寸、粗细不等的颗粒物。显然,这里的流动既有渗流,还有缝流和洞穴流,而且各类介质和各种流动交相穿插、杂乱衔接。再以生物医学领域的生物渗流为例,其多重介质比储层多重介质复杂很多,肝脏多孔介质由四重介质构成,即肝血窦网、窦周间隙网、肝细胞网和胆小管网;组织间隙渗流涉及三重介质,即毛细血管网、组织间隙网和毛细淋巴管网;而肺脏渗流是十分复杂的双重介质渗流,涉及肺泡网和毛细血管网、必须研究揭示诸如此类复杂多重介质的储层内和生物体内的复杂流动机制和规律,建立有效的计算方法。这将促进能源资源开发工业和卫生保健事业的发展。

院士简介

郭尚平院士简介请参见本书第153页。

力学的永恒魅力与贡献
——与时俱进的船舶力学*

吴有生

（中国船舶科学研究中心）

1 引　言

19 世纪以前，木质船舶的建造技术主要藉助于经验。牛顿力学问世以后，又过了 100 多年，船舶技术才逐渐步入了以力学为基础的"理性"成长阶段。19 世纪上半叶，由于蒸汽动力取代了风帆，船舶在艏斜浪和横浪中航行的能力大为增强，改善动力性能的需求促使了 1861 年 Froude 船舶横摇运动理论的诞生。随着马力的增大和迎浪航速需求的提高，1896 年 Krylov 的船舶纵摇升沉运动理论也应运而生。19 世纪中期，铁质军船纷纷出现。到 20 世纪初，钢质船普遍获得使用，促使了船舶结构力学的同期发展。1914 年，Boobnov 著的《船舶结构理论》一书发表。这些工作是船舶力学早期发展的典型代表。到 20 世纪上半叶，船舶力学作为力学的一门分支学科，在比较严格的数理基础上，形成了自身较为系统的专业格局。

可以说，船舶类型的每一步更新与发展，都包含着在船舶力学的领域中认识与把握随机、复杂、险恶的环境载荷，减小阻力，改进航行性能，保证船体安全可靠等方面的科学与技术的进步。在现代工业中，造船工业是和力学科学技术结合得最为紧密，不断地在研究、设计、生产和使用的全过程中伴生伴长，与时俱进，实现着科技创新的范例之一。尤其是 20 世纪下半叶，船舶力学更显著地推动了船舶技术的发展，而船舶应用的反作用又促使船舶力学研究的广度和深度产生了前所未有的变化。按照与船舶力学紧密相关的两个国际学术组织（ISSC，ITTC）的分类方式，当今船舶力学的主要内容可概括为：

船舶结构力学

—环境条件

—载荷

—准静态结构响应（强度、稳定性）

—动态响应（波浪中动变形、振动、冲击、抗爆、噪声）

—极限强度

—疲劳与断裂

—设计原理与准则

—设计方法

* 原文刊登在《力学进展》2003 年第 33 卷第 1 期。

—高速船结构力学
—船舶制造工艺力学
—碰撞与触礁
—燃烧与燃爆
—风险分析
—结构检测与监测
—浮式生产系统
—冰与结构的相互作用
—海洋细长柔性结构
—复合材料结构与轻型结构
船舶水动力学
—阻力与流动
—推进与推进器
—耐波性
—稳定性
—操纵性
—空化与空泡
—出水与入水
—水动力噪声
—吊舱推进
—高速船水动力学(水翼艇、气垫船、地效翼船、高速多体船)
—新概念船舶水动力学

为适应国际航运业、海洋产业与海军装备的发展的需求,这些专业领域的学术内容与应用技术不断充实与更新,始终保持着勃勃的生机,对船舶技术的发展发挥着决定性的推动作用。

2 当代船舶技术的发展对船舶力学的需求

船舶不同于其他运载工具,不仅种类繁多,且多为单体设计与制造。从而每一艘海船的问世,几乎都离不开力学工具的应用。

2.1 常规排水型运输船舶

迄今,世界上绝大多数军、民船舶是常规排水型船,航速在几节至20余节之间。近40余年间,随着世界经济全球化格局的发展与形成,常规排水型船发挥了极其重要的作用。世界上运输船队的运力结构与二次大战前大不相同,逐步形成了以散货船、油船、集装箱船为三大主体系列船型,液化气船(LPG,LNG)、化学品船、滚装船、自卸船、海洋调查探测船、豪华客船……各类名目繁多、性能独特的高附加值专用船舶大量涌现的新格局。船舶的尺度(吨位)、材料、结构、动力、航行性能及安全性能都有了大幅度的改进或增长。在这一过程中,船舶技术发展的驱动力来自两个方面:一是经济发展对新船型的需求；二是海损事故的教训。

应对国际经济大循环的需求，近40余年来，单船运载量产生了量级变化。1966年建造的集装箱船最多仅装载738标准箱，到1998年已建造的大型集装箱船的容量为6674标准箱，其船长达到297m，8000标准箱（超巴拿马型）的集装箱船正在研制，目前已开始研究13000标准箱级别的大型集装箱船。原油船趋于大型化，常用的大型原油船载重量为数万吨至18万吨（Afra Max，Suez Max），VLCC载重量为（20～40）万吨，ULCC（超级原油船）则达到（40～60）万吨。最大型的液化石油气船（LPG）的储运量已达2.05×10^5 m^3。根据英国劳氏船级社对100总吨以上钢质海船的统计，1991年完工船舶的平均吨位为1.02万总吨，到2000年已达到2.09万总吨。

为满足日益增长的防污染要求，避免一再出现的海损灾难，要求船舶力学不断地开辟新的应用方向，使船体的结构形式、设计理念与方法一直在改进。散货船与油船即是其中的二个典型的事例。散货船是世界上海难丢失最频繁的船型。1980年12月至1981年1月曾发生过短短8天内丢失4艘散货船的灾难，90年代初散货船的年度海损量达到顶峰。针对大量散货船破损沉没的实例，世界上船舶力学界开展了20余年的广泛研究，寻找破损机理的科学解释，为静动设计载荷的确定、安全性评估、局部结构（横隔壁、双层底、舱口盖）设计提供了新的方法和依据，其中部分成果体现为国际船级社联合会（IACS）的统一要求，和国际海事组织（IMO）1999年7月生效的法规。尤其值得注目的是，散货船的灾难推动了船舶力学中一个与经济紧密结合的新领域“风险评估”的发展。在20世纪末IMO决定采用“综合安全评估（FSA）”作为制定船舶安全性规则的依据。并把散货船作为第一个全面实施综合安全评估的船型开展研究，全部工作已于近日完成。反过来，应用力学的这些成果无疑又将对散货船的设计、建造、与营运带来重要影响。

1989年埃克森航运公司的Valdez油船触礁，给污染受害区域的经济赔偿和清除泄漏原油的花费高达75亿美元。1996年2月，14.7万载重吨的利比亚油船海皇后号触礁，在英国威尔士沿岸海面上溢出了6.5×10^5 t的原油。1999年Erika号油船在法国海岸触礁后断为两段，泄出的1.4×10^5 t重油污染了100多英里的大西洋海岸线。2001年4月IMO的海洋环境保护委员会（MEPC）正式通过了国际防污染公约（MAPOL）修正案，规定了加速淘汰单壳油船的时间表，要求在2015年以前，所有的油船必须采用双层壳体。相应地对船舶总体与局部结构的安全性所涉及的一系列力学评估方法和设计方法的发展提出了新的要求。

高强度钢和新材料的应用范围不断扩大。焊接新技术正在大步走进造船行业。例如除日本船厂外，德国博隆福斯船厂近年新增一条激光焊接切割生产线，可加工$12\times4m^2$的薄钢板。这些新技术在提高生产速度的同时，改善着船体结构中的残余应力分布及微裂纹萌生的状况。船舶建造工艺经过了大规模革新改造，已普遍采用分段整体建造壳、舾、涂一体化技术，推动了“生产设计概念”、CAD/CAM技术、及“面向生产的直接设计方法”的发展。

常规排水型运输船，或称主流海洋运输船的上述技术发展，对船舶力学提出了几乎是无止境的需求[1]。

2.2　军用船舶

排水型水面舰船技术在二次大战以后有了大跨度的发展（图1）。水面舰船技术的更

新换代,就运载平台而言,除了与民船类同的共性力学问题外,尤其依赖于下述力学应用技术的突破:

(a)美国伯克级导弹驱逐舰

(b)我国导弹驱逐舰

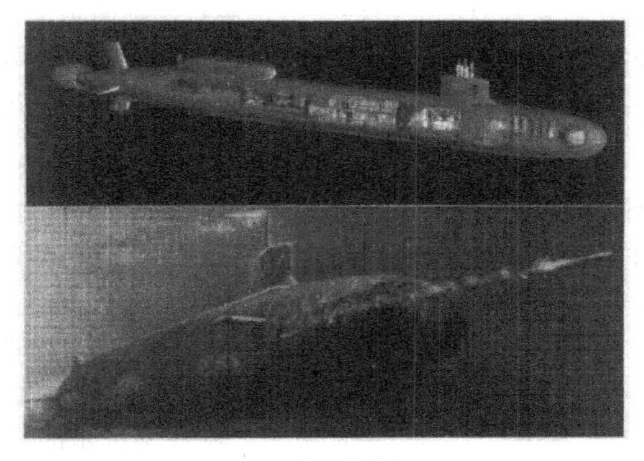

(c)安静型核潜艇

(d)美国斯坦尼斯号核动力航母

图 1 军用水面舰船、潜艇与各类潜器

(e)发展中的隐身导弹驱逐舰

(f)各类潜器

图 1　军用水面舰船、潜艇与各类潜器(续)

(1)高航速线型与大功率高效推进器设计技术；

(2)高海情中舰船高速航行时的非线性波浪载荷与运动的预报，操纵控制；

(3)舰船特种结构的力学问题，舰载机起降与武备发射的相关力学问题；

(4)舰船抗爆抗燃烧的防护结构设计、船用设备抗冲击设计，理论、方法、与材料工艺技术；

(5)舰船隐身技术中的动力学问题。

潜艇技术在 70 年代以后经历了一个质的飞跃(图 1)。除了武备能力的增强之外，主要体现为声隐身性能的显著提高和潜深的大幅增加。90 年代末服役的安静型核潜艇低航速时的辐射噪声总声级已淹没在 3 级海况的背景噪声之中。有些核潜艇的最大潜深到达了 600m，甚至 1000m(苏联)。现代潜艇隐身技术的骄人成就是推进器、机械设备(含结构与载流管系)及水动力三大噪声源预报与控制技术进步的产物，也是潜艇结构力学、高强度材料与工艺力学技术发展的结晶。

2.3　高性能船

排水型船舶航行时，兴波阻力随航速以近 6 次方的规律增长。为此，要提高水面船的航速，就须在水动力性能上寻找突破点。20 世纪后半叶，借助于船舶力学的贡献，在这一个方向上取得了重要的进展。一批前所未有的称之为“高性能船”的新型船舶纷纷面世并投入实用，且其航速和尺度都呈增长的趋势。它们种类繁多，包括水翼船、全垫升式气垫船、侧壁式气垫船、小水线面双体船、高速双体船、穿浪双体船、水翼双体船、气垫双体船、掠海地效翼船及其他新型的复合型船等，是各类船舶中新概念、新思想最丰富，最有创新性的领域(图 2)。

(a)超细长高速船

(b)小水线面双体船

(c)英国三连船 TRITON

(d)美国四体船 SLICE

(e)我国自控双水翼船

图 2 各类高性能船

(f)俄国掠海地效翼船雌鹞

(g)单体水翼复合船 TSL－F

(h)双体水翼型复合船

图 2　各类高性能船(续)

2.3.1　浮力型高速单体船与高速多体船

出现最早,数量最多的高速单体船,是基于滑行面水动力学原理的滑行艇,其排水容积傅汝德数 $Fr_{\nabla}>3$。水动力学中非线性兴波与耐波性理论的发展,船模阻力、推进性能与细部流场测试技术的成熟化,推动了高航速单体船舶线型的改进,有效地降低了兴波阻力和溅浪阻力,减少了波浪失速,形成了多类总体布局与线型与常规船舶不同的高速单体船。深 V 型船是广为成功应用的一种,Fr_{∇} 介于 1～3;而正在研究中的超细长高速船更有着诱人的前景(图 2(a))。

目前世界上的高速多体船主要有普通高速双体船、小水线面双体船(swath)与穿浪双体船三类。这些双体船都提供了比单体船高的水动力性能指标及宽敞的甲板空间。其诞生与发展均以水动力学性能的解决为突破口,同时,广泛采用轻型结构材料及工艺技术。普通高速双体船的弱点是在某些波浪条件下出现纵、横摇联合的醉汉运动与高航速时易遭湿甲板砰击。20 世纪 80 年代自控稳定技术与阻尼鳍技术的发展,湿甲板砰击理论的突破,使得普通高速双体船在 90 年代初成为世界上数量增长最快的高速船。经过 60 年代大量的理论与模型试验研究,解决了快速性、耐波性、稳性和外载荷的预报与设计技术后,1973 年在美国建造成世界上第一艘小水线面双体船(图 2(b)),成为耐波性最佳的船型之一。小水线面双体船与普通高速双体船的船型技术相结合,兼顾两者在耐波性与兴波阻力上的部分优势,1985 年在澳大利亚设计建造成了世界上第一艘穿浪双体船。

吸取上述双体船所揭示的优点,在多体消波理论的基础上加以发展,近年来又出现了一些有优良的快速性和耐波性的高速三体(如英国的 TRITON,图 2(c))、四体甚至五体船。美国洛克希德·马丁公司 1998 年推出的可重组式多用途小水线面四体船 SLICE (180t 排水量,图 2(d)),因其良好的消波船形,以(30～32)kn 速度在 5 级海况下航行时,波浪失速不到 2kn。有些国家通过多体船的研究认识到,精心进行水动力特性设计的多体船技术"将改变 21 世纪水面船的面貌"。

2.3.2 水动升力型高速船及水翼型复合船

定常与非定常水翼动力学理论、运动控制理论与设计方法的发展与应用,使二次大战末期投入实用的水翼船的技术在 50 年代基本成熟(割划自稳式与浅浸自稳式,内河及沿海),到 70 年代初以后,又有了质的飞跃,出现了可在(4～5)级海情的海洋上航行的军、民水翼船(全浸自控喷水推进型)。我国于 1994 年建造营运于港澳间的自控双水翼船 PS-30(图 2(e))是这类水翼船的最新产品。

为建立 21 世纪环岛与跨国高速海运大动脉,日本于 1989～1994 年组织七大造船公司,以 1000t 装载量、6 级海情下 50kn(93km/h)航速、续航力<500n mile 的"超高速"运输船为技术指标,实施并完成了称之为"Techno-Superliner,TSL"的超高速运输船联合研究计划。成果之一是突破了单潜水浮体和水翼系统结合的复合船"TSL-F"(图 2(g))的水动力性能、推进技术、与结构安全性技术。其适航性与快速性相当好,在波高为 6m 的汹涛上,45kn 航速时的附加波浪阻力系数只有 0.2。

20 世纪 90 年代初以后,把深浸水翼与常规双体船结合起来的水翼双体船也先后在北欧、日、英等国问世,投入高速客运航线。加上"水翼自动舵系统(APF)"后,在波浪中的运动性能远比高速双体船优良。

2.3.3 空气静压力型高速船及气垫复合船

40 多年来,气垫动力学、气囊(响应围裙)动力学的成功应用,与相应的快速性、稳定性、操纵性和航行控制技术的成熟化,对世界上各型全垫升气垫船(总重数百公斤至数百吨,最大航速(30～65)kn)、侧壁气垫船(SES,排水量 3000t 级以下,最大航速(30～90)kn)和双体气垫船的产生起了决定性的作用。日本在 TSL 计划中的另一成果是在 1998 年完成了复合双体气垫船 TSL-A 的大型试验艇(长 70m,排水量 850t)的全面演示验证。该项研究与前述的 TSL-F 的研究一起,既实现了面向 21 世纪的超高速船与相关的运输体系的技术创新,也使高速船领域中应用力学的关键内容有了一个大的发展。同时,推动了国际上研究复合型高速船的浪潮。

2.3.4 空气动力型高速船

在所有必须接受船舶类安全审理与监管的运载工具中,唯有空气动力型船舶——掠海地效翼船可以利用"表面效应"提供的高升阻比气动力,摆脱波浪和黏性的羁绊,在波面上 0.5m 至数米的高度平稳掠飞。苏联从 20 世纪 60 年代起即秘密研制成了重量逾

500余吨(里海怪物)、140t(小海雕)及400t(雌鹞,图2(f)),航速最高达280kn的地效翼船。这类翼船的出现,首先是突破了表面效应区内飞行器的运动稳定性等一系列关键的力学理论与应用技术,其中还包括起降与巡航时的气动力与水动力布局和性能、动力增升、动力气垫、效应区内操纵性、波浪中起降的水动力载荷、结构可靠性、动力推进技术等。我国从1967年开始,经过大量理论与试验研究,先后研制成功了(3～20)座的海上试验与实用艇。掠海地效翼船的特有的性能,使人们把它看作为将对21世纪的海洋运输产生显著影响的船舶新技术。要真正成为下世纪实用的高速海上运载器,尚须实现大型化,并从技术上解决远距离航行、全寿期使用的安全可靠性问题。

船舶技术的发展,尤其是20世纪末的新动向表明,人们对船舶的概念已远远超出了历史上排水型船的范围。在人类的历史进入21世纪的时候,船舶设计制造技术也正经历着一场频频更新的超越传统的变革,从根本上改变着国际经济大循环中海上运输的面貌。在这个过程中,船舶力学始终是一个创新的源泉,与船舶技术的发展伴生伴长,并拓宽与深化着自身的内涵。

3　船舶力学的现状、发展方向与热点问题

3.1　船舶结构力学

船舶结构力学可以简要地定义为“在船舶的设计、建造、使用和维修过程中,为确保船体结构的安全可靠性,满足结构及安装其上的船用设备的要求所涉及的力学科学与技术”。择部分要点,世纪之交的船舶结构力学有下述值得重视的研究内容。

3.1.1　环境与载荷

船舶与海洋结构设计所依据的环境条件与载荷的合理程度是决定其安全性的关键因素。如何描述船舶航行途中及海洋平台结构营运期间可能遭遇的风、浪、流、冰、温度、地震及海生物附着等环境条件,如何在设计阶段“合理”地预估将在这些“描述不清”的环境中“漂泊不定”的船舶与海洋浮动结构该承受的载荷,始终是一个十分复杂的问题。

3.1.1.1　环境

在船舶与海洋结构发展的过程中,对环境条件的考虑越来越广泛和深入,经历了从准静态到动态,从确定性到随机统计性,从注重风、浪到综合考虑各种环境因素的发展过程。近年来,除水面和船载的常规测量观察手段外,卫星提供了全球风、浪与温度的大量数据,且已可提供全球洋面的方向波谱数据。第三代波浪模型已用于实时波浪分析与预报。

波浪的非线性特征对统计结果影响的研究已比较深入。除此之外,近10年内,“异常波(freak wave)”的描述与由其引起的极端载荷已受到了关注[5]。早在1942年秋,在距苏格兰海岸700n mile处,风暴中一个超越当时海况的峰形巨浪盖过运载15000名美国士兵去欧洲的Quen Mary号客船的上甲板,使船差点倾覆。1998年11月9日,一艘名为Schiehallion的浮式生产油轮(FPSO)船艏遭受了至少有22m高的陡波的撞击,引起了艏部结构的严重破坏。出现这类按海况条件难以思议的大浪,并引起破坏的报导已有不少,却未能给出科学的描述。其产生的机理、统计规律及由其产生的极限载荷的确定

都是当今有待进一步解决的问题。

深海洋流对海洋平台及立管系统的载荷悠关重要。流的异常也成为当今一个关键问题。当存在海水密度分层及近岸坡底的情况下，潮水会在分层界面处激起向岸行进的幅值达数 10km 的孤立波，在分层界面的上层激起与孤立波传播方向同向的速度达 2m/s 的强流，在分层界面的下层则激起方向相反的流。这种现象会持续(5～30)min，引成对海洋平台结构或立管的十分危险的剪切载荷。当这类潮致内波兴起的流扩及到海面时，引起表面波的碎浪，从而可用合成孔径雷达(SAR)成像技术捕捉到。虽然已可用基于 Korteweg-de Vries 理论的数值模拟，给出这些内波的定量描述，然而其理论研究与统计规律的实测仍甚为重要[5]。

3.1.1.2 载荷

虽然多年来，基于线性与非线性的切片理论及三维势流理论的波浪载荷预报方法，以及相应的船舶设计载荷的确定方法或已比较成熟，或有了长足的进步，但船舶的海难事故仍不断发生。仅 1995 年一年，全世界就丢失了 188 艘 100t 以上的船舶，总吨位达 9.1×10^6 t，其中在海浪中沉没的船只数占 54%。这表明合理地给出极限气象条件下船舶所遭受的总体波浪载荷、甲板上波浪载荷和货物惯性载荷，合理地描述船艏局部结构上的砰击载荷，及合理地估计中、低海情下结构疲劳载荷的重要性。因此，船舶结构外载荷的研究始终是船舶结构力学中一个重要领域。

运动与载荷的全非线性分析方法急待发展，这对确定与横摇运动和黏性效应密切相关的横向载荷时尤其重要。然而数年之内尚难以指望一个经严格验证的基于 6 自由度 RANS 方法的非线性分析手段投入应用。船艏底部入水砰击、波浪拍击和正面撞击引起的瞬态水动力载荷的预报更为复杂。由于船与浪两者形态与运动的复杂性和问题的强非线性，砰击与上浪载荷预报方法及其工程应用虽取得了重要的进展，在理论上还远未解决。船舶液舱中液体的低频晃动载荷和瞬态拍击载荷则是贮液船舶设计中另一个十分重要的问题。当今已有多种分析晃荡的二维和三维时域数值方法。然而不同方法预报晃荡拍击的压力峰值和液面形态结果甚为分散。对大液舱船舶而言，液体晃荡与舱壁弹性变形和船体在波浪中的运动有重要的耦合效应，该领域现有的研究工作甚少。

在对船体进行强度校核时，需计算稳态波浪载荷、瞬态砰击上浪载荷共同作用的长期概率分布。这就涉及非线性随机过程的合成方法问题。现有的多种合成方法给出结果的分散度过大。近年来提出了若干处理船舶载荷的非线性和非高斯特征的统计模型，但应用前景还不明朗。

3.1.1.3 热点问题

随着海洋科学和信息技术的发展，本世纪将建立起全球海洋的风、浪、流的统计分布和变化规律的更科学的描述方法。船舶外载荷长期预报所依据的环境模型将比现有的波谱方法远为丰富。

全非线性船舶波浪载荷的计算方法在 21 世纪初将会有所突破；三维砰击理论将会建立起来，或许会在随机变量的基础上描述弹性船体-气-液复杂的瞬态耦合作用及载荷；液舱的三维晃荡与船体运动、舱壁变形的耦合分析将付之实用，给出晃荡载荷的更合理的描述；船舶极端载荷的预报方法不久将取得为船舶工程界认同的经受过模型与实船数据考核的成果。从船舶的运动与结构响应推算波浪载荷及海浪条件的逆问题也将获得发展。

尺度达数公里的大型浮体结构(VLFS)人工岛在21世纪必将奇迹般地出现在海洋上,尚待进一步解决的是时域与统计特征随位置而异的波、流与温度环境的描述方法,浮体一阶、二阶与高阶外载荷的计算方法,在复杂流体耦合作用下大尺度“柔性”结构的线性与非线性安全可靠性分析方法,以及VLFS对环境条件的反作用。

3.1.2 结构强度

实际船舶结构强度问题的复杂性使该领域的研究内容异常丰富,主要可归纳为在已知载荷下的强度分析及结构的极限承载能力。

3.1.2.1 结构强度分析

该领域在21世纪前夕已达到如下状态。

除了用于初始设计和优化设计阶段的结构强度与稳定性简化计算方法不断地改进发展之外,有限元分析方法,包括整船结构有限元分析取得了广泛的应用。许多研究工作集中在改进应用效果的模型生成与分级模型分析技术,及船舶结构有限元分析的准则、指南、不确定性与质量保证系统的研究方面。“基于船体制造对象的有限元模型生成

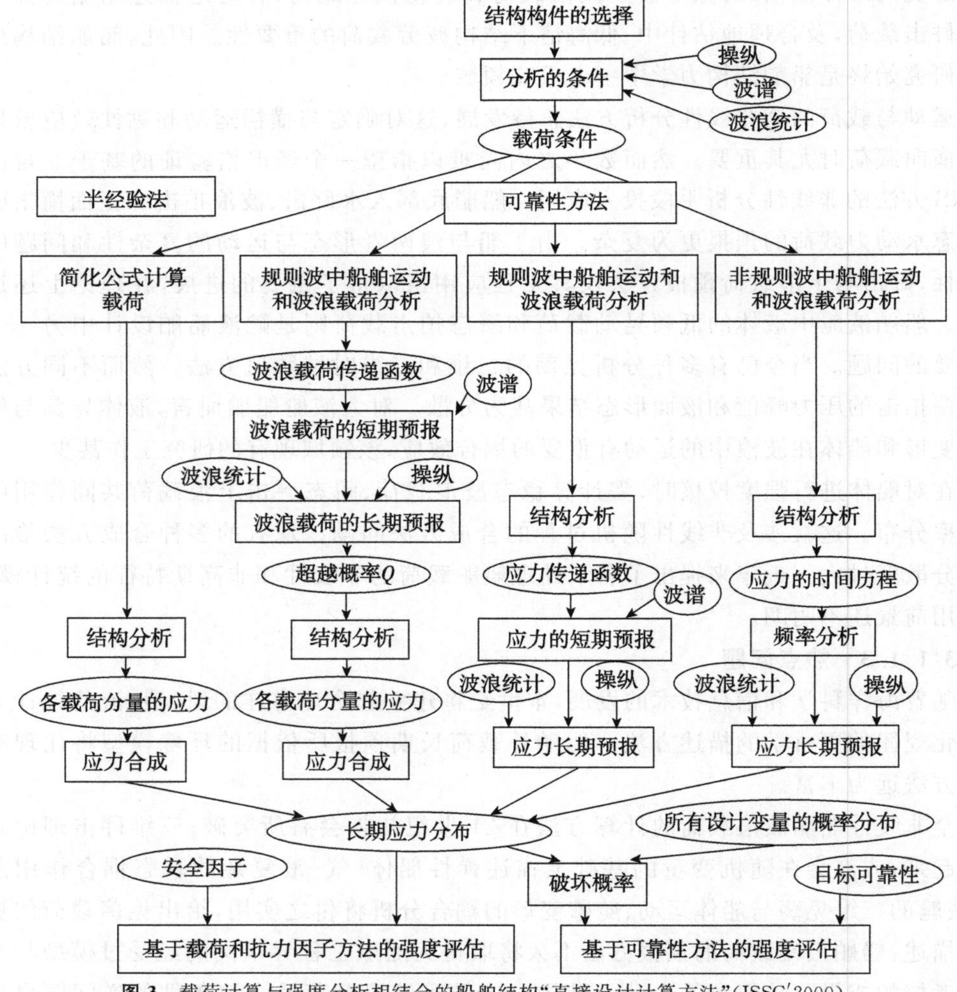

图3 载荷计算与强度分析相结合的船舶结构“直接设计计算方法”(ISSC′2000)

系统”的研究已成为使 FEM 模型与 CAD/CAM(设计与生产)信息直接联系起来的关键技术。结构可靠性分析方法作为实用性设计工具的条件已经具备。目前正处于校核现有的设计规则,建立船舶结构可靠性设计方法的阶段。

船舶结构载荷计算与强度分析相结合的“直接设计计算方法”的研究与应用已取得了显著的进展。图 3 概括了在 4 种直接设计计算方法中所采用的波浪载荷与应力响应的不同的分析流程(ISSC′2000)。应用力学的推动,使得船体结构显著改进。例如,1998 年交付使用的 6200 箱集装箱船比 1988 年建造的 2500 箱集装箱船大得多,然而其船体结构却更薄。

3.1.2.2 极限承载能力

船舶结构力学中所称的“极限承载能力”,系指船体结构及其部件抵抗超负荷(包括事故载荷)作用引起的延性塌垮的能力。这种延性塌垮是一个屈曲、屈服和大变形累加的综合过程。在计及初始挠度、残余应力、锈蚀程度的情况下,船体部件极限强度分析的建模方法、计算方法、使用过程中的损伤与退化对剩余强度的影响,以及往复与动态加载对构件塌垮过程的影响等方面的研究工作已经有了相当的进展。尽管如此,船舶结构是一个对材料、工艺和使用过程所造成的大范围初始与再生缺陷十分敏感的大型薄壁焊接结构,对这类结构进行极限承载能力分析,是一个严重的挑战。以一块纵向受压的激光焊接的船体加筋板的超临界屈曲为例,虽然给定了结构参数、材料特性、初始几何缺陷和焊接残余应力的分布测量值,并说明了安装条件和加载情况,1997 年由国际上 8 个研究单位用 13 种方法计算其塌垮的应力应变过程,结果的分散程度均远远超出人们的想象,见图 4。显然,有必要进一步研究合理可靠的算法和标准规范的步骤。

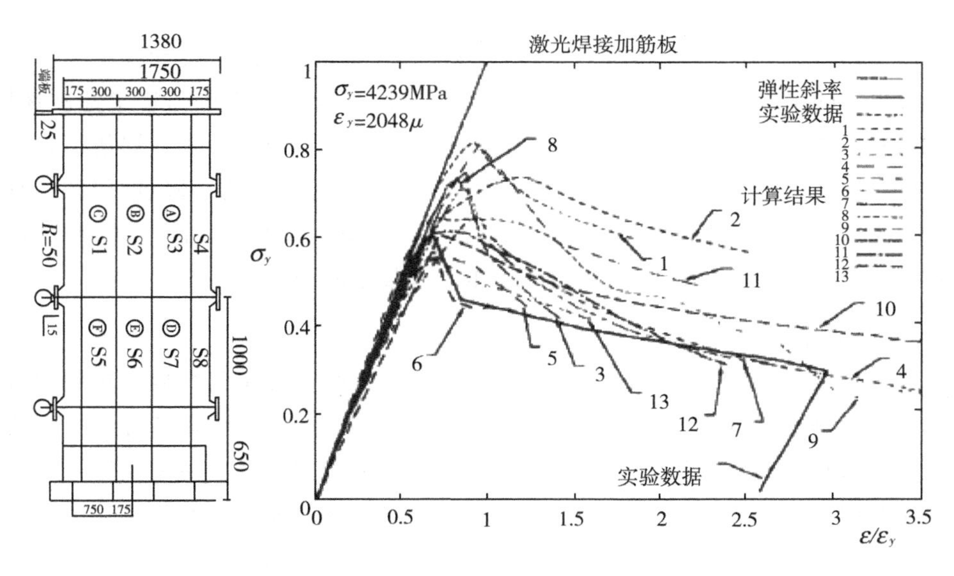

图 4 纵向受压激光焊接加筋板极限承载能力的国际对比研究(ISSC)

3.1.2.3 发展方向与热点问题

1)船舶结构直接分析与设计

依据简单的规范准则的设计方法正逐步地让位于计算机辅助的结构直接设计方法。直接设计法的基础是直接分析方法,两者的内涵在可预见的未来都将大为扩展。

(1)基于船舶水弹性力学的直接分析方法

随着波浪与弹性船体的非线性作用、黏性流体与船体和附体的相互作用、及流气固体相互作用等耦合问题的分析水平和实用性的提高,可将在水弹性力学的统一的理论基础上,给出流体外载荷与结构响应的更为合理的评估,形成把波浪中船舶结构的强度、动稳定性与疲劳性能的预报综合起来的直接分析方法,给出短期与长期的、时域的与概率统计的结果,并付之实用。

(2)广义的直接设计法。

扩大船舶结构信息流的内容与流向。①实现船舶结构设计信息、分析信息及工艺与生产管理信息的交贯融合,发展以生产为导向的船舶结构直接设计方法;②增加结构重分析的功能及相应的数据库内容,把船舶结构分析与安全性评估的范围,从新制造的完整结构,扩展到存在锈蚀、损伤与修补的使用中结构,提供全寿命期内结构再评估与维修设计的手段。

2)结构极限承载能力的评估

为从变形破坏的全过程来考察船舶结构的生存能力,首先需要进一步揭示在给定的载荷模式下各破坏环节的机理及转换关系,发展合理的与规范化的极限承载能力计算方法,把目前预报结果的显著分散性减少到工程许可的范围之内;其次需要研究实际载荷,尤其是砰击与上浪引起的结构动稳定性损伤过程;第三需要考虑使用过程中的累积损伤及反复加载的综合时效因素;最后需开展模型与实船试验验证。从中将产生船舶结构安全性评估的新思想与优化设计新方法。

3)船舶结构可靠性评估

可以预期,船舶结构安全性的评估准则将从确定性转向概率统计性;从局部状况转向全局效果。除了纵总强度和稳定性破坏模式以外,局部结构强度与稳定性破坏模式,以及疲劳破坏模式的损伤概率,将成为设计评估的内容。计及多种累积损伤模式的旧船的剩余可靠性评估也是一个重要研究与应用领域。21 世纪对人为、环境或船舶自身原因使船舶遭灾的风险统计规律的研究,将大大丰富船舶安全性的评估的内涵,使其更多地与自然环境及人为因素结合,成为一个综合的工程技术问题。

3.1.3　疲劳与断裂

在船舶领域中,由于航线、装载条件与海况千变万化,冷加工与焊接结构的材料特性严重分散,进行疲劳分析十分困难。到 80 年代后期以后,船舶结构疲劳寿命的评估方法成为关注的重点,研究成果十分丰富。1994～1997 年,世界上几个主要船级社都先后给出了船舶结构疲劳评估的规则与指南。然而,由于对载荷(包括应力范围时历统计图)、N-S 曲线、应力合成与评估的方法的选取各不相同,不同的规则对疲劳寿命的预报有明显的差别。图 5 给出了根据德(GL)、英(LR)、美(ABS)、挪威(DNV)4 个船级社的规则,对一艘 VLCC 船上受纵弯与侧压联合加载作用的一个舷侧纵向加强构件上 4 个不同位置处的疲劳破坏率进行估算的结果。显然,其差别相当显著。毫无疑问,船舶结构疲劳载荷与疲劳强度评估的标准化方法仍是研究的热点方向。

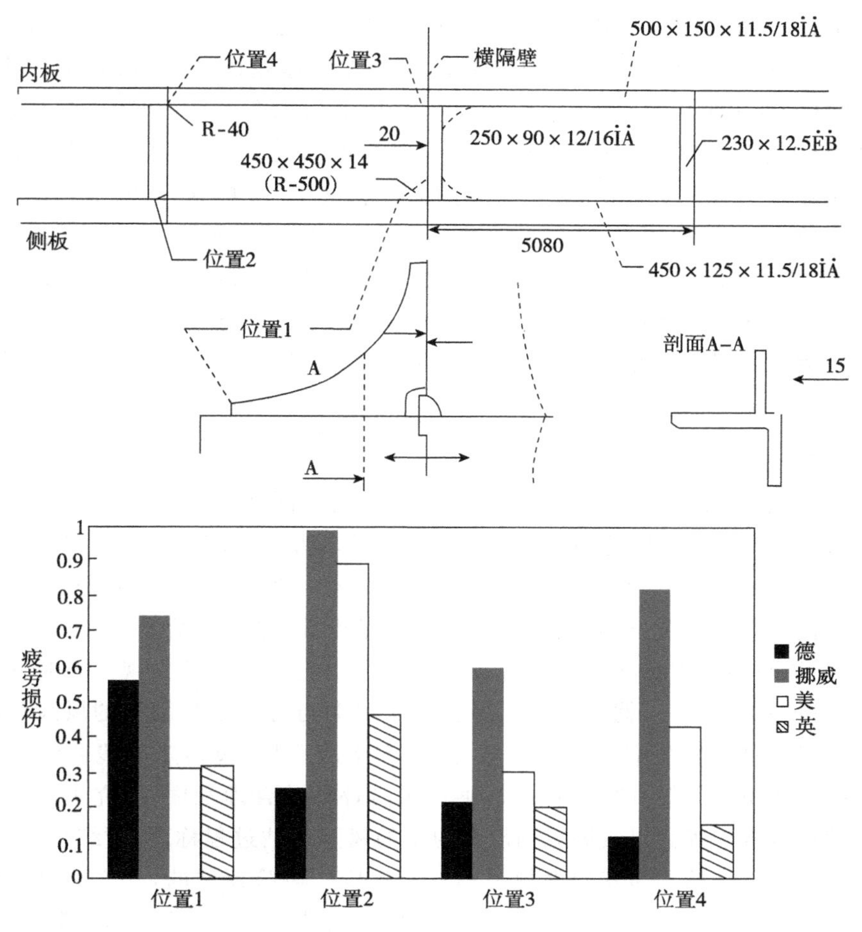

图5 VLCC舷侧纵桁上不同点疲劳破坏率的估算结果(ISSC′2000)

3.1.4 结构动力学

船舶结构动力学的研究集中在两大方面:由船用机电、动力系统和推进器引起的振动、噪声及其控制;以及由波浪、砰击、拍击、上浪、水下或空中爆炸等环境因素引起的船舶结构和船用设备的稳态、瞬态和随机动响应。

3.1.4.1 振动与噪声

船舶工程界对于控制或治理船舶振动,包括应用被动或主动吸振技术已积累了丰富的经验。国际上大国间的竞争,使得潜艇声隐身领域在近30年内取得了卓越的成就。20世纪70年代以来,海军大国新建核与常规动力潜艇的整艇辐射噪声的总声级以平均每年1dB的速度下降。现今大功率推进的安静型核潜艇的辐射噪声总声级在6kn航速下已低于120dB(20～50kHz,参考声级10^{-6}Pa)。对机械激励引起的振动噪声沿艇体、载流管系、舱室空气传播,并向艇外水中辐射的问题,已发展了多种理论、数值模拟和工程预报方法。有关的控制技术,包括单、双层和浮筏隔振系统,以及各类减振隔声元件和阻尼材料的应用技术已经成熟,然而仍在改进。

3.1.4.2 流场环境引起的动响应

该领域的最大进展之一,是20世纪70年代后期开始兴起的"水弹性力学"(hydroelasticity)的研究和应用。以势流理论为基础的各种二维与三维、时域与频域的船舶水弹性力学理论已有丰富的成果,可以对有航速或无航速船体在波浪、砰击等线性或非线性(由船舷外张和瞬时湿表面引起)水动力作用下的稳态、瞬态和随机响应进行数值模拟与预报,并已在船舶与海洋工程结构的性能评估及损伤原因分析中取得初步应用。柔性围裙或袋囊与流体的耦合作用分析方法、波浪-气垫-船体的耦合动力学计算方法、艉流场中螺旋桨叶片的耦合振动分析,以及在地震与海啸作用下海洋结构动响应的预报等方面的研究在最近10余年间纷纷取得进展。目前关注的研究内容是非线性波浪与大幅运动船体结构的相互作用、三维砰击/上浪/与晃荡的水弹性力学效应、黏性流场及涡引起的结构的振动及稳定性、湍流激励引起的结构声辐射等非线性水弹性力学问题等。

3.1.5　事故与风险

燃烧、爆炸、碰撞或触礁等灾难性事故不仅造成船舶本身的损伤,还带来严重的环境污染和连带经济损失。英国劳斯船级社的统计结果表明,1995年世界上丢失的188艘排水量100吨以上的船舶中,29%的船只数和62%的吨位数是由碰撞、搁浅和触礁造成的。近年来结合世界海运安全与环保需求,结构的防燃设计(燃烧载荷及效应分析)、结构的防爆设计、防撞与防触礁结构设计[1]等领域的研究引起了广泛的重视。同时,船舶力学快速发展的典型例子之一,就是建立了多种关于船舶与海洋工程结构的风险评估技术。该领域旨在研究事故发生概率的分布规律;研究事故后果(包括船舶残留强度、操作性能、经济损失、环境污染等)的评估方法,确定风险评估的合理程序;研究主、被动风险的控制技术的评价方法等。以发展规则规范为主的风险评估过程称之为“综合安全评估”;对单个的船舶或海洋结构与安全性规范的符合程度作风险评估的,称之为“定量风险分析”。1995年IMO确定安全性规则的步骤,也作为改进船舶安全性和防止海洋环境污染的技术。这5步FSA法的主要内容是:危险区域的识别,风险的分析,风险控制措施的选择,费用效益分析,控制风险措施的推荐。

基于包括Derbyshire在内的两艘散货船海损事故的教训,英国于1998年建议用FSA方法重新检查散货船的设计、建造与营运,并于2000年向IMO提交了相关的报告。欧共体与日本随后分别开展了世界上首次以散货船为对象的全面的船舶综合安全评估。最终的研究报告在2002年12月提交给IMO。可以预见,该领域的发展将带动船舶结构设计思想的变革,同时将影响世界上各船级社的规则的更新。

3.1.6　工艺力学

船舶制造技术在20世纪下半叶发生了革命性的变化。分段整体建造技术和高强度钢的使用,激光、等离子焊接技术和切割、焊接机器人的大量采用,促使了船舶制造中工艺力学的形成和发展。其内涵包括成形工艺模拟、精度控制设计(用力学手段确定工艺变形、加工的预定容量与补偿值,分析加工中精度丧失的积累过程)、缺陷规律预报(局部焊接缺陷和船体宏观焊接变形),以及性能影响评估(残余变形、应力与焊接缺陷对船舶结构性能影响的评估)。这些评估技术与结论为改进造船质量控制标准提供了基础。作为船舶CAM与SIMS技术发展的一个重要的内容,在21世纪,将会从宏观、细观及微观三个层次上深入到空间薄壁结构的切割、焊接、成型的应用领域中,研究并提供计及加工缺陷与残余变形影响的船体制造的精度控制技术;将在技术设计及工艺设计阶段应用工艺力学手段优化构件的分块,部件、子结构与舱段间的装配焊接工艺。

3.1.7 设计原理

把研究与需求紧密地结合起来,不断探索更合理的设计原理和准则,提出船舶设计方法的改进方向,是船舶结构力学发展的一个鲜明的特征。在力学手段与设计方法的结合面上,近年来出现了一系列工程研究内容[1]。现今的发展趋势是:从单纯的结构安全性设计转向全面考虑生命、财产的安全性和洁净环境的设计;从基于经验性规则的设计转向直接基于力学原理与方法的,以目标定向的非规则性设计;从初始完整结构为对象的设计转向全寿命综合设计;在设计、维修规则的发展与验证中趋于使用概率(可靠性)技术;在整个安全性概念中进一步考虑人为的因素;采用先进的信息技术把船舶全寿命设计与营运中的各种有关内容集成起来。

3.2 船舶水动力学

概括而言,船舶水动力学是一门"研究水面与水下流场中运载器的运动,以及与运动相关的流场"的科学与技术。就像空气动力学的发展奠定了航空航天技术发展的基础一样,水动力学的发展造就了当代船舶技术的新局面。千变万化的自由表面的存在,大大增添了水动力学的丰富的研究内容。经过 20 世纪下半叶的发展,船舶水动力学在下述方面取得了重要进展。

3.2.1 综合航行性能

3.2.1.1 阻力与流动

实验流体动力学(EFD)历来是研究船体水动力外形,确定航行阻力的主要手段。水池试验 CAT 技术的发展、流态显示技术的发展及其应用、模型与实船相关性的研究、不确定性分析与质量控制体系的建立、模型与实船快速性数据库的建设与应用等五个方面技术水平与应用能力的高低已成为造船工业技术竞争的主要内容之一。

船舶计算流体动力学(CFD)的研究与应用成为阻力与流动领域的前沿问题,其难点在于非线性波面、黏性效应、瞬时湿表面、以及艉部螺旋桨组合体等。由于复杂三维船形的网格生成和湍流模式等问题,求解 NS 方程的 CFD 方法在船舶流动预报中的应用受到一定程度的限制。为提高可应用性,各种方法软件与实验的比较,两者的不确定性分析成为十分重要的研究内容。

3.2.1.2 耐波性

现代的船舶耐波性理论及船模与实船的耐波性试验技术已有十分丰富的内涵与成果。各类线性与非线性切片理论仍然是耐波性数值预报的实用与有效的工具。基于势流理论的各类频域与时域三维线性分析方法层出不穷。非线性方法需计及非线性自由表面条件、瞬时物面条件、砰击与甲板上浪等瞬态载荷、波浪破碎现象及在横摇中影响显著的流体黏性阻尼等因素,使问题的处理十分复杂。已出现的三维非线性方法都局限于考虑部分因素,且结果比较分散。

船舶横摇运动数值模拟与倾覆稳定性的评估紧密相关,难点在于大幅度横摇的非线性模拟及横摇阻尼的确定。阻尼受附件升力变化、船舷形态与出入水状况的影响,存在显著的非线性。长期以来,非线性横摇运动在揭示非线性动力学的某些未知领域中发挥着重要作用[1]。非线性横摇的研究沿着更靠近真实条件的方向发展,将有可能找出某些海难事故的原因与解决办法。

常规船舶的耐波性模型试验技术已比较成熟,对于高性能船舶,仍有许多新技术有待发展[1]。

3.2.1.3 操纵性

由于船体与水流场运动的耦合作用及波面的存在,船舶操纵性能的物理本质和研究方法有许多区别于空中运载器的特点。为确定船舶的操纵力,在大多数情况下,尤其是高速、大机动时,必须考虑运动参数之间的耦合及非线性因素。在船舶出现了破损,或需变速、倒车航行时,数学模型更为复杂。运动方程中的大多数水动力系数现今通过模型试验确定。用理论(数值)分析的手段预报操纵运动的作用力,从而决定水动力系数的有关技术正在发展之中。船舶操纵运动的预报与评定可通过物理模拟(自航模试验)和包含非线性阻尼项的数值模拟来实现。操纵运动模拟的一个重要进展,是可以更好地考虑外界环境影响(限制水域,风、浪、流,水底污泥等)。对近水面运动的潜艇则还考虑二阶波浪力的作用。

3.2.1.4 热点问题

1)船舶综合航行性能的 CFD 预报技术

随着湍流理论的突破、非线性波浪数值模拟技术的进展,以及计算机与信息处理技术的发展,将有可能在本世纪,或许上半叶为船舶水动力性能设计提供一个全雷诺数的 CFD 数值模拟工具。不仅用于预报各类船舶的静水航行阻力与推进性能,还有可能把快速性、耐波性和操纵性等现今不同的领域融合起来,预报实尺度船舶在风、浪、流等海洋环境载荷中的航行性能与机动性能。

2)自动操纵技术

船舶操纵性的力学研究(包括数值模拟手段)与专家系统、人工智能技术、计算机技术、船舶操纵运动的测量系统、操控执行机构结合起来,已开始为船舶操纵控制带来全新的面貌。成效之一是形成了具有单项或综合的自动驾驶、动力定位、防撞、自动停泊、进出港操舵导引等功能的自动驾驶操船系统。再进一步有可能形成未来的具有自我学习与适应功能的船舶自动驾驶系统。

3.2.2 推进器

自 1838 年埃里克森获得第一个螺旋桨专利以来,100 多年中这种推进器技术进展不快,直到近 40 余年,才随着螺旋桨水动力学的发展,有了明显的改观。

3.2.2.1 螺旋桨

在螺旋桨理论方面,经过了升力线理论及模式函数升力面理论的发展阶段,目前离散涡格法升力面理论已比较成熟,面元法迅速发展。在 20 世纪 90 年代,用求解 RANS 方程来计算围绕桨叶的复杂三维定常流场并预报推力扭力的研究工作大为增加。把 RANS 方法推广到螺旋桨的非定常流动的工作还开展不久,将可能发展成为预报螺旋桨性能的强有力的工具。螺旋桨周围精细流场与声场的测量技术正在进一步发展之中,将可为把理论与实验结合起来了解问题的本质提供依据。

在设计领域现已大量采用从叶剖面设计、翼型组合、到定常非定常压力分布预报的直接设计方法。低激振力、低噪声大侧斜螺旋桨的性能预报与声学设计技术取得了重大进展,并已在军、民船上广泛使用。超空泡螺旋桨的设计及空泡区域体积的预报、割划(水面)桨的设计及性能估算技术均有了显著进展,但仍待发展。

3.2.2.2 轴向涡轮泵推进器

1983年英国首次在核潜艇上采用由减速导管、多叶转子与定子组成的泵喷推进器,替代了螺旋桨。泵喷推进器的离散谱与宽带噪声低,产生空泡的临界航速高,推进效率较高,是低噪声推进器技术的一大变革。有人预期,到21世纪初,潜艇螺旋桨将全面让位给这类推进装置。对于泵喷推进器的水动力性能、宽带噪声性能,以及设计与优化技术的研究将会进一步深化。

3.2.2.3 新型推进技术

1)新型螺旋桨

新型吊舱桨、高速船采用的割划水面的半浸桨、船舶或潜器采用的迴流式侧推桨等各种推进方式的改进完善会给螺旋桨技术提出几乎是无穷尽的工程课题。把黏性流体力学、空泡力学、湍流声学、弹性或黏弹性薄翼结构动力学结合起来的螺旋桨理论,将于21世纪在流固声耦合理论的基础上呈现新的面貌,解释迄今为止主要靠实验经验来近似判断的许多尤其是涉及噪声机理的物理现象和规律。人们将可通过数值模拟更精细地研究改善伴流场,减少桨后尾流能量损失的各种措施,给出新型高效低噪声螺旋桨的适伴流优化设计方法。

2)磁流体推进

由于磁流体推进既不依赖转翼,又不造成旋转尾流,因此安静性和系统可靠性会明显改善。然而目前所达到的推进效率过低,要在船舶实用,尚需在技术上经历一个质的飞跃。研究的重点将是不同类型磁流体推进器的电磁流体动力学特性的理论模型和高精度的数值解法、结构型式及特性分析、高温超导的应用、强磁场的生成、电化学防护、提高航速时保持推进效率的技术,等等。此外,磁流体技术有可能用于改变船体表面局部流速,提高升阻比或控制面性能。

3.2.3 空泡

流体在船舶推进器和船体某些部位的扰动下往往会产生空泡。空泡的增长、下泄变形、迁移、失稳、碎裂和溃灭是空泡动力学与湍流动力学错综复杂的相互作用过程,且在本质上是非定常的和统计性的。与螺旋桨有关的空泡,根据形态与特征的不同,大致分为旋涡空泡、片状空泡、云状空泡和泡状空泡。近年来的研究主要围绕空泡起始与发展的预报方法、确定空泡发展形态的模型试验、尺度效应、空泡引起的非定常压力脉动、推迟旋涡空泡的技术、各种因素(水质、空化核含量、伴流场、湍流度及雷诺数等)对空泡起始及尺度效应的影响等问题。虽然比较严重的空泡问题在于泡状、云状和旋涡空泡,但至今发展的大多数空泡计算方法,仅限于预报片状空泡。90年代,在流体无黏假设下的面元法取得了显著的进展。为更好地预报空泡起始,发展一种能计及空泡核谱和湍流现象的随机方法将很有意义。CFD方法在螺旋桨空泡形成与相互作用过程中计入了重要的黏性效应,有明显的优越性。然而尚须针对湍流模型、空泡接触与分离区网格处理、计算量过大等复杂因素作进一步的实用化研究。

3.2.4 船舶水动力学的其他前沿问题

3.2.4.1 超空泡水动力学

潜水航行体的航速突破某一极限，除航行体头部与水接触外，周围将形成一个超空泡体，表面摩擦力大大降低。在突破了超空泡水动力学及其工程应用的关键技术后，苏联在1977年研制成功第一代直航式“狂风”超高速鱼雷，航速200kn，射程8km。其后的改进型航速已高达400kn，航程达到100km。许多人认为，高速超空泡航行体技术将对发展新一代水中兵器有重要影响，因而受到德、美、俄等诸国的重视。图6为一类超空泡高速鱼雷的示意图。超高速空泡动力学需要研究超空泡流动的物理特征与力学模型、空泡的形成与形态、超空泡航行体的运动与稳定性、超空泡水动力学模型试验技术、空泡降阻机理、燃气推进与空泡的热力学作用等问题。

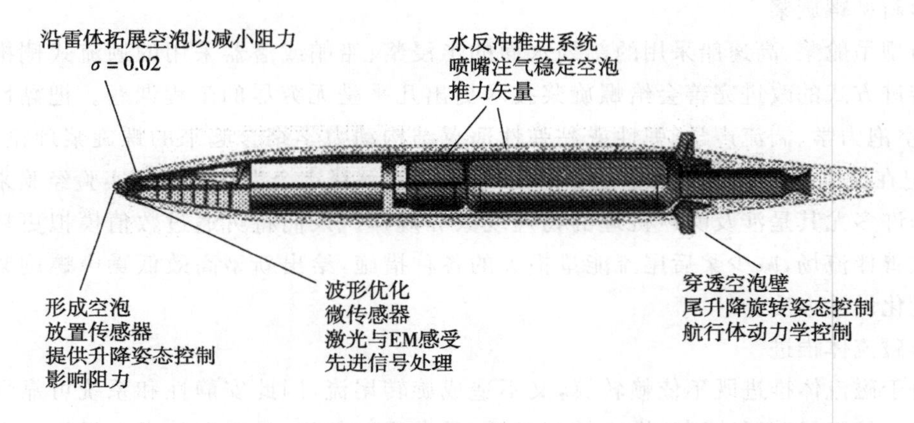

图6　一种自导航行的超空泡鱼雷的示意图

3.2.4.2 仿生水动力学

海生物的优异水动力性能预示着船舶水动力学还有着广阔而长远的发展前景。仅举二例。

1)表面减阻降噪

根据汤姆斯效应可以发现，将微量的某种高分子聚合物注入艇体表面的边界层，在不降低形状阻力的条件下，总阻力可下降50%，使航速提高26%。90年代初美国基尔戴公司的人发现，海豚的皮下脂肪层能控制附面层，阻滞湍流扰动，从而减小旋涡和流动阻力。除此而外，利用精心设计的条状波纹间形成的微涡结构来减少流动的摩擦阻力的研究在国内外也已开展多年。尽管这些技术都显示了减阻降噪的效果，然而对其细观流动现象及力学机理仍缺乏周密的实验和严格的理论分析。预计将会在21世纪上半叶取得显著的进展。

2)仿生推进

鱼类摆尾游动效率高，噪声低，尾迹小，是一种十分理想的推进方式。国内外学者曾先后对鱼类推进的流体力学数理模型进行了研究，揭示了一些规律，并进行了一些试验研究。然而仿生推进技术离开在船舶或潜器中实际使用还有不小的差距，急待在各个方面取得进一步的突破。

4 结 束 语

如果进一步作一宏观的归纳,不难看到,世纪之交的船舶力学将出现如下的发展趋势。

首先,对船舶力学问题本质的认识与描述正从“确定性”进展到更符合工程实际的“不确定性”或“随机性”;从注重确定性条件下的“分析”发展为更强调对于带分散度的事物的统计“综合”;从纯力学的“力与响应”、机械的“因与果”的研究拓展为力学与“人为因素、经济、环境、信息和管理”的相互作用的研究。这些趋势充分体现了船舶力学与工业紧密结合的特征。

其次,船舶力学的交叉学科必将呈现色彩缤纷的发展局面。其中包括:

(1)船舶力学与海洋学的交叉,将对环境载荷给出更为科学合理的表述形式;

(2)水动力学与固体力学的交叉,成为舰船与大型海洋结构响应分析与直接设计的重要工具;

(3)船舶力学与声学的紧密结合,发展先进的声隐身技术与探测技术;

(4)船舶力学与生物学的交叉,发展高效安静的仿生推进与仿生降阻技术;

(5)船舶力学与仿真和自动控制技术的结合,广泛实现自动航行与低风险机动操纵;

(6)船舶力学与热、电、磁、光学相交叉,发展新推进技术、智能隐身技术、以及非声探测技术等;

(7)船舶力学与信息技术的结合,给信息时代的造船技术以全新的面貌。

再则,非线性现象已不可避免地成为船舶力学中许多领域必须研究和认识的关键问题,例如,非线性波浪环境的描述、非线性船波相互作用、砰击上浪与液体晃荡、非线性横摇与波浪中大幅运动、黏性阻力、湍流与涡的复杂伴流场、流动噪声、推进器压力脉动与连续谱噪声、空泡与超空泡、结构的非线性载荷、结构极限承载能力、碰撞与爆炸响应、工艺成形与精确装配,等等。船舶力学的发展已经越过了从线性进入非线性领域的门槛,正处于大范围突破与应用的发展阶段。

尽管船舶力学与船舶工业的结合十分紧密,其内容又是如此之丰富,人类对它的掌握仍不足以保证船舶经受汹涌的海洋和复杂的航运条件的考验。例如,在100吨位以上的海船中,世界上一年中因各种事故原因在营运途中损失的数量,约占当年建造的新船总吨位的2%。同时,人类对船舶所包含的力学科学的认识,更是远未到达自由王国的境地。显然,在船舶力学工作者的面前还有着广袤的未被认识的天地。回顾船舶技术近半个世纪来已经取得的巨大进步时,我们可充分地感受到船舶力学所作出的贡献。展望船舶技术广阔的发展前景与对力学的依赖和需求时,我们又不禁体会到了船舶力学的巨大魅力。船舶力学将从整个力学学科和其他相关学科的发展中吸取营养,继续对船舶工业、航运业与海洋资源产业的发展,发挥重要的推动作用。

参 考 文 献

[1] 吴有生. 世纪之交的船舶力学. 见:李国豪,何友声主编. 力学与工程. 上海:上海交通大学出版社,1999. 353～399

[2] Hsu P H, Wu Y S, eds. Proceedings of the 11th International Ship and Offshore Structures Congress, Wuxi, China. 1991-12-16～20. London: Elsevier Science Publishers Ltd., 1991

[3] Jeffrey N E, Kendrick A, eds. Proceedings of the 12th International Ship and Offshore Structures Congress. St. John's, Canada. 1994-12-19～23

[4] Moan T, Berge S, eds. Proceedings of the 13th International Ship and Offshore Structures Congress. Trondheim, Norway. 1997-08-18～22

[5] Ohtsubo H, Sumi Y, eds. Proceedings of the 14th International Ship and Offshore Structures Congress, Nagasaki, Japan. 2000-10-02～06. Oxford: Elsevier Science Publishers Ltd, 2000

[6] Seung-Il Yang, eds. Proceedings of the 22nd International Towing Tank Conference. Seoul, Korea & Shanghai, China. 1999-12-05～11

[7] Erling Huse, eds. Proceedings of the 21st International Towing Tank Conference. Trondheim, Norway. 1996-12-15～21

院士简介

吴有生

船舶力学与船舶工程专家。1942年4月2出生，浙江省嵊县人。1964年毕业于中国科学技术大学。1967年清华大学研究生毕业。1984年获英国伦敦布鲁纳尔大学博士学位。中国船舶科学研究中心研究员、名誉所长。

曾为发展舰艇结构与设备抗水下爆炸与核空爆理论、测试与应用技术做出了贡献，解决了舰船抗核加固与战效预估的重要技术问题。长期致力于船舶与海洋工程流固耦合动力学领域的研究，建立的三维线性与非线性船舶水弹性力学理论，被公认为该领域的奠基性工作，在船舶与海洋结构的研制及安全性评估中发挥了重要作用；从事船舶振动与噪声控制技术的基础、应用与发展战略研究，提出了海洋环境中的三维船舶声弹性理论。主持与从事新型高性能船舶及深海装备的研究与设计工作，任总设计师，研制成我国第一艘千吨级小水线面双体海洋试验船；提出、推动或主持载人深潜器、深海空间站与极大型浮动结构的技术研究与工程开发。获国家科技进步奖二等奖及部省级科技成果一、二等奖共十项。发表学术论文220余篇，编著书4部。先后任多个国际学术组织的常委、秘书长、主席。1994年当选为中国工程院院士。

船舶流体力学的某些进展*

何友声
（上海交通大学）

船舶流体力学的名称是从 50 年代起才开始出现的。它所包涵的内容很广，几乎把与船舶或海洋工程有关的流体力学问题都囊括进去了。

近十年来，船舶流体力学方面的进展主要反映在两个方面：一是由于电子计算机的发展，理论工作得到了有力的支持，理论计算进一步渗透到各个领域；二是试验研究着重于开发新的领域和完善实船预报。图 1 所示为研究工作进展概况。其中实线框者为 50 年代的主要工作内容，虚线框者为 60 年代的工作内容，点划线框者标志 70 年代的工作内容。由图可见，70 年代开辟了不少新的领域，这些领域几乎多半与理论工作方面的进展有关。

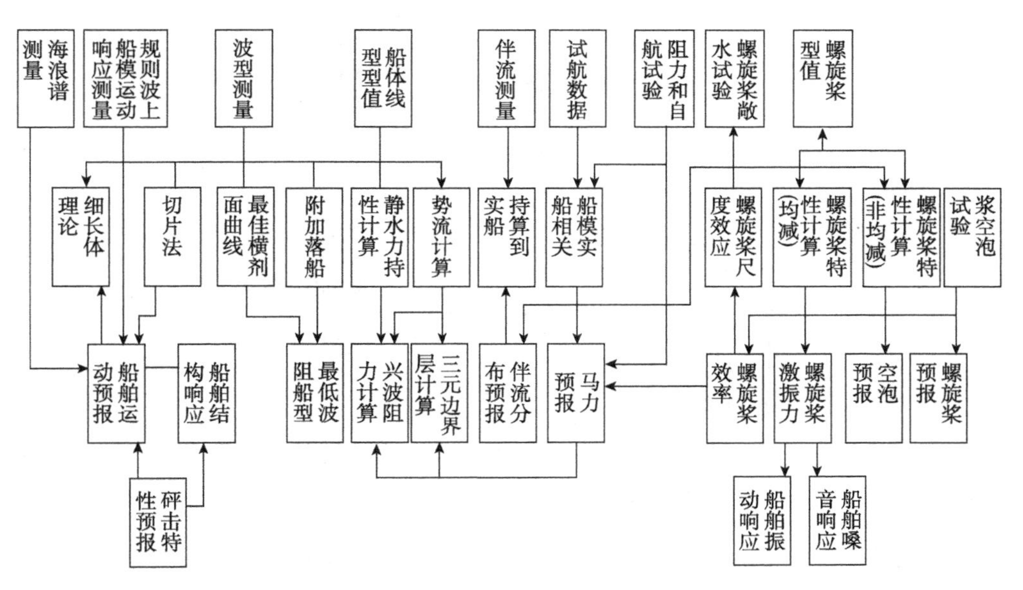

图 1

先谈谈船舶阻力方面。船舶阻力是船舶流体力学中最老的一个组成部分，积累有浩瀚的试验资料和大量的实测数据，但很长时期来一直停留在原有的水平上。这是因为波阻与黏性阻力都称得上是“老大难”的问题。兴波阻力从 Michell 的开创性工作以来，至今已有 80 多年。许多有才能的科学家对这个难题进行过一次又一次的“冲击”，有的甚至为之贡献毕生。虽然 50 年代就有人预言“Froude 的换算法将被取代，今后将由波阻来推算摩擦阻力”，但一直没有取得突破。一度，大家曾对 1963 年以来发展的波型分析法

* 原文刊登在《船舶工程》1981 年第 4 期。

抱有希望,现在看来,尾流兴波的干涉问题如果不弄清楚,波型分析法的精确性仍然是值得怀疑的。1973 年 Gadd 发掘了 Guilloton 的方法[1],由于它的简便、直觉和对于中速船的波阻预报有着相当的精度,引起了国际上的重视。Noblesse 和 Dagan 通过各自的独立分析,都发现 Guilloton 方法实质上是一种空间映射的理论。利用摄动法可以证明,这一方法已使非线性自由表面条件中的一部分以及非线性物面条件得到满足,但连续方程却只满足到零级近似。因此,从摄动理论的角度来看,这一方法是不相容的,也可以说是不合理的。当前在非线性兴波理论方面,有一个国际联合研究的题目"船波中局部非线性效应的研究",它是由日本研究小组发起的。近二年的工作按其实质主要是围绕着进一步弄清 G 氏方法而进行的[2]。但不论是慢船理论、Neuman-Kelvin 问题的线积分或是高次近似,似乎对波阻预报的改善都不大。高阶部分的影响一般不超过 25%。因此目前造成了这样的局面:近似的一阶薄船理论不成功,成功的 Guilloton 方法不合理,合理的二阶理论不精确。在求取最佳船型方面也已取得相当进展。如获原诚功和 Baba 的方法早已编成常规使用的程序,林允进等则利用 G 氏法来改进船型[3],其效果是明显的,图 2[4]所示即为其一例。他们都是采用在原型上加薄船的办法,然后用变分法求所加薄船的最佳源汇分布。

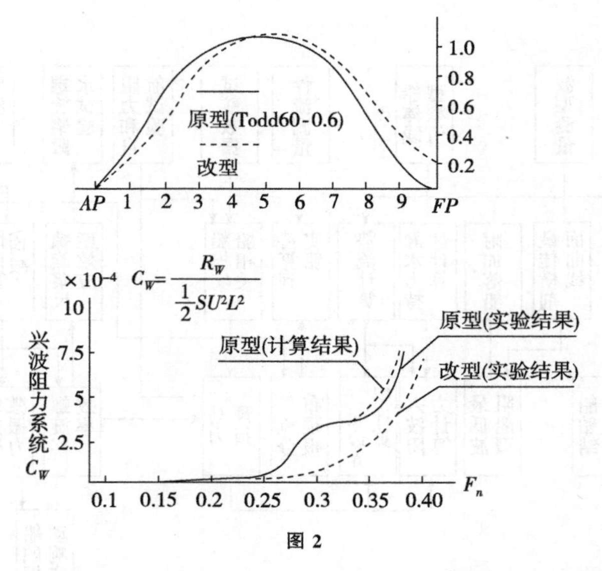

图 2

另一条路子是 Jinnaka 等的做法[5],其基本思想是通过波型分析法求某类典型母型船的波幅函数表达式,认为实际船型与母型船相差一薄船,假定该薄船是直壁式的,可按线性化薄船理论计算其波幅函数。这个问题的关键在于需对波幅函数作相位修正,以使实际船型的波阻与实验值相当接近,也可以利用它来求取低波阻船型。这个方法比较实用,待进一步发展后,有希望成为阻力性能电算设计的组成部分。

关于船波问题,继 1969 年 Baba 发现碎波阻力之后,乾崇夫等又于近年发现了所谓自由表面击波[6],又称奇异波。这种波在浅吃水宽船以及宽突肩船型上特别明显,见图 3。

这种波是近场型,并不弥散地向远方传播,其形成的阻力可通过船后的动量损失测量出来。它与 Kelvin 的弥散波不同,后者可由波型分析法测得,不表现为船后动量损失。

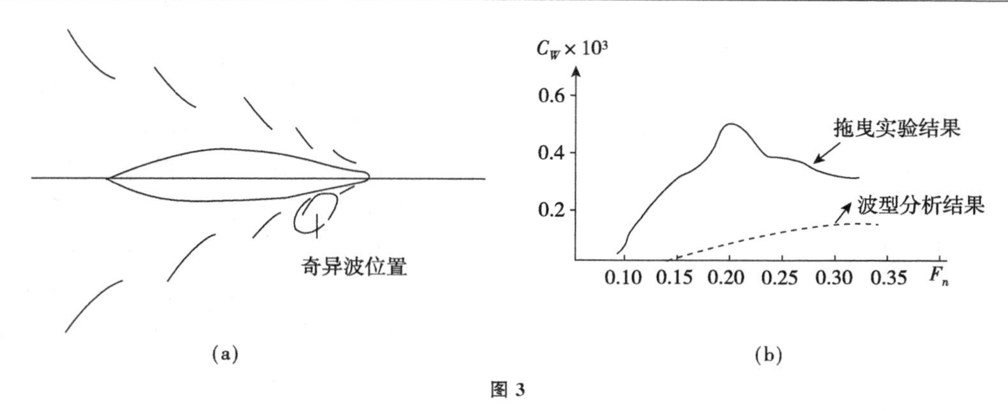

图 3

它与碎波阻力也不同,后者虽可由动量损失测得,但仅是前者的一部分。奇异波并不一定全部破碎,从外表看,仅见局部隆起而已。当奇异波占优势时,波型阻力降为总波阻中的次要成分,如图 3(b)所示。测定奇异波前后的速度分布,发现它们有明显的间断。该波犹如气动力学中的击波,故又称之为自由表面击波,它是强非线性的,Havelock 的线性兴波理论与 Baba 所发展的慢船理论都不能予以解释,这一现象值得进一步探求。

黏性阻力的研究曾由于湍流理论发展缓慢而停滞不前。造船界对三元边界层的研究持观望态度,这一方面是由于当时的计算能力有限,另一方面是由于无迫切需要。随着肥大船型的出现,研究船尾流场和伴流分布提到日程上来了。1969 年 Uberoi 的工作似乎是首次尝试。此后,船型三元紊流边界层的研究工作如雨后春笋;1978 年还专门召开了国际船舶黏性阻力学术会议。由于船体的线型是三向曲度的,因此构成了复杂的黏性流动,要求精确预报是不容易的。尤其在船尾处,边界层很厚,$\frac{\delta}{r} \ll 1$ 的假设失效(δ 为边界层厚度,r 为物体尺度)。Granville[7] 在厚边界层的前提下处理了轴对称物体的问题。近尾区不仅边界层厚度相对地增加,而且产生紊流分离,大致可以划分五个区域分别进行处理,如图 4 所示。A 为势流区,可不必考虑黏性项,而只要考虑排挤厚度的影响。B 为边界层区,此区内可以认为有关薄边界层的假设有足够的精确性,分离的回流影响可予忽略。C 为涡量扩散区,从边界层上游所产生的涡量以对流方式扩散到下游,并且在此区内不再产生新的涡量,即遵守总涡量守恒。D 为分离滞止区,该区内速度很低,但湍动很强,可以观察到回流,基本方程是椭圆型的。E 为黏性次层区,分子黏性占主要地位,速度剖面要满足壁面无滑脱的条件。

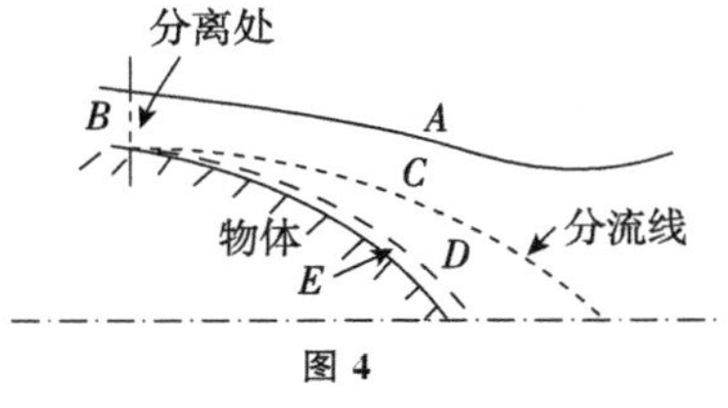

图 4

目前对边界层的处理基本上有三种办法[8]。一种是直接从 N-S 方程出发,作某些简化,但不引进薄边界层近似。这种方法固然精确,但计算工作量太大,故使用者不多。第二种是摒弃薄边界层假定,代之以厚边界层,层内法向压强有明显变化。第三种是仍引用薄边界层近似,但作各种修正,如永松哲郎考虑了二次流[9],姬野洋司等则把薄边界层解作为一阶近似,然后计及排挤影响和法向压力分布,考虑它的高阶项[10]。

处理船体三元边界层常用的有三种坐标系统。一是笛卡儿坐标。二是流线坐标,即由流线、等势线和船体表面法线所构成的正交曲线坐标,其优点是物理概念清楚,便于利用势流计算结果,三是船型坐标,即由水平面、横截面和船体表面法线所构成的正交曲线坐标,其优点是便于利用数学船型数据。

解三元边界层方程不外乎采用积分法或微分法。积分法的好处是先对船表面法线方向积分一次,这样就化三维问题为二维问题,可以大大节省计算时间,但这时微分方程中含有积分参数,且参数的数目多于方程的数目,要使解得到封闭,必须提供附加的关系式。例如,附加能量方程或夹带方程或动量矩方程,目前利用夹带方程者居多,但所附加的关系式并不能经常与试验数据拟合。采用微分法的好处是这类限制性的假设要少得少,边界层方程用不着事先积分,多半直接用差分格式求解,但所需的计算时间要比积分法多得多。Raven 的计算表明[11]即使采用微分法,若仍按薄边界层求解而不考虑排挤影响和压力分布等修正,则固然沿船长的绝大部分区域其计算结果是可靠的,但估计在船尾部 6%的船长范围内,误差仍较大,而这一区域正是伴流场预报的最重要地区。

目前采用薄边界层假定只能求 Wigley 数学船型这一类船型的边界层情况。利用厚边界层理论或薄边界层的修正理论对于解普通快速货船已具有一定的精度。图 5 所示为其一例;但用于解油轮一类船型,在尾部还有较大误差,这是由于尾部出现逆横向流和强纵向涡等促使速度分布产生了较大的变化的缘故。

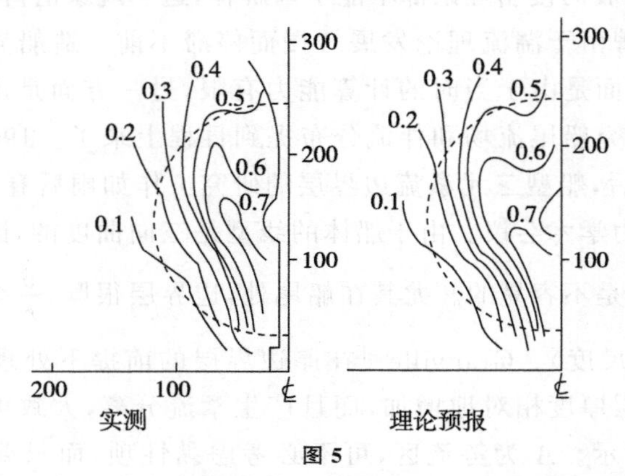

图 5

螺旋桨推进器和空泡方面的研究已比较成熟,不仅积累有许多模型和实船试验资料,而且早在 50 年代,Lerbs 所发展的升力线理论就已经获得应用。60 年代中升力面理论得到了广泛的发展,国际上的一些大的螺旋桨公司所采用的都是程序设计,敞水桨图谱仅作为估算或初步设计之用,SIT 的 DL 从 50 年代末起就从事非定常升力面的理论工作,至今应该说已经是相当完善了[12]。近年来在螺旋桨理论方面的工作主要是使之更精致。例如,Kerwin 等发展了一种尾涡卷起的模型,并考虑尾流收缩,见图 6 所示。图中 θ_ω 为尾涡卷起角,r_ω 为尾流梢处半径,也即为尾流收缩半径。

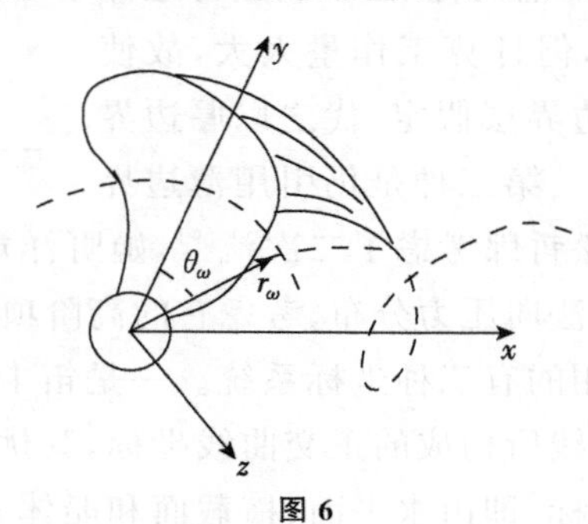

图 6

数值计算结果表明 θ_ω 值的影响不大。$\frac{r_\omega}{R}\to 1$ 时，K_r 减小，代表轻载桨。对于大侧斜桨的计算未能取得足够精度。偏离试验数据较大，这很可能是由于叶型上阻力系数估计不准所致。

如所周知，近年来螺旋桨方面的工作主要集中在由于不均匀伴流引起的瞬变空泡所产生的激振力方面，简称为 PEV，几个主要先进工业国都已有了自己的计算程序。英国在近三年中搞了一个 PHIVE 计划。BRSA 的 Adaba-chi 等也编制了一个电算程序。在计算方法上目前基本上还是遵循 Huse 的思路：先由升力面理论计算叶剖面上的压力分布，由半经验方法求出空泡范围和体积，然后用源汇分布来代表瞬变空泡体积，从而算出表面激振力，如 Szantyr 的工作[13]就是如此。Kaplan[14]则进一步把叶剖面上的载荷分布 ΔP 作为未知函数与所产生的空泡穴一起来满足边界条件，从而确定桨叶上的载荷分布。现在的主要问题在于理论预报、模型试验和实船测量三者的结果有时相差十分惊人（可高达百分之几百），通常认为预报精度在 50％以内者就属于情况良好，图 7 即为一例。

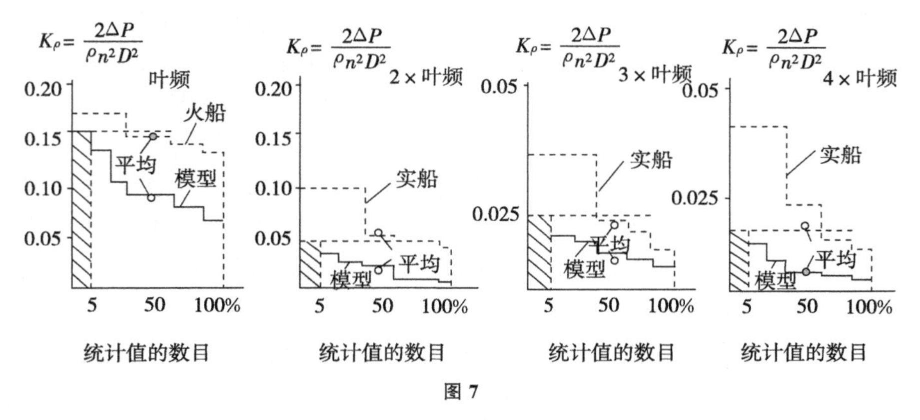

图 7

这究竟是什么原因呢？现在看来有四个问题需要进一步弄清：一是空泡激振力的机理，二是固壁效应，三是空泡体积的精确预报，四是空泡的尺度效应。第一个问题自从 Huse 的研究工作发表以来应该说已基本弄清，但最近仍不断有新的现象和见解提出，如 English 根据 MNI 的试验观察认为梢涡空泡的猝发或破裂是引起倍叶频脉动压力幅值剧增的重要原因[15]，如能注入少量空气就能使这种梢涡空泡不出现爆破或破裂，从而使倍叶频及其以上的谐调成分马上下降。这一情况值得进一步探索。第二个问题除 Breslin做过一些工作以外，别人所做不多，但好在从原则上讲，壁面效应的问题总可以用数值计算来解决的。后两个问题与空泡流和空泡机理有关。这里拟单独作些介绍和剖析。

大家都知道，空泡流理论在 60 年前后曾风靡一时，此后似乎有些消声匿迹。近年来，由于海洋开发的兴起，高速水行器又被重视起来，加上精确预报空泡体积的迫切需要，空泡流方面的文章又日见增多。二维超空泡问题应该说已基本解决，但二维局部空泡问题还有工作可做，特别是求解厚翼上发生非前缘脱体的局部空泡问题更是如此。有限翼展的空泡流多半采用升力线理论，求线性化解；只有 Furuya 求过非线性解，但过于复杂。Leehey、Stellinger 则用摄动法求展弦比的高阶修正。尾流的模型有半闭式、闭式和螺旋涡三种，Kida 等的最近工作[16]表明矩形翼与椭圆外形翼的环量分布有明显不同，线性化理论的结果总是偏高，非线性理论的结果也偏高，当展弦比 $A<3\sim4$ 时，偏高量 $\frac{\Delta c_L}{\alpha}\approx20\%$。

空泡的尺度效应问题已成为空泡机理研究工作者的主攻方向之一。它也是1979年底美国召开的国际空泡初生学术会议的主题之一。近几年由于各国的通力协作，在弄清空泡机理方面取得不少进展。过去在造船界所确认的一些经典观点似有作修正之必要。例如，经典的观点认为空泡将在 $\sigma_i=-c_{p\min}$ 下初生，初生的位置应发生在 $p_{\min}$ 处。现在的研究[17]表明并非如此。空泡的初生与边界层的状态有密切关系，一般来说，总是首先出现在层流分离的重附区，因为该处的压力脉动剧烈，而且有滞止的回流，从而为俘获的气核生长成为可见气泡创造了条件。层流分离又有长分离穴与短分离穴之分，前者出现的是随流气泡，受气核含量的影响很大，后者出现的是附体气泡，对气核含量并不敏感。如无层流分离流动，则空泡常首先出现于层流向紊流转换的区域，因为该处的紊流脉动也是较为剧烈的；实物的处境与模型处境并不一样，除了尺寸和速度方面的尺度效应外，还有气核谱方面的"尺度效应"。Weitendorf 发现[18]，海洋中的自由气体体积不见得比模型试验时多，但气核谱上小气核比较丰富且稳定(指气核直径在 5μ 到 20μ 之间者)，研究表明：使核子变成不稳定的环境压强与饱和蒸气压是有差别的。该环境压强取决于气核的初始直径。有某个气核直径的范围，气核变为不稳定的环境压强恰好接近于饱和蒸气压，海水中的丰富的小气核的直径大致在此范围内。在模型试验条件下有时则并非如此，这又构成了一种"尺度效应"。空泡的种类也早已冲破造船界70年代初所建立的概念，除传统的所谓涡空泡、泡状空泡、片状空泡和云雾空泡外，还出现了条纹空泡、斑点空泡、斑痕空泡、带状空泡、环状空泡、随流空泡等。

我们知道对于螺旋桨模型尺寸，各国试验池长期以来是按 Kempf 所规定的临界雷诺数来选取的，即要求 $R_{ek}=\frac{c_{0.7R}\sqrt{v^2+(0.7\pi nD)^2}}{\nu}\geqslant2.5\times10^5$，由此认为桨模直径取 ϕ250mm 或 ϕ300mm 已足够。但早已有人怀疑，桨模上有相当范围的层流区，不久前，Yamaski 用 ϕ0.95m 的桨模做试验[19]，并加试了一只小的相似桨(ϕ0.25m)，用油膜法来显示流态，结果发现 ϕ0.25m 的桨模的叶面叶背基本上都是层流。对于 ϕ0.95m的桨，当 $R_e=6\times10^5$ 时，叶面叶背的大部分区域仍属层流，当 $R_e=1.1\times10^8$ 时，叶面层流区占40%，叶背占60%，并在叶背上仍然有明显的层流分离。当 $R_e=2.5\times10^8$ 时，叶面层流区占30%，叶背占50%，层流分离才消失。众所周知，流态的不同不仅对叶剖面的阻力有明显的影响，而且对于升力曲线也有一定的影响。资料[19]表明，R_e 由 6.6×10^6 到 2.4×10^6，敞水效率会增加3%。这一情况是十分值得注意的，对于产生空泡而言，就更为重要。例如桨模和实桨完全可能由于流态的不同而出现如图8所示的差别，由于目前对发展空泡的尺度效应的研究太少，因此对于上述尺度效应所产生的空泡激振力的差异还无法预报。另外，由于气核谱的不同，引起的激振力的差异也是可观的，图9为其一例。

在减少螺旋桨激振力的研究工作的推动下，近年来出现了不少具有良好减振效果的技术措施，如加鳍、加罩、充气、装避振穴等，还出现了新的抗空泡叶型[20]和桨型[21]。如图10及图11所示。

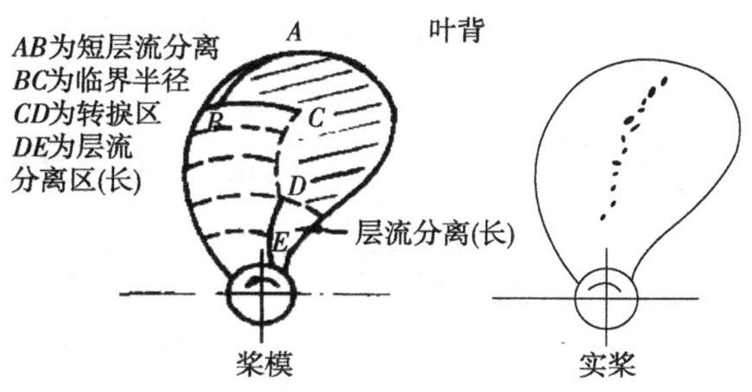

图 8 在相同的 J、σ_n 之下

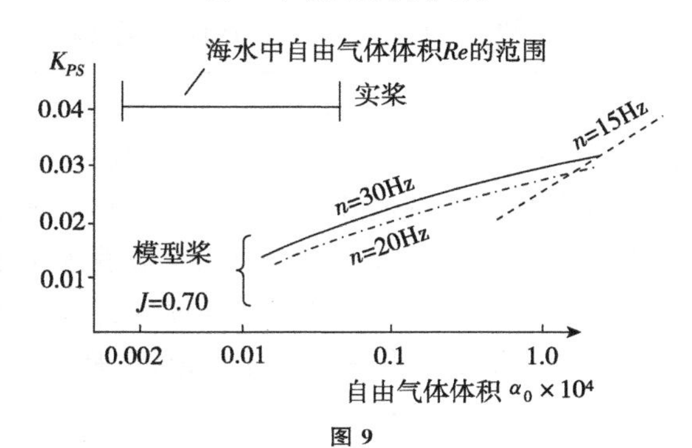

图 9

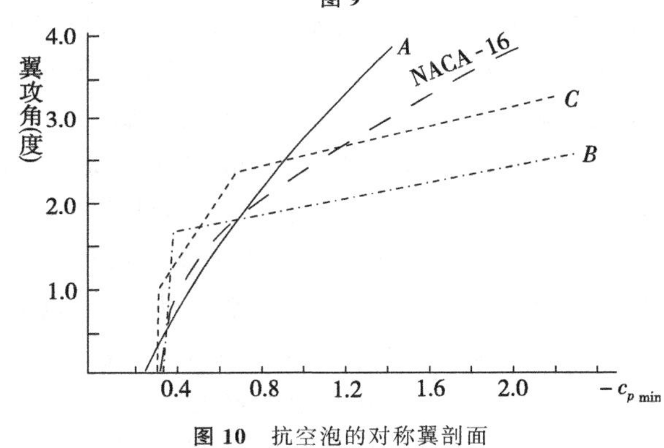

图 10 抗空泡的对称翼剖面

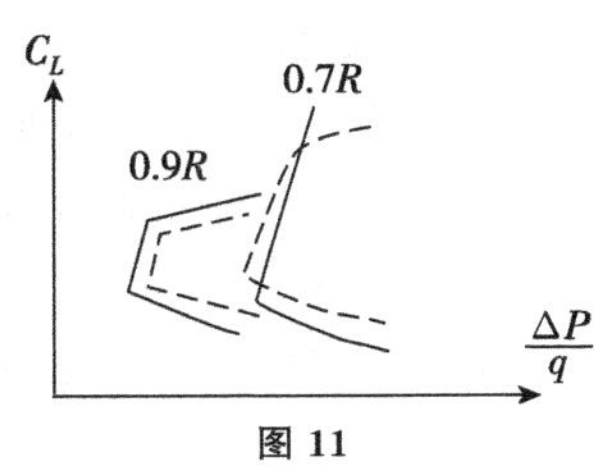

图 11

了解上述综合情况对于改进船型是颇有好处的。图 12 为石川岛播磨公司改进船型的一个实例。

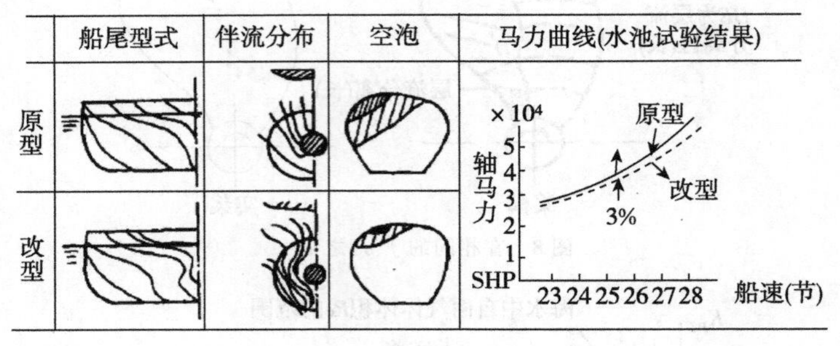

图 12

下面再谈谈有关耐波性方面的一些情况。相对而言,耐波性理论是比较年轻的一门学科分支,但它却成了理论工作取得最有成效的一个典型。小波理论发源于求取兴波阻力,正如上面所谈到的那样,并未取得应有的效果,但在耐波性理论中却成了十分有效的工具。切片理论从 OSM 发展到 NSM,在六十年代中已趋完善,并在预报迎浪纵向运动方面得到相当成功的应用。近些年主要发展细长体理论,这是由于 NSM 虽然已经在某种程度上考虑了航速的影响,但还不尽合理。

耐波性理论中求取流体动力的问题目前限于非定常线性兴波理论。一般有两种方法来精确满足物体边界条件。一种是多极展开法,也即 Tasai 和 Ursell 等早期在切片理论中所采取的方法,简言之,就是在物体表面分布以源汇或偶。这个方法只能解 Laplace 方程。对于细长体在斜浪下作前进运动,正如 Ogilvie 指出的那样,这时利用细长体的假设,得到的是二维的 Helmholz 方程,因此只能用另一种方法求解,即所谓的积分方程法,实际上就是某种 Green 函数的积分法。多极展开法对任一频率都是正确的,但当频率增加时变得越来越不方便,因此它很难作为高频下的渐近估计,也就是说切片理论对于短峰波是不够精确的。积分法曾在某些离散频率处或附近失效,这称为不规则频率现象。这个问题经过 Ursell,Ogilvie 等的努力已初步获得解决。

近年来,摄动法在细长体理论中得到了广泛的应用,但在摄动展开过程中会出现非齐次的自由面条件,这就出现了种种处理方法。应用摄动法求解一般通过近场与远场解的渐近展开匹配法,即将区域划分为近场与远场;远场用解析解的结果,近场用有限元变分法或积分方程法,然后在交集区进行匹配。这方面人们已做过不少工作,近期如 Saito[22] 用 Haskind 关系式求远场解来进行匹配,Troesch[23] 引入三个辅助的速度势来求二阶解等。从现有的结果看来,用细长体理论来预报船舶的纵向运动与采用新切片法(NSM)者相差不多,但前者能给出比较正确的压力分布,这对于计算船体强度是十分有益的;两者虽然给出不同的结果,但沿船体表面积分得出的总波浪激动力却基本相同。

当前,耐波性方面的一个比较集中的课题是有关横向运动的精确预报问题。二维物体的虚质量和兴波阻尼理论的精致化是其一环;通过试验或半经验半理论的方法求取船体的摩擦阻尼、涡旋阻尼、舭龙骨或其他附体的流体动力是其另一环。这个问题在 Schmitke 文章[24] 中有较为详细的阐述和讨论。

这里值得一提的是,船舶方面的计算流体力学主要是为解决自由表面问题的需要而发展起来的。耐波性计算是其重要组成部分。当前所采用的多半是拟解析法,即线性自由表面的解析结果与精确物面条件的数值计算相结合,这样就可以不必去解围环物体的大块体积上的流动了,所谓的混合法(Hybrid Method)就是因此而得名的。计算船舶流体力学已越来越受到国际船舶力学界的重视,这是历史发展的必然趋势。

船舶在波浪上的增阻或失速、海面出入水、以及船底砰击,特别是海洋工程的耐波性等已成为耐波性理论研究中的重要课题,在国内许多方面还是空白,这是值得注意的。

参考文献

[1] G. E. Gadd. Wave Resistance Calculations by Guilloton's Method, RINA-SM-1973-9

[2] K. Eggers, A. Gamst. An Evaluation of Mapping Procedures for the Stationary Ship Wave problem, Schiffstechnik, Band 26, Heft 3, 1979, 125－170

[3] 林允進、乾崇夫外. Guilloton 法による船型改良法,関西造船协会志,第 172 号,1979,65－74

[4] 荻原诚功ほか. 船の推进性能関にする総合電算システム,石川岛播磨技报,1979, v. 19, No 4, 186－191

[5] T. Tsutsumi. An Application of Wave Resistance Theory to Hull Form Design, 日本造船学会论文集, V. 144, 1978

[6] T. Inui, et al. Non-linear Properties of Wave Making Resistance of Wide Beam Ships, 日本造船学会论文集, V. 146, 1979, 12, 18－26

[7] P. S. Granville. Similarity-Law Entrainment Method for Thick Axisymmetric Turbulent Boundary Layers in Pressure Gradients, JSR, V. 22, 1978, 131－139

[8] T. Nagamatsu. Comparison between Calculated and Measured Results of Turbulent Boundary Layers around Ship Models. Mitsubishi Tech. Bull. No 133, July, 1979

[9] 永松哲郎. 船体周りの境界层の理论计算と实验との比较,三菱重工技报,1979, V. 16, No 2, 67－74

[10] 姬野洋司,奥野武俊. 船体まわりの境界层内压力分布および排除影响について,関西造船协会志,第 174 号,1979,57－68

[11] H. C. Raven. Calculation of the Boundary Layer Flow around Three Ship Afterbodies. ISP, V. 27, Jan, 1980, No 305, 10－29

[12] S. Tsakonas, W. R. Jacobs, M. R. Ali. Propeller Blade Pressure Distribution due to Loading and Thickness Effects JSR, V. 23, 1979, 89－107

[13] J. Szantyr. A Computer Program for Calculation of Cavitation Extent and Excitation Forces for a Propeller Operating in Non-Uniform Velocity Field, I SP V. 26, 1979, 67－76

[14] P. Kaplan. Theoretical Analysis of Propeller Radiated Pressure and Blade Forces due to Cavitation, RINA Symp, on Prop. Induced Ship Vibration, 1979, 12, Pap. No 10

[15] J. W. English. Cavitation Induced Hull Surface Pressure-Measurements in a Water Tunnel, Symp. on Prop. Induced Ship Vibration, 1979, 12, Pap. No 5

[16] T. Kida, Y. Miyai. A New Approach to High-Aspect-Ratio Supercavitation Hydrofoils, JSR, V. 23, 1979, 218－227

[17] V. H. Arakeri, A. Acosta. Viscous Effects in the Inception of Cavitation, Intern. Symp. on Cavitation Inception 1979, 12, 1－10

[18] E. A. Weitendorf. Conclusion from Full Scale and Model Investigations of The Free Air Content and of the Propeller Excited Hull Pressure Amplitudes due to Cavitation, Intern. Symp. on Cavitation In-

ception,1979,12,207－217

[19] T. Yamasaki. On Some Tank Test Results with a Large Model Propeller 0.95m in Diameter-Part 1,日本造船学会论文集,V. 144,1978,70－77

[20] R. Eppler. Y. T. Shen,Wing Section for Hydrofoils-Part 1:Symmetrical Profiles,JSR,V. 23,1979,209－217

[21] 高桥通雄,奥正光. MAU型プロペラのキヤビテーション特性に関する研究——第3报,キヤビテーション特性の改良と新型种プロペラの开发,日本造船学会论文集,V. 143,1978,69－77

[22] K. Saito. Calculation of Exciting Forces on a Moving Ship in Waves Using The Haskind Formula at Far-Field,関西造船协会志,第173号,1979,77－93

[23] A. W. Troesch. The Diffraction Forces for a Ship Moving in Oblique Seas,JSR. V. 23,1979,127－139

[24] R. T. Schmitke. Ship Sway,Roll,and Yaw Motions in Oblique Seas,SNAME,V. 86,1978,26－46.

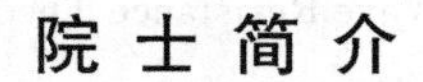

院士简介

何友声

水动力学家。浙江省宁波市人。1952年毕业于同济大学,1957年清华大学首届力学研究班学员兼辅导教师。现任上海交通大学教授。曾任上海交通大学党委书记、中共上海市委委员、中国力学学会副理事长、国际理论与应用力学联合会理事。2001年获全国模范教师称号。2002年遴选为欧洲科学院院士。

长期从事船舶流体力学和高速水动力学的教学和研究工作。奠定了我国水翼水动力学设计基础;开拓了螺旋桨激振力研究领域,使我国船舶的减振水平跃上新台阶。80年代以来,在空泡流和水中兵器出入水的研究中取得了重要成果,有力地支持了有关型号的开发。同时为适应长江口水资源利用、堤岸保护和航道建设,建立了河口水动力学的研究基地,积极服务地区经济建设。曾参与获国家科技进步奖二等奖一项、主获上海市科技进步一等奖一项和其他奖多项,发表论文百余篇,专著《螺旋桨激振力》获国家教委专著奖。1995年当选为中国工程院院士。

高速飞行中的等离子体问题*

吴承康①

(中国科学院力学研究所)

在远程弹道导弹和人造地球卫星、航天飞机或行星探测器等进入大气层时,由于极高的飞行速度,引起周围气体的高度加热,形成部分电离等离子体,对于飞行器的结构可靠性和传热、无线电通讯、飞行中的物理现象产生很大的影响。高性能航天器需要长时间、小推力、极高比冲的推进系统,为此发展了电热推进、离子推进、等离子推进等新的电推进方法。本文扼要介绍三方面的问题:高速飞行等离子体的高温传热,高速飞行等离子鞘对电磁波的影响和高比冲电推进方法。

1 高速飞行等离子体的高温传热问题

1.1 热环境

高速飞行器进入大气层时,前面的气体受到飞行器的剧烈压缩,周围的气体与飞行器壁面发生强烈摩擦,气温升高到七八千度甚至一万多度,形成部分电离等离子体。对于不同的飞行器,由于物体形状和速度、高度、时间的轨道各不相同,所产生等离子体的参数与对飞行器加热的环境就会有很大不同。基本上,高性能弹道导弹与载人飞船的热环境属于两种不同典型。

洲际弹道导弹为了加速打击、提高精度,采用低阻力的小头细长形状和大角度再入。在二三十秒内下降到十几公里高度,速度仍在 5 公里/秒以上。等离子体特点是高压、高温,属于连续介质,处于或接近热平衡状态。对飞行器加热以对流加热为主,热流大,剪切力大,时间短。

有翼滑翔式航天飞机由于载人和多次使用的需要,采用小角度再入,在高空长时间减速。因此等离子体特性是低压、高温、非平衡,属于由自由分子流到连续介质之间的过渡区。对飞行器加热以对流加热为主,热流小,剪切力小,时间长。

弹道式卫星再入,介于上述二者之间,但更接近后者,尤以载人飞行器更是如此。由月球回地的阿波罗飞船,速度较高,加热中辐射部分不能忽略。

进入行星大气层的探测器,由于飞行速度极高,产生等离子体的温度也高,对飞行器加热以辐射为主,对流也仍重要。具体的参数和特点根据行星大气成分和参数、行星质量和飞行轨道参数而定。

---

* 原文刊登在《力学与实践》1981 年第 3 卷第 1 期。

① 本报告由林治楷、王柏懿、呼和敖德及中国科学院电工研究所提供材料,由吴承康执笔。

高速飞行等离子体加热问题中有代表性的参数是飞行器前驻点的气体参数 h_s，T_s，p_s（焓，温度，压强）和对飞行器的加热率 q_s，q_{max}（驻点和最大热流）和剪切力 τ_{max}（最大剪切应力）一些高速飞行器进入大气层时，典型的轨道和驻点气流参数见图 1～图 4。

气体对于表面的加热，受壁面粗糙度、进入气体附面层的物质、流场中固体颗粒的存在、层流到湍流的转换等影响很大。在辐射加热时，气体辐射性质和固体的吸收和反射特性都很重要。这些问题现在也都是研究中的课题。

1.2 防热措施

由于气动加热，有必要采取防热措施。曾经提出和试验过多种防热方法，如金属热汇、辐射散热、烧蚀防热、发汗冷却，以至于利用磁场使等离子体偏离物面等。但经过多年实践，现在最成熟的高热流下防热措施是烧蚀法，低热流下可用烧蚀-辐射法。发汗冷却一直处于研究阶段。磁场方法只做过一些原理探索，但因实际上难以实现，并未进一步做工作。

两类不同的热环境要求不同的防热系统。导弹类以烧蚀性能为主，航天器类以隔热性能为主。但具体到每个飞行器，每个部分，由于加热环境和任务要求的不同，采用什么防热系统都是一项细致的工作，新的材料、工艺、结构不断地为适应各种要求而被研究出来。

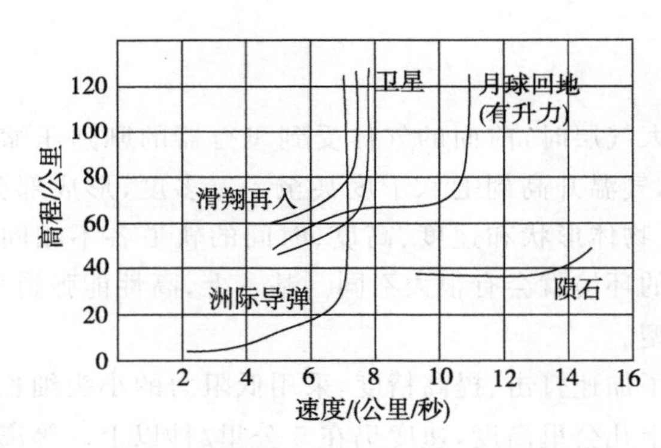

图 1　几类再入大气层飞行器的典型轨道

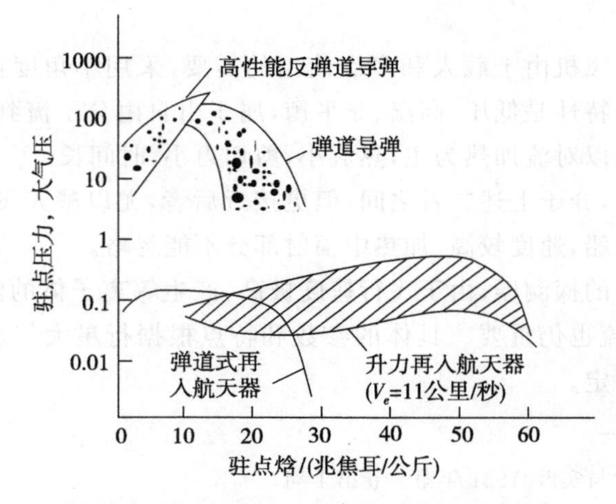

图 2　几类再入大气层飞行器的典型驻点参数

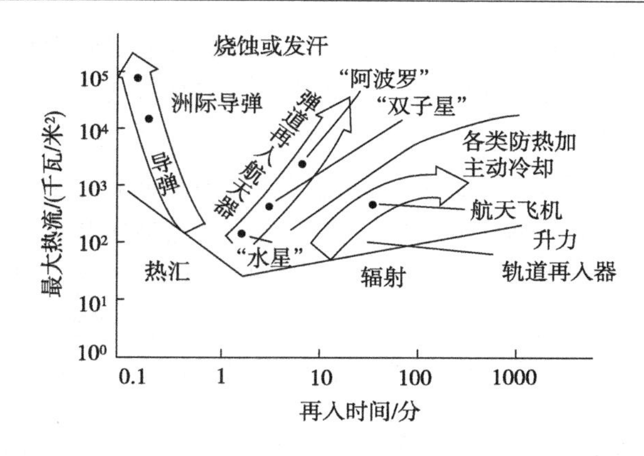

图 3 几类再入大气层飞行器的再入时间与最大热流

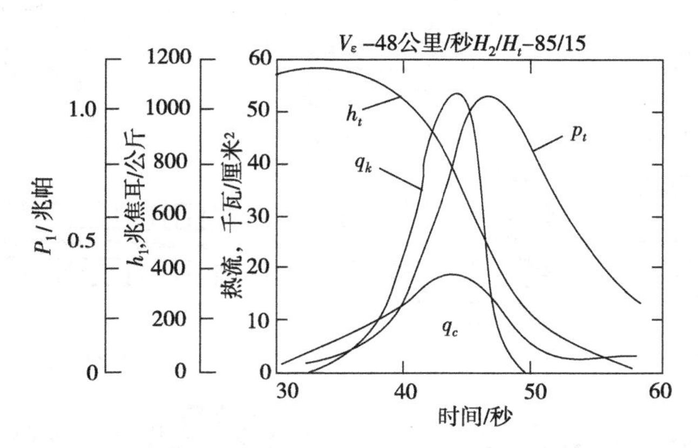

图 4 进入木星大气层的飞行器驻点环境参数

1.3 烧蚀防热的计算和模拟试验

理论分析计算、地面模拟试验和飞行试验是研究解决高速飞行气动热问题的三大手段,它们互相配合、互相补充。经过大量研究工作,高温气流对壁面的传热和烧蚀材料的烧蚀过程原则上已经清楚,可以计算。计算内容包括有化学反应、有质量注入的高温气流附面层计算,固体材料内热传导和化学变化、分解气体产生和通过固体的流动,壁面材料的熔化、流动和蒸发等过程。国外对过程的细节进行大量研究,编制了复杂的计算程序,对于一般情况可算出结果。但还有复杂情况如表面产生沟槽花纹、固体机械剥蚀,局部复杂形状,新材料,未弄清的烧蚀机理和物性数据等,使准确的计算难以进行。较成熟的计算方法也需要实验验证。生产工艺结构也需要检验和考验。因此模拟试验是高速飞行加热和防热研究的重要手段。

对于高速飞行加热问题,完全重复飞行条件或造成完全相似的实验条件是不可能的。只能用近似的或局部的相似试验,把实验结果和理论分析结合起来,把各部分的试验结果加以综合来解决问题。为了研究流体力学现象,可以用低温材料在风洞中做试验。为了研究高温气流传热,可以做激波风洞试验。但为了试验实际使用的高温防热材料与结构,必须有长时间(以秒或分计)的高温气流。其中,电弧加热等离子发生器和燃气流试验装置是两类用得最多的。燃气流装置主要是为了试验大尺寸结构和研究外形变化，其气流温度离实际还差得比较远。真正产生接近实际飞行气体温度的连续式试验设备只有电弧加热器。

50 年代末开始用电弧加热气流来研究高速飞行加热问题。多年来试验了各种形式的加热器。图 5 所示只是一小部分。还试验了多种电磁加速装置。利用磁场和电流作用的洛伦茨力产生高速高焓气流。但经过二十年来的发展，作为气动热模拟试验装置的高焓设备，逐渐集中到大功率、直流、长弧型的加热器。电磁加速器由于其本身的复杂性和试验趋向用局部试验和理论分析计算的结合，未得到进一步发展。

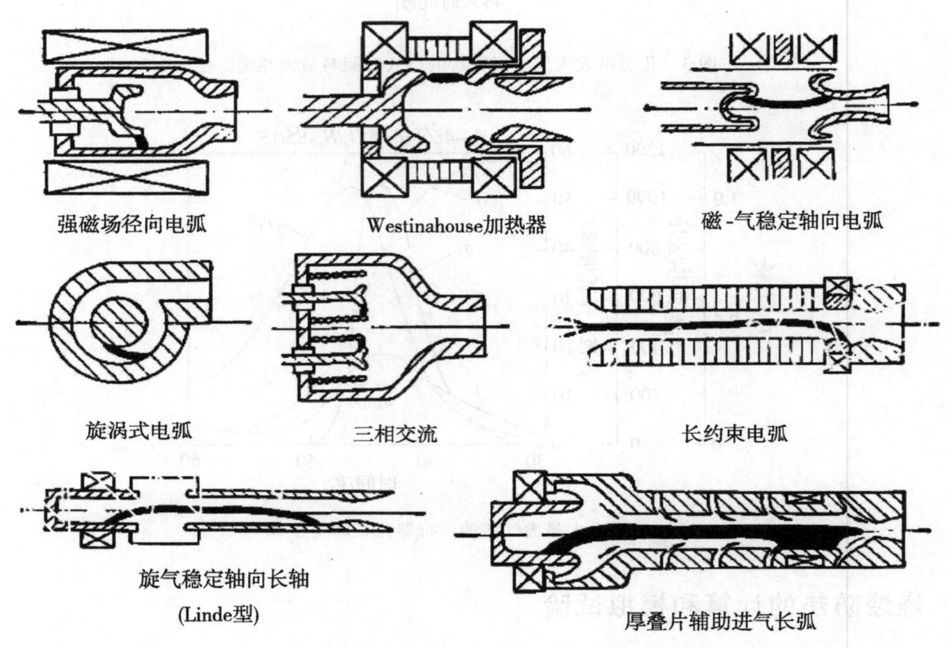

图 5　各种形式的电弧加热器

小功率的、焓值不高的加热器一般采用喷枪式。但要做到参数十分稳定，电极寿命长，污染小，适应各种工作气体和各种运行参数范围，还缺乏系列化的成熟设计，在国内尤是如此。大功率加热器由于不易解决大电流引起的一系列问题和并联加热器的复杂性，以及交流加热器在电弧稳定和参数范围方面的缺点，现在的趋向是用高电压(达 5 万伏)、中等电流(≲2 千安)的单台直流加热器。六十年代末加热器型式趋向高压、中焓、大流量的旋气稳定长弧和低压、高焓、小流量的叠片壁稳长弧，但在性能上也都还有缺点。七十年代发展了这两种方式结合的加热器，即用较厚的叠片保持弧长，而在片间送入旋气以防串弧。根据不同热环境模拟的要求，试验的方式可采用各种各样，如亚音速射流、超音速射流、包罩、超音速风洞等。最近由于研究木星探测器进入木星大气层的需要，将模型放入长弧的弧柱部分，以利用高温辐射传热做试验。

电弧加热器性能的计算，在长弧壁稳类型已得到较好结果，但对于更为复杂的其他型式加热器，直接计算还不成熟。利用相似准则，可以对某些同型加热器性能进行外推，但成功的程度也还有差别。

1.4 小结

一般的导弹、飞船进入大气层的气动加热技术问题在国外已经解决,但对于高性能弹头,新材料、更细致的机理,更可靠的模拟试验方法和进入行星大气层的问题,仍然是研究的对象。研究工作开展的面不像以前那样广泛了,但是深入提高的工作仍在进行。

2 高速飞行等离子鞘问题

2.1 问题的性质和等离子鞘参数

所谓等离子鞘,是指高速飞行中产生的高温电离气体,尤其是其中的自由电子,形成了一个包在飞行器外面的套层。它对无线电通讯产生了障碍,同时也在飞行器后面形成一个可为雷达波观察到的带电尾迹。等离子鞘使飞行器和外界之间的电磁波传输严重衰减或中断,因而使载人飞船语言通讯、飞行器参数实时遥测、导弹末制导和电子对抗不能正常进行,而这又往往在飞行过程中最关键的时刻发生。从带电尾迹对雷达波的散射,可以辨别飞行器的某些特性,因而对飞行器的跟踪、识别具有重要意义。为了改善对外通讯,需要解决通过等离子鞘传播电磁波的问题。为了利用尾迹电特性进行突防或反突防,需要弄清尾迹特性和影响这些特性的因素。

等离子鞘参数主要是电子密度分布,其次是电子碰撞频率和电子温度,这些主要取决于飞行高度、速度和物体形状。大钝头飞行器(如阿波罗载人飞船),气体电离主要产生于强激波无黏流动的头部区,并经膨胀流入后身流场。尖头细长体电子主要发生在附面层内。小钝头细长体在各种飞行高度(雷诺数),二者的贡献有所不同。高雷诺数时电子主要来自熵层,中等雷诺数(40 公里以上)附面层和熵层贡献相当。低雷诺数(70 公里以上)黏性效应波及整个激波层。随着高度不同,化学反应也由平衡转向非平衡和冻结流动。典型的等离子鞘参数分布情况见图 6。除飞行参数以外,由表面喷出的物质如烧蚀产物或吸电子物质对电离能产生显著影响,如含钾钠物质增加电子,含氟物质减少电子。

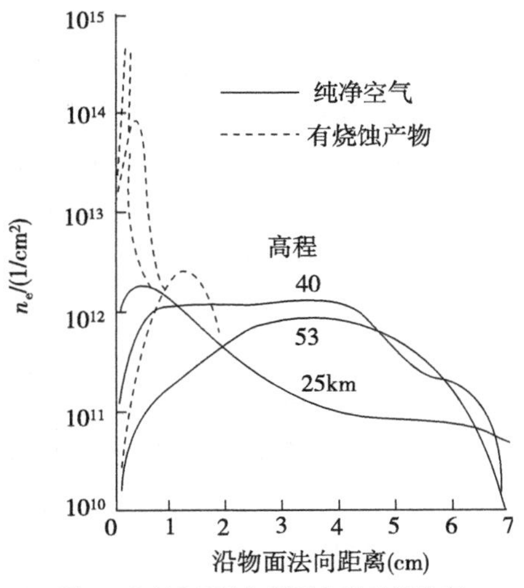

图 6 RAM-C 弹头侧面电子密度分布

等离子鞘参数的计算主要是把各种化学反应，包括电离反应放在流场中一起计算。即气体成分随流场的变化。在大雷诺数情况下可以用流管法，它基于已知的无黏流场压力分布，用流管一维流动专门研究化学反应的影响。附面层的计算也有几种方法。对于中等和小雷诺数($Re_\infty > 10^2$，相当于 80～30 公里高度)，用简化 Navier-Stokes 方程解流场，对于更小的雷诺数，需用直接求解 N-S 方程的方法。理论分析工作方面还需研究分离流场、涡流对电子密度影响，烧蚀产物影响、喷射物质对电子影响，以及化学反应常数的影响等。

等离子鞘参数在飞行中的测量，国外用过波导天线测量，静电探针，射频电导率探针，电声探针，电阻线探针，微波辐射计，隔离狭缝天线等方法。目前测量方法仍在发展阶段。在传感器原理，实验室校验，数据的分析和使弹载传感器方便可靠、造价便宜等方面还应进行很多工作。

2.2 等离子鞘对电磁波的影响

电磁波在一非均匀的、有边界的等离子体中的传播是复杂的现象。为了定性分析飞行器上发生的现象，考虑电磁波通过一层均匀、厚度已知、截面无限大的等离子体(一维传播)的情况。根据近似分析可知，电磁波频率 ω 与等离子体频率 ω_p 的关系是关键的。$\omega_p = \sqrt{n_e e^2 / \varepsilon_0 m_e}$，其中 n_e 是电子的密度，e 和 m_e 是电子电荷和质量，ε_0 是真空的介电常数。对于电子与其他粒子无碰撞的简单情况，可以得出，当 $\omega \gg \omega_p$，则电磁波能无衰减地透过等离子体。当 $\omega \ll \omega_p$，在等离子内部传播的波将衰减，而由外面射向等离子体的波将在界面上完全反射。对于有碰撞的等离子体，情况较为复杂。但对于较低的碰撞频率($\nu \ll \omega_p$)，情况和无碰撞的差别不是太大。

由等离子鞘对电磁波的影响，可以得出等离子参数。因此电磁波的衰减和移相可以用于等离子参数的测量，也叫做“等离子诊断”。

2.3 解决等离子鞘对通讯障碍的途径

曾经试验过各种措施如提高功率，加磁场等方法，但比较有希望的方法是提高电磁波频率和喷射亲电子物质以降低局部等离子鞘的电子密度。

由 ω_p 与 n_e 的关系可见，对于 $n_e \approx 10^{12}/\mathrm{cm}^3$ 的电子密度，相应的等离子频率为 10GHz，若通讯频率采用高于 10GHz 即用毫米波，则可克服一般弹道导弹天线位置等离子鞘问题。毫米波频率高于一般现用通讯系统，但技术上是完全可以实现的。

喷射亲电子物质的方法，是使电子与亲电子物质结合成负离子，因而降低了自由电子密度，也就降低了等离子体频率，使得通讯频率高于 ω_p 而减轻传输中电磁波的衰减。

最有效的亲电子物质是液体。从天线上游喷入流场，能够有一定的穿透深度，并由于速度低于流场气体，在流场中能停留较长的时间。在流场中由于气动破碎(低空)和蒸发破碎(高空)产生大量细碎的液滴，成为电子和离子在其表面复合的第三体。过量的电子使液滴表面的一些分子转化为负离子，负离子蒸发潜热低于中性分子，更易蒸发。因此液雾能有效地吸附电子，减少局部区域的电子密度。此外液体蒸发时吸热，使局部的温度降低，这也将使电子密度降低，有利于电磁波的传播。

喷射的方式和数量是很关键的问题，如何用最少的喷射物质达到最佳的改进通讯的效果是值得研究的问题。

等离子鞘的地面试验研究,可以利用电弧加热风洞,或在普通风洞中用等离子发生器产生等离子体。弹道靶用于电离尾迹的研究是非常合适的。在地面实验中,电探针是简单可靠的探测仪器。微波测量可以提供等离子体的一些参数,但要获得详细的参数分布,所需微波设备是很复杂的。

由于地面试验模拟等离子鞘的局限性,真正的定量试验往往需靠飞行试验来完成。美国主要的公开发表的等离子鞘飞行试验 RAM 计划,从 1961 年到 1970 年分三个系列(A,B,C)共发射 8 次,除一次失败以外,都取得了各种探测仪器的等离子鞘数据。Trailblazcr 计划分两阶段,由 1966 年开始,到 1973 年共发射 9 次。可见国外对于等离子鞘问题重视程度。

2.4 小结

等离子鞘问题是导弹和空间技术的关键问题之一。在国外经过十多年的积极研究,从原理上弄清了一些问题,但很多细节也还需继续研究。实际解决方法可能已有途径,但实用方案仍属保密。

3 空间电推进问题

国外从五十年代起进行了大量深入的电推进研究,先后发展了十多种不同类型的电推力器,其中几种已在空间成功应用。国际会议不断召开。电推力器具有高比冲、小推力、长寿命、高精度和可靠性好等特点,将在各种卫星、空间站、空间探测器的姿态控制,位置保持和轨道修正,以及未来行星际飞行的主推进方面获得应用。电推进的基本原理是利用各种电和磁的效应,把推进工质加速到远远超过化学燃料燃烧所能达到的喷射速度,因而得到极高的比冲——每公斤喷射的工作物质所能产生的对飞行器的冲量(推力与作用时间的乘积)。现在成功研制的电推进系统可分电热式、静电式和电磁式三大类。以下分别介绍这三种电推进器。

3.1 电热式推进器

电热推力器是冷气推力器的一种简单改进。它利用电阻元件或电弧放电作为热源,增加工质的焓值,从而提高排气速度。有稳态和脉冲两种类型,工质可以是氢、氮、氨、肼等。早期研究工作用电弧加热工质,达到较高比冲,用氢做工质,但未达到真正上天试验。电阻加热式推力器在卫星中进行使用。1968 年电阻加热氨推力器在卫星上运行,推力 222 毫牛顿,比冲 135 秒,功率 11 瓦,用于卫星姿态控制。可以看到,这类推进器比冲并不很高(当然比冷气要高),但使用方便。近几年来,对于电热肼推进器研究较多。这种推力器用电加热使肼达到化学分解的温度,使可靠度增加,并能提高比冲。达到的性能是推力 320 毫牛顿,真空比冲 320 秒,寿命 100 小时。计划用电热肼推力器作为通讯卫星的南北位置保持。电热推力器的主要优点是结构简单,使用灵活,可脉冲工作。缺点是温度受限制,排气速度小于 10^4 米/秒,寿命也不够长。

3.2 静电推力器

静电推力器是利用电场来加速离子，从而产生推力的装置。其主要部分是离子发生器，加速电场和加电子中和器三部分。离子发生器中工质（液态的铯或水银，也可用惰性气体），通过供给系统在蒸发器内蒸发，进入放电室，在圆柱形的放电室中，从阴极发出的电子在径向电场和纵向磁场作用下，绕磁力线作螺旋运动并与工质原子相撞形成离子。放电室下游有一帘栅极，其电位与主阴极电位相同。加速极装在帘栅极下游不到一毫米处，电位为负，使离子加速喷出，在出口处由中和器提供电子使喷出的射流为电中性。静电推力器原理见图 7。目前美国 NASA 集中发展 Φ30cm 的星际飞行和轨道提升用主推力器和 Φ8cm 的同步卫星南北位置保持的推力器。Φ30cm 推力器推力 135 毫牛顿，比冲 3000 秒，总功率 2700 瓦。Φ8cm 推力器推力 10 毫牛顿，比冲 3000 秒，寿命要求超过 20000 小时。可以看出，离子推力器是真正高比冲的推力器。

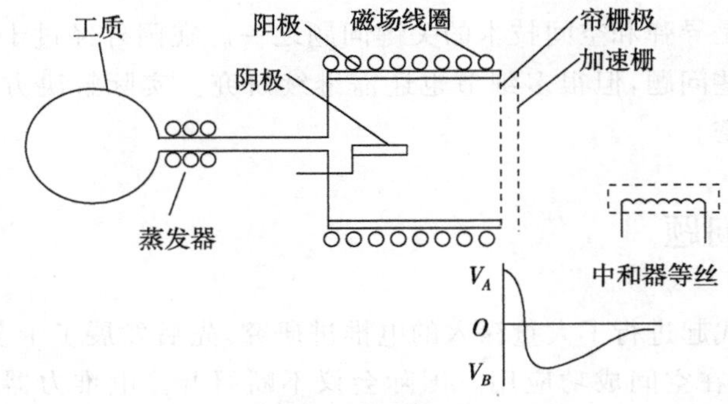

图 7　电子轰击式静电推力器原理图

静电推力器经过多年的试验研究，包括在空间的耐久性试验，但目前仍处于样机试验阶段。对于太阳系飞行用的电推进系统，进行了任务分析。此外，近年来出现了探索离子推力器原理和技术在工业上应用可能性的努力。如提出用离子推力器在溅射沉积、离子束加工、表面处理等方面，为工业、生物学、医学、材料学提供新工艺、新器件、新材料。这是一个值得注意的新动向。这也表明，一项新技术要具有强的生命力，必须寻求多方面的应用。

3.3 电磁推力器

电磁推力器是利用电磁力的作用使等离子体加速喷射而产生推力的装置。有稳态及交变等离子体动力电弧射流（MPD）与脉冲等离子体推力器（PPT）三种。MPD 装置可产生较大推力和较高比冲，但还处于实验室阶段。近年来发展较快的是用固体太氟隆作工质的脉冲等离子推力器。工质系统简单、适宜于失重及真空环境。用储能电容器瞬时强电流放电形成高温电弧烧蚀和离化工质，经过电磁力和热力加速排出而产生推力。此种推力器已于 1968 年装在同步卫星上用于东西向位置保持，其原理见图 8。现在研制中的样机性能是：单元冲量 30.5 毫牛顿-秒，平均推力 4.5 毫牛顿，平均比冲 1500 秒，耗功 135 瓦。现已证明，像这样的样机，效率可达 30%，进一步研究加速机理，可以改善其效率及性能。此种推力器适用于高精度、长寿命的各种卫星姿态和轨道控制。

等离子推进器的技术和其他一些重大科学技术有关，如可控热核反应、高温等离子体物理、高能粒子加速器等方面的研究成果，对等离子体加速器有关技术问题有直接影响。而等离子推进的研究也对这些科学技术有参考意义。这种学科间的相互影响在苏联的等离子研究工作中看得尤为清楚。

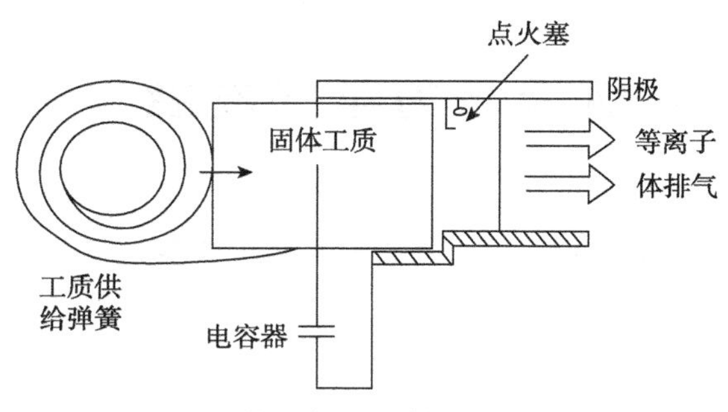

图 8 固体脉冲等离子体推力器原理图

3.4 小结

电推进技术经过二十多年的发展,已从原理性实验、实验室研究过渡到工程样机生产与空间飞行试用的阶段。其中比较先进和成熟的推力器是离子发动机及脉冲等离子体推进器。近期应用是各种同步卫星的姿态和轨道控制,将来可能用于卫星的轨道提升和星际飞行主推进。有关的科学技术研究对于其他科学技术有互相促进的作用,如电推进的研究对于等离子体物理学、稀薄气体动力学、真空放电物理以及有关测试技术等方面都有帮助,也促进了某些新材料、新工艺、新技术的发展。

空间技术中等离子体问题牵涉面极为广泛。这些问题在国外已作了大量工作,其中一些问题并已得到解决,因而已经不是现在国外基础研究的“热门”。但看来工作并未停止,尤其是对很多关键问题仍在保密。结合我国实际需要,除解决实际问题外,应就有关科学技术问题本身,开展研究,不断深入。这样必将对提高我国在这一方面的科学技术水平和促进与此有关的科学技术发展起到巨大的作用。

院 士 简 介

吴承康

气体动力学家。1929 年 11 月 14 日生于上海。1951 年毕业于美国威斯康辛大学机械工程系,1952 年获该校硕士学位。1957 年获美国麻省理工学院科学博士学位。中国科学院力学研究所研究员。1991 年当选为中国科学院院士(学部委员)。

在高温气体动力学领域内,结合航天、能源等任务开展了研究。在中国弹道导弹弹头防热系统研制中,率先全面发展了烧蚀实验装备与方法,对洲际导弹弹头防热可靠性、人造卫星回收方案、再入通讯可行途径等提供了可靠的科学依据。在燃烧学方面,对汽油机爆燃机理、层流火焰传播速度的正确测定方法等基础问题有贡献。还领导开展了新型燃煤预燃室和燃烧气脉冲除灰技术的研究,用于多处电站,解决了某些关键的稳燃和积灰问题。在等离子体技术方面,带头开展电弧等离子发生器的应用和基础研究。

航天与力学的发展*

庄逢甘
（中国航天工业总公司科学技术委员会）

1 引　言

对于力学在航天领域中的重要性，经历了一个认识过程。国内外航天飞行器多次失事的教训告诉我们，忽视航天领域的力学问题不仅影响到它们的性能，而且会带来难以估量的损失。联盟号飞船第一次飞行的船毁人亡，难道不与这个飞船的跨声速气动特性不理想有关吗？航天力学就是研究航天飞行器的力学问题，这里说的航天飞行器应该包括运载器和航天器。今天，我们就从当今航天领域的发展趋势和航天与力学的相互关系谈起。

2 当今航天领域的发展趋势

纵观当今世界航天的发展，大体上可以分成三个方面。

第一方面是应用卫星和卫星应用。绝大部分的卫星都是利用空间的高远位置为信息的获取、传递与发布服务。其中包括通信卫星、遥感卫星、气象卫星、导航卫星和海洋卫星等。通信卫星不仅成为当今通信技术的主要工具之一，而且已成为各国正在建设的信息基础设施（information infrastructure，即媒介中常说的信息高速公路）的重要组成部分。当代的空间遥感技术已经渗透到国民经济各个领域。除此之外，卫星在未来的高技术战争中，无疑将起十分重要的作用。由于卫星及其应用有着明显的经济效益和国防价值，就必然成为航天技术发展的一个最主要的领域。当今，在卫星领域中正在孕育着一场技术革命，即卫星向小型化方向发展。可以预见，小卫星在卫星技术中引起的变化，就如同微型计算机在计算机技术中引起的变化一样深刻。为了满足发射小卫星的需求，已经研制成功了在飞机上发射的小型火箭。

第二方面，载人航天领域。21 世纪初，载人航天的重点是建立空间站工程大系统。建立空间站只是载人航天漫长历程的第一步。正如俄国的著名火箭专家齐奥尔科夫斯基所说，“地球是人类的摇篮。人类绝不会永远躺在这个摇篮里，而会不断探索新的天体和空间。人类首先将小心翼翼地穿过大气层，然后再去征服太阳系空间”。人类开发宇宙，是人类长期以来的梦想。无疑，载人航天可以大大地提高国家的威望和民族自豪感。另一方面，载人航天也为信息、能源和材料的综合开发创造了必要的条件。然而，大规模

* 原稿刊登在《中国科学院院刊》1996 年第 5 期。

开发空间必须以大幅度降低空间运输系统的运输费用为前提。人们虽然为此进行了努力,但目前收效甚微。现在正寄希望于重复使用的单级入轨火箭和水平起降的空天飞机。

第三方面,深空探测方面。为了开发宇宙,寻找地外文明,就必须对月球、火星,以及其他的行星进行探测。美国的 Apollo 计划实现了人类登月的愿望。当前,美、俄、欧洲、日本等都正在实施一系列月球、火星等深空探测计划。

在航天事业发展的过程中,上述 3 个方面都不断地给力学的发展提出了许多新的课题。另一方面,力学也为航天的发展提出了许多新概念、新思想、新方法。航天作为需求牵引,力学作为航天的技术推动因素之一,航天与力学互相促进,相得益彰。

3 航天力学的研究内容

航天力学主要研究航天飞行器在发射上升段、轨道进行段和再入返回段的力学问题。

(1)**天体力学和轨道力学** 为了开发宇宙,我们必须对各个行星的运动规律有进一步的认识。因此,必须用近代的力学知识进一步描述天体的运动规律。另一方面,为了节约能量,必须对各种航天器的轨道进行优化。关于这方面,我们可以举出两个例子。一个例子是所谓的 AOTV,就是气动辅助变轨转移飞行器。大家知道,要改变航天飞行器的飞行轨道,需要很大的能量。有时几乎是做不到的。一些力学专家提出了一些新的想法,即利用航天器在再入大气层中所受的气动力,来改变飞行轨道,就可以节省许多能量。第二个例子是,为了实现对行星的探测,可以利用另一个行星的重力场,使得或是节省整个飞行的能量,或是寻找合适的发射窗口。

(2)**大气层飞行力学** 大气层飞行力学的重点是空天飞机的上升段轨道优化。由于空天飞机使用吸气式组合发动机,在整个飞行过程中,它受到很大的阻力和气动加热。为了节省能量,必须对上升段的轨道进行优化。

(3)**结构动力学** 不论是航天器,还是运载器,都存在大量振动问题。例如,运载火箭的长细比例较大,就必须进行振动塔试验和结构动力学的计算。建造振动塔是非常费钱的。随着今后火箭直径的加大和长度的进一步增加,进行全尺寸的振动试验变得越来越困难。为此,必须在建立正确的模拟火箭结构的结构动力学模型,进行分析计算。运载火箭还存在一些复杂的振动现象,若处理得不好,就可能造成发射的失败。例如,跨声速的抖振和对高空风切变的响应。又如,纵向耦合振动(POGO),以及火箭发动机管路中的液体的振动频率和整个火箭的固有频率相同时,产生的共振现象。对航天器来说,由于有太阳能帆板,或者它是由多个舱段交会对接成功的组合体,也会产生新的结构动力学问题。

(4)**微重力流体力学** 对微重力流体力学的要求主要来自于空间材料加工和空间材料试验,但是航天器设计中遇到的微重力燃烧和微重力下的流体管理等工程问题也要求微重力流体力学的支持。虽然在航天器中已经进行过几百次的微重力的材料试验,但迄今,大部分的试验还都不能多次重复实现。考察其原因,主要是对微重力下材料加工的机理仍然没有认识清楚。而其中非常重要的是对微重力的流体物理没有清楚认识。在微重力条件下,重力的影响固然已经大大减小,但也不是完全等于零。另一方面,比起重力来说,一些其他在地球上并不重要的力,如表面张力等,就会在微重力条件下显示出来。表面张力现象就会引起所谓的马拉哥尼(Marangoni)对流,在微重力条件下,马拉哥尼对流就显得非常重要,而在地面很重要的自由对流就大大减弱了。但是直到现在为止,我们对马拉哥尼对流的基本机理还没有搞清楚。我们认为对微重力流体力学的研究,将十分有助于搞清楚空间蛋白质晶体生长、空间材料加工的机理,也将十分有助于航天器在微重力条件下的设计。

(5)**高超声速空气动力学**　高超声速空气动力学在五六十年代主要是为设计洲际导弹的弹头服务的,重点解决了弹头的防热问题。随后,为了提高弹头的落点精度,又解决了烧蚀外形对气动力的影响问题。在这些问题解决之后,高超声速空气动力学由于没有明确的任务需求,在一段时间内,它处于停步不前的状态。到80年代初期,美国的航天飞机上天了。在轨道器上进行了一系列气动力的飞行试验。飞行试验结果中最突出的问题是所谓的"高超声速异常",也就是说它的机身襟翼的偏角在实际飞行中要比预测的值大一倍。追究其原因,主要是根据风洞试验结果,预测的俯仰力矩特性和飞行试验的情况有很大不同。通过认真的分析和讨论,认识到这主要是地面的模拟设备不能正确地模拟马赫数的效应和真实气体效应。利用现代的计算流体力学方法,可以较好地预测高马赫数效应。但是,为了正确地确定真实气体的影响,还需要正确地确定化学反应和反应速率常数,而这些反应速率常数也需要通过地面试验来确定。高超声速空气动力学的任务除了要精确地预测航天飞行器的气动特性外,还要为高超声速飞行器提供满足特定要求的气动构形。近年来,有一些高超声速构形引起了人们广泛的兴趣。一是乘波构形,它具有很高的升阻比,并能为发动机进气口提供均匀的流场。二是升力体构形。它的体积利用率接近飞船构形,它的升阻比接近于航天飞机构形。目前对这两种构形正在进行广泛的研究和试验工作。

(6)**气动热力学**　气动热力学主要研究高温气体所发生的热现象。它的主要任务之一是确定高超声速飞行器表面的热环境。在航天飞机表面热流的飞行试验中,发现实际测得的结果要比预测的结果低。追究其原因,主要是航天飞机的防热瓦涂有一种硫化玻璃,这种硫化玻璃对化学反应的催化作用是很小的。为了正确地估计表面对化学反应的催化作用,也需要研究真实气体的影响问题。对于高超声速飞行器来说,一些局部区域,如空天飞机进气道的唇部等,可能出现很高的热流区,对此必须十分小心。这些局部区域的流动十分复杂,通常会出现激波与激波干扰、激波与边界层干扰、旋涡干扰等现象。

气动热力学的另外一项任务是预测进入其他行星的高超声速飞行器的热环境。以火星为例,其大气与地球的大气完全不同,火星大气的95%是CO_2,3%是N_2,在确定火星探测器的热环境时,必须掌握上述CO_2-N_2大气的高温动力学数据,同时还必须了解在这种大气中,飞行器表面的催化特性。另外,在火星上经常发生局部的尘暴,偶尔也发生全星的尘暴。在发生尘暴后,大气中可以保留尘埃达几周或几月之久。据估计,在火星上空40km遇到尘埃大气的概率为2%～4%。无数尺寸很小很小的尘埃可以对探测器的防热层带来很大损害。为此,在探测器防热系统的设计中,必须考虑尘埃的侵蚀问题。

(7)**发动机空气动力学** 气动热力学的另一项任务就是为火箭发动机和高超声速的吸气式发动机服务,此时,它也可以叫做发动机空气动力学。从航天运输系统的任务来看,有两种任务需求。一种是从地面直接加速到低轨道,也就是所谓的加速任务。针对这种任务,看来是火箭更加适应。火箭发动机在较小的体积内有非常高的能量密度。由于高的动压和大的流动梯度,形成了严峻的定常、非定的动力学环境和热力学环境。对于火箭发动机的设计来说,近年来一个很大的变化是广泛采用了计算流体力学。这不仅提高了发动机的性能,而且缩短了研制时间和节省了研制的经费。最近,美国决定将重复使用的单级入轨火箭作为目标来开展关键技术的预研。为了使喷管在高空和低空都有很好的性能,又提出了塞式喷管的概念。为了确定塞式喷管的性能,又给计算和试验工作提出了新课题。航天运输系统也有另外一种任务,即由于军方的需求和民用的需求,可能要求它能进行高超声速巡航,即要求飞行器在大气层中有一个高超声速巡航的飞行阶段。例如,要求对于固定的目标进行跨大气层、全方位的侦察,就需要在高超声速飞行中有一个巡航段。在这种情况下,利用吸气式发动机可以获得较大的比冲,减小总的起飞重量。但是众所周知,现有的吸气式发动机,例如,涡轮喷气发动机,涡轮风扇发动机,在马赫数大于3以后,比冲就大大下降了。亚声速燃烧的冲压发动机,在马赫数大于6以后,比冲也大大下降。只有超声速燃烧的冲压发动机,能够在马赫数从6到15之间,提供很高的比冲。为了研究清楚超声速燃烧,正确地设计超燃发动机的燃烧室、相应的进气道和尾喷管,需要解决有化学反应的高温气体的气动力学问题。在这方面最突出的问题是缺乏相应的地面模拟设备,特别是马赫数大于8以后,只能依靠脉冲型风洞,如激波风洞和活塞激波风洞。因此,对于超声速燃烧和高超声速燃烧(燃烧室入口的马赫数大于5,具有典型的三维特征,其流动受空气动力、湍流混合和化学反应速率等因素的影响很大),还必须进行缩比的飞行试验。

对于空天飞机来说,不仅要精确地确定单独的发动机部件的气动特性,而且要求进行发动机和机体的一体化设计。此时,空天飞机的前体要作为进气道的预压缩面,既能提供预压缩,又能为进气道提供均匀的进口流场。后体要作为发动机喷洞内进行带有发动机的全机气动特性试验,而且要求发展可以计算包括发动机内部流动在内的全机气动特性程序,这就要求发展能适应复杂外形的非结构计算网格,高分辨率、高精度、高效率的计算格式。

(8)**稀薄气体动力学** 对于在地球低轨道(200～500km)运行的卫星和空间站来说,必须正确地预测它们在稀薄气体中运动时所承受的气动力和气动力矩。这样,才能正确地估计为了维持轨道高度和保持它们姿态而必须携带和需补给的燃料重量,从而才能进一步正确地估计它们的寿命和全寿命费用。它们在稀薄气体中受到的气动加热量也是航天器热控系统的重要设计依据。近年来,卫星和空间站的发动机羽流在高空对发动机附近区域的粒子污染已成为人们十分关注的问题。有人把许多卫星的事故归结为粒子碰撞,羽流不正是粒子源吗?

关心稀薄气体动力学的另一个原因是与所谓的AOTV,就是气动辅助变轨转移飞行器有关的。对于这种设想已经做了大量研究工作,不久就可以付诸实践了。显然,稀薄气体空气动力学是设计AOTV的一个关键。

4　航天力学的研究方法

从航天力学的研究内容来看，它有以下几个特点：

(1)力学与其他学科，如物理、化学等有很多交叉，这就使得航天力学问题十分复杂。

(2)许多新提出的航天力学问题，必须通过理论分析、试验研究的多次迭代反复，才能建立正确的物理模型。

(3)航天力学对航天飞行器的设计和运行有十分重要的影响，能否正确地预测航天飞行器的力学特性往往会影响到整个任务的成败。

针对上述航天力学发展的特点，传统的力学研究方法正在发生改变。传统的力学研究方法，主要是理论分析、数值计算和地面试验研究。采用这样的方法，在解决新的航天力学问题时就显得不够了。所以，在解决近代航天任务提出的力学问题时，已经形成了理论分析和数值计算、地面模拟试验和飞行试验三种手段相结合的研究方法。

我们认为理论分析仍然是十分重要的，其关键是建立正确的物理模型。特别是一些长期困惑力学家的基本问题，如湍流、边界层转捩、有化学反应的流动等，还有大量的理论分析要做。另一方面，由于近代计算机的发展，形成了计算力学的重要分支。但是由于在物理模型、计算方法中存在着一些不确定的因素，计算力学的结果必须用相应的试验进行验证。所以，在近代计算力学中，出现了程序确认、程序验证等等概念。也就是说，要对计算的结果通过特定的地面试验进行考核，而这些地面试验，必须是已知所有的试验条件和它的试验数据的不确定度。这样的验证工作必须是有计划、有组织地进行的。

说到地面试验，它仍然是当今力学中重要的方面。但是我们应该认识到对航天任务来说，地面试验往往不能全部模拟航天任务所遇到的全部环境。以高超声速飞行器为例，现有的地面模拟设备，就无法模拟高马赫数具有真实气体影响的飞行环境。因此，在将地面试验数据外推到真实飞行条件时，就必须十分谨慎小心。

我们必须强调航天力学的飞行试验。这是我国航天力学中最薄弱的环节。一种新的技术概念或一种新的设计方法，假若只有理论计算和地面试验，而没有经过飞行试验的综合考核，航天飞行器的总设计师往往不敢采用这种高风险的新技术手段，因此，它们就很难得到应用。近年来，国内也好，国外也好，都十分强调先期技术演示验证。这种先期技术演示验证可以针对整个飞行器，也可以针对关键技术。例如，美国的空天飞机(NASP)计划，在其技术发展过程中，由于缺乏高马赫数的地面模拟试验能力，很长时间内把解决气动问题的希望寄托于计算流体力学，但最终还是无法解决问题，不得不下马。最近，美国在发展重复使用单级入轨火箭时，就充分吸取了这方面的经验和教训。它首先决定执行一个先进运载技术计划，在此基础上，进一步发展技术演示验证飞行器，到2000年再决策是否研制重复使用的单级入轨火箭。这样做既符合科学技术的发展规律，循序渐进，又可以加大技术发展的跨度。我国在过去的航天领域发展中，较少地注意到先期技术演示验证，从而影响我们技术发展的跨度。

最后，我们认为，成功地解决好一个航天方面的力学问题，必须善于综合理论分析与数值计算、地面模拟试验和飞行试验这三种手段的成果。这三种手段，应该取长补短，互相补充。从这个意义来说,解决航天力学问题,必须采用系统工程的方法。

5 我国航天力学面临的挑战和机遇

我国的力学界为我国的火箭、卫星和导弹技术的发展作出了重要贡献,在长期的实践中,我国的力学界积累了许多采用系统工程协作攻关的经验。但是,航天事业在卫星、载人航天和深空探测等三个领域中的纵深发展,也给我国的力学界提出了许多新的迫切需要解决的问题。这就要求我国的力学工作者,不断拓宽自己的研究领域,去研究新的课题,去发展新的方法。要善于分析航天飞行器发展提出的各项力学课题的相对重要性和对它们的具体要求,并能采用系统工程的方法,利用理论分析与数值计算、地面模拟试验和飞行试验三种手段去解决这些问题。这无疑对我国的力学工作者提出了严峻的挑战。这种挑战,一方面要求力学工作者不断提高自己的学术修养,并把现代的高技术成果用到航天力学的研究工作中来;另一方面,要求力学工作者善于采用系统工程的方法,善于组织重大课题的联合攻关,善于在重大航天飞行器的设计中争取自己的发言权。

航天事业领域的拓宽,也给我国的力学工作者提供了广阔的舞台。特别是这段跨世纪的时期,我国航天事业正在迈上目标更高的新台阶,将为我国的力学工作者,特别是年轻的科技人员提供发挥自己聪明才智的极好机会。

院士简介

庄逢甘(1925.2.11—2010.11.8)

空气动力学家,1946 年毕业于上海交通大学航空工程系。1950 年获美国加州理工学院博士学位。1980 年当选为中国科学院学部委员(院士)。1985 年当选为国际宇航科学院院士。曾任中国航天科技集团公司和中国航天科工集团公司研究员、高级技术顾问。哈尔滨军事工程学院教授,北京空气动力研究所所长,中国空气动力研究与发展中心副主任,航天工业部总工程师,中国航天科技集团公司科技委主任,中国力学学会理事长,中国空气动力学会理事长。

长期从事导弹、火箭及再入飞行器的空气动力学研究试验和计算空气动力学的研究工作。曾主持我国空气动力学的试验研究基础及许多重要风洞试验设备的建设。主持并完成国家自然科学基金重大项目—旋涡、激波和非平衡起主导作用的复杂流动的研究,以及旋涡与分离的重大基金项目的研究,其中有的成果达到当时国际领先水平。曾获国家科技进步奖特等奖、戈根海姆奖和美洲中国工程师学会成就奖。2004 年获第五届中国光华工程科技奖。

生物运动仿生力学与智能微型飞行器*

崔尔杰
（中国航天科技集团公司第七〇一研究所）

1　微型飞行器

微型飞行器(MAV)是20世纪90年代出现的一种新型飞行器。1995年美国国防高级研究计划局(DARPA)着手对其进行可行性研究，1997年开始实施微型飞行器发展研究计划，投资3500万美元，研制周期为3年。

由于微型飞行器在军用、民用两方面均有巨大的应用前景，因此，从一开始就受到人们广泛关注。仅在美国，从事该项研究的高等院校和研究单位就有150余家，发展非常迅速，在很短时间内，就研制出一批性能优良的试验样机，大致上分为：固定翼、旋翼和扑翼3种类型(图1)，其中最有代表性的是美国Aerovironment公司的“黑寡妇”、Sander公司的“微星”、麻省理工学院林肯实验室的“侦察鸟”、斯坦福大学的“Mesicopter”、加州工学院的“Microbat”和加州大学伯克利分校的“微机械飞虫”(MFI)等。

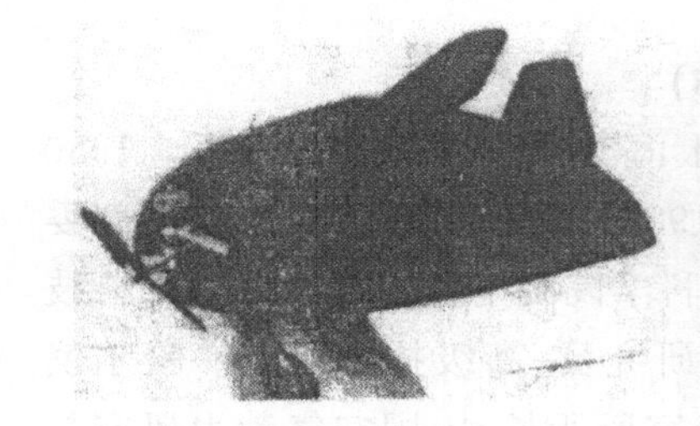
(a)固定翼型

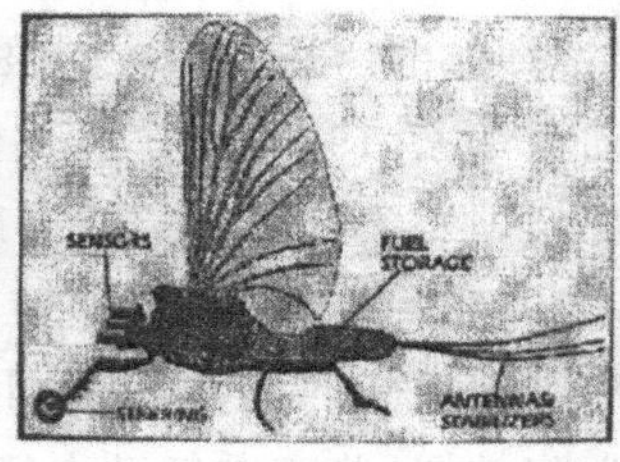

(b)扑翼型

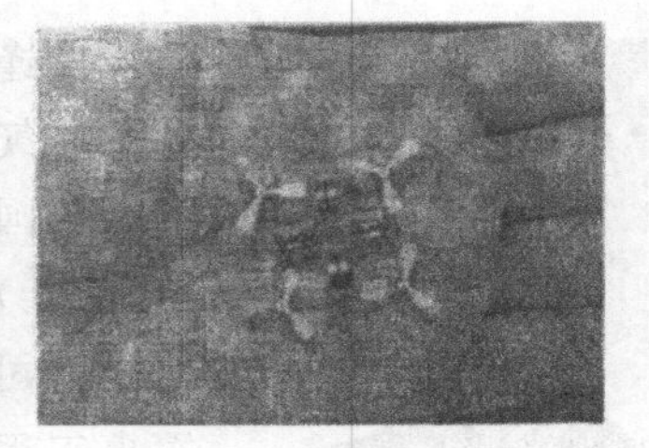
(c)旋翼型

图1　3种不同类型微型飞行器

在国内，微型飞行器的研制近年来已成为热门话题，大约不少于10几个单位在从事这方面的研究，已先后研制出多种型号，并进行了初步的飞行试验，但距完全自主飞行和满足实用化要求的目标还有相当距离。

对于微型飞行器目前还没有严格的界定，一般认为应满足下列条件：

(1)尺寸 $L<15\text{cm}$；

(2)重量 $G<50\text{g}$；

(3)速度 $V=35\sim72\text{km/h}$；

(4)飞行距离 $S=10\text{km}$。

---

*　原文刊登在《力学与实践》2004年第26卷第2期。

从目前已知国外微型飞行器的统计数据,可以得到图 2 所示起飞质量与主尺度的近似关系。

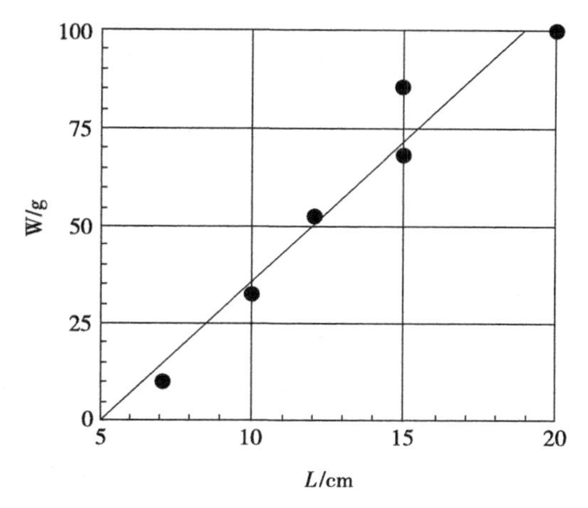

图 2 起飞质量与主尺度的近似关系

微型飞行器各组成部分的质量构成大致如表 1 所示。

表 1

组成部分	质量比分/%
动力系统	48
结构	14
机载设备	12
任务载荷	20
其他	6
总计	100

上述数据说明,要研制一个任务载荷为 20g 左右的微型飞行器,按照目前技术水平,其起飞总重量大约在 100g 左右,而其主尺度在 20cm 左右。如果限定飞行器的主尺度为 10cm 以下,其总质量则只能有 30g 左右。这是一个大体的估计,国内的技术和元器件水平更低一些,达到这样的水平还有相当难度。

对于这样的飞行器,或者今后将研制的尺度更小的飞行器,应用常规飞行器设计方法已不能满足要求,很难保证在实际运行环境下稳定飞行,因此,必须发展新的技术,建立新的研制手段。自然界许多飞行动物与微型飞行器有相近的几何尺度,它们一般都具有非常良好的飞行性能。早在上一世纪初,人们就注意到做扑翼飞行的鸟类和昆虫的运动特点,并开始模仿鸟类飞行,只是由于扑翼机构的复杂性,在当时的技术条件下未能获得成功,但有关研究工作却始终没有中断。近年来,随着技术进步和仿生学研究工作的进展,为微型飞行器研制提供了一种新的可能途径,人们开始更加关注生物运动仿生力学的研究,并从中获得许多有益的启示。仿生学已经成为微型飞行器研制的重要方法和手段。

2　微型化面临的关键问题

微型飞行器研制遇到一系列关键技术问题，主要可归结为以下几个方面：

(1)高升阻比气动构型与增升措施；

(2)动力、能源、高效推进；

(3)飞行稳定性和抗干扰能力；

(4)微型化导航、控制系统；

(5)轻质高强材料、结构及设计优化；

(6)超轻、微型化任务载荷。

上述问题，在不少参考文献中已有详细的论述[1-4]，这里不拟做深入讨论，但有一点是必须着重指出的：微型飞行器决不是常规飞行器的简单缩小，其气动力、结构设计、动力配置、飞行动力学和导航控制技术皆有不同于常规飞行器的特点，不对这些问题进行有针对性的深入研究，认真加以解决，要达到实用化目标是很困难的。

2003 年 2 月美国《华尔街日报》在《改变未来战争性质》一文中有过这样的评论："虽然有 150 家公司和大学研究部门在朝着这个梦想努力，但实验表明这些微型飞行器太容易受到细微气流的影响，造成图像数据无法利用。同时，开发人员还必须解决每一次设计中都会遇到的难题：即提高性能则会增加重量，造出一个体积更大的飞机，而这是与他们最初愿望背道而驰的。"

这段评论说出了影响微型飞行器实用化的两个关键技术问题：一是在给定总体尺度下，尽可能减低飞行器的结构质量，使之具有更大的有效载荷能力(换言之，尽可能提高飞行器的气动升/阻比)，二是在各种环境(特别是风的影响)下，抗干扰稳定飞行的能力。

2.1　提高气动升/阻比问题

微型飞行器由于主尺度较小，飞行速度较低，相应 Re 数范围大约在 $10^4 \sim 10^5$，进一步微型化后，Re 数可能会降低到 10^2 左右。

低 Re 数下，空气黏性效应显著，气动力出现一些与高 Re 数下显著不同的特性。绕机翼流动边界层首先会出现层流分离，失稳后转变为湍流，再附于物面，形成一个层流分离泡，使机翼气动特性变坏，出现阻力增大，升阻比下降(图 3)，升力系数随攻角呈现非线性变化，有时升力、阻力和力矩都会产生"滞回"现象，典型结果如图 4，图 5 所示[5]。

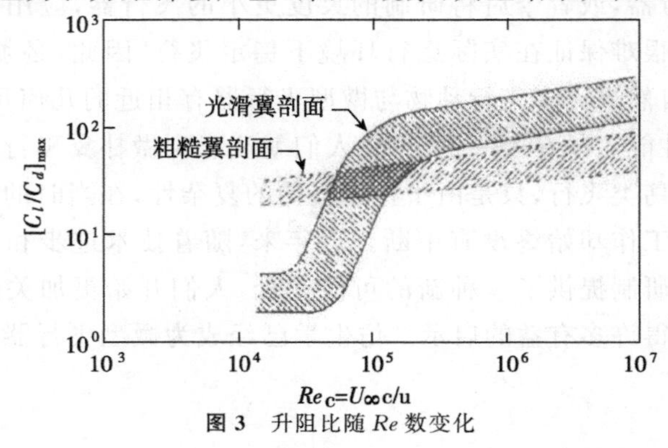

图 3　升阻比随 Re 数变化

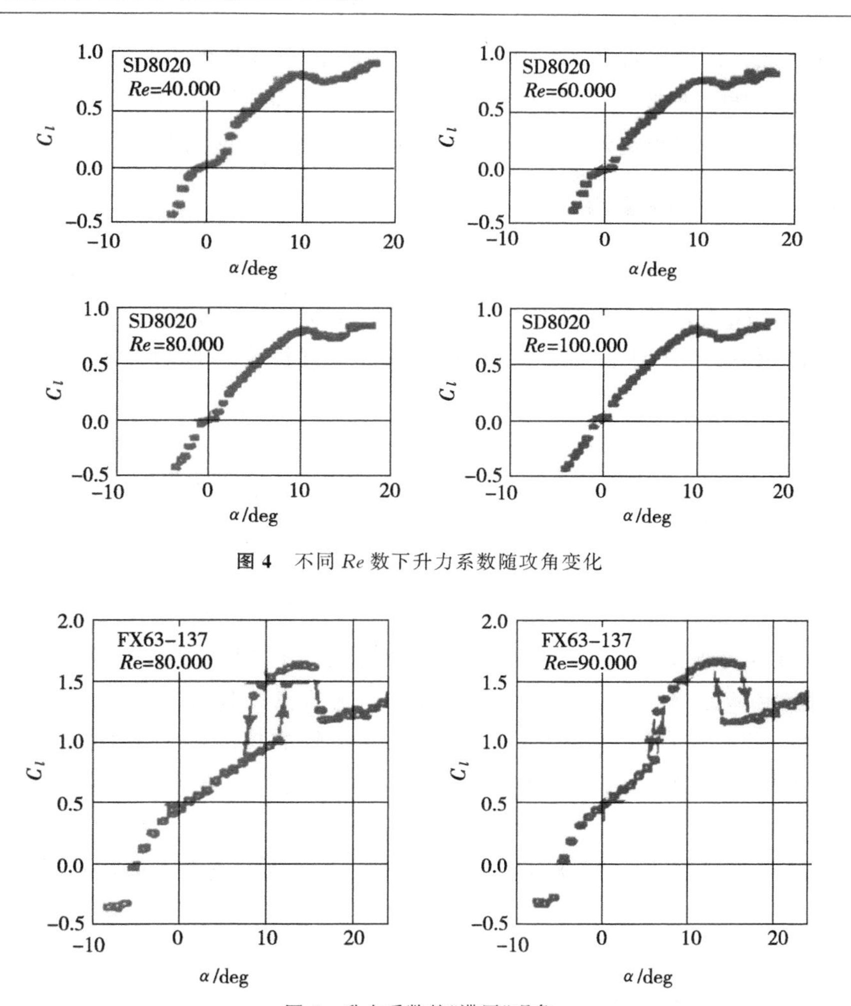

图 4 不同 Re 数下升力系数随攻角变化

图 5 升力系数的“滞回”现象

从图 4,图 5 可以看出对于对称翼剖面(SD8020),升力曲线在 $\alpha=0°$附近形成了一个小的平台;对于非对称翼剖面(FX63 - 137)升力曲线出现“滞回”环,它有顺时针方向和逆时针方向两种类型,研究发现前者与长分离泡有关,一般发生在最大升力 $C_{l\max}$附近,而后者由短分离泡引起,一般在中等升力下发生。

对于低 Re 数下流动特性的这种复杂变化,至今还没有完全认识清楚,例如翼剖面上长、短分离泡的形成过程. 试验中发现有时长泡出现后,会跟随产生一个短泡,但有些条件下情况却恰恰相反. 初步分析,这种现象的产生与来流速度、攻角、弦长和剖面厚度等参数有关,但其影响的大小和作用机制尚有待进一步研究。

目前,用于增升、减阻,获得高升/阻比的方法主要有:

(1)布局优化和采用各种有效的增升、减阻措施;

(2)利用非定常外部激励效应(如扰流片、吹吸气、动壁效应等);

(3)仿生运动力学方法。

对于主尺度在 25cm 以上的微型飞行器,在固定翼外形的基础上采用前两种方法有可能解决问题,但对于主尺度小于 15cm 的微型飞行器,要获得足够高的升/阻比,看来只有采用仿生力学的手段,才是解决问题的出路。

综上所述,低 Re 数情况下,升/阻比大幅度下降和升力曲线的非线性变化,将会对总体气动性能和控制带来非常不利的影响。因此,如何提高升力、减低阻力和消除气动力非线性变化带来的不利影响,成为气动力研究面临的一个关键问题。

2.2 抗干扰稳定飞行能力

微型飞行器尺度小,质量和转动惯量都比较小,抗风能力很差,因此,抗干扰和对复杂飞行环境的适应能力已成为微型飞行器实用化面临的主要问题之一。

原则上讲,利用各种增稳、控制技术能实现抗干扰稳定飞行的要求。可以采用的方法主要有:

(1)偏转舵面控制;

(2)集中式或分布式扰流片控制;

(3)微喷流干扰控制;

(4)柔性翼自适应外形控制。

对于微型飞行器来说,由于舵面尺寸很小,气动效率非常低,利用舵面偏转提供抗干扰能力,其作用是非常有限的。文献[6]提出,为了保证微型飞行器能够在自然风或其他外界干扰下稳定飞行,对于主尺度大于 25cm 的固定翼飞行器来说,可以采用性能优异的控制系统和舵,并需要附加陀螺增稳装置,这方面比较成功的例子是“黑寡妇”和“微星”等。对于更小尺度的微型飞行器,由于飞行过程中,风速等参数变化所引起的 Re 数波动可以达到 30%以上,飞行环境是高度非定常的,靠上述控制方法已很难达到保持稳定飞行的目的。对于主尺度小于 15cm 的微型飞行器,迄今为止还没有应用这种控制方法获得成功的例子。

3 生物运动仿生力学问题

生物运动仿生力学研究可以为微型飞行器研制提供多方面的启示和解决关键技术问题的途径。

3.1 高升力产生的机制

以蜻蜓为例,其翅膀的展长大约为 10cm,面积大约为 $0.0018m^2$,总质量平均约为 1g,其飞行 Re 数大约为 10^3 量级,按照固定翼定常气动理论计算,其升力系数只有 0.9 左右,而悬停飞行时,所需气动系数应为 2.4~3,这说明蜻蜓飞行时有其他产生高升力的机制和方法。仿生力学为人们提供了巨大的探索空间和应用前景。

目前,已知鸟类和昆虫等飞行动物产生高升力的方法主要有以下几种:利用扑翼、Weis-Fogh 扑动(图 6)、翼自身的非定常运动、翼的展向和弦向弯/扭变形,非平面串列翼布局以及利用开裂式翼尖或锯齿状后缘等。

Weis-Fogh 扑动在两翼打开过程中,前缘会形成一对很强的分离涡,产生很大的升力,文献[7]的试验测量结果表明,其最大升力系数能够达到 5,孙茂和于鑫等[8]计算得到的平均升力系数为 1.68,超过了按定常理论求得的升力系数值。

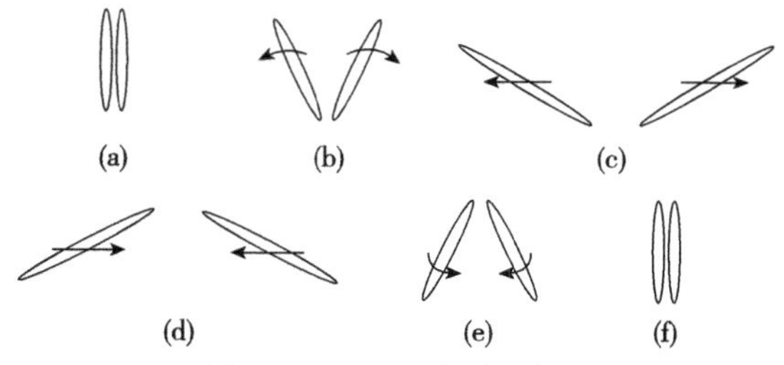

图 6　Weis-Fogh 扑动示意图

翼自身的非定常运动对气动力有重要影响。已知在较低的俯仰速率下,瞬时攻角超过一定值后(譬如 40°左右),在前缘将形成一个大的动态失速涡,引起很大的升增量(图 7),随着俯仰速率的增加,前缘分离延迟,分离区尺度减小;在高的俯仰速率下,上表面剪切层卷起,在后缘形成一个大的分离涡(图 8)。此时,利用后缘外形变化(譬如锯齿状后缘),可以调整后缘的旋涡结构,达到有效提高升力的目的。

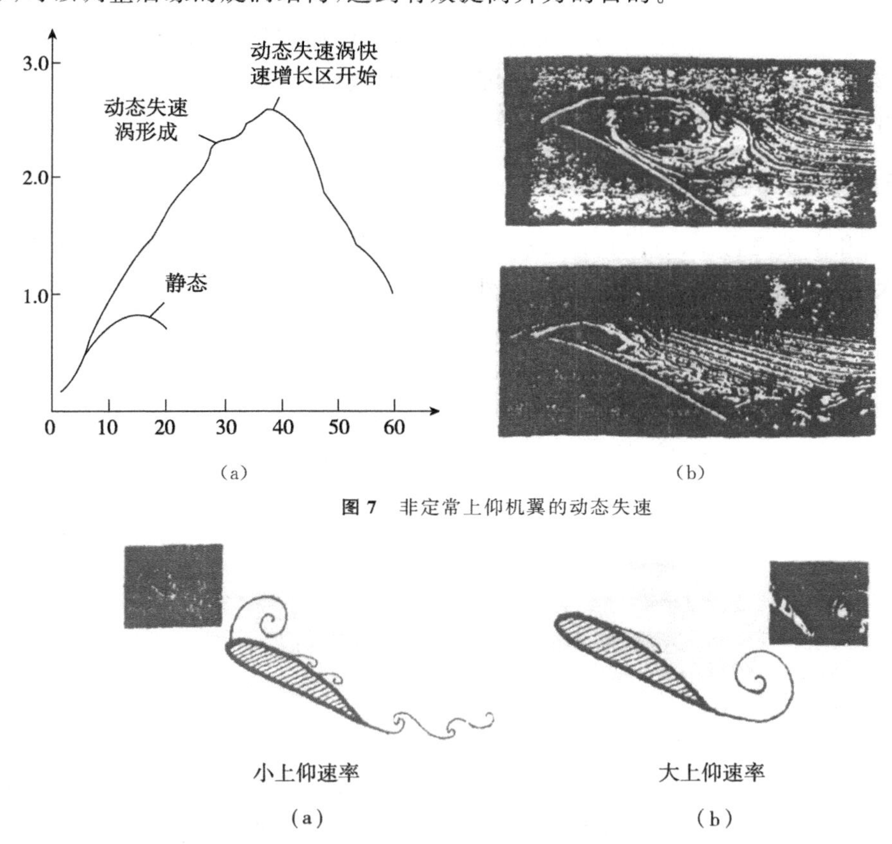

图 7　非定常上仰机翼的动态失速

图 8　不同上仰速率时绕翼型的流动结构

对于扑翼运动获得高升力的原理,近年来国内外学者针对昆虫运动过程进行了大量研究[8,9],揭示了昆虫翅膀扑动时产生高升力的机制主要有 3 种:一是拍动初期快加速效应引起很大的涡量矩时间变化率;二是拍动中翼的周向转动,消除了失速,因此可以维持高的升力,即所谓的“不失速机制”,这是拍翼飞行产生高升力的最主要的原因;三是拍动结束阶段翼的快速上仰转动,同样在很短的时间内产生了很大的涡量矩变化,因而形成较大的升力峰值,典型结果如图 9 所示[10]。

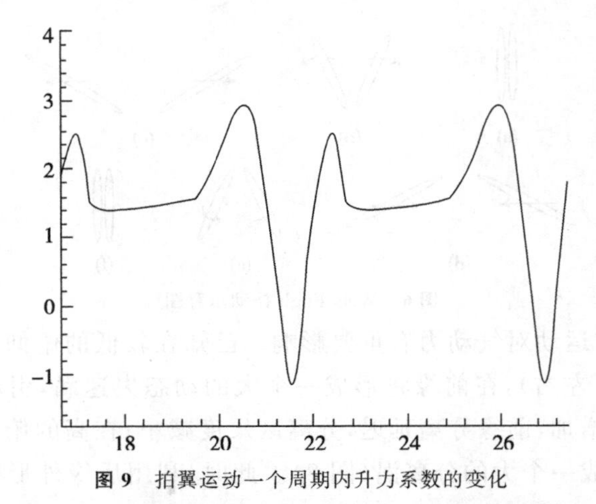

图 9　拍翼运动一个周期内升力系数的变化

对于蜻蜓类具有串列双翼的飞行生物，前后翼的有利干扰可能会引起较大的升力增量，由于两翼间的实际干扰情况比较复杂，包括翼的展/弦向三维变形、前翼涡相对于后翼的空间位置变化、两翼间的差动位相效应等，目前的数值模拟还没有充分考虑这些问题，因此得出的若干结论尚需进一步斟酌。

3.2　抗干扰稳定飞行问题

许多尺度和微型飞行器相近的鸟类或昆虫，能够在强风和复杂环境下悬停或稳定飞行，主要原因是它们的翅膀以及身体可根据外界条件的改变，产生自适应变形，如图 10 所示。

图 10　不同飞行环境下鸟类的自适应外形

对于主尺度大于 25cm 以上的微型飞行器，采用固定翼和舵面控制方案，有可能达到抗干扰稳定飞行的目的，对于主尺度小于 15cm 的微型飞行器则必须考虑仿生学的方法，采用扑翼或柔性翼智能可变形体的方法，才有可能达到预期目的，这方面还需做出很大努力。

在自然界中许多飞行动物其速度之快、机动性之高也是人类所望尘莫及的。一般人的最大运动速度大约是每秒钟 3～4 倍身体的长度，Ma 数等于 3 的超声速飞机，其速度大约是每秒钟 32 倍机身的长度，而一支普通的鸽子常常能以 80km/h 的速度飞行，这个速度大约相当于每秒钟 75 倍鸽子的体长，欧洲雀鸟则能以每秒钟 120 倍体长的速度飞行，而某些雨燕的飞行速度则可以达到每秒钟 140 倍体长。高机动作战飞机（如 A-

4Skyhawk)其滚动速率大约是 720°/s,而仓燕(barn swallow)的滚动速率可以超过 5000°/s。一般飞机的最大允许过载为 4~5g,作战飞机的最大允许过载也不过 8~10g,而很多鸟类的飞行过载却经常(每天数百次)达到 10~14g(这里 g 是重力加速度值)[11]。生物体的这种种优异性能与它们能够在飞行过程中充分利用非定常气动力效应和自适应变形能力,始终保持最有利的体位和飞行状态有关。这方面还有很多问题需要深入研究解决。

3.3 自主智能飞行控制

要采用仿生学方法,模拟鸟类和昆虫的高稳定性和高机动性飞行能力,则必须发展适用于微型飞行器的具有高可靠性、强适应性、高稳定性、强抗干扰能力的智能自主控制理论与方法;发展灵巧蒙皮,自适应结构,可变形机翼和完全柔性飞行器的变参数自适应控制理论和控制技术;微小型结构和微结构系统的集中或分布式自主协调控制;柔性空天飞行器构形动力学与控制;发展"微自适应流动控制"(MAFC)技术;进行微尺度的 MEMS 器件对于宏观尺度流动控制的机理研究及其精细实验。

近年来,由于 MEMS 技术、智能材料与结构、智能自主控制等技术的发展,人们已经有可能研制出这样的仿生智能飞行器[12],它通过设置在飞行器内部的敏感元件、信号采集与分析决策系统,驱动执行机构自主改变形体,对变化的外界环境做出即时响应,以提高抗干扰能力和系统的鲁棒性,保持不同飞行条件下的最优状态。当然,这种方法对气动、结构、控制,特别是控制系统元器件的尺寸和重量提出了更高的要求。

文献[13]中发展的一种柔性翼技术,通过机翼的自适应变形和固有振动,不需附加陀螺增稳装置,亦可在阵风环境下保持平稳飞行状态。对于最大尺度为 12.7cm 的微型飞行器,成功地进行了演示。文献[14]提出了一种利用压电作动的柔性翼,作动器采用普通商品化的压电弯曲元件,尺度较小,很容易在机翼内安装,作动器的电压与升力系数变化间近似成线性关系,这对控制系统设计是非常方便的。一般舵/舵机系统,是通过改变有效攻角使升力系数产生变化,对飞行参数进行控制的,但攻角的变化常会引起翼面分离区的增大,造成稳定性恶化甚至失速,压电作动柔性翼的控制效果是通过改变翼剖面形状来实现的,引起的攻角变化很小,固此不会出现上述问题。

3.4 轻质、高强韧材料与结构

减重是研制高性能仿生智能微型飞行器的关键问题。自然界许多飞行生物体材料和结构具有超轻质、高强度、自适应变形等突出性能,如蜻蜓和一些昆虫的翅膀都是由质量非常轻的网状构架和薄膜材料构成的,如图 11 所示①。

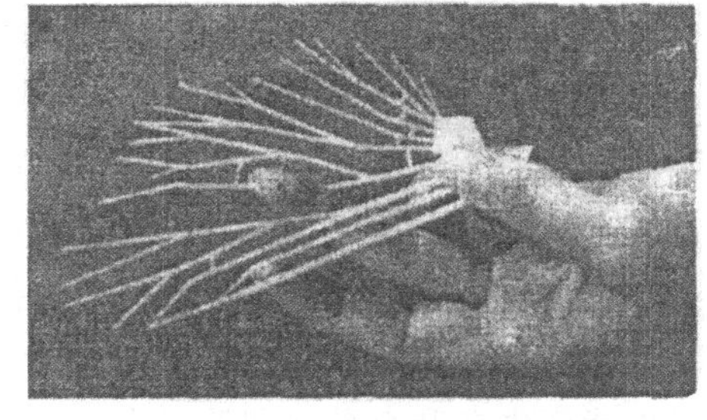

图 11 昆虫翅膀的网架状结构

对于这类超轻质生物材料的组成和它们的理化与机械性能,还缺乏足够的了解,使用这类材料的新型结构形式和材料、结构一体化优化设计问题也尚无可资利用的成熟方法,迫切需要对自然界许多飞行生物体的材料、

① 该图由网上下载得到。

结构和它们适应外界环境进行自适应变形等突出性能作进一步深入细致的观察研究。由于大量研究可能要在活体条件下进行，所以是相当困难的。

能源/动力装置在微型飞行器总质量中占很大比例，约 50%左右，因此，如何最大限度减低它们的质量成为一个突出问题。现在常用的能源/动力装置主要有：活塞式发动机、电池/电动机组、微型涡喷发动机等。内燃式发动机采用矿物质燃料，能量密度比电池高，但热效率很低，一般只有 5%左右，功率密度不过 1W/g，燃料消耗量大约 0.3～0.5g/W·h；现在电动机已经可以做得比较小，如我国上海交通大学研制成功的微型电磁电机直径只有 2mm，但目前使用电化学电池能量密度还比较低，锂离子电池的能量密度大约只有 0.2～0.3W·h/g，如能采用燃料电池，情况会有所好转，其能量密度比普通电池大约高出 2～4 倍。太阳能电池的光/电转换效率也还比较低，国内水平大约为 15～18W/cm^2；微型涡轮发动机，目前美国 MIT 已经研制出质量仅为 1g 的微型化产品，其输出功率可以达到 10～30W，可产生最大为 1N 的推力；往复式化学肌腱(RCM)和电致伸缩肌腱(EPAM)的研究目前均已取得很大进展，可用于仿生扑翼飞行器。但如何减轻质量仍是关键问题。

3.5 飞行过程的力能学分析

美国 Duke 大学的生物学家 Tucker 曾花费大量时间在风洞中对鸟类飞行时的氧气消耗量进行了实验测量，并从而计算出不同飞行速度下的能耗。鸟类的基本代谢率大约是每千克体重需要 20W，是人类代谢率的 10 倍左右，这是维持生命的基本需求，不能产生飞行时的推进力，应当从总消耗量中扣除，其余的消耗量可用于飞行，其转换为机械能的效率大约是 25%，也就是说只有 1/4 的可用代谢能量最后转化为飞行推进的机械能。对于一个总质量为 35g 的小鸟，实验发现存在一个能量消耗最小的经济飞行速度，大约为 8m/s，相应的功率需求约为 0.75W，大于或小于这一速度，能量消耗都会明显增加，而且速度增大时功率消耗增加得更快[11]。对于鸟类的生物实验观测发现，鸟类的胸肌大约占总体重的 20%，连续扑动飞行时，每千克胸肌可产生 200W 机械功(人类每千克胸肌只能产生 100W 左右)，如果鸟的总质量为 35g，经推算可提供的持续输出功率为 0.7W 左右，生物实验观测与上述风洞试验结果是非常一致的。

许多鸟类有非常出色的长距离飞行能力，如某些按季节迁徙的候鸟，它们可以中途不进食地飞行 1000～2000km 的距离，对于这种现象人们尚未了解得很透彻，但至少可以判断它们的能量消耗一定维持在很低的水平上。已知飞行时的功率需求可表示为

$$P=W[C_d/C_l^{1.5}][W/S]^{1/2}[2/\rho]^{1/2}/\eta$$

其中，P 为需用功率，W 为飞行体的总质量，C_l 为升力系数 C_d 为阻力系数，ρ 为大气密度，$[W/S]$为翼载，η 为推进效率，简单的分析即可知道，鸟类维持低能量消耗飞行，必须尽可能产生高升力系数和低阻力系数。一种可长距离远飞的海鸟，具有非常流线化的外形，其气动升阻比可以达到 10 以上，而一般鸣鸟升阻比大约只有 4 左右，再者就是要随着飞行速度变化不断自适应地调整翅膀的面积，以保持最佳翼载$[W/S]$值，许多鸟类正是这样做的(图 12)[11]，如鸽子(图 12(a))和猎鹰(图 12(b))在飞行中，随速度增加自动缩减翅膀面积，以避免过大的翅膀面积带来不必要的阻力增加。

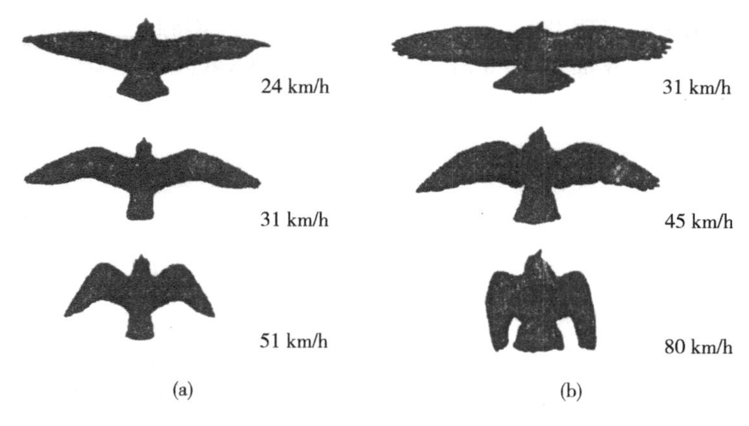

图 12 鸟类飞行翅膀面积随速度自适应变化

4 结 束 语

生物运动仿生力学研究为智能微型飞行器研制提供了多方面有益的启示和解决关键技术问题的途径,对微型飞行器的实用化发展具有重要意义。生物运动仿生力学学科本身也有许多值得深入研究探索的领域,因此,对它的发展应给予高度重视。“仿生”并不是对生物运动完全地、简单化地模拟,而是在深入研究和了解其规律及作用机理基础上的创新。建议今后应重点发展的方向:生物活体自由运动状态特性的实验观测;生物运动仿生力学地面模型试验;生物运动仿生力学建模与数值模拟;机理研究及对智能仿生微型飞行器的应用研究等。

参 考 文 献

[1] Wilson J. Micro warfare. Popular Mechanics,2001(2):62－65

[2] Wei Shyy,et al. Flapping and flexible wing for biological and micro air vehicle. Progression Aerospace Science,1999,35(5):455－506

[3] 崔尔杰. 微型飞行器-实用化面临的问题. 航天 701 所技术报告,2002

[4] 李峰. 微型飞行器技术研究. 航天 701 所技术报告. 2002

[5] Michael SS,et al. Expweiments on Airfoils at Low Reynolds Number. AIAA,1996

[6] Dickinson MH,et al. Wing rotation and the aerodynamic basis of insect flight. Science,1999,284:1954－1960

[7] Spedding GR,Maxworth T. The generation of circulation and lift in a rigid two dimensional wing. J Fluid Mech, 1986,165:247－272

[8] Sun M,Yu X. Flows around two airfoils performing fling and subsequent translation and clap. Acta Mech Sinica,2003,19(2):103－117

[9] Sun M,Tang J. Unsteady aerodynamic force generation by a model fruit fly wing in flapping motion. J Exp Biol,2002,205:55－70

[10] 孙茂. 昆虫飞行的高升力机理. 力学进展,2002,32(3):425－434

[11] Henk Tennekes. The Simple Science of Flight. The MIT Press,1997

[12] 崔尔杰. MEMS与智能化流体力学. 空气动力学学报,2000(增刊)

[13] Ifju PG. Flexible-Wing-Based Micro Air Vehicles. AIAA 2000-0705. 2000

[14] Zheng Limin. A Piezo-Electrically Actuated Wing for Micro Air Vehicle. AIAA 2000-2302,2000

院 士 简 介

崔尔杰

空气动力学家。1935年11月10日生于山东济南,籍贯河北高阳。1959年毕业于北京航空学院空气动力学专业。1999年当选为中国科学院院士。曾任航天科技集团航天空气动力技术研究院研究员,中国科技大学工程科学学院院长,中国力学学会理事长。

从事航天飞行器非定常气动力与空气弹性、风工程与工业空气动力学等方面的理论与实验研究。为解决型号研制中遇到的动态气动载荷、颤振、抖振、风致振动、气动噪声、动稳定性等问题做出贡献在非定常流与流动控制等基础研究方面,取得多项创新成果。对非定常增升机制、钝物体旋涡脱落模式、多物体干扰等提出新见解,发展了涡致振动的非线性振子模型,提出抑制涡致振动的多种途径,对工程实际有重要意义。主持“国家火炬计划”的全垫升气垫船研制和“九五”国家科技攻关计划及国家重大科技成果产业化计划的“地效飞行器”项目的技术工作,解决了一系列关键技术问题,已开发出多种型号投入国内和跨国航线运行。提出建立地面效应空气/流体动力学的框架设想并对其内容作了充实与发展。

固体力学发展的几点看法*

黄克智 靳征谟
（清华大学） （国家自然科学基金委员会数理学部）

1 引 言

固体力学是力学学科的重要分支。和整个力学学科一样，固体力学既具有技术科学的性质，为工程设计和发展生产力服务，也具有基础科学的性质，为发展自然科学服务。这两种兼有的性质相辅相成。力学作为技术科学，从工程技术的发展中吸取动力，推动作为基础科学的力学的发展；作为基础科学的力学的成就反过来又对工程技术起着指导作用。

作为技术科学的力学，解决工程技术问题是通过建立针对所研究问题的模型。为了建立这个模型，必须搞清楚现象的机理与本质。突出问题的主要矛盾.舍去其次要矛盾。这个模型应能以足够的精度对现象进行定量的分析和预测，而建立这个模型依靠的是理论分析与试验观测的结合。

包含固体力学在内的力学学科，在许许多多工程领域都有着重要的作用。这些领域包括航空航天工程、造船与海洋工程、核电工程、机械制造、动力机械工程、地质勘探、石油开采、土木工程、水利工程、材料科学与工程、微电子技术、医学工程等。因此可以毫不夸大地说，作为技术科学，力学是工业的基础。

长期以来，力学始终与土建、机械、船舶、航空等工程技术紧密结合。力学为推动工业特别是新技术的发展，提供有坚实理论基础的数学模型和准确有效的计算方法及试验技术。在30～50年代力学成功地解决了航空工业中的声障与热障问题，以后又成功地应用于继而兴起的航天工业，因此可以说力学使今天的航空航天工业成为当代第一个以科学为基础的工业。

近年来力学发展的最重要的趋势就是和更广泛的工程领域，特别是新材料、能源、微电子工业等，更为紧密地结合。几乎所有的重要的工程领域都存在着大量的力学问题，迫切需要解决。由于力学的作用与其他的热学、声学、光学或电磁学的作用环境相结合，力学与其他学科相结合而形成许多交叉学科。力学与生物学、医学的交叉形成生物力学。美国工程科学院院士、著名生物力学家冯元桢认为目前生物力学相对于生物与医学的水平仅相当于在20～30年代空气动力学相对于航空工业，但经过一个较长的阶段，力学必将在生命科学中起到重要的作用。力学的这一跨学科发展趋势，要求力学研究工作者深入到相关的工程技术（包括生物、医学）领域，和工程技术或研究人员并肩努力，把力

* 原文刊登在《机械强度》1994年第12卷第2期。

学的研究方法引入相关的领域，搞清现象的机理，建立有效而准确的数学模型，作出更重要的贡献。

作为基础科学的力学，也要为发展自然科学服务。随着学科的交叉，力学不断拓宽它的研究内容，并形成新的学科方向和重大的基础性问题。要求有精选的力学科研队伍和研究基地，取得对工程技术领域起指导作用的基础性研究成果。

2　我国经济、社会发展中急需解决的力学学科重大基础性问题

在我国经济、社会发展中许多工程领域都亟待发展。但在当今从机器文明跨入信息的时代，我国需要着重发展高新材料、微电子-微机械和能源工程。在这些工业领域中都有需要力学解决的许多重大基础性问题。

2.1　材料科学中的力学问题

材料科学与技术是产业革命的一个基础，是现代科学技术发展的保证。一方面，材料的合理使用和开发已成为新技术和新产业革命能否成功的关键。另一方面，材料科学领域也从来没有像今天这样繁荣，涌现了大量高、尖、新的重要材料。发达国家的一些科学家预言，当今世界新材料革命的高潮已经到来。这一变革的标志不仅在于对传统材料的改性和科学使用，而且反映在一大批新技术材料的研制成功，其中包括超导材料、精细高韧性陶瓷、高性能结晶控制合金、高功能高分子合成材料、形状记忆合金、无定形晶体和非晶体、多种高性能复合材料、非晶态太阳能电池……以适应各种高科技发展的要求。

目前，材料科学的进步明显地朝着两个方向前进，一是极限技术，二是替代技术。例如，由于改进了材料的制作工艺，出现了细线和薄膜材料，使比强度和比刚度有 2～3 个量级的飞跃，目前铅合金的弹性模量比钢大 3～4 倍，而强度高达 40 倍；C-纤维强化合金可以使结构材料大大减轻其重量；通过控制结晶改变材料性能的时代已经到来；金属基复合材料技术开始被广泛应用；形状记忆合金的研制成功在电气、电子、汽车、机械和能源、医疗、卫星通讯等工业中得到了广泛的应用。新材料、高技术材料从成材工艺过程、内部组织结构、成分变化、变形与破坏的模式都和传统材料有着根本的不同。这不但是对力学家、物理学家和冶金学家的严重挑战，而且也提出了许许多多颇有生命力的研究课题。

无论是传统材料还是新技术、高技术材料都是在一定环境和载荷下使用的。它们都会遇到变形和破坏及使用寿命的问题。从变形到破坏这一固体材料最基本的力学响应过程出发，建立起有关的物理模型和相应的力学理论，正确预报材料使用时的可靠性、稳定性及使用寿命，是当代材料和力学相结合的重大课题和任务。

固体力学的方法论与材料科学相结合，必将有助于材料科学从定性的研究转向定量的研究，从带有经验性的处理方法转向科学的处理方法，带来材料科学新的变革。在过去的几年内，美国自然科学基金委员会（NSF）、美国机械工程师学会（ASME）和军方研究决策机构（DARPA 和 ONR）相继召开了专门的研究讨论会，肯定了固体力学与材料科学相结合的研究方向。美国在全国各主要研究性大学设立了几十个“材料研究组（MRG）”（年资助强度百万美元），十余个“材料研究实验室（MRL）”（年资助强度二百万美元），并

在宾夕法尼亚大学(金属材料及合金)、西北大学(树脂基复合材料)、伊利诺伊斯大学香槟-厄尔巴那分校(高强混凝土材料)和加州大学圣特巴巴拉分校(陶瓷和轻金属基复合材料)建立了年投资强度达千万美元量级的材料破坏力学研究中心。最近美国科学基金委员会在加州大学圣地哥分校建立了固体力学与材料科学研究所,专门从事这一个方向的研究。日本、德国、法国、英国等工业大国在这一研究方向近几年的发展也极为迅速,正在形成高潮。

固体力学的方法论不仅适用于研究结构材料的力学性能,同样也适用于研究其他电、磁、光学等性能。所以材料的研究对象已从结构材料扩充到功能材料。

2.2 微电子微机械工程

信息科学与技术是高新技术的关键之一,也是跨世纪科技发展的主流之一。微电子技术中,大规模和超大规模集成电路的微型化,仍然是发展的一个主流。

近年来,出现了微机械和微传感器。如具有感知功能的微传感器,具有微电脑功能的微电子元器件及具有致动功能的微执行器,它们的组合展现了微机器人的前景,有可能会带来一场新的工业革命。

从 80 年代起,国外开发微电子元器件,开始从基底上的单层薄膜的几何构形发展到成百层的多层叠合膜的这种"摩天大厦"的构形。微型化的要求已进入亚微米集成电路的研制。集成电路(IC)与集成系统(IS)失效的重要原因是由于力学、热学和电学引起的。因此多层微电子元器件及封装的变形、损伤、破坏或短路的研究,对于高可靠性的器件及封装的失效防范是十分必要的。

由 1987 年加州大学伯克莱分校制造出直径为 $60\sim120\mu m$ 的硅微静电马达开始,形成微电子机械系统(MEMS)的新领域。微细加工工艺技术、微致动技术、微力-电系统的设计、微机械的应用等发展迅猛。对微电子-机械系统中的基本要素:材料、微机构、微传感、微制动、微加工工艺中的力学问题,即精微力-电系统的细观力学研究便成为十分必要。

对这一领域美、日等国,包括美国 IBM、日本日立等大公司均投入巨资开展研究;美国麻省理工学院、加州大学伯克莱分校、日本筑波大学及美国贝耳试验室等研究机构均成立了研究中心。国内正在起步。

2.3 能源工程

随着现代社会的发展、世界人口的增长,对能源的需求量也越来越大,能源紧张已成为人类面临的最严重问题之一,能源问题对我国更是显得紧迫。石油勘探,增加开采量,深部煤资源利用,太阳能、风能、潮汐能的开发,尤其是旨在开发近海能源的海洋工程,即将修建的三峡工程,都将给力学特别是固体力学提出许多问题。根据世界能源发展趋势和我国能源结构分布,我国制订的能源发展方针是,大力发展火电,积极开发水电,有重点、有步骤地适当发展核电。为了提高天然铀的利用率,需要发展新的堆型,各主要工业发达国家和发展中的印度对快中子增殖堆投入了大量的人力和财力,开展了广泛而深入的研究。在固体力学方面涉及的重要问题有,结构在高温条件下的疲劳-蠕变损伤与断裂,结构在地震条件下的屈曲,快堆在假想堆芯破碎事故(HCDA)条件下的动态响应和安全评定等。此外高转化比热中子堆和高温气冷堆,也是提高燃料利用率的重要途径。

为了正确地进行新堆型设计，保证运行的安全可靠性，所涉及的许多固体力学问题已成为每两年一届国际反应堆结构力学(SM:RT)会议(每届大会参加者近千人，发表论文近千篇)的重要议题。

固体力学不但和上述三个主要的方面，同时也和传统的工业技术继续保持密切的联系。这应该也必然是我国广大的固体力学研究工作者的主战场。

3 固体力学跨世纪优先发展领域

作为基础科学的力学，也要为发展自然科学服务。固体力学研究固体在各种载荷和环境下运动和变形的规律。自然科学和工程技术的发展拓广了固体力学所研究的内容。研究的对象从均匀的介质拓广为非均匀的介质，从单相的介质拓广为多相的介质。研究的环境从简单的环境拓广为伴随有热、电磁与化学(例如相变)作用的环境。研究的层次从宏观的拓广为细观的和微观的，以及宏、细、微观的结合。研究的过程从古典的固体力学只研究强度条件，拓广为研究固体变形及宏观裂纹扩展至破坏的过程，再拓广为研究固体由变形、损伤的萌生和演化，直至出现宏观裂纹，再由裂纹扩展至破坏的全过程。研究的历史不仅限于当前状态，而追溯到形成材料、构件与结构的各种工艺过程。研究的目的不仅是利用已有的材料，而且还要按一定的力学性能或其他功能的要求，从不同的尺度上设计材料。上述固体力学研究内容的拓广，使固体力学已经远远超出古典线性固体力学的范畴，而具有高度非线性的特征。固体力学的发展必须吸取非线性科学的成就，同时也反过来对非线性科学作出贡献。为了实现固体力学从研究对象、环境、层次、过程、历史和目的的拓广，计算机的发展和计算力学的开拓以及基于近代物理学所提供的从宏观到细、微观尺度的实验力学的发展与试验技术的开拓将提供重要的手段。

综上所述，固体力学跨世纪的学科发展体现了以下的趋势：

(1)以非线性力学为核心领域的力学与数学的结合，这一结合引入近代数学的定性理论和非线性科学的成就，使力学研究的思想观念和分析方法上升到一个新的高度。

(2)以宏、细、微观力学为核心的力学与物理科学的结合。这一结合将力学引入细微观世界，使力学研究的层次和精确性深入到一个新的水平。

(3)以力学因素为核心的与热学、电磁学等作用环境的结合。这一结合将固体力学的领域拓广为更宽的幅域，其应用也将深入到高新技术，甚至生命科学，模拟生命的发生、繁衍和进化。

根据上述的发展趋势，固体力学跨世纪优先发展的领域包括：

(1)**宏、细、微观材料本构理论与破坏过程**　材料本构理论是固体力学的核心，是一切固体力学分析计算研究的基础。和流体力学中的湍流问题相类似，材料在外界作用下经过变形、损伤到失稳或破坏的过程是固体力学家百余年为之奋斗尚未克服的难题。从某种意义上说，与湍流问题的难度相比，由于三维观测的困难，且没有一个像流体力学Navier-Stokes方程那样的控制方程，以及由于材料中有多层次的细微观结构等原因，破坏过程的研究比起湍流而言，其难度可能有过之而无不及。宏、细、微观的结合给这项研究注入了新的曙光。充分运用现代试验与计算技术的手段和近代数学的成就，经过几代人的努力才有希望得到解决。

（2）**精微力-电系统耦合细观力学** 该项研究是已经或即将带来全球技术革命的微电子微机械工程（或又称三微（3M）工程即微力学-微机械-微电子）的基础与应用基础研究。它研究微米及亚微米级的多层微结构及其封装，以及微传感器、微致动器等的机械运动规律。具体可分为两部分：多层微结构与高密度封装的细观力学以及微机械的细观力学。该项研究将为力学参与"信息高速公路"计划及力学在微机械和微控制元件领域的应用打下基础，并将力学的定量分析的方法引入微电子元件制造和可靠性分析、致动器的控制和可靠性理论。

（3）**大规模计算力学仿真** 该项研究是固体力学与计算机科学、计算数学的交叉，又是力学与广泛的工程与科学领域的交叉。当代的力学最后解决科学与工程的问题主要的手段往往是通过计算。大规模计算的有效性与真实性是最后的关键。计算机科学的最新发展，特别是符号处理能力及专家系统，图形及图像处理能力，平行计算的能力，从根本上改变了在各个领域中计算机应用的深度与广度，给固体力学的发展不仅提供了更好的条件，而且提出了一大批新的研究领域。例如，基于知识的全自动有限元模型化系统，有限元及边界元的前后处理系统，结构分析与优化的平行算法。这些研究的成果将有助于固体力学软件真正地集成到 CAD/CAM 系统中，更有效地为工程技术服务。同时复杂系统的动态模拟与显示，也有助于在更大的范围内有效地指导实验的准备，直至部分取代实验。

上述的领域当然远不是固体力学需要发展的全部。不论是哪一个领域都需要充分利用与发展现代试验与量测技术，把试验与量测技术的研究和固体力学的研究密切结合起来。在固体力学中有关断裂动力学、弹性波散射、振动力学、固体动力学反问题、界面断裂力学、复合材料力学、相变力学等方面都有需要注意发展的课题。在国家自然科学基金委数理学部与中国力学学会支持下，于 1990 年 11 月 25～26 日与 1992 年 12 月22～23 日在清华大学曾召开两次固体力学发展趋势研讨会。在此基础上北京理工大学出版社正在出版与会专家撰写的综述文集《固体力学发展趋势》，有兴趣的读者可以参考。

院士简介

黄克智

固体力学家。1927 年 7 月 21 日生于江西南昌。1947 年毕业于江西中正大学土木工程系。1952 年清华大学研究生毕业。清华大学教授。1991 年当选为中国科学院院士（学部委员）。2003 年当选俄罗斯科学院外籍院士。

在断裂力学方面，对工程中重要的幂硬化材料提出新的裂纹尖端奇异场理论，基本解决了国际上的难题，并提供了新的结构缺陷评定方法。在壳体理论方面，提出薄壳统一分类理论，发展了分解合成法与边界层二次近似理论，显著提高了壳体边界层的精度。在应用力学理论解决生产实际问题方面，首创的换热器管板设计方法被颁布为国家标准，比国际同类规范有重大技术性突破，领先于法、美等工业国家的同类设计方法，已在国内工业部门广泛应用。

界面断裂力学简介与展望*

王自强

（中国科学院力学研究所）

经过力学家、物理学家和应用数学家的共同努力，创造了一个婀娜多姿、气象万千的宏观连续介质力学的科学园地。在固体力学领域内，它就包含了弹性力学、塑性力学、理性力学、断裂力学、缺陷力学、计算力学等二十多门分支学科。力学以它的完备的理论、广博精深的内容、系统而丰富的公式而备受科学家的青睐。

近年来，力学家与金属物理学家、材料科学家合作，开创了细观力学的新分支。在细观力学的分支领域内，界面断裂力学又像一朵良苑奇葩，独放异彩。

众所周知，材料是有细观结构的。金属多晶体的晶界；合金中不同晶体结构组分之间的相界面；复合材料中增强纤维或颗粒与基体之间的界面；不同材料黏接面，都是界面力学研究的对象。

晶界的结构与性能对材料的强度和断裂等力学行为有着极重要的影响。近代先进材料，诸如精密陶瓷、高韧性复合材料、铝锂合金、纳米材料等研制及细观结构设计均与界面断裂力学的研究紧密结合。

高强韧新材料研制为界面断裂力学的发展提供了强大的动力。而界面断裂力学的发展又为高强韧先进材料的研制提供理论指导。

1　弹性材料的界面裂纹

各向同性弹性材料之间的界面裂纹是研究得最早及最为广泛的课题。如图 1 所示，两个不同的弹性材料，沿着 x 轴理想地联接在一起。界面含有一条裂纹。Williams[1] (1959)首先分析了界面裂纹顶端的奇性场。利用了应力函数的分离变量形式，求得了奇性指数和奇性场。

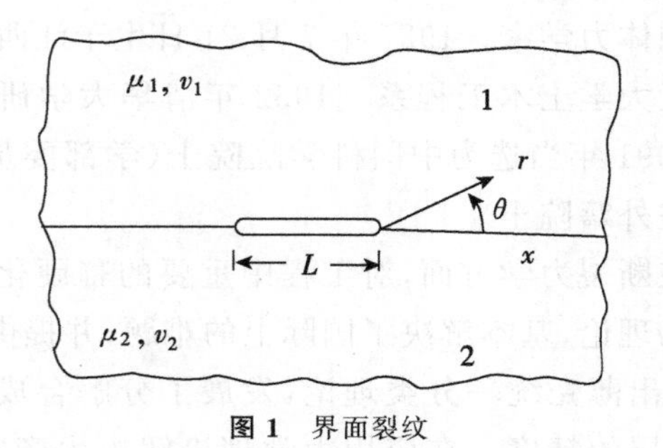

图 1　界面裂纹

*　原文刊登在《力学与实践》1991 年第 13 卷第 4 期。

令人惊奇的是该奇性指数不是实数而是复数。从而导致裂纹顶端应力场的振荡奇性及裂纹面互相嵌入。文献[2—4]分析了各种典型的界面裂纹问题,进一步证实了这种奇特的现象。

裂纹顶端的应力场可表示为

$$
\begin{aligned}
(\sigma_{yy}+\mathrm{i}\tau_{xy})_{\theta=0} &= Kr^{\mathrm{i}\varepsilon}/\sqrt{2\pi r} \\
&= KL^{\mathrm{i}\varepsilon}\left[\cos\left(\varepsilon\ln\frac{r}{L}\right)+\mathrm{i}\sin\left(\varepsilon\ln\frac{r}{L}\right)\right]\Big/\sqrt{2\pi r}
\end{aligned} \tag{1}
$$

式中 K 是复应力强度因子,ε 是振荡奇性指数。

$$
\varepsilon=\frac{1}{2\pi}\ln[(\kappa_1\mu_2+\mu_1)/(\kappa_2\mu_1+\mu_2)] \tag{2}
$$

当 $r\to 0$ 时,应力场不仅表现出 $1/\sqrt{r}$ 的奇性而且不断改变正负号。这种振荡奇性渊源于两种不同材料联接在一起的位移连续性条件。这种界面上位移连续性条件与裂纹面边界力自由条件只在奇特的情况下同时得以满足;这就是产生振荡奇性的内在原因。

裂纹面的张开位移为

$$
\begin{aligned}
&(u_y+\mathrm{i}u_x)_{\theta=\pi}-(u_y+\mathrm{i}u_x)_{\theta=-\pi} \\
&=(c_1+c_2)Kr^{\mathrm{i}\varepsilon}/[2\sqrt{2\pi}(1+2\varepsilon\mathrm{i})\cosh(\pi\varepsilon)]
\end{aligned} \tag{3}
$$

式中 $c_1=(k_1+1)/\mu_1$,$c_2=(k_2+1)/\mu_2$,下标 1 和 2 是指材料 1 和材料 2。μ 是剪切模量,$k=3-4\nu$(平面应变)或$(3-\nu)/(1+\nu)$(平面应力),ν 是泊松系数。

由公式(3)不难看出,裂纹面的张开位移可以改变符号。对于无穷远处受均匀应力场作用的含长度为 L 的中心裂纹情况,我们有

$$
K=(\sigma_{yy}^{\infty}+\mathrm{i}\tau_{xy}^{\infty})(1+2\varepsilon\mathrm{i})L^{-\mathrm{i}\varepsilon}\sqrt{\pi L/2} \tag{4}
$$

利用公式(3)(4)不难对裂纹面互相嵌入区域(接触区)尺寸作一个初等估计。

我们来寻找使张开位移为零的最大距离 r_c,有

$$
\mathrm{Re}[Kr^{\mathrm{i}\varepsilon}/(1+2\varepsilon\mathrm{i})]=0 \tag{5}
$$

代入公式(4),得

$$
\mathrm{Re}[\mathrm{e}^{\mathrm{i}\Psi}(r/L)^{\mathrm{i}\varepsilon}]=\cos(\Psi-\varepsilon\ln(L/r))=0
$$

式中 $\Psi=\tan^{-1}(\tau_{xy}^{\infty}/\sigma_{y}^{\infty})$,是外界载荷的相位角。设想 $\varepsilon>0$,$-\frac{\pi}{2}<\Psi<\frac{\pi}{2}$,则最大接触区尺寸 r_c 可用下式估算

$$
\left.\begin{aligned}
\Psi-\varepsilon\ln(L/r_c)&=-\pi/2 \\
r_c&=L\cdot\exp(-(\Psi+\pi/2)/\varepsilon)
\end{aligned}\right\} \tag{6}
$$

正如 Hutchinson1 等[5](1987)所指出的那样,对于大多数工程材料对(譬如 Ti/Al_2O_3,Cu/Al_2O_3,Au/MgO 等),ε 是很小的。ε 的极大值是 0.175。令 $\varepsilon=0.175$,我们得

$$
\frac{r_c}{L}\doteq 1.25\times 10^{-4},\qquad 对\ \tau_{xy}^{\infty}=0,\Psi=0
$$

$$
\frac{r_c}{L}\doteq 0.246,\qquad 对\ \tau_{xy}^{\infty}/\sigma_{y}^{\infty}=-4,\Psi=-1.325
$$

由此看出,对无穷远处均匀拉伸情况,接触区尺寸非常之小。而对无穷远处,承受剪应力为主的情况,接触区相当大,不能随意地忽略。

界面裂纹的能量释放率为

$$G=(c_1+c_2)K\bar{K}/16\cosh^2(\pi\varepsilon) \tag{7}$$

值得注意的是界面裂纹应力强度因子的量纲为 MPa $\sqrt{m}\,m^{-i\varepsilon}$，这种量纲既复杂又奇特，在物理学中实为罕见。但令人庆幸的是能量释放率的量纲与均匀材料裂纹的能量释放率量纲一致。

界面裂纹顶端应力场的振荡奇性，裂纹面的互相嵌入及应力强度因子量纲的复杂性在物理上都是值得质疑的，这促使人们怀疑将界面看作是理想的几何面和裂纹面是理想的自由面是否合适，并提出了各种模型，力图消除这些问题。

2　界面的力学模型

迄今为止，已提出了 5 种模型。

接触区模型　M. Comninou[6]（1977）首先提出了接触区模型。认为裂纹面并不完全张开，在裂纹顶端附近存在着一个裂纹面互相接触的区域。图 2 显示了这种接触区。在接触区上，设想法向张开位移为零，摩擦剪应力对充分光滑的裂纹面可以忽略不计。

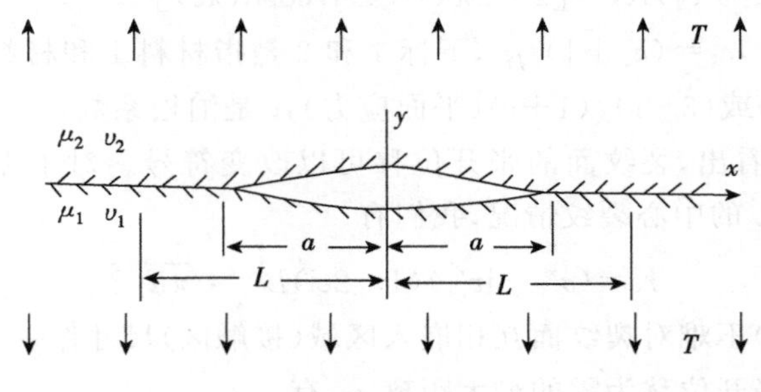

图 2　裂纹面接触区模型

采用位错连续分布的方法处理裂纹问题，导出了一组奇性积分方程。对 $\beta=0.4854$ 的情况，得到了解答。这个解答表明，真实裂纹顶端的应力场，有 $1/\sqrt{r}$ 的奇异性而无振荡奇性。而且这种应力场奇性在裂纹延伸线上只表现为剪应力奇性，正应力并无奇性而为有限值。而在裂纹面上，接触区内，法向应力 σ_θ 有奇异性而且是压应力，这与接触区设想一致。

M. Comninou（1977）也研究了摩擦剪应力对界面裂纹顶端奇性场的影响。

非均匀层模型　F. Erdogan 及其合作者[7]（1988）认为将界面看成理想的几何面，界面的两侧材料的弹性常数发生跳跃间断是不符合实际情况的。由于界面的扩散和迁移（这种扩散、迁移又是热力学平衡所要求的），从原子、分子角度来观察两种材料结合机制，必须将界面看作是有细观结构的界面层。这个界面层的厚度可以从几个原子分子间距到微米量级。界面层的设想对两种材料之一或两者是高分子材料时，特别合适。他们把界面层看作是厚度相同的非均匀材料层。这个层的弹性模量随着厚度连续变化。裂纹平行于界面层而处于层内任意位置。图 3 绘出了非均匀界面层的示意图。

利用应力函数及傅里叶积分的方法，导出了带 Cauchy 核积分方程。所求得的解答表明，裂纹顶端有通常意义上的平方根奇性。

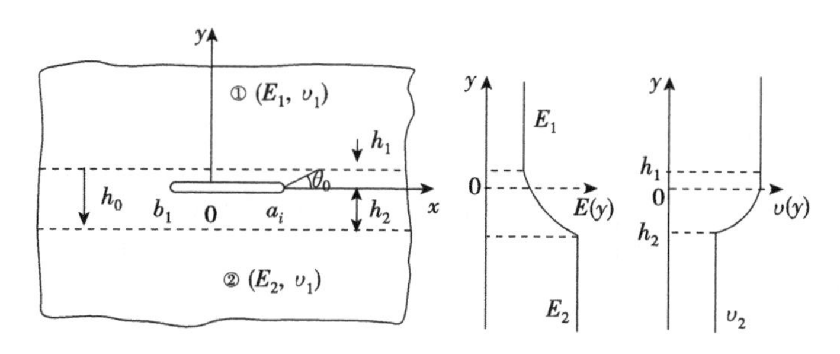

图 3 非均匀界面层模型

黏着层模型 与上面的模型相类似的，C. Atkinson[8]（1977），将界面看作是有一定厚度材料层，这种材料层的力学性能既不同于材料 1 也不同于材料 2，可以用黏弹性来描述。而 F. Erdogan 及其合作者（1978）则将黏着层用剪切、拉伸弹簧来模拟，或者用连续介质力学的方法来模拟。

此外，A. F. Mak 等提出无滑动区模型；G. B. Sinclar 提出了裂纹张开角模型，限于篇幅，这里不作介绍。

3 各向异性弹性材料的界面裂纹

各向异性材料间的界面裂纹首先由 H. Gotoh[9]（1967）、D. L. Clements[10]（1971）和 Wills[11]（1971）进行了研究。Clements 利用 Stroh's 的各向异性弹性理论公式，提出了解决各向异性弹性材料间界面裂纹问题的一般方法。他引入 6 个分区全纯函数来满足界面上的应力矢量及位移的连续性。再根据裂纹面自由条件，将问题归结为著名的 Hilbert 问题。这些工作强调了裂纹顶端应力场的振荡奇性。T. C. Ting[12]（1986）利用复势函数的渐近分析，给出了界面楔形问题和裂纹问题奇性场的一般公式。证实了界面裂纹问题振荡性消失的充要条件是 H 矩阵为实矩阵。J. Qu 和 J. L. Bassani（1989）进一步证实了这个结论。

锁志刚（Z. Suo）[13]（1990）的工作，出色地表征了各向异性弹性材料间界面裂纹顶端奇性场数学结构。利用 Lekhnitskii - Stroh 理论，他证实了裂纹顶端场是两类奇性场的线性组合：耦合的振荡奇性场及无振荡奇性场。

$$\sigma_{ij}=\frac{\mathrm{Re}\{Kr^{\mathrm{i}\varepsilon}\}}{\sqrt{2\pi r}}\tilde{\delta}_{ij}^{(1)}(\theta)+\frac{\mathrm{Im}\{Kr^{\mathrm{i}\varepsilon}\}}{\sqrt{2\pi r}}\tilde{\delta}_{ij}^{(2)}(\theta)+\frac{K_3}{\sqrt{2\pi r}}\tilde{\delta}_{ij}^{(3)}(\theta) \tag{8}$$

其中 K 是复应力强度因子，$K=K_1+\mathrm{i}K_2$，无量纲角分布函数 $\tilde{\delta}_{ij}(\theta)$ 依赖两种材料的弹性常数。裂纹前方界面上的应力向量 $t=\{\sigma_{2i}\}$ 可以用特征向量来表示：

$$\boldsymbol{t}=t_1\boldsymbol{W}_1+t_2\boldsymbol{W}_2+t_3\boldsymbol{W}_3$$

这里 t_1，t_2 是互相共轭的复数，t_3 是实数、特征向量 $\boldsymbol{W}_2=\overline{\boldsymbol{W}}_2$，$\boldsymbol{W}_3$ 是实向量。它们由下列特征方程求得：

$$\bar{\boldsymbol{H}}\boldsymbol{W}=\mathrm{e}^{2\pi\varepsilon}\boldsymbol{H}\boldsymbol{W} \tag{9}$$

当 $r\to 0$ 时，我们有

$$t_1\doteq\frac{Kr^{\mathrm{i}\varepsilon}}{\sqrt{2\pi r}},\quad t_3\doteq\frac{K_3}{\sqrt{2\pi r}}$$

应该强调指出，一般说来，

$$t_1 \neq \sigma_{yy} + \mathrm{i}\tau_{xy}, \quad t_3 \neq \tau_{yz}$$

裂纹面的张开位移为

$$\boldsymbol{\delta} = (\boldsymbol{H} + \bar{\boldsymbol{H}}) \sqrt{\frac{r}{2\pi}} \left[\frac{K r^{\mathrm{i}\varepsilon} \boldsymbol{W}_1}{(1+2\varepsilon\mathrm{i})\cosh \pi\varepsilon} + \frac{\bar{K} r^{-\mathrm{i}\varepsilon} \boldsymbol{W}_2}{(1-2\varepsilon\mathrm{i})\cosh \pi\varepsilon} + K_3 \boldsymbol{W}_3 \right] \tag{10}$$

能量释放率为

$$G = \frac{\boldsymbol{W}_2^{\mathrm{T}} (\boldsymbol{H} + \bar{\boldsymbol{H}}) \boldsymbol{W}_1}{4\cosh^2 \pi\varepsilon} |K|^2 + \frac{1}{8} \boldsymbol{W}_3^{\mathrm{T}} (\boldsymbol{H} + \bar{\boldsymbol{H}}) \boldsymbol{W}_3 K_3^2 \tag{11}$$

4　界面裂纹弹塑性场的分析及裂端渐近场

以上讨论了弹性材料的界面裂纹。现在讨论弹性及弹塑性材料之间及两种不同的弹塑性材料之间的界面裂纹。

4.1　弹性材料与弹塑性材料间的界面裂纹

C. F. Shih 和 R. J. Asaro[14,15]（1988，1989）对这个问题作了系统而精细的分析。首先考虑小范围屈服的情况。他们采用塑性形变理论及有限元法，对有限元网络进行精心的设计，使之能准确地反映非常接近裂端区域的应力场（$r/a \doteq 10^{-15}$）。

4.1.1　应力应变场结构

对于平面内的应变问题，裂纹前方弹性区内的界面上的应力场可表示为

$$t = \sigma_{yy} + \mathrm{i}\tau_{xy} = \frac{Q}{\sqrt{2\pi r}} \left(\frac{r}{L} \right)^{\mathrm{i}\varepsilon} \tag{12}$$

由于设想是小范围屈服，因此上述公式是适用的。同时可以认为塑性区内的应力场将受弹性应力场的控制。因此，塑性区内的应力场可表示为

$$\sigma_{ij} = \sigma_0 f_{ij}^* \left(\frac{r\sigma_0}{Q\bar{Q}}, \quad \theta, \quad \phi + \varepsilon \ln \frac{r}{L} \right) \tag{13}$$

式中 φ 是复数 $Q = KL^{\mathrm{i}\varepsilon}$ 的相位角，L 是裂纹长度或试样的特征几何尺寸。引入表征奇性强度对相位角影响的参数 ξ

$$\xi = \varphi + \varepsilon \ln \left(\frac{r}{L} \times \frac{Q\bar{Q}}{r\sigma_0^2} \right) = \phi + \varepsilon \ln \left(\frac{Q\bar{Q}}{L\sigma_0^2} \right)$$

这样公式(13)可改写为

$$\sigma_{ij} = \sigma_0 f_{ij} \left(\frac{r\sigma_0}{Q\bar{Q}}, \quad \theta, \quad \xi \right) \tag{14}$$

公式(14)表明，塑性区内的应力场，除了依赖极坐标(r, θ)之外，还依赖于参数 ξ。

4.1.2　应力场的演化

图 4 显示了随着外载的增加（中心裂纹板，无穷远处受均匀载荷作用）弹塑性材料内应力场的演化过程。弹塑性材料的应力应变关系为

$$\varepsilon_{ij}=\frac{1+\nu}{E}S_{ij}+\frac{1-2\nu}{3E}\sigma_{kk}\delta_{ij}+\frac{3}{2}\alpha\left(\frac{\sigma_c}{\sigma_0}\right)^{n-1}S_{ij}/E \tag{15}$$

式中 S_{ij} 是应力偏量,n 是幂硬化指数。

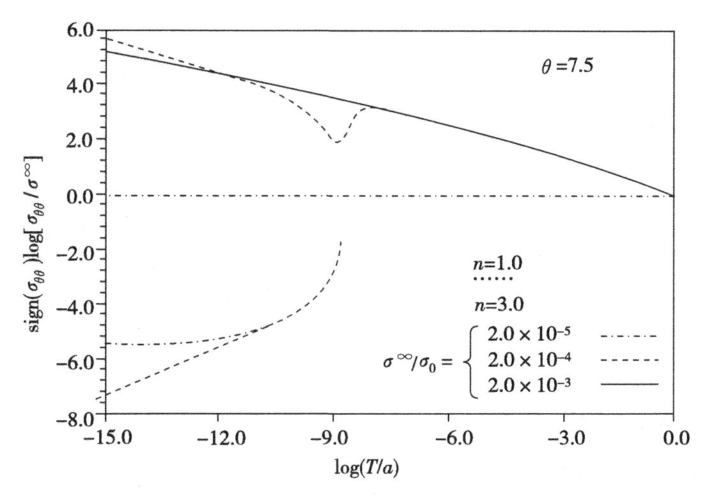

图 4 应力场演化过程。弹塑性材料与刚性体之间的界面裂纹

当外载很小时,塑性区尺寸非常之小,而图 4 显示的是弹性区内的应力场,表现出振荡性。当 $\sigma^{\infty}/\sigma_0=2.0\times10^{-4}$ 时,应力场的振荡性基本消失,但在 $r/\alpha=10^{-9}$ 处,应力场呈现局部波动。当 $\sigma^{\infty}/\sigma_0=6.0\times10^{-3}$ 时,应力场的振荡性完全消失。这说明塑性区内,应力场是单调变化,无任何振荡迹象。

4.1.3 应力场的径向分布和周向分布

图 5 表示了应力场沿径向分布的特征。从该图上不难看出,裂端应力场表现出与 HRR 奇性场相似的特征。而且在裂纹顶端区域 σ_0. 等于 σ_θ,也就是 $S_r=0$(裂纹前方,界面上)。

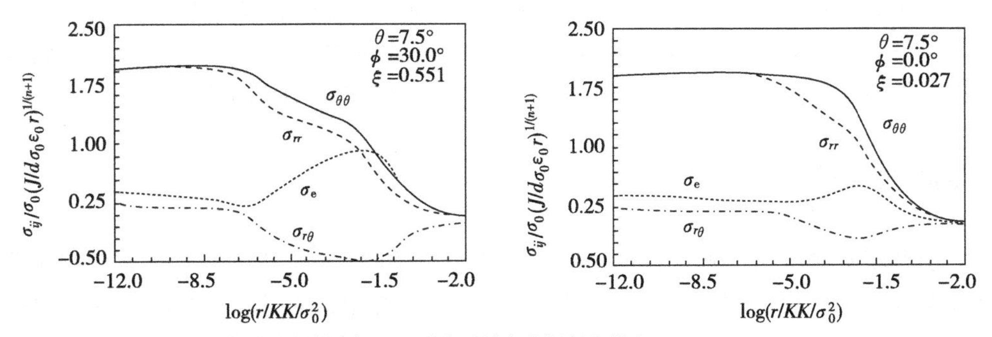

图 5 弹塑性材料与弹性材料之间界面裂纹顶端应力场径向分布。$\nu_1=\nu_2=0.3$,$E_2=5E_1$,$n_1=5$

图 6 画出了应力场的周向分布。图中无量纲应力为 $\tilde{\delta}_{ij}=\sigma_{ij}\left[\sigma_0\left(\frac{J}{\alpha\sigma_0\varepsilon_0 r}\right)^{1/(n+1)}\right]$。应力场的周向分布与均匀材料复合受载裂纹顶端的应力场周向分布十分相似。另外一个特点是,在裂纹延伸线上($\theta=0$ 处),$\sigma_r=\sigma_\theta$。

对于无穷远处,受均匀拉伸和均匀剪切复合作用的界面裂纹,应力场的分布特征与上面相似。

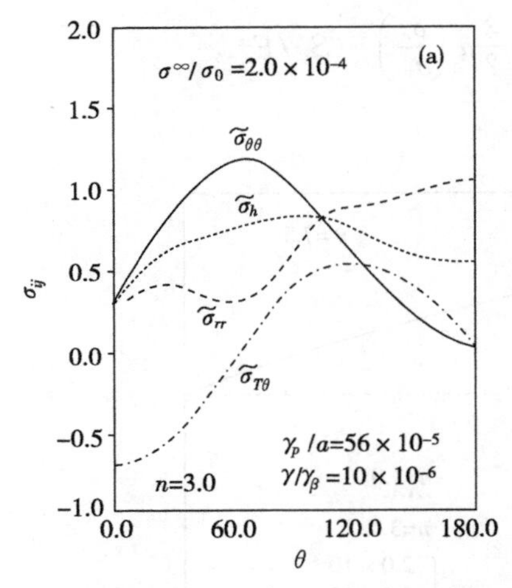

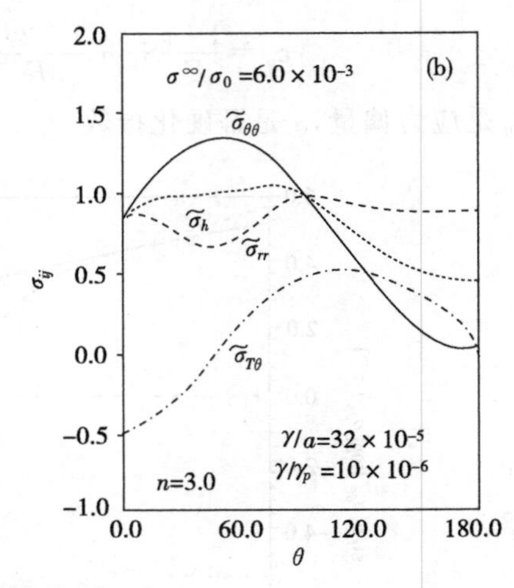

图 6 应力场周向分布

4.2 界面裂纹顶端的渐近场

文献[16]对弹塑性材料与弹性材料间的界面裂纹顶端的渐近场进行了严格分析。文中指出在界面两侧，弹塑性材料与弹性材料切线模量之比$(E_t)_1/(E_t)_2$趋于零（当$r\to0$时）。因此，从渐近意义上看，弹塑性材料与弹性材料间的界面裂纹与弹塑性材料与刚性材料间的界面裂纹是等价的。由此，可以导出

$$u_r^+(r,0)=u_\theta^+(r,0)=0 \tag{16}$$

引入应力函数

$$\phi=r^{s+2}F(\theta) \tag{17}$$

条件(16)可表示为，$\theta=0^+$处

$$\left.\begin{aligned}&F''-s(s+2)F=0\\&F'''+[4(1+s)(1+ns)-s(s+2)]F'=0\end{aligned}\right\} \tag{18}$$

公式(18)的第1式，即是$\sigma_r=\sigma_\theta$。第2式中的n是弹塑性材料的幂硬化系数。

利用(18)式及裂纹面自由条件，文献[16]求得了特征值$s=-1/(1+n)$，以及特征函数。从而得到了裂端弹塑性渐近场。所得结果与前面的有限元结果相似。

5 界面裂纹的断裂观念

由于界面两侧材料的弹性性质不同，因此，大量的界面断裂问题本质上是非对称的复合型断裂。在断裂前，裂纹前方的界面上，既作用有法向正应力，也作用有切向剪应力，而在裂纹面上既有张开位移又有滑开位移。这样二维几何的界面断裂，一般说来包含着张开型和滑开型应力强度因子。这是界面断裂的一个重要特征。

均匀各向同性材料的断裂问题，可以区分为纯Ⅰ型断裂和纯Ⅱ型断裂。而界面裂纹的断裂问题，只当振荡奇性指数为零的时候，才有可能区分为纯Ⅰ型和纯Ⅱ型。一般情况下，两者总是耦合在一起。载荷的对称性及几何的对称性无法抵消材料性质的非对称性。

另一方面，如公式(1)所示，界面裂纹顶端的应力场表现出振荡奇性。其特征只能用

复应力强度因子来表示，$K=K_1+\mathrm{i}K_2$。但是复应力强度因子 K 的实部与虚部，并无明确的力学意义。下述极限并不存在：

$$\lim_{r\to 0}\sqrt{2\pi r}(\sigma_y+\mathrm{i}\tau_{xy})_{\theta=0}$$

K_1 和 K_2 一般情况下，应定义为

$$\left.\begin{aligned} K_1&=\lim_{r\to 0}\sqrt{2\pi r}\ r^{-\mathrm{i}\varepsilon}(\sigma_y)_{\theta=0} \\ K_2&=\lim\ \sqrt{2\pi r}\ r^{-\mathrm{i}\varepsilon}(\tau_{xy})_{\theta=0} \end{aligned}\right\} \tag{19}$$

5.1 若干典型问题的复应力强度因子

(1) 如图 1 所示，无限大平面，含长度为 $2a(L)$ 的界面中心裂纹，上下半平面为不同的弹性材料。界面裂纹顶端的复应力强度因子 K 为

$$K_1+\mathrm{i}K_2=(\sigma_y^\infty+\mathrm{i}\tau_{xy}^\infty)(1+2\mathrm{i}\varepsilon)(2a)^{-\mathrm{i}\varepsilon}\sqrt{\pi a}$$

(2) 同一个裂纹问题，但只在裂纹面上受均布压应力作用，

$$K_1+\mathrm{i}K_2=T\ \sqrt{\pi a}(1+2\mathrm{i}\varepsilon)(2a)^{-\mathrm{i}\varepsilon}$$

(3) 半无限大界面裂纹，裂纹面上受点载荷作用

$$K_1+\mathrm{i}K_2=\frac{P+\mathrm{i}Q}{\sqrt{\pi a}}\cosh\pi\varepsilon\cdot(2a)^{-\mathrm{i}\varepsilon}$$

5.2 界面裂纹的断裂韧性

为了简化起见，我们只讨论 $\varepsilon=0$ 的情况。此时 K_1 和 K_2 分别表征纯 Ⅰ 型和纯 Ⅱ 型应力强度因子。

大量实验表明，界面裂纹的断裂韧性是相位角 $\psi=\tan^{-1}(K_2/K_1)$ 的函数。

H. C. Cao 和 A. G. Evans[18] 提供了一组典型的实验数据(关于环氧树脂与玻璃之间的界面裂纹)。这组数据是利用不同的试样几何做出来的。从图 7 不难看出，断裂韧性明显地依赖于相位角 ψ，也就是依赖于应力强度因子的混合比 K_2/K_1。随着 K_2/K_1 比值的增加，断裂韧性可以成倍的增加。

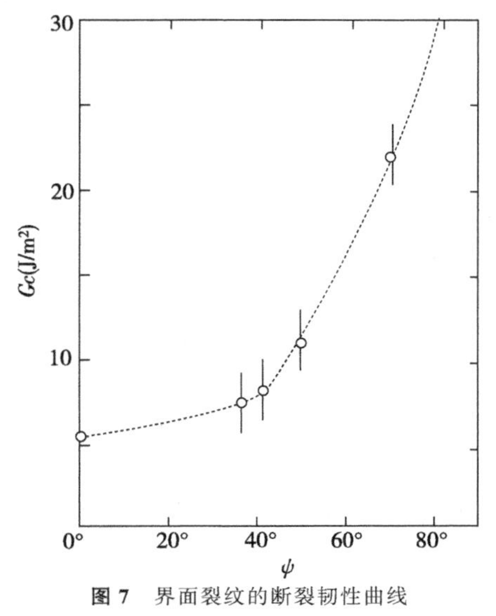

图 7 界面裂纹的断裂韧性曲线

通过大量的实验观察，人们发现，断裂韧性随着 K_2 增加而增加的原因可能是与裂纹面的粗糙度有关。这种粗糙度可以来自界面弥散结构内部的小刻面，也可以来自断口的粗糙度。

A. G. Evans 和 J. W. Hutchinson[19] 对这个问题作了一个细观力学的模型分析。他们引入了一个粗糙度参数 R。该参数主要依赖于 $E\omega^2/l$。这里 w, l 分别是小刻面的高度与间距。G_c^0 是材料固有的断裂韧性。他们测量了粗糙度，利用他们模型求得

$$G_c(\psi)=G_c^0[1+\mathrm{tg}^2\psi]$$

这个结果与实验大致吻合。

6 结 束 语

在未来的 5～10 年内，下列课题可能是界面断裂力学的热门课题：

(1)界面细观结构与力学模型；

(2)界面裂纹顶端的弹塑性奇性场；

(3)界面裂纹的断裂准则与断裂理论；

(4)界面裂纹的断裂观念与增韧理论。

迄今为止的力学模型均是连续介质模型，未考虑界面的细观结构。材料科学家对晶界、相界的结构的研究正在深入，吸收这方面的成果提出新的力学模型，无疑会大大推动界面力学的发展。

界面裂纹顶端弹性奇性场的研究业已成熟，而弹塑性奇性场的研究只是迈出了第一步，进一步系统深入研究无疑是值得的。

界面裂纹问题已有大量的文献发表，而关于断裂准则及断裂理论研究依然是零碎的，极不完整。界面裂纹的断裂表现出更多的复杂性与更丰富的多样性。因此，有关的断裂准则及断裂理论研究将会呈现百花齐放的景象。

参 考 文 献

[1] Williams, M. L., Bull. Seismol. Soc. Am., 49 (1959), 199－204

[2] Rice, J. R. and Sih, G. C., J. Appl. Mech., 32(1965), 418－423

[3] Erdogan, F., J. Appl. Mech., 32(1965), 403－410

[4] England, A. H., J. Appl. Mech., 32(1965), 400－402

[5] Hutchinson, J. W., Mear, M. and Rice, J. R., J. App. Mech., 54(1987), 828－832

[6] Comninou, M., J. Appl. Mech., 44(1977), 631－636

[7] Deale, F. and Erdogan, F., J. Appl. Mech., 55(1988), 317－324

[8] Atkinson, C., Int. J. Fracture, 13(1977), 807

[9] Gotoh, M., Int. J. Frac. Mech., 3(1967), 253－260

[10] Clements, D. L., Int. J. Eng. Sci., 9(1971), 257－265

[11] Wills, J. R., J. Mech. Phys. Solids, 19(1971) 353－368

[12] Ting, T. C. T, I. J. Solids and Structures, 22(1986), 965－983

[13] Suo, Z., Proc, R. Soc. Lond. A427(1990), 331－358

[14] Shih, C. F. and Asaro, R. J., J. Appl. Mech., 55(1988), 299
[15] Shih, C. F. and Asaro, R. J., J. Appl. Mech., 56(1989), 763
[16] Wang, T. C., Eng. Fracture Mech., 37(1990), 527－538
[17] Wang, T. C., Shih, C. F. and Suo, Z., Int. J. Solids and Structure, to appear
[18] Cao, H. C. and Evans, A. G., Mech. Materials, in Press (1989)
[19] Evans, A. G. and Hutchinson, J. W., to be published in Acta Metall

院士简介

王自强

固体力学家。中国科学院力学研究所研究员。1938年11月生于上海，籍贯浙江定海。1963年毕业于中国科学技术大学近代力学系。2009年当选中国科学院院士。

长期从事固体力学方面的研究工作，开展了弹性稳定理论、断裂力学、塑性应变梯度理论、细观力学等方面的研究。在对裂纹尖端弹塑性场和断裂准则的研究中，建立了裂纹顶端弹塑性高阶场和J－K断裂准则，求得了异质界面裂纹顶端弹塑性奇性场，设计了三点弯曲偏裂纹和四点剪切复合型裂纹试样，为压电材料能量释放准则提供了理论依据；在应变梯度理论研究中，发现高阶应力导致数值分析困难和复杂的额外边界条件，提出了一种新的不含高阶应力的应变梯度理论，成功阐明了细铜丝扭转、微薄梁弯曲、微压痕及裂纹尖端场的尺度效应；建立了固体理论强度的一种严格算法，获得了金属铝和双原子组分材料－SiC在各种加载方式下理论强度的预测。曾获国家自然科学二、三等奖，国家科技进步特等奖等多项奖励。

先进复合材料的宏微观力学与强韧化设计：挑战与发展*

方岱宁
（清华大学）

1　国际发展趋势和国内发展状况

美国国家科学基金会（NSF）在当前资助计划中把力学与材料列为一个学科交叉的项目领域，其四个研究方向为：(1)具有卓越力学行为的新材料设计与实现；(2)多轴和动态加载下非弹性变形与破坏的宏微观本构模型的物理实验；(3)高温材料、复合材料破坏和计算机技术中的表面与界面失效的细微观力学；(4)包括光电材料和装置在内的材料制造工艺过程的热力建模与计算机模拟。日本很早就将力学与材料发展设为一体，在国际上创建了ICM（国际材料力学行为学会）与ICF（国际断裂学会）。在美国，早在1988年。专家小组就提出了“微动力学的报告”的国家计划建议书。近年来又将微力电系统列为高科技发展的三个大的科研重点之一。美、欧、日、新加坡和我国台湾地区纷纷斥巨资支持高等院校、研究所与公司联手研究微型系统（微材料、工艺、仪器、……）研究资金投向中有相当一部分针对与力学有关的跨学科研究。在ICF ICM国际学术会议上往往设有专场研讨微材料、微加工工艺、微机械设计理论，而材料的宏微观力学理论与可靠性设计常是研讨的焦点之一。世界各国在近十年来对强韧结构材料的力学原理与设计方法的研究已取得了若干具有突破性进展，例如：

(1)研制高断裂韧性的新型结构陶瓷，基体强度和模量成倍提高的分子水平上原位复合的高强度塑料，以及标号达1000～4000的高强韧水泥等新型结构材料。这一发展是与材料强韧化力学原理的指导紧密相联的[1]。

(2)在材料抗破坏力学设计的机制研究上取得的典型进展有：尾区耗能机制[2]；相变增韧机制[3]，包括由控制相变局部化传播而增韧的带层状相变阻滞层的结构陶瓷设计；畴变增韧机制[4]；桥联增韧（包括离散桥联和复合桥联增韧[5]）；控制裂纹顶端形貌增韧[6]；控制裂尖混合度增韧[7]；控制细观折曲带演化的多层介质抗压屈曲设计[8]等。

(3)破坏单元技术是发展材料破坏过程的数值模拟方法的重要问题。破坏单元包括：断裂元、分层元、剪切带元和孔洞损伤元[9-12]。建立在内聚力与断裂过程区基础上[10-12]的破坏单元技术的引入极大地加强了计算机模拟设计材料的能力。

国家自然科学基金委数理学部和材料工程学部在“七五”期间分别设立了“金属材料的本构关系与断裂”、“金属材料断裂规律及机理”两个重大项目。中国科学院在“七五”

* 原文刊登在《复合材料学报》2000年第17卷第2期。

期间设立了“固体的变形、损伤、疲劳、断裂”的院重大项目。在“八五”期间，这三支队伍实现了历史性的跨学科、跨部门组合。在国家自然科学基金委和国家科委攀登计划的共同资助下开展关于“材料损伤断裂机理与宏微观力学理论”的重大项目在此基础上开始涉及结构材料的设计。例如：(1)根据细观力学原理，提出了通过多重微结构设计而控制相变局部化传播从而增韧的结构陶瓷设计，已经按照这一设计思想制备出高强韧的结构陶瓷材料[13]；(2)宏观、细观、微观三个层次的结合需要发展多层次的空间离散技术和时间加速计算技术。现已发展的宏细微三层嵌套模型[14]可模拟界面结构与形貌、裂尖发射位错的跨层次传递等问题；(3)对颗粒增强复合材料，用数值计算的方法考察了颗粒形状、百分比、分布、界面状况等因素对复合材料刚度和强度的影响[15]；(4)北京航空研究院在国家自然科学基金重大项目、国防预研以及航空基金的资助下，在纤维金属层板(ARALL 和 GLARE)材料[16]、高温增韧结构陶瓷[17]、颗粒增强铝基复合材料等几种材料的设计研制工作取得了很大的进展，并建立和发展了断裂力学的权函数理论和方法[18]，为复杂应力场中的裂纹问题分析提供了高效手段；发展了基于材料微观缺陷和裂纹闭合分析的材料疲劳寿命预测模型和软件[19]；(5)中科院力学所建立了微损伤群体演化的模型[20]，分析了冲击载荷和循环载荷下微损伤群体演化的过程[21]，为发展对微损伤群体演化的控制和抗损伤局部化的强韧化设计提供了研究思路；中科院力学所还就添加物增强复合材料的强韧行为开展了一系列的研究，从力学分析角度得到了材料细观结构控制宏观行为的一些局部规律。1994 年国家科委已开动了微型机械的大型研究项目，国防科工委已将微型系统(MEMS)列入“九五”预研计划，并将微型惯性仪表作为主要研究方向。这些都向微动力学与微力学的基础研究提出了迫切的要求。在国家自然科学基金委制定的“九五”优先资助领域中，资助了开展“材料的宏微观力学与抗断裂设计”的重大项目。该项目既继承了在“八五”期间新进入的宏微观力学研究，提炼出“尺度”和“群体演化”这两个宏微观力学的新的科学问题，又提出了将上述基础研究的成果推进到材料强韧化设计的新内容。

2 研究的科学意义

以往将材料强韧行为的描述建立于宏观力学的框架之上，虽然强度和韧性的指标可以量化，但却无法表述它们的科学依据及与材料微结构的关系。正如断裂力学是由于二次世界大战期间和其后大量的舰船和飞机的脆断事故中诞生的一样，固体细观力学是随着复合材料的发展和广泛应用中形成的。力学与材料科学近年来的交缘与结合，推动固体力学研究从宏观尺度经由细观尺度逐步深入到微观尺度，使得材料的细微观结构设计逐步地从定性走向半定量和定量阶段，并推动固体力学家与材料学家携手解决材料的强韧化设计这一跨学科难题。另一方面，由于先进复合材料(微)结构复杂，价格昂贵，传统的配方型设计已不能满足要求，必须对材料整体结构进行多组份设计，才能有效地提高材料的强度与韧性。然而，如何进行复合材料的强韧化设计，如何进行增韧强化的综合力学模型分析与破坏机理探讨，如何进行局部工艺参数设计，如何对所需材料确定微结构组份配比、形态分布以及工艺控制，目前人们对这些问题的认识尚处于定性阶段。随着科学技术的发展，今天已跨入材料设计时代的门槛，但材料强韧化定量化设计仍是一个跨世纪的课题。长期以来，材料学家、力学家、化学家和物理学家从不同角度，在微观、细观和宏观结构等不同层次上进行了大量的探索性工作。目前比较成熟的材料设计方法仅限于传统的配方型经验设计和基于已有的实验规律和数据库的初步设计。当前正在发展的复合材料设计方法有：根据力学性能和组元及组织的定量关系，应用系统分析方法、细微观力学原理和计算技术进行的设计；传统方法和计算技术相结合，建立专家系统和用计算机模拟进行材料设计；从原子和电子层次计算材料的宏观性质从而进行材料设计等等材料的不同层次设计各有其优缺点。只有互相结合，才能把复合材料设计推向一个新阶段。

3 新的挑战

固体力学与材料学科相交融的近十来年的发展过程，已将研究的层次从以往单纯宏观尺度的研究初步深入到细观乃至微观尺度的研究。伴随着新的显微技术纳米技术的发展，和诸如纳米复相材料和功能复合材料等新的复合材料的开发，这一层次深入揭示出如下三个新的科学问题，是目前复合材料的宏微观力学与强韧化设计所面临的新挑战：

(1)尺度问题，即怎样进行不同尺度层次下的宏微观过渡，并定量估价材料中微结构的尺度对其强韧行为的效应。一方面纳米复合材料和复合膜材料的发展，所带出的尺度问题；另一方面，对于两相界面、复合薄膜、剪切带、纳米颗粒团聚、电磁畴、微裂纹尖端场以及分析尺度与复合材料细观结构尺度相近或略为小一些的这类高度非均匀和局部化的问题，目前的基于平均化概念的细观力学理论是不能解决这类尺度问题，而微观断裂力学也难以给出较为满意的结果[22,23]。例如，一方面存在梯度效应，引发梯度塑性本构理论的研究[23,24]，另一方面，必须相应地更新发展传统的连续介质力学，使之能够对多物质层次和多尺度物质结构的力学行为进行描述。

(2)群体演化问题，即怎样处理微结构及缺陷作为群体所体现的交互作用和演化动力学[20]。在宏观力学分析中，并不存在尺度和群体演化的问题。在宏微观弹性模量分析中，可以用平均化积分法来实现微观到细观再到宏观的过渡，以致材料的刚度并不受微结构的尺度和群体演化的强烈影响。但对材料的强度和韧性而言，微结构的尺度和群体演化起着至关重要的作用；尺度效应使纳米材料的强度和韧性显著不同于常规材料的强度和韧性，使 MEMS(微电力系统)的动作和可靠性行为不同于常规机电系统的对应行为；群体演化效应描述了破坏过程中所特有的扩展、串接、汇合和局部化的态势，展现出材料破坏时种种特有的图案花样。

(3)力、电、磁、声、光场耦合问题，这是对功能复合材料和生物复合材料的宏微观力学研究又揭示出其特有的科学问题[25]。信息功能复合材料不仅尺度较小，还在互相耦合的力、电、磁声、光场下工作，因此引发出耦合场下的宏微观分析问题。在多类力场模型下共同表达力、电、热、磁的耦合作用，发展耦合场下相应的本构关系、建立畴变和相变准则[25-28]，并探讨功能复合材料在耦合作用下的机电响应和失效机制，如电致断裂，电致疲劳、磁致断裂、电迁移引致材料流动失稳等[28,29]。生物复合材料在应力环境下会出现生长过程和损伤愈合过程，对这两个过程的本构描述超出了现有的力学和热力学框架。

无论是耦合场理论还是生命介质力学的建立均将推动力学学科的发展和拓延。

只有将上述三个科学问题研究清楚才能定量地刻画出复合材料的强度与韧性。随上述科学问题的解决,便可将宏微观力学的基本理论、实验数据和研究方法与材料设计的优化策略和专家系统式软件相结合,应用于复合材料的强韧化设计。复合材料强韧化设计的诸发展阶段为:(1)传统的配方型经验设计;(2)强韧化原理指导下的定性设计;(3)力学定量设计、优化与计算机模拟试验;(4)具有高可靠度和可修复性的智能预报设计。

4 学术思想和基本问题

先进复合材料强韧化设计的研究前缘和难点在于:(1)材料结构的多层次性和诸层次之间的相关性;(2)强度、韧性等材料性能对复合材料微结构的非线性依赖性;(3)材料结构的细微观非均匀性和缺陷结构的强相互作用性;(4)复合材料的制备工艺过程和条件对材料强韧化性能的影响。新一代的高强韧复合材料多为含有特定细观结构的非均匀介质。复合材料细观单元及其构造的动力演化控制了材料的力学损伤破坏过程,从而决定了强度、韧性等宏观力学性能。发展考虑复合材料细微观非均匀性及其动力演化的细微观力学,与宏观力学行为相结合,与材料在速率、温度、化学气氛、电磁作用等加载环境相结合,是力学和材料学科相结合,解决上述研究难点的必然趋势。宏微观力学将为复合材料强韧化设计提供重要的理论基础,计算材料科学的发展又为原子尺度的材料设计开辟了一个崭新的园地。因此,从不同层次(从连续介质到原子层次)有重点深入研究复合材料的损伤、断裂机理、在宏微观力学理论下建立定量的分析模型,是从事复合材料强韧化设计所必不可少的基础研究。因此,力图应用宏微观力学原理来建立复合材料微结构设计准则来进行材料定量化设计,并将复合材料结构设计与工艺设计相结合,将有助于为复合材料的强韧化设计打下理论与应用的基础,并通过多层次宏微观力学原理和设计方法,设计出高性能先进复合材料。

4.1 复合材料强韧化设计的总体思路

复合材料的强韧化设计一般分为三大部分。首先是复合材料强韧化力学设计准则和模型的建立,然后是复合材料设计与制备工艺技术研究,最后是复合材料强韧化力学性能试验。复合材料强韧化设计准则和模型为材料设计提供手段与依据,在复合材料制备工艺研究的基础上,按强韧化设计的要求设计与制备复合材料,进行力学性能试验,以对复合材料的强韧力学性能进行评价,对强韧化设计准则和模型进行检验和修正后再反馈到复合材料设计与制备中去。这种强韧化设计的总体思路可由图 1 来简单表示。

复合材料强韧化力学设计准则与模型的建立过程分五项工作内容(见图 1):(1)复合材料强韧化机理研究。指通过对复合材料的损伤演化和断口形貌的显微组织观测,提出复合材料的损伤与失效机理,提出复合材料增强与增韧的途径;(2)增强相、基体及其界面的损伤与失效准则研究。包括控制参数的选择与计算,破坏临界值的测量方法等;(3)应力-应变分析、损伤与断裂参量计算。指以数值计算(尤其是有限元)为基础的复合材料细观计算力学分析,通过发展破坏单元技术模拟多相复合材料的破裂与界面损伤临界行为并定量计算出其临界值；(4)复合材料的损伤、扩展与失效过程的模拟。指在应力与断裂参量分析、损伤与失效准则研究的基础上，模拟复合材料在外力、温度、电磁场等作用下的应力-应变变化的相应过程，微缺陷的形核、长大、汇聚与扩展直至断裂的整个过程；(5)复合材料微结构优化设计。由于应力分析、损伤与失效破坏准则都涉及材料组元的物理力学性能和几何特性(如几何尺寸、形貌、分布状态、体分率以及界面结合状态等)，所以可优化分析复合材料微结构对力学性能的影响，实现复合材料宏观性能与细微观结构的定量关联。通过对复合材料增强与增韧的影响因素分析，可指出影响材料强韧性力学指标的主要因素和影响程度，对复合材料设计提出指导性建议，并对复合材料的强韧力学性能提出预报。复合材料制备技术的研究(图 1 第 6 项)，包括组分设计(其物理化学相容性研究)，相材料表面处理，制备方法、工艺参数选择和工艺条件控制的研究。复合材料强韧化力学性能试验与评价(图 1 第 7 项)，其目的有两个。一是检验强韧化力学设计模型预报的复合材料力学性能的可靠性，以检验计算模型并对计算模型进行修正；二是对复合材料的强度与韧性进行测试与评价。总之，在强韧指标需求、损伤模式分析、材料微结构优化匹配、工艺参数控制之间可以形成对强韧化设计原理和实验室实现的闭环体系，如图 2 所示。

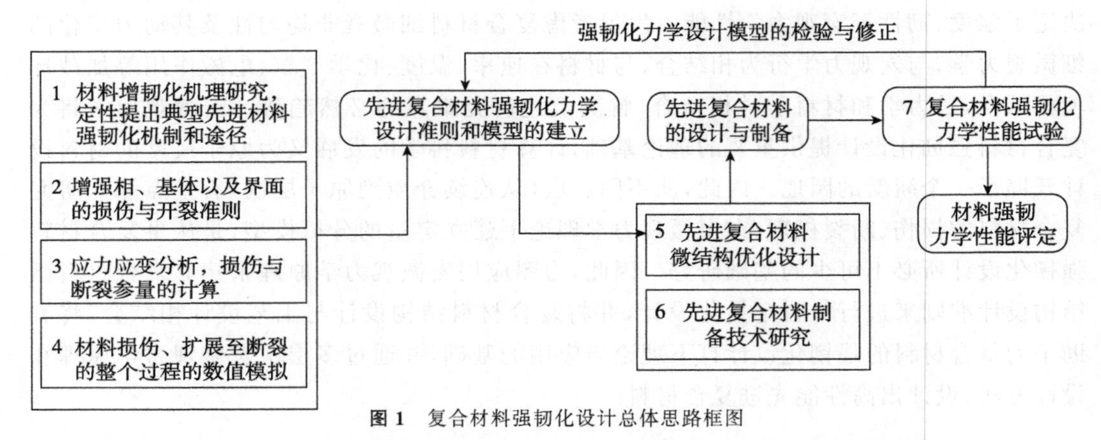

图 1　复合材料强韧化设计总体思路框图

Fig. 1　Schematic of th ough tw ay of strengthening and toughening design for advanced composite materials

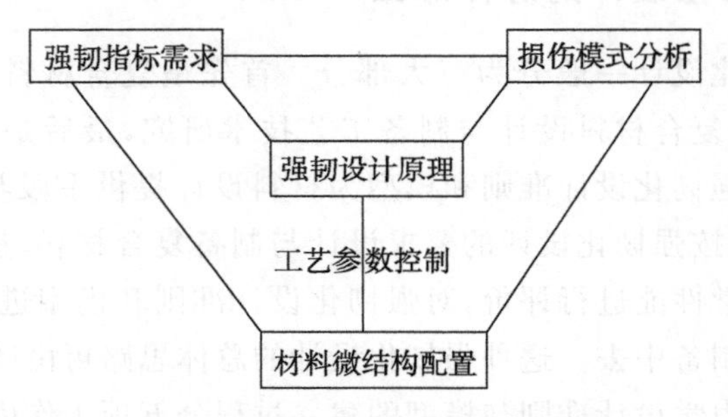

图 2　复合材料强韧化设计闭环体系

Fig. 2　Schematic of closed loop of streng thening and toughening design for advanced composites

4.2　材料计算力学的发展

计算材料科学(Computational Materials Science)或称计算机辅助材料设计(Computcr-Ajdcd Matcrials Dcsign)是近年来一个迅猛发展起来的多学科交叉的新兴研究领

域[22]。它吸收和整合不同的学科知识和方法，对材料进行计算机辅助设计[30]。对复合材料进行定量化设计必须发展材料计算力学，只有这样才能真正将复合材料的宏微观力学原理和计算技术相结合，建立专家系统和用计算机模拟进行复合材料强韧化定量设计。当前需要解决的若干计算问题可分为五类：

(1)多层次计算：宏观、细观、微观三个层次的结合需要发展多层次的空间离散技术和时间加速计算技术。多层次的空间离散技术包括空间分域技术(即分为具有宏观、细观、微观特征的区域)及不同层次区域的嵌合技术，尤其是发展包括嵌盖层与吸收层在内的缺陷结构透越技术，发展原子/连续介质的嵌套算法和细微观统计数值计算技术，发展破坏过程区移动时不同层次区域的跟随-转换技术。现已发展的宏细微观三层嵌套模型[14]可模拟界面结构与形貌、裂尖混合度影响和裂尖发射位错的跨层次传递等问题。多层次计算的一个更艰巨的任务是在不同时间尺度下的时间加速计算技术。原子运动的特征时间在飞秒量级，它与宏观运动的时间相差十几个量级。需要发展在神经网络算法支持下具有跨层次逐步学习功能的计算技术。

(2)破坏元技术：破坏单元包括：断裂元、分层元、内聚力界面元、剪切带元、孔洞损伤元、等效强度破坏元、界面裂纹分叉元等。它们的引入可提高对破坏行为数值模拟的效率，消除网格尺寸的依赖性，并突出破坏过程的局部化现象。此外，缺陷与界面遭遇过程的破坏行为判定和破坏过程中的网格调整技术也是破坏单元技术中的重要问题[9-12]。

(3)材料微结构演化计算模拟技术：在计算手段上需要发展考虑物质流动过程和形貌演变的有限元方法，并与场分析有限元法相挂联。主要技术问题包括：弱解格式的提出，耦合场的离散化，蒸发/沉积速率过程描述，表面扩散速率过程描述，三交面和四交点的处理与可动性描述，表面与界面能的各向异性，离散动力系统的生成，场分布对形貌变分的驱动力计算等等[31]。

(4)力-电-磁-热耦合场计算模拟技术：相关的耦合场本构关系和微结构畴变准则的有限元数值化，电磁-机械耦合边界条件影响[32]，电磁致断裂过程的数值模拟，电弹模拟和磁弹模拟的有限元计算预测，裂纹尖端电磁机械场的定量计算[32]。畴变或相变过程中的数值稳定性技术。

(5)原子计算模拟技术：如原子位错模拟、原子断裂模拟和裂纹尖端位错发射模拟等。但原子模拟与有限元的结合技术仍不成熟。需要发展多尺度关联力学理论和计算方法(如自适应方法、自动时间步进法、新的离散方法和网格细分法等)。

4.3 建立专家系统式材料设计软件库

关于复合材料的宏微观力学理论与计算方法以及材料强度与韧性性能数据，国内外已积累了大量的文献资料，为了充分利用这些技术信息和本项目的研究成果，减少不必要的重复工作，并在分析的基础上进行综合，促进学科的进一步发展，一个重要的课题是采用人工智能编制专家系统式的设计软件，借助于计算机技术，完成某些所需要的优化设计和数值模拟工作。这样不仅可为复合材料的力学设计以及性能预报提供现代化手段，也促进力学、材料科学和信息科学等跨学科研究，以实现计算机辅助下的复合材料定量设计。"八五"国家重点支持下，在清华大学材料系建立材料的系统数据库，这只是为材料强韧化设计提供了数据累积基础，而计算机辅助复合材料强韧化设计通常需要具备：材料数据库、损伤与破坏失效力学模型库、设计准则库、计算单元与计算方法库、细微结构优化库、材料参数优化库、工艺参数控制与工艺条件件库、综合评价软件等。因此，在复合材料强韧化设计的专家系统式设计软件的研制和开发工作中，采用跨学科的研究方法，贯彻专业领域专家（力学工作者、材料工作者）和人工智能专家（大系统工作者）紧密结合、分工合作的技术路线。专业领域专家主要解决知识获取问题，不仅提供前人的研究成果，也提供自己的新发现和新方法，另外还对专家系统答案的准确度和置信度进行评定。人工智能专家将和计算力学专家一起负责系统的内部结构问题。编织相应的程序和软件。国外已用这种方法开发了一些材料，例如铝合金设计专家系统（AL-ADIN）。

5　优先发展的领域

建议在复合材料的宏微观力学与强韧化设计这一方向下优先发展的领域为以下几个方面

5.1　材料强韧化力学设计准则与模型的建立

(1)材料强韧化机理研究；

(2)增强相、基体及其界面的损伤与失效准则建立；

(3)应力-应变分析、损伤与断裂参量计算，以及材料的损伤、扩展与失效过程的模拟；

(4)材料微结构优化设计。

5.2　功能复合材料的力-电-磁-热耦合场理论和设计准则

(1)力-电-磁-热耦合场下的细观力学和有效电弹模量和磁弹模量的预测；

(2)力-电-磁-热耦合场下的线性和非线性本构关系；

(3)力-电-磁-热耦合场下的电磁致断裂力学理论与增韧准则；

(4)力-电-磁-热耦合场下的电磁致疲劳失效机理和模型；

(5)力学量与电磁学量的匹配的设计准则；

(6)功能设计方法与准则。

5.3　强韧化力学性能试验和复合材料质量无损检测新方法

(1)微区力学量的精细量测，特别对两相界面、复合薄膜、剪切带、纳米颗粒团聚、电磁畴、微裂纹尖端场等这类高度非均匀和局部化的微区域的力学量的精细测量方法与技术的创新与发展。纳米、亚微米以及微米尺度下的力学量的测量成为极具挑战的任务。隧道扫描电镜、原子力显微镜的应用，纳米压痕试验技术的成熟，以及电子云纹方法和纳米云纹法的探索，均启示微区力学场的演化过程的测量尤其是国内外关注的焦点。

(2)无损检测技术与损伤评价的反问题方法与技术相结合。

(3)力-电-磁-热耦合载荷的加载装置、绝缘技术和电学量、磁学量的测量、变频高压高磁通量交变电磁致疲劳加载技术、电磁致断裂的裂纹测量技术、铁电复合材料和铁磁复合材料的极化与弛豫测量技术。

(4)复合材料力学性能评价实验技术的创新与发展,例如,界面性能、薄膜性能、高温性能、疲劳与蠕变性能、冲击与失稳性能等测量技术的发展与精度的提高。

5.4 材料计算力学的发展——复合材料计算机仿真设计的基础

(1)多层次计算和跨尺度关联:宏观、细观、微观三个层次的结合需要发展多层次的空间离散技术和时间加速计算技术;

(2)发展破坏元技术:破坏单元包括:断裂元、分层元、剪切带元、孔洞损伤元、等效强度元、界面裂纹分叉元等;

(3)复合材料微结构演化计算模拟技术:在计算手段上需要发展考虑物质流动过程和形貌演变的有限元方法,并与场分析有限元法相挂联;

(4)力-电-磁-热耦合场计算模拟技术:力-电-磁-热耦合场下的有限元方法与数值技术,电磁-机械耦合边界条件;

(5)原子计算模拟技术:发展多尺度关联力学理论和计算方法(如自适应方法、自动时间步进法、新的离散方法和网格细分法等)。

5.5 建立专家系统式材料设计软件库

建立材料数据库、损伤与破坏失效力学模型库、设计准则库、计算单元与计算方法库、细微结构优化库、材料参数优化库、工艺参数控制与工艺条件件库、综合评价软件等。采用人工智能编制专家系统式的设计软件,借助于计算机技术,完成优化设计和数值仿真工作。

6 结　　语

复合材料的强度和韧性是组分材料和微观结构共同响应的结构。复合材料的微结构组分及其构造的动力演化控制着材料的变形、损伤、破坏过程,并决定了材料的强韧性宏观性能。因此,只有在研究材料组分、微结构及其制备工艺参数对材料强韧指标影响,和在研究复合材料的损伤机理和损伤演化规律基础上,发展复合材料的宏微观力学理论、材料力学计算方法和材料强韧行为的力学预测模型,建立复合材料强韧化设计的专家系统,才能把复合材料的强韧化设计定量化。近十年来,信息技术、纳米技术的发展和先进功能复合材料的研制,使得固体力学行为的多尺度关联和力-电-磁-热耦合场的科学问题日益凸现。以有限元方法(FEM)和计算机辅助设计(CAD)为表征的定量设计方法基于连续介质框架下的力学理论,在处理纳米/亚微米量复合材料、复相薄膜材料、功能复合材料和生物复合材料的设计和制备问题时已不再适用。因此,复合材料的强韧化设计需要多学科的交叉,需要人才的复合,需要发展新的理论与方法,才能面对新的挑战。

参考文献

[1] Evans A G. J Am Ceram Soc,1990,73:187－206.

[2] 杨卫,黄克智,余寿文.力学与实践,1991,13:1－9.

[3] 杨卫,孙庆平,黄克智,余寿文.自然科学进展,1993,3:515－524.

[4] Zhum T, Yang W. J Mech Phys Solids,1999,47:81－97.

[5] Yang W, Fu Z L, Sun Y S. Acta Mech anica Sinica,1989,5:332－342.

[6] Guo T F, Yang W. Int J Damage Mechanics,1993,2:364－384.

[7] Yang W, Shih C F. Int J Solids & Structs,1994,31:985－1002.

[8] Wei Y G, Yang W. Acta Mech anica Sinica,1993,9:33－43.

[9] Shih C F, Cheng L, Faleskog J, Gao Z S. Advances in Fracture Research. In: Karihaloo B L, et al, eds. ICF9. Sydney, Australia: Pergamon,1997. 1935－1946.

[10] Needleman A. Advances in Fracture Research. In Karihaloo B L, et al, eds. ICF9. Sydney, Australia: Pergamon,1997. 1861－1871.

[11] Tvergaard V. Advances in Fracture Research. In Karihaloo B L, et al, eds. ICF9. Sydney, Australia:Pergamon,1997. 651－662.

[12] Hutchinson J W. Advances in Fracture Research. In: Karihaloo B L, et al,eds. ICF9. Sydney, Australia:Pergamon,1997. 1－14.

[13] 杨卫.力学学报,1997,27:128－130.

[14] Tan H L, Yang W. Acta Mechonica Sinica,1994,10:151－162.

[15] Fang D N, Qi H, Tu S D. Computational Materials Sci,1996,6:303－309.

[16] Guo Y J, Wu X R. Fatigue Fract Mater & Struc,1998,21.

[17] 陈大明.92秋季中国材料研讨会论文集,1992. 475－480.

[18] Wu X R, Carlsson A J. Weight Functions and SIF Solutions. Sydney, Australia: Pergamon, 1991.

[19] Wu X R, Yu H Proc of ICF9. Sydney, Australia: Pergamon,1997.

[20] 白以龙,柯孚久,夏蒙棼.力学学报,1991,22:290－298.

[21] 洪友士,乔宇.走向21世纪的中国力学.北京:清华大学出版社,1996. 40－49.

[22] Hwang K C, Guo T F, Huang Y, Chen J Y. Metals and Materials,1998,4:593－600.

[23] Gao H, Huang Y, Nix W D, Hutchinson J W. Journal of Mechanics and Physics of Solids, 1999,47:1239－1263.

[24] Huang Y, Gao H, Nix W D, Hutchinson J W. Journal of the Mechanics and Physics of Solids,2000,48:99－128.

[25] 方岱宁,江冰.力学与实践,1999,21:1－8.

[26] Lu W, Fang D N, Hwang K C. Acta Mater,1999,47:2913-2926.

[27] Jiang B, Fang D N, Hwang K C. Science in China, Series A,1999,42:1193－1200.

[28] Yang W, Zhu T. J Mech Phys Solids,1999,46:291－311.

[29] Huang J, Yang W. Acta Materialia,1999,47:89－99.

[30] Taggart G B. Com putational Mater Sci,1994,2:143－148.

[31] Yang W, Suo Z G, Shih C F. Proc Roy Soc London Ser A,1991,433:679－697.

[32] Dai-Ning Fang, Hang Qi, Zhenhan Yao. Fatigue Frac Eng Mater Struc, 1998, 21: 1371－1380.

院 士 简 介

方岱宁

材料力学领域专家。北京理工大学副校长,北京大学教授。1958年4月3日出生于江西省南昌市,籍贯浙江宁波。1982年和1986年分别在南京工业大学获本科和硕士学位,1993年在Technion-Isreal Institute of Technology获博士学位。

长期从事力电磁热多场耦合作用下先进材料与结构的力学理论、计算与实验方法研究。拓展了铁电/铁磁材料宏微观变形与断裂理论,在有限元分析与器件设计中获得应用;发展了轻质多功能复合材料力电磁热多场多尺度计算力学方法与设计制备方法,并将所制备的轻质多功能材料与结构应用于国防装备建设;发展了先进材料力电磁热多场多轴加载和测试技术与实验方法,将基础研究成果转化为十余种具有自主知识产权的科学仪器,并获得推广应用。曾获国家自然科学奖二等奖等多项奖励。

功能铁磁材料的变形与断裂的研究进展*

方岱宁[1)]　万永平[1),2)]　冯　雪[1)]　裴永茂[1)]　梁　伟[1),3)]
仲　政[2)]　苏爱嘉[4)]　黄克智[1)]
[1)](清华大学工程力学系)
[2)](同济大学航空航天与力学学院)
[3)](北京航空航天大学航空科学与工程学院)
[4)](香港大学机械工程系)

1 引　言

铁磁材料是一类广泛的材料,已经在工程中有着重要的应用,研究这类材料在磁场下的力学行为具有重要的意义[1].核反应堆结构的主要材料铁磁钢就是一类传统的铁磁材料,分析铁磁结构的力磁变形早已成为核反应堆结构力学的重要方面[2-8].随着科学技术的发展,出现了许多新型的铁磁功能材料,如稀土超磁致伸缩功能材料[9,10],磁致伸缩复合材料[11-13],铁磁相变材料等[14-18].这些铁磁功能材料具有许多优越的性能,在工程中具有很大的应用潜力.因此研究这类材料的力学行为成为促进这类材料投入实际应用的重要方面,越来越多地受到人们的关注.

对于传统铁磁结构的力磁性能研究,如铁磁板的磁弹性屈曲问题的研究,有大量的研究文献存在.许多学者对这一问题的研究做出了贡献.前苏联学者 Panovko[19] 首先对静磁场中梁的稳定性进行了研究.Moon[20-23] 对磁场中铁磁结构和感应线圈等结构形式进行了系统的研究.他们所进行的均匀横向磁场中铁磁悬臂板的磁弹性屈曲实验,表明了横向强磁场造成铁磁结构屈曲的现象.在他们的理论分析中,铁磁体内的磁场分布被认为是均匀的.对长厚比较大的铁磁板,理论结果与实验接近.Pao[24,25] 将 Brown[2] 的非线性电磁连续介质理论具体化,建立了静磁场磁弹性耦合的线性化理论,为磁弹性理论后来的工程应用奠定了基础.他们采用多畴软磁模型与线性的磁化关系,采用 Brown[2] 关于铁磁性物质微元的宏观分布力公式,由非线性磁弹性耦合的场方程、边界条件以及本构方程等一般理论出发,在小变形的情况下,建立了线性化的磁弹性理论.Eringen[6,26] 和 Maugin[5] 把电弹耦合和磁弹耦合统一到一般的电磁弹情形,基于连续介质理论建立了电磁介质弹性力学.国内学者周又和与郑晓静在他们的专著[7]中,结合他们的研究成果对上述不同的模型进行了对比评述.Miya 等人[27,28] 应用有限元方法计算铁磁体的磁场分布,补充了一般长厚比铁磁悬臂板的屈曲实验.Ven 和 Lieshout 等[29-31] 从变分原理出发,得到了与 Pao[24] 理论一致的结果.Takagi 等[32] 对低磁化率高导热率材料进行了纵

* 原文刊登在《力学进展》2006 年第 36 卷第 4 期。

向磁场下的振动实验，发现了磁场作用下自振频率升高的现象. 谢慧才等[33]研究了有效尺寸对磁弹性板屈曲的影响. 周又和与郑晓静[34-41]对铁磁板屈曲问题进行了系统的研究，提出了新的磁力模型，解释了自振频率升高的现象. 他们的工作是国内在该领域最全面的，也是最具代表性的，详见他们的专著[7]和综述文章[35]. Yang[42,43]引入铁磁体的退磁场，由铁磁体系统能量的观点研究了铁磁板屈曲问题，得到与 Moon[20]实验吻合的结果.

除了对铁磁结构的变形研究外，铁磁材料的断裂研究与铁磁复合材料的研究也是铁磁弹性研究的重要组成部分，很早就受到人们的重视. 随着稀土超磁致伸缩材料的发展，磁致伸缩材料的力磁耦合问题的研究越来越多，如材料的变形与断裂. 这其中包括稀土超磁致伸缩材料在力磁耦合载荷下的变形行为、断裂机制以及磁致伸缩复合材料的有效性质的研究. 作者近年来致力于功能铁磁材料的变形与断裂的研究，采用实验与理论研究相结合的方法，系统地研究了软铁磁金属、磁致伸缩材料、铁磁相变材料以及铁磁复合材料等功能铁磁材料的变形与断裂行为. 由于铁磁板磁弹性问题已经有很多研究文献，包括综述性评论文献. 因此，本文针对铁磁功能材料的变形与断裂问题，综述国内外近几十年，特别是近十几年来的研究进展状况，同时也介绍作者在功能铁磁材料的变形与断裂方面所开展的工作和获得的一些成果，并指出需进一步研究的问题.

2 实验研究

2.1 力磁耦合实验设备

力磁耦合实验设备随着人们对磁弹性实验研究的深入不断得到发展，人们设计了多种力磁耦合加载设备. Carman 等[44]设计了一套准静态测量磁致应变的装置(如图 1). 图 1 中 EFPI 里 Extrinsic Fabry-Perot Interferometer 的缩写，该系统在光纤应变测量中采集试件轴向的变形信号. 将线圈缠绕在塑料管壁上提供磁场，采用贴在磁致伸缩试件上的光纤应变传感器测量轴向变形. 光纤传感器具有较高的测量精度，可以达到一个微应变的量级. 同时光纤传感器不受电磁场的影响. 这套设备只能测量准静态磁致伸缩，没有提供施加偏磁场和应力的装置.

对于需要很大驱动磁场的情况，可以采用 Bitter 线圈磁场装置(如图 2). Bednarek[13]采用 Bitter 线圈研究了 Terfenol-D 颗粒磁致伸缩复合材料的磁致应变. 该实验装置通过 Bitter 线圈提供磁场，其最大恒磁场达到 8T. 测量磁致应变的原理是：通过感受可动板(图 2 中可动电容板)和不可动板(图 2 中绝缘体)之间的电容的变化，从而得出试件在长度方向的变化. 显然，这个装置不能同时施加力磁耦合载荷，并且 Bitter 线圈造价昂贵，一般实验很难采用.

砝码式力加载磁致应变测量装置是一种简易的力磁加载装置[45](如图 3)，通过一个线圈提供磁场，机械压力的加载由砝码的自重提供. 这种装置能够实现恒力加载，设计简单. 但由于线圈磁场较小，并且砝码的重量固定，因此，这种加载方式无法实现大磁场、大载荷情况的力磁加载实验，也无法施加连续的力磁耦合载荷.

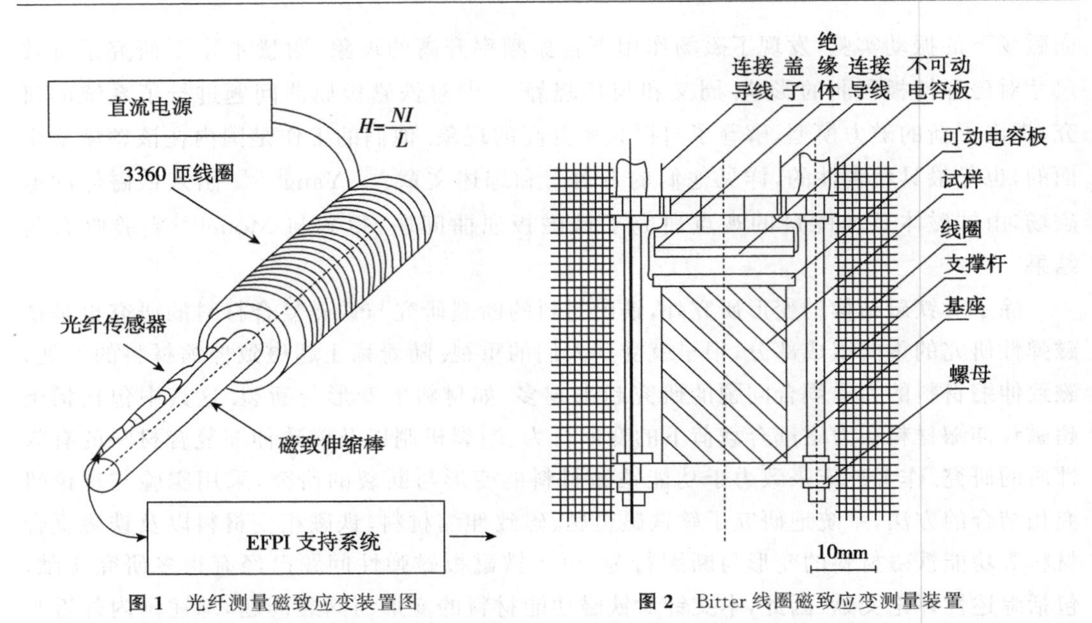

图 1　光纤测量磁致应变装置图　　图 2　Bitter 线圈磁致应变测量装置

图 4 是简易磁致伸缩参数测量装置[46]. 采用线圈提供磁场，通过碟形弹簧对试件施加压应力. 力的大小通过数字测力计给出. 力的施加通过手动调整螺杆实现. 这个装置显然结构简单，使用方便. 但无论是力加载还是磁加载，都只能在较小范围内进行.

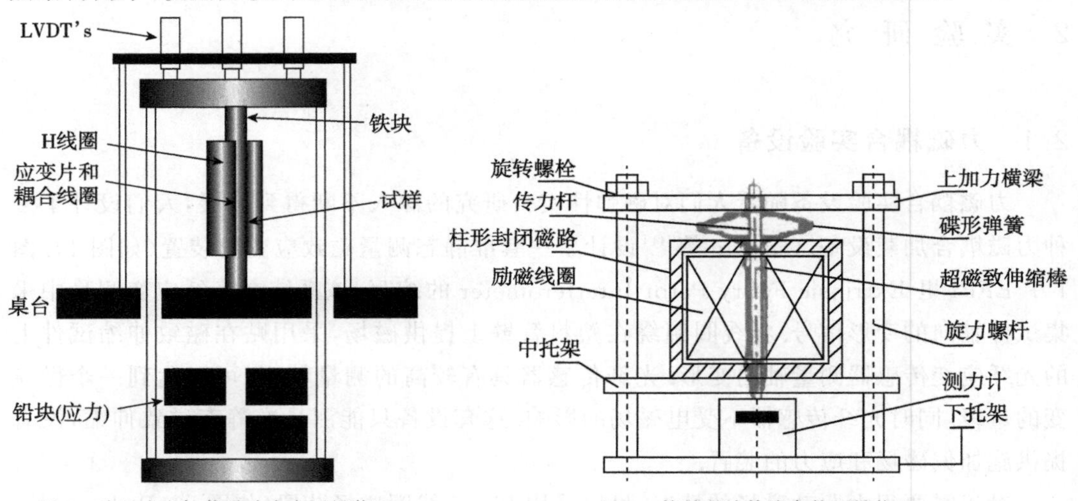

图 3　砝码式力加载磁致应变测量装置　　图 4　简易磁致伸缩参数测量装置

闭合磁路磁致应变测量装置[47].（如图 5）采用变压器中硅钢片作为磁路介质，采用线圈提供磁场. 在磁场加载过程中，为了保证试件的变形充分进行，在磁路中设置了一个间距可调磁块. 这个装置能保证变形过程中磁路闭合，但由于整个磁路需要不断地调整，因此控制复杂. 同时这个加载装置不能对试件施加力载荷，无法实现力磁耦合加载.

柱形液压磁致伸缩加载装置[48]能够保证变形过程中应力加载是恒定的（如图 6 所示）. 通过液压装置和球形支座，保证试件受到纯压. 磁场的提供采用与之配套的电磁铁装置. 这套实验设备能够连续地施加力载荷和磁载荷. 然而，其不足在于机械加载仅能提供单向的压应力，而对于其他机械载荷方式如拉应力、3 点弯断裂载荷的施加不能进行，也不能施加恒位移载荷.

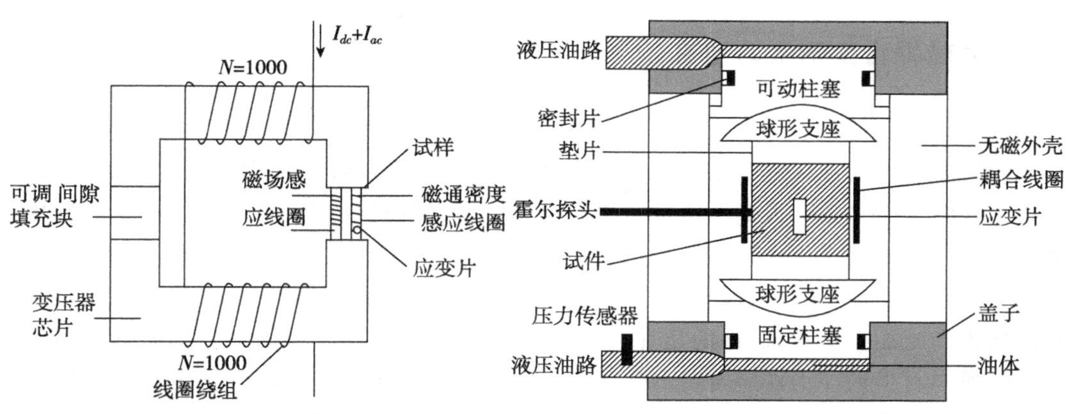

图 5　闭合磁路磁致应变测量装置

图 6　柱形液压磁致伸缩加载装置

功能铁磁材料的变形与断裂实验必须借助于能够对铁磁材料同时施加力磁载荷，并同时能够测量各种力学量和磁学量的实验装置. 磁场发生设备是力磁耦合实验装置的一个重要部分. 对于常规磁场可以采用电磁线圈和永磁体等，而超大磁场需要采用超导线圈[18,49]. 超导线圈由于在低温下工作，可以通过巨大的电流从而产生强磁场. 但是，由于超导线圈的工作环境处于绝对低温下（如文献[49]中的 4.2K），这涉及到一整套的低温装置，其设备固定投资和运行费用都十分昂贵，这对于一般实验而言难以承受. 同时，超导磁场发生设备一般工作空间较小，难以进行多种机械载荷（如拉、压、弯以及断裂载荷等）的施加. 因此，力磁耦合实验加载装置通常采用常规的电磁铁设备施加磁场. 作者研制开发了一套力磁耦合加载的实验设备[50,51]（如图 7）. 该实验设备包括 4 个部分，分别是磁加载装置、力加载装置、磁学量和力学量的采集与测量装置、整个加载与测量系统的监控装置. 磁加载设备是能够提供稳定与可变的磁场装置. 为了与灵活机动的机械加载装置配套，采用电磁铁产生磁场，通过改变电流的大小达到调节磁场的强弱. 设计时采用了高稳定性和大量程范围的电源控制系统. 力加载装置通过伺服电机，能够施加各种机械载荷，包括拉、压、弯等载荷；在磁断裂实验中还可以施加相应的 3 点弯和压痕载荷. 测量装置是对力学量、磁学量的数据采集、记录；监控装置是对加载过程和测量过程进行监控，实现加载与测量的自动化. 这个测量装置与监控装置包括了各种力学和磁学量的测量仪器如高斯计、霍耳计、力传感器、应变计以及积分器等硬件，同时包括计算机自动采集、加载控制反馈和监控的计算程序和控制程序等软件. 在设计力磁耦合加载与测量设备时，注意到磁场的绝缘和屏蔽问题，在磁场中工作的各种设备，都采用无磁材料如无磁不锈钢、黄铜等材料制成，对于测量用的信号采集线都采用屏蔽线.

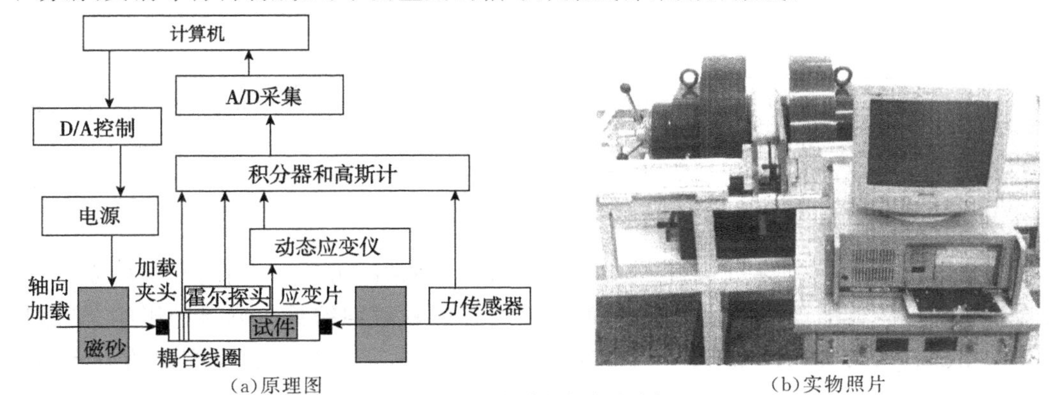

(a)原理图　　(b)实物照片

图 7　力磁耦合加载实验设备

2.2　力磁耦合变形实验研究

2.2.1　金属软磁材料

金属材料的无损检测是工程中常用的材料损伤探测技术.在对损伤最敏感的材料性质中,磁性是其中之一.人们一直致力于通过研究金属的磁性在材料变形过程中的变化,来达到对金属材料进行无损检测的目的.金属软磁材料如铁、镍、合金钢等,在材料受到变形特别是塑性变形后,磁性会发生明显变化.Cullity[52]通过对低碳合金钢的实验,发现在磁场方向施加拉应力,试件的磁化将会增强;若施加压应力,磁化将会减弱.即材料的磁化性质与材料的应力状态有关.Makar 和 Tanner[53,54]研究了不同含碳量的合金钢,在经过单轴应力作用直到材料屈服和卸载后的磁性参数情况,实验测量了试件的各种磁性参数的变化,包括磁滞回线形状、微分磁导率等.实验结果表明:残余应力不是影响塑性变形后合金钢磁性参数变化的主要原因,导致各种磁性参数改变的原因在于材料内各种钉扎影响磁畴在磁场下的旋转行为.材料在变形过程中施加不同的应力可以使得材料内的钉扎分布不同.

Stevens[55]则对两种不同的合金钢,进行了单轴应力弹性范围内的力磁特性实验.实验发现:与拉应力相比,材料在压应力作用下的磁性参数变化更为敏感.Takahashi 等[56]研究了单晶纯铁、多晶纯铁以及合金钢进入塑性屈服后的磁性性质.通过测量试件的磁滞回线得到材料的磁性参数如矫顽场、磁化率等,并且实验测定了磁性参数随施加应力的变化情况.发现矫顽场随着应力的增加而变大.在矫顽场附近的一定磁场的范围内,材料的磁化率与磁场存在关系$\chi_c=c/H^3$,其中:χ_c是材料的磁化率,H是磁场,c是材料参数,仅依赖于材料的晶格缺陷如位错密度、晶界尺寸等,而与试件本身和塑性变形过程无关.这些结果对于研究金属材料疲劳的无损检测具有指导意义.

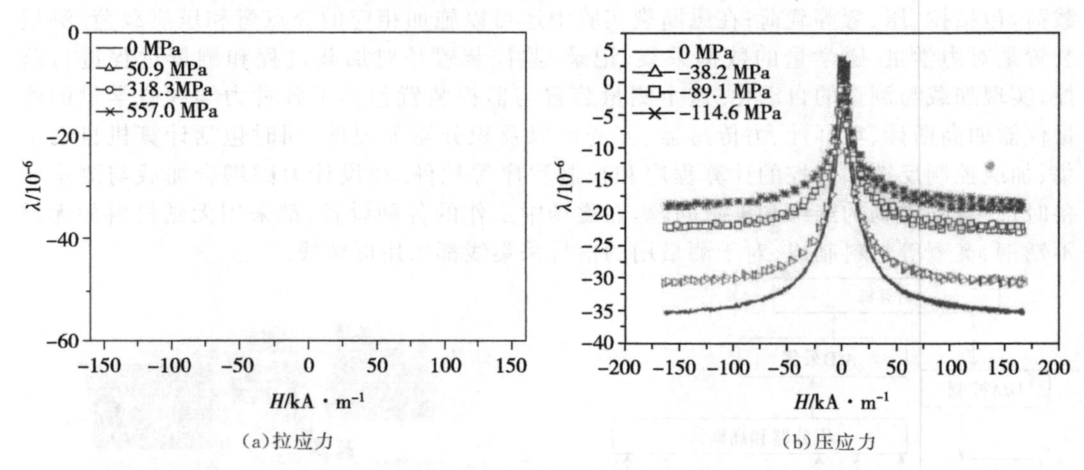

(a)拉应力　　(b)压应力

图 8　Ni6 在不同应力下的磁致伸缩曲线

Devine 和 Jiles[57]研究了 99.99%纯度退火的镍和钴的力磁耦合行为.实验发现:应力对于钴的磁致伸缩没有明显的影响,而应力对镍的磁致伸缩具有明显的影响.施加拉应力将增加材料的磁致伸缩,而压应力减小磁致伸缩.本文作者[51]在研究镍的力磁耦合实验中也发现了这一现象(如图 8).饱和磁致伸缩随着拉应力的增大而增大,即由无应力

状态下的 -36 微应变增加到 318.3MPa 下的 -48 微应变. 当拉应力增加到 557MPa，磁场为 150kA/m 时，磁致伸缩仍然没有饱和. 随着压应力的增加，镍的饱和磁致伸缩减小，即从无外加应力的 -36 微应变减小到外加压应力为 89.1MPa 时的 -22 微应变. 此外，Pearson[58] 进行了纯铁在双轴应力状态下的力磁特性实验. 获得了矫顽场的改变与双轴应力之间的关系，以及应力诱导不可逆磁化与双轴应力之间的关系. 结果表明：纯铁矫顽场的改变对于双轴应力而言是非对称的.

2.2.2 稀土超磁致伸缩材料

1972 年，Clark 等[59,60] 首次发现了 Laves 相稀土铁系化合物 RFe_2（R 表示稀土元素 Tb，Dy，Ho，Er，Sm，Tm 等）在室温下具有巨大的磁致伸缩，因而 RFe_2 化合物被称为超磁致伸缩材料（giant magnetostriction）. Savage 等[61] 发现稀土超磁致伸缩材料的应力敏感性，即在施加一定的预应力后，材料的饱和磁致应变显著提高. 从此稀土磁致伸缩材料的力磁耦合研究被提升到一个新的高度. TbDyFe 稀土类合金不仅磁致伸缩可达 10^{-3} 数量级，同时具有响应速度快和能量转换效率高等特点，因此常用来制作能量转换元件，如机电信号的转换元件等. 稀土超磁致伸缩材料的优越性能和广泛应用吸引了许多学者进行研究. Moffet 等[62] 对稀土超磁致伸缩材料 Terfenol-D 进行了详细的实验研究，共进行了 8 种不同的外加压应力作用下材料的磁致伸缩性能实验. 实验发现：随着外加压应力的增加，达到同样的磁致应变需要的外加驱动磁场增大，材料的相对磁导率减小. Jiles 等[63] 研究了不同成分的 TbDyFe 合金在不同应力状态下的磁性变化，并用磁畴理论解释实验现象. Mei 等[64] 研究了不同生长方向的 TbDyFe 单晶的性能. 他们的实验发现：相对于[112]方向生长的单晶而言，[110]方向生长的单晶的低场性能更为优越；而[111]方向生长的单晶性能是最好的，其饱和磁场仅为 40 000A/m，而其饱和磁致应变达到 1 700 微应变. Prajapati 等[65,66] 研究了循环应力对 Terfenol-D 的影响. 实验发现：应力循环能够改变 Terfenol-D 的磁化特性，进一步增强材料的磁化各向异性. 如图 9 所示是预应力为 4MPa 的磁化回线，其中实线和虚线分别是无应力循环和应力循环后的磁化回线. 可以看出，虽然作用同样大小的预应力，但是磁化回线具有明显的变化. 相应地微分磁导率的峰值则向高磁场偏移.

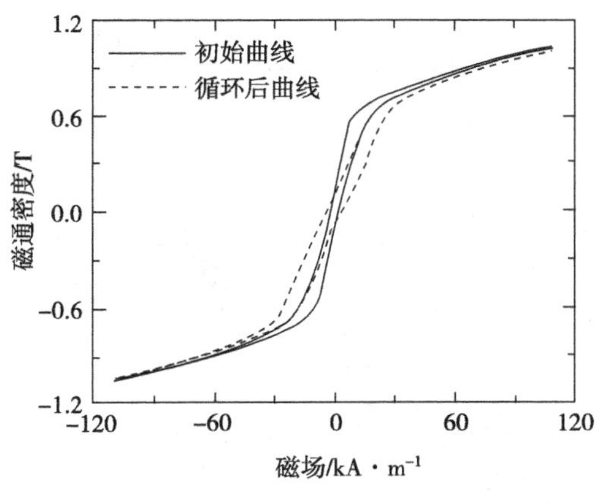

图 9 应力循环对磁化曲线的影响

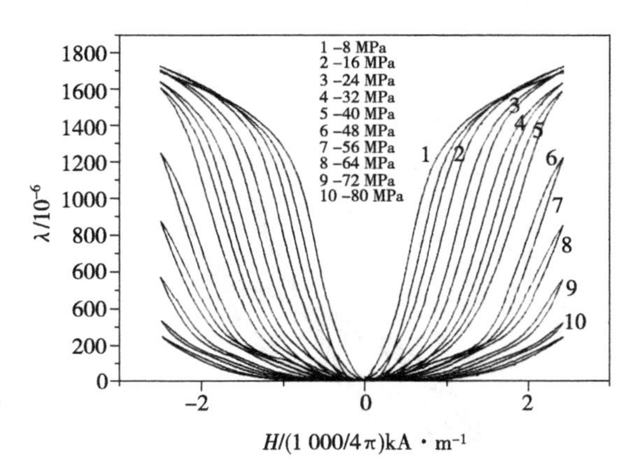

图 10 不同预应力下的磁致伸缩曲线

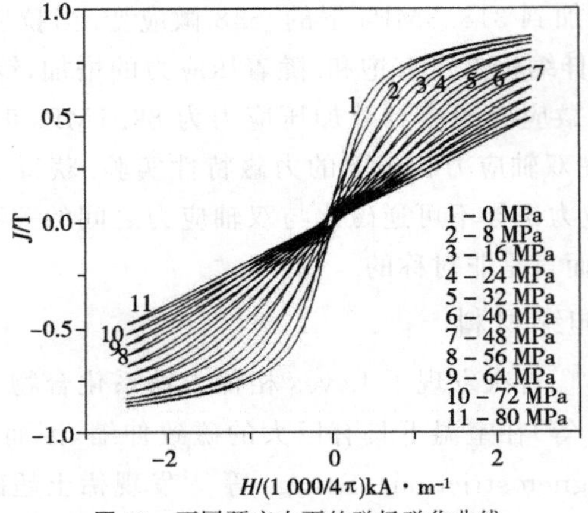

图 11　不同预应力下的磁场磁化曲线

本文作者[50,51,67]对定向生长的 TbDyFe 多晶系统地进行了大范围预应力作用以及多种磁场作用下的磁弹性实验. TbDyFe 多晶体生长方向为[110],试件的尺寸为 $\Phi 10\times 30$mm,预应力最大达到 80MPa. 实验结果如图 10,图 11 所示. 随着预应力的增大,磁致应变的发生变得非常困难. 同时,磁化曲线几乎变成直线,即其磁化行为与顺磁材料的磁化行为几乎相同. 图 12,图 13 分别是在无磁场下的 TbDyFe 多晶的应力-应变曲线和应力-磁化曲线,显示出明显的非线性特征. 而且在机械卸载后,存在显著的剩余应变和剩余磁化. 图 14 是在不同磁场强度下的应力-应变曲线. 随着外磁场的增大,达到同样的应变需要的压应力越大,表明材料的表观模量随着磁场的增大而增大. 图 15 是不同磁场作用下应力退磁化曲线,其中 ΔM 是退磁化强度. 由图 15 可知:压应力造成了明显的退磁化,压应力的增加使得退磁化增大.

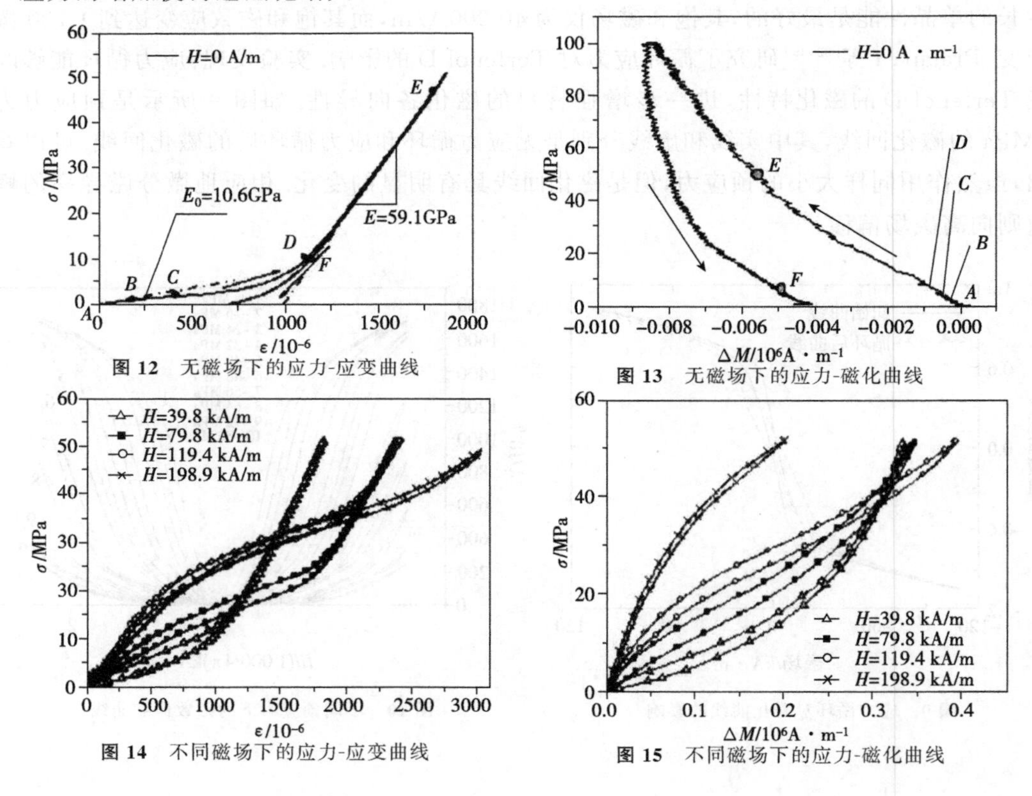

图 12　无磁场下的应力-应变曲线

图 13　无磁场下的应力-磁化曲线

图 14　不同磁场下的应力-应变曲线

图 15　不同磁场下的应力-磁化曲线

2.2.3 铁磁形状记忆合金

铁磁形状记忆合金 NiMnGa 不仅具有形状记忆效应，而且在磁场作用下具有巨大的磁致变形，很有可能用来制造新一代功能器件，引起了人们的广泛研究兴趣[14,15]. NiMnGa 的超磁致应变来自磁场诱发相变后的马氏体重排. NiMnGa 单晶磁致伸缩是由于磁畴的非 180°翻转(四方相时为 90°翻转，三角晶系为 71°和 109°翻转)，但是磁畴翻转的机理与超磁致伸缩材料 Terfenol-D 不同. 应力导致的磁畴非 180°翻转的路径要复杂的多，而非简单的向垂直于应力方向的平面内翻转. 最近研究[16]显示 NiMnGa 单晶的磁致应变已经达到 9.5%. Wu 等[17]详细研究了铁磁形状记忆合金 NiMnFeGa 单晶的磁特性与 NiMnGa 单晶在低温下[18]的磁致形变. 近来，NiMnGa 薄膜也引起了人们研究兴趣. Dubowik 等[68]研究了 NiMnGa 多晶薄膜的铁磁共振响应. Dong 等[69]研究了 NiMnGa 单晶外延薄膜的铁磁形状记忆性质.

作者[70]对于 NiMnGa 与 Fe 的合金单晶在室温下的磁弹性能进行了系统的实验研究. 实验采用的材料是部分 Mn 替换为 Fe 得到的 $Ni_{52}Mn_{16}Fe_8Ga_{24}$ 单晶，生长方向[001]. $Ni_{52}Mn_{16}Fe_8Ga_{24}$ 单晶的马氏体相变温度 M_s、奥氏体相变温度 A_s 和居里温度 T_c 分别是 262K，286K 和 381K. 室温下样品处于母相，即奥氏体. 图 16、图 17 是多种应力作用下的磁致伸缩曲线，其中图 16 应力与磁场方向平行，图 17 应力与磁场方向垂直.

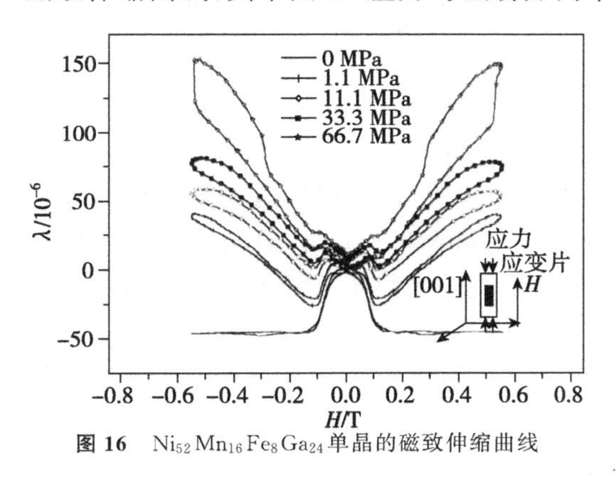

图 16 $Ni_{52}Mn_{16}Fe_8Ga_{24}$ 单晶的磁致伸缩曲线

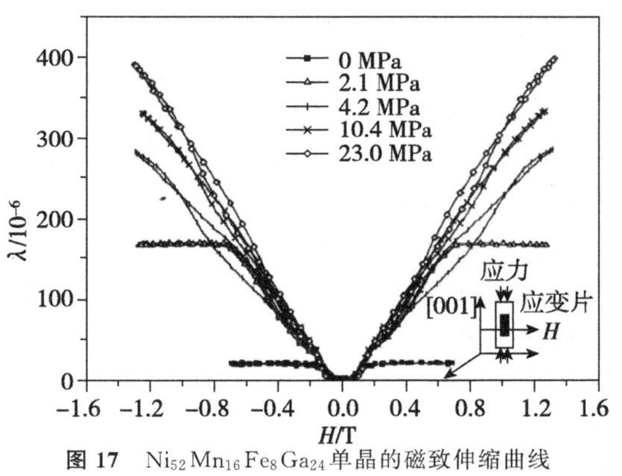

图 17 $Ni_{52}Mn_{16}Fe_8Ga_{24}$ 单晶的磁致伸缩曲线

2.3 力磁耦合断裂实验研究

磁性材料在工程中的广泛应用必然引起人们对磁性材料在磁场中安全问题的关心. 一般情况下，材料中都包含着裂纹、空洞、夹杂等非均匀相，这些相的存在大大影响了材料的使用性能. 研究含类裂纹缺陷的铁磁材料磁断裂行为是力磁耦合研究的一个重要方面.

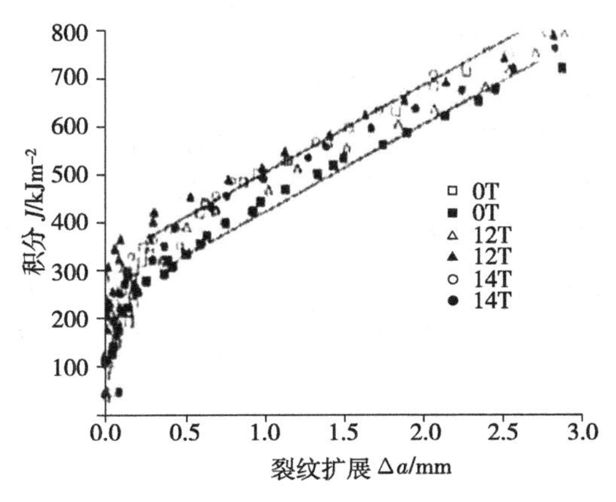

图 18 各种磁场作用下断裂阻力曲线

Clatterbuck 等[49]针对软铁磁合金钢 Incoloy 908，采用紧凑拉伸(CT)试件，测量了低温(4.2K)各种磁场作用下试件的断裂韧性. 其中磁场最大达到 14T，图 18 分别是当磁场为 0T，12T 和 14T 情况下的合金钢试件的断裂阻力曲线. 图 19 是各种恒磁场作用下合金钢 Incoloy908 的断裂韧性. 图 19 中的两条虚线表示试件样品固有的分散性. 实验结果表明磁场对合金钢 Incoloy908 的断裂韧性并没有明显影响.

作者[71]采用磁场下的 3 点弯断裂实验，研究了磁性陶瓷材料——锰锌铁氧体陶瓷在磁场下的断裂韧性情况. 3 点弯断裂实验所用的试件尺寸为 3mm×4.8mm×30mm. 缺口的大小为 0.2mm×0.6mm×3mm 实验分别采用了相对导磁率为 2 000 和 10 000 的两组锰锌铁氧体陶瓷试件，得到平均断裂韧性分别为 1.37MPa $\sqrt{m}$ 和 1.38MPa $\sqrt{m}$. 如图 20 所示，随着外磁场的增加，锰锌铁氧体陶瓷的断裂韧性没有明显变化.

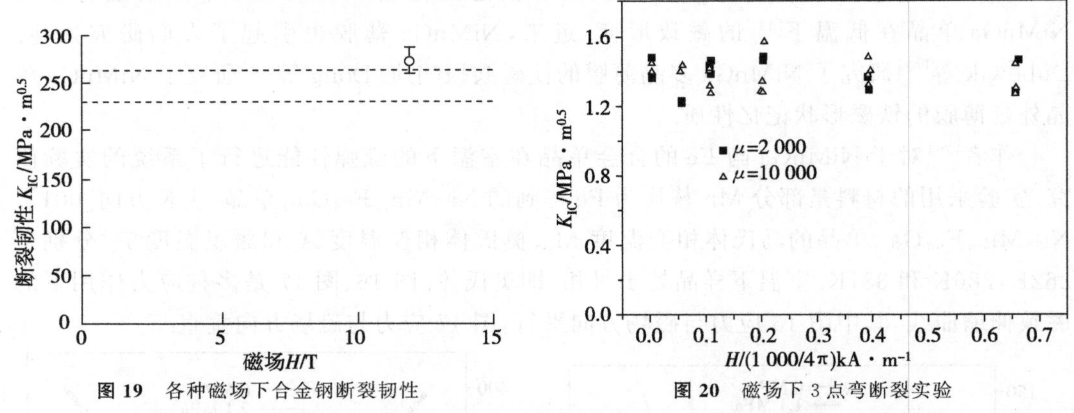

图 19　各种磁场下合金钢断裂韧性　　　图 20　磁场下 3 点弯断裂实验

作者[71]进一步采用了磁场下的维氏压痕实验测量锰锌铁氧体陶瓷的断裂韧性. 实验采用了 3 种不同导磁率的锰锌铁氧体陶瓷，分别进行磁场下的维氏压痕实验. 采用的试件尺寸为 3mm×10mm×30mm. 在进行维氏压痕实验时，按照研磨膏的金刚砂粒径从大到小的顺序，采用研磨膏将陶瓷试件的 10mm×30mm 的一个面，研磨至镜面一样光滑. 实验施加的压头平均载荷 P=50N. 锰锌铁氧体陶瓷的平均维氏硬度 8GPa，表面对角压痕裂纹平均长度 107μm.

表 1 是维氏压痕实验结果. 其中 $C_{/\!/}$ 和 $C_{\perp}$ 分别是平行磁场和垂直磁场方向的压痕裂纹长度. 由实验结果可以看出，平行于磁场方向和垂直于磁场方向的断裂韧性差别很小，表明磁化后锰锌铁氧体陶瓷的断裂韧性没有各向异性现象.

无论是 Clatterbuck 等[49]针对铁磁合金钢的磁断裂实验，还是本文作者进行的锰锌铁氧体陶瓷的 3 点弯磁断裂实验和磁场下维氏压痕实验都表明，外磁场对这些材料的断裂韧性没有明显改变. 但是，需要指出的是：这些结果尚不能推论出磁场对铁磁材料断裂韧性没有影响. 这是因为无论是锰锌铁氧体陶瓷，还是软铁磁合金钢，材料的磁致伸缩系数较小；通过磁性效应引起的裂纹尖端的非协调变形较小. 另外，现有的实验所施加的磁场仍然偏小. 按照 Shindo[72]理论指出，研究磁场对材料的断裂韧性的影响还需要更强的磁场. 因此，磁弹断裂行为的研究仍然需要对不同材料和较大磁场条件下的情况进行进一步的深入研究.

表 1　维氏压痕实验结果

相对导磁率	平行磁场方向		垂直磁场方向	
	K_{IC}/MPa $\sqrt{m}$	$C_{/\!/}$/μm	K_{IC}/MPa $\sqrt{m}$	$C_{\perp}$/μm
2 000	0.92	228	0.93	226
5 000	1.04	210	1.03	212
10 000	1.03	212	1.02	213

3 铁磁复合材料的细观力学与有效性质的预测理论

3.1 铁磁复合材料的细观力学理论及等效模量

在铁磁复合材料的细观力学理论研究方面，Huang 等[73-77]推广了 Green 函数方法，采用如下线性压电压磁本构关系

$$\begin{aligned} \sigma_{ij} &= C_{ijkl}\varepsilon_{kl} - e_{nij}E_n - q_{nij}H_n \\ D_i &= e_{imn}\varepsilon_{mn} + k_{in}E_n + \lambda_{ni}H_n \\ B_i &= q_{imn}\varepsilon_{mn} + \lambda_{in}E_n + \Gamma_{in}H_n \end{aligned} \tag{1}$$

其中，C_{ijkl}，e_{nij}，q_{nij}，k_{in}，Γ_{in}，λ_{ni} 分别是弹性常数、压电常数、压磁常数、介电常数、磁导率以及磁电常数，分析了压电/压磁复合材料的椭球夹杂问题，导出了统一形式的磁-电-弹 Eshelby 张量. 并在此基础上，采用 Mori-Tanaka 平均场方法得到压电压磁复合材料的磁-电-弹有效材料常数. Li 和 Dunn[78,79]采用双夹杂和多夹杂方法研究了磁-电-弹-热问题，并给出压电/压磁复合材料的有效磁-电-弹-热性质. 其中采用双夹杂方法得到有效模量为

$$E^*_{iJAb} = E_{iJMn}\left[I_{MnKl} + (S^2_{MnCd} - I_{MnCd})A_{CdKl}\right] \cdot \left[I_{KlAb} + S^2_{KlEf}A_{EfAb}\right]^{-1} \tag{2}$$

E^*_{iJAb} 是有效磁-电-弹性质张量，E_{iJMn} 是基体的磁电弹性质张量，S^2_{KlEf} 是双夹杂的 Eshelby 张量，I_{MnKl} 是单位张量，其中张量 A 满足

$$A_{AbMN}Z^{\infty}_{Mn} = \sum_{r=1}^{2} f_r Z^T_{Ab} Z^T_{Ab}\Big|_r$$

Z^T_{Ab} 是等效本征场，可由一致性条件确定，f_r 是体积分数.

本文作者[80-82]对于稀土超磁致伸缩复合材料的有效性质进行了理论研究. 将夹杂相的饱和磁致伸缩作为本征应变，利用双夹杂模型[72,73]，将力磁场解耦，得到磁致伸缩复合材料的有效弹性模量. 如图 21 所示，将一个椭球形夹杂 Ω_1 嵌入另一个椭球形夹杂 Ω_2 中形成双夹杂，则双夹杂 Ω_2 中包含基体相 $\Omega_2 - \Omega_1$ 和夹杂相 Ω_1，相关的体积分数为 f_1 和 f_2. 此双夹杂 Ω_2 再嵌入无限大介质 D 中，并受到远场 $\varepsilon^{\infty}_{ij}$ 的作用，其中 E^1_{ijkl}，E^2_{ijkl} 和 E^0_{ijkl} 分别是夹杂 Ω_1，基体 $\Omega_2 - \Omega_1$，和无限大介质 D 的弹性模量. E^*_{ijkl} 是磁致伸缩复合材料的等效弹性模量.

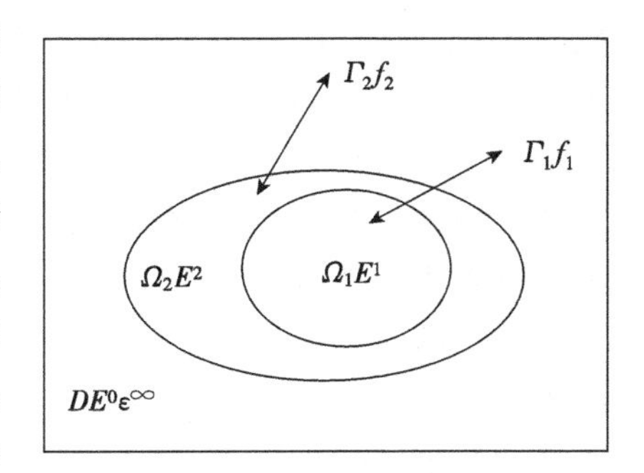

图 21 双夹杂模型示意图

$$\begin{aligned} E^*_{ijkl} = {} & E^0_{ijrs}\left[I_{rspq} + (S^2_{rsmn} - I_{rsmn}) \cdot (f_2 A^2_{mnpq} + f_1 A^1_{mnpq})\right] \\ & \cdot \left[I_{pqkl} + S^2_{pqcd}(f_2 A^2_{cdkl} + f_1 A^1_{cdkl})\right]^{-1} \end{aligned} \tag{3}$$

其中 I_{rspq} 是 4 阶单位张量，S^2_{rsmn} 是基体相 Ω_2 的 Eshelby 张量，A^1_{nmpq} 和 A^2_{mnpq} 是夹杂相 Ω_1 和基体相 Ω_2 的应变集中张量.

3.2 磁致伸缩复合材料的有效磁致伸缩

稀土磁致伸缩复合材料具有大磁致应变，同时又具有较好机械性能、较小涡流能量

损耗等特性. 近些年来，关于磁致伸缩复合材料的研究成果越来越多. Pinkerton 等[83]研制了 $SmFe_2/Fe$ 以及 $SmFe_2/Al$ 磁致伸缩复合材料，并分析了其组分的性质对复合材料的有效磁致伸缩性质的影响，这种复合材料比起单相磁致伸缩材料 $SmFe_2$ 明显改善了机械加工性能. Chen 等[84]专门研究了基体材料的弹性模量对颗粒磁致伸缩复合材料的有效磁致伸缩性质的影响. 实验发现：减小基体材料的弹性模量，可以提高复合材料的有效磁致伸缩. 为了使磁致伸缩复合材料有较高的有效磁致伸缩和相应较好的机械性能，Chen 等认为应该选择基体相和磁致伸缩颗粒相具有相近的弹性模量. Duenas 等[85]制作了树脂基的 Terfenol-D 磁致伸缩复合材料，并对其有效性质进行了研究. 实验表明：与通常情形不同的是，树脂基的 Terfenol-D 磁致伸缩复合材料存在一个最优的体积分数，使得有效磁致伸缩最大. Duenas 的实验结果表明采用低流动性的树脂作为基体，Terfenol-D 的最优体积分数为 20%. Guo 等[86]分别研制了树脂基体和玻璃基体的 Terfenol-D 磁致伸缩复合材料，并对其有效磁致伸缩和静动态磁力耦合性质进行了研究. 实验结果表明：磁致伸缩材料的力磁耦合系数 k_{33} 依赖于基体的弹性模量，选择合适的基体可以优化复合材料的力磁耦合系数 k_{33}.

在理论模型方面，Nan 等[87-89]提出了基于 Green 函数的磁致伸缩复合材料有效磁致伸缩的分析模型. 得到的复合材料有效磁致应变为

$$\bar{\varepsilon} = (C^*)^{-1}\{\bar{\sigma} - \langle[(C^* - C)\cdot(I - G^u C')^{-1}G^u - I]C\lambda\rangle\} \tag{4}$$

其中：C 是材料的刚度，在非均质材料中是非常数，可以表示为 $C(x)=C^0+C'$，其中 C^0 是参考均质材料的刚度，C' 是由于非均质带来的扰动. G^u 是修正位移的 Green 函数，C^* 是有效刚度，λ 是材料的饱和磁致应变，$\langle\rangle$ 表示体积平均.

Armstrong[90,91]假设基体是非磁性材料，磁致伸缩颗粒夹杂相受到均匀的远场磁场作用，提出了通过磁自由能确定单个夹杂磁致伸缩的方法. 同时认为磁自由能由磁场能、磁晶各向异性能以及磁弹性能组成. 复合材料的宏观变形则由细观力学的 Mori-Tanaka 方法确定. 这个模型能够在一定范围内模拟实验曲线. 对于基体是非磁致伸缩材料，Herbst 等[92]提出了一个简单的模型估计复合材料的有效磁致伸缩. 本文作者[80-82]推广了双夹杂模型[93,94]来研究稀土磁致伸缩复合材料的磁致伸缩有效性质. 由于饱和磁致伸缩可以看作弹性材料的本征应变，复合材料的等效磁致伸缩可以转化为求解当具有特定本征应变的夹杂嵌入弹性材料中时，复合材料的平均应变场. 复合材料的等效磁致伸缩为

$$\begin{aligned}\bar{\varepsilon}^{ms} &= \langle\varepsilon^H\rangle \\ &= f\{S:[A^1:(S-I)+I]-(I+fS:A^1):[(S-I):A^1+I]^{-1} \\ &\quad :(S-I):[A^1:(S-I)+I]\}:\varepsilon^{ms}\end{aligned} \tag{5}$$

其中，A^1 是夹杂的应变集中张量，S 是 Eshelby 张量，I 是单位张量，f 是体积分数，对于立方相晶粒，沿着晶粒晶轴方向的局部磁致伸缩应变场 ε^{ms} 可以表示为

$$\varepsilon_{ij}^{ms} = \begin{cases}\lambda^a + \dfrac{2}{3}\lambda_{100}\left(\alpha_{3i}^2 - \dfrac{1}{3}\right), & i=j \\ \dfrac{3}{2}\alpha_{3i}\alpha_{3j}\lambda_{111}, & i\neq j\end{cases} \tag{6}$$

其中 λ_{100}，λ_{111}，和 λ^a 是立方相晶粒的磁致伸缩系数. α_{ij} 是从晶粒的局部坐标 X'_j 到材料的

整体坐标 X_i 的转换张量. 复合材料的等效磁致伸缩可以表示为

$$\bar{\lambda}_s = \frac{2}{3}(\bar{\varepsilon}^{ms}_{/\!/} - \bar{\varepsilon}^{ms}_{\perp}) \tag{7}$$

其中，$\bar{\varepsilon}^{ms}_{/\!/}$ 和 $\bar{\varepsilon}^{ms}_{\perp}$ 分别是平行和垂直于外加磁场方向的宏观应变. 复合材料的等效磁致伸缩取决于晶体的磁致伸缩系数、夹杂形状以及基体的弹性性质. 应用双夹杂模型对 $SmFe_2$/Al，$SmFe_2$/Fe[83] 和 Terfenol-D/玻璃[86] 磁致伸缩复合材料进行计算，并与已有的其他模型和实验数据进行了比较，如图 22 与图 23 所示.

由于磁致伸缩复合材料的有效性质与各组分材料性质之间的关系非常复杂，人们对磁致伸缩复合材料的认识仍然有限，特别是材料的磁性性质如导磁率对有效磁致伸缩的影响. 本文作者[95] 首先将非线性磁致伸缩本构方程和材料的导磁率引入复合材料有效磁致伸缩的研究中，系统地探讨了各组分材料的弹性性质和磁性性质对复合材料的有效性质的影响. 研究结果表明：当基体相是非磁性材料或者磁致伸缩很小的材料，而夹杂相具有很大的磁致伸缩应变，如稀土类超磁致伸缩复合材料，复合材料的有效磁致伸缩与材料的导磁率无关，而决定有效磁致伸缩的是材料的弹性性质与体积分数. 当复合材料的基体相和夹杂相具有相近的磁致伸缩系数时，材料的导磁率对于复合材料的有效磁致伸缩是有影响的，选用较大导磁率的基体相可以在一定范围内提高复合材料的有效磁致伸缩. 理论模型与实验数据[84,86] 的对比，结果如图 24 和图 25 所示，其中 G^M 和 G^I 分别是基体和夹杂的剪切模量，r_λ 是基体和夹杂磁致伸缩系数的比值，λ^* 是复合材料的有效磁致伸缩.

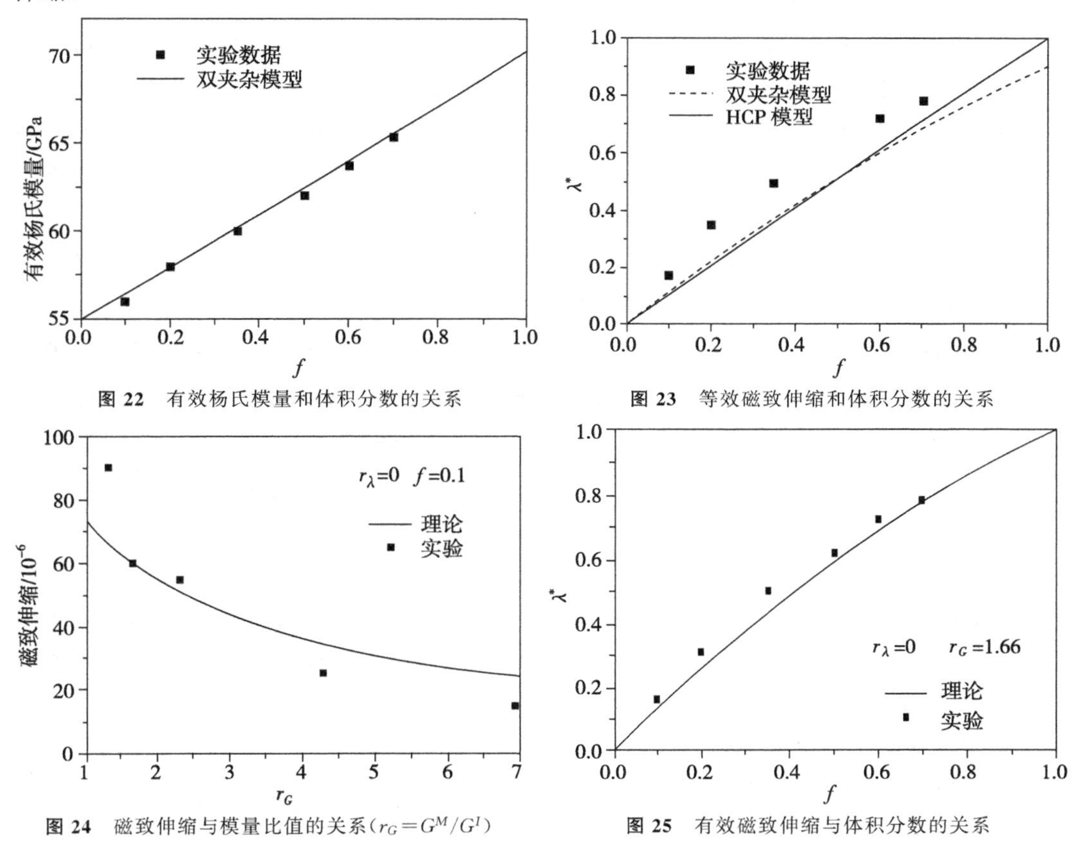

图 22 有效杨氏模量和体积分数的关系

图 23 等效磁致伸缩和体积分数的关系

图 24 磁致伸缩与模量比值的关系（$r_G = G^M/G^I$）

图 25 有效磁致伸缩与体积分数的关系

4 非线性本构关系的建立

4.1 基于热力学理论的唯象本构模型

在非线性力磁耦合本构理论的研究方面，Maugin 和 Eringen[96,97] 首先采用连续介质理性力学的方法，从唯象观点考虑了力磁耦合相互作用，包括磁性起源的量子交换作用，导出了一般磁化介质的力磁耦合本构理论. 然而这一理论过于复杂，在实际分析中难以应用. Pao 等[3,24] 针对常用的多畴软磁材料，忽略磁滞损失和交换作用，提出了磁弹性本构理论.

$$t_{ij} = \rho \frac{\partial x_i}{\partial X_K} \cdot \frac{\partial U}{\partial E_{KL}} \cdot \frac{\partial x_j}{\partial X_L} + M_j \frac{\partial U}{\partial N_K} \cdot \frac{\partial x_j}{\partial X_K} \tag{8}$$

$$\mu_0 H_i = \frac{\partial U}{\partial N_K} \cdot \frac{\partial x_i}{\partial X_K} \tag{9}$$

其中：t_{ij} 磁弹性应力张量，$U=U(E_{IJ}, N_J)$ 是内能密度，E_{IJ} 应变张量，ρ 质量密度，M_i 磁化矢量，H_i 磁场矢量，μ_0 真空磁导率，x_i 和 X_J 分别是变形后和变形前的位置矢量.

$$N_J = \frac{M_k}{\rho} \frac{\partial x_k}{\partial X_J} \tag{10}$$

在此基础上，Pao 等[24] 对上述磁弹性理论进行了线性化. 在小变形假设下，采用摄动方法，将所有的磁弹性量表示为刚体状态的量以及与变形有关的摄动量之和，得到线性化的场方程、本构方程和边界条件. 由于这套线性化理论具有明确的物理意义，并且表达简单应用方便，成为后来许多文献中关于磁弹性变形与断裂研究的基础. 此外，Jiles 和 Atherton[98-100] 基于力磁耦合的磁致回线实验现象，提出了力磁耦合模型. 这一模型是唯象的，并且其中一些参数需要通过对实验数据最小二乘法拟合出来.

由于稀土超磁致伸缩材料具有大磁致变形和高能量密度，尽管通常认为这种材料属于铁磁材料，然而这种材料的变形机制和实验现象与经典的铁磁材料又有所不同. 稀土超磁致伸缩材料主要特点是大磁致应变，而且磁滞损失又相对较小. Carman 等[44] 首先从平衡热力学出发，采用 Gibbs 自由能函数的 Taylor 展开的方法，根据材料的实验现象，导出了一般唯象本构关系，并给出了在某一偏磁场作用下的伪线性形式的磁致伸缩本构关系

$$\begin{aligned} \varepsilon_{ij} &= s'_{ijkl}\sigma_{kl} + d'_{nij} H_n + \alpha'_{ij} \Delta T \\ B_n &= \mu'_{ni} H_i + d'_{nij}\sigma_{ij} + P'_n \Delta T \end{aligned} \tag{11}$$

其中 s'_{ijkl}，d'_{nij}，α'_{ij}，μ'_{ni}，P'_n 分别是材料的柔度系数、压磁系数、温度系数、磁导率、热磁系数. 这些系数都是偏磁场的函数，而不是真正的材料常数，因而通常难以确定这一本构关系的常数. 本文作者[101-103] 根据磁致伸缩材料的力磁耦合变形实验现象，基于热力学定律研究了稀土超磁致伸缩材料的唯象本构关系. 与 Carman 等[44] 本构关系不同的是，作者不仅提出了一种确定平方型本构方程系数的新方法，而且分别提出了双曲正切型本构方程和基于畴转密度的本构方程，并给出了确定系数的方法[101-103].

4.1.1 平方型本构方程[101－103]

实验发现磁致伸缩材料的磁致应变与磁场的关系一般有 3 个特点：在中低磁场阶段，磁致应变随着磁场的增加呈现非线性增长关系；当磁场很大时，磁致应变逐渐饱和；当材料受到大小相等方向相反的磁场时，材料的磁致应变相同，即磁致应变是磁场的偶次函数. 基于这些实验现象，得到磁致应变是磁场的平方型函数的唯象本构关系. 一维情况的平方型唯象本构方程为

$$\begin{aligned} \varepsilon &= s\sigma + mH^2 + r\sigma H^2 \\ B &= \mu H + 2m\sigma H + r\sigma^2 H \end{aligned} \tag{12}$$

其中，s 材料的柔度，m 磁致伸缩系数，r 磁弹性系数，μ 是材料的磁导率，ε 应变，σ 应力，H 磁场，B 磁感应强度. 磁致伸缩本构方程中的系数由下式确定

$$\begin{aligned} m &= \frac{\tilde{d}_0}{2\tilde{H}_0} \\ r &= \frac{1}{\sigma}\left[\frac{\tilde{d}_{cr} + a\cdot\Delta\sigma + b\cdot(\Delta\sigma)^2}{2(\tilde{H}_{cr} + \zeta\cdot\Delta\sigma)} - \frac{\tilde{d}_0}{2\tilde{H}_0}\right] \end{aligned} \tag{13}$$

其中磁致伸缩材料的唯象压磁系数可以由下式计算

$$\tilde{d}_0 = \tilde{d}_{cr} + a\cdot\Delta\sigma + b\cdot(\Delta\sigma)^2 \tag{14}$$

其中，$\tilde{d}_0$，$\tilde{H}_0$ 分别表示无预应力作用时，最大压磁系数和达到该系数时的外磁场；而 $\tilde{d}_{cr}$，$\tilde{H}_{cr}$ 分别表示临界应力作用时的值，a，b 由实验数据确定. 对于稀土超磁致伸缩材料而言，通常意义下的压磁系数并非常数. 不同预应力和不同磁场作用下，压磁系数并不相同，而是加载条件的函数，如图 26 所示. 各种预应力情况下的最大压磁系数（如图 26 中的星号所标记）采用 $\tilde{d}$ 表示，而达到最大压磁系数所需要的驱动磁场用 $\tilde{H}$ 表示. 实验发现随着预应力的增大，达到最大压磁系数所需要的驱动磁场 $\tilde{H}$ 增大（如图 27）. 如果采用一个线性函数表示 $\tilde{H}$ 与预应力之间的关系可以发现实验数据与线性函数拟合值非常接近.

$$\tilde{H} = \tilde{H}_{cr} + \zeta\cdot\Delta\sigma \tag{15}$$

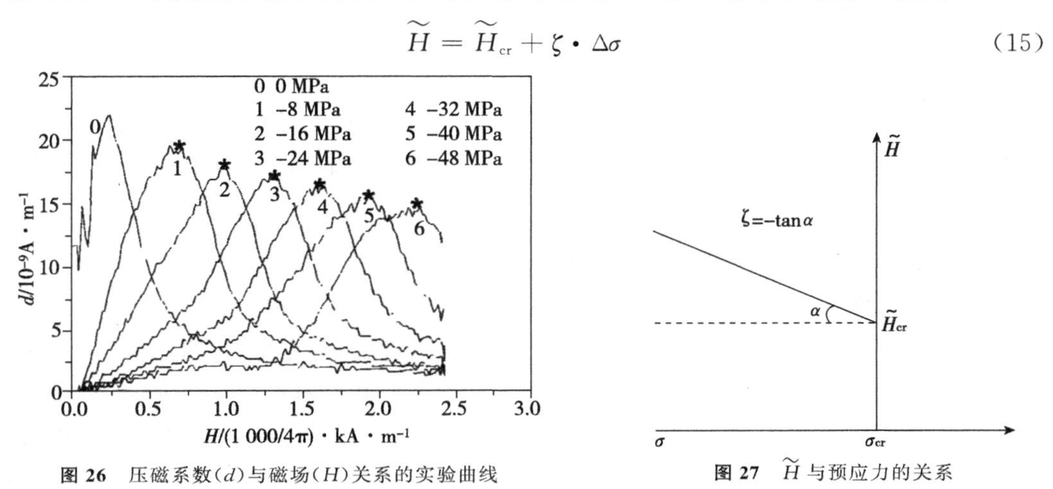

图 26 压磁系数(d)与磁场(H)关系的实验曲线

图 27 $\tilde{H}$ 与预应力的关系

其中，$\Delta\sigma=\sigma-\sigma_{cr}$. σ_{cr} 是磁致伸缩材料的临界应力. 对于不同的材料，存在不同的使磁畴翻转的临界应力. ζ 的物理意义表示应力增量引起的达到最大压磁系数的磁场增量，其量纲

为 m · A · N^{-1},是一个反映材料性质的材料常数.

4.1.2 双曲正切型本构方程[101−103]

如果取热力学 Gibbs 自由能函数包含双曲正切函数,可以得到双曲正切型本构方程

$$\varepsilon = s\sigma + \frac{1}{k^2}m\tanh^2(kH) + \frac{1}{k^2}r\sigma\tanh^2(kH) \tag{16}$$

$$B = \mu H + \frac{2}{k}m\sigma\frac{\sinh(kH)}{\cosh^3(kH)} + \frac{1}{k}r\sigma^2\frac{\sinh(kH)}{\cosh^3(kH)} \tag{17}$$

其中,$\tanh(x)$是双曲正切函数,$\sinh(x)$是双曲正弦函数,$\cosh(x)$是双曲余弦函数. $k=1/H$. 其中磁致伸缩系数和磁弹性系数分别为

$$m = \frac{1}{\tanh(1)(1-\tanh^2(1))}\frac{\tilde{d}_0}{2\widetilde{H}_0} \tag{18}$$

$$r = \frac{1}{2\tanh(1)(1-\tanh^2(1))}\frac{1}{\sigma}\cdot\left[\frac{\tilde{d}_{cr}+a\Delta\sigma+b(\Delta\sigma)^2}{\widetilde{H}_{cr}+\zeta\Delta\sigma}-\frac{\tilde{d}_0}{2\widetilde{H}_0}\right] \tag{19}$$

其中的材料参数 $\tilde{d}_0$,$\tilde{d}_{cr}$,H_0,$\widetilde{H}_{cr}$,a,b 和 ζ 与上节中一样,由实验数据确定.

4.1.3 基于畴转密度的本构方程[102]

基于磁致伸缩应变的微观本质,即磁畴翻转,采用唯象描述的方法提出一种新的本构模型. 磁性材料内含有大量的磁畴. 当磁性材料受到外磁场作用时,磁畴转向外磁场方向并使材料在该方向出现磁致伸缩. 定义单位磁场引起的翻转磁畴数为畴转密度. 当材料受到的外应力大于临界应力时,材料在磁化过程中的畴转密度符合概率密度函数的正态分布. 基于畴转密度的本构方程的一维本构关系为

$$\varepsilon = s\sigma + \frac{\sqrt{\pi}}{2}[\widetilde{H}_{cr}+\zeta(\sigma-\sigma_{cr})]\cdot[\tilde{d}_{cr}+a(\sigma-\sigma_{cr})+b(\sigma-\sigma_{cr})^2]\sqrt{\frac{\sigma_{cr}}{\sigma}}$$
$$\cdot\left\{\mathrm{erf}\left[\sqrt{\frac{\sigma}{\sigma_{cr}}}\left(\frac{|H|}{\widetilde{H}_{cr}+\zeta(\sigma-\sigma_{cr})}-1\right)\right]-\mathrm{erf}\left(-\sqrt{\frac{\sigma}{\sigma_{cr}}}\right)\right\} \tag{20}$$

$$B = \mu H + \mathrm{sign}(H)$$
$$\cdot\int_0^\sigma[\tilde{d}_{cr}+a(\sigma-\sigma_{cr})+b(\sigma-\sigma_{cr})^2]\cdot\exp\left[-\frac{\sigma}{\sigma_{cr}}\left(\frac{|H|}{\widetilde{H}_{cr}+\zeta(\sigma-\sigma_{cr})}-1\right)^2\right]\mathrm{d}\sigma \tag{21}$$

其中 H 是外磁场,σ 是外应力. σ_{cr} 是磁畴在外应力作用下翻转时的临界应力,$\exp(x)$是指数函数. $\mathrm{erf}(x)$称为误差函数. $|x|$表示 x 的绝对值. s,μ,$\widetilde{H}_{cr}$,$\tilde{d}_{cr}$,σ_{cr},ζ 均为材料常数,与 4.1.1 中的参数一样,具有明确的物理意义,可由相应的实验测定.

作者工作的特点是:给出的 3 个本构模型中包含同一套本构参数,这些参数均可由相应的实验数据确定. 理论模型与文验结果对比表明:标准平方型在中低磁场能在一定程度上与实验结果吻合. 但是当磁场变得很强时,材料出现饱和磁致应变,而理论模型不能反映这个饱和趋势. 双曲正切型在应力不太大时的中低磁场段,理论模型能模拟材料的磁致应变,在高磁场段,理论模型也能反映材料饱和趋势. 然而,当预应力增大时,理论模型不能反映材料对应力的敏感性. 基于畴转密度的本构模型能反映稀土超磁致伸缩材料的磁致应变响应的上述这几个特点,因而能较好地模拟实验结果.

4.2 基于磁畴非连续旋转的唯象模型

从技术磁化角度，磁致伸缩是由于磁畴翻转引起的. 稀土超磁致伸缩材料 Terfenol-D 的易磁化轴是[111]方向，在初始磁中性状态下，基于能量最小原理，磁畴分布于〈111〉各个方向，则畴壁的方向相应为 0°，71°，和 109°. Verhoeven[104] 研究了[112]方向生长的 TbDyFe 单晶，在实验中发现，当沿着晶体生长方向([112]方向)施加压应力时，磁畴将向垂直于[112]方向的[111]方向旋转；Jiles[105] 首先提出了适合于[112]方向定向生长单晶的三维磁畴旋转模型. 模型认为系统自由能由 3 部分组成：磁晶各向异性能，外磁场能以及与磁致伸缩相关的磁弹性能，分别表示如下

$$E_{ani} = E_0 + K_1(\cos^2\theta_1\cos^2\theta_2 + \cos^2\theta_2\cos^2\theta_3 + \cos^2\theta_3\cos^2\theta_1) \tag{22}$$

$$E_H = -\mu_0 M_s H(\cos\theta_1\cos\phi_1 + \cos\theta_2\cos\phi_2 + \cos\theta_3\cos\phi_3) \tag{23}$$

$$\begin{aligned} E_\sigma = &-\frac{3}{2}\lambda_{100}\sigma(\cos^2\theta_1\cos^2\beta_1 + \cos^2\theta_2\cos^2\beta_2 + \cos^2\theta_3\cos^2\beta_3) \\ &- 3\lambda_{111}\sigma(\cos\theta_1\cos\theta_2\cos\beta_1\cos\beta_2 + \cos\theta_2\cos\theta_3\cos\beta_2\cos\beta_3 \\ &+ \cos\theta_3\cos\theta_1\cos\beta_3\cos\beta_1) \end{aligned} \tag{24}$$

其中，E_{ani} 是磁晶各向异性能，E_H 是外磁场能，E_σ 是磁致伸缩相关的磁弹性能. θ_i，ϕ_i 和 β_i 分别是磁化强度，外磁场强度和外应力相对于晶轴方向的夹角. E_0 是参考能量，K_1 是磁晶各向异性系数，μ_0 是真空磁导率，M_s 是饱和磁化强度，H 是外加磁场强度，σ 是外加应力，λ_{111} 和 λ_{100} 是磁致伸缩系数. 则系统总的自由能可以表示为

$$E_{total} = E_{ani} + E_H + E_\sigma \tag{25}$$

根据系统自由能最小原理，确定磁畴的非连续旋转的角度，从而得到材料的宏观磁化强度和磁致伸缩. Armstrong[106,107] 在 Jiles 模型的基础上进一步引入磁畴的取向分布概率函数，得到积分形式的宏观磁致伸缩和磁化强度，这一模型对[112]定向生长单晶的实验结果的预测较好.

作者[51] 采用非连续磁畴旋转模型对稀土超磁致伸缩材料 Terfenol-D 的本构行为进行了模拟. 初始状态下，假设磁畴均匀分布在 8 个等价的〈111〉方向，每一个方向上的磁畴体积分数为 $P_i(i=1,\cdots,8)$. 磁畴的旋转是不连续的，也即只有系统能量达到一定阀值时，磁畴才会旋转. 在本文作者提出的非连续旋转畴变模型[51] 中只考虑 90°，180°翻转，且每一次畴变只发生 90°，而 180°翻转可以看作连续两次 90°翻转. 假定每个磁畴的应力场和磁场均等于外加应力场和磁场. 单畴的自由能为

$$G = -\left(\varepsilon_{ij}^*\sigma_{ij} + B_i^* H_i + \frac{1}{2}\sigma_{ij}C_{ijkl}\sigma_{kl} + \frac{1}{2}H_i\mu_{ij}H_j + H_i q_{ikl}\sigma_{kl}\right) \tag{26}$$

其中，ε_{ij}^* 和 B_i^* 是畴的本征应变和本征磁感应强度；C_{ijkl} 是弹性柔度，q_{ijk} 是压磁系数，μ_{ij} 磁导率，σ_{ij} 是畴受到的应力，H_j 是畴受到的磁场. 定义 90°翻转的驱动力为

$$F_{90}(\theta,\varphi,\psi,\sigma_{ij}^i,H_j^i) = \max\{G(\theta,\phi,\varphi;\sigma_{ij}^t,H_j^t,S_t) - G(\theta,\phi,\varphi;\sigma_{ij}^i,H_j^i,S_i)\} \tag{27}$$

其中，(θ,ϕ,φ) 为畴在整体坐标中的 Euler 角，指标 t 表示当前状态变量，指标 i 表示可能发生的 90°畴变的状态；S_t 为当前畴的类型，S_t 为畴可能发生 90°畴变的类型. 宏观本构方程为

$$\bar{\varepsilon}_{ij} = \bar{\varepsilon}_{ij}^* + \overline{C}_{ijkl}\sigma_{kl} + \bar{q}_{kij}H_k \tag{28}$$

$$\overline{B}_i = \overline{B}_i^* + \overline{q}_{ikl}\sigma_{kl} + \overline{\mu}_{ij}H_j \tag{29}$$

其中

$$\overline{\varepsilon}_{ij}^* = \frac{1}{8\pi^2}\int_0^{\pi}\int_0^{2\pi}\int_0^{2\pi}\varepsilon_{ij}^*(\theta,\varphi,\psi)\sin\theta \mathrm{d}\psi \mathrm{d}\varphi \mathrm{d}\theta \tag{30}$$

$$\overline{B}_i^* = \frac{1}{8\pi^2}\int_0^{\pi}\int_0^{2\pi}\int_0^{2\pi}B_i^*(\theta,\varphi,\psi)\sin\theta \mathrm{d}\psi \mathrm{d}\varphi \mathrm{d}\theta \tag{31}$$

$$\overline{C}_{ijkl} = \frac{1}{8\pi^2}\int_0^{\pi}\int_0^{2\pi}\int_0^{2\pi}C_{ijkl}(\theta,\varphi,\psi)\sin\theta \mathrm{d}\psi \mathrm{d}\varphi \mathrm{d}\theta \tag{32}$$

$$\overline{q}_{ijk} = \frac{1}{8\pi^2}\int_0^{\pi}\int_0^{2\pi}\int_0^{2\pi}q_{ijk}(\theta,\varphi,\psi)\sin\theta \mathrm{d}\psi \mathrm{d}\varphi \mathrm{d}\theta \tag{33}$$

$$\overline{\mu}_{ij} = \frac{1}{8\pi^2}\int_0^{\pi}\int_0^{2\pi}\int_0^{2\pi}\mu_{ij}(\theta,\varphi,\psi)\sin\theta \mathrm{d}\psi \mathrm{d}\varphi \mathrm{d}\theta \tag{34}$$

4.3　基于内变量理论的本构模型

4.3.1　基于 J_2 流动理论的本构模型

铁磁材料的一个重要特征是由于能量耗散而导致的材料非线性行为，如磁化回线和磁致变形回线. 显然，材料所处的状态依赖于加载历史. 类似于经典率相关和加载路径相关材料的热力学框架，Maugin 等[108,109]推广经典的内变量理论，提出了铁磁材料的内变量唯象本构模型，用于描述力磁耦合行为. 然而这些模型只给出了相关的概念，并没有进一步细化，从而限制了它们的应用.

铁电材料与铁磁材料行为具有很多相似之处. 近些年来铁电材料发展很迅速，人们对铁电材料的力电行为进行了大量细致的研究. Bassiouny 和 Maugin 等人[110-113]率先借用弹塑性理论中的屈服面概念，提出了铁电材料的唯象本构模型，这一理论模型成为铁电唯象本构研究的基础. Kamlah 等[114-117]在此基础上，结合铁电材料的畴变，通过一系列非线性函数模拟畴变产生的非线性行为，给出了铁电材料的唯象本构模型；Cocks 和 McMeeking[118]在 Maugiu 理论的基础上，通过引用弹塑性理论中屈服面与硬化模量的概念，重新构建力电耦合屈服面及硬化模量，用于表征铁电材料中畴变引起的非线性行为.

与经典塑性理论中的塑性应变相似，铁磁材料在磁场与机械载荷耦合作用下同样具有类似的现象，如存在剩余磁化和剩余应变. 铁电材料唯象本构的研究对铁磁材料本构理论的探索提供了很好的研究基础. 本文作者[119-121]借鉴 Cocks 和 McMeeking[118]的模型，类比于经典塑性理论中的 J_2 流动理论，将剩余磁化强度和剩余应变看作内变量，提出铁磁材料的各向同性唯象本构模型. 并且在这个模型的基础上，引入剩余应变和剩余磁化相关的假设，通过 Legendre 变换，得到了表达更加简单的唯象本构模型.

基于热力学框架，类比于经典弹塑性理论中的 J_2 流动理论，以剩余应变和剩余磁化强度作为内变量，通过给定的 Helmholtz 自由能函数确定材料的演化方程. 应变和磁化强度可以分解为两部分：可恢复部分和不可恢复部分. 材料的可恢复部分响应和不可恢复部分响应之间不耦合，剩余应变和剩余磁化强度不影响材料的体积变化. 类比于塑性理论，引入 (H_i, σ_{ij}) 空间中的力磁耦合屈服面. 率形式的本构方程可以写为

$$\dot{\varepsilon}_{ij} = \left(C_{ijkl} + \frac{\partial F}{\partial \sigma_{ij}}A_{kl}\right)\dot{\sigma}_{kl} + \left(q_{kij} + R_k\frac{\partial F}{\partial \sigma_{ij}}\right)\dot{H}_k \tag{35}$$

$$\dot{B}_i = \left(q_{ikl} + \frac{\partial F}{\partial H_i} A_{kl}\right)\dot{\sigma}_{kl} + \left(\mu_{ij} + \frac{\partial F}{\partial H_i} R_j\right)\dot{H}_j \tag{36}$$

$$A_{ij} = \left(\frac{\partial H^e}{\partial \sigma_{ij}}\right) \Big/ \left\{\frac{\partial H^e}{\partial H_k}\left[\frac{\partial H_k^B}{\partial(\mu_0 M_l^r)}\frac{\partial H^e}{\partial H_l} + \frac{\partial H_k^B}{\partial \varepsilon_{mn}^r}\frac{\partial H^e}{\partial \sigma_{mn}}\right] + \frac{\partial H^e}{\partial \sigma_{kl}}\left[\frac{\partial \sigma_{kl}^B}{\partial(\mu_0 M_m^r)} \cdot \frac{\partial H^e}{\partial H_m} + \frac{\partial \sigma_{kl}^B}{\partial \varepsilon_{mn}^r}\frac{\partial H^e}{\partial \sigma_{mn}}\right]\right\} \tag{37}$$

$$R_i = \left(\frac{\partial H^e}{\partial H_i}\right) \Big/ \left\{\frac{\partial H^e}{\partial H_k}\left[\frac{\partial H_k^B}{\partial(\mu_0 M_l^r)}\frac{\partial H^e}{\partial H_l} + \frac{\partial H_k^B}{\partial \varepsilon_{mn}^r}\frac{\partial H^e}{\partial \sigma_{mn}}\right] + \frac{\partial H^e}{\partial \sigma_{kl}}\left[\frac{\partial \sigma_{kl}^B}{\partial(\mu_0 M_m^r)} \cdot \frac{\partial H^e}{\partial H_m} + \frac{\partial \sigma_{kl}^B}{\partial \varepsilon_{mn}^r}\frac{\partial H^e}{\partial \sigma_{mn}}\right]\right\} \tag{38}$$

σ_{ij}^B，H_i^B 分别是背应力和背磁场，上标“e”代表可恢复部分(线性)，“r”代表不可恢复部分. ε'_{ij} 是剩余应变，M_i^r 是剩余磁化强度，$\varepsilon_{ij} = \varepsilon_{ij}^e + \varepsilon_{ij}^r$，$M_i = M_i^e + M_i^r$，$F = F(H_k, \sigma_{ij})$ 表示屈服面函数.

上述模型可以进一步简化，即只引入剩余磁化强度 M_i^r 为内变量，而剩余应变 ε_{ij}^r 可以表示为 M_i^r 函数. 屈服函数可以通过磁场强度的形式表达，从而简化模型. 剩余应变认为是由于剩余磁化引起的. 考虑到磁致伸缩总是磁场的二次函数

$$\varepsilon_{ij}^r = \frac{\varepsilon_0}{2M_0^2}(3M_i^r M_j^r - \delta_{ij} M_k^r M_k^r) \tag{39}$$

其中 ε_0 和 M_0 分别为材料的饱和磁致伸缩与饱和磁化强度. 图 28 给出了理论与实验曲线的对比.

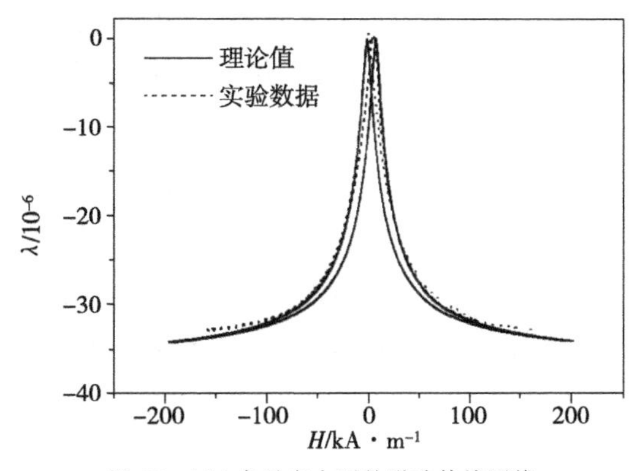

图 28 Ni6 在无应力下的磁致伸缩回线

4.3.2 各向异性流动理论的唯象模型

同样类似于经典的弹塑性本构理论，我们可以发展更具一般性的铁磁材料各向异性本构理论(包括弹性各向异性和磁性各向异性). 经典的弹塑性理论一般有多晶塑性模型和各种唯象模型. Taylor[122] 的多晶塑性模型的物理意义清晰，但数字计算相当费时，不便于应用. 唯象模型通过引入屈服面，根据流动法则确定材料的塑性行为，从而使得计算简单，应用方便. 各种不同的唯象模型的关键是具有不同的屈服面函数. 一般而言，在应力空间中的屈服面都必须是外凸的，并且材料的演化通过流动法则确定. 根据材料的性质，可以提出不同的屈服面函数. 例如各向同性屈服面有经典的 Tresca，Mises 和 Hosford[123] 屈服函数；而 Hill[124]，Budiansky[125] 和 Barlat[126,127] 提出了各向异性屈服面. 除了二次的屈服面函数，Hershey[128] 和 Horsford[123] 提出了非二次的屈服函数，以便能更

好地模拟 FCC 和 BCC 多晶材料. Karafilles 和 Boyce[129] 提出了更加一般的屈服准则,这一模型可以包含已有的模型,具有很大的普适性.

作者类比于各向异性塑性理论,采用非二次的屈服面,以 Karafilles-Boyce 模型[129] 为基础,提出了铁磁材料的一般唯象本构模型[51]. 通过测量不同应力状态下的初始磁化曲线,可以得到不同力磁耦合下的屈服点,由这些屈服点可以构成 H-σ 空间中的力磁耦合屈服面. 对于 Terfenol-D 定向多晶材料,在 H-σ 空间中的初始屈服面近似为圆(图 29).

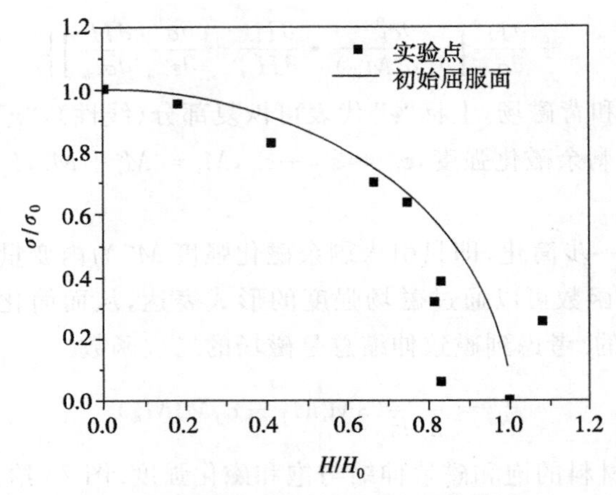

图 29　Terfenol-D 定向多晶材料初始屈服面

应变和磁极化可以分解为两部分,即可恢复部分(线性)和不可恢复部分(非线性),且为小变形. 采用剩余应变和剩余磁极化强度作为内变量. 增量形式的本构方程可以写为

$$\dot{\varepsilon}_{ij} = C_{ijkl}\dot{\sigma}_{kl} + q_{kij}\dot{H}_k + \dot{\varepsilon}_{ij}^r \tag{40}$$

$$\dot{B}_i = q_{ikl}\dot{\sigma}_{kl} + \mu_{ij}\dot{H}_j + \dot{J}_i^r \tag{41}$$

对于各向异性材料,运用"等效各向同性塑性(isotropic plasticity equivalent, IPE)"方法将各向异性材料中的真实应力状态转换到各向同性材料中相应的应力状态. 引入等效各向同性塑性应力转换张量 L_{ijkl}^S 和磁场转换张量 L_{ij}^H

$$\widetilde{S}_{ij} = L_{ijkl}^S\sigma_{kl}, \quad \widetilde{H}_i = L_{ij}^H H_j \tag{42}$$

其中,$\widetilde{S}_{ij}$ 和 $\widetilde{H}_i$ 是等效各向同性塑性(IPE)应力张量和磁场向量,σ_{ij} 和 H_i 是作用于各向异性材料的真实应力和磁场,转换张量 L_{ijkl}^S 和 L_{ij}^H 具有下列性质

$$\begin{aligned} L_{ijkl}^S &= L_{ijkl}^S = L_{jilk}^S \\ L_{ijkl}^S &= L_{klij}^S, \quad L_{ijkk}^S = 0 \end{aligned} \tag{43}$$

$$L_{ij}^H = L_{ji}^H, \quad L_{ij}^H = 0 \quad 当(i \neq j) \tag{44}$$

将 $\widetilde{S}_{ij}$ 和 $\widetilde{H}_i$ 替代一般形式的各向同性力磁耦合屈服函数中应力偏量 S_{ij} 和磁场向量 H_i,得到各向异性材料的屈服函数

$$f(\widetilde{S}_i^0, \widetilde{H}_i^0) = (1-c)\phi_1(\widetilde{S}_i^0, \widetilde{H}_i^0) + c\phi_2(\widetilde{S}_i^0, \widetilde{H}_i^0) - 2Y^{2k} \tag{45}$$

当采用随动硬化或混合硬化时,由于背应力和背磁场的存在,根据 IPE 方法可得

$$\widetilde{S}_{ij} = L^{S}_{ijkl}(\sigma_{kl} - \sigma^{B}_{kl}),\quad \widetilde{H}_{i} = L^{H}_{ij}(H_{j} - H^{B}_{j}) \tag{46}$$

以上给出了一般形式的各向异性多晶铁磁材料的唯象本构模型.针对不同的材料,根据实验中测量的屈服面和材料参数,即可得到完整的本构模型.对于 Terfenol-D 超磁致伸缩材料,实验测得初始力磁耦合屈服面及相关材料参数,在此基础上提出具体的三维本构模型.图 30 是一维情形的数值计算结果与实验数据的对比.

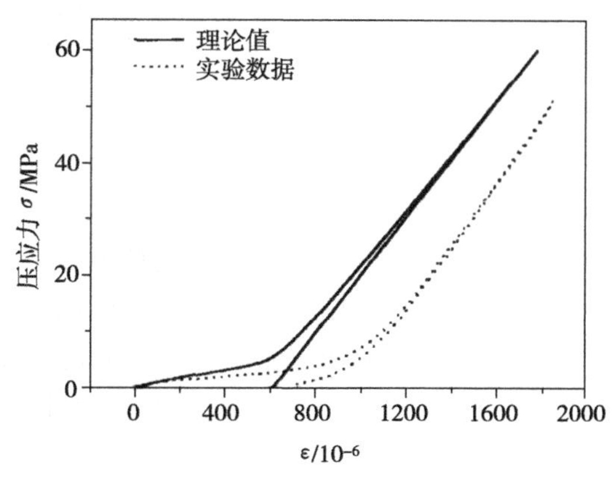

图 30 Terfenol-D 的应力应变曲线

5 力磁耦合断裂力学

铁磁结构物的断裂问题作为强磁场环境下结构物的力学问题,很早就受到人们重视. Cherepanov[130] 最早研究过电磁弹性耦合问题,导出了电磁弹性问题的一般守恒律方程和不变量积分,并用来研究带奇异点的问题如裂纹问题. Shindo[72] 首先研究了磁弹性裂纹尖端的力磁耦合场.采用 Pao[24] 的线性化磁弹性理论,求解了磁场与中心裂纹垂直情况下的无限大铁磁体的力磁耦合问题,得到了裂纹尖端的应力场和磁场强度因子.其给出的基本结论是磁场和应力场在裂纹尖端具有 −1/2 奇异性.采用类似方法, Shindo 求解了轴对称裂纹[131] 和对称共线裂纹[132] 等不同裂纹形式的问题,得到了力磁耦合场并给出了相似的结论.近年来, Shindo 等[133,134] 又对磁场下载流裂纹板和铁磁裂纹板的动应力集中和裂纹引起的磁场变化问题进行了理论研究.除了 Shindo 以外,其他学者也对这一问题进行了研究. ANG[135] 将磁弹性裂纹问题推广到磁弹性各向异性的情况.仍然采用 Pao[24] 的线性化磁弹性理论,忽略磁致伸缩效应,针对半无穷平面问题求解了磁弹性各向异性问题,得到的结果可以退化到 Shindo 的解. Xu[136] 则从载流体的 Lorenz 力导出 Maxwell 张量,对载流非铁磁体的平面裂纹问题进行了理论研究. Yeh[137] 由线性化理论,得到平面半无限大磁弹性体上集中应力引起的磁感应问题的闭合解. Huang[138] 扩展了弹性问题的结果,得到了半无限大体磁弹性问题的闭合解. Liang[139,140] 等对平面无限体存在共线裂纹的情况研究了力磁耦合磁弹性问题.采用复势函数方法求解了远场在一般机械载荷和磁场作用下共线裂纹尖端的力磁耦合场.在此基础上, Liang 等[141] 进一步研究了两种磁弹性介质界面裂纹问题.除了获得磁弹性裂纹的场解以外,人们也采取守恒率及能量释放率的方法研究了磁弹性裂纹问题. Maugin[142,143] 从 Eringen 和 Maugin[5,6] 的铁磁体磁力耦合理论出发,分别对软硬铁磁裂纹体,研究了考虑磁致伸缩效应的路径无关积分. Wang 等[144]基于能动量张量的概念,推导了多种形式的守恒律方程和路径无关积分,并用来分析裂纹问题.

磁弹性断裂问题已经有了许多理论研究结果,包括各种边界条件下的解,以及基于断裂力学方法推广得到的铁磁体裂纹问题的路径无关积分和能量释放率. 基于 Pao[24]的线性化磁弹性理论得到的裂纹尖端场均有 $-1/2$ 奇异性,并且应力强度因子在某个外磁场作用下发生奇异. 例如 Shindo[72]计算得到的这个发生奇异的磁场满足如下关系

$$B_{cr}^2/\mu_0 G=\frac{2\mu_r^2}{\chi^2\left[4\nu-1+2(1-\nu)\chi\right]} \tag{47}$$

其中, B_{cr} 是临界外磁场, μ_0, μ_r 分别是真空磁导率和材料的相对磁导率, χ 是材料的磁化系数, G, ν 分别是材料的剪切模量和泊松比. Shindo[72]称这个磁场为材料的临界磁场,即铁磁材料在这个磁场作用下将发生磁断裂,然而现有实验并没有发现这一现象. 另一方面,通常这个临界磁场达到几个特斯拉的量级甚至更大,在这样强磁场作用下一般铁磁材料早已饱和,线性磁化假设不再适用. 因此,磁弹性断裂研究的最近进展主要是针对线性化磁弹性断裂分析中的这两个问题进行的. 比如考虑磁弹性变形引起的裂纹尖端钝化,解决线性化模型中出现应力强度因子奇异的问题;考虑磁致伸缩非线性效应,研究大磁致伸缩系数材料的磁断裂问题;以及考虑磁化饱和以及磁致应变饱和等非线性现象对磁弹性断裂分析的影响. 以下我们主要综述磁弹性断裂的非线性问题的一些研究进展.

5.1　考虑裂纹构形变化引起的非线性

磁弹性裂纹问题的线性理论分析存在与现有实验结果不吻合的理论结果. 理论模型中对裂纹进行理想数学化是引起误差的原因之一. Liang 等[145]首先放弃了 Pao 的线性化理论模型中关于变形引起的磁场远小于刚体状态磁场的假设,认为在裂纹尖端由于变形梯度较大,变形引起的磁场变化与刚体状态的磁场处于相同量级,导出的平衡方程如下

$$\sigma_{ij,i}+2\mu_0 M_k H_{j,k}+\mu_0 M_j H_{k,k}=0 \tag{48}$$

其中应力 σ_{ij} 满足

$$\sigma_{ij}=\lambda u_{k,k}\delta_{ij}+G(u_{i,j}+u_{j,i}) \tag{49}$$

而 M_k 和 H_k 分别是磁化强度和磁场强度. 同时,裂纹在外载和磁场作用下,线形裂纹会张开成椭圆形,因此在求解磁场时,采用了椭圆形的裂纹构形.

Liang 等[146,147]进一步考察了裂纹面构形变化,包括裂纹尖端钝化、裂纹面张开以及裂纹面的转动等因素. 如图 31 所示的含中心裂纹无限大平面问题,设物体处于面内磁场 b_0 中,机械载荷 p 为面内拉伸载荷. 变形前裂纹面在平面上的投影为 $O'X'$ 上的线段. 角度 θ_b 和 θ_p 反映远场磁场方向和载荷方向. 变形后裂纹面张开为一个柱面,它在 $X'O'Y'$ 坐标面的投影为曲线 γ. 确定变形后椭圆裂纹面的位置需要 3 个参数:椭圆的两个半主轴长度 σ 和 β,以及该椭圆主轴与初始坐标轴的夹角 ϑ. 空间坐标系的 x 轴与椭圆 γ 的长轴重合. σ_{ij}^{∞} 和 h_{ij}^{∞} 表示远场应力和磁场.

计算结果表明:无论磁场还是应力在裂尖集中但不奇异. 裂尖附近环形域的应力由两项组成. 第 1 项与 $\sqrt{r}$ 相关,第 2 项与 r 相关. 相应地,定义两个参数因子 k_{item1} 和 k_{item2} 分别表示与 $1/\sqrt{r}$ 相关和与 $1/r$ 相关的强度因子.

$$t_{y''y''}+\mathrm{i}t_{x''y''}=\frac{\sqrt{\frac{1}{2}a}\,(A_1-a_{-1}/R)}{\sqrt{r}}\mathrm{e}^{\frac{1}{2}\mathrm{i}\theta}-\frac{\mu_0(1+\nu)\chi\,|\,C_1-\overline{C}_1\,|^2a(1-m)^2(1+\chi)^2}{16r}\mathrm{e}^{\mathrm{i}\theta} \tag{50}$$

作为算例，作者给出了图 32 所示的结果. 其中材料常数为剪切模量 $G=78\text{GPa}$，磁化系数 $\chi=500$，泊松比 $\nu=0.3$，$\sigma_{yy}^{\infty}=1\text{MPa}$，$\sigma_{xx}^{\infty}=\sigma_{xy}^{\infty}=0$，$b_x^{\infty}=0$，$b_y^{\infty}=0$. 图中 k_{linear} 为线性模型得到的裂尖强度因子. 结果表明 k_{item1} 随着磁场变化而稳定地变化，这不同于线性模型得到的 k_{linear} 出现奇异的情况. 结果还表明 k_{item2} 的绝对值随着磁场增加而增加，并且 k_{item2} 对应裂纹面之间的一种吸引作用.

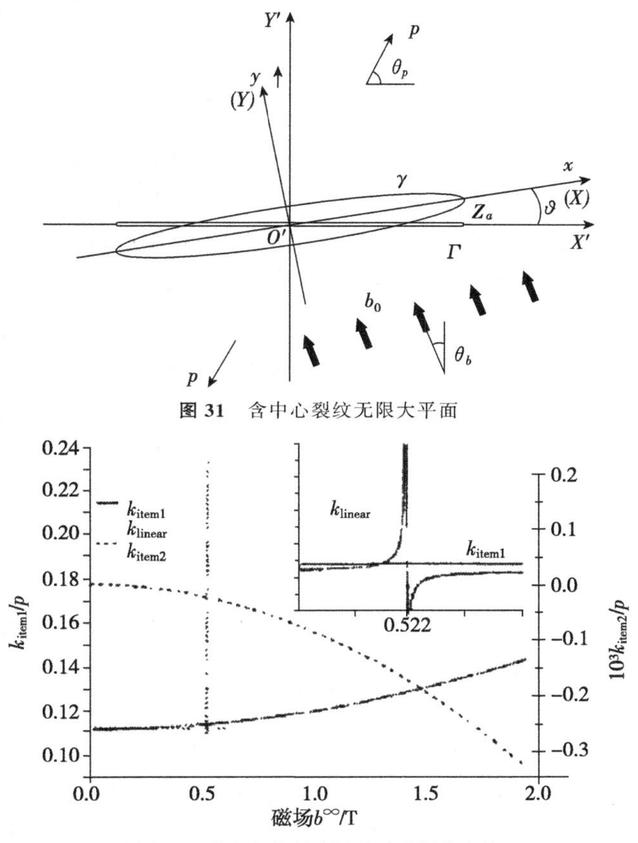

图 31　含中心裂纹无限大平面

图 32　裂尖应力强度因子随磁场的变化

5.2　考虑磁致伸缩非线性效应的磁断裂分析

对于具有大磁致伸缩性质的铁磁材料，如稀土类超磁致伸缩材料，非线性磁致伸缩效应非常明显. 为了在磁断裂模型中考虑非线性磁致伸缩效应，作者[148]运用 Brown[2] 的磁力分析模型和 Pao[24] 的多畴软磁材料的线性化磁弹性模型，将非线性磁致伸缩效应和磁力分布都考虑进来，研究了平面应变问题裂纹尖端的应力场. 在这个分析中，采用了线性磁化关系和各向同性平方型非线性磁致伸缩本构关系. 分析结果表明，对于细长椭圆裂纹，应力场在裂纹尖端前方的环形域内存在集中，其 I 型应力强度因子为

$$K_I=\left[\frac{\Delta_I}{2}(1+\Delta_1^2)+\frac{\kappa}{2}(1+\Delta_1)^2-\delta_{II}\cdot\Delta_2^2\right]\cdot B^{\infty}\,\overline{B^{\infty}}\cdot\sqrt{\pi a} \tag{51}$$

其中

$$\kappa = S - \frac{\delta_I}{4\left[\frac{\nu(1-\nu)}{1-2\nu} + \frac{1-\nu}{2}\right]}$$

$$S = \frac{1-(1+2\nu)q}{4} E' m_{11}$$

$$E' = \frac{E}{1-\nu^2}, \quad q = -\frac{m_{21}}{m_{11}}$$

$$\Delta_1 = \frac{\tau - 1}{\tau + 1}, \quad \Delta_2 = \frac{1}{\tau + 1}$$

$$\tau = \frac{b\mu_1}{a\mu_2}, \quad \Delta_\alpha \frac{\chi_\alpha}{\mu_0(1+\chi_\alpha)^2}, \quad \alpha = I, II$$

这里，a 和 b 分别是椭圆的长短轴，$B^\infty = \mu_1 H^\infty$ 无穷远处的磁场，μ_1 和 μ_2 分别是椭圆外基体和椭圆夹杂的磁导率，χ_I 和 χ_{II} 分别是椭圆边界两侧介质和孔洞的磁化率，δ_I 和 δ_{II}，分别是反映介质和孔洞的磁化率的参数. μ_0 是真空磁导率. E 是扬氏模量，ν 是泊松比 m_{11} 是一维情况下外磁场方向的材料内单位磁感应强度引起的应变，m_{21} 是外磁场方向材料内单位磁感应强度引起的在垂直于外磁场方向的应变. 下标 I 和 II 分别表示基体介质和椭圆裂纹内介质.

由式(51)可见，应力强度因子由材料的磁致伸缩和磁力特性共同确定. 磁致伸缩效应(包含在参数 κ 中)不可忽略. 当 $b = 0$ 时，细长椭圆裂纹退化成数学裂纹，$\Delta_1 = -1$，$\Delta_2 = 1$. 磁场在材料内的分布不受裂纹的影响，等于远场的均布磁场. 裂纹尖端奇异应力场分布与经典的 Griffith 裂纹尖端的应力场分布相同. 对于磁致伸缩系数很小的铁磁材料，式(51)可以简化为

$$K_I = \delta_I \cdot B^\infty \overline{B^\infty} \cdot \sqrt{\pi a} \tag{52}$$

显然(52)中没有材料的磁致伸缩特性参数，即在考虑磁场对含裂纹的小磁致伸缩系数材料的影响时，可以忽略磁致伸缩特性. 这与 Shindo[72] 在讨论一般软铁磁钢的结论是一致的.

在磁化初始阶段，材料的磁化强度与磁场的大小成线性关系，磁致伸缩应变与材料受到的磁场的平方成比例关系. 在高磁场阶段，材料的磁化强度趋于饱和，磁致伸缩同时达到饱和. 在含类裂纹缺陷的软磁材料中，由于缺陷尖端的集中作用，材料在高外磁场作用下，类裂纹缺陷尖端的材料磁化必然出现饱和现象. 在采用平方型非线性磁致伸缩本构关系分析断裂问题的基础上，作者[149] 进一步采用理想饱和磁化模型研究了裂纹问题，并解释了磁断裂实验现象. 如图 33，材料受到的磁场小于饱和磁场时，材料的磁化强度与磁场是线性关系；而当外磁场达到饱和磁场时，材料立即达到饱和磁化. 即使磁场进一步增大，材料的磁化强度也不增加. 裂纹尖端磁化饱和区的形状为圆形，饱和区的位置和大小如图 34 所示. 图 34 中

$$d = b\sqrt{\frac{2r_s}{a}}, \quad l = 2r_s - b\sqrt{\frac{2r_s}{a}} \tag{53}$$

$$r_s = \frac{1}{2\pi}\left(\frac{K_H}{H_s}\right)^2, \quad H = \frac{1}{2}\frac{a(1+\Delta_1)}{\sqrt{2ar+b^2}} H^\infty \tag{54}$$

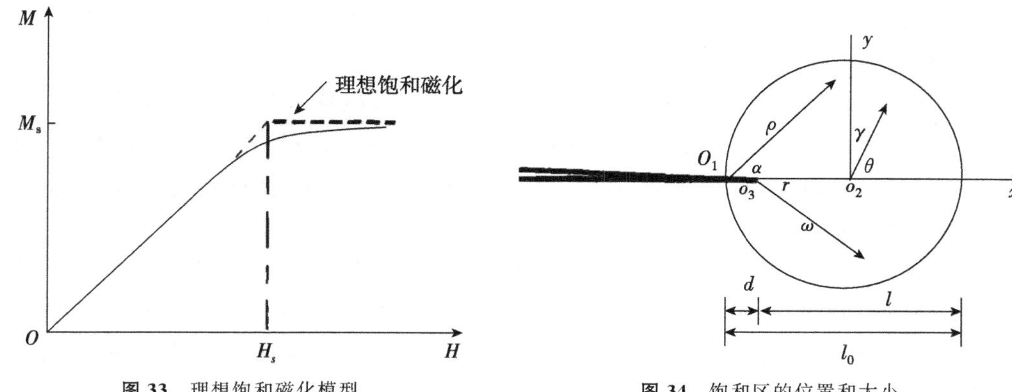

图 33 理想饱和磁化模型

图 34 饱和区的位置和大小

裂纹尖端饱和区的环向应力为

$$\sigma_{22} = \frac{A_1 + D_3}{d + \omega} + 3\frac{D_3}{r_s} \cdot \frac{d}{d + \omega} - \frac{d \cdot D_3}{(d + \omega)^2} + 2\frac{D_3}{r_s} \cdot \ln\frac{d + \omega}{r_s} \tag{55}$$

其中各个参数表示如下

$$D_3 = -\frac{Gr_s}{4(1-\nu)}(\varepsilon_\alpha - \varepsilon_\rho)$$

$$\Delta_1 = \frac{\tau - 1}{\tau + 1}, \quad \tau = \frac{b\mu_1}{a\mu_2} \tag{56}$$

$$A_1 = \frac{(3 - 2\nu)p_5}{4(1-\nu)} + \frac{(-3 + 2\nu)Gr_s}{4(1-\nu)}(\varepsilon_\alpha - \varepsilon_\rho) \tag{57}$$

$$p_5 = -\frac{G}{8}(m_{11} - m_{21})(1 + \Delta_1)^2 a(\mu_1 H^\infty)^2 \tag{58}$$

$$\varepsilon_\rho = (1 + \nu)m_{21}M_s^2, \quad \varepsilon_\alpha = (m_{11} + \nu m_{21})M_s^2 \tag{59}$$

a 和 b 分别是细长椭圆裂纹的长短轴，G 是剪切模量，ν 是泊松比，m_{11} 与 m_{21} 是磁致伸缩材料的磁致伸缩系数，M_s 是饱和磁化强度. μ_1 是材料的磁导率，μ_2 是细长椭圆空洞内的介质的磁导率，H^∞ 是无穷远的磁场，H_s 是饱和磁场强度，K_H 磁场强度因子. 作者采用理想饱和磁化模型解释了已有的铁磁材料的磁断裂实验结果[49,71].

6 结 束 语

作为一种重要的功能材料，软铁磁材料在工程中有着广泛的应用. 由于磁致伸缩特性，软磁材料特别是新兴的稀土类超磁致伸缩材料，已经被广泛用来制作新一代机电转换器件. 铁磁材料的力磁耦合本构模型及其断裂问题的研究日益受到人们的关注. 这方面的研究已经取得了许多的成果. 然而，从本文的评述可以看出，力磁耦合磁弹变形与断裂方面还有很多工作要做，尤其在下面几个方面还有待进一步探索和完善：

(1)在力磁耦合断裂实验方面的成果还很少，并且仅是针对小磁致伸缩系数材料的研究. 如果要进一步探讨磁弹变形与断裂的机制与规律，还应该补充多种磁性材料的磁断裂实验，包括大磁致伸缩系数材料.

(2)力磁耦合磁弹性变形涉及的问题较复杂. 对于基于热力学的唯象模型偏于简单，而目前基于细观机制的模型一般较复杂，不便于工程直接应用. 因此，建立能描述材料变形机制又适合于应用的力磁耦合变形模型仍需要进一步的研究,而关于硬磁材料的变形模型更是极其缺乏.

(3)磁弹性断裂模型大多基于线性化的磁弹性理论,虽然近年来对于非线性磁弹性断裂理论有一些成果,但仍忽略了铁磁材料的诸多复杂因素,包括铁磁性、磁滞性等非线性特征.对于硬磁材料的断裂理论,目前几乎还很少涉及.因此,铁材料的断裂问题还有很多方面需要研究.

(4)目前在铁磁复合材料有效性质的分析中,通常是基于线性压电压磁方程,并采用等效本征性质的方法.然而,这些分析模型无论是与实验结果对比,还是理论研究的深度都还不够.目前还没有建立起反映非线性磁致变形与复合材料的整体性质之间关系的一般三维理论模型.

(5)对于铁磁板在纵向磁场作用下的振动问题,目前在实验和理论模型都进行了一些工作.然而,采用线性化磁弹性理论分析的结果一般都与实验数据有较大误差.对这一问题的进一步研究仍然需要采用多种分析手段,包括非线性磁弹性理论、数值计算和更为先进的实验技术相结合.

参考文献

[1] 美国机械工程师协会(ASME)应用力学分会固体力学研究方向委员会的报告.力学进展,1986,16(3):517－533

[2] Brown Jr W F. Magnetoelastic Interactions. New York:Springer-Verlag,1966

[3] Pao Y H. Electromagnetic Force in Deformable Continua. In:Nemat-Nasser ed. Mechanics Today. Bath:Pergamon Press,1978

[4] Moon F C. Magneto Solid Mechanics. New York:John Wiley & Sons,1984

[5] Maugin G A. Continuum Mechanics of Electromagnetic Solids. North-Holland: North-Holland Publishing Company,1988

[6] Eringen A C,Maugin G A. Electrodynamics of Continua, Vol 1,2. New York:Springer-Verlag,1989

[7] 周又和,郑晓静.电磁固体结构力学.北京:科学出版社,1999

[8] Watanabe K,Motokawa M. Materials Science in Static High Magnetic Fields. Berlin:Springer-Verlag,2001

[9] Wohlfarth E P. Ferromagnetic Materials. A Handbook on the Properties of Magnetically Ordered Substances. Vol 1,2. North-Holland:North-Holland Publishing Company,1980

[10] 蒋志红等.稀土超磁致伸缩材料的发展.稀土,1991,2:19－26

[11] Nan C W,Li M,Feng X,Yu S. Possible giant magnetoelectric effect of ferromagnetic rare-earth-iron-alloys-filled ferroelectric polymers. *Appl Phys Lett*,2001,78:2527－2529

[12] Nan C W,Weng G J. Influence of microstructural features on the effective magnetostriction of composite materials. *Phys Rev B*,1999,60:6723－6730

[13] Bednarek S. The giant magnetostriction in ferromagnetic composites within an elastomer matrix. *Applied Physics A*,1999,68:63－67

[14] Kokorin V V,Chernenko V A. Martensitic transformation in ferromagnetic heusler alloy. *Phys Met Metall*,1989,68: 1157－1160

[15] O'Handley R C. Model for strain and magnetization in magnetic shape-memory alloys. *J Appl Phys*,1998,83: 3263－3270

[16] Sozinov A,Likhachev A A,Lanska N,Ullakko K. Giant magnetic-field-induced strain in NiMn-Ga seven-layered martensitic phase. *Appl Phys Lett*,2002,80:1746－1748

[17] Wu G H,Wang W H,Chen J L,Ao L,et al. Magnetic properties and shape memory of Fe-doped $Ni_{52}Mn_{24}Ca_{24}$ single crystals. *Appl Phys Lett*,2002,80(4):634－636

[18] Wang W H,Wu G H,Chen J L,Gao S X,et al. Intermartensitic transformation and magnetic-field-induced strain in $Ni_{52}Mn_{24.5}Ga_{23.5}$ single crystals. *Appl Phys Lett*,2001,79(8):1148－1150

[19] Panovko Y G. Gubanova I I. Stability and Oscillations of Elastic Systems. New York:Consultants Bureau,1965. 17

[20] Moon F C, Pao Y H. Magnetoelastic buckling of a thin plate. *J Appl Mech*,1968,35:53－58

[21] Moon F C. The mechanics of ferroelastic plates in a uniform magnetic field. *J Applied Mech*, 1970,37:153－158

[22] Moon F C. Buckling of a superconducting ring in a toroidal magnetic field. *J Appl Mech*, 1979, 46:151－155

[23] Moon F C, Swanson C. Experiments on buckling and vibration of superconducting coils. *J Appl Mech*, 1977, 44: 707－713

[24] Pao Y H, Yeh C S. A linear theory for soft ferromagnetic elastic solids. *Int J Engng Sci*, 1973, 11:415－436

[25] Hurter K, Pao Y H. A dynamic theory for magnetizable elastic solids with thermal and electrical conduction. *J Elasticity*,1974, 4(2): 89－114

[26] Eringen A C. Theory of electromagnetic elastic plates. *Int J Engng Sci*, 1989, 27:363－375

[27] Miya K, Takagi T, Ando Y. Finite element analysis of magnetoelastic buckling of ferromagnetic beam plate. *J Appl Mech*, 1978, 45:335－360

[28] Miya K, Uesaka M. An application of a finite element method to magneto mechanics of superconduction magnets for magnetic reactors. *Nuclear Engng Design*, 1982 (72): 275－296

[29] Van De Ven A A F. Magnetoelastic buckling of a beam of elliptic cross section. *Acta Mechanica*, 1984, 51:119－183

[30] Van De Ven A A F. Magnetoelastic buckling of thin plates in a uniform transverse magnetic field. *J Elasticity*, 1978, 8(3): 297－312

[31] Lieshout P H, Rongen P M J, Van De Ven AAF. A variational principle for magneto-elastic buckling. *J Engng Math*, 1987, 21:227－252

[32] Takagi T, Tani J. Dynamic behavior analysis of a plate in magnetic field by full coupling and MMD methods. *IEEE Trans Magnetics*, 1994, 30(5): 3296－3299

[33] 谢慧才,王璋奇,王德满. 考虑尺寸效应板梁的磁弹性屈曲,应用力学学报,1991, 8(4): 113－117

[34] Zhou Y H, Zheng X J. A general expression of magnetic force for soft ferromagnetic plates in complex magnetic fields. *Int J Engng Sci*, 1997, 35:1405－1417

[35] 周又和,郑晓静. 磁弹性薄板屈曲的研究进展和存在的若干问题. 力学进展, 1995, 25(4): 525－536

[36] Zheng X J, Zhou Y H, Lee J S. Instability of superconducting partial torus with two pin supports. *J Engng Mech*, 1999, 125:174－179

[37] Zheng X J, Zhou Y H, Wang X Z, Lee J S. Bending and Buckling of ferroelastic plates. *J En-*

gng Mech, 1999, 125: 180－185

[38] 周又和,郑晓静. 软铁磁薄板磁弹性耦合作用的变分原理. 固体力学学报, 1997, 18(2): 95－100

[39] Zhou Y H, Zheng X J. A theoretical model of magnetoelastic buckling for soft ferromagnetic thin plates. *Acta Mechanica Sinica*, 1996, 12(3): 213－224

[40] Lee J S, Zheng X J. Bending and Buckling of superconducting partial toroidal field coils. *Int J Solids Struct*, 1999, 36: 2127－2141

[41] Zhou Y H, Miya K A. theoretical prediction of increase of natural frequency to ferromagnetic plates under in-plane magnetic fields. *J Sound Vibration*, 1999, 222(1): 49－64

[42] Yang W, Pan H Zheng D, Cai Q. Buckling of a ferromagnetic thin plate in a transverse static magnetic field. *Chin Sci Bulletin*, 1998, 43:1666－1669

[43] Yang W, Pan H, Zheng D, Cai Q. An energy method for analyzing magnetoelastic buckling and bending of ferromagnetic plate in static magnetic fields. *J Appl Mech*, 1999, 66: 913－917

[44] Carman G P, Mitrovic M. Nonlinear constitutive relations for magnetostrictive materials with applications to l-D problems. *J Intelli Mat Syst & Stru*, 1996(6): 673－683

[45] Clark A E, Wun-Fogle M, Restorff J B, et al. Magnetostrictive galfenol/alfenol single crystal alloys under large compressive stresses. In: Proceedings of A CTUATOR 2000, 7th International Conference on New Actuator, Bremen, Germany, 2000-06-19－21. 2000. 111－115

[46] 杨李色,李成英,袁惠群,周卓. 稀土超磁致伸缩材料电磁参数的实验研究. 辽宁工学院学报, 1999, 19(1): 14－18

[47] Timme R W. Magnetomechanical characteristics of a terbium-holmium-ironalloy. *J Acous Soc Am*, 1976, 59(2):459－464

[48] Kvarnsjo L, Engdahl G. Differential and incremental measurements of magnetoelastic parameters of highly magnetostrictive materials. In: Lanotte L, ed. Magnetoelastic Effects and Applications. London: Elsevier Science Publishers BV, 1993. 63－69

[49] Clatterbuck D M, Chan JW, Morris J W Jr. The influence of a magnetic field on the fracture toughness of ferromagnetic steel. *Materials Transactions, JIM*,2000, 41(8): 888－892

[50] 万永平. 磁致伸缩材料的本构关系与断裂研究. [博士论文]. 北京:清华大学工程力学系,2002

[51] 冯雪. 铁磁材料本构关系的理论和实验研究. [博士论文]. 北京:清华大学工程力学系,2002

[52] Cullity B D. Introduction to Magnetic Materials. Massachusetts: Addison-Wesley, 1972

[53] Makar J M, Tanner B K. The effect of stress approaching and exceeding the yield point on the magnetic properties of high strength pearlitic steels. *NDT&E International*, 1998, 31:117－127

[54] Makar J M, Tanner B K. The effect of plastic deformation and residual stress on the permeability and magnetostriction of steels. *J Magn Magn Mater*, 2000, 222:291－304

[55] Stevens K J. Stress dependence of ferromagnetic hysteresis loops for two grades of steel. *NDT&E International*, 2000, 33:111－121

[56] Takahashi S, Echigoya J, Motoki Z. Magnetization curves of plastically deformed Fe metals and alloys. *J Appl Phys*, 2000, 87:805－813

[57] Devine M K, Jiles D C. Magnetomechanical effect in nickel and cobalt. *J Appl Phys*, 1997, 81:5603－5605

[58] Pearson J, Squire P T, Maylin M G, Gore J C. Biaxial stress effects on the magnetic properties of pure iron. *IEEE Trans Magnetics*, 2000, 36:3251－3253

[59] Clark A E, Belson H S. Giant room-temperature magnetostrictions in TbFe2 and DyFe2.

Physical Review B, 1972, 5:3642－3644

[60] Clark A E. Ferromagnetic Materials. Wohlfarth E P, ed. North-Holland: North-Holland Publishing House, 1980. 531

[61] Savage H T, Clark A E, Powers J M. Magnetomechanical coupling and ΔE effect in highly magnetostrictive rare earth-Fe_2 Compounds. *IEEE Transactions on Magnetics*, 1975, 11(5): 1355－1357

[62] Moffet M B, Clark A E, Wun-Fogle M, Linberg J, Teter J P, McLaughlin E A. Characterization of Terfenol-D for magnetostrictive transducers. *J Acoust Soc Am*, 1991, 89(3):1448－1455

[63] Jiles D C, Thoelke J B. Magnetization and magnetostric tion in Terbium-Dysprosium-Iron alloys. *Phys Status Solidi*, 1995, 147:535－551

[64] Mei W, Okane T, Umeda T. Magnetostriction of Tb-Dy-Fe crystals. *J Appl Phys*, 1998, 84:6208－6216

[65] Prajapati K, Greenough R D, Wharton A, Stewart M, Gee M. Effect of cyclic stress on Terfenol-D. *IEEE Trans Magnetics*, 1996, 32:4761－4763

[66] Prajapati K, Greenough R D, Wharton A. Magnetic and magnetoelastic response of stress cycled Terfenol-D. *J Appl Phys*, 1997, 81:5719－5721

[67] Feng X, Fang D N, Hwang K C, Wu G H. Ferroelastic properties of oriented $Tb_xDy_{1-x}Fe_2$ polycrystals. *Appl Phys Lett*, 2003, 83(19): 3960－3962

[68] Dubowik J, Kudryavtsev Y V, Lee Y P. Martensitic transformation in Ni_2MnGa films: A ferromagnetic resonance study. *J Appl Phys*, 2004, 95(50): 2012－2917

[69] Dong J W, Xie J Q, Lu J, Adelmann C, PalmstrCm C J, Cui J, Pan Q, Shield T W, James R D, McKernan S. Shape memory and ferromagnetic shape memory effects in single-crystal Ni_2MnGa thin films. *J Appl Phys*, 2004, 95(5): 2593－2600

[70] Feng X, Fang D N, Hwang K C. Mechanical and magnetostrictive properties of Fe-doped $Ni_{52}Mn_{24}Ga_{24}$ single crystals. *Chin Phys Lett*, 2002, 19(10): 1547－1549

[71] Wan Y P, Fang D N, Soh A K. Effects of magnetic field on fracture toughness of Manganese-Zinc ferrite ceramics. *Mod Phys Lett B*, 2003, 17(2): 57－66

[72] Shindo Y. The linear magnetoelastic problem for a soft ferromagnetic elastic solid with a finite crack. *J Appl Mech*, 1977, 44:47－50

[73] Huang J H, Kuo W S. The analysis of piezoeletric/piezomagnetic composite materials containing ellipsoidal inclusions. *J Appl Phys*, 1997, 81:1378－1386

[74] Huang J H, Chiu Y H. Magneto-elecrto-elastic Eshelby tensors for a piezoelectric-piezomagnetic composite reinforced by ellipsoidal inclusions. *J Appl Phys*, 1998, 83:5364－5370

[75] Wu T L, Huang J H. Closed-form solutions for the magnetoelectric coupling coefficients in fibrous composites with piezoelectric and piezomagnetic phase. *Int J Solids Struct*, 2000, 37:2981－3009

[76] Huang J H, Liu H K, Dai W L. The optimized fiber volume fraction for magnetoelectric coupling effect in piezoelectricpiezomagnetic continuous fiber reinforced composites. *Int J Engn Sci*, 2000, 38:1207－1217

[77] Huang J H, Nan C W, Li R M. Micromechanics approach for effective magnetostriction of composite materials. *J Appl Phys*, 2002, 91:9261－9266

[78] Li J Y, Dunn M L. Anisotropic coupled-field inclusion and inhomogeneity problems. *Philo Mag A*, 1998, 77: 1341－1350

[79] Li J Y. Magnetoelectroelastic multi-inclusion and inhomogeneity problems and their applica-

tions in composite materials. *Int J Engn Sci*, 2000, 38:1993－2011

[80] Feng X, Fang D N, Hwang K C. An analytical model for predicting effective magnetostriction of magnetostrictive composites. *Mod Phys Lett B*, 2002, 16(28-29): 1107－1114

[81] Feng X, Fang D N, Soh A K, Hwang K C. Predicting effective magnetostriction and moduli of magnetostrictive composites by using the double-inclusion method. *Mech Mater*, 2003, 35:623－631

[82] Feng X, Fang D N, Hwang K C. An extended doubleinclusion model for predicting overall elastic properties and magnetostriction of magnetostrictive composites. In: Pyrz R, Thomsen J, Rauhe J C, Thomsen T, eds. Proceedings of Mesomechanics. Denmark: Det Obelske Familiefond, 2002

[83] Pinkerton F E, Capehart T W, Herbst J F, Brewer E G, Murphy C B. Magnetostrictive $SmFe_2$/metal composites. *Appl Phys Lett*, 1997,70:2601－2604

[84] Chen Y, Snyder J E, Schwichtenberg C R, Dennis K W, et al. Effect of the elastic modulus of the matrix on magnetostrictive strain in composites. *Appl Phys Lett*, 1999, 74: 1159－1162

[85] Duenas T A, Carman G P, Large magnetostrictive response of Terfenol-D resin composites. *J Appl Phys*, 2000, 87: 4696－4701

[86] Guo Z J, Busbridge S C, Piercy A R, Zhang Z D, et al. Effective magnetostriction and magnetomechanical coupling of Terfenol-D composites. *Appl Phys Lett*, 2001, 78: 3490－3492

[87] Nan C W. Effective magnetostriction of magnetostrictive composites. *Appl Phys Lett*, 1998, 72:2897－2899

[88] Nan C W, Weng G J. Influence of microstructural features on the effective magnetostriction of composite materials. *Phys Rev B*, 1999, 60:6723－6730

[89] Nan C W, Huang Y, Weng G J. Effect of porosity on the effective magnetostriction of polycrystals. *J Appl Phys*, 2000, 88:339－343

[90] Armstrong W D. Nonlinear behavior of magnetostrictive particle actuated composite materials. *J Appl Phys*, 2000, 87(6): 3027－3031

[91] Armstrong W D. The non-Linear deformation of magnetically dilute magnetostrictive particulate composites. *Mater Sci Engng*, 2000, 285:13－17

[92] Herbst J W, Capehart T W, Pinkerton F E. Estimating the effective magnetostriction of a composite: A simple model. *Appl Phy Lett*, 1997, 70:3041－3043

[93] Hori M, Nemat-Nasser S. Double-inclusion model and overall moduli of multi-phase composites. *Mech Mater*, 1993, 14:189－206

[94] Hori M, Nemat-Nasser S. Double-inclusion model and overall moduli of multi-phase composites. *J Engn Mater Tech*, 1994, 116:305－309

[95] Wan Y P, Zhong Z, Fang D N. Permeability dependence of the effective magnetostriction of magnetostrictive Composites. *J Appl Phys*, 2004, 95(6): 3099－3110

[96] Maugin G A, Eringen A C. Deformable Magnetically Saturated Media, I. Field Equations. *J Math Phys*, 1972, 13(2): 143－155

[97] Maugin G. A, Eringen A C. Deformable Magnetically Saturated Media, Ⅱ. Constitutive Theory. *J Math Phys*, 1972, 13(9): 1334－1347

[98] Jiles D C, Atherton D L. Microcomputer-based system for control of applied uni-axial stress and magnetic field. *Rev Sci Instrum*, 1984, 55(11): 1843－1848

[99] Jiles D C,Atherton D L. Theory of ferromagnetic hysteresis. *J Magn Magn Mater*,1986,61: 48－60

[100] Jiles D C. Theory of the magnetomechanical effect,*J Phys D*,1995,28:1537－1547

[101] 万永平,方岱宁,黄克智.磁致伸缩材料的非线性本构关系.力学学报.2001,33(6):749-757

[102] Wan Y P,Fang D N,Hwang K-Ch. Nonlinear constitutive relations for the magnetostrictive materials. *Int J Nonlinear Mech*,2003,38:1053-1065

[103] Wan Y P,Fang D N,Soh A K,Hwang K-Ch. Experimental and theoretical study of the nonlinear response of a giant magnetostrictive rod. *Acta Mechanics Sinica*,2003,19(4): 324-329

[104] Verhoeven J D,Ostenson J E,Gibson E D. The effect of composition and magnetic heat treatment on the magnetostriction of TbDyFe twinned single crystals. *J Appl Phys*, 1989,66(2):772-779

[105] Jibs D C. Theoretical modeling of the effects of anisotropy and stress on the magnetization and magnetostriction of TbDyFe. *J Magn Magn Mater*,1994,134:143-160

[106] Armstrong W D. Magnetization and magnetostriction processes of $Tb_{0.3}Dy_{0.7}Fe_2$. *J Appl Phys*,1997,81:2321-2326

[107] Armstrong W D. Burst magnetostriction in $Tb_{0.3}Dy_{0.7}Fe_{1.9}$. *J Appl Phys*,1997,81(8): 3548-3554

[108] Maugin G A. The Thermomechanics of Nonlinear Irreversible Behaviors. Singapore: World Scientific Publishing, 1999

[109] Maugin G A,Sabir M. Mechanical and magnetic hardening of ferromagnetic bodies: Influence of residual stresses and application to nondestructive testing. *Int J Plasticity*. 1990. 6:573-589

[110] Bassiouny E,Ghaleb A F,Maugin G A. Thermodynamical formulation for coupled electromechanical hysteresis I. Basic equations. *Int J Engng Sci*. 1988,26:1275-1295

[111] Bassiouny E,Ghaleb A F,Maugin G A. Thermodynamical formulation for coupled electromechanical hysteresis II. Poling of ceramics. *Int J Engng Sci*,1988,26:1297-1306

[112] Bassiouny E,Maugin G A. Thermodynamical formulation for coupled electromechanical hysteresis III. Parameter identification. *Int J Engng Sci*,1989,27:975-987

[113] Bassiouny E,Maugin G A. Thermodynamical formulation for coupled electromechanical hysteresis IV. Combined electromechanical loading. *Int J Engng Sci*,1989,27:989-1000

[114] Kamlah M. ,Tsakmakis C. Phenomenological modeling of the nonlinear electromechanical coupling in ferroelectrics. *Int J Solids Struct*,1999,36:669-695

[115] Kamlah M,Bohle U,Munz D. On a nonlinear finite element method for piezoelectric structures made of hysteretic ferroelectric ceramics. *Cournp Mater Sci*,2000,19:81-86

[116] Kamlah M,Bohle U. Finite element analysis of piezoceramic components taking into account ferroelectric hysteresis behavior. *Int J Solids Struct*,2001,38:605-633

[117] Kamlah M. Ferroelectric and ferroelastic piezoceramics modeling of electromechanical hysteresis phenomena. *Continuum Mech Therm*, 2001,13:219-268

[118] Cocks A C F,McMeeking R M. A phenomenological constitutive law for the behavior of ferroelectric ceramics. *Ferroelectrics*,1999,228:219-228

[119] Feng X,Fang D N,Hwang K C. A phenomenological constitutive model for ferromagnetic materials based on rateindependent flow theory. *Key Engng Mater*,2003,233: 77-82

[120] Fang D N,Feng X,Hwang K C. A phenomenological constitutive model for ferromagnetic materials. In:Yang J S, Maugin G A,eds. Mechanics of Electromagnetic Solids, Norwell; Kluwer Academic Publishers,2003

[121] Fang D N,Feng X,Hwang K C,A phenomenological model for the non-linear magnetomechanical coupling in ferromagnetic materials. In:Chien W Z,ed. Proceedings of the 4th international conference on nonlinear mechanics. Shanghai, China,2002-03-13~16. 2002. 231-234

[122] Taylor G I. Plastic strains in metals. *J Inst Met*, 1938, 62: 307 − 324

[123] Hosford W F. A generalized isotropic yield criterion. *J Appl Mech*, 1972, 39: 607 − 609

[124] Hill R. Constitutive modeling of orthotropic plasticity in sheet metals. *J Mech Phys Solids*, 1990, 38: 405 − 417

[125] Budianski B. Aniotropic plasticity of plane-isotropic sheets. In: Dvorak G J, Shield R T, eds. Mechanics of Materials Behavior. Amsterdam: Elsevier Science Publishers, 1984

[126] Barlat F. Prediction of tricomponent plane stress yield surfaces and associated flow and failure behaviour of strongly textured FCC polycrystalline sheets. *Mat Sci Eng*, 1987, 95: 15 − 29

[127] Barlat F, Lian J. Plastic behavior and stretchability of sheet metals. Part I: A yield function for orthotropic sheets under plane stress conditions. *Int J Plasticity*, 1989, 5: 51 − 66

[128] Hershey A V. The plasticity of an isotropic aggregate of anisotropic face centered cubic crystals. *J Appl Mech*, 1954, 21: 241 − 249

[129] Karafillis A P, Boyce M C. A general anisotropic yield criterion using bounds and a transformation weighting tensor. *J Mech Phys Solids*, 1993, 41: 1859 − 1886

[130] Cherepanov. 脆性断裂力学. 黄克智等译. 北京：科学出版社，1990

[131] Shindo Y. Magnetoelastic interaction of a soft ferromagnetic elastic solids with a penny shape crack in a constant axial magnetic field. *J Appl Mech*, 1978, 54: 291 − 296

[132] Shindo Y. Singular stress in a soft ferromagnetic elastic solid with two coplanar Griffith cracks. *Int J Solid Struct*, 1980, 46: 537 − 543

[133] Shindo Y, Ohnishi I, Tohyama S. Flexural wave scattering at a through crack in a conducting plate under a uniform magnetic field. *J Appl Mech*, 1997, 64: 828 − 834

[134] Shindo Y, Horiguchi K, Shindo T, Magneto-elastic analysis of a soft ferromagnetic plate with a through crack under bending. *Int J Engng Sci*, 1999, 37: 687 − 702

[135] Ang W T. Magnetic stress in an anisotropic soft ferromagnetic material with a crack. *Int J Engng Sci*, 1989, 27(12): 1519 − 1526

[136] Xu J X, Hasebe N. The stresses in the neighborhood of a crack tip under effect of electromagnetic forces. *Int J Fract*, 1995, 73: 287 − 300

[137] Yeh C S. Magnetic fields generated by a tension fault. Bull Of the College of Engng, National Taiwan University, 1987, 40: 47 − 56

[138] Hang K F, Wang M Z. Complete solution of the linear magnetoelasticity of the magnetic half space. *J Appl Mech*, 1995, 62: 930 − 934

[139] 梁伟，沈亚鹏，方岱宁. 铁磁体平面裂纹问题分析. 力学学报，2001. 33: 758 − 768

[140] Liang W, Shen Y, Magnetoelastic formulation of soft ferromagnetic elastic problems with collinear cracks: energy density fracture criterion. *Theo Appl Fract Mech*, 2000, 34: 49 − 60

[141] Liang W, Shen Y P, Fang D N. Magnetoelastic coupling on soft ferromagnetic solids with a interface crack. *Acta Mech*, 2002, 154/(1—4), 1 − 9

[142] Sabir M, Maugin G A. On the fracture of paramagnets and soft ferromagnets. *Int J Non-Linear Mech*, 1996, 31: 425 − 440

[143] Fomethe A, Maugin G A. On the crack mechanics of hard ferromagnets. *Int J Non-linear Mech*, 1997, 33: 85 − 95

[144] Wang X M, Shen Y P. The conservation laws and pathindependent integrals with an application for linear electromagneto-elastic media. *Int J Solid Struct*, 1996, 33(6): 865 − 878

[145] LiangW, Fang D N, Shen Y P. ModeI crack in a soft ferromagnetic material. *Fatig Fract En-*

gng *Mater Struct*，2002，25(5)：519－526.

[146] Liang W，Fang D N，Shen Y P，Soh A K. Nonlinear magnetoelastic coupling effects in a soft ferromagnetic material with a crack. *Int J Solid Strut*. 2002. 39：3997－4011

[147] 梁伟. 磁力耦合作用下的材料变形和断裂. [博士后出站工作报告]. 北京：清华大学工程力学系，2002

[148] Wan Y P，Fang D N，Soh A K，Hwang K C. Effects of magnetostriction on fracture of a soft ferromagnetic medium with a crack-like flaw. *Fatig Fract Engng Mater Struct*，2003，26（11）：1091－1102

[149] Wan Y P，Fang D N，Soh A K. A small-scale magneticyielding model for an infinite magnetostrictive plane with a crack-like flaw. *Int J Solid Strut*，2004. 41/22－23：6129－6146

院 士 简 介

方岱宁院士简介请参见本书第 237 页。

黄克智院士简介请参见本书第 217 页。

地质材料的力学问题*

王　仁
（北京大学力学系）

1　引　　言

地球动力学是力学和地球科学结合的一个产物，它研究地球在内外动力作用下的运动、变形和破裂过程，主要应用连续介质力学理论的方法，而需要和物理学、地质学、地球物理学，以及地球化学等结合。它除了研究地球本身的运动规律、探索地球内部的复杂组成和构造，全球性和区域性构造运动的规律等问题外，对于能源和资源的开发，减轻地震灾害，地下和地面建筑等需要考虑地质因素的种种人为工程问题，同样也十分关心。对于这些问题力学分析的任何改进，都能提高工程设计的质量，产生经济效益。

不论是地球构造运动问题或是地震工程、地质工程的问题都属于牛顿力学的范围，在用连续介质力学方法对它们的运动、变形、破裂等进行分析时，基本的运动方程和变形几何学的关系都和处理其他受力物体时是一样的。其主要差别是地球介质或地质材料本身的物理力学性质和其他材料不同，特别是地质材料在组成上是许多成分的混杂体，它不像金属材料可以经过退火回到一个均匀的初始状态，而是经历了多期复杂的构造运动形成了十分复杂的组织结构，含有许多孔穴、裂隙、胶结物、断层，还常保留着相当大的残余应力状态。它的变形性质和破裂性质不但和这些复杂结构密切有关，而且受到温度、围压、孔隙水等环境条件的很大影响。由于要考虑的问题在空间尺度上小到实验室标本，大到板块的运动，从时间尺度上长达以万年计的构造运动，短达十分短暂的冲击波，要准确描述这些众多情况下的地球介质的力学性质是十分困难的。在参考文献[1]中我曾主要介绍有关构造运动中岩石力学性质的研究现状，在本文中将主要讨论有关地震工程和地质工程情况下的地质材料的力学性质问题，把尺寸和时间的范围缩小了，温度、围压的条件变单纯了。但即使如此，由于尺度小了，岩石微组构的不均匀性和复杂性就显得突出，影响的因素也十分复杂，要做准确的分析，有时比大范围构造运动的分析更为困难。

美国机械工程学会最近提出固体力学的研究趋势的调查报告，其中第二章是关于地质材料的力学[2]，参加讨论的有十多人，本文内容很多取材于它。另外还可参考文献[3]。

处于接近地表的岩石通常是脆性的，我们更关心的是它的非弹性变形、破裂和破裂后的特性，以及影响这些特性的各种因素。另外也有一些软弱岩层，它们表现为流变特

* 原文刊登在《力学与实践》1986 年第 8 卷第 4 期。

性,其变形还有随时间而变化的特点。

以地下洞室的爆破来说。在爆源附近岩石碎裂,稍远一些乃是非弹性变形区,远处则是弹性变形区。人们要研究爆炸造成的破坏区的大小,需要知道动力作用下破裂的发生和传播的规律,以使得破裂只发生在要剥离的区域而不影响或少影响要建成的洞壁。知道了破碎的区域,破碎影响区的力学性质,就能够更准确地设计支护的结构。

又如建设一个水库,水位变化了会不会影响库区岩坡的稳定性,它牵涉到节理岩石渗水以后抗滑特性的变化,同一原因与会不会引起水库的地震有关系。关于地震影响的区划问题,需要考虑地质构造因素和在地质材料中的波传播问题。

以下将分别对地质材料的变形特性,它的破裂和其他有关问题进行讨论。

2 地质材料的非弹性变形性质

一般工程中所处理的岩石是脆性的,它有一定范围的弹性阶段,不过这范围不大。当应力只及岩石最大强度的一半左右时,内部就开始产生微破裂,岩石进入非弹性变形阶段,如图 1 的 A 点以后,在一般工程中岩石大都已处于这个阶段。

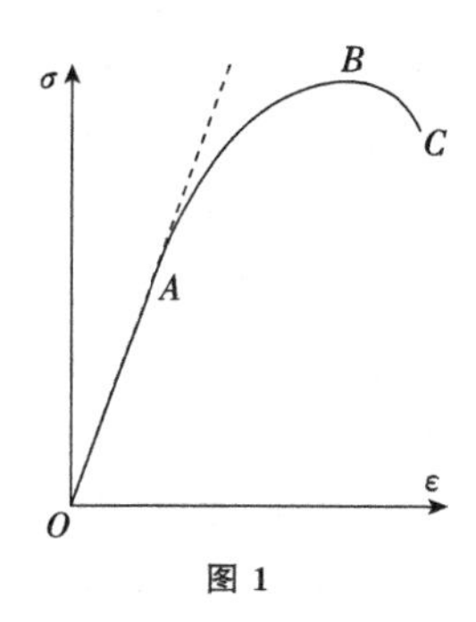

图 1

由于地质材料的微结构和一般金属材料有很大不同,例如它具有孔穴,节理,裂隙等。它的非弹性变形主要是由于体内微破裂和裂隙错动积累而造成的,因而它有非弹性的体积变化,在剪切变形时还有剪胀现象,对颗粒状介质还有剪切引起的压实和沙土液化现象。于是在引用金属塑性力学的屈服条件时要加上平均应力的因素,在变形规律方面要引用非正交流动法则。由于微破裂的发展,当进入非弹性变形后的岩石卸载时,它的卸载模量比初始的弹性模量小了,而且常常也是非弹性的变形,出现了弹塑性耦合的现象。在微破裂逐步发展到某一程度时,岩石达到其最大强度但仍保持为一整体,这时若仍令它继续变形,它能承受的载荷减小了,进入所谓软化阶段,如图 1 的 B 点以后,直到它整体破坏为止。

在这些方面近年来人们已做了许多工作而且不断还有新的理论,或是经验的或是考虑微观力学机理的,当前主要考虑的有多晶体中组构与屈服条件,变形规律的关系,多孔介质和含微裂隙介质的变形本构关系等。此外还有考虑到变形和液体流动相互作用的。

岩石变形有时还体现流变特性,它的变形随时间而增长。在软弱带中的页岩泥岩,在断层交界处的断层泥等,特别是在含水量增加时,在应力不变的情形下发生蠕变。即使是脆性岩石,当应力接近岩石的最大强度时保持应力不变,岩石中的微破裂会不断地发生,变形在不断地增长,经过一段时间以后整个岩石破坏,它的变形随时间变化的曲线和通常的蠕变曲线相似,也可分辨出第一阶段、第二阶段和加速阶段。

岩石的这些变形规律随着孔隙水压,水的成分不同而有很大变化,破裂的寿命也很不相同,这方面的成果还不多。

这些性质在高应变率下又有所不同,人们在考虑动力情况下微裂隙的生长,孔穴的生成、长大和消失等问题,以期能提出相应的本构关系。

3 地质材料的破裂

地质材料的破裂包括在岩石内的细小裂缝、尚未发生错动的节理面，以及经历多次错动的断层。这些断裂影响岩石的强度，影响工程结构的稳定性，人们需要知道它的强度和强度随环境条件的变化以防止破裂的进一步扩张。另一方面在开发工程中又需要开挖，或采用爆破的方法产生大量的碎块，或用水压的办法产生很长的裂缝以沟通油的通道，提高油产量，或采用钻头、风镐等机械工具产生小量的破裂。

为此，人们需要研究破裂在地质条件下是怎样开始的，传播和扩张的，又是怎样停止的。在岩石中节理是成组出现的，地质学家对于在一个地点究竟有两组或三组节理有过争论，它牵涉到新生破裂和原有断裂之间的关系，看来和岩石本身的微观结构有关。在自然界中节理和断裂有一定的取向而且常常隔一定的间距重复出现。这些间距和节理的大小、长短都和岩石的强度、地应力的大小、孔隙压力等有密切关系，另如断裂面之间的相互错动，有时是一种稳定的无震滑动形式，有时则是不稳定的发震形式。要取得规律性的认识，人们借助于断裂力学。

工程断裂力学一般考虑断裂在张应力下的扩张，两个断裂面是不相接触的。然而在地学中岩石多数是处在压应力下，两个断裂面是接触的，能够传递应力，因此两者有一定差别，不宜直接引用。不过断裂力学的概念和理论分析方法还是可以推广到这些情况下来使用的，而是需要考虑地质材料本身微结构的复杂性和影响因素的多样性。

在岩石中的破裂，即使是处在压应力下，在裂缝端点附近也有张应力区，据断裂力学的分析将在那里发生张破裂，随着压应力的增长，这个张破裂扩展并逐渐转向主压应力方向而趋于稳定。要在增加很大的压应力以后，岩石才破坏，这些结果是在均匀介质中得到的，并得到用光弹性材料、玻璃、石膏、单晶体石英所进行实验的证实。然而对于岩石，情况有所不同。

Ingraffea 等对灰岩所做实验见[4]表明在裂缝端点附近将出现另一张裂隙岩石随即沿它破坏。我们这两年进行了一批大理岩的单轴压缩实验[4]，发现在前述张裂隙出现后，端点附近较早地发生微破裂。首先进入了软化阶段，改变了那里的变形场和应力场，在载荷减小的情况下产生共轭方向的 X-型剪切破裂而导致试件破坏。姚存英等[5]用软化的本构关系进行了模拟计算也得出是在这些方面最先出现剪切的软化带而导致岩石破坏的。从这个例子可以看出需要进一步研究微破裂或孔穴是怎样开始和增长的，特别是在地质条件下，应该怎样表述岩石的损伤，损伤和剪胀等和软化的关系以及和形成破裂的关系。再进一步就是孔隙液体、孔隙压力、温度、围压等对损伤机制的影响。

了解岩石的破裂过程对于改进开采工艺是很有用的。在钻井和切割工艺上需要懂得钻头和切割工具究竟是怎样破坏岩石的。依靠碰撞和切割来开采岩石的机械工具在与岩石的接触面邻域的切割过程不是很简单的，从金刚石的切割小于 1mm 到采煤时大于 1m，人们都懂得很少，很需要改进现有的技术和发展新的技术。切割工具的磨损是它的一个主要问题，加工所用的能量有 90%左右转化为热。并大部分用来加热了工具本身，加速它的耗损。一个值得研究的方案是在切割工具之前加一个高压水枪，它能够增加效率和减少磨损的过程。另如，以单位能量得出的破碎体积来计算的开采效率和碎块尺寸大小又是什么关系也值得探讨,弄清楚这些问题有可能大大提高钻孔和切割效率。

在井下进行水压致裂的问题上,预测、施工和监听水压破裂的过程牵涉到液-固相互作用,波的传播和断裂力学等问题,它和地应力(和地应力的变化)对开裂一个大裂缝及其扩张的关系,它对层面的破裂及和原有断层的相互作用,致裂后的裂缝分布及水在其中的流动,如何正确解释裂缝前沿的声发射来监听裂缝扩张的方向等都是很有意义也是力学工作者有可能做出贡献的问题。

通过爆破来产生破裂由来已久,近来也在考虑用爆炸波来提高岩层的渗透率,由于研究了采用优化的应力脉冲形状来产生所需破裂的类型和范围,这种设想有可能成功,了解岩石的动力破坏和破坏后的特性也将有助于此。这些结果对于防护工程,对于洞室建筑当然也是有用的。

岩体的断裂和沿断裂面的滑动是和地震发生机制、边坡稳定性密切相关的一些问题。破裂机制的研究,水和热对岩石软化作用的研究将有助于寻求大破裂发生的前兆,使滑坡,岩爆,地震的预报有更可靠的依据。由于尺度效应,将实验室的结果用于地块的断裂时需要考虑岩性和构造等地质因素以及各种环境因素的影响。按照连续介质力学理论将断层面及其邻域看成一个单元,应用软化的本构模型在这方面有过成功的试探[6],今后还要在改进本构模型和开发三维的理论上做进一步的研究。

4 有关地质材料的其他力学问题

(1)冰雪力学。对于海上石油开采而言,海冰的非弹性变形和蠕变的本构模型以及它的破裂是很重要的问题,用于分析冰和平台结构的相互作用和更有效的破冰。冻土的变形特性对高寒地带的开发也很重要。它们在变形过程中产生的热将用以融化。因而都牵涉到二相流的问题。雪崩在形式上和边坡稳定性相似,但由于牵涉到雪的固结和粉末雪的运动,它是一个复杂的二相湍流问题和内含空气的运动还有关[7]。此外如泥石流问题也是复杂的二相流问题。

(2)关于决定现场地质体力学状态方法的研究。决定地下岩石中的应力、孔隙度、渗透率等是进行力学分析的基础问题。通常是用套钻的办法取出岩芯在实验室里进行。但是对于套钻工序对岩芯损坏的影响及其重要性还缺乏一致认识。若能对这过程建立一个更好的非弹性变形和破坏的模型来增进认识,就能对套钻标本的实验资料有更可靠的解释。

由于地质材料的高度不均匀性,实验室给出的数据十分分散,要将实验室结果用于现场条件需要采用统计分析方法来补偿这个缺陷。也许更好的办法是在现场直接做可靠的测量。为此曾提出和试验过许多方法,其中微型水压致裂来测定应力也许是一种较成功的方法。关于岩石微结构参数(如孔隙度,颗粒大小及裂隙密度等)的现场测定,如果对非均匀介质中的应力波传播,特别是超声的弥散、衰减及散射等取得更好的理解,将会有助于解决这些问题。

(3)多孔介质中的液体流动问题。Biot 的理论是考虑液体在线弹性(黏弹性)固体中的流动,对于在非弹性变形岩石中或在裂隙岩石中的流动则需要一个更一般的理论。流动的微观力学研究将有助于了解微观参数与渗透率之间的关系。从而还有助于增进应力、孔隙压，温度变化对渗透率影响的理解。许多过程还牵涉到油水，油气和含砂致裂液体的种种二相流问题。它们的稳定性是重要的课题，有时要考虑到紊流和非牛顿流。

液体沿破裂面的流动还有两个方面的重要意义。一是含矿液体的流动在成矿中的作用，裂隙在地应力作用下的张开和闭合和矿液的压力升降直接有关，矿液从不饱和的地区搬运到饱和地区而在那里沉淀，液体流动的方向是一种找矿的标帜。另一是渗透水将很大的降低沿破裂面滑动的阻力，从而使节理岩体丧失稳定性。这些是在采矿、隧洞、洞室中很重要的问题。在使用压水井来驱动油流的时候，不慎将水渗到岩层层面里去就有可能在地应力作用下造成岩层的错动，将油井错断，因而对这问题的理解可以使压水井有更好的布置。

5　需要研究的课题

美国机械工程学会最近提出固体力学研究趋势的调查报告[2]中，列出以下地质材料力学的研究课题，可供参考。

(1)由于地质材料从沙粒、砾石、冰雪、土壤、岩盐、页岩、煤、多孔砂岩、珊瑚直到大理岩、石英岩、花岗岩有很不相同的力学响应，它们的微观组构又各有特点，应该按它们的力学特性进行分类，对每一类提出能表现其变形、破裂和破裂后行为的本构理论。

(2)对于地质材料的非弹性变形性质进行仔细的理论和实验研究，借以决定经典的屈服条件、正交流动法则等概念在这里的适用程度。又在那些方面必须提出新的途径。

(3)微结构方面。确定一些能描述材料组构的微结构参数；组构演化的微观力学分析及其与变形和破坏性质的关系；以及发展一些能测量微结构参数变化的实验技术。

(4)断裂力学方面。从理论上、数值上和实验上对岩石中断裂的始动、传播、分叉、停止和相互作用进行研究。既在微观上也在宏观上，研究围压、孔隙压、材料非均匀性、高应变率的影响。

(5)岩石的破坏。对岩石中不同的破坏模式，静态的和动态的，进行分类；探讨微结构对破坏的影响；在钻井和破碎时岩石—工具的相互作用，发展那些研究破坏模式(包括局部化)所需的实验技术，可能要和数值计算结合起来进行。

(6)土壤的破坏。研究压实、剪破坏；地震或爆破波引起的液化，包括组构对破坏的影响。

(7)宏观结构。研究宏观结构对岩体中断层上的摩擦滑动，节理岩体的稳定性，在裂隙、断层中的渗透流动，新破裂与天然裂隙或层理的相互作用等问题的影响。

(8)改进现场测量应力、孔隙度和渗透率的技术，增进实验室测量与现场特性之间关系的认识。

(9)冰的力学。发展描述海冰力学响应的本构理论，包括蠕变变形，撞击响应和破坏。

(10)热效应。研究热对地质材料的变形和破坏的效应。特别是对破裂传播、液体流动，相变、强度和蠕变的影响，建立热力学与力学偶合的理论。

(11)计算方案，建立、正确的初、边值问题要包括大变形和时间因素。要在计算机方案中包括各种非弹性变形，破坏和破坏后行为的理论在内，它们的精度必须通过和理论解、实验及现场试验结果比较进行验证。

参考文献

[1] 王仁,力学与实践,5(1983),2－8
[2] M. M. Carroll,Applied Mechanics Review,38(1985),1256－1263
[3] 王仁、黄杰藩,岩石力学的理论与实践,陶振宇主编,水利出版社(1981),277－297
[4] 赵豫生,北京大学硕士论文(1984)
[5] 姚存英,国家地震局地球物理所硕士论文(1985)
[6] 殷有泉、张宏,地球物理学报,26,1(1983)
[7] Kolumban Hutter,16届ICTAM大会报告论文集,哥本哈根(1984)

院士简介

王　仁(1921.1.2—2001.4.8)

固体力学与地球动力学家,1921年1月2日生于浙江吴兴。1943年毕业于西南联合大学航空工程系。1953年获美国布朗大学应用数学部哲学博士学位。1980年当选为中国科学院学部委员(院士)。曾任北京大学力学系教授、中国力学学会理事长。

在压力加工塑性分析和理论、结构的塑性分析和动力响应及动力稳定性、全球和区域构造应力场分析和地震迁移规律的数学力学模拟等方面作出了创新性成果,对力学与地质学、地震学的研究结合作出了贡献。将地球分成快速模型和慢速模型,给出了15层快速地球模型的解,计算出日、月引潮力及短期自转速率变化下引起的全球应力场。反演了华北地区700年来发生过的14次7级以上大震,得出唐山地震后的应力分布,预测了未来地震危险区。代表作有《固体力学基础》《塑性力学基础》和《塑性力学引论》等。

风沙运动研究中的若干关键力学问题*

郑晓静　周又和

（兰州大学力学系）

1 引　　言

据有关资料统计[1]：我国的沙漠、戈壁和沙漠化土地面积约为 $165.3\times10^4\text{km}^2$，占我国陆地面积的17.3%左右；其中由于人类活动导致的现代沙漠化土地约为 $37\times10^4\text{km}^2$，并在20世纪90年代以 2460km^2/year 的速度扩展。这种沙漠化过程的主要表现形式是沙粒在风场作用下的运动，而由此带来的则是我国乃至全球关注的极其严重的环境问题。

图1　1993年5月5日沙尘暴照片(引自文[3])

风沙运动导致的土壤风蚀[2]，使土地生产力下降，土地资源丧失，致使本来就与我国人口不成比例的耕地面积更为匮乏；风沙运动造成的流沙蔓延，使村镇掩埋、交通阻塞，严重危及当地人民的生存和发展，缩小中华民族的生存空间；而风沙运动的突发事件——沙尘暴(一般气象上定义为一种水平能见度小于1km的风沙现象，而把瞬间最大风速超过25m/s，能见度低于50m的称为强沙尘暴或黑风暴)，导致了严重的人员伤亡和财产损失。如1993年5月5日发生在我国甘肃的黑风暴[3](见图1)，共死亡81人，失踪31人，受伤386人；死亡丢失牲畜45.1万只(头)；农田和果林大面积受灾；拉断拉坏电线131km。另外，甘肃境内的金川有色金属公司3500V供电线路中断，造成100多个厂矿企业停电24小时。由于大风引起流沙掩埋铁路，造成客、货车迟发、晚点和停运42列。376km公路受到风沙埋压和吹蚀。乌吉铁路有600多米线路积沙达1米多厚，致使吉兰泰盐场铁路中断运输4天。大风刮走芒硝和工业用盐 2.8×10^4t。长途和农用电话线路阻断达14小时，有10个广播、电视发射塔或发射天线被损坏。此外，这次大风沙尘暴造成沙埋(有的新垦农田埋沙度达5～20cm)、吹刮(有的地方对地表肥沃土面吹蚀厚度达10～20cm)等。而这种灾害随着环境的恶化具有逐年增加的态势[1]。据粗略估计，每年由风沙灾害造成的直接经济损失高达540亿元，严重制约着社会经济的持续发展，成为我国的重大生态环境问题[4]。为了实现可持续发展，加快我国进入小康和全面建设小康社会的步伐，我国政府长期以来对风沙灾害和沙漠化问题给予了高度重

*　原文刊登在《力学与实践》2003年第25卷第2期。

视,组织气象、地理、生态和环境等不同领域的研究人员,针对风沙运动的起因、发生、发展规律与防治措施等开展了广泛的研究,以期遏制沙漠化扩展势头,减缓其对人类生存造成的危害。

风沙灾害的成因是由多种因素综合促成的。正常土壤的土质在物理、化学和生物等多种因素联合作用下退化为沙质的过程及气象条件是风沙灾害产生的必要条件。而风沙灾害的发生与否以及其危害程度则是风与沙相互作用的结果。所以,风沙灾害在本质上主要是由大气风力作用下沙粒的运动所造成,而且风沙运动对土质变化的各类过程产生加速影响。20 世纪上半叶,随着地理科学家和土壤科学家对风沙地貌与风蚀过程的重视,风沙运动的机理研究也随之展开,并被称之为风沙物理学。目前,人们对于风沙运动的基本过程按其离开地面的程度有了大致的分类:(1)在地表滚动的沙粒蠕移运动;(2)在近地风沙流层内沙粒离开地面的跃移运动;(3)在高空中尘埃的悬移运动。由于沙粒同时在可变沙质地表与空中运动,还存在沙粒与地表的复杂能量、动量交换的碰撞运动,因此,不难看出,研究沙粒的这些基本运动过程以及大尺度的风沙运动与长时效应等微、宏观特征是典型的力学课题。通过对这些基本问题的研究,弄清土壤风蚀过程以实现对土壤风蚀程度和分布的定量评价,揭示风沙地貌形成及其发育成因以实现对其自然现象规律性的合理认识与把握,定量揭示沙尘暴的形成机制以实现对沙尘暴发生与发展的有效监测和预报,合理设计风沙工程结构以实现对风沙灾害的经济、有效、长时的防治以及对其进行有效性的定量评估。这些研究不仅有助于人类对风沙灾害自然现象与规律的了解,有助于风沙防治的科学决策和具体实施,而且对力学学科的拓展,对科学前沿共性问题的解决都是极其重要的。

有关风沙运动和土壤风蚀研究,已有许多工作和进展,文[2]和文[5]给出了详细、全面的总结。本文将主要结合作者在主持国家重点基础研究发展规划项目(973 项目)第二课题“风沙运动的力学机理与土壤风蚀定量研究”两年来的研究,着重介绍风沙运动力学机理研究的主要发展阶段和最新进展概况,并针对风沙运动力学机理研究中的现状,提出若干关键力学问题,以期更多的力学工作者了解并能致力于这一领域的研究,在将研究工作瞄准具有国家重大需求的风沙环境问题的同时,来推动力学学科的自身发展。

2 主要发展阶段

由于早期力学归属于物理学的原因,风沙运动力学机理的研究传统上一直被称为风沙物理学。这一领域研究大致分为 3 个主要发展阶段。

首先是上世纪 30～50 年代基于野外观测和实验测量的基本研究阶段。在这一阶段风沙运动研究的主体框架得到基本形成。此研究阶段的直接推动是当时美国大平原和加拿大西部所发生的沙尘暴。研究的重要代表学者是 Bagnold。针对土壤风蚀研究的一些基本物理量,如未起沙地表和起沙地表上方的风速剖面、沙粒运动的临界风力、沙粒跃移运动特征轨迹和单宽输沙率等,Bagnold 开展了大量的野外观测和风洞实验研究,并借鉴了空气动力学的分析手段。Bagnold 于 1941 年发表的关于风沙物理学的著名论著[6]《The Physics of Blown Sand and Desert Dunes》,为这一领域的研究奠定了基础。受 Bagnold 研究工作的影响,Chepil 等人对土壤风蚀问题开展了较为全面的研究工作[2],成为当时在土壤风蚀领域发表研究文章最早且最多的活跃学者。

风沙物理学研究发展的第二阶段是在上世纪 60～80 年代的数学建模与定量模拟阶段。此研究阶段的主要推动是由于航天技术的发展和人类对太空探测的兴趣。当时,对于太空探测,除了在地球上近距离直接观察外,还需要对诸如月球、火星和金星等被探测星球的地貌形成过程能有所认识与了解。由此开始重视风成地貌和风沙运动定量模拟的研究。这一阶段的开创性代表学者是 Owen[7]。他在 Bagnold 等人已有工作的基础上,借鉴流体力学的描述手段,通过假定沙粒运动服从于单一简单形状的轨道,提出了描述单颗沙粒运动的数学模型,由此揭示了近地表风沙流边界层中沙粒运动的若干基本特征,如:沙粒的跃移高度正比于摩阻风速的平方,并以此来度量风沙边界的厚度等,在 Owen 单一轨道假设的基础上,Ungar 和 Haff[8]考虑了风沙边界层中沙粒对风速的反作用,建立了风场-沙粒相互耦合的沙粒单一形状轨道的数学模型,并得到了与 Bagnold 实验结果定性相同的起沙后风速沿高度分布曲线中心——“Bagnold 结”。1980 年,联合国教科文组织和国际理论物理中心在意大利召开了一次有 80 多位学者参加的沙漠化物理过程讨论会,所讨论的 9 个专题中有 5 个专题与风沙运动机理研究有关,即:沙粒移动和沙漠形成的机制,风洞和野外试验,空间技术的应用及风沙输移现代化仪器的应用,基本参数的控制,沙暴与尘暴。由此可以看出,这一阶段的风沙运动的实验研究和手段得到了很大发展。

风沙运动研究发展的第三阶段是关于风沙运动微、宏观研究的关联与过渡受到重视的现阶段。此阶段的直接推动主要来自于联合国召开的第一次世界沙漠化大会,而在 1985 年于丹麦召开的风沙物理学讨论会被认为是风沙物理学这一阶段开始的重要里程碑[5]。此次会议在全面系统总结风沙运动研究已有成果基础上,开始将理论研究的注意力转向如何利用单个沙粒的微观运动特征去解释并模拟风沙运动宏观现象和规律。在这一阶段,随机过程和数理统计等数学方法被引入风沙运动的研究。对这一阶段研究有着重要推动的主要研究者之一是美国学者 Anderson。他将自己博士论文的部分工作以题为“Simulation of Eolian Saltation”于 1988 年在著名杂志《Science》上发表。文中从单个颗粒撞击沙床的数值模拟结果归纳出被溅起的颗粒数、击溅速度与角度,通过给出的击溅函数,计算模拟了从沙粒起动到风沙流系统达到自平衡状态的全过程[9],从而开始了由风沙运动微观研究与宏观研究相连接的研究。1991 年,国际著名力学期刊《Acta Mechanica》出版了题为“风沙迁移”(I. 机理与风沙迁移、II. 风蚀环境)的专辑,详细介绍了风沙运动研究的进展与存在的问题。这一专辑的首篇是 Anderson 的综述性论文“风沙运动研究的进展”。该文对风沙运动的描述方法和存在的问题,特别是一些科学术语的物理意义以及有关的数学模型等进行了详细的解释和讨论,并建议在沙粒和沙床两个尺度上加强实验与理论的研究,以期获得具实质性的推动和进展[10]。与此同时,采用元胞自动机方法来模拟沙波纹[11]以及沙粒与床面的碰撞实验和理论分析等基础性研究也在展开。

由上述风沙运动研究的三个发展阶段我们可以清楚地看到人类对风沙运动这一自然现象的认识在不断清晰,进而对其研究的主要问题正逐步明朗;对风沙运动的实验模拟在不断发展,进而对不同因素的影响在逐步加深认识;对风沙运动的理论建模在不断完善,进而理论预测的能力在逐步接近实际。

3 若干最新进展

本文作者在科技部国家重点基础研究发展规划(即973项目)"中国北方沙漠化过程及其防治研究"中主持了"风沙运动的力学机理与土壤风蚀的定量评价"课题的研究。围绕本项目的国家需求与科学目标,本课题对单位面积输沙率、风沙带电规律及其风沙电场的分布进行了风洞实验测量与理论分析,并就沙粒电荷量对沙粒运动的影响以及治沙工程结构等问题开展了理论研究。本节简要介绍这一课题执行两年来取得的主要进展。

3.1 单宽输沙率的理论与实验研究

单宽输沙率是评价土壤风蚀程度的重要物理量。目前,针对不同沙质从不同角度出发提出的单宽输沙率公式多达50余种。虽然他们在形式上差别不大,但对同一问题的预测有时相差可达3倍左右。为了判别各理论预测公式的使用范围和有效性,提高其实验测量值的精度就显得尤为重要。本课题研究小组利用中科院沙坡头野外风洞,以腾格里沙漠沙为沙样对输沙率进行了实验测量,在此基础上给出了单宽输沙率实验值的处理程序和拟合公式,有效地提高了实验值的精度(见图2)。通过对著名的Bagnold公式和Kawamura公式的检验得到:Bagnold公式和Kawamura公式分别在摩阻风速 $u^* > 0.47$m/s 和 $u^* < 0.35$m/s 时与实验测量值吻合较好,而当 u^* 在 0.35m/s~0.47m/s 之间时,两理论公式与实验值均有较大差异。有关这一实验方法与实验结果的论文已在著名物理学期刊《Physical Rcview E》上发表[12].论文评阅人对此工作给予了充分肯定,认为"这是一项引人关注且完整的研究。作者们完成了一系列给人深刻印象的实验,并积累了大量好的数据。受本领域经典工作的启示,他们拟合得到了切实可行的公式。"

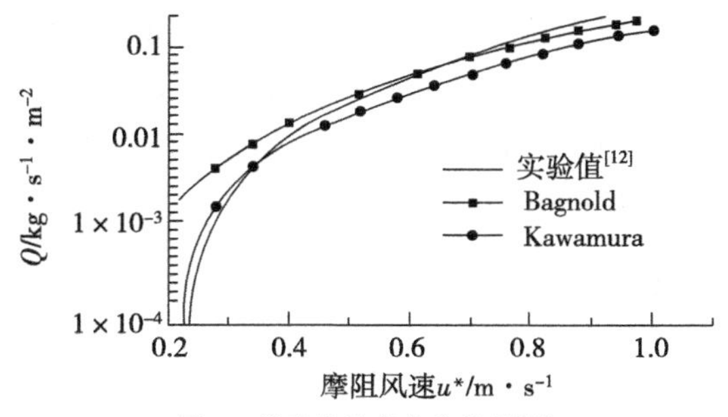

图2 单宽输沙率实验结果[12]

在理论模拟方面,(1)基于传统输沙率实验提出了沙粒起跳初速度函数分布的一种数值反演方法。在此基础上,通过模拟沙粒与气流相互作用的风沙流发展过程,得到的输沙率分布和风速廓线与实验测量十分吻合;(2)在考虑有关因素的随机分布基础上,建立了沙粒与沙床面二维随机碰撞的模型,由此得到的初速度分布函数与采用粒子速度测量仪(PDA)对风洞中沙粒运动的测量结果相吻合。

3.2 运动沙粒带电及其影响的研究

早在上世纪上半叶人们就证实了运动沙粒的带电现象。为了弄清运动沙粒的起电原因,已提出一些假说和推测。然而对沙粒带电一般规律及其对风沙运动影响的研究基

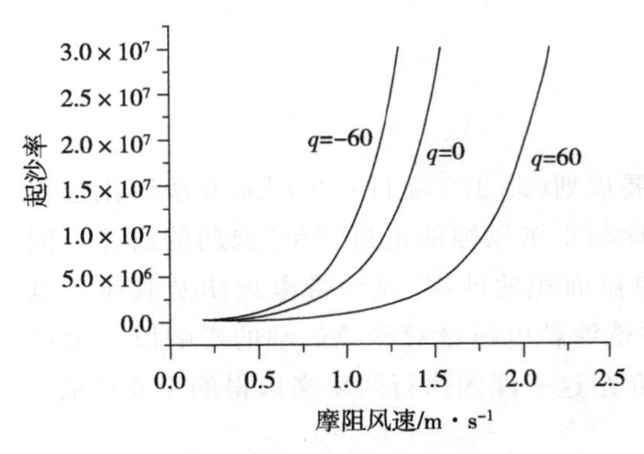

图 3　沙粒带电对起沙率影响的模拟结果[13]

本上没有深入展开。作者等人在中科院沙坡头野外风洞的风沙电实验测量发现：对于均匀沙（即：粒径分布在一相对小的范围内的沙），当沙粒直径小于 250μm 时，运动沙粒带负电荷、当粒径大于 500μm 时，运动沙粒带正电荷；对于混合沙，沙粒带电量与产生的风沙电场均强于均匀沙，这表明沙粒带电主要由不同粒径沙粒之间的碰撞摩擦所引起。其次，风沙流中沙粒的荷质比随沙粒粒径和风速的增大而减小，随高度的上升而增加；同时实验结果还表明：风沙流中的电场主要是由运动带电沙粒形成的，其电场强度方向垂直地面向上，与晴天电场的正方向相反，且其大小在一定高度内随风速和高度的增加而增大。通过采用风场与沙粒耦合作用数学模型进行的定量分析发现，沙粒带电对沙粒的跃移运动轨迹以及输沙率等都有明显影响，例如对起沙率的影响见图 3 所示。相关研究工作[13]已被地学国际权威期刊《Journal of Geophysical Research》接收发表，论文评阅人认为“这一研究处理了一极其重要的课题，并且是关于颗粒电荷连接临界风速与输沙率标准方程具有重要解释的少有研究之一。在这一论文中，展现了许多极其重要的贡献。”“这一论文的确包含原创性的内容。新的结果主要有在跃移粒子上电荷的测量与电荷对粒子运动的影响。”“这一论文在阅读上是相当有趣的，并且对于陆地与行星（如火星）表面大气层里的尘土跃移计算将是有用的。”

目前，对沙尘暴的监测主要是通过遥感方式进行的。在 20 世纪 70～80 年代，人们主要通过实验测量和理论分析来研究电磁波穿过沙尘暴的散射衰减程度。然而，实验测量的衰减值远远高出传统散射理论的预测值，有时竟高出 30 倍左右。导致这种差别的原因一直没有弄清。作者等人在考虑沙粒的局部带电后，不仅给出了与实验测量相一致的电磁波散射衰减的理论预测值，而且还从理论上揭示了通过传统的电磁波衰减实验与荷质比实验来给出沙粒带电量的分布方式[14]。

3.3　风沙工程设计参数的力学研究

我国首次风沙工程设计是为了确保穿越腾格里沙漠的包兰铁路的畅通。随后，在沙漠腹地国防与石油开发等工程的推动下，穿越沙漠的公路与铁路也随之增长。1995 年通车的塔里木石油公路，成为世界上最长的穿越沙漠的高等级公路。为了保证这些交通枢纽的通畅，我国的治沙研究人员摸索出许多成功的固沙、疏沙、阻沙、导沙经验，如用麦草铺成草方格在公路、铁路两旁形成固沙带，在固沙带前沿设立高立式栅栏作为阻沙措施以减少固沙带前沿积沙等。图 4 为栅栏的实物照片，用于保护铁路交通等基础设施减轻

图 4　防风沙栅栏的实物照片

风沙灾害的影响。为了从机理上解释并揭示出这些治沙工程的有效性，许多学者从改善地表粗糙度的角度对机械治沙工程的工作原理进行了解释与阐述[15]，但对工程中关注的设计参数，目前仍然主要依赖经验摸索来获得。

作者等人从风沙运动的力学基本原理出发，对目前使用较为广泛的一类治沙工程如：草方格和栅栏，给予了初步的理论分析。对于草方格，我们根据实验测得的草带流谱图中每一草带后的流场均有旋涡存在这一事实，提出了一种单排理想涡列模型来模拟实际风沙流场，经过一定简化（如忽略麦草的弹性和摆动、气流为无黏不可压流体等）后，给出了麦草高度与草格宽度之间最佳关联的解析公式。该公式不仅简洁明了、易于工程应用，而且与实际经验结果吻合较好[16]。例如：实际经验认为当芦苇沙障的出露草头高度为 18cm～20cm，草格宽度在 100cm 时的固沙效果较好。而作者等人的这一理论公式给出的草格宽度最大值在 97cm～108cm 之间；又如：当麦草沙障的出露草头高度为 13cm 时，实际经验得到草格宽度应在 75cm 左右，而作者等人的理论公式给出的值是 70cm。

对于横格型栅栏，通过对风载荷以及立柱的受力分析，得到了栅栏立柱的最小埋深量与栅栏孔隙度、栅栏高度和立柱间距以及沙粒粒径之间的解析关系式；同时，对此类栅栏的流场进行了数值计算，给出了栅栏的开孔数和孔隙度对流场影响的一般规律[17]。这些研究为相关的治沙工程设计提供了理论依据。

4　若干关键力学问题

尽管有关风沙运动的理论与实验研究已在许多方面确实取得了不少进展，但由于风沙系统的复杂性，目前仍然有一些基础性问题未获解决。风沙运动研究的现状正如 Anderson 所指出："在 1985 年之前有关风沙运动的研究仅仅是论证了研究风沙运动的重要性和必要性"；"在风沙运动研究中已有的风沙运动的定量化理论模型还远未达到对输沙率进行可靠预测的程度"；"同时还缺乏能够用于规范数学模型的有关风场和输沙率特征的可靠的实时测量"[10]。不仅如此，随着人们对非线性复杂动力系统特征研究能力的不断提高，以及对诸如沙粒带电规律及其影响的揭示，目前已认识到将风沙运动系统作为非线性、多场耦合、跨尺度复杂动力系统研究的必要性。为了建立起满足认识风沙运动规律实际需要的力学理论框架，作者认为还存在以下一些关键力学科学问题亟待展开研究。

4.1　可控条件的风沙运动基本物理量实验测量与相似性问题

沙粒的基本运动形式一般认为有碰撞、蠕移、跃移和悬移四种，而运动过程可分为空气吸卷过程、沙粒跃移过程、粒-床碰撞击溅过程和对风场的修正过程。在目前的研究中，大多是将粒-床的碰撞过程简化为均匀二维床面上的二维圆盘粒子的碰撞，并且没有考虑碰撞和击溅过程中沙床改变对沙粒碰撞的影响；在对沙粒蠕移、跃移和悬移运动形式的研究中，还缺少对蠕移量进行合理的定量理论研究与精确的实验测量；跃移运动的流场方程大多是采用充分发展的一维 N-S 方程；在对沙粒悬移运动的理论描述方面，由于近床空气湍流运动模拟的困难和沙粒不能一直跟随空气运动的事实，使得难以准确计算沙粒悬移的浓度。而为了对沙粒基本运动提供合理有效的力学模型，需要开展可控条件实验,改进和提高目前已有实验测量的精度,建立风洞实验与野外观测的相似性模型,以获得完善风沙运动基本理论框架足够多的基本物理量的实验和测量结果。

4.2　风沙流运动的理论框架与风沙微、宏观运动的跨尺度转换问题

风沙运动是典型的散体颗粒在气流场中的运动。由于散体颗粒物具有与连续介质明显不同的特性,如剪胀特性、粒径分选特性等,因此建立能描述大量沙粒在风场作用下的基本有效分析模式是目前遇到的一个棘手的理论问题。由于近地层风沙散体与气流和变边界沙质地表的相互作用,已有的风沙二相流或多相流的流体力学模型很难实现对风沙流的一些基本特性的较好地定量模拟;而基于颗粒动力学方程对风沙运动的定量模拟,虽然在理论上认为能够描述每一沙粒的运动,但由于宏观尺度上沙粒数量之庞大,给定量分析带来一定困难。另外,从单一沙粒的跃移运动微观描述到获得风沙流的输沙率、浓度分布等宏观持性,目前主要认为需要借助于击溅函数和沙粒初速度分布函数来确定。但问题是,除了通过较高精度和准确度的实验观测以获得击溅函数和初速度分布函数外,是否还有其他途径和手段?除此之外,沙尘暴内部结构特征是什么?无数单颗沙粒的运动是如何形成这种结构的?这些问题的解决对解释沙尘暴发生的力学机制和条件以及对沙尘暴的预测和预报是非常必要的。

4.3　风沙地貌形成与演化的定量模拟研究

沙粒的粒径一般在 10^{-4}m 左右的量级,而大量沙粒在风场作用下可形成不同的地貌图案如沙波纹、沙丘和沙山等,其几何尺度可达 10^4m 左右。在时间尺度上,沙漠的形成与扩展也可跨越数以万年的历程。如何从理论上揭示和描述风沙地貌在不同几何与时间尺度上的基本规律和特征以及这些在不同尺度上的特征是如何转换与过渡的问题,不仅是风沙运动力学机制研究的基础性课题,也是对风沙地貌的形成与扩展规律给予解释和揭示的基本课题。弄清这些基本问题将有助于揭示风沙复杂系统的运动机制,揭示风沙地貌形成的历史过程与现代过程以及其它星球地貌演变过程,同时还将有助于防沙治沙工程的有效设计和评价。目前对风成地貌的定量模拟研究主要是采用元胞自动机方法进行的。虽然这一方法能拟合出沙波纹的形成,但需要解决的关键问题是模拟规则中的控制参数与风沙运动的实际几何和物理参数的对应问题。唯有如此,元胞自动机的模拟方法才可能得到实际应用。

4.4　风沙工程结构优化设计的力学原理

为了尽可能减小风沙对铁路、公路和农田的侵害,目前采用的主要措施是在被保护区域附近建立诸如草方格和栅栏等风沙工程。由于问题的复杂性,在风沙工程设计中,基本上还没有可供实际设计的理论方法和有效性评估体系,一般主要依赖于实际工程经验的摸索和积累。实际风沙工程涉及的区域范围大(如:三北防护林等),气象条件多变。这样,如何设计经济、有效与长久的风沙工程结构一直是风沙研究工作者关注的课题。为此,需要建立适用于不同气象与地理条件的,能模拟宏观尺度复杂情况下的风沙运动系统的途径和手段,并实现对风沙工程长时效应的定量分析。除此之外,对在风沙灾害影响较强地区的工程材料设计,使之有效防止沙割等破坏的发生,也是值得研究的。

5 结 束 语

综上所述,风沙运动作为典型的力学课题,在围绕与风沙活动的自然现象、物理过程和工程问题展开研究的同时,也存在自然科学前沿基础研究中的许多共性问题,如跨尺度问题、复杂动力系统、本构理论和非线性多场强耦合等。其研究不仅需要实验测试手段和方法的创新,而且也需要理论框架的构筑和计算模式的凝练;既涉及力学与其它学科的交叉,也涉及力学自身各分支学科的融合。因此,无论是从力学工作者结合国家目标的需求开展任务性研究工作的角度,还是从结合本学科发展的需求开展学术性研究的角度,风沙运动力学机理的研究都将是一个很好的切入点与结合点,是力学学科的用武之地,也是有可能形成新的学术思想、发展新的研究手段、产出创新性强的研究成果的新的研究领域。

参 考 文 献

[1] 王涛,陈广庭,钱正安,杨根生,屈建军,李栋梁。中国北方沙尘暴现状及对策.中国沙漠,2001,21(4):322-327

[2] 戚隆溪,王柏懿.土壤侵蚀的流体力学机制(II)——风蚀.力学进展,1996,26(I):41-55

[3] 夏训成,杨根生.黑风暴.北京:科学出版社,1995

[4] 米昂,苍耳.沙尘暴与经济交锋.生态经济,2002,5:9-16

[5] 董飞,刘大有,贺大良.风沙运动的研究进展和发展趋势.力学进展,1995,25(3):368-391

[6] Bagnold R A. The Physics of Blown Sand and Desert Dunes. Methuen London, 1941

[7] Owen PR. Saltation of uniform grains in air. *J of Fluid Mech*, 1964, 20: 225-242

[8] Ungar J, Haff PK. Steady state saltation in air. *Sedimentology*, 1987, 34: 289-299

[9] Anderson RS. Simulation of eolian saltation. *Science*, 1988, 241: 820-823

[10] Anderson RS, Sorensen M, Willetts BB. A review of recent progress in our understanding of Aeolian sediment transport. *Acta Mech*, 1991(Suppl 1): 1-19

[11] Anderson RS, Bunas KL. Grain size segregation and stratigaphy in aeolian ripples modeled with a cellular automaton. *Nature*, 1993, 365: 740

[12] Zhou YH, Guo X, Zheng XJ. Experimental measurement of wind-sand flux and sand transport for naturally mixed sand. *Physical Review E*, 2002, 66: 021305

[13] Zheng XJ, Huang N, Zhou YH. Laboratory measurement of electrification of wind-blown sands and simulation of its effect on sand saltation movement. *Journal of Ceophysical Research*, 2003 (in press)

[14] He QS, Zheng XJ, Zhou YH. Research on the theoretical prediction of the electric field generated by wind-blown sand. *Key Engineering Materials*, 2003, 244: 583-588

[15] 凌裕泉.草方格沙障的防护效益.见:流沙治理研究.银川:宁夏人民出版社,1980.49-59

[16] 王振亭,郑晓静.草方格沙障尺寸分析的简单模型.中国沙漠,2002,22(3):229-232

[17] Wang ZT, Zheng XJ. A numerical simulation of fluid flowing through a windbreak, *Key Engineering Materials*, 2003, 244: 607-612

院 士 简 介

郑晓静

女，力学家。1958 年 5 月生于湖北省武汉，籍贯浙江乐清。1982 年毕业于华中科技大学力学系，1984 年获该校硕士学位，1987 年获兰州大学博士学位。2009 年当选为中国科学院院士，2010 年当选为发展中国家科学院院士。

现任西安电子科技大学校长、教授，并任中国科协副主席、中国力学学会副理事长、中华全国妇女联合会常委、第十二届全国政协委员等。曾任兰州大学副校长、甘肃省科协副主席等。

长期从事弹性力学、电磁材料结构力学和风沙环境力学等方面的科学研究。解决了大挠度薄板精确求解和近似解析求解的收敛性证明等难题，完善了板壳几何非线性问题的求解理论；系统建立了铁磁、超磁致伸缩和超导材料及结构在电磁场中的多场耦合非线性力学行为定量分析的基本理论模型和有效方法，解决了原有理论的预测与各类典型实验长期不符的问题；在风沙环境力学领域进行了系统的实验及现场实测，研究了沙粒带电现象及其对风沙运动的影响，提出了风沙流和风成地貌（沙纹及沙丘）形成及发展过程的理论预测方法，对一种工程固沙（草方格）方法给出了设计的理论公式。曾获国家自然科学二等奖、国家科技进步二等奖、何梁何利科技进步奖和首届中国青年科技奖等。

高速铁路工程中若干典型力学问题*

翟婉明[1),2)] 金学松[1)] 赵永翔[1)]
[1)](西南交通大学牵引动力国家重点实验室)
[2)](西南交通大学高速铁路线路工程教育部重点实验室)

1 引 言

高速铁路的最大特点是可以在地面上快速、稳定地实现大批量的旅客运输。与高速公路及航空相比,高速铁路具有运能大、能耗低、污染轻、安全系数高、不受气候影响等综合优势,因而自1964年第一条高速铁路在日本投入运营至今,在世界上得到迅速发展。

近年来,为了满足快速增长的旅客运输需求,满足国民经济发展的需要,我国掀起了高速铁路(客运专线)建设高潮。国务院正式批准建设京津、京沪、京哈、武广、郑西等数十余条设计时速(200～350)km及以上的客运专线,其中京沪高速铁路的最高运营速度将达到380km/h,为世界之最。按照修改后的国家《中长期铁路网规划》,到2020年,我国要建成"四纵四横"铁路快速客运通道以及3个城际快速客运系统,时速200km及以上的高速线路里程将超过1.8×10^4km,其中包括新建成的高速客运专线1.2×10^4km。中国将成为高速铁路的大国,高速铁路营业里程将远远超过世界其他国家高速铁路总里程。

然而,由于我国高速铁路尚处于起步阶段,没有足够的实践经验积累,在高速铁路的建设和高速列车的运营过程中无疑将会面临一系列技术难题与挑战,需要强有力的基础理论与技术支撑。由于列车运行速度的大幅度提高而导致的高速列车运行系统力学(特别是动力学)问题,便是所要面对的关键基础问题之一。例如,车速提高后,机车车辆与轨道结构、路基、桥梁之间的相互动力作用显著加剧[1,2],系统动态作用环境将更加恶化,高速列车运行安全性、运行平稳性及基础结构安全可靠性面临严峻考验,这就需要在深入研究认识高速列车运行系统相互作用规律基础上,对高速铁路系统设计与高速列车运营维护提出理论指导。又如,高速行车条件下轮轨之间的振动与冲击严重加剧,轮轨滚动接触疲劳损伤问题将更为突出,必须从力学机制源头研究入手提出轮轨合理匹配关系及控制疲劳与磨损的原理和措施。

本文讨论高速铁路工程实践中客观存在的固体力学问题,着重探讨直接影响高速铁路运营安全可靠性的3大关键力学问题,即高速铁路轮轨滚动接触力学问题、高速列车关键结构部件疲劳问题、高速列车与线路结构动态相互作用问题,阐述其力学机制及作用影响,介绍最新研究进展,指出当前及今后急需研究解决的问题,以期促进力学研究更

* 原文刊登在《力学进展》2010年第40卷第4期。

好地应用于解决我国高速铁路工程实际问题。

2　高速铁路轮轨滚动接触力学问题

2.1　轮轨滚动接触的基础理论问题

轮轨运输系统的基本工作原理是借助于轮轨滚动接触作用实现牵引与导向。依靠轮轨滚动接触,可以将数百吨甚至数万吨列车的重量传递到轨道上,并能沿轨道由低速到高速发生移动。轮对沿轨道滚动,每个车轮要传递几吨到几十吨载荷到钢轨,轮轨材料因挤压形成面积为 $100mm^2$ 左右的接触斑,轮对和钢轨不仅发生结构弹性变形、接触斑附近材料发生弹性变形,而且在接触斑处的小区域内出现材料塑性变形。此外,轮对沿钢轨滚动时,轮轨接触界面之间存在相对滑动(纵向和横向),同时存在相对转动,如图 1 所示[3]。这个滑动可能是宏观的(高加速牵引和紧急制动),也可能是微观的(轮对处于自由滚动状态)。轮轨界面之间存在如图 1 所示的 4 个力分量,分别是法向力 F_n、横向蠕滑力 F_y、纵向蠕滑力 F_x 和自旋力矩 M_n。如果这 4 个力分量构成的轮轨力矢量用 $\boldsymbol{F}(F_n, F_x, F_y, M_n)$ 表示,则其数学模型可简单地表示为

$$\boldsymbol{F}(F_n, F_x, F_y, M_n) = \boldsymbol{F}(P, \delta_{wr}, v_0, \xi_x, \xi_y, \phi_n, g_{pm}) \tag{1}$$

式中,P 为轮载;v_0 为轮对滚动速度;ξ_x, ξ_y, ϕ_n 分别是轮轨纵向、横向和切向蠕滑率;g_{pm} 代表轮轨几何参数;δ_{wr} 表示轮轨之间的相对压缩量。

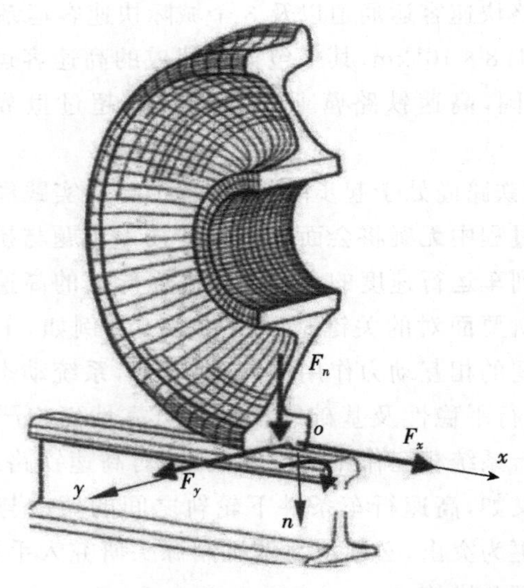

图 1　轮轨滚动接触时轮轨之间的作用力分量

车辆系统和轨道系统需要通过式(1)耦合起来。长期以来,铁路和相关研究人员一直在寻找和改进关系式(1),企图得到精确、快速和可靠的轮轨滚动接触数学模型,来提高车辆系统动力学的仿真水平和精度。Carter[4] 将钢轨看作弹性半空间体,用弹性圆柱体模拟车轮,并将两者物性常数取为一致,借助于 Hertz 理论和弹性半空间理论求解这二维弹性体滚动接触问题,提出了关于 F_x 和 ξ_x 的解析的非线性数学表达式,该模型虽然只能解决二维弹性滚动接触问题,但仍然作为现代铁路轮轨力模型之一,得到较广泛应

用[5],Johnson 和 Vermeulen 推广了 Carter 模型,将圆形接触区的滚动接触推广到椭圆接触区的滚动接触的研究,提出了关于纵、横向蠕滑率/力定律的三次渐近曲线[6],即(F_x, F_y)和(ξ_x, ξ_y)的非线性关系定律,这个定律忽略轮轨接触面之间相对转动的影响,Kalker 建立了(F_x, F_y, M_n)和(ξ_x, ξ_y, ϕ)之间的线性关系方程[7],此关系方程仅仅适合于轮轨之间存在微小的滑动量,即(ξ_x, ξ_y, ϕ)都非常小,轮轨接触斑上几乎没有滑动区域出现。Shen 等合成了 Johnson 和 Vermeulen 三次渐近曲线和线性关系方程[8],建立了(F_x, F_y, M_n)和(ξ_x, ξ_y, ϕ)非线性解析关系,该模型适合轮轨之间的小自旋滚动接触情况,目前广泛用于车辆系统动力学分析[9]。

为了寻找适合工程应用的满足 Hertz 滚动接触条件下的蠕滑率/力的快速计算模型,从 1973 年至 1982 年,Kalker 致力于滚动接触简化理论以及相应数值方法研究[10,11]。假设接触区上任意点处沿某方向的弹性位移仅与作用在同一点且沿该位移方向上的力有关,因而法向分布力只能取与法向变形相同的形式,即抛物面形式,而不是椭球形式。接触斑上切向单位力与同向弹性位移之关系常数(柔度系数),借用 Kalker 的线性模型确定。该理论的特点是概念直观简单,其配套程序 FASTSIM 运行速度快,对大自旋、大蠕滑情形也能适用;除此之外,该理论在数值实现过程中将椭圆接触区划分成若个矩形单元并借助于差分方法,由接触区前沿向后沿进行链式求解,并引入前沿边界切向力为零和 Coulomb 摩擦约束条件,数值结果能给出接触斑黏滑区的正确划分和切向分布情况,因而深受铁路车辆动力学研究人员的普遍欢迎。

考虑到实际轮轨接触点发生在轮轨踏面不同圆弧曲率半径交界处时,将不满足 Hertz 接触条件,需要寻找新的、更精确、更符合实际的轮轨力计算模型。Kalker 进一步研究了非赫兹的滚动接触理论,借助于弹性力学理论和数学规划方法,发展了三维弹性体滚动接触理论和相应的数值程序 CONTACT[12]。CONTACT 能够得到更多更加详细的轮轨滚动接触行为的信息,如总的轮轨力和蠕滑率之间数值关系、接触斑大小、黏滑区的大小和形状、轮轨界面滑动量的分布、轮轨体内的应力/应变场等[13],可求解 Hertz 和非 Hertz 法向问题、增量形式的滑移接触问题、稳态和非稳态滚动接触问题,也可以求解相互接触物体内部的弹性场。但由于该理论在数值实现过程中借助 Bossinesq 和 Cerruti 弹性无限半空间力/位移公式,所以,在求解共形滚动接触问题(如轮缘与钢轨贴靠时产生共形接触)时会产生一定的误差,另外,CONTACT 计算速度较慢,难以直接应用于车辆-轨道耦合动力学快速仿真计算。

关于轮轨法向力的计算,主要借助于 Hertz 非线性接触弹簧[1],弹簧的比例系数取决于轮轨几何型面与材料特性,该方法在实践中被证明是简单有效的。

对于滚动接触问题的理论研究和数值方法,目前仍有几大困难有待解决:①对于高速滚动和非稳态滚动接触,由于分析计算距离较长,考虑到计算的容量,需要发展合适的自适应网格技术,即能自动跟踪可能接触区的精细网格技术;②接触形成的切向条件,尤其是在物体刚体运动条件下,物体之间切向大滑动、弹塑性滑动和切向力之间本构关系的确定;③物体在反复滚动条件下,材料的塑性累积变形和棘轮效应问题;④材料缺陷的存在、滚动接触表面微观粗糙度、温度、第三介质(如固体粒、液体膜和其他有机物等)的影响问题。解决这些问题需要长时间的努力,才能建立滚动接触问题的统一理论模型,为高速轮轨关系问题行为仿真、轮轨黏着机理分析、疲劳和损伤交互机制研究、轮轨材料失效研究、轮轨选材研究提供重要手段，不仅大量节约设计、运营成本，而且对安全预估和控制具有十分重要意义。

2.2　高速铁路轮轨滚动接触问题

轮轨滚动接触问题一直是铁路工程中的难题之一，随着列车运行速度的大幅度提高，轮轨滚动接触问题将更为突出。高速列车运行中面临的轮轨滚动接触问题主要有：轮轨黏着问题、轮轨滚动接触疲劳问题、轮轨接触表面磨损和轮轨噪声等。

列车的牵引和制动是依靠轮轨滚动接触过程中的轮轨摩擦力效应而实现的。摩擦力的大小取决于轮轨黏着效果。研究高速列车轮轨黏着问题的目的就是要在不损伤轮轨接触表面的前提下有效提高高速动车的牵引力和制动力。影响轮轨黏着力的因素主要是轮轨接触表面的几何形状、接触表面的粗糙度和“第三介质”（如水、油和其他有机污染物）、材料强度、环境温度、轮轨之间的相对滚动滑动速度等。接触表面的粗糙度和“第三介质”会使轮轨的黏着力降低。利用增黏剂可提高黏着力，然而目前还没有充分研究增黏剂的力学性质及其对轮轨滚动接触力学行为和轮轨材料破坏程度的影响情况，尚处于凭经验和试验结果直接应用于工程的阶段[14]。现已表明，在高速条件和轮轨界面有水介质存在的条件下，轮轨黏着力有明显下降的趋势，但导致这种现象的机理至今尚未弄清楚，这个问题的研究对高速列车牵引功率的设计和规程的制定以及黏着控制的研究是十分重要的。值得注意的是，在研究提高轮轨滚动接触过程中的黏着效果的同时，不可一味地追求黏着效果，还要考虑轮轨材料强度所承受的能力，取得均衡发展。

轮轨接触疲劳和磨损是轮轨运输方式不可避免的问题，也是难以解决的老问题[15]，轮轨滚动接触疲劳破坏现象主要表现为轮轨接触表面剥离、扁疤、龟裂、钢轨斜裂纹、钢轨压溃及断裂、道岔和钢轨焊接接头冲击损伤等，图2是实际应用中广泛存在的一些轮轨滚动接触疲劳损伤和磨损现象。这些破坏现象和很多因素有关，如轮轨的运动行为、轮轨之间的动作用力、轮轨摩擦系数、接触界面的“第三介质”、轮轨接触表面的粗糙度、轮轨材料及加工留下的“先天性”缺陷和车辆、轨道结构动力特性等。所以，解决此类问题需要涉及许多学科，如固体力学、动力学、摩擦学、材料学和传热学等。目前在轮轨滚动接触疲劳研究方面的研究成果显得较零散，试验研究结果较多，理论和数值结果较少。人们采取了各种方法和措施来阻止和减少它，例如，研制轮轨新材料增加强度[16,17]，优化轮轨几何型面以减少轮轨接触应力[18]，改善车辆和轨道结构动力性能来减少轮轨之间的

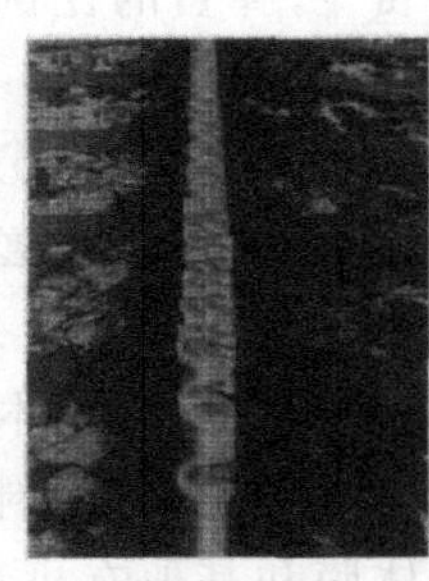
(a)钢轨表面压溃

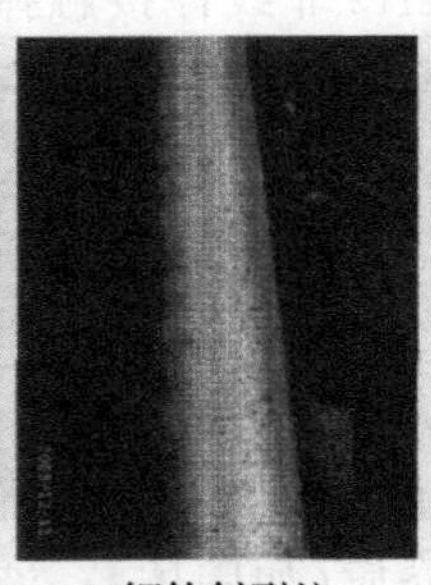
(b)钢轨斜裂纹

(c)直线钢轨波磨

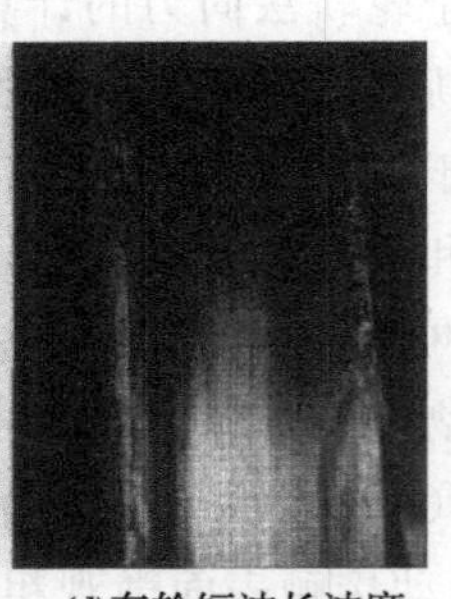
(d)车轮短波长波磨（实验结果）

图2　一些典型的轮轨滚动接触疲劳破坏和磨损现象

动力作用等,但效果仍不很理想。过去我国铁路每年因更换和维修疲劳破坏的轮轨费用超过 80 亿元,随着高速铁路的大规模发展,可能会面临更加严重的轮轨接触疲劳问题,它不仅会大大增加铁路的运营成本,而且还可能危害高速行车安全。德国 ICE 高速列车就曾因车轮疲劳裂纹破坏最终引发高速列车脱轨,造成 101 人死亡、84 人重伤、经济损失约 2 亿马克的惨烈事故。因此,深入开展高速轮轨疲劳损伤机理和治理措施的研究是今后值得关注的重要方向。

高速铁路的轮轨磨损问题不容忽视。高速铁路由于采用大半径曲线而使在普通线路(特别是重载铁路)上广泛出现的曲线侧磨问题得以减轻,然而,波浪形磨耗问题不但没有减缓反而更加频繁。所谓波浪形磨耗,是指铁路钢轨在使用不久后平顺的接触表面出现的周期性的波状磨耗现象,简称波磨。钢轨波磨是轮轨破坏现象中很难解决的问题,人们对钢轨波浪形磨耗的观察和研究已有一百多年的历史,但至今还未形成统一的认识,也没有找到消除它的好办法[19],属于世界性的难题。高速行车条件下,钢轨波磨会导致轮轨系统产生强烈的振动冲击与噪声,严重影响高速列车的运行品质和旅客的乘坐舒适性,特别是短波长波浪形磨耗的危害更大。图 3 给出了行车速度分别为 100km/h 和 250km/h 时钢轨表面存在 20cm 短波长波磨所引起的轮轨动作用力变化,由图可见,列车高速运行时,轮轨动态响应对短波长不平顺十分敏感,短波长波磨可激起很大的周期性的轮轨冲击力,并能引起轮轨瞬时脱离(轮轨力为零)。严重的波磨甚至会导致列车脱轨事故的发生。关于波磨的成因,目前主要从材料的两种破坏机理上分析钢轨波磨的形成和发展规律,即材料磨损破坏机理和材料塑性变形破坏机理。多数文献在波磨计算分析方面考虑材料磨损破坏机理[20,21],很少文献考虑材料塑性流动机理[22,23]。而材料磨损量的计算模型是假设接触表面上单位面积的磨损量正比于接触表面摩擦功密度[24,25],这是一个十分粗糙的模型,忽略了材料在反复碾压下硬化过程和温度的影响。材料磨损破坏过程实际上也是轮轨接触表面因较大的摩擦力引起接触表面材料在小尺度深度范围内塑性变形不断增大、丧失承载能力、形成微观裂纹以致贯穿,导致接触表面材料小块剥离。另外,钢轨接触面材料磨损和塑性流动是同时发生的,但目前在理论上和计算方法上还不能同时处理它们。

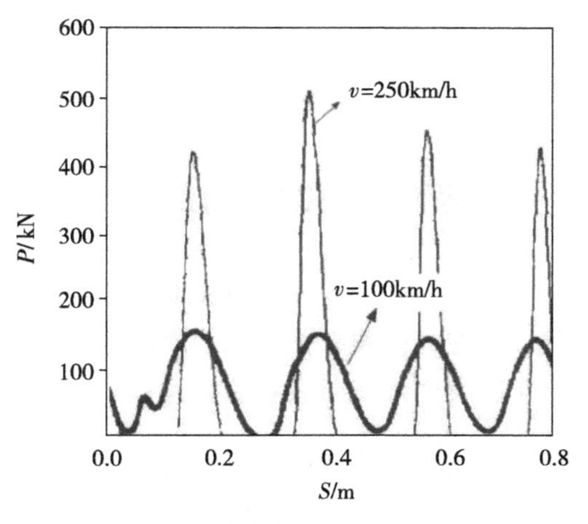

图 3 高低速行车条件下短波长(20 cm)波磨引起的轮轨动作用力响应

高速轮轨滚动接触带来的另一个突出问题是轮轨噪声。以前的研究与测试表明,当列车行驶速度低于 250km/h 时,轮轨噪声在高速铁路噪声中占有主要部分,随着车速的进一步提高,空气动力噪声迅速增强。近年来,由于高速列车车头和车身的气动外形不断改进,即使运行速度在 300km/h 以上,轮轨噪声仍然有可能占较主导的地位,如图 4 所示的京津城际高速列车噪声测试结果,充分说明了高速轮轨噪声的严重性。轮轨辐射出的噪声可以归纳为如下 3 类[26]:①由于轮轨接触表面粗糙度引起的滚动噪声;②由于轮轨表面擦伤、剥离、波浪型磨耗,以及轮对通过接头和道岔处引起轮轨冲击振动而产生的冲击噪声；③车轮通过曲线时由于轮轨滚滑接触引起的高频叫啸声。由此可见，开展轮轨噪声问题的研究虽涉及许多领域，但本质上离不开轮轨蠕滑理论和滚动接触力学。目前解决轮轨噪声问题的较成功技术主要包括钢轨打磨技术（轨道方面）和弹性车轮技术（车辆方面），但是弹性车轮结构和强度存在严重问题，目前还不能用于高速列车（因德国ICE高速列车曾使用弹性车轮出了重大安全事故）。在理论和数值研究方面，欧洲铁路发达国家较早开展了系列研究工作，尤其是欧洲铁路研究所开发了分析轨道轮对相互作用的噪声软件TWINS[27,28]，该分析系统着重考虑轮轨接触表面上波长（1～50）cm、峰值（0～50）μm范围内的粗糙度谱引起的轮轨高频接触振动在空气中传播产生的声波，但还不能精确模拟环境稳态和非稳态声场，这就难以准确设计低噪声的轮轨最优结构。

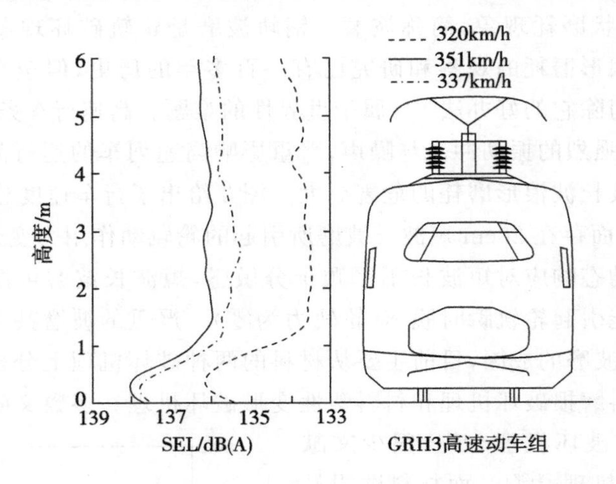

图4　离轨面不同高度处京津城际高速列车噪声测试结果

3　高速列车关键结构部件疲劳问题

疲劳断裂是高速轨道交通车辆的关键力学问题之一。因为车轮疲劳裂纹，1998年6月3日在德国埃舍德小镇造成高速列车脱轨，致使101人死亡、200多人受伤，因此，确保列车不发生疲劳断裂事故，对高速列车安全、可靠、高效运行至关重要。

3.1　疲劳可靠性基础问题研究进展

西欧、美国和日本等国学者在疲劳可靠性方面开展了一系列有针对性的基础研究[29-33]。2005年，Zerbst等曾对研究进展做了具有一定代表性的总结[34]。概括起来，国际上针对高速列车疲劳研究的新进展主要体现在超长疲劳寿命问题、疲劳短裂纹问题和服役安全控制3方面：

（1）高速列车车轮-车轴实际服役寿命在2×10^9 cycles左右[35]，属于超长疲劳寿命范畴，由于服役条件的复杂性和随机性，包含异常天气如雪天的影响、轨面的不平顺和强化表面局部损伤容易造成腐蚀等非常规损伤[36]，在超长疲劳寿命理论尚未建立的情况下，仍按传统“疲劳极限”概念采用安全系数法进行设计。车轮、车轴和转向架构架的设计标准EN 13979-1，EN 13104与EN 15085-3也体现了这一点。

(2)从短裂纹行为理论出发，控制材料质量，保证结构疲劳裂纹萌生寿命。把“疲劳极限”理解为宏观裂纹的萌生，之前材料疲劳过程要经历微观结构障碍影响的短裂纹扩展阶段，不仅与应力水平相关，还与材料微观组织结构的形态、大小及止裂行为相关[37]。如图5的循环应力范围 $\Delta\sigma$ 曲线所示，当裂纹尺度 a 大于临界扩展值 a_0，与短裂纹止裂行为相联系，“疲劳极限”是多态的。应用短裂纹扩展模型，结合描述短裂纹扩展当量 J 积分参量 P_J，可确定材料的裂纹萌生寿命 S-N 曲线[38]

$$P_J=\frac{J_{\mathrm{eff}}}{a}=1.24\,\frac{(\sigma_{\max}-\sigma_{\mathrm{cl}})^2}{E}+\frac{1.02}{\sqrt{n'}}(\sigma_{\max}-\sigma_{\mathrm{cl}})\left[(\varepsilon_{\max}-\varepsilon_{\mathrm{cl}})-\frac{(\sigma_{\max}-\sigma_{\mathrm{cl}})}{E}\right] \tag{2}$$

式中，a 和 J_{eff} 分别是短裂纹尺度及其当量 J 积分；E 和 n' 分别是弹性模量与材料塑性指数；$\sigma_{\max}$ 和 $\varepsilon_{\max}$ 分别是最大疲劳应力及应变；σ_{cl} 和 $\varepsilon_{\mathrm{cl}}$ 分别是短裂纹闭合应力及应变。

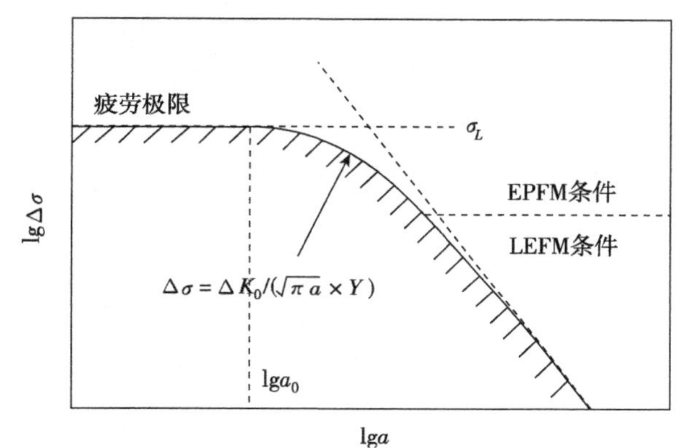

图5 疲劳极限与短裂纹尺度的关系(Kitagawa图；EPFM代表弹塑性断裂力学，LEFM代表线弹性断裂力学)[29]

(3)为保证服役安全，与无损检测(NDI)技术和维修时间周期相联系，基于断裂力学损伤容限法，通过剩余寿命估计可确定零部件每一检测与维修周期的临界安全尺度指标。所采用的(长)裂纹扩展模型称之为NASGRO模型[39]

$$\frac{\mathrm{d}a}{\mathrm{d}N}=C(\Delta K_{\mathrm{eff}})^n\,\frac{\left[1-\dfrac{\Delta K_0}{\Delta K_{\mathrm{eff}}}\right]^p}{\left[1-\dfrac{K_{\max}}{K_{Jc}}\right]^q} \tag{3}$$

式中，$\Delta K_{\mathrm{eff}}=K_{\max}-K_{\mathrm{op}}$；材料常数 C 和 n 按 Paris 公式获得，钢的上限值为[40]：$C=1.6475\times10^{11}$ (da/dN 单位为 m/cycle，ΔK_{eff} 的单位为 MPa · $\mathrm{m}^{0.5}$)，$n=3$；ΔK_0 为门槛值，p 为经验常数，而 $(1-\Delta K_0/\Delta K_{\mathrm{eff}})^p$ 则描述近门槛值区域，保守的 $\Delta K_0=2\mathrm{MPa}\cdot\mathrm{m}^{0.5}$；$K_{\max}$ 为一个加载循环的最大应力强度因子，q 为经验常数，而 $(1-K_{\max}/\Delta K_{Jc})^q$ 则描述近瞬断区域。结合NDI设备的能力，可确定安全检测/检修时机。值得注意的是，去除裂纹的维修效应及安全检测/检修时机的确定，不仅与材料及结构几何形态有关，还与初始裂纹形状、尺寸、载荷的矢量特征及历程和维修工艺相关，这一工作需要结合现场考察与试验研究来进行[41]。

在国内，针对上述3个基础问题，西南交通大学也做了一系列研究工作：

(1)通过车轴材料试验，揭示了在超长疲劳寿命范围疲劳裂纹的萌生部位，由结构表面加工、意外损伤或材料缺陷等弱相与内部材料缺陷如夹杂等弱相通过疲劳损伤的竞争机制来决定[42]。考虑到生产变幅载荷不存在"疲劳极限",现有超声试验法要实现工程应用,需要解决频率效应及热影响问题,以及现有微试样常频试验法要实现工程应用,需要解决尺度效应、花费时间过长等问题,将"疲劳极限"视为给定寿命下的疲劳强度,建立了确定这一强度的极大似然法[43]。利用这一强度和常规疲劳 S-N 曲线试验数据,如图 6 所示(图中横坐标为循环次数,纵坐标为循环应力幅),提出了经过常频试验数据验证的确定含超长寿命范围疲劳可靠性 S-N 曲线的协同概率外推法。通过比较实物车轴与材料试样实验数据,建立了尺度和表面质量综合效应关系[44]。考虑材料循环应力-应变关系随机性,建立了含超长寿命范围的疲劳可靠性分析及可靠性设计 Goodman 图的构造方法[45]。

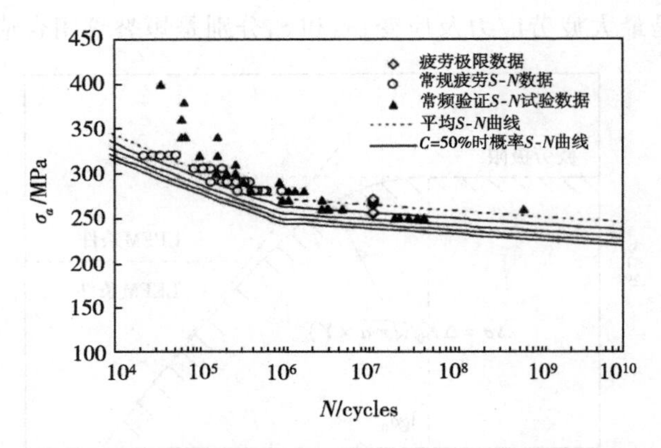

图 6　协同概率外推法确定的 LZ50 车轴钢疲劳可靠性 S-N 曲线及常频验证数据[42]

(2)通过光滑表面车轴钢复型试验,按照有效短裂纹理论,初步建立了多微观组织结构障碍下长-短疲劳裂纹统一扩展模型[46]

$$\frac{\mathrm{d}a}{\mathrm{d}N}=F_i(a)=G_{oi}+\frac{A_i}{EK}[\Delta K^2-f_i(a)\Delta K_{d_i}^2]^{m_i}\quad(a_{i-1}\leqslant a\leqslant a_i)\tag{4}$$

其中,ΔK 是应力强度因子范围,$f_i(a)$是微观组织结构障碍 d_i 的阻力函数,ΔK_{d_i} 是克服障碍 d_i 需要的应力强度因子;G_{oi},A_i 和 m_i 是受障碍 d_i 影响进入第 i 障碍周期的材料常数。寿命周期范围的疲劳短裂纹扩展率模型为

$$\frac{\mathrm{d}a}{\mathrm{d}N}=\sum_{j=1}^{n_g}\sum_{i=1}^{n_b}F_i(a)\quad(a_{i-1}\leqslant a\leqslant a_i\leqslant a_c;j=1,2,\cdots,n_g)\tag{5}$$

其中,n_g 和 n_b 分别是循环最大微观结构障碍的重复次数和障碍个数。图 7 给出了 LZ50 车轴钢典型试样的多障碍疲劳短裂纹扩展率试验值及模型预测曲线。利用该模型,可确定材料最大微观结构障碍尺度相关的材料物理"疲劳极限";并根据损伤容限法,设计出一定载荷条件下具有期望寿命的结构;结合 NDI 技术,根据结构损伤状态,预测出剩余疲劳寿命,确定结构的临界安全尺度和合理的维修时机。

(3)为了确保运营安全,提高预测的准确性,针对车轴钢系统完成了断裂韧度 K_{IC} 试验、疲劳起裂门槛值 ΔK_{th} 试验及疲劳裂纹扩展试验,经过系统比较探索,提出了如下包含 ΔK_{th},K_{IC} 和循环比 R 的长裂纹扩展模型

$$\frac{\mathrm{d}a}{\mathrm{d}N}=\frac{D}{(1-R)K_{\mathrm{IC}}-\Delta K}\left[\frac{2(\Delta K-\Delta K_{\mathrm{th}})}{1-R}\right]^m\tag{6}$$

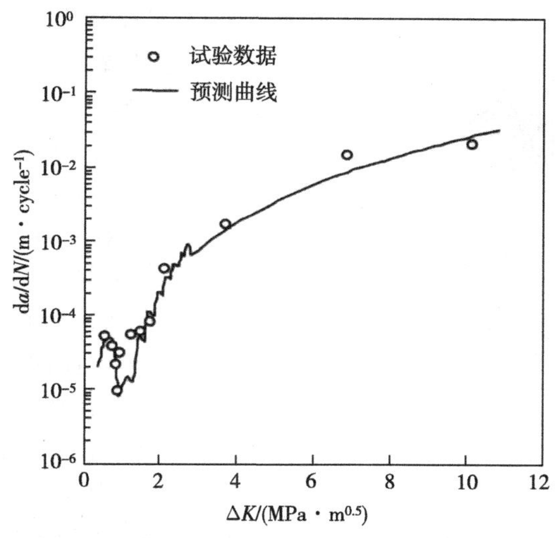

图 7 LZ50 车轴钢疲劳短裂纹扩展率试验数据与模型预测曲线

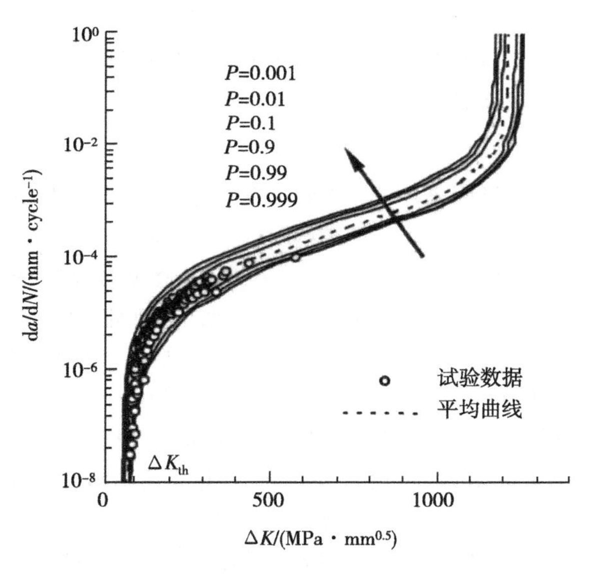

图 8 LZ50 车轴钢的试验数据及可靠性模型的效果

式中,D 和 m 是材料常数。该模型材料常数少,通过常规试验就能完成方程测定,这一方程的可靠性模型及对 LZ50 车轴钢试验数据的描述效果见图 8(图中 P 代表存活概率)[47]。

3.2 高速列车关键零部件的疲劳问题研究进展

在实践中,根据轨道车辆的服役载荷特点、失效案例和运输管理要求,针对高速列车结构疲劳问题的研究及应用,主要集中在车轴、车轮和转向架构架等关键零部件方面。

3.2.1 车轴

对车轴而言,德国、日本和俄罗斯的车轴失效率分别约为 1.6 根/年、2 根/年和 0.3%[6]。日本车轴的裂纹萌生寿命约为 4×10^8 cycles,约 150 万 km,自 1957 年采用超声 NDI 技术后年车轴失效率从 6 根/年逐渐下降至 2 根/年[48]。法国自 1970 年采用超声

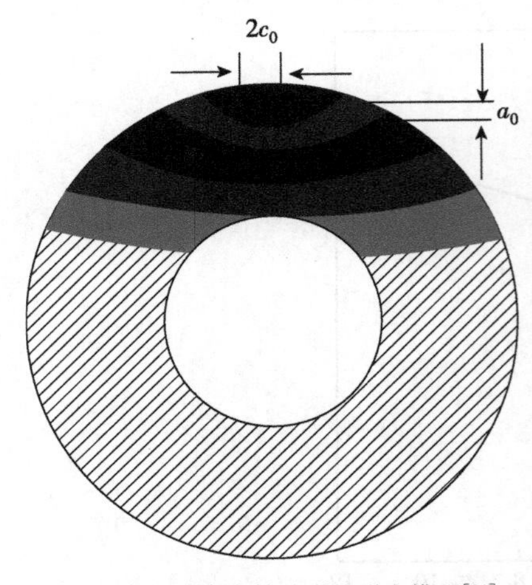

图 9　高速列车车轴的裂纹形态模型[34]

NDI 技术后，少见车轴失效，为了进一步减小车轴失效率，法国高速铁路进一步采用了周期性去除轮座部位小裂纹的做法[49]。在检修周期方面，英国采用间隔 200 天约 2.4×10^5 km 实施超声检测和间隔 800 天约 10^6 km 进行磁粉探伤的策略[50]。在日本，每 3×10^4 km 对车轴实施不退转向架的超声检测，每 4.5×10^4 km 在对转向架构架实施检测时及每 9×10^5 km 对列车做总体检测时退轮对车轴做磁粉探伤检测[51]。如图 9 所示，车轴疲劳裂纹扩展一旦进入长裂纹阶段，可视为从半圆或半椭圆开始、扩展中椭圆率 a/c 逐渐下降的疲劳损伤过程，这一过程的实际剩余寿命很短。

我国应用欧洲标准 EN13104 研究过高速列车空心车轴的疲劳设计方法[52]。利用车辆动力学方法获得的轮轴载荷预测过车轴的疲劳寿命[53]。考虑车轮擦伤造成的附加冲击载荷，应用前述含超长寿命疲劳可靠性分析方法和长裂纹扩展模型，预测评估过车轴的超长服役寿命、可靠性和临界安全裂纹尺度[54,55]。

3.2.2　车轮

对车轮而言，欧洲服役经验证明，在满足现有规范要求条件下，只有当材料断裂韧度小于一定值时(如 R7 级钢 6 个试样小于 $70\text{MPa}\cdot\text{m}^{0.5}$)才会出现车轮断裂事故。在高的牵引载荷情况下，制动可能使制动盘出现表面裂纹、残余应力及应变硬化现象，在接触区域产生塑性变形；周期性的塑性变形累积将导致所谓的“棘轮”现象，形成表面裂纹[56]，进而沿周向形成剥离裂纹，很少扩展成为尺寸很大的裂纹[57]。同时，由于夹杂及珠光体微观组织受剪应力作用，车轮踏面次表面可能发生开裂[56]。Mutton 等的检测结果表明[58]，起裂深度大约为(3～5)mm(图 10)，离轮辋背面的距离约(75～105)mm。这一裂纹通常由轨道不规则因素如道岔、钢轨接头处的冲击载荷造成。次表面裂纹一般平行踏面或与踏面呈一定斜角，一部分会分岔，沿径向扩展[59]。由于受到复杂的非比例三维应力、裂纹面摩擦损伤、过载及裂尖塑性堆积效应共同作用，现有断裂力学理论、材料各向同性假设难以适用[56,60]。同时，毛细管效应使车轮裂纹“扩展-闭合”出现所谓“水压机制”，阻止裂纹闭合，加速裂纹扩展[61]。

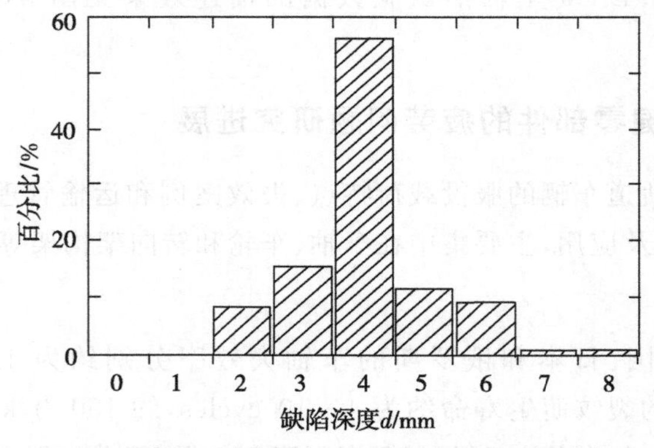

图 10　车轮踏面次表面发生开裂部位的深度分布[56]

国内根据 EN 13979-1 标准探索了车轮疲劳强度设计法[62]。考虑车轮擦伤对车辆附加动载荷的贡献,从保障车轴在规定检测/维修时间周期内安全可靠角度,确定了车轮临界擦伤尺度指标[63]。

有限元、边界元法已被应用于车轮的断裂力学分析中[64]。Gimènezo[65]模拟了从车轮踏面边槽萌生表面疲劳裂纹的行为规律,发现断裂韧度对剩余寿命影响很小,而门槛值与残余应力影响很大。Guagliano 等[66]介绍了在轮轨接触载荷作用下车轮内藏片状裂纹应力强度因子的计算方法。Akama 等[67]应用边界元法,考虑裂纹面剪切摩擦和"水压机制",分析比较了复合Ⅰ型(拉压载荷型)、Ⅱ型(剪切载荷型)条件的表面斜裂纹的扩展行为。Kuna 等[68]应用健壮分析法分析了踏面表面裂纹、轮辋内嵌裂纹应力强度因子及剩余寿命。欧洲标准 EN 13262(也见:UIC leaflet 812-3)自 1998 年起引入基于断裂力学参数化的设计方法。

3.2.3 转向架构架

焊接头的疲劳安全性是影响高速列车转向架构架疲劳的关键因素。Dahle[69]比较了超长寿命范围焊接头在谱应力与恒幅载荷作用下的结果,表明在低应力幅下疲劳寿命与载荷类型很敏感,现有规范中的数据很不合理。Blom[70]通过完成 5 种载荷谱焊接头和地铁转向架焊接头实物试验及残余应力测试,揭示了大约寿命分数 8%时残余应力松弛到 50%;在低应力范围,现有规范对铁路载荷谱的分析结果很不准确且偏于危险。由于尚无好的方法确定焊接头的初始缺陷尺度,断裂力学方法尚难以应用于解决焊接结构的疲劳安全性评定问题。Raison 等[71]介绍了法国高速列车 TGV 转向架构架设计的 3 个基本要素与事例,3 个基本要素包括寿命周期载荷确定、结构所有转折截面的应力分析和与焊接头类型相关的 $C=95\%$,$P=97.5\%$"疲劳极限"Goodman 评价图。目前,我国及韩国新引进的高速列车转向架都按照欧洲标准进行分析校核[72]。

4 高速列车与线路结构动态相互作用问题

高速列车与线路系统之间的动态相互作用是轮轨高速铁路的基本问题,也是轮轨大系统中难以解决的关键问题。高速铁路线路结构是高速列车的支承基础,主要包括轨道结构、路基结构、桥梁结构 3 大部分。高速列车在路基线路及桥梁结构上运行,构成高速列车-轨道结构-承载基础振动体系(图 11)。

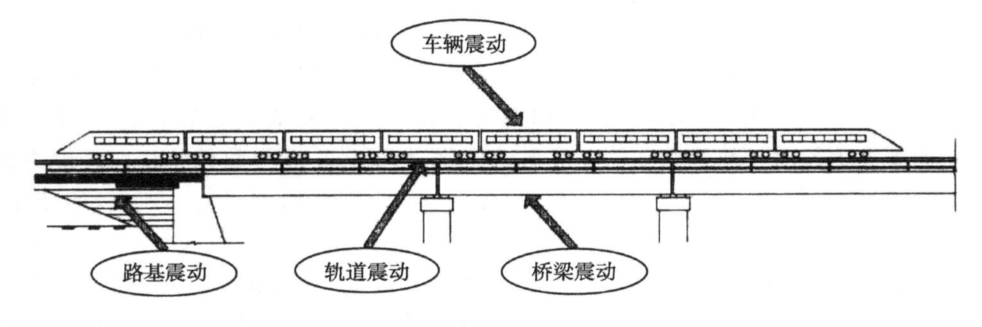

图 11 高速列车与线路结构振动体系

高速列车与线路结构的动态相互作用主要是指机车车辆与轨道、路基及桥梁系统之间的动态相互作用(图 12),这里首先需要研究各子系统间的动态相互作用机制、高速列车运行载荷在基础结构中的传递规律以及振动耦合关系,在此基础上,需要着重研究高速列车运行对基础结构产生的动力作用特性以及不同基础结构对高速行车动态行为的影响规律,最终的目标是,最大限度地减轻高速列车与铁路基础结构的动态相互作用,使各子系统之间相互协调匹配,使高速轮轨大系统动力性能最优。显然,研究这样的问题应该采用铁路大系统动力学理论研究方法[73]。

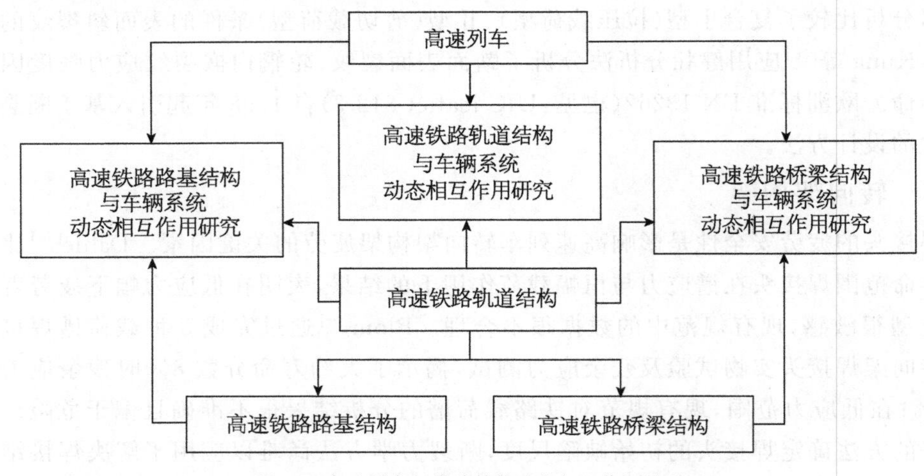

图 12 高速列车与线路结构动态相互作用关系

4.1 高速列车与轨道结构动态相互作用

从高速列车运行系统组成特征来看,高速列车与线路系统的相互作用首先体现在高速列车与轨道结构的动态相互作用上,其核心是轮轨动态耦合关系。长期以来,国内外在这方面开展了大量卓有成效的基础研究工作,特别是近 20 年来所开展的车辆-轨道耦合动力学理论研究[1,74-76],成为研究热点,取得了显著进展,是研究高速列车与轨道结构动态相互作用的基本方法,得到了较好的工程应用。

车辆-轨道耦合动力学的基本学术思想是[1],将车辆系统和轨道系统视为一个相互作用、相互耦合的整体大系统,将轮轨相互作用关系作为连接这两个子系统的“纽带”,综合考察车辆在弹性(阻尼)轨道结构上的动态运行行为、轮轨动态相互作用特性,以及车辆对线路的动力作用规律。图 13 诠释了车辆系统与轨道系统之间通过轮轨界面而形成的动态耦合作用机制。在轮轨系统激扰下,轮轨之间的作用力将出现动态变化;轮轨动作用力向上传递引起车辆系统振动,向下传递致使轨道结构振动;而车辆系统中轮对的振动和轨道系统中钢轨的振动,将直接引起轮轨接触几何关系的动态变化;在轮轨接触点的法向平面上导致轮轨弹性压缩变形量的变化,从而进一步导致轮轨法向接触力的变化;在轮轨接触点的切向平面内引起轮轨蠕滑率(取决于轮、轨相对运动速度)的变化,从而进一步引起轮轨切向蠕滑力的变化;而轮轨接触点处作用力的动态变化,反过来又会影响车辆、轨道系统振动(包括轮对和钢轨的振动);如此循环,耦合叠加,这种相互反馈作用将使车辆-轨道系统处于特定的耦合振动形态之中,最终决定着整个车辆-轨道系统的动态行为特征。

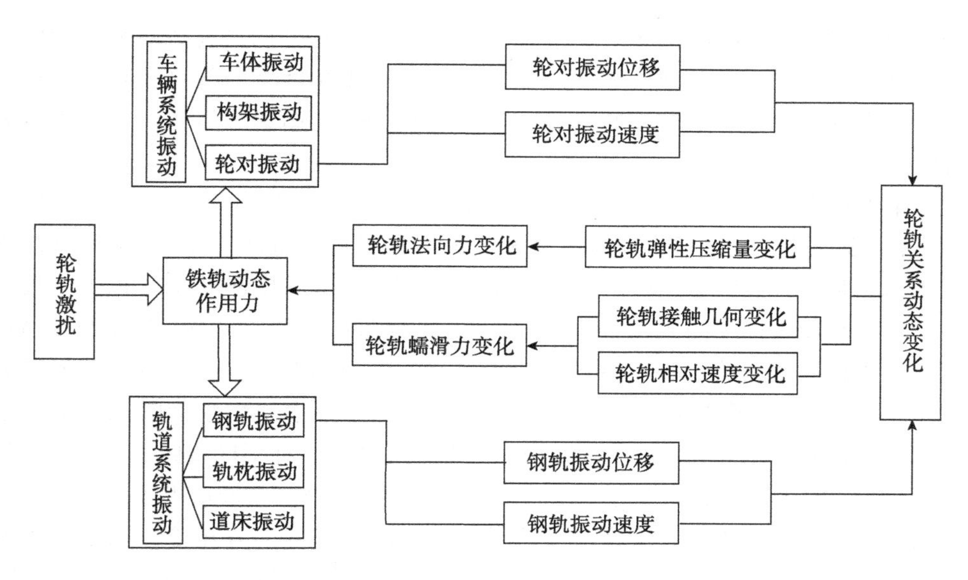

图 13 车辆—轨道动态耦合作用机制[1]

高速列车与轨道结构的动态相互作用涉及一系列工程实际问题。首先是高速列车对轨道结构的动力作用问题。高速铁路轮轨系统中广泛存在着各种各样的振动激扰源，既有轨面的局部凹凸不平顺，如钢轨焊缝、轨头压溃或轨面剥离等；又含有周期性不平顺，如波形线路、波浪形磨耗钢轨、偏心车轮等；此外，还存在扣件失效、空吊板以及不同轨道结构(或轨下基础)过渡段刚度突变而引起的轨下基础支承弹性不均匀现象。所有这些均是导致高速铁路轮轨系统垂向动力作用的根源，列车高速通过时将会对轨道结构产生剧烈的振动冲击作用，同时也会加剧车轮及转向架结构部件疲劳。因此应研究减轻高速列车对轨道结构动力作用的技术途径。

其次是高速列车系统与轨道结构刚度的匹配问题。高速铁路轨道系统刚度对高速列车运行品质有重要影响，一般而言，轨道结构弹性的下降会导致轮轨动力作用增强，进而影响到其上高速车辆的动态运行行为[77]。目前我国高速铁路大规模采用无砟轨道结构型式，而无砟轨道结构刚度大大高于传统的有砟轨道刚度，因此有必要深入研究满足高速列车运行品质要求的无砟轨道刚度匹配关系。为此首先需要建立无砟轨道振动分析模型。图 14 是高速铁路板式轨道(应用最为广泛的无砟轨道)动力分析模型，为简化建模，视钢轨为连续弹性点支承基础上的欧拉梁，轨道板的垂向振动按弹性地基上的等厚度矩形薄板考虑，而横向可视为刚体运动。图 14 中，K_{pv}，C_{pv} 和 K_{ph}，C_{ph} 分别是钢轨扣件垂向和横向刚度与阻尼；K_{sv} 和 C_{sv} 分别是轨道板下 CA 砂浆层的垂向支承刚度与阻尼，K_{sh} 和 C_{sh} 分别是轨道板与 CA 砂浆层间的横向刚度与阻尼。将无砟轨道模型替换车辆-轨道耦合动力学模型中的有砟轨道模型[1]，即可实施本问题的分析研究。

另一个重要的工程问题是高速铁路线路平纵断面对高速行车安全性与平稳性的影响。在高速(特别是 300km/h 以上速度)行车条件下，线路曲线半径、外轨超高、缓和曲线长度以及纵断面曲线对高速列车运行安全性和旅客乘坐舒适性具有十分显著的影响，特别是当平面曲线与纵断面曲线有重叠时，这种影响更为严重，也更为复杂。传统的选线设计方法已不能解决此类问题，采用车辆-轨道耦合动力学理论方法，可以揭示线路平纵断面与高速行车性能之间的相互关系，为高安全性和高舒适性的高速线路平纵断面设计提供理论基础。这方面的典型工程应用实例如我国第1条客货共线高速铁路——福厦铁路平纵面合理匹配设计[78]以及广深港（广州-深圳-香港）高速客运专线珠江段平纵断面设计[79]。

广深港客运专线中途需跨越珠江，珠江段设计速度高达300km/h。针对珠江段的特殊地理条件，设计单位提出了途经海鸥岛和途经沙仔岛两种选线方案，对每种选线方案又分别提出了采用长大隧道和采用桥隧结合两种设计方案，其中涉及30‰以上大坡度纵断面。高速列车能否以300km/h速度安全、平稳地通过如此大的纵坡？这是我国高速铁路建设工程中首次遇到的问题，是涉及选线技术经济性和高速行车安全舒适性的重大工程技术难题，必须在方案设计阶段予以解决。受设计单位委托，我们运用车辆-轨道耦合动力学理论及仿真技术，对高速列车以300km/h速度通过4种不同线路平纵断面设计方案时的运行安全性及乘车舒适性进行了全程动力学仿真分析，并根据机车车辆动力学性能评定规范进行安全评估和方案比选，最终获得了能确保高速行车安全性与舒适性的最佳线路设计方案，即途经沙仔岛的长隧道设计方案[79]，为设计部门决策提供了科学依据，被实际工程采纳。

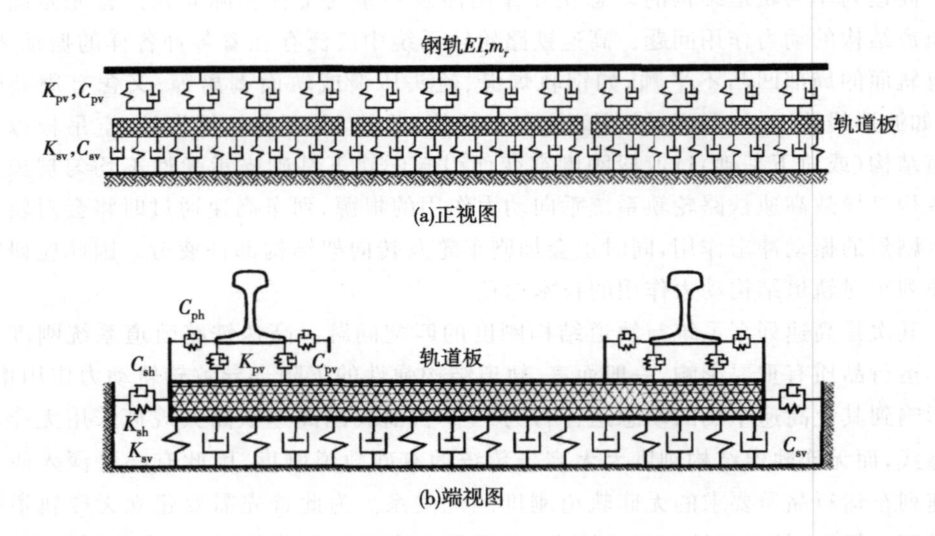

图14　高速铁路板式无砟轨道动力分析模型

4.2　高速列车与路基结构动态相互作用

路基是路堤上高速铁路轨道结构的承载基础，路基的动力特性及沉降变形对上部轨道结构几何形位有重要影响，并将进一步影响到高速列车走行性能。Auersch通过将土路基动力特性引入车辆/轨道相互作用分析的结果表明，土路基刚度主要影响低频响应[80]。因此，是否有必要详细考虑路基结构的参振作用应视所关心的具体问题而定，梁波等[81]就此开展了车辆-轨道-路基垂向耦合动力学研究。例如，为了分析高速列车载荷引起的动应力正路基中的传播特性，如路基面动应力与轴重、车速的关系及动应力沿路基纵向、横向及深度方向的变化，董亮等[82]基于一致黏弹性人工边界建立了有砟轨道高速铁路三维轨道路基有限元模型，但未考虑整个车辆与轨道及路基的动态耦合作用，仅考虑一个轮对动载荷作用。又如，为了分析高速铁路路基-桥梁过渡段的不平顺对高速行车动态性能的影响规律，则必须应用车辆-轨道耦合动力学理论模型，考虑轨下基础刚度变化影响，结果表明，由路桥结构的工后沉降差引起的轨面弯折变形是影响高速列车安全舒适运行的主要因素[83]。因此，为了解决高速列车通过路基-桥梁过渡段时的动力学问题，可从控制过渡段路基变形及合理设计过渡段长度（调整变形的变化率）入手。

为了控制高速铁路路基变形和不均匀沉降，首先需要研究高速列车重复载荷作用下路基累积沉降特性及长期服役性能演变规律。钟辉虹等[84]通过室内试验对压实黏土路基在往复列车载荷作用下的受力行为进行了研究，结果表明，路基填土在列车轮对载荷重复作用下产生的累积塑性变形大小与路基上的饱和度密切相关，随着饱和度的增加，土的动强度显著降低。苏谦等[85]设计实施了路基动态大模型试验，对不同厚度级配碎石基床表层结构的动态特性进行了研究，结果表明，填土表面动应力和基床表面弹性变形与级配碎石厚度关系密切，随级配碎石厚度的减少呈指数增加。蔡英等[86]针对路基填土在列车载荷重复作用下产生永久变形的问题，利用动三轴试验，研究了土体的临界动应力和永久应变随加载次数、加载频率和周围压力变化的规律。罗强等[87]通过动态模型试验表明，土工格室铺设于压实密度基本一致的基床表层，能降低基床承受的最大动静应力，明显降低基床产生的动静变形，显著地降低基床在重复载荷作用下产生的累积下沉。

目前尚未建立起符合高速铁路实际运营条件的列车长期重复载荷作用下路基材料的累积沉降变形计算模型，它对高速铁路服役期路基结构的动力稳定性设计与评价具有重要意义，这需要通过大量室内试验并结合高速铁路现场观测进行长期努力。目前，西南交通大学已在京津城际铁路设置了路基沉降变形长期观测试验段（图 15），包括高速列车动载荷长期作用下路基基床累积沉降变形、路堤压实沉降变形、无砟轨道结构变形等指标的观测。而关于路基不均匀沉降对高速列车走行性能的影响也是具有工程意义的动力学问题，需要结合工程实际予以分析研究。

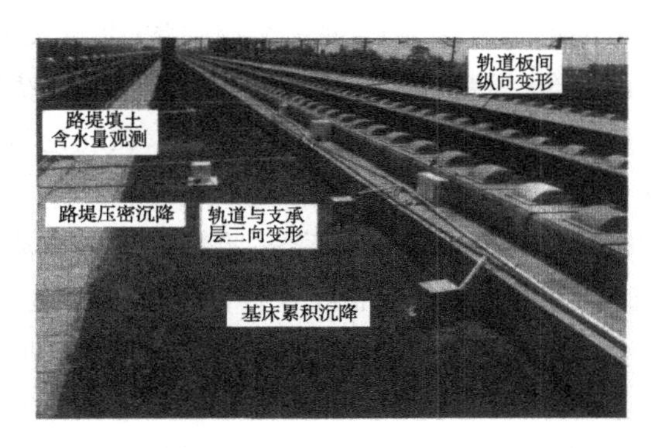

图 15 京津城际高速铁路路基沉降变形长期观测内容及传感器布置

4.3 高速列车与桥梁结构动态相互作用

高速列车通过桥梁时会对桥梁结构产生动力冲击，使桥梁产生振动，而桥梁结构的振动又反过来对桥上运行的高速列车的安全性和舒适性造成影响。可见，机车车辆与桥梁结构相互作用、相互影响[2]。显然，这种作用随着行车速度的提高而加强，高速和超高速运行对桥梁结构的动力作用远大于普速运行。

长期以来,国外在车桥振动研究方面开展了很多有价值的研究工作,比较有代表性的如日本松浦章夫[88],美国 Chu 等[89],意大利 Diana 等[90]和瑞典 Dahlberg 等[91]的研究工作。法国、日本、德国和比利时等国在高速铁路的发展过程中,都建立了繁简不一的车桥系统振动分析模型,采用计算机仿真分析的方法,对桥梁结构在高速列车作用下的动力响应问题进行了研究,为高速铁路桥梁的设计提供了重要的动力参数。近 10 年来,随着我国铁路列车提速、客运专线的建设及高速铁路的发展,国内在列车/桥梁耦合振动领域研究十分活跃[92-96],特别是结合工程实际的应用研究在我国铁路桥梁建设中发挥了十分积极的作用。

较早期开展的车桥振动研究大都以桥梁为主体,研究列车过桥时的车桥振动及由此引发的动力安全可靠性问题,主要关心低频振动,因此采用了一些简化与假设。例如,未考虑轨道结构参振影响,常常是将整个钢轨-轨枕-道床质量体系作为二期恒载加到梁体上;又如,普遍采用列车车轮位移与桥面梁体位移始终相等的假设(忽略轮轨动态作用关系)。国内外研究表明,列车对桥梁的动力冲击作用随着行车速度的提高呈非线性增长趋势。高速行车条件下,轮轨动态作用关系更趋复杂化,轮对蛇行、车轮减载甚至悬浮(轮轨瞬时脱离)、轨距动态扩大等更为严重,均会直接影响到桥上列车脱轨安全性及运行平稳性。因此需要深入研究高速列车与桥梁系统动态相互作用问题。

高速列车与桥梁结构的动态相互作用是通过桥上轮轨动态相互作用来实现的。因为高速列车作用于桥梁的动载荷首先作用于钢轨,然后由钢轨通过扣件支点将作用力传至轨枕(或轨道板),再传递给梁体[2]。因此,轮轨关系仍然是高速列车与桥梁动态相互作用的核心环节,在高速车桥振动研究中必须细致考虑这一关系,而以前的研究往往对此做了很多简化。近期的研究越来越注重对列车、线路、桥梁整体系统的研究[2,92-95],当然更需要对桥上轮轨关系作进一步细化考虑。

近 10 多年来,在铁道部组织与支持下,西南交通大学、北京交通大学、中国铁道科学研究院和中南大学组成的列车-线路-桥梁动力学联合研究组,围绕铁路提速及高速行车条件下车桥系统动力学问题一直不断地开展了合作研究,在理论与工程应用方面均取得了可喜进展。主要体现在[96]:

(1)将列车、轨道和桥梁作为一个整体大系统,将精确的轮轨动态耦合关系模型引入车桥系统动力分析,详细考虑了机车车辆非线性特性及桥上轨道结构参振影响,建立了完整的列车-轨道-桥梁动力相互作用模型,模型还可考虑桥梁两端路桥过渡段动力特性,从而能够反映列车进、出桥时的动态安全性,更加接近客观实际。作为示例,图 16 给出了针对我国高速铁路典型无砟桥式结构的高速列车-板式轨道-简支箱梁桥的动态相互作用模型(为便于表达,桥梁仅以 3 跨示意)。模型中,高速列车系统和轨道系统采用了车辆-轨道耦合动力学的建模方法(包括详细的轮轨关系),并根据实际列车编组组成列车模型,桥梁采用有限元方法建模,具体需要针对所要分析的实际桥梁结构进行建模。

(2)开发了列车-线路-桥梁动力学仿真分析大型综合软件 TTBSIM 以及满足不同特殊用途的系列专用软件。TTBSIM 软件可以分析计算不同列车编组在不同运行速度下

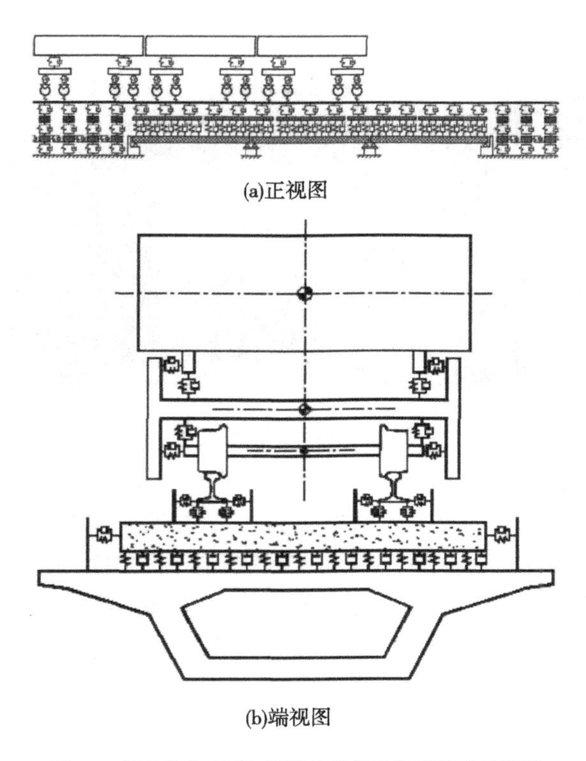

图 16 高速列车-轨道-桥梁动态相互作用模型示例[2]

通过不同结构轨道与桥梁时的列车动力学响应、轨道动力学响应及桥梁结构动力响应，获得轮轨垂向力、轮轨横向力、轮重减载率和脱轨系数等行车安全性指标，车辆振动加速度及车体平稳性指标，桥梁结构自振频率、竖向挠度、横向振幅、振动加速度及冲击系数等动力性能指标，从而可以综合评定桥梁动力性能以及列车过桥时的行车安全性与乘车舒适性。软件经过了秦沈客运专线高速列车过桥动力学试验（图 17）及京津城际铁路高速动车组过桥动力学试验（图 18）的验证，并通过铁道部组织的技术评审，可以用于我国铁路桥梁工程动力分析。

图 17 秦沈线高速列车过桥动力试验

图 18　京津城际高速铁路杨村特大桥动力试验

(3)理论与仿真技术在铁路工程中得到广泛应用实践,完成了我国铁路(160～250)km/h提速工程及200km/h以上高速铁路重大工程中各种典型桥型及梁型的动力分析与设计安全评估或设计优化,其中包括:武汉天兴洲长江大桥、南京大胜关长江大桥、济南黄河大桥和郑州黄河大桥等一系列特大型铁路桥梁,研究结果全部被用于实际工程,及时满足了我国铁路跨越式发展中高速铁路桥梁设计及提速铁路桥梁加固改造工程应用需求,社会经济效益重大。

5　展　　望

综合以上研究现状、最新进展及存在问题,结合高速铁路工程应用需求,作者认为围绕高速铁路工程中的关键固体力学问题,近期及未来应重点关注并加强以下几个方面的研究工作:

(1)在高速铁路轮轨滚动接触力学研究方面,围绕工程需求值得开展研究的工作有:研究高速及超高速行车条件下影响轮轨黏着特性的关键因素,以进一步提高高速滚动接触过程中的轮轨黏着效率;研究高速滚动接触状态下,轮轨接触表面材料疲劳损伤和摩擦磨损交互作用机制,以提高高速铁路轮轨安全使用寿命;探讨高速行车时轮轨高频冲击接触状态下,车轮非圆化和钢轨短波长波磨的形成机理及其对轮轨噪声的贡献。

(2)在高速列车关键结构部件疲劳研究方面,可期待取得进展的方向至少有两个:①为避免因高速列车零部件材料内部缺陷过大,致使疲劳裂纹萌生于内部,又不能及时检测出,从而造成安全事故,应制定控制材料化学成分、材料制备工艺、零部件加工制造工艺的基础质量保证体系,确保疲劳裂纹不会萌生于材料内部或亚表面过深部位。为突破现行规范中以"疲劳极限"为设计依据,难以确定真实期望寿命的缺陷,需要完善超长寿命范围可靠性S-N曲线的快速确定方法,建立覆盖真实超长寿命的疲劳可靠性设计、评价与寿命管理理论与方法;②由于高速列车关键部件长裂纹扩展的剩余寿命短,且较难控制其临界安全状态,应发展与应用疲劳短裂纹理论,包括3方面工作:建立根据材料微观组织结构,快速识别在高速列车服役条件下疲劳短裂纹行为机制及微观组织结构障碍,快速测定疲劳短裂纹扩展模型的方法与原则,以及测定判断结构疲劳短裂纹初始尺度的方法;结合高效NDI技术,建立快速识别、评价结构疲劳损伤状态的方法;建立科学合理的维修效果评估方法,保证服役安全的列车寿命周期维修时机的确定方法及报废安全管理策略。

(3)在高速列车与线路结构动态相互作用研究方面,通过多年的系统研究,当前已有较好的理论基础,今后的重点是进一步结合高速铁路发展中不断出现的工程实际问题开展有针对性的应用研究。例如:应用车辆-轨道耦合动力学理论研究高速列车系统与不同轨道(特别是无砟轨道)结构刚度的合理匹配,提高高速列车在无砟轨道结构上的运行平稳性,减轻高速列车对轨道结构的动力作用;研究高速列车重复载荷作用下路基累积沉降特性及长期服役性能演变规律,其目标是在准确预测路基沉降发展变化的基础上提出有效控制路基沉降的技术策略,这是当前我国高速铁路建设与运营中迫切需要解决的重大技术难题之一;研究高速铁路承载基础动力特性及沉降变形对上部轨道结构几何形位的影响关系,掌握轨道谱(线路几何不平顺)与高速列车动力学响应之间的关联关系,为高速铁路线路几何状态维护提供理论依据;研究高速铁路桥梁结构变形(梁体徐变上拱度和温度作用下的横向变形等)及墩台基础沉降对高速行车安全平稳性的影响,为制定施工期间桥梁结构变形控制标准及墩台基础沉降控制标准提供科学依据,这是我国高速铁路桥梁设计与施工中的又一难题;研究特大型铁路桥梁特别是大跨度桥梁动力特性及列车高速过桥动态安全性,优化桥梁结构,为确定高速铁路工程中大型特殊桥梁设计方案提供决策依据。

高速铁路是一个复杂的系统工程,涉及的关键力学问题很多,除了本文讨论的典型固体力学问题之外,还包括高速行车条件下的空气动力学与气动噪声问题、运动稳定性问题、弓网系统动力学问题等,需要深入研究探索,可以期望,通过广大科技工作者的不懈努力,力学将会在中国高速铁路建设与运营中发挥越来越大的作用。

参考文献

[1] 翟婉明. 车辆-轨道耦合动力学. 第三版,北京:科学出版社,2007

[2] 翟婉明,蔡成标,王开云. 高速列车-轨道-桥梁动态相互作用原理及模型. 土木工程学报,2005,38(11):132-137

[3] 金学松,张雪姗,张剑,等. 轮轨关系中的力学问题. 机械强度,2005,27(4):408-418

[4] Carter F W. On the action of a locomotive driving wheel. In:Proc of the Royal Society of London,A112,1926. 151-157

[5] Ohyama T. Some basic studies on the influence of surface contamination on adhesion force between wheel and rail at high speeds. QR of RTRI,1989,30(3):127-135

[6] Vermeulen J K,Johnson K L. Contact of non-spherical bodies transmitting tangential forces, Journal of Applied Mechanics,1964,31:338-340

[7] Kalker J J. On the rolling contact of two elastic bodies in the presence of dry friction:[Ph D Thesis],The Netherlands:Delft University,1967

[8] Shen Z Y,Hedrick J K,Elkins J A. A comparison of alternative creep-force models for rail vehicle dynamic analysis. In:Proc 8th IAVSD Symposium,Cambridge,MA,1984:591-605

[9] 金学松,沈志云. 轮轨蠕滑理论及其试验研究. 成都:西南交通大学出版社,2006

[10] Kalker J J. Simplified Theory of Rolling Contact. The Netherlands:Delft University Press,

1973:1－10

[11] Kalker J J. A fast algorithm for the simplified theory of rolling contact. Vehicle System Dynamics,1982,11:1－13

[12] Kalker J J. Three-Dimensional Elastic Bodies in Rolling Contact. Dordrech:Kluwer Publishers,1990

[13] 金学松,刘启跃. 轮轨摩擦学. 北京:中国铁道出版社,2004

[14] Ohyama T. Adhesion characteristics of wheel/rail systerm and its control at high speeds. QR of RTRI,1992,33(1):19－30

[15] 金学松,沈志云. 轮轨滚动接触疲劳研究的最新进展. 铁道学报,2001,23(2):92－108

[16] Cannon D F. Pradier H. Rail rolling contact fatigue research by the European Rail Research Institute. Wear, 1996,191:1－13

[17] Ueda M,Uchino K,Kageyama H,et al. Development of bainitic steel rail with excellent surface damage resistance. In:Proceeding of IHHA'99,Moscow,Russia,1999:259－266

[18] Cui D B,Li L,Jin X S,et al. Optimal design of wheel profiles based on weighed wheel/rail gap. In:The 8th International Conference on Contact Mechanics and Wear of Rail/Wheel Systems(CM2009),Firenze,Italy,September 15－18,2009

[19] Sato Y,Matsumoto A,Knothe K. Review on rail corrugation studies. Wear,2002,253(1-2):130－139

[20] Knothe K,Ripke B. The effects of parameters of wheelset,tract and running conditions on the growth rate of rail corrugation. Vehicle System Dynamics,1989,18:345－356

[21] Jin X S,Wen Z F,Wang K Y,et al. Effect of a scratch on curved rail on initiation and evolution of rail corrugation. Tribology International,2004,37:385－394

[22] Bohmer A. Klimpel T. Plastic deformation of corrugated—a numerical approach using material data of rail steel. Wear,2002,53:150－161

[23] Wen Z,Jin X,Xiao X,et al. Effect of a scratch on curved rail on initiation and evolution of plastic deformation induced rail corrugation. International Journal of Solids and Structures, 2008, 45:2077－2096

[24] Bolton P J,Clayton P,McEwan I J. Rolling-sliding wear damage in rail and tyre steels. Wear,1987,120:145－165

[25] Clayton P. Tribological aspects of wheel-rail contact:a review of recent experimental research. Wear,1996,191:170－183

[26] Kalker J J, Périard F. Wheel-rail noise: impact, random, corrugation and tonal noise. Wear,1996,191:184－187

[27] Thompson D J,Fodiman P,Mahe H. Experimental validation of the TWINS prediction program for rolling nose. part 1: description of the model and method. In:5th IWRN,Voss,Norway,June 1995

[28] Thompson D J, Hemsworth B, Vincent N. Experimental validation of the TWINS prediction program. part 2:results. In:5th IWRN,Voss,Norway,June 1995

[29] Kitagawa H. Takahashi S. Fracture mechanics approach to very small crack growth and to the threshold condition. Transaction on Japanese Society of Mechanical Engineering A,1979,45(399):1289－1303

[30] Beretta S,Ghidini A,Lombardo F. Fracture mechanics and scale effects in the fatigue of railway axles. Engineering Fracture Mechanics,2005,72:195－208

[31] Zerbst U, Vormwald M, Andersch C, et al. The development of a damage tolerance concept for railway components and its demonstration for a railway axle. Engineering Fracture Mechanics, 2005, 72: 209－239

[32] Beretta S, Carboni M. Experiments and stochastic model for propagation lifetime of railway axles. Engineering Fracture Mechanics, 2006, 73: 2627－2641

[33] Madia M, Beretta S, Zerbst U. An investigation on the influence of rotary bending and press fitting on stress intensity factors and fatigue crack growth in railway axles. Engineering Fracture Mechanics, 2008, 75: 1906－1920

[34] Zerbst U, Mädler K, Hintze H. Fracture mechanics in railway applications—an overview. Engineering Fracture Mechanics, 2005, 72(2): 163－194

[35] Smith A. Fatigue of railway axles: a classic problem revisited. In: Proceedings of 13th European Conference on Fracture(ECF), San Sebastian, Spain, 2000: 173－181

[36] Gravier N, Viet J-J, Leluan A. Predicting the life of railway vehicle axles. In: Proceedings of the 12th International Wheelset Congress, Quigdao, China, 1998: 133－146

[37] Miller K J, O'Donnell W J. The fatigue limit and its elimination. Fatigue and Fracture of Engineering Materials and Structures, 1999, 22: 545－557

[38] Vormwald M, Seeger T. The consequences of short crack closure under fatigue crack growth under variable amplitude loading. Fatigue and Fracture of Engineering Materials and Structures, 1991, 14: 205－225

[39] NASGRO. Fatigue crack growth computer program. NASGRO. Version 3, NASA, L. B. Johnson Space Centre, Houston, Texas, JSC-22267B, 2000

[40] BS 7910-1999. Guide on methods for assessing the acceptability of flaws in metallic structures. London: British Standard Institution, 1999

[41] SINTAP. Structural integrity assessment procedure. Finai Revision. EU-Project BE 95-1462. Brite Euram Programme, European Commission, Brussels, 1999

[42] Zhao Y X, Yang B, Feng M F, et al. Probabilistic fatigue S-N curves including the super-long life regime of a railway axle steel. International Journal of Fatigue, 2009, 31: 1550－1558

[43] Zhao Y X, Yang B. Probabilistic measurements of the fatigue limit data from a small sampling up-and-down test method. International Journal of Fatigue, 2008, 30(12): 2094－2103

[44] Zhao Y X, Yang B, Feng M F. Measurement on scale-induced fatigue behaviour for railway axle. Advanced Materials Research, 2008, 44-46: 65－70

[45] 赵永翔,杨冰,彭佳纯等. 铁道车辆疲劳可靠性设计 Goodman-Smith 图的绘制与应用. 中国铁道科学, 2005, 26(4): 6－12

[46] Zhao Y X, Gao Q, Wang J N. Interaction and evolution of short fatigue cracks. Fatigue and Fracture of Engineering Materials and Structures, 1999, 22(4): 459－468

[47] 赵永翔,杨冰,张卫华. 随机疲劳长裂纹扩展率的新概率模型. 交通运输工程学报, 2005, 5(4): 6－9

[48] Hirakawa K, Masanobu K. On the fatigue design method for high speed railway axles. In: Proceedings of the 12th International Wheelset Congress, Quigdao, China, 1998. 477－482

[49] Ishizuka H. Probability of improvement in routine inspection work of Shinkansen vehicle axles. Quaterly Report of RTRI, 1999, 40(2): 70－73

[50] Benyon J A, Watson A S. The use of Monte-Carlo analysis to increase axle inspection interval.

In:Proceedings of the 13th International Wheelset Congress,Rome,Italy,2001

[51] Ishizuka H. Probability of improvement in routine inspection work of Shinkansen vehicle axles. Quaterly Report of RTRI,1999,40(2):70－73

[52] 曹志礼,王勤忠.高速客车空心车轴的研究.铁道车辆,1995,33(7):5－9,55

[53] 赵文礼,李忠学,赵邦华.客车随机响应计算与车轴疲劳寿命预测.铁道学报,1998,20(4):120－125

[54] Yang B,Zhao Y X. Fatigue reliability research on RD2 axle of railway freight car. Key Engineering Materials,2007,62—65:353－358

[55] Zhao Y X,Yang B,Feng M F,et al. Probabilistic critical fatigue safety state of the RD2 type axle of China railway freight car. Advanced Materials Research,2008,44－46:745－752

[56] Eckberg A,Sotkovszki P. Anisotropy and rolling contact fatigue of railway wheels. Int J Fatigue,2001,23:29－43

[57] Magel E,Kalousek J. Martensite and contact fatigue initiated wheel defects. In:Proceedings of the 12th International Wheelset Congress,Quigdao,China,1989,100－111

[58] Mutton P J,Epp C J,Dudek J. Rolling contact fatigue in railway wheels under high axle loads. Wear,1991,144:139－152

[59] Galliera G. Fatigue behaviour of railway wheels affected by sub-surface defects in the tread: control methods and manifesting process. In:Proceedings of the 11th International Wheelset Congress, Paris,1995. 69－76

[60] Ekberg A. Rolling contact fatigue of railway Wheels—towards tread life prediction through numerical modelling considering material imperfections,probabilistic loading and operational data:[PhD Thesis],Chalmers:Chalmers University of Technology. 2000

[61] Bower A F. The influence of crack face friction and trapped fluid in surface initiated rolling contact fatigue cracks. ASME Journal of Tribology,1988,110:704－711

[62] 刘会英,张澎湃,米彩盈.铁道车辆车轮强度设计方法探讨.铁道学报,2007,29(1):102－108

[63] Zhao Y X,Yang B,Feng M F,et al. Probabilistic critical safety wheel wear sizes of Chinese railway freight cars. Advanced Materials Research,2008,44-46:753－758

[64] Li Y C. Analysis of fatigue phenomena in railway rails and wheels. In:Carpeinteri A. ed. Handbook of Fatigue Crack Propagation in Metallic Structures. Amsterdam:Elsevier,1994:1497－1537

[65] Gimènez J G,Sobejano H. Theoretical approach to the crack growth and fracture of wheels. In: Proceedings of the 11th International Wheelset Congress,Paris,1995:15－19

[66] Guagliano M,Sangirardi M,Vergani L. A hybrid approach for sub-surface crack analyses in railway wheels under rolling contact loads. In:ASTM STP 1417,2002

[67] Akama M,Mori T. Boundary element analysis of surface initiated rolling contact fatigue cracks in wheel/rail contact systems. Wear,2002,253:35－41

[68] Kuna M,Springmann M,Mädller K,et al. Anwendung hruchmecbanischer bewertungskonzepte bei der entwicklung von eisenbahnradern aus bainitischem gusseisen. Konstr Gieβen,2002,27:27－32

[69] Dahle T. Long-life spectrum fatigue tests of welded joints. International Journal of Fatigue, 1994,16(4):392－396

[70] Blom A F. Spectrum fatigue behaviour of welded joints. International Journal of Fatigue,1995, 17(7):485－491

[71] Raison J,Viet J J. The design of steel fabricated bogie frames for TGV train sets. Revue

Générale des Chemins de fer,1998,105:17－23

[72] Kim J S. Fatigue assessment of tilting bogie frame for Korean tilting train:analysis and static tests. Engineering Failure Analysis,2006,13(8):1326－1337

[73] 翟婉明. 铁路大系统动力学理论体系的研究. 见:走向二十一世纪的中国力学——中国科协第九次青年科学家论坛报告文集,北京:清华大学出版社,1996:286－292

[74] 翟婉明. 车辆-轨道垂向系统的统一模型及其耦合动力学原理. 铁道学报,1992,14(3):10－21

[75] Zhai W M,Cal C B,Guo S Z. Coupling model of vertical and lateral vehicle/track interactions. Vehicle System Dynamics,1996,26(1):61－79

[76] Zhai W M,Wang K Y,Cai C B. Fundamentals of vehicle-track coupled dynamics. Vehicle System Dynamics,2009,47(11):1349－1376

[77] 翟婉明,蔡成标,王开云. 轨道刚度对列车走行性能的影响. 铁道学报,2000,22(4):80－83

[78] 王开云,周维俊,翟婉明等. 基于动力学理论对高中速客运专线和高低速客货共线铁路平纵面合理匹配的研究. 铁道标准设计,2005,(7):1－3

[79] 翟婉明. 机车车辆与线路最佳匹配设计原理、方法及工程实践. 中国铁道科学,2006,27(2):60－65

[80] Auersch L. Vehicle-track-interaction and soil dynamics. Vehicle System Dynamics,1998,28(Suppl.):553－558

[81] 梁波,蔡英,朱东生. 车-路垂向耦合系统的动力分析. 铁道学报,2000,22(5):65－71

[82] 董亮,赵成刚,蔡德钧等. 高速铁路路基的动力响应分析方法. 工程力学,2008,25(11):231－240

[83] 罗强,蔡英,翟婉明. 高速铁路路桥过渡段的动力学性能分析. 工程力学,1999,16(5):65－70

[84] 钟辉虹,汤康民,黄茂松等. 铁路黏土路基动力特性试验研究. 西南交通大学学报,2002,37(5):488－490

[85] 苏谦,蔡英. 高速铁路级配碎石基床表层不同厚度动态大模型试验研究. 铁道标准设计,2001,21(8):2－4

[86] 蔡英,曹新文. 重复加载下路基填土的临界动应力和永久变形初探. 西南交通大学学报,1996,31(1):1－5

[87] Luo Q,Cai Y,Cao X. Dynamic model test of express railway subgrades reinforced with geocells. In:Proceedings of 7th International Conference on Geosynthetics,Nice,France,2002. 893－896

[88] 松浦章夫. 长大桥の列车走行性. JREA,1982,25(8):14474－14477

[89] Chu K H,Garg V K,Wiriyachai A. Dynamic interaction of railway train and bridges. Vehicle System Dynamics,1980,9(4):207－236

[90] Diana G,Cheli F. Dynamic interaction of railway systems with large bridges. Vehicle System Dynamics,1989,18(1):71－106

[91] Dahlberg T. Vehicle-bridge interaction. Vehicle System Dynamics,1984,13(1):187－206

[92] 夏禾,陈英俊. 车-桥-墩体系动力相互作用分析. 土木工程学报,1992,25(2):3－12

[93] 曾庆元,郭向荣,列车桥梁时变系统振动分析理论及应用. 北京:中国铁道出版社,1999

[94] 高芒芒. 高速铁路列车-线路-桥梁耦合振动及列车走行性研究. 中国铁道科学,2002,23(2):135－138

[95] 李小珍,蔡婧,强士中. 芜湖长江大桥斜拉桥的车桥耦合振动分析. 铁道学报,2001,23(2):70－75

[96] 翟婉明,夏禾. 列车-线路-桥梁动力相互作用理论及工程应用. 北京:科学出版社,2010

院士简介

翟婉明

铁路工程动力学专家。西南交通大学教授。1963年8月生于江苏省靖江市，籍贯江苏靖江。1985年毕业于西南交通大学机械系，1987年、1992年先后获该校硕士、博士学位。2011年当选为中国科学院院士。

长期从事铁路工程领域动力学与振动控制研究。在经典的车辆动力学和轨道动力学基础上，创建了机车车辆－轨道耦合动力学理论体系，建立了车辆－轨道统一模型，提出了机车车辆与线路最佳匹配设计原理及方法。主持研究建立了列车－轨道－桥梁动力相互作用理论，提出了适合于大系统动力分析的快速数值积分方法，开发了高速列车过桥动态模拟与安全评估系统。以上理论方法被成功应用于解决我国铁路提速及高速铁路重点建设工程中的一系列技术难题。曾获国家科技进步一等奖、二等奖及长江学者成就奖。

空间的物理学*

胡文瑞
(中国科学院力学研究所)

1 引 言

当一个空间飞行器环绕地球以第一宇宙速度自主飞行时,我们可以选择一个(局部)惯性参考系,其原点位于空间飞行器的质心位置。如果不考虑大气阻力、光辐射压力、质心偏离引起的各种扰动力,则空间飞行器中物体受到的地球引力与运动离心力抵消,物体处于"失重"状态,或者说物体处于微重力水平中。所谓"微重力"是指该处的有效重力水平为地球表面重力水平的 10^{-6}。在实际的绕地球飞行器中,有效重力水平与频率相关,低频时达到 10^{-3},高频时优于 10^{-6}。除了地面的落塔、抛物线飞行的失重飞机和可达十几分钟的微重力火箭外,用于微重力实验的空间飞行器有返回式卫星和不返回卫星、载人飞船、航天飞机和空间站。各种载人空间飞行器不可避免人的干扰,飞行器中的有效重力很难达到微重力水平;而验证引力理论的高分辨率空间实验需要非常低的飞(femto,毫微微)重力至阿(atto,微微微)重力环境,一般需要发射专门的基础物理卫星。

随着载人空间活动的发展,人们需要进一步认识微重力环境中的物质运动规律,从而发展了微小重力这种极端环境下的学术领域——微重力科学。在微重力环境中,地球重力的影响极大地减弱,控制地面过程的浮力对流、沉淀和分层以及由重力引起的静压梯度都极大地降低,表面张力和润湿等作用变得突出。从上世纪七八十年代以来,微重力科学主要研究微重力流体物理、微重力燃烧、空间材料科学和空间生物技术。近十余年来,微重力条件提供的高精度物理环境吸引了一批理论物理学家,他们希望利用空间的微重力环境能更好地检验广义相对论和引力理论以及低温原子物理和低温凝聚态物理的许多基础物理前沿问题。这样就形成了微重力科学的一个新领域——空间基础物理。近来,人们常常把这些微重力科学的领域统称为空间的物理学,它是利用微重力环境来研究物理学规律,以区别于在地面重力环境中的物理学。要指出的是,中文的"空间的物理学"和"空间物理"是两个不同的概念,后者主要研究太阳系等离子体的运动规律和行星科学,而不涉及基础物理的前沿问题。

---

* 原文刊登在《物理》2008 年第 37 卷第 9 期。

2 空间基础物理

2.1 广义相对论验证和引力理论[1]

引力质量 m_g 和惯性质量 m_i 相等的(弱)等效原理是广义相对论爱因斯坦强等效原理假设的基础[12]。有文献记载的弱等效原理验证始于牛顿的摆实验，Eotvos 的扭称实验更为精确；现代的月-地激光测距实验则检验了强等效原理[12]。到目前为止[12]，弱等效原理的实验精度 $\eta=2|m_g-m_i|/(m_g+m_i)$ 已达 10^{-13}，在地基实验中已再难提高。现在的一些引力理论认为，将测量精度提高到 10^{-15} 以上有可能揭示广义相对论的问题，具有很大的学术价值，这只能在空间微重力条件下才能实现[2]。国际上蕴酿多年的"等效原理的卫星检验"(STEP)计划，试图将弱等效原理的实验精度提高到 10^{-18}。SIEP 计划一直没有获得美国的立项经费支持，现在的立项经费就更加困难了。目前欧洲一些国家正在争取安排 Mini STEP 计划，其实验精度为 10^{-15}；法国的小型卫星(MicroScope)计划于 2010 年发射，拟在 10^{-15} 精度上检验弱等效原理[13]。

引力探测-乙(Gravity-Probe-B，GP-B)计划是美国空间局主持的计划，由美国斯坦福大学 GP-B 小组负责。该计划的主要任务是验证广义相对论的空间弯曲和拖曳效应，即验证时间和空间因地球大质量物体存在而弯曲(测地效应)，和大质量物体的旋转拖动周围时空结构发生扭曲(惯性系拖曳效应)。用 4 个旋转球体作为陀螺仪，地球引力拖曳会影响球体的转轴。用飞马星座中的一颗恒星校准陀螺自旋轴的方向，用望远镜测量"测地效应"。通过球体转轴进动 0.000011 度，探测"惯性系拖曳效应"。GP-B 卫星于 2004 年 4 月发射，2005 年 9 月终止数据采集。原预计 2006 年夏公布结果，但是，由于电场等因素影响了球体的方位，仍需对其他影响进行研究。现正在加紧分析真正有效的时空信号数据，并尽快宣布观测结论。初步结果显示，较显著的"测地效应"从数据中完全可见，正在完全证实广义相对论的道路上前进；刚刚看到"惯性系拖曳效应"的端倪。实验结果似乎验证了广义相对论的理论，人们正在期待着最后宣布的科学结果[3]。

引力波是广义相对论理论预言的现象，40 年前声称在地面测量到高频引力波，激起引力探测的热潮。低频引力波只能在空间探测。欧洲空间局和美国空间局联合推进空间探测引力波的"激光干涉全球天线"(LISA)计划，它的探测源是 10^8 太阳质量的黑洞，相应的频率是 $10^{-3}\sim10^{-1}$ Hz。LISA 计划由相距 500 万公里等边近三角形的三颗卫星组成，每颗卫星分别有 2 个悬浮的试验质量，位于激光器平台的前端。引力波传到卫星环境中，将引起试验质量微小的位移，通过激光干涉方法测量小于纳米量级的位移，推演出引力波的存在。为了验证 LISA 计划的关键技术，将于 2010 年发射 LISA Pathfinder 卫星，而 LISA 计划预计在 2019 年以后发射。引力波探测的成功不仅可以验证广义相对论理论的预言，还将开辟引力波天文学，具有极大的重要性。欧洲空间局将 LISA 计划列为中、远期的首选项目，美国空间局"超越爱因斯坦"计划两大卫星之一的"大爆炸观测台"卫星也是探讨测量中频(0.1～1.0Hz)引力波。空间引力波探测的学术重要性由此可见一斑。

我国空间科学的发展需要研讨引力理论，研究卫星实验的方案，大家正在集思广益。中国科学院理论物理研究所张元仲及其他专家联合提出 TEPO 计划，建议在 10^{-16} 精度内验证弱等效原理和在 10^{-14} 精度内验证新型的二维等效原理；华中科技大学罗俊等提出 TISS 计划，希望利用高精度空间静电悬浮加速度计将检验牛顿引力的反比定律精度提高 3 个数量级。中国科学院紫金山天文台倪维斗的计划是希望探测低频（$5\times10^{-6}\sim5\times10^{-3}$ Hz）引力波；中国科学院应用数学研究所刘润球则关注空间的中频（$10^{-2}\sim10^{0}$ Hz）引力波探测。这些方案都还在蕴酿过程中。

2.2 空间冷原子物理和原子钟研究

激光冷却和玻色-爱因斯坦凝聚（BEC）曾分别于 1997 年和 2001 年获得诺贝尔物理学奖，它们是当代物理学最活跃的前沿领域之一。BEC 有时也称为物质的第五态，它是 1925 年爱因斯坦预言的物质状态，即当气体温度低于其极限温度时，所有冷原子都聚集在最低量子能态上，表现出玻色子的特征。作为一种新的物质状态，它包含着许多新的基本物理规律，等待人们去探索，诸如物质波及其相干性、低温极限（10^{-15} K）、量子相变等。另一方面，它蕴育着许多重大的应用前景，诸如原子激光、高精度时标等。微重力环境可以更好地降低气体的温度，改进谱线的宽度和稳定性，提高系统的信噪比，从而为研究提供更好的条件。欧洲空间局的空间 BEC 研究也正在安排当中。

作为该领域的一个重要应用项目，空间冷气体原子钟的研制受到重视。地面通过激光冷却和冷原子喷泉效应，可以使冷气体原子钟的精度达到 10^{-16}。而在微重力环境中，则可以使冷气体原子钟的精度提高一个数量级，从而在军事和民用上产生极大的价值。欧洲空间局和美国国家航空和空间署都将空间冷原子钟研究作为国际空间站的重要研究项目。

中国科学院上海光学精密机械研究所王育竹在地基的 BEC 研究中取得很好的成果[4]，正在准备研制空间的超高精度冷原子微波钟，精度可达 10^{-17}；华东师范大学马龙生提出进行空间高精度光钟研究的建议，精度可达 10^{-18}。

2.3 低温凝聚态物理

凝聚态物质在极低温条件下会表现出许多特异的性质，成为物理学的新热点。微重力条件可以实现极小的静压梯度，可以提供更高精度的物理学实验条件，从而在更高精度下验证理论和揭示新的规律。美国喷气推进实验室在航天飞机上完成了液氦在临界温度附近（纳度的精度内）的比热奇异性实验，初步验证了二阶相变的重整化群理论[1]。科学家们提出了一批空间实验课题，诸如超流氦相变动力学，连续相变的普适性，气-液临界点的尺度规律，约束于不同几何形状和尺度的液氦性质，相图特殊点附近氦混合物的性质，约束和边界效应，非平衡相变，分形结构和图样形式，临界现象，超流体的流体动力学，量子固体等。这些课题大都需要超低温条件，因而需要空间大型制冷设备，耗资巨大。美国已暂停这方面的研究，中国在短期内还难于安排相关的空间实验条件。

3 微重力流体物理

微重力流体物理是微重力科学的重要领域，它是微重力应用和工程的基础，人类空间探索过程中的许多难题的解决需要借助于流体物理的研究。在基础研究方面，微重力环境为研究新力学体系内的运动规律提供了极好的条件，诸如非浮力的自然对流，多尺度的耦合过程，表面力驱动的流动，失重条件下的多相流和沸腾传热，以及复杂流体力学等。可以引入静 Bond 数 $B_{\mathrm{o}}=\rho g^2 l/\sigma$ 或动 Bond 数 $B_{\mathrm{d}}=\rho g^2 l/(|\sigma'_{\mathrm{T}}|\Delta T)$ 来分析重力作用和表向张力作用的相对重要性，其中 ρ,σ,g,l 分别是流体密度、界面的表面张力、有效重力加速度和特征尺度，$|\sigma'_{\mathrm{T}}|$ 和 ΔT 分别是表面张力梯度和特征温差。Bond 数小于 1 时，表面张力的作用会大于重力的作用，这要求小的尺度、或小的重力加速度、或小的密度差，对应于小尺度过程、微重力过程、或中性悬浮过程[5]。

3.1 简单流体的对流和传热

具有界面的流体体系普遍存在于自然科学和工程应用中。研究热毛细对流的规律，对于空间材料加工、生物技术、燃烧等过程中热毛细对流控制都有重要意义，并对地面电子装置的热控制，食品加工过程，化学工程微电子机械系统(MEMS)，薄膜等小尺度的流动问题也有指导作用。微重力环境中流体的晃动、流体的运动与固体结构的相互耦合是航天工程中经常遇到的问题。对微重力环境中简单流体的传热和传质过程，人们主要研究毛细系统中临界现象和浸润现象，热毛细对流的转捩过程和振荡机理，液滴热毛细迁移及相互作用规律等方面。流体管理研究也是微重力工程中的重要课题。

3.2 多相流的传质和传热

微重力气/液两相流动与传热研究的主要对象包括两相流动的流型、沸腾与冷凝传热、混合与分离等现象，对我国载人航天技术(如航天器热与流体管理系统、空间站与深空探测器等大型航天器动力系统、载人航天器环控生保系统以及空间材料制备与空间生物技术实验等)的发展有直接的应用价值。在微重力环境中，重力作用被极大地抑制甚至完全消除，更能凸显气、液、固相间的传递机制，便于更深刻地揭示其流动与传热机理。借助于微重力气液两相流动与传热的深入研究，对我国实现能源战略需求和地面常重力环境中的石油、化工、制造等相关技术开发与应用也有重要指导意义。

3.3 复杂流体

复杂流体是一种分散体系，它指的是具有一种或几种分散相的物质体系，也有人称之为软物质。在重力条件下，复杂流体的许多行为特征会受对流、沉降、分层等干扰，而微重力条件则有助于研究在地面上被重力作用所掩盖的过程，特别是分子间的相互作用力。微重力复杂流体研究包括：胶体的聚集和相变研究；悬浮液和乳状液的稳定性研究；复杂等离子体的结晶研究；气溶胶的稳定性和聚集行为研究；对颗粒体系本征运动行为的研究；临界点现象的研究；以及材料制备、石油开采和生物流体的相关问题研究。随着人类深空探测活动的展开，对不同重力场中分散体系物质的操作与输运的要求，以及对其运动规律认知的需求十分迫切。空间科学实验不仅能够使我们获得新的科学知识,而且其科学成果对于地面材料及器件制备工艺的创新具有重要指导意义。对复杂流动现象的研究在材料设计中起到了切实的作用,如对复杂流体自组织现象的研究成果已经应用于纳米结构材料和器件的研制。近年来,复杂流体(软物质)的力学和物理学,接触角、接触线和浸润现象等与物理化学密切相关的领域也越来越受到关注[6]。

3.4 近期的空间实验

随着国际空间站的逐步安装,国外微重力空间实验的项目将逐步进行。目前已经纳入计划中的项目有:

(1)毛细流动:不同形状、介质、浸润性、流体管理;

(2)热毛细对流;

(3)流体的梯度涨落;

(4)Soret 系数测量;

(5)近临界和超临界流体;

(6)蒸发和冷凝过程:流体的热管理;

(7)沸腾传热;

(8)颗粒材料行为;

(9)胶体和乳剂聚集和稳定性;

(10)泡沫稳定性。

"十一·五"期间,国家安排了进行空间微重力科学和空间生命科学研究的"实践-10"卫星,将完成10项微重力科学的空间实验。这些实验包括空间热毛细对流、具有蒸发界面的对流、颗粒材料物理、沸腾传热、复杂流体的结晶等流体物理空间实验项目。同对,在载人航天工程第二阶段中,还要安排半浮区液桥、多液滴相互作用、复杂流体稳定性、多相流传热等空间实验项目。我国的微重力流体物理已有较好基础,将会做出较大贡献。

微重力流体物理所涉及的许多过程与微尺度流动中的过程有许多相似性,引起人们的兴趣。以中国科学院力学研究所国家微重力实验室为主的流体物理研究有不少建树,获得国际同行的好评。

4 燃 烧 科 学

燃烧是一门古老的学科,而地面的燃烧过程都是和浮力对流密切耦合在一起的,给模型化研究增加了难度。微重力条件下基本上没有浮力对流的影响,为研究燃烧的化学反应过程提供了极好的机遇。1957 年,东京大学 Kumagai 教授的 0.5s 落塔实验研究了乙醇棉球的微重力燃烧过程,开创了微重力燃烧的实验研究和利用落塔进行微重力实验的时代。落塔设施已成为进行微重力燃烧实验的有力工具。

微重力燃烧涉及了地面燃烧学的主要领域,美国国家航空和空间署将微重力燃烧作为重要的研究方向,欧洲和日本空间局也十分重视。几乎地面主要的燃烧过程都进行了空间微重力实验,诸如预混气体燃烧、气体扩散燃烧、液滴燃烧、颗粒和粉尘燃烧等,并研究了典型气体环境中燃料表面的点火和传播，流动过程与燃烧的耦合等，发现了一些新现象，例如，燃烧的分散球状分布等。在许多微重力燃烧过程中，除了通常的吹熄极限，还有辐射损失引起的冷熄极限，这只能在微重力环境中才能观测到。微重力燃烧的研究除了具有重大的机理意义以外，还在于：利用对燃烧过程的深刻理解，改进地面燃烧过程的效益；利用对燃烧产物的进一步分析，改进地面燃烧产物污染环境。中国的能源将在较长时间内以煤作为主要燃料，应加强微重力煤燃烧的研究[7]。

载人飞行器的安全防火是微重力燃烧的重大课题，自从阿波罗1号飞船在地面着火，烧死3名宇航员后，美国国家航空和空间署就把防火安全作为载人航天的首要问题。特别是今后的长期载人飞行任务，使防火任务更加严重。需要研究典型气体氛围下沿固体表面的着火条件、火焰传播过程和熄火条件；还要研究闷烧的各种条件。除进行相应的模拟研究外，还要进行大量的落塔实验，对逐个上天的非金属材料和某些金属材料进行典型气体环境下的燃烧实验。同时，还需要制订载人飞行器的防火规范。美国和俄罗斯各自建立了他们的载人航天材料筛选和防火规范，但载人航天器中的着火事件仍有发生。因为载人航天器内存在着火的条件，问题不可能完全解决。特别是在载人探索火星等长时间飞行任务中，防火规范还是一个需要进一步探讨和研究的课题[8]。

中国科学院工程热物理研究所和力学研究所进行了一些微重力燃烧的研究工作。近年来，清华大学和华中科技大学等煤燃烧重点实验室开始关注微重力的煤燃烧研究。在“十一·五”期间，非金属材料燃烧、导线的烧燃、煤的燃烧等项目已列入空间实验计划，应能取得好的结果。

5 材料科学

空间材料科学曾是微重力科学中耗资最大的领域，材料科学各分支领域的学者都希望在空间微重力环境中去研究凝固过程的机理和制备高质量的材料。空间微重力环境是制备、研究多元均匀块体材料的最佳场所，其主要特征就是消除了因重力而产生的沉降、浮力对流和静压力梯度。由于浮力减弱，密度分层效应的消失，可以使不同密度的介质均匀地混合。由于空间微重力环境中静压力梯度几乎趋于零，因而能提供更加均匀的热力学状态。这种条件更有利于研究物质的热力学本质和流体力学本质，探索、研制新型的材料和发现材料的新功能。目前空间材料科学研究的重点是利用空间实验的成果改进地面材料制备技术，以及利用空间微重力环境测量高温熔体的输运系数。在国际空间站的欧洲、美国和日本压力舱中，都有材料研究的专柜。

利用微重力环境进行材料科学研究，不仅可以发展材料科学理论，还可以发展新型材料和新型加工工艺。微重力环境可以制备出一些比地面更好的高品质材料，空间材料科学的进展及空间材料制备的技术可以改进空间和地面的材料加工，特别是为地面的晶体生长和铸造技术提供帮助。空间材料科学涉及的领域有金属材料、半导体材料、光学晶体材料、纳米材料和高分子与生物医学材料等[9]。

我国空间材料科学目前面临相当大的困难。克服这些困难，目前一方面可充分利用国际合作（俄罗斯、日本），另一方面，我们需要面对现实，以地基实验为主，在加强国际合作的同时，扩大该领域的研究团队，同时该学科需要进一步凝炼学科方向和科学问题，今后应该创造条件开展空间材料科学研究。我国空间材料科学在林兰英先生的倡导和指导下,一批学者积极参与,取得了重要学术成果。“十一·五”期间,我国的SJ-10卫星计划和载人航天工程(第二阶段)计划中都分别安排了多功位材料实验炉的空间实验,应能做出一批较好结果。

6 生物技术

空间生物技术促进了生物技术的定量化和模型化研究,促进了新的实验方法和仪器设备的发展,具有重要学科意义。另一方面,空间生物技术有很强的应用背景,可以改善人类的健康和发展生物产业,是空间商业计划的新方向。目前,空间生物技术的主要研究方向是蛋白质单晶生长和细胞/组织的三维培养。

晶体衍射法仍然是当今研究生物大分子结构和功能的主要方法,获得高质量的大尺寸蛋白质单晶就是一项艰难的任务。溶液法生长蛋白质晶体受到许多因素的影响,微重力环境可以更有效地提供扩散为主的输运环境以及实现失重条件下的无容器过程和较好的界面控制,使空间的蛋白质单晶生长显示出许多优点。各国空间局都安排了大量的空间蛋白质单晶生长实验,而且取得很大进展。但并不是所有空间实验都取得好结果,也有不少不成功的实验。机理研究表明,蛋白质晶体生长过程取决于溶质的输运过程和非线性的界面动力学过程;对于不同的生长条件,可以从实验和理论上具体分析这两个过程的作用。由于蛋白质晶体生长过程的复杂性,重力因素只是生长过程中诸多因素之一,机理研究还有待进一步完善。国际上有人认为液/液体系较好,也有人认为液/气体系较好。大家都在争取更多的空间实验,以取得更多的积累。空间蛋白质单晶生长已成为有重要应用前景的商业计划项目[10]。

在微重力环境中实现了三维的细胞/组织培养,开创了一片新天地。地球表面的重力作用,使细胞培养器中的附壁效应十分显著,一般都需要外加旋转效应。旋转效应引起的剪切力作用于被培养的细胞,将改变其性能,使被培养细胞或组织的性能发生较大变化。人们在地面利用三维旋转器来模拟某些微重力效应的同时,还进行了大量空间细胞/组织培养的实验,包括从细菌到哺乳动植物广泛类群的细胞。空间的生物反应器实验的结果表明,失重条件下的三维细胞培养极大地改善了地面细胞的培养条件,并已获得了一些很好的成果。随着空间生物反应器实验工作的进展,空间细胞/组织培养已经显示出重要的商业应用前景[11]。

中国科学院生物物理研究所是我国从事空间蛋白质单晶生长研究的主要单位,动物研究所和力学研究所在细胞三维培养方面做了许多研究工作。

目前,国际空间活动正在调整探索方向,微重力研究遇到经费紧缺的困难。今后十余年的基础物理大型探测集中于LISA计划,一些中、小型计划正在考虑之中。国际空间站将于2010年完全建成,欧洲空间局的哥伦布舱和日本的希望舱段已分别与国际空间站主体对接。今后十年将是国际空间站出成果的时期,预计会完成一大批空间微重力实验。我国空间科学规划将微重力科学列为持续发展领域;我国载人航天工程第二步将建空间实验室,第三步将建空间站。今后15年将是我国微重力科学发展的好时期,我们要抓紧机遇,安排好计划,努力做出好成绩。

参考文献

[1] 倪维斗.相对论性引力理论的实验基础及测试.见科学前沿与未来(第10集),香山科学会议主编.北京:中国环境科学出版社,2006第159页

[2] 李杰信.追寻兰色星球.北京:航空工业出版社,2000

[3] Everitt F F,Parkinson B. Gravityprobe B——Post Fligt Analysis. FinalReport,NASA,Oct,2006

[4] 王育竹,王笑鹃.物理,1993,22,16[Wang Y Z,Wang X J Wuli(Physics),1993,22,16(in Chinese)]

[5] 胡文瑞,徐硕昌.微重力流体力学.北京:科学出版社,1999

[6] 孙祉伟.力学进展,1998,28,93[San Z W. Advances in Mechanics 1998,28,93(in Chinese)]

[7] 张夏.力学进展,2004,34,507[Zhag X. Advances in Mechanics,2004,34,507(in Chinese)]

[8] 张夏.力学进展,2005,35,100[Zhang X. Advances in Mechanics,2005,35,100(in Chinese)]

[9] Regel L L. Materials processing in Space,New york & London,Consultants Bureau,1990

[10] 毕汝昌.空间科学学报,1999,19(增刊):9[Bi R C. Chin J. Space Scj.,1999,19(supplement):9(in Chinese)]

[11] 丰美福.空间科学学报,1999,19(增刊):17[Feng M F. Chin. J. Space Sci. 1999,19(supplement):9(in Chinese)]

[12] 张元仲.物理教学,2002,24(9):2[Zhang Y Z. Physics Teaching,2002,24(9):2(in Chinese)]
张元仲.物理,2008,37(9):643[Zhang Y Z. Wuli(Physics),2008,37(9)643:(in Chinese)]

[13] http://microscope.onera.fr/mission.html

院士简介

胡文瑞

液体物理专家。原籍湖北武昌,1936年4月4日生于上海。1958年毕业于北京大学数学力学系力学专业。中国科学院力学研究所研究员。1995年当选为中国科学院院士。

早期从事磁流体力学研究。70年代转入日地物理研究,对太阳活动区磁场,太阳耀斑的波动模型,日冕瞬变的活塞驱动理论,日球磁场的三维结构,太阳风加速机制,磁层亚暴的磁流体力学波动模型,地球极区极风的慢MHD激波结构等经典问题提出了一些新概念。在天体物理方面,研究了密度波理论共转奇异性以及非线性不稳定性引起的困难,提出星系螺旋结构的星系激波理论,利用摄动展开求出了射电双源射流的精细结构。近年来从事微重力流体物理研究,对浮区热毛细对流有系统的学术贡献。主持了多项国内的微重力研究计划。

谈谈对振动工程的看法*

胡海昌
(航天部第五研究院)

1 工程振动与振动工程

振动以前被看作是力学的一个分支,从某种意义上说,它曾经是一门基础科学,早期是物理学家尤其是声学家的研究对象,本世纪二三十年代,随着生产的发展、机械的高速化和结构的轻型化,工程中的振动问题愈来愈多了,于是出现了面向工程问题的工程振动。这可以说是"振动"发展的第二阶段。当前工程振动的发展又到了一个新的转折点,量变引起了质变,因此我们感到有必要提出一个新的学科名叫振动工程。我们认为,工程振动的着眼点和落脚点是振动,它实质上仍是基础科学的一个分支,而振动工程的着眼点和落脚点是工程,是工程科学的一个分支。基础科学和工程科学有何区别呢?基础科学着重认识世界、说明世界、力求把纷纭繁杂的以及不被注意的现象说明得有条有理一清二楚,而工程科学应能直接指导人们有根据、有目的、有步骤地去改造世界。工程科学是指导实践去改造世界的学问。例如,如果把结构力学看作是基础科学,那么结构设计原来便是工程科学,而某具体结构的设计则是工程实践。

所以,从工程振动到振动工程表明我们的重点已由认识世界、说明世界进展到改造世界,这是一个非常重要的转变。

基础科学能够而且应该发展出相应的工程科学。这种说法符合不符合实际情况呢?是符合的。相关联的基础科学和工程科学,从历史发展看谁先谁后,并无一成不变的顺序。在科学技术发展的早期是先有工程实践,再有工程科学,最后才有基础科学。例如,土木(包括建筑、水利等)和治金,在科学技术发展的中期,相关联的工程科学和基础科学几乎是齐头并进的。例如,机械工程和力学。在英文中,mechanical 一词既指机械的,又指力学的。这正是两者齐头并进的历史遗迹。近期来,有许多重大进展是先有基础科学而后才有工程科学和工程实践,这种科学技术发展的新模式开始于从电磁学到电机工程和无线电工程。近来这种模式则更多见了,例如原子能、半导体、计算机、航天、信息等。

现在"振动"也沿着上述新模式由力学中的一个分支走上了向工程科学发展的道路。这既有需要也有可能。因而可以说,提出和发展振动工程的客观条件已相当成熟。

* 原文刊登在《噪声与振动控制》1996 年第 1 期。

2 为什么要搞振动工程?

在不久以前,人们在设计机械或机构时,常常只考虑静载荷和静特性,只在样品试制出来后再作动载荷和动特性的测试。如有不合要求的,采用局部补救的措施。这种设计路线可以简称为静态设计、动态校核补救。这种头痛医头脚痛治脚的做法,对于一些局部的枝节问题尚能收效,但对于一些涉及全局的重大的振动问题,即使能补救也是少慢差费,而有时甚至无法补救,造成重大返工。所以对于一些振动特性决定其命运的工程项目,必须在设计、实施(生产、加工或建造)、管理(使用、监测、维修等)等阶段采取综合性工程措施。这种全过程和全方位处理振动问题的思想,便是振动工程的基本思想和基本技术路线。

例如,对于公认为尖端的航天技术,无论苏联、美国还是我们中国,头几颗卫星的结构设计都还是沿用了静态设计、动态校核补救的路线。随着卫星体积的增大和动力特性要求的提高,各国先后改用了振动工程的路线。

航空界对振动重要性的认识要比航天界早得多。自从发生飞机因颤振失事之后,避免颤振便成了飞机设计的必要指标。现在航空界为避免颤振采取了被动以及主动抑制的“全方位”措施。

高速转动机械的设计也经历了类似的发展过程,当转速不十分高时,人们可以采用静态设计、动态校核补救的路线,这里所谓补救主要指避开临界转速和调动平衡,但是随着转速的不断提高和柔性转子的出现,人们被迫采取了全过程的综合性措施。不仅在产品的设计制造、安装过程中要全面保证产品的动态特性,在使用过程中也需要随时进行监测,发现事故苗头要及时停车检修,避免飞车事故。

即使对于一些不致酿成重大事故的产品,例如,交通运输工具、家用冰箱、电扇等,如果振动和噪声过大,也都有被挤出市场的危险。可以预见,动态特性必将成为这些产品的重要性能指标。

至于振动机械这样一类产品,产生预定的振动是它们的主要功能,当然不需要用静态设计、动态校核补救的路线了。

3 前景初窥

振动工程已具备了很好的发展条件,这主要是:①力学已经充分发展,提供了坚实的理论基础;②计算机、软件和相应的数学方法飞速发展,提供了有利的计算工具和计算方法;③先进的测量技术和快速的计算机信号处理技术使得复杂的、实时的在线测试、分析和控制有了可能;④系统论、控制论、信息论以及它们的应用蓬勃发展,为各个工程科学提供了一整套通用的设计、实施和管理的原则、方法和措施;⑤几个经常与振动打交道的行业,已经有了不少成功地解决振动问题的工程实践、经验和理论。

综上所述,振动工程确已具备了发展条件,已有可能综合治理各类工程振动问题。如果说还有什么重要欠缺,那就是还没有在一般原则指导下把许多有关的个别工程经验和理论集中起来加以提炼,形成不大不小的设计、实施和管理的原则、方法和措施。所谓不大,是指并非通用于各个工程科学的"泛论",不小是指并非只局限于某个具体工程项目的"各论"。欠缺的是介乎其间的具有振动工程的特点的"概论"。

近年来新的工程科学不断涌现,相应地工程的含义也在不断延伸扩大。已由过去单行业的硬工程延伸到跨行业的软工程,甚至还引申到社会科学,下面抄录一张很不全面的新工程名单供大家参考:

振动工程、冲击工程、地震工程,

环境工程、低温工程,

海洋工程、流体工程、流体动力工程,风工程,

系统工程、控制工程、信息工程、软件工程、知识工程,

可靠性工程、管理工程、价值工程,

教育工程、开发工程、创造工程,

人类工程、人体工程、医学工程,中医药工程,

生物工程、生物力学工程,

农业工程、生态工程,

细胞工程、基因工程(遗传工程)。

新工程所以能如雨后春笋般地诞生,应归功于计算机、微电子技术、系统论、控制论和信息论的发展。有了这些条件,只要再有实际需要,绝大多数有坚实理论的基础科学,都可以迅速发展出相应的工程科学。国外有人估计这个过程只需要十年的时间,有人更乐观地估计为五年。

院士简介

胡海昌(1928.4.25—2011.2.21)

弹性力学家。1950年毕业于浙江大学。中国空间技术研究院研究员。1980年当选为中国科学院院士(学部委员)。

主要从事弹性力学(包括平衡、稳定和振动)的研究工作,亦稍涉及塑性力学与流体力学。1956年在弹性力学和塑性力学中首次建立了三类变量的广义变分原理,并首次指导同事和学生把这类原理用于求近似解。日本人鹫津久一郎比他晚一年独立地重建了上述原理。由于它在有限元法和其他近似解法的重要应用,后来受到美、日、英、苏、德、法等多国的学术文献、专著、教科书广泛介绍和引用,并称之为胡一鹫津原理。

国际传热研究前沿——微细尺度传热*

过增元
（清华大学工程力学系）

1 引　　言

微电子领域是最早提出微尺度流动和传热问题的工程领域，随着电子计算机容量和速度的快速发展以及导弹、卫星和军用雷达对高性能模块和高可靠大功率器件的要求，一方面器件的特征尺寸愈小愈好，已从微米量级向亚微米发展，另一方面器件的集成度自 1959 年以来每年以 40%～50%高速度递增[1]。80 年代中期，每一个芯片上就已有 10^6个元件，虽然每个元件的功率很小，但这样高的集成度使热流密度高达 5×10^5 W/m^2，它已相当于飞行器返回大气层高速气动加热形成的高热流密度，要在毫米甚至微米量级的器件尺度上把这样高的热量带走，传统的冷却技术和传热关系式已不再适用。特别要强调的是，微电子器件的可靠性对温度十分敏感，器件温度在 70～80℃水平上每增加 1℃，其可靠性将下降 5%，所以微电子器件的冷却问题早在 80 年代中期已成为国际微电子界和国际传热界的热点[1]。美国 IEEE 每年召开的半导体器件的热测量和热管理会议到 1999 年已召开了 15 届。美国 ASME 组织的电子系统中热现象会议到 1997 年已开到第 7 届。目前 CPU 的速度是 3. 3ns(300MHz)，微电子系统发展方向是智能化，要求 CPU 的速度是 10～1ps，即要求速度提高 2～3 个量级，而速度的提高主要受限于器件的功耗和散热能力，因此空间微尺度和时间微尺度条件下的流动和传热问题的研究显得十分重要。

90 年代初，微型电子机械系统(MEMS)在国际上形成了一个新兴的技术领域[2]。自 1987 年美国加州大学伯克利分校研制成功转子直径为 60～120μm 的硅微型静电电机以来，包括微驱动器、微执行器、微传感器等的微型电子机械系统得到了快速的发展。一方面因微电子集成电路与环境的联接必须依靠微型机械，另一方面微型电子机械系统在工业、国防、航空航天、航海、医学和生物工程、农业等领域有着巨大的应用前景，所以美国国家科学基金会自 1998 年起重点资助 MIT，加州大学等 8 所大学和贝尔实验室从事微型电子机械系统的研究计划，日本通产省自 1991 年度开始实施为期 10 年，总投资为 250 亿日元的“微型机械技术”的大型研究开发计划，欧洲则于 1990 年就开始微型系统的研究。

进入 90 年代以来，微/纳米技术的发展很快。随着器件的构件尺寸的进一步减小，以及微/纳米激光加工的特征时间的缩短(10^{-12}～10^{-15} s)都进一步对传统的流体力学和传热学提出了挑战，迫切要求弄清空间和时间微细尺度条件下流动和传热的特点和规

* 原文刊登在《力学进展》2000 年第 30 卷第 1 期。

律,因此国际上正在逐步形成一个微细尺度传热的一个新的分支学科。例如,美国从布什政府开始组织了一个庞大的专家团,要求他们从美国在世界市场中的竞争性、增强国防、保障能源安全等方面来确定国家的关键技术。他们列出的关键技术为材料、加工、信息、通讯、生物、能源和交通等七个领域,并归纳出针对此七个领域的共同的科学问题,其中之一就是空间、时间微细尺度条件下的传热问题。与此同时,微尺度流动和传热过去只是在各种国际会议分会场的题目,而在 1997 年,国际传热传质中心首次召开了微传热的国际会议(International Symposium on Molecular and Microscale Heat Transfer in Materials Processing and Other Applications)[3],1998 年 7 月欧洲在法国召开了微尺度传热的学术讨论会[4]。1997 年 1 月美国还出版了以 Professor C. L. Tien 为主编的微尺度热物理工程的学术刊物(*Microscale Thermophysical Engineering*)。这些都表明了正在形成微细传热这个新的学科分支。

2 微细尺度传热的特点

微细尺度传热之所以正在形成一个新的学科分支,是因为当尺度微细化后,其流动和传热的规律已明显不同于常规尺度条件下的流动和传热现象,换言之,当研究对象微细到一定程度以后,出现了流动和传热的尺度效应。在微电子机械系统中通常是指器件的尺寸缩小至毫米、微米或更小量级时称之为微型器件或微型机械,这不过是一种笼统的说法,更重要的是要讨论和研究尺度微细化后出现的机械、力学和热学等现象和规律的变化,以及微细到什么程度才出现这些变化等。因此,“微细”只是一个相对的概念,而不是指某一特定尺度。至于要缩小到哪一个尺度才能称微细,这要看讨论的是哪些物理现象。例如,对于竖板自然对流换热,当物体尺度缩小至厘米量级时,其换热规律已有明显不同,所以这时厘米级就可称“微细”,而当讨论的问题涉及连续介质假定或 Navier-Stokes 方程是否适用等问题时,物体的尺寸即使小到微米的量级,有时也不能看作为“微细”,因为它仍比分子平均自由程高 1～2 个数量级,所以连续介质假定、Navier-Stokes 方程仍然是适用的。

微细尺度还包括时间尺度上的微细。例如,快速和超快速加热和冷却过程就属于时间尺度微小化的物理问题。

微细尺度的流动和传热与常规尺度的流动和传热的不同的原因可以分为两大类:

(1)当物体的特征尺寸缩小至与载体粒子(分子、原子、电子、光子等)的平均自由程同一量级时,基于连续介质概念的一些宏观概念和规律就不再适用,黏性系数、导热系数等概念要重新讨论,Navier-Stokes 方程和导热方程等也不再适用。

(2)物体的特征尺寸远大于载体粒子的平均自由程,即连续介质的假定仍能成立,但是由于尺度的微细,使原来的各种影响因数的相对重要性发生了变化,从而导致流动和传热规律的变化。

连续介质条件下,尺度效应的以下三种情况值得注意:

(1)由于惯性力与物体特征尺寸成反比,而黏性力与特征尺寸的二次方成反比。所以当尺度微细时,惯性力与黏性力的比愈来愈小,其结果将导致微细尺度条件下的自然对流中的惯性力与黏性力的比与 Grashof 数成正比(惯性力/黏性力～Gr),而常规尺度条件下的自然对流，其惯性力与黏性力的比则与 Grashof 数的平方根成正比（惯性力/黏性力～$G^{1/2}$）。相应地，在微细尺度情况下，$Nu \sim (GrPr)^{1/2}$，而常规尺度情况 $Nu \sim (GrPr)^{1/4}$；此外，微细尺度混合对流中的自然对流与受迫对流的相对重要判据为 Gr/Re，而不是常规尺度下的 Gr/Re^2。

对于发动机来说，空气流量和发动机的推力与特征尺度的平方成正比，而发动机的质量是特征尺度的三次方，所以当发动机尺度减小时，其推力重量比就会按特征尺寸的减小而线性增加。最近美国 MIT 正在制造一台微型硅透平发电机[5]，重量仅 1g，透平叶轮直径仅 4mm，预计可发出 10W 以上的功率。如用碳化硅材料，可望发出 50W 的功率。根据推算，当发动机缩小至毫米量级时，其推力重量比可达 100 ：1 左右，比目前最好的发动机还高一个量级。

（2）由于尺度的微细，使得面体比增大，从而使表面作用增强，表面作用包括黏性力、表面张力、换热等。例如，由于离心力与特征尺度平方成正比，所以微机械中的利用离心力来驱动流体不再合适，故利用表面黏性力来泵送流体[6]。又如，由于热现象的惯性很大，所以在常规尺度条件下，很难利用热现象去驱动和控制流动介质。然而当尺度微小化后，表面换热大大增加，时间常数很小，所以传热现象应用于流动控制成为了可能，日本利用快速移动电加热 0.1mm 管道中的流体，使其发生快速的沸腾和冷凝，实现了一种新型的流体驱动泵。其优点是无运动部件，从而可靠性特别好[7]。

（3）对于微细尺度的物体，流动和传热的边缘效应和端部效应特别明显，从而其流动和传热规律与常规尺度情况下就有很大不同。它的三维效应不能忽略，从而导致传热会有明显的强化等。所以一般情况下，微细尺度物体不能简化为二维或一维问题来处理。

3　微细传热研究的主要问题

3.1　微细尺度导热

3.1.1　导热系数的尺度效应

众所周知，导热系数是物质的一种输运性质，它与物体的尺寸大小无关。现有实验和理论研究表明，当物体尺寸减小，例如薄膜的厚度小到一定程度时，其导热系数将随膜厚的减小而降低，有的甚至可降低 1～2 个数量级[8]，导热体甚至可变为热绝缘体。例如，铜膜 100K 时的导热系数为 $1.4\mathrm{cal \cdot cm^{-1}K^{-1}s^{-1}}$，当膜厚减小到 $0.12\mu\mathrm{m}$ 时，其热导率就降低至 $0.6\mathrm{cal \cdot cm^{-1}K^{-1}s^{-1}}$。对于金刚石薄膜其厚度从 $30\mu\mathrm{m}$，减小到 $5\mu\mathrm{m}$ 时，其导热系数可降低 4 倍。

导热系数尺度效应的物理机制来自于两个方面。一是与导热问题中的特征长度有关，设 λ 是粒子的平均自由程（取决于声子、电子、杂质或缺陷的散射），λ_c 为载热粒子的波长。当物体的特征长度 $L \gg \lambda$ 时，这时傅里叶导热定律适用，称之为宏观区，当 $L \leqslant \lambda$ 时，尺度效应明显，即随尺寸减小，输运能力减弱，导热系数降低，傅里叶定律不再适用，称之为微观 1 区；当 $L < \lambda_c$ 时，必须考虑量子效应，称之为微观 2 区。另一方面导热能力与材料中晶粒大小有关，当尺寸减小时，由于工艺等方面的因素，晶粒尺寸也随之减小。由于晶粒界面增大，所以输运能力减弱，导热系数也就降低。

3.1.2 导热的波动效应

研究导热问题时,最常用的傅里叶定律,即热流与温度梯度成正比,然而,快速瞬态导热时,发现傅里叶定律不再适用,40 年代就有人采用热流滞后于温度梯度的 C-V 模型[9,10]

$$q+\tau \frac{\partial q}{\partial t}=-K \frac{\mathrm{d}T}{\mathrm{d}X} \tag{1}$$

其中,q 是热流密度,T 是温度,t 是时间,X 是空间坐标,τ 称之为松弛时间。其中附加项 $\tau \frac{\partial q}{\partial t}$的物理意义是,热流随时间的变化也影响温度梯度,把方程(1)代入能量方程就能得到以下一维瞬态导热(温度)方程

$$\frac{\partial T}{\partial t}+\tau \frac{\partial^2 T}{\partial t^2}=a \frac{\partial^2 T}{\partial X^2} \tag{2}$$

其中 a 是导温系数。方程(2)是双曲方程。也就是说,此时热量(温度)传播是以波动方式传播,它和基于傅里叶导热定律的抛物型导热方程所预示的能量以扩散方式传播有很大的不同。

由于在一般情况下松弛时间 τ 的值很小(τ 为 $10^{-10}\sim10^{-14}$ s),方程(1)中的热流对时间的导数项和方程(2)中温度对时间的二阶导数项可忽略,则方程(1)退化为傅里叶定律,方程(2)便退化为常规情况下的导热扩散方程。而对于脉冲激光加工或微电子高速器件,由于其特征时间已达亚纳秒和皮秒量级,传热的波动效应则不能忽略,与扩散过程相比,它带来的后果则是将产生更大的最高温度和热应力,这对加工质量和微电子器件可靠性都会有重大影响。

3.1.3 导热的“辐射”效应

电子器件和电子封装中的介电薄膜材料的导热行为可能产生异常情况,当膜厚很小时,可以用辐射传递问题来分析和讨论晶格振动(声子)[11]

$$\frac{1}{v}\frac{\partial I_\infty}{\partial t}+\frac{\partial I_\infty}{\partial X}=\frac{I_\infty^0(T(x))-I_\omega}{v\tau(\omega,T)} \tag{3}$$

其中 I 为声子强度,ω 为声子角频率,v 为声子速度,在声学厚的条件下(膜厚足够大),则方程(3)可退化为傅里叶导热定律,在声学薄极限时,它可退化为黑体辐射定律。对于瞬态导热,它表现为热脉冲以波动方式传播,并由于声子散射而逐渐衰减。

3.2 微细尺度流动和对流换热

3.2.1 研究现况

从目前已有研究工作报道中看,微细通道或结构中的流动和换热研究出现了以下现象:

(1)微细通道流动阻力规律与常规尺寸条件下不同,不同作者的实验数据不仅在定量上,而且在定性上互相矛盾(有的认为微细通道中流动阻力大,有的则认为微细通道中流动阻力小)。

(2)充分发展通道流的 $f \cdot Re\neq$const,认为阻力因子与雷诺数的乘积不再是常数,它应是雷诺数的函数。

(3)微细通道层流向湍流过渡的雷诺数减小,其过渡雷诺数 Re_t 可为 300～1000。

(4)微细通道流传热数据很分散,充分发展的通道流的 $Nu \neq \mathrm{const}$,且是雷诺数的函数。

(5)微细通道湍流的 Nu 比常规情况高 5~7 倍。

3.2.2 微细流动与传热现象的某些影响因素

3.2.2.1 流动(气体)压缩性的影响

由于微细通道内压力降很大,导致流体密度沿程有明显的变化,所以必须考虑流体的压缩性,它不仅会形成加速压降,而且还将改变速度剖面。也就是说即使管子长度与管径比很大,流场和温度场也不会充分发展,它将使阻力有明显的增加和导致传热的强化[12,13],而且当尺度微细后使雷诺数很小时,衡量流体不可压缩性的判据将变为 $M^2 \ll Re$,而非 $M^2 \ll 1$。

3.2.2.2 界面效应

在微细管道中液体表面张力将起更为重要的影响,在热管研究中表明,当反映重力与表面张力之比的 Bond 数小于 2 时,表面张力起主导作用。

$$Bo = D\sqrt{\frac{\Delta\rho g}{\sigma}} \tag{4}$$

其中 σ 是表面张力。此时,管道为毫米量级时,重力即可忽略,并称之为微型热管。

此外由于固壁有时带静电,液体可以有极性,静电场的存在会阻碍液体中离子的运动,从而使液体流动阻力增加[14],同时对微细管道中传热也会有重要影响。

3.2.2.3 气体稀薄效应

它通常用努曾数来表示气体稀薄的程度

$$Kn = \frac{\text{分子平均自由程}}{\text{物体特征长度}} \tag{5}$$

当 $Kn \ll 1$,连续介质区;$Kn \gg 1$,自由分子流区;$0.01 < Kn < 0.1$,滑流区;$0.1 < Kn < 1$,过渡区。气体的稀薄性一般导致气体流动阻力降低和换热减弱。

3.3 微细尺度热辐射

在微尺度条件下热辐射不仅与声子自由程有关,而且还与光子波长 λ_{op} 和光子相干长度 L_c 有关,光子波长 λ_{op} 取决于辐射源。根据不同的特征长度,可以把微尺度热辐射问题划分为三个区域[14]:①当 $L < L_c$ 时,材料的光学常数与尺度无关,但辐射性质,包括反射、吸收、散热等则要发生变化;②当 $L < \lambda_{op}$ 时,或 $L > \lambda_c$,此时光学常数亦将随尺度发生变化;③当 $L < \lambda_c$ 时,光学性质将考虑量子效应。

有些文献还介绍了表面的微细加工可以明显强化常温辐射。

3.4 微细尺度的相变传热

相变换热中的微细尺度换热问题可以分成两大类,一是常规尺度容器中的沸腾或凝结中尚有很多微细尺度的传热问题没有很好地解决,例如,有关汽泡、液滴的成核和相变过程中的薄液膜换热等,核的存活直径和液膜厚度都具有亚毫米至微米量级。另一类是当容器或通道尺寸缩小至与核的临界直径具有同一量级时,相变及其换热规律必发生变化。彭晓峰等[15]初步实验表明,在微通道中可出现拟沸腾现象,而过增元等[16]则提出了在微细通道/空间有可能发生连续相变的过程,即当空间小至不能出现稳定和长大的核时,液态到汽态的变化将是连续进行的,即不会出现分相的相变过程。也就是说范德瓦尔方程中的不稳定区在微细空间中是可能稳定实现的。

4 结 束 语

基于以微电子和微电子机械系统为背景的微细尺度传热是一个方兴未艾的新的研究方向和学科分支,它不仅要求传热理论要进一步地发展和创新,而且由于尺度的微细化,对实验技术也是一种挑战,例如温度分辨要求从目前的 10^{-2}K 到 10^{-5}K。热参数的空间分辨率要从目前的 20μm 到 0.2μm 等。此外,用分子动力学模拟和 Monte-Carlo 方法模拟某些微细尺度的传热现象,成为了既有必要又有可能的事情。

参 考 文 献

[1] 过增元.当前国际传热界的热点——微电子器件的冷却.中国科学基金,1988(2):20~25

[2] 周兆英,尤政.微型系统和微型制造技术.微米纳米科学与技术,1996,2(1):1~11

[3] Tanasawa I, Nishio S, Editors. Proceedings of International Symposium on Molecular and Microscale Heat Transfer in Materials Processing and Other Applications. Japan, 1997

[4] Saulnier J B, Editor. Proceedings of Microscale Heat Transfer. Eurotherm Seminar France, 1998

[5] Ashley S. Turbines on a dime. Mechanical Engineering, 1997, 119(10): 78~81

[6] Sen M. A Novel Pump for MEMS Applications. Jounal of Fluids Engineering, 1996, 117: 624~627

[7] Ozaki K. Pumping Mechanism for Micropumps. In: Proceedings of IEEE Micro Electro Mechanical Systems, Amsterdam, 1995. 31~36

[8] Duncan B, Peterson G P. Review of microscale heat transfer. Applied Mechanics Review, 1994, 47(9): 397~427

[9] Vick B, Ozisik M N. Growth and decay of a thermal pulse predicted by the hyperbolic heat conduction equation. ASME J Heat Transfer, 1983, 105: 902~907

[10] Guo Z Y, Xu Y S. Non-Fourier heat conduction in IC chip. ASME J Heat Transfer, 1995, 117: 174~177

[11] Majumdar A. Microscale heat conduction in dielectric thin films. ASME J Heat Transfer, 1993, 115: 7~16

[12] Pfahler J. Liquid and gas transport in small channel. ASME DSC, 1990, 19: 149~157

[13] Guo Z Y, Wu X B. Compressibility effect on the gas flow and heat transfer in a microtube. Int J Heat Mass Transfer, 1997, 40(13): 3251~3254

[14] Mala G M, Li D Q. Flow characteristics of water in microtubes. International Journal of Heat and Fluid Flow, 1999(in press)

[15] Tien C L, Qiu T Q, Norris P M. Microscale thermal phenomena in contemporary technology. Microscale Thermal Science and Engineering, 1994, 2(1): 1~11

[16] 彭晓峰,王补宣.液体内部汽化空间与拟沸腾,中国科学基金,1994:7~12

[17] Guo Z Y, Yang C, Chen M. Continuous Liquid-Vapor Transition in Microspace. In: Proceedings of Eurotherm Siminar, No 57, 8~16

院士简介

过增元

工程热物理学家。1936 年 2 月 28 日生于江苏无锡。清华大学动力机械系毕业。清华大学教授。1997 年当选为中国科学院院士。

长期从事热科学与技术研究。在热流体方面，提出了热可压流体的概念，发现了热绕流等现象，并建立了热阻力和热绕流的定量关系式。在热等离子体方面，提出了电弧堵塞的概念，发展了一种热力学非平衡等离子体参数计算的新方法，对热等离子体加工有重要意义。在微重力条件下的流动与传热方面，提出了载人舱内流场、温度场和湿度场地面模拟的新方法，建立了相应的模拟装置，可大量节省实验时间和经费，促进了航天事业的发展。在微尺度传热和传热强化方面，提出了温差场均匀性原则等传热强化新思路，它可使换热效率提高的同时不带来附加的阻力损失。

力学教育

研究工作与工程技术工作如何衔接*

郭永怀
(中国科学院力学研究所)

执行了党的任务带学科这一正确方针,到现在虽然才只有半年,但是收获已经很丰富。这表现在许多方面,最主要的,是研究脱离实际的现象,已经彻底扭转了,使科学研究走向社会主义的道路,永远为社会主义建设服务。这是党领导科学的胜利。

在执行这个方针的过程中,由于经验不够,对研究工作与工程技术工作的关系问题,认识是不一致的。这类问题如不及时解决,它可能使研究在生产中不能充分发挥作用,也可能影响研究工作的安排。现在借这个机会把这些意见提出来,请大家讨论并加以澄清,这将有助于1959年工作的开展。

这些意见如下:

(1)从工作的性质来说,生产任务的工作大体可以分为两部分:理论工作及设计、加工等技术工作。一个研究所如力学所的任务,是进行理论研究,它在完成前一阶段的工作以后,就可以结束,而把研究的成果交到设计部门,再由那个部门,像接力似的展开第二阶段的工作。

(2)根据研究为生产服务的方针,研究的目的在于实现一具体任务。因此,研究工作不能停留在理论阶段,而是应该一竿子到底,从理论研究到设计以至生产。

按照前一种说法,一项任务的理论研究和设计工作,是可以分开的,做理论研究的人员和工程技术人员,也可以独立、分段地进行工作。如果研究所只进行理论工作,而不密切联系工程技术工作,其结果必将又是脱离实际。

按照后一种说法,一个研究机构不仅要进行理论研究,同时又要设计及生产。在个别的情况下,这是很必要的,譬如,技术性单纯的任务如设计效率较高的小型水轮机。但是一般说来,这是行不通的。就力学研究来说,与力学有关的任务,都是具有高度的综合性,例如,制造一架现代式飞机,它涉及的面很广。完成这样的任务,就要联合许多个所、设计院和加工厂。显然,一个研究机构对于一项复杂任务从头到尾,一包到底的做法是不现实的。

理论研究和工程技术工作有区别,也应有交叉。一个研究机构不能是设计院,然而在一定范围内又要执行设计院的任务;它离不开设计院,但不能包括设计院。如果这样做,研究机构势必十分庞大,那是既没有必要,也不可能。

正确地执行科学为建设服务的方针,应该贯彻所与所之间的协作和研究所与设计院的并肩作战的方针。在解决一项生产任务的过程中,理论研究和工程技术工作是互相衔接的。一个时期内可能把重点放在理论研究上,另一时期重点则是设计、试制等技术工

* 此文为郭永怀先生在1959年春为安排力学研究所年度计划而作。

作。在进行技术工作中可能又提出新问题，那么理论工作便提到日程上来。这样反复推动，以至工作完全告成。这是说明，理论工作与工程技术工作，各有不同阶段，但是它们也是互相渗透的。因此，研究机构必须紧密与设计院协作。

为了充分发挥科学研究在生产中的作用，研究机构必须具备一支强大的科学研究的队伍，同时也要有一支强大的技术力量。技术系统的任务是配合研究作战，它要设计和制造实验设备，试制为试验用的产品或模型，以及负责解决实验的技术问题。这些工作的目的是使理论变为现实。只有在这样的基础上，才能把工作逐步移交到设计院，做到这一阶段，密切协作才能正式开始。

院 士 简 介

郭永怀院士简介请参见本书第 96 页。

浅谈工程力学的任务与教育*

张　维
（清华大学）

力学学会是力学工作者在党领导下的群众团体，应该组织发挥会员的特长，更好地为社会主义建设服务，更好地为我国力学队伍的成长贡献力量。我想从这个要求出发，讲讲力学与工程以及力学教育两个问题，提些个人意见，供大家参考。

在今年4月7日人民日报社论中，阐明了今后一个时期我国科学技术的发展方针："科学技术与经济、社会应当协调发展，并把促进经济发展作为首要任务；着重加强生产技术的研究，正确选择技术，形成合理的技术结构；加强厂矿企业的技术开发和推广工作，保证基础研究在稳定的基础上逐步有所发展，把掌握、吸收、消化国外科学技术成就作为发展我国科学技术的重要途径。""使得我国国民经济的发展能走提高经济效益的路子。""这方针的中心是科学技术首先要促进国民经济的发展。"发展国民经济包括许多方面，其中主要的还是工农业生产。而跟我们力学更为直接有关的是工业，涉及各种门类的工程技术。

什么是工程技术？概括起来说，就是为了实现一定的目的要求，而在一定的设计思想和理论（或者说规律）指导下，利用某些已知性能的材料，设计并生产（施工或制造）出具有一定功能的产品。在这个过程中所牵涉到的有各种有关技术。显然，先进的设计思想和理论是设计、制造优质高效产品的关键之一。明确一下工程技术的概念，是为了能正确理解力学与工程的关系。

大家知道力学的范围很广。物理学家常把力学看成是物理学的一部分。而我这里所说的主要指工程力学或称应用力学。什么时候开始有应用力学，其说不一，我倾向于自伽里略开始。纵观一下力学学科的发展历史，可归结出两种发展途径：

（1）从生产实践中提出问题，从而发展理论。例如，历史上由于桥梁、建筑等的需要，促使力学的发展，形成了杆件结构力学。

（2）基于以往的经验和认识，从理论上概括，后来再得到应用。例如，18世纪欧拉的柱的理论；塑性力学的建立等。

这两种途径是相辅相成的。但其中最主要的是第一种途径。没有工业革命，人们就不会修铁路，造轮船，不会迫切要求发展动力工业。正是由于蓬勃发展的工业生产，不断提出新的研究课题，推动了力学学科的向前发展。现在的固体力学、流体力学的很多主要内容几乎全是在工业的这个发展过程，尤其是20世纪初叶以来的六七十年中发展起来的。如果我们再看看力学的一些近代学者如勃朗特、冯·卡门、钱学森、铁木辛柯等的著作，以及他们工作的背景材料，更可以理解到这点。近30年来，由于空间、海洋及能源

* 原文刊登在《力学与实践》1982年第1期。

开发的推动，又使力学各学科分支之间、力学与其他学科之间达到交叉发展的地步。总之，力学学科的发展受到工业生产及其相应的各种工程技术发展的推动，同时为它们日新月异的需要服务。

虽然上述结论主要是根据欧美先进工业国力学发展的历史过程得出的，但是作为一个规律，对我国也是适用的。在建国 30 多年来取得一系列重大科技成果中，如人造卫星的发射回收，远程运载火箭的试验成功，南京长江大桥和葛洲坝等工程的胜利建成，都推动了我国力学学科的发展。然而，我们也要清醒地看到，由于我国过去生产不发达等历史原因所带来的弱点，旧中国根本没有我们自己的工业，所以也谈不上有什么力学科学，当时搞力学的都是从外国学校里学来的，并不是从本国工业的根上长出来的。解放后，从国外引进了技术，逐步建立起自己的工业体系，但生产水平仍然比较落后，总的来说，工业基本上还没有从仿制前进到独立设计。所以我国的力学学科可以说还没有生根于本国社会，许多力学研究的选题很受国外科研动向的影响，往往发生与国内工业生产需要相脱节的现象。至于我们受封建思想的影响，重理论轻实践，更不必说了。在队伍上，力学工作者与产业部门的联系自然也差。因此，我们力学工作者稍不注意就很容易犯理论脱离实际、工作脱离国民经济需要的毛病。现在党中央、国务院给我们进一步明确了科学技术的发展方针，非常正确，对力学学科完全适用。我们要遵循这个方针，纠正只重视高精尖科学技术，不重视量大面广的生产技术，好高骛远，盲目赶超的倾向，要为国民经济的发展脚踏实地地工作，在实现四化中作出我们力学工作者应有的贡献。

力学要为国民经济的发展服务，就要有一支良好的力学工作者队伍，存在力学队伍培养成长的问题。在这里我想对力学教育谈些个人意见，主要是提出问题，请大家考虑。这方面的问题很多，现在主要讲两个问题：

(1)**专业设置问题**　在工科院校中设置力学专业是对的，但设什么？本科还是研究班？如设本科，全国要设多少？这应该根据全国的需要量，不能把最近二三年或三五年的需要量当成长时期的需要量，各自匆忙地办专业，办师资班，而缺乏长远打算。

(2)**如何培养的问题**　是在本科计划中尽量让学生念力学课程，而且愈念得多愈好，还是应该让他们的业务能力比较均衡地发展，使力学知识(理论与实验两方面)与实际工程知识之间有一个较好的比例。

据我所知，欧美、日本等国的应用力学多半是在土木系或机械系里，作为专门化培养的，人数很有限，力学课程仅限于基础性。由参考材料①中择出几个例子，看看这些学校中固体力学专业的有关课程设置：

英国帝国理工学院机械系	应用力学专业高班：弹塑性理论，设计中的应力分析，系统动力学，润滑技术
西德达姆斯塔德工业大学力学系	见文内说明
苏联莫斯科包曼工学院机械动力和强度专业	结构力学，断裂力学，材料试验机，弹性力学，应用弹性力学，实验方法，机械振动，稳定性理论，应用塑性和蠕变
美国加州大学伯克莱分校机械系	线性振动，随机振动，高等动力学，非线性振动，弹性力学 I，II，弹性波，连续介质力学，塑性力学，冲击，稳定性理论，自激振动，系统动力学

① Gh. Buzdugan, Institutul politehnic Bucuresti: Ein neuer Ingenieur-Fachbereich: Angewandte Mechanik pp. 31－38. ,in Moderne Methoden und Hilfsmittel der Ingenieur-Ausbildung 1978 TH Darmstadt.

在欧美专门设力学系的有西德的达姆斯塔德高等工业学校，它的教学计划的特点是：

(1)没有一二年级学生，学生全由其他系转来，也就是基础课，包括工程力学课在内，都与其他专业一样。

(2)念的专业课不多。该系设有四个专门化：固体力学、流体力学、连续介质力学、动力学，每个专门化各设四门课。以固体力学为例：设弹性力学Ⅰ，Ⅱ，板壳Ⅰ，Ⅱ，此外还再由其他三个专门化课中任选两门课。

(3)再念两门数学课，如数值计算方法等。

(4)要完成两个大作业，课内外各400～500小时，一个是工程设计，一个是力学大试验。

(5)至少参加一个学期的讨论班。

(6)毕业论文，约五个月：有一定水平，有的有些创造性。

对于力学教育，我在这里只是提出了问题，并介绍一些国外情况，希望大家针对我国的具体条件多发表意见，集思广益，一起来把力学队伍的培养工作搞好。

院士简介

张维(1913.5.22—2001.10.4)

固体力学家。北京市人。1933年毕业于唐山交通大学，获工学士学位。1938年获英国伦敦帝国理工学院工学硕士学位。1944年获德国柏林高等工业学校工程博士学位。1955年选聘为中国科学院院士(学部委员)。1994年选聘为中国工程院院士。清华大学教授。

三次参加我国科技长远发展规划并任土木建筑水利组组长和力学组副组长，推动了我国某些新兴学科的建立和发展。长期从事结构力学和固体力学的教学和科研工作，为我国培养力学人才做出了贡献。研究板壳静、动理论。1944年在国际首次求得环壳在旋转对称载荷下的应力状态的渐近解。后来在圆环壳方面做出了系统的开创性的研究工作。主编了《壳体文献汇编》《力学丛书》和《世界力学名著译丛》等。1983年创办深圳大学。

我国力学专业教育现状与思考*

刘人怀
（暨南大学）

“力学课程报告论坛”在全国高等学校教学研究中心、全国高等学校教学研究会、教育部高等学校力学学科教学指导委员会、中国力学学会教育工作委员会和高等教育出版社的发起和组织下，在大连理工大学的支持下，顺利召开。我们有理由相信，“力学课程报告论坛”将对提高全国力学课程教学质量起到积极的推动作用。我代表教育部高等学校力学学科教学指导委员会就我国力学专业教育现状与思考谈一些看法。

1　目前高等教育面临的任务与挑战

目前，我国高等教育在学总人数超过了2300万人，规模位居世界首位，毛入学率达到21%，在一个较短的时间内实现了历史性跨越，进入了国际公认的大众化发展阶段。“十五”期间，高等教育教学改革不断深化，人才培养质量稳步提高，科学研究水平全面提升，社会服务能力显著增强，国际合作交流日益广泛，国际地位明显提高，各项改革取得突破性进展，为各行各业输送毕业生1397万，高等教育迎来了生机勃勃的崭新局面。但是，高校人才培养面临不少困难，存在许多薄弱环节，深化改革的任务相当艰巨。

在2006年4月教育部各类教学指导委员会成立大会上，周济部长强调“十一五”是我国社会主义现代化建设承前启后的重要时期，要站在科学发展观的战略高度，准确把握新时期高等教育发展的历史任务。

根据教育部的总体要求和目前高等学校面临的历史机遇与挑战，我们认为要以科学发展观统领高校教学工作，必须紧紧抓住高等教育质量这一生命线。育人是高等学校的根本任务。培养德智体美全面发展的一代新人，必须要充分发挥教学的主渠道作用，切实提高教学质量。必须加大教学投入，强化教学管理。要加强学风建设，营造良好育人环境；要加强教学评估，完善质量保障体系，这是保证教学质量行之有效的手段，今后必须坚定不移地开展下去；要加强教师队伍建设，深化教学改革。要以培养学生的创新精神和实践能力为重点，不断深化人才培养模式、课程体系、教学内容和教学方法的改革，推进教学改革向纵深发展。

在北京召开的教育部各类教学指导委员会主任委员会上，与会者认为，对于高等学校教学工作应该在六个方面“进一步重视和加强”：一是进一步重视和加强高等学校育人根本任务的实施；二是进一步重视和加强本科教学在学校工作中的地位；三是进一步重视和强化素质教育；四是进一步重视和加强学生思想道德和人文修养的教育；五是进一

* 原文刊登在《中国大学教育》2007年第1期。

步重视和加强学生实践能力和创新能力的培养;六是进一步重视和加强国家优秀教学成果、精品课程以及各种教学改革成果的推广和应用。

2 我国力学教育的现状

力学学科是历史悠久而又充满活力不断发展着的学科。力学发展的活水源头一共有三个:这就是生产与工业的需求,同其他基础学科的渗透以及力学内在发展的矛盾提出的新课题。时代不同了,力学的研究内容、手段也在变化。从近 20 年的趋势来看,两个特点必须认识到,一是计算机科学和力学的结合,二是非线性力学提到突出的地位。

力学人才,来自高等学校力学专业。2003 年,据高等学校理工科教学指导委员会统计,我国理学类理论与应用力学专业点 17 个,工学类的工程力学专业点 64 个,工程结构分析专业点 2 个,力学专业总数达 83 个。我国高等学校力学专业曾经历过辉煌,也面临过困境,上世纪 80 年代中后期至 90 年代渐渐被冷落了。这种冷落是全社会对力学淡忘的反映。它反映在优秀学生不报考力学专业;反映在一部分力学专业纷纷改名换招牌;反映在力学学生毕业分配不吃香;反映在力学家中也有部分人认为力学不需要单独办专业等,它是整个理科教育衰落的一个侧面。

中国力学教育的特点是,许多大学都办力学系,但在数理基础教育的质量上近年有所下滑。我们的学生数学基础比较薄弱,其他课程如物理学基础和能力培养也存在很大差距。而我国高等学校在校学生超过 500 万,其中需要每年以力学课作为基础课的理工学生近 50 万。

关于我国力学专业的教学质量的评估,就扩招前已设置力学专业的 39 所高校而言,已经建立了一个基本的质量保障体系;但是 1999 年扩招以后,大部分新建专业还很难说能保证力学人才的教学质量。从上世纪 80 年代以来,力学专业历届指导委员会建立了一整套力学人才的培养目标、教学计划、数理基础与力学主干课程的设置、培养学生实践和创新能力的教学环节等规范并逐渐完善,形成全国力学教育界各主流学校的共识。还制定了要求明确、简便易行的专业评估方法并在二十多所学校的工程力学专业中进行了 3 次评估。在课程设置方面,确定 7 门基本的力学课程为主干课程,制定了课程的基本要求和大纲,组织编写、出版与推荐了一批好教材,组织力学教师暑期培训班,并对各校弹性力学、流体力学等课程进行了课程评估。由于国家的投入和各校的努力,近十多年以来上述 39 所力学专业的办学条件有了很大改善,建立了 5 个力学教学实验基地,学生应用计算机的条件大大改善,师资队伍得到了更新与发展,目前 45 岁以下的青年教师已占 55%以上,其比例远高于其他专业。

与本专业的过去相比,近十年来力学专业所培养的人才质量总体来说有所提高,特别是计算能力、外语能力和知识面宽度有所上升,但由于各种因素的制约,理论分析能力有所下降。总体说来,由于本专业对人才培养坚持了基础扎实与重视实践的指导思想,力学人才在数理基础,综合素质方面比国内一般工科专业强,但与欧美,特别是一流大学相比,仍有差距。欧美顶尖的大学非常注意大学生数理基础培养,相比之下,我国目前大多数高校的力学系,大学数学课一般只安排 4 学期(两年),比上世纪五六十年代与 80 年代减少许多,使学生的数理基础与分析能力受到了较大的削弱。

力学专业学生的优势在于，首先目前力学专业本科生招生人数比扩招前增加了约一倍，远低于其他工科专业本科生、研究生扩招人数的倍数，而中国高校总规模的扩展，仅仅一般工科院校力学师资一项就有很大需求，力学及各种工程专业研究生对于生源也有很大需求，力学本科生的培养有利于提高工科研究生与基础力学师资的质量。其次，鉴于当今科学技术发展迅猛，而今后高校本科生培养着重于通式教育的角度考虑，力学专业学生基础好、计算机能力强、适应面宽，与我国目前高校所培养的单一工程领域的工科学生相比，较容易转换服务领域。

针对上述情况，上届力学教学指导委员会对我国高等学校力学专业发展提出以下几点建议：

(1)在稳定招生总人数的前提下，设置力学类专业的学校数目应当做到稳定规模、提高质量，进一步调研新办力学专业的办学质量，加强督导。

(2)国内各高校力学专业本科生培养模式提出了适应社会需求，多层次、多模式、多渠道培养力学人才的改革方案。人才市场是波动的，专业人才培养却是相对稳定的，所以必须从宏观和微观两个方面来考虑问题，即使是毕业生供小于求也要进行改革。

(3)不论是工科力学专业还是理科力学专业，均有培养模式呈多元化、课程设置模块化的趋势。目前并没有一种统一的做法，但总体而言，仍认为数学和力学的基础要宽一点、厚一点。

(4)要加强对以下问题的研究：首先是复合型力学人才培养；其次是21世纪的力学教育体系；以及研究型力学人才创新能力培养基地。

3 创新力学专业教育的思考

力学专业改革与发展的总体思路是进一步拓宽力学人才的知识面，培养交叉型、复合型人才，以满足新世纪对力学人才的需求。其主要着眼点在于：

(1)在现有理科力学专业的基础上，发展新的交叉学科方向，如力学与生命科学的交叉、力学与材料科学的交叉等，以培养新的交叉型力学人才。

(2)在现有工科力学专业的基础上，以我国的大规模工程建设、大科学工程为背景，发展复合型的力学专业，扩大力学的领域，推动力学的发展，培养大工程需要的复合型力学人才。

(3)研究新形势下的力学人才培养模式、课程体系及内容，研究在新形势下如何提高人才培养质量等问题。

根据目前新形式下力学学科专业发展需要，我认为应当在以下几个方面开展进一步的工作。

3.1 按照教育部的要求，充分发挥力学教学指导委员会在力学专业教学指导中的作用，推动力学专业教学改革

教学指导委员会的具体工作应该包括五个方面的内容：

(1)**理论指导** 教学指导委员会要进一步组织并加强教育教学理论研究、本学科的发展战略研究、本学科专业的质量保障研究等，用研究成果来指导大学本科及高职高专教育。

(2)**政策指导** 把教育部有关教育教学方面的政策及时转化为教学规范,对高校的教学工作起到指导的作用。

(3)**质量指导** "十一五"规划明确提出高等教育的主要任务是全面提高质量。这要求教学指导委员会要进一步强化质量意识,加强教学质量保障措施的研究与制定工作。

(4)**经验指导** 积极推广教学改革的成功经验,推广优秀教学成果,促进本学科领域先进教育理念、教育方法、质量保障措施的推广运用。

(5)**信息指导** 采取各种形式,及时收集本学科领域教学、科研、招生和就业等方面的信息,加强各科类教学指导委员会的经验交流,构筑信息交流的平台,为高校提供信息服务。

3.2 根据新的人才培养形势和要求,组织全国高校中力学专业合作,进一步完善与充实我国"力学专业发展战略研究"报告和其他三个专业及评估规范

2006年教育部向力学教指委下达了4项"高等理工教育教学改革与实践项目"。我们准备在广泛调查研究基础上高质量完成"力学专业发展战略研究"报告以及"力学类专业指导性专业规范研制""力学基础课教学基本要求研制"和"力学类专业专业评估研究与实践"三个项目,为教育部提供准确、客观、可靠的咨询意见、建议和决策依据。

为体现分类指导的原则,调查研究的范围应考虑不同地域、不同层次、不同类型的高校,尤其还要考虑没有教指委委员省份的情况,要加强与他们的联系。要召开针对地方院校的力学专业办学和人才培养的研讨会和力学专业人才培养的研讨会。同时讨论地方院校应如何进行专业划分,以利于学生的就业。

3.3 加强教材研讨建设和国家精品课程建设,将创新人才培养提高到一个科学的水平上

教材建设与研讨是提高力学专业教学质量的一个重要因素,国家精品课程在力学专业教学中的示范作用已经为大家所广泛接受。今后我们将在各门力学基础课程内容之间的衔接与融合、力学基础课程教学与创新人才培养的关系、加强力学基础课程的作为技术基础课的地位,以及名优教材建设方面开展研究。从各专业创新人才培养的角度,组织基础课教师、专业课教师、专业第一线资深的学者与工程技术人员,对现有的教材进行深入的研讨,真正将教材建设推向一个新高度。

在国家精品课程建设上,坚持"宁缺毋滥"的原则,充分发挥力学各专业指导分委会的作用,制定关于精品课程推荐的程序,将此项工作规范化、制度化。

3.4 高度重视力学类专业学生的实验能力培养问题,重视实训基地建设与实验室建设问题

实验是基础力学教学中不可或缺的一个重要环节,是学生素质教育与能力培养的重要环节,目前不少学校的力学实验教学现状与本科生培养目标是相矛盾和不协调的,影响了力学专业的教学质量,应该引起我们的高度重视。

加强基础力学实验室建设,要结合本科教学评估要求,呼吁学校加大对基础力学实验室的设备经费的投入,要改革实验教学内容,提高实验教学的质量,将现代化教学手段引入实验教学,实行开放教学,提高实验室有限资源的有效利用。力学教指委将组织专门的研讨会,就目前我国力学类专业中在实验教学和实验室建设问题展开专题研讨,就该问题提出专门的调研报告。

3.5　进一步加强中青年教师的培养

我们应当清醒地看到:目前青年教师的学历虽然有普遍提高,但教学经验欠缺,对课程的体系与教学内容了解得不深,在教学的严谨性和教学法方面也有待于进一步提高。为了将已经取得的力学教学改革成果应用到教学中,在提高教学质量中发挥作用,加强中青年教师的培训成为当务之急。

我们要重视先进教学手段使用与开发技术的交流与培训,定期举办中青年力学教师的专题培训和研讨、全国力学青年教师讲课比赛等得到大家认同的活动,使这项工作制度化。

3.6　建立力学教学指导的信息门户网站,实现优质教育资源共享

经过教育部工作部署和前几届教指委积极响应和贯彻,已经在力学网络课程、国家级精品课程、立体化教材、教学素材库和题库等方面形成了一系列优质教育资源。力学教学指导委员会将建立信息门户网站,并与中国力学学会网站紧密合作,向全国的力学工作者和学生提供一个强大的信息共享平台和交流平台,充分发挥力学基础课程教学改革取得的重要成果,特别是国家级精品课程,获国家教学名师奖的优秀教师的示范、辐射作用,充分地发挥优质力学教育资源的作用,实现资源共享,从而促进力学类课程教学质量的大面积提高。

3.7　加强力学专业评估与考察,开展相关研究工作和质量监控工作

今后5年我们将接受教育部委托开展大量的力学专业评估与考察,教指委要认真组织实施,将评估工作与相关研究工作结合起来,与质量监控结合起来,真正发挥教学指导委员会在教学质量评估与监控方面的主导作用。

院士简介

刘人怀

板壳结构分析与应用专家。1940年7月20日出生,四川省成都市人。1963年毕业于兰州大学。现任暨南大学教授,曾任中国振动工程学会理事长、中国力学学会副理事长、中国复合材料学会副理事长、教育部科技委管理科学部主任、暨南大学校长。

我国板壳结构理论与应用研究开拓者之一。与他人共同创立求解非线性微分方程的修正迭代法,研究了6类板壳的非线性弯曲、稳定和振动问题,在国际上第一次提出了精密仪器仪表心脏——弹性元件设计公式。系统提出了夹层和复合材料飞行器结构元件设计公式。在厚板壳弯曲领域进行了创造性研究,提出了弯曲理论及相应的设计公式。上述成果受到工程重要应用。此外,还在管理科学理论与应用方面开展了研究。获省部级自然科学奖、科技进步奖一等奖3项,二等奖2项。

1999年当选为中国工程院机械与运载工程学部院士。2000年又当选为中国工程院工程管理学部院士。

对力学教育的若干思考*

胡海岩
(北京理工大学力学系)
(南京航空航天大学结构工程与力学系)

引　　言

近年来,我国高校的力学教师积极投身于力学教学改革,尤其在课程体系、教学内容、教学手段、知识与技能竞赛等方面进行了许多探索,取得了积极成效。与此同时,力学教师对于力学课程的学时不断压缩、众多学生的学习兴趣不浓等问题深感困惑。更加值得深思的是,工业界对近年来高校毕业生的英语水平和计算机技能给予了肯定,但对其力学等专业基础知识的掌握状况和应用能力评价不高,甚至还有不少严厉的批评。

力学属于技术科学或工程科学,力学教育是高等工程教育的重要组成部分。本文拟从建设创新型国家对高等工程教育的需求出发,以高等工程教育的培养目标和定位作为主要参照,讨论力学教育所涉及的若干问题。

1　建设创新型国家对高等工程教育的需求

新中国成立后,我国的高等工程教育方面自 20 世纪 50 年代起全盘学习苏联模式,以比较窄的专业化教育为主;20 世纪 80 年代后又转向主要学习美国模式,在拓宽专业的基础上增加了部分通识教育。近年来,我国高等工程教育界正日益关注法国、德国的高等工程教育,借鉴其成功的经验。但从教育理念和教育实践层面看,我国尚未形成适应本国工业化发展需求的高等工程教育体系,也未开辟出一条自己的道路。据报道,我国工科毕业生数量大约是美国的 4 倍,德国的 10 倍,但我国工程师人均参与创造的产值却仅仅是美国、德国工程师的 5%～10%。这说明,我国的高等工程教育还存在突出的问题。

任何一个国家的高等工程教育必须瞄准该国工业化进程的当前和未来需求去定位、去改革、去发展。我国是一个发展中国家,目前的工业化水平还不高,特别是自主创新能力不强;而且大型骨干企业、中小型企业的发展水平参差不齐,对工程师的需求具有多种层次和类别。因此,我国高等工程教育体系应该是一个多层次、多类别的教育体系,需要根据各类企业的不同需求培养不同层次和类别的工程师。对于高等工程教育中起着基

* 原文刊登在《力学与实践》2009 年第 31 卷第 1 期。

础性作用的力学教育，自然应该围绕不同的层次和类别的培养目标而进行设计，开展实践。

目前，老一辈力学教师普遍怀念 20 世纪 50～60 年代力学教育在高等工程教育中所处的显赫地位，而中青年力学教师则怀念 20 世纪 80 年代所接受的坚实的力学教育。然而，我们必须正视时代发生了世大变化。与 20 世纪 50～60 年相比，航空、航天、机械、动力、土木、水利等行业对工程师的要求发生了巨大变化。笔者曾参与中国航空工业第一集团公司科技委员会对航空科技人才需求所作的调研，获得若干资料。现以航空科技工业所涉及的飞行器结构设计人员为例作如下简要分析。一是人才类型的变化：当年，航空科技工业需要大量具有坚实力学基础的结构工程师、强度工程师从事结构强度设计、计算和校核。今天，这些工作仅需少量会使用 NASTRAN，ANSYS 进行结构强度计算的普通工程师就可以完成。二是知识结构的变化：当年，飞行器结构工程师、强度工程师需要掌握坚实的理论力学、材料力学、结构力学知识，熟练地使用计算尺、手摇计算机、设计手册。今天，飞行器结构工程师、强度工程师仅需要不多的理论力学、材料力学、结构力学知识，更多的是需要有限元知识，能熟练地运用计算机及其软件。上述现象似似乎表明：当今航空科技工业所需要的结构工程师和强度工程师数量减少，知识结构趋于扁平，他们所需要的力学知识似乎远远不及英语、计算机技能重要。

然而，上述变化仅仅是表象。事实上，面对需要通过独立探索、自主创新研制的新一代飞机，总设计师、副总设计师、结构工程师，强度工程师需要既宽又深的知识结构，既需要坚实的力学知识，还需要对材料、制造、控制、隐身等技术的深刻理解，特别需要具备良好的力学建模能力。以研制新一代军机为例，结构工程师和强度工程师需要对高度翼身融合结构、多传力及复合传力结构进行力学建模，要深入考虑发动机矢量推力、内埋武器弹舱开闭、飞机大机动飞行等复杂载荷条件下的结构强度、振动、声疲劳等力学问题，开展材料与结构一体化设计、结构的精益设计。至于研制高超声速飞行器，结构工程师和强度工程师还需要深入考虑如何从结构设计角度对气动热进行防护、避免热颤振，甚至需要与材料工程师共同研制非烧蚀耐高温复合材料结构等。

在我国建设创新型国家，实现新型工业化的进程中，既需要大批以应用现有技术为主、研制开发产品的工程师来适应当前以集成创新、引进消化吸收再创新为主的工业发展模式，又需要一批以技术创新为主的研究工程师去适应未来以原始创新、集成创新为主的工业发展模式，企业期望一类工程师要“上手快”。后一类工程师要“有后劲”。这样有着显著差异的人才需求，必然导致不同的培养目标和培养方式。对多数大学而言，其主要任务是培养第一类工程师。对研究型大学而言，则应把培养第二类工程师，即研究工程师作为其主要使命。我国高等工程教育应有面向不同需求的多类别、多层次目标。相应地，力学教育也应该有多类别、多层次的课程体系、教学内容、实践环节。

2 研究工程师培养与力学教育

本文从力学教育角度探讨航空、航天、机械、土木类的研究工程师培养，其主要观点也适合于培养以电磁场理论、电路理论、信号处理等其他技术科学分支为基础的研究工程师。

研究工程师知识结构既要宽又要厚,特别应该具有宽厚的技术科学根基。以面向新型飞行器研制的工程师为例,其知识结构包括扎实的数学、物理、化学、力学理论基础,还包括对材料、制造、测试、控制、计算机等技术领域有深入的理解。其中,力学是结构工程师和强度工程师最主要的基础课和专业基础课,即技术科学根基,是其从理性角度解决结构设计问题的主要工具。迄今,著名飞行器设计师的成功无不得益于其宽厚的力学功底。然而,学好力学又不是一件容易的事,不仅需要有良好的数学、物理基础,还需要有充裕的学习时间。

目前,仿照美国高等工程教育模式设计的 4 年制本科教育,照顾了知识结构的宽度,但浓度明显不够。如果要加大深度,则宽度又能受影响。相比之下,法国、德国的高等工程教育模式值得我国借鉴。例如,法国的高等工程教育以其 14 所高等工科专业学院为主要代表,实施精英教育。这些学院多数隶属于国家各个工业部门,少数为私立,主要培养研究工程师,从事应用科学研究。高等工科专业学院的生源主要来自大学预科班的优秀生及普通大学理工科第二阶段的优秀生。这类学院的学制为 3 年,连同预科或大学第一阶段的 2～3 年,则学生的实际修学年限达到 5～6 年,毕业后获得工程师文凭,其水平相当于欧美国家的工学硕士。由于这类毕业生理论基础扎实,实际应能力较强,颇受工业界欢迎,就业率高,薪金也高。

在我国研究型大学中,可以按照 6 年制、本硕连读的方式培养未来的研究型工程师。考虑到在我国高等工程教育中政治理论、英语、体育等课程所占用的学时数,这种培养方式与法国的 5 年制工程师教育水平基本相当。

这种培养方式的基本特点如下:①以本硕连读来吸引、招收优秀高中毕业生;②将本科生和硕士生的培养计划打通,使学生提前学习硕士生阶段的英语、数学等课程,提高学习成效;③前 2～3 年可以按理科要求进行培养、保证理论基础宽厚;④中期适度分流,保证最终培养质量;⑤第 4 年进入指导导师的研究团队从事研究性学习,或安排到大型企业、研究所从事工程研究。它主要的优点是:兼顾了研究工程师对知识结构既宽又厚的要求;需要解决的主要问题是:要有充裕的保送研究生指标,要有对部分学生中期分流的妥善办法。前者需要得到政府教育主要部门的支持,后者则需要学校进行合理的培养模式设计。

事实上,国内许多研究型大学已在本硕连读培养模式上开展了积极探索。例如,2004 年,笔者曾在南京航空航天大学倡导并参与举办了 6 年制本硕连读的工程力学专业,后冠名为“钱伟长工程试验班”。目前,2004 级、2005 级学生已进入硕士生阶段的学习,指导教师反映很好。中期分流的学生则转入飞行器设计与工程专业学习,学生和家长也比较满意。

对于上述培养模式。力学教育已具有了相对比较充分的时间保障。在此前提下,如何设计和实践高质量的力学教育成为值得关注的问题。传统的观点是:在培养计划中大幅度增加力学课程的门数和每门课程的学时数,强化学生的理论基础。而改革的观点是:对培养计划中的数学、物理、力学、控制等课程进行整体优化,压缩课堂教学学时;增加富有挑战性的实战环节,培养学生的创新能力。

3　从技术科学的统一性看力学理论教学

20世纪以来，技术科学取得了迅猛发展，力学、光学、工程物理、电磁场理论、电路理论、控制理论等逐步成为高等工程教育的主要基础课程。在力学框架下，又有理论力学、材料力学、结构力学、弹性力学、流体力学、振动力学、计算力学、实验力学等课程。在目前的高等工程教育中，多按照各学科自身的发展脉络，分别开设上述课程，导致不少内容相互重复。例如，振动力学的单自由度系统动理论在理论力学、材料力学中均有所涉及，多自由度系统固有振动的特征值计算、振动响应的数值积分方法在计算力学中也有所涉及，而系统脉冲响应、频率响应与控制理论、电路理论中的内容相似。这固然有学科划分和学科传统的问题，但更多则是对学科的认识和教学管理的问题。

随着技术科学的发展，各个学科之间的相互渗透和交叉日益广泛和深入。人们也越来越清晰地认识到，技术科学的理论体系具有统一性，其整体与部分、部分与部分之间具有高度的和谐和深刻的内在联系，形成了一个统一的整体。

例如，描述离散机械振动系统、晶体管振荡电路的数学模型都是一类二阶微分方程，而描述弹性波、声波、电磁波的数学模型都是一类双曲型二阶偏微分方程。钟万勰先生则发现，在状态空间描述下，结构力学与现代控制理论之间具有相似性。这些均表明，不同技术学科的基本理论之间具有和谐性，整个技术科学则具有相当统一的理论框架。一旦在研究某一工程科学分支上有所突破，往往会带动整个工程科学的发展。

又如，实践中的工程系统往往被简化为线性系统，其数学模型是某种线性算子方程。例如，结构静力学问题由线性代数方程描述、结构动力学问题可以由线性常微分方程、线性偏微分方程或线性积分方程描述，具有测控时滞的结构动力学问题则需要用线性泛函方程描述。建立在叠加原理基础上的线性系统理论具有令人陶醉的统一性。对于线性系统的动力学响应，不论系统多么复杂，维数有多高，矩阵记号下的 Duhamel 积分保持不变。模态坐标下的系统运动微分方程与单自由度系统的运动微分方程相同。

笔者建议：从技术科学统一性的高度来看待力学课程体系和教学内容的设置与改革，对多门相互关联的课程进行整合优化。例如，可以为航空、航天、机械、结构类的学生开设"系统动力学与控制"课程，将理论力学、振动力学、控制理论、电子线路等多门课程的内容进行整合，按照系统建模、系统分析、系统设计、系统控制等几个大版块组织教学。也可在现有课程基础上开设一门高层次的综合课程，重点讲授技术科学的统一性和方法论，引导学生进行跨学科思维。当然，这类改革属于高等工程教育的课程体系改革。在改革中，需要认真分析整合后的课程与其前后课程之间的关系，谋求全局优化。

4　从实践与创新的统一性看力学实践教学

过去，在力学教育中设置大作业、实验等实践环节主要是为巩固所学习的知识。在培养以技术创新为使命的研究工程师时，实践环节不仅应该起到巩固知识的作用，还应该起到培育创新能力的作用。事实上，知识的应用与创新是高度相互关联的，实践是技术创新的必由之路。高水平实践环节的设计，既要为了培养学生应用知识的能力，更要为了培养学生创新能力。

例如,目前的力学教育通常以课程考试作为结束,仅仅督促学生复习所学知识,起不到培养创新能力的作用。笔者建议:对于研究工程师的力学教育应该以大作业、实验设计等实践性环节作为主要考核方式,不仅要求学生复习所学知识,而且要求学生主动运用知识,在运用中尝试创新。

又如,工科专业的毕业设计是教学计划中的最后一个环节。由于我国的工程设计尚处于工业化初期水平,所谓工程设计多是仿制产品的再设计,其设计过程就是查手册、查标准、套公式、绘图纸。新图纸有原来的设备/结构为样板,具有仿制阶段的主要特征。目前,在航空、航天、机械、结构类专业学生的毕业设计中,大多不涉及力学建模、分析、计算和设计,这就无法培养学生主动运用力学知识去进行技术创新。从技术创新的要求看,工程设计的核心应该是创新设计,而不是仿制再设计。笔者建议:将工程设计作为一个高于理论与实践的创新环节,在选题上给学生提供机会,使其主动地运用所学的力学知识去思考,去创新。在这样的认识下,力学教育将贯穿于高等工程教育的全过程,并将提高研究工程师的技术创新能力。

再如,课外科技制作是学生增加实践、提高创新能力的重要途径。例如,北京理工大学力学系组织全校学生进行结构设计大赛,要求参赛者基于价格低廉的桐木和乳胶来设计与制作承受运动载荷的不对称双跨桥梁结构模型,自行建立力学模型。进行分析、计算和试验,提交结构设计计算报告。该竞赛吸引了全校数百名学生参加,使参赛者综合运用力学知识的水平、创新能力有显著提高。笔者建议:对于这类便于普及又富有成效的课外科技制作活动,可纳入教学计划。

值得指出的是,大学无法孤立地、直接地培养工程师。即使是按照 6 年制、本硕连读方式培养的学生,也仅是未来的研究型工程师,或称作研究工程师的毛坯,还需要经过长期的工程实践锻炼方能成长才。笔者建议:大学要从培养高质量工程师毛坯的需求出发,加强校企合作,从企业工程师中招聘教授,改变从书本到书本的传统教学模式;企业应积极地为学生提供长期的实践机会,重视工程师的继续教育,使一部分优秀工程师通过学习、实践和创新成长为工科教授。

5 结 束 语

综上所述,针对我国实现新型工业化进程中的需求,我国高等工程教育应是一个多层次、多类别的教育体系,力学教育也必然是多层次、多类别的。我国的研究型大学应将力学教育置于培养研究工程师的过程中予以审视,将其与其他技术科学课程一同进行整体优化,为未来的研究工程师提供优质的技术科学(包括力学)教育和具有创新色彩的实践环节,使它们今后肩负起技术创新的使命。

参 考 文 献

[1] 胡海岩. 论工程科学中的美学教育. 南京航空航天大学学报(社会科学版),1999,2:71~74
[2] 黄再兴,胡海岩. 国内外大学工科力学的课程设置情况对比. 力学与实践,2003,25(1):72~73

[3] 赵宇新，章建石.法国高等工程教育改革趋势.科学时报，2007.07.17

[4] 李燕凌.转变教育思想教育观念培养跨世纪高等工程人才.成都气象学院学报，1997，3：79～85

院士简介

胡海岩

力学家。1956 年 10 月生于上海，籍贯福建闽侯。1982 年毕业于山东工业大学，1984 年在该校获硕士，1988 年在南京航空航天大学获博士。现任北京理工大学、南京航空航天大学教授，北京理工大学校长。曾任中国力学学会理事长。2007 年当选中国科学院院士。

长期从事非线性动力学与控制研究。研究振动控制系统的非线性动力学建模、稳定性与分岔分析、控制器设计等问题，揭示了反馈时滞、弹性约束、迟滞阻尼等因素引起的非线性动力学规律，提出了若干新控制策略针对斜碰撞振动，揭示了新的碰撞振动及分岔机理，提出了碰撞隔振系统的非线性动力学设计方法基于上述理论和方法解决了多种飞行器研制中的振动控制问题。

力学科普

关于撰写科普文章，宣传力学贡献的倡议信*

钱令希　郑哲敏　王　仁　庄逢甘　白以龙

中华人民共和国成立以来，以周培源、钱学森、钱伟长、郭永怀为代表的我国力学工作者在湍流理论、空气动力学、板壳理论、喷气推进、航空工程、工程控制论和物理力学等多方面所做的开创性工作，赢得了世界的尊重；在以“两弹一星”、航空、船舰、能源开发等为代表的国防和经济建设中，力学工作者也做出了重要的贡献。

与数学、物理、化学等兄弟学科相比，我们在以科普形式向社会宣传力学对科学、技术、国防和经济建设贡献方面有相当的差距。近年来，中国物理学会以院士为核心，已组织出版《科学家谈物理》丛书 29 册；中国数学会已组织出版《走向数学》丛书 9 册；中国化学会也组织出版了《走近化学》丛书 8 册。

普及是科学的力量所在，在某种意义上说，它是一切科学活动的目的和归宿。只有较充分地向公众宣传力学的贡献和作用，才能使公众和有关部门更好地理解力学，也才能吸引更多的年轻人投身于力学的学习和研究，使力学队伍永远生气蓬勃。我们力学界既然对科学、技术、国防和经济建设做出了重要贡献，也一定能通过科普形式宣传这些贡献，促进力学成果进一步转化为生产力，为我国经济水平和整体实力的提高发挥更大的作用！

由于社会分工和知识背景的差异，公众不可能都成为力学家，但却完全可以欣赏和享受力学的贡献，理解力学的思维方式和探索精神，理解力学的基础作用和应用潜力。深入浅出地以科普形式向公众宣传力学的贡献和作用并不是件轻而易举的事，它需要进一步抓住科学本质，将科学术语和数学语言等经过“翻译”，成为图文并茂、科学而又易读的表述，使力学贴近公众，正像一名好教师那样，要将一般人不容易明白的新东西，使学生不仅能弄懂，还饶有兴趣，这里也有一个“再创造”的过程。

要像兄弟学科那样，立即组织起一套丛书，工作量与难度均较大，但可以先将我们自己对科学、技术、国防和经济建设所做的贡献，写成可读性强（适应低年级大学生或中学生水平）的文章，在中国力学学会《力学与实践》刊物新设立的《科学家谈力学》栏目上发表。文体不拘，或庄或谐，可长可短，积少成多，相信过一段时间就能逐步形成一套较好的科普丛书，有些同志年事已高，工作又忙，也可以指导学生或助手执笔，既传递力学的最新进展和应用，又提出对本学科领域的一些思考和展望。

我们倡议大家都动起笔来，用科普文章形式宣传力学对科学、技术、国防和经济建设的贡献！

---

* 原文刊登在《力学与实践》2000 年第 22 卷第 1 期。

院 士 简 介

钱令希院士简介请参见本书第 119 页。
郑哲敏院士简介请参见本书第 43 页。
王仁院士简介请参见本书第 275 页。
庄逢甘院士简介请参见本书第 201 页。
白以龙院士简介请参见本书第 62 页。

力学到底是干什么的*

谈镐生
(中国科学院力学研究所)

我经常收到一些青年学生的来信,问我:"力学到底是干什么的?"

最近的一封信里写道:"……我是××大学的数力系力学专业一年级的学生……可是半年来,我始终没有搞清楚'力学'到底是干什么的? 而且听到一种令人感到可怕的议论:'学数学、物理都好,将来起码可以当个教员,而学力学,将来是没有人要的!'我当然不完全想相信这种议论会是真的。我想,实现四化,哪一化离得开力学? 可是我又说不清楚力学到底是干什么的?"

要弄清楚力学究竟是干什么的,首先要明确什么的"力学",然后再看"力学"究竟有什么用处。

人们自古以来,手提肩挑,搬土运石,造房屋,架桥梁,小到走一步路、举一下手,哪一样不需要花费气力。这样就自然产生了对于"力"的最原始的感性认识。后来,人们在生存竞争中使用了棍棒刀枪,投石射箭;生产实践中发明了杠杆,尖劈,滑轮,车船等,这些都是原始经验力学知识的运用。当然,这些零散的发明创造,没有能够系统地形成体系,因此,也就谈不上理论的提高。但是,它至少说明了人类对于"力"的感性知识,它是和人类历史一样悠久的。

两千三百年前,阿基米德的静力学,欧几里得的几何学,代表了科学的萌芽。但这始终只是一个静定的世界,对于运动的世界,只存在一些臆测和模糊的概念。一直到三百多年前,由于伽利略引进的实验方法,牛顿引进的理论提高,完成了"科学方法"这一个认识自然的有力手段,人类才真正进入了"科学的时代"。牛顿一个人同时建立了"牛顿力学体系"和"分析数学"两个科学理论的支柱,他不愧是一个前无古人,后无来者的科学巨人。

牛顿给"力"下了一个科学的定义,他认为:"力就是使物质改变运动态的原因"。因此,"力学"就是一门专门研究"物质运动规律"的科学。而"世界的存在,就是物质的运动"。那么,力学研究的对象,就应该是无比广阔,包罗万象的。它涉及自然界的一切变迁,人类生活的所有方面。

由于力学是从生活实践,尤其是从生产实践发展起来的,因此,力学和工程技术的关系十分密切,有人说:"没有力学,就没有工程技术",这个提法并不过分。不论哪一项工程技术,没有不以力学为它的科学基础的。无论是设计一座桥梁,还是一间厂房,一部机器,一艘舰艇,一架飞机,一辆汽车,一支火箭,或者是开一座矿山,钻一口油井,首先都要从力学的角度考虑,计算它们受力的情况,结合材料的强度来决定部件的大小。拿飞机

* 原文刊登在《科学家谈科学》,北京:科学普及出版社,1982。

设计来说，首先要规定飞机的载重，还要通过实验和计算，确定在飞行中机翼、机身各部分承受的空气动力分布情况，着陆时起落架的冲载。在各种情况下，都必需求得应力的分布，然后按照材料力学，弹性力学，或者稳定性的要求，计算出结构部件的尺寸。只有经过力学的分析和计算而制成的飞机，才能经得住各种考验，不发生问题。

正因为力学对于工程技术如此重要，也就在有些人当中产生了一种错觉和偏见，把力学简单地归口到工程技术里去了。因此，一提到力学，就说是工程技术。其实这是一个极不全面的提法，它只突出了力学的的一个侧面，这就是“应用力学”，或者更确切地说，“工程力学”的一个侧面。但是，这也至少说明了，力学是工程技术的科学基础，它为工程设计提供了所需要的公式和数据。马克思早在一百年前就说过：“力学是工业的科学基础”。因此，力学是工程技术的科学基础，这是我们对力学认识的一个方面。

我们对力学认识的另一个方面是：力学是物理科学的理论基础。

十八～十九世纪，是牛顿力学体系绝对统治物理学的辉煌发展时期，形成了古典物理学的黄金时代。当时除力学外，声学，光学，热学和电学都各自建立起了它们在数学上形式完美的现象理论。当然，声学和光学，由于它们直接代表了某种介质的振动和传播，一开始就显出了它们的力学性的本质。但是，热和电在一个很长的时期仍然被看作是一种神秘的流体。以后，由于分子运动和统计力学的出现，到十九世纪末，热学终于被纳入了古典统计力学的范畴，认识到“热”无非是物质分子微观运动的集体宏观表现。在洛伦兹的电子论出现以后，电流也被剥去神秘的外衣，成了仅仅是带电粒子在电势场作用下物质流。电磁学和电动力学本身则就是一种“作用场”的理论。“作用场”无非是“力”的一种空间表达形式。所以，早在古典物理学的黄金时代，“力学”就已经成为物理学的第一个主要分支，同时又各数学一起，成为物理学的两个基础了。

二十世纪初，由于发现微观世界和高速运动都不遵守古典力学的规律，从而产生了两门新兴力学，一个是描述微观世界物质运动规律的量子力学，另一个是描述宏观世界或者高速运动物质运动规律的相对论力学。前者否定了微观世界中的因果性；后者否定了高速情况下时间和空间的绝对化，导致了质间的转换。在形式上两者都和古典力学截然不同。但是，当趋于常规状态的时候，都自动向古典牛顿力学转化。这就是有名的玻尔“对应准则”。

1955 年德布洛意在 Dugas 的力学中史序言中说：力学的原理取得了如此高度的完美性，以致五十年前，大家相信实际上它已经完成了它的发展。可是，正在这时，相继出现了两个非常出乎意料的古典力学的发展：一方面是相对论，另一方面是波动力学。它们导源于或则解释非常微妙的电磁现象，或则解释原子尺度范围内的可观测过程的需要。相对论力学只打乱了人们对于时间和空间的传统观念，它在某种意义上，却完成并给古典力学加上了皇冠；量子和波动力学则给我们带来了更为激进的新概念，并迫使我们放弃基层现象的连续性和绝对决定性概念。今天，相对论和量子力学，形成了我们对整个力学现象领域认识的前进途中的两个最高峰。半个多世纪来的物理学新发展，可以说完全是建筑在这两个新兴力学的基础之上的。可以这样说：“物理学的现代化，是通过物理学的力学化。”

今天，在物理工作者半个多世纪发来向微观和宏观两个方向开拓的新兴力学的康庄大道上，力学工作者，有没有责任“通过力学的物理化，来促进力学的现代化”呢？

在当前的所谓数、理、化、天、地、生六大基础学科中，按照现代观点，化学是属于物理范畴的；天、地、生的全称是天体物理、地球物理、生物物理，既然是戴帽子的物理，也就是物理。因此六大基础学科中的五大学科，可以统一规纳为“物理科学”。既然前面已经提到，物理学到处理问题的最终依靠手段是力学，就是牛顿力学，统计力学，量子力学和相对力学，那么力学当然就是物理科学的共同基础。而数学则是物理科学所有学科的共同工具。所以，在把物理科学作为基础学科的基础上，力学就是基础学科的基础！一个人不首先学好力学，是学不好物理的。

现在有些人说，力学没有发展前途。也有人说，美国大学里今天没有力学系了。

世界的存在，自然界的变迁，人类的生活，无一处不是力在发挥作用，无一处不包含力学的原理。了解物理世界的现象，没有一门科学能离得开力学。正是由于力学的普遍存在，到处被利用，今天力学已渗透了所有的物理科学的学科，而形成了所有学科的理论基础。这说明了什么呢？难道说是力学没有发展前途吗？还是说力学已经显出了它真正的基础性呢？

院士简介

谈镐生院士简介请参见本书第 34 页。

力学向何处去*

谈镐生
（中国科学院力学研究所）

首先让我们明确几个定义和概念：

“基础是认识自然的，应用就是改造自然的。”

“科学是认识自然的，工程是改造自然的。”

“力学是研究物质运动规律的科学。”

“物理是研究一切自然现象的科学。”

“经典力学指牛顿力学；现代力学包括经典力学、量子力学和相对论力学。”因此：

“在传统意义上，力学是物理学的一个主要分支；在现代意义上，力学又是物理学的理论基础。”

自然科学的七大基础学科：力、数、理、化、天、地、生。现代观点：物理科学是一根梁，梁上开着五朵金花：理、化、天、地、生；梁下有两根支柱：力学和数学。

“自然科学的现代化标志，就是它们的物理化；物理学的现代化，则‘通’过它的力学化。”

力学是一门应用性极强的基础学科，没有一项工程技术，能够离开力学而存在。所以：

“力学既是大工业的科学基础，力学又是物理科学的理论基础。”

近年来，由于经典的固体力学、流体力学、气动力学日趋成熟，美国的许多大学里纷纷取消了力学系。有些人说：“看来力学是‘山穷水尽疑无路’，再没有什么可做的了。”当然，作为工程应用的力学，确实可研究的课题不太多了。但这不等于说力学就“完了”。作为基础研究的力学，它不但没有“完”，而且正大有可为。因此，当前应该说：力学是正处在“柳暗花明又一村”的时期。

力学向何处去？

首先要向天、地、生进军。一九七八年底，我在力学研究所成立了一个基础研究室。这个室共有五个课题组：天体物理、地球物理、生物物理，力学物理和应用数学。两年来，这些组在力学与天、地、生相结合方面做出了一些成绩。地学组从地幔热对流的角度研究了岩石圈板块运动的驱动机理；天体组在星系螺旋结构密度波理论上有所发展；生物组在生物膜和血管方面作出了贡献。这些工作得到了国内的好评。一九八〇年九月，我应美国七个大学的联合邀请，去讲学访问，主要就是向他们介绍了上面这些工作，引起了美国学者的注意。当然，这些成绩还是初步的。但它对“力学向何处去”这样一个发人深省的问题，很具有启发意义。

---

* 原文刊登在1981年4月24日《光明日报》。

其次,力学还有其他多方面的发展方向。

牛顿力学体系可以归结为他的三大运动定律和引力论。牛顿力学体系已经统治了科学界三百年,它还要继续统治下去。为什么它的生命力这样强?因为它与不同的材料物性相结合,便发展成不同的学科:与固体相结合,形成固体力学;与流体相结合,形成流体力学;与气体相结合,形成气体动力学。这些学科已经成熟了。但是它还可以与其他材料物性相结合:与等离子体相结合,便形成等离子体动力学;与黏弹性体相结合,便形成流变学。目前这些学科正方兴未艾。

同一材料,可以存在不同的运动状态;不同材料,又可以具有同一的运动状态。这方面就有我们所熟知的层流、湍流、稳定性、波传播、渗流、多相流、分层流等,各自形成专门的领域,都是有待深化和发展的学科。

再其次,沿着力学的现代化道路,即物理化的方向前进,我们前进正在形成并发展一门新兴的学科,它就是代表力学发展方向的"物理力学"。

更基础一些,对四个作用场的探索,既是物理问题,也是力学问题。

去年我去美国讲学,最后一个学校是麻省理工学院。关于力学和它的发展方向,曾和林家翘教授讨论了两三天。我们共同认为,这样划分力学,可能比较理想些,即:科学力学和工程力学。前者认识自然,后者改造自然。这比用基础和应用来划分更为醒目,更为确切。譬如,天体物理力学、地球物理力学,这些显然不是工程力学,但它们仍然是力学,而且实际上还是应用力学,所以与其叫它基础力学,倒不如叫它"科学力学"来得更确切。讨论中,我介绍了力学所的基础研究室,林家翘教授深表赞同。他还建议,鉴于国内偏重工程应用,这个研究最好能尽快发展成为一个独立的研究所,以利基础力学研究的成长和发展。

最后,让我强调一点,即:

"不存在没有理论基础的工程技术,也不存在没有应用价值的基础科学。"

力学向何处去?工程力学将为国民经济和国防建设的现代化奠定科学的基础;力学学科沿着科学力学的方向前进;科学力学将为物理科学的现代奠定理论基础。

院士简介

谈镐生院士简介请参见本书第 34 页。

力学的反演、反演的力学*

王　仁
（北京大学力学与工程科学系）

1　地震发生了，是怎么造成的？

1976 年 7 月 28 日唐山发生了一次 7.8 级的大地震，在没有警告的情形下，一座工业大城市顷刻之间夷为平地，死亡人数超过 24 万，成为 20 世纪伤亡最重的一次自然灾害。全国为之震惊。华北地区的人民尤为惊慌，希望知道这个地区是否还有发大震（这时随后发过好几次五六级的余震）的危险，下次将在何处发震，特别是北京发震的危险程度如何。既然地震是一个力学过程，这个问题对我们力学工作者是一个严肃的挑战。

从力学问题来看，我们所知道的是地震时得到的记录，地震后的遗迹（图 1，图 2）。所想寻找的是造成这次地震的原因和今后的发展。这就好像是遇到了一件凶杀案，人们看到的是现场，要根据各种迹象去反推嫌疑人和他以后的行动。为此，人们首先寻求各种蛛丝马迹。对地震而言，地震工作单位有一些该地区先前的地震记录，地表处的地应力资料，将它们和地震后的应力测值及位置变化比较可得由于地震而产生的位移和应力变化情况。另外他们还可提供地震前后的地温变化、磁场变化、重力变化、水井中的水位变化等。这些固然和力也有关系，我们考虑先只从力学过程去分析，先抓住力学中的驱动力和抵抗力之间的主要矛盾，首先需要解决驱动力的问题。这是从结果找原因的一类问题，可称之为力学的反演问题。

图 1　1975-02-04 海城 7.3 级地震后。裂缝宽 24cm，左错 8cm，右块抬升 8cm

图 2　海城地震后，一方截面烟囱断成 4 节，顶上一节有明显右旋扭错

*　原文刊登在《力学与实践》2000 年第 22 卷第 1 期。

2　建立力学模型

为此,我们要先建立力学模型,它包括知道这地区的结构形态和力学性质分布。这些资料可以由地球科学工作者提供。他们从地质考察和过去的地震记录,可以预测这里地下深部存在的断层情况;从地震波速度和重力测量等了解这里的弹性性质;从岩石力学工作者那里获得深部岩石的断裂准则和断层间的摩擦系数,等等。所需说明的就是这些信息本身也是从地表取得的信息或从高温高压实验室模拟出来的结果,和当地深部情况可能存在一定的差异。

因而对力学问题而言,我们的已知量是这次地震在地表上某些点造成的位移和应力变化,而要求的未知量是驱动这次地震的因素。我们可以假设震源深度处有一段断层发生了错动,引起了一个弹性变化的过程,才造成地表上的这些变化。在力学教科书中要求我们在提边界条件时,只能在边界点的一个方向上已知位移(速度)或作用(应)力,不能两者都为已知,否则就成为“超定的”的问题,会成为无解的。然而,我们恰恰犯的是这个“错误”,在地表上既知位移又知应力。

问题出在哪里呢?原来我们在力学教材中提问题时,物体形态和力学性质是完全确定的,物体整个边界上的条件是已知的,现在的情况是只知道这个地块表面上的这些“超定”条件,地块深部和底部受到邻区施加给它的作用力(或位移)却是不知道的。这些恰恰是我们要寻求的外界作用,和正常教科书中提的力学问题求解步骤正好相反。

在力学问题中若将从已知物体形态(包括支撑条件)、力学性质、受力状态(可包括外因如温度变化等)寻求物体内所引起的应力场、位移场,称为正演问题的话,则从测得的应力场变化、位移场变化寻求造成它们的外力(因)就可称为反演问题,也称反序问题。

3　空间上力学反演的求解

那么,这个反演问题怎样求解呢?回答是还要利用正演的方法来求解。那就是先在那些边界上假设一些带有待定参数的外力分布,进行正演的求解、将所得的(带有参数的)位移和应力变化与地表上实测的结果进行比较,采用一定的优化方法(例如,最小二乘法),设法找到最能符合实测数据的结果来定出那些待定参数。通常是有多少待定参数就要求多少次正演解,所得到的是在这些假设下的优化解。这里要说明一点,那就是反演的解通常是不唯一的,它只能是带有一定误差范围的优化解,特别是我们在地表上的信息来自某些点处而不可能是所有的点。这样的求解是一个空间上的反演问题。

对于我们前面提出的地震危险区问题,上面所说的只是引起唐山地震后变化的驱动力问题。要制定一个地点是否危险还需要看那里原始处于什么状态,再加上唐山地震对这里引起的应力变化后,才能知道是趋于更大危险还是减轻了危险。

那么,怎样寻找一个地区存在的原始状态呢?在动力学问题中除了边界条件还需要知道初始条件,那就是这里说的原始状态。就是在唐山发震前这个地区(包括深部)所处的位移和应力状态。这只好靠历史资料来进行反演,成为一个时间上的反演问题。

4　时间上力学反演的求解

这个问题可是比前面所说的空间上反演问题困难得太多了，历史资料要从何时开始？这个地区是经历过亿万年各种构造运动到达现在的状态，资料十分欠缺，不可能那样按部就班地做反演。我们在文献[1]中采用了这样的一个假设，那就是假设加在边界上的力在700年间没有变化，也就是直接采用前述空间反演的结果。然后利用我国丰富的历史记载，从华北地区700年来的14次大于7级大震序列，逐次地来拟合直到现今的状态(图3)。

在进行这个时间反演的过程中，调整的是地区内各断层上的摩擦系数，也就是先设一个摩擦系数的分布，降低第1次大震的断层摩擦系数使之发震；用来判断这个正演结果优劣的标准是震级(释放的能量)和随后的余震分布。若结果和实际资料符合不好，需修改参数，直到认为满意后，将这次计算结果作为下次大震时的初始条件。这样逐次地计算各次大震，逐次修改参数，直到唐山地震。所得应力场就作为唐山地震时的初始应力场。从所得结果看，在唐山地震后，在华北地区会有3个发展危险区(图4)。

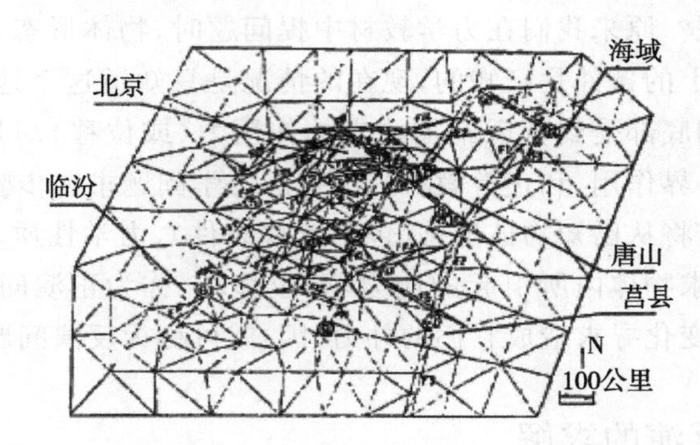

图3　华北地区从1303年山西赵县到1978年唐山，滦县共14次大于7级地震系列的有限元划分图。F为断层，共取43段

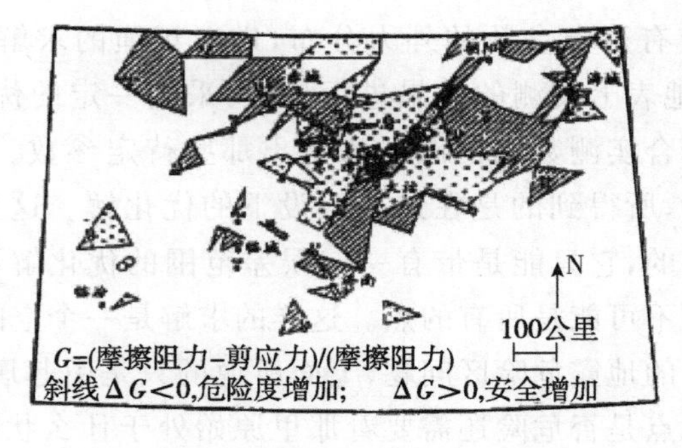

图4　唐山地震后ΔG的分布

近20年来这地区内发生的6级以上地震均在这3个区内，5级地震也基本上在它们里面或附近。这些结果表明虽然我们只考虑到700年来几次大震对这里应力场的调整，这个粗糙近似基本可行。我们用的断层是弹塑性模型，没考虑时间因素，若能模拟出适当的黏弹塑性模型，再进行时间上的反演，将会更有意义了。

5 地球物理学中到处是反演

上述例题说明一种空间上的力学反演和时间上的力学反演。事实上在地球物理学中处处都遇到力学反演[2]。人们只能从地球表面或浅层获得信息,或进行实验,而寻求的则是地球内部的组成、性质、结构和运动情况。这些正是空间上的反演。另则人们只能从现今(有历史记录的几千年比起地球多少亿年的历史来说真是微乎其微)在地表上得到的信息推测地球以往的运动状态,需要做时间上的反演,目前尚未见进行。

地球物理学家利用重力、磁场、电场、热流等各种手段取得信息。所用最多的是地震波,这是因为发现地震波基本上按弹性规律传播且便于处理。人们利用天然地震或人工爆破产生的地震波在地面上接受到的信号,经过各种适当的处理,综合其他地质、物探的资料,可以较好地反演出地球内部的分层结构、断层分布以及石油和矿产的位置等[3](图 5)。至于地球内部的运动状况,由于那里温度、压力高,物性尚难很好地确定,加以内部物质分布、温度分布等可能很不均匀,目前还只能做到大范围的一些模拟。

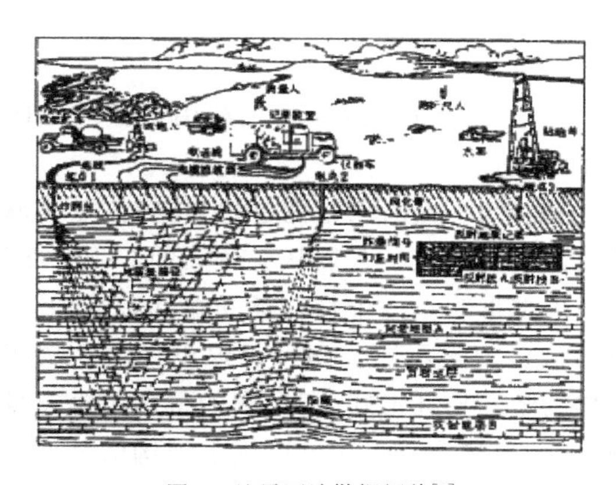

图 5 地震石油勘探概貌[3]

6 提高反演结果的准确度

上述例题提到怎样修改参数使结果尽量符合实际资料,这就是一个优化反演结果的过程。那么怎样改进优化程度呢,也即怎样使解更接近真实呢?首先是完善和扩大正演理论,以容纳尽量多的信息。例如,前面提到地震部门能提供唐山地震前后的地温变化、磁场变化、重力变化以及水井中的水位变化等。掌握好这些因素与应力场变化的关系,并将其规律考虑到计算中来,将能进一步约束解的离散范围。对于地震应力场的问题,目前更重要的是关于断层错动和扩展机制本身的理论研究,还需要在正演理论上下工夫。

事实上从反演计算中也能提出一些这方面存在的问题,做修改机制的参考。因此可说正演理论与反演计算有相互促进的作用。另外就反演计算方法本身而言也有一个改进的问题,在上述问题中,牵涉到的是一个非线性的反演方法。寻找一个有效的方法也是数学上很热门的课题。

7 工程力学中的反演问题

其实在工程力学中也充满许多反演问题。

7.1 无损探伤

和地球物理界利用地震波进行探矿一样，在工程中人们也采用在物体表面上输入一个超声波的方法，再从接收到的信号反演出材料和结构内部的缺陷和损伤，包括位置、形状和大小。这就是一种无损探伤，需要用到射线理论上的分析[4]。例如，用应力波检测建筑物下桩基的质量，它还牵涉到周围岩土介质的力学性质等问题[5]。另外还有这样的问题，例如，海洋平台上希望知道水下井架的损伤情况，工程上是先应用结构振动频率响应的信息经过模态分析来估测损伤的部位，然后再潜水下去修理。这一类的工作又称为结构的健康检测，结构的寿命估算等。基本原理还是利用对带缺陷物体的正演结果和实测资料的对比来进行反演的估算。

7.2 结构优化

除此以外，还有一类力学的反演问题，那就是利用正演理论的分析进行结构形状的优化和材料力学性质分布的优化[6,10]。

例如，要寻求最轻的结构形状，这时已知的是边界条件、受力状态、力学性质，而要寻求的是最优的结构形状或其内部构造。人们从受弯梁的应力分布而采用了工字梁截面，说起来就是改变了结构的内部形状。一个悬臂梁受端部载荷和自重时，寻求一个等弯矩的最轻形状是一个典型的材料力学习题。塑性极限设计也是属于这一类的问题。那是先由正演得出若干种结构的塑性损坏形式，所寻求的最优设计是使这些损坏形式同时达到，以充分发挥材料的塑性变形潜力[7]。还可以固定结构的外形，却允许内部可以开孔，寻求在给定的外载下开孔的大小和位置，以达到最轻结构且保持刚度不变，这就不是一个很简单的问题了。在振动问题中也有类似问题，即寻求具有给定固有频率的振动系统[8]。

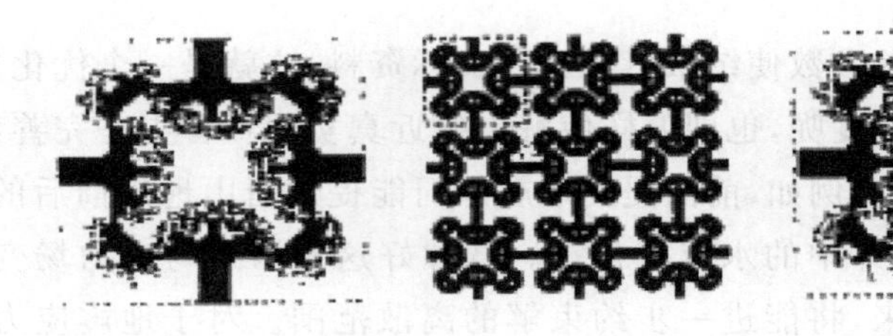

图 6 一个负热胀材料的微观结构设计，各基本材料为正热胀。白区为空洞，黑区为低胀，灰区为高胀。左图为基本单元，中图为组合体，右图为单元受热后变形(夸大)[9]

7.3 材料设计

复合材料是利用力学原理来寻求材料内部得到一个优化的力学性质分布的问题，以达到强度上或刚度上的某些指标。

例如,大家熟悉的钢筋混凝土就是发挥了钢筋的抗拉强度和混凝土的抗压能力进行的一个优化组合,具体应该怎样布置钢筋以达到最经济的结构当然也是一个反演问题。现在材料科学正在走向微观的材料设计,如图 6 所示的负热胀材料,还有负泊松材料等。其中需要用到许多力学的正演理论结果,包括材料内部损伤、断裂的发生和发展等微观结构的研究成果。近年来发展较快的梯度材料乃是随着断裂力学的成就进行材料设计的一个发展。

8 反演的力学——科学理论的形成

最后,我们回到反演的力学。我是想说明整个力学理论的产生是通过反演而得到的。从认识论的角度来看,也可以说科学理论的形成和发展总是通过反演到正演的不断反复循环而建立的,不论是伽利略从观察、总结而提出摆的等时性定律,还是牛顿从观察所得的开普勒三大定律,经过总结推广、提出的万有引力定律,以至普朗特从观察流体经曲面流动现象后所提出的边界层理论等,均不例外。人们总是先从实践、观察中总结,提出一些假设、建立一个模型,并用它进行反演分析,再将这样分析的结果和实际观测资料进行对比,不断修正而形成理论。这些理论又随着事物的发展、观测仪器的进步、不断地发展甚至于被推翻重来。

在这里可以重温一下毛泽东在实践论中最后的两句话。“通过实践而发现真理,又通过实践而证实真理和发展真理。从感性认识而能动地发展到理性认识,又从理性认识而能动地指导革命实践,改造主观世界和客观世界。”以上所述关于地震反演或结构优化都将提高理性认识,而目的在改造世界。

参考文献

[1] 王仁,孙荀英,蔡永思.华北地区近 700 年地震序列的数学模拟.中国科学,1982:745－753

[2] 杨慧珠.反问题和地球物理学中的力学问题.走向 21 世纪的中国力学.杨卫等主编,北京:清华大学出版社,1996:264－273

[3] 刘馥.地震勘探导论.北京:地质出版社,1990

[4] 张俊哲.无损检测技术及其应用.北京:科学出版社,1993

[5] 王靖涛.桩基应力波检测理论及工程应用.北京:地震出版社,1999

[6] 钱令希.工程结构优化设计.北京:水利电力出版社,1983

[7] 王仁,熊祝华,黄文彬.塑性力学基础.北京:科学出版社,1998:79－84

[8] E. M. L. 格拉德威尔著.王大钧,何北昌译.振动中的反问题.北京:北京大学出版社,1991

[9] Bendsoe MP. Structural optimization of and with advanced materials. Theoretical and Applied Mechancis,1996, ed. by T. Tatsumi, E. Watanabe and T. Kambe, Elsevier 1997 Amsterdam,269－284

[10] Gengdong Cheng. Some development of structural topology optimization, ditto. 379－394

院士简介

王仁院士简介请参见本书第275页。

"小洞不补,大洞吃苦"
——论机械设备的"健康检测"*

王　仁
(北京大学力学与工程科学系)

1 引　　言

"小洞不补,大洞吃苦"(或作大洞尺五)对从旧社会一般家庭出来的人是很熟悉的话。我们家兄弟姐妹七个孩子,我行五,经常要穿兄姐们穿过的衣服。"修修补补",这是妈妈的口头禅,也是我们中国人勤俭持家美德的表现。记得周总理去世以后曾展示他的勤俭作风,展出他打了许多补丁、洗得泛白的衬衫。现在可能不需要这样做了,但我觉得其精神却是应该保持的。对一些大的机械、设备、建筑进行经常的检修,"修修补补",借以保证安全和延长其使用寿命就不是一件小事情了。

我曾遇到过关心我国建设的外国友人谈到我们对维修、保养注意得不够。其实我们也早有同感。一座崭新的房子,没过多久从墙外就可以看到墙缝中渗出来的水渍,结果这座房子的寿命就要大打折扣。常常是有钱建设,没钱维修,据说那是后人的事,而接任者则忙于申请新建设的费用,维修旧的则已不是他的事了。这当然本身就是对国家财产不负责的做法,但却相当普遍,使我们看了心疼。当然多数同志不是故意如此,而是没有把"小洞不补,大洞吃苦"的道理和精心维修联系起来。当过家的劳动人民实际上是知道得很清楚的。工人农民对他们的工具是十分注意保养的。机械工人见到钢板上有裂缝就知道要在前端打一个小圆孔,让裂缝不再扩张,这对设备的安全使用是十分重要的。

应该及时检修的道理是很明显的。根本原因就是凡物都会损坏,而且从小的损坏到大的破坏都有一个愈来愈快的发展过程。从图 1 中 IN100 合金[1],高聚物,岩石[2]诸材料的损伤发展曲线可以看出最后的加速阶段是很快的(图中横坐标的 t 是时间,t_R 是工作寿命,N 是循环周数,N_R 是循环寿命)。如何避免损坏的开始,又如何减缓它的发展,保证机械设备安全并使它的工作寿命延长,应该是我们科学工作者,特别是力学工作者的重要工作。这道理也和人的生命一样,人总是要生病,要死亡的。我时常佩服人的心脏能那么有规律地日夜不停工作七八十年,甚至于一百多年。现在人的寿命能延长很多,那是医学工作者做了大量的研究工作和经常的"维修"所取得的结果。同一道理,对机械设备也要进行经常的"体格检查"和维修,研究其破坏发生的原因和修补的办法,它们是我们力学工作者的职责(图 1)。

* 原文刊登在《力学与实践》2000 年第 22 卷第 4 期。

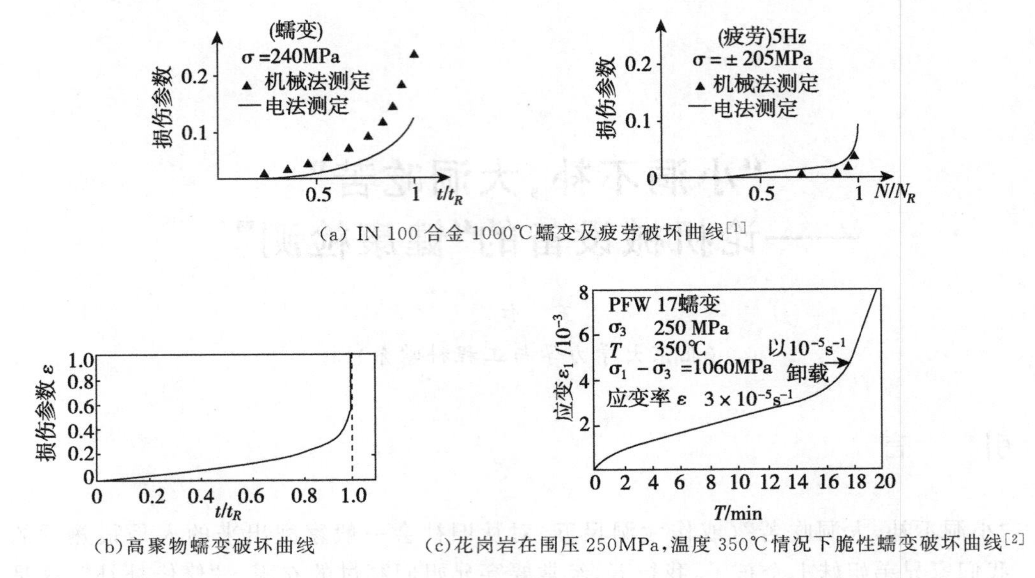

(a) IN 100 合金 1000℃蠕变及疲劳破坏曲线[1]

(b)高聚物蠕变破坏曲线

(c)花岗岩在围压 250MPa,温度 350℃情况下脆性蠕变破坏曲线[2]

图 1

几年前,在一次国际力学会议上,有一位美国学者的报告是关于如何检查和修补一个旧建筑以延长其寿命的。当时感到奇怪,觉得他们比较富裕怎么还思考这个问题,美国一共只有二百多年历史,有什么旧建筑要兴师动众。后来了解到,美国的光学仪器工程师学会(SPIE)近年常开一些专门讨论机械设备和材料的检测以及寿命方面的大型学术会议,去年已是第 7 次,每次参加有千人以上。“健康检测”是他们的一个重要课题。举凡直升飞机,桥梁,公路,机械等的实时检测,材料中的损伤积累,结构的寿命延长等都是热门题目。我国也已有一些单位注意到这些问题,并前往做学术报告,进行交流,不过还不很普遍。力学界似乎对它还不很重视,我愿意在此呼吁一下。

2 破坏发展过程是当前固体力学理论研究的重要方向

事实上,防止破坏早就是力学工作者注意到的工作,16 世纪的伽利略首先研究悬臂石梁的破坏,此后发展到很多人做寻求强度准则,强度理论的工作。但是对破坏发展过程的研究,则是近几十年来才取得快速进展的,那是从线弹性断裂力学发展到损伤力学以及非线性断裂力学,以及从准静态的到疲劳过程的研究。图 1(a)是关于 IN 100 合金在 1000℃情况下蠕变破坏曲线和它在同一情况下疲劳循环 5Hz 时的破坏曲线,图 1(b)是高聚物的蠕变破坏曲线,图 1(c)是花岗岩在围压 250MPa,温度 350℃情况下脆性蠕变的破坏曲线。这些都是准静态下的实验结果,可以看到破坏随时间的发展,开始是较慢的,但最后是很快的。现在又发展到快速冲击,高速加热等情况下破坏的发生和发展等研究。对于材料而言,近年来还进入到宏观、细观以及与微观相结合的方向做深入的研究。除了研究微裂缝的发展规律以外,还创造了许多阻止裂缝发展的方法,如掺杂纤维,加入细小颗粒,以及各种层状复合材料。对于结构而言,除了在设计中避免和减小应力集中外,还要设法吸收冲击载荷的能量,避免由于应力波的相互干涉而产生的应力堆积等。近年来还进而研究智能材料和智能结构以便随时监测材料和结构所处的状态,并采取相应的措施。这些正是当前固体力学在理论方面的重要工作。

3 “健康检测”是一个反问题

有了损伤要及早发现,经常检查,及时补救,以免扩大。中医看病时先看病人的舌苔,按脉搏,用以判断病情。火车到大站,工人会到车底下去敲打车轮听它的声音,从而判别有无损伤,有无螺钉的松动。我们还常看到汽车技师用一根铁棍贴到发动机壳上听里面的声音,来判断内部的问题,像西医的听诊器。这些大多是凭经验得出的办法。西医还靠化验单,X 光透视,CT 扫描和 B 超等手段来收集资料帮助诊断。CT(computer tomography)是利用对各个不同方向上 X 射线的反射信号,收集来确定人体内器官组织的形状和密度变化,从而判断是否发生了异常。B 超则是利用超声波,集其在不同方向上的反射信号来确定体内器官组织的形状和密度变化。CT 技术还通过地震波用于人工地震探矿和地球内部运动状态。

为保证材料不破坏,结构的安全和正常运行,人们也要用实验手段收集机械的变形,位移,频率和各种仪器对材料和结构进行经常性的检测,也用超声波做机器的无损探伤。人们已习惯于把机器停下来进行检查,就像汽车行驶几千公里,几万公里以后都要做例行检查。至于复杂的结构,旧建筑的检测,就不那么容易了。一般也是要设法加以激振,再通过电阻片,位移计等在各个部位接收信号,用来判断损坏的位置和性质。例如,在打桩时人们利用超声波从桩的顶部射入,就可以根据超声波反射的情况判断桩是否完好,在什么地方断裂,范围有多大;又如,用波和振动的测量方法,可以判断转轴中有无裂缝和它的部位。这类检查损伤的问题都属于反问题[3]。

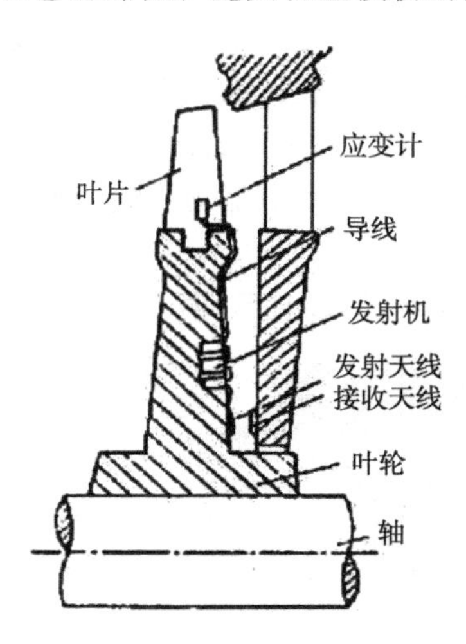

图 2 叶片应变遥测安装示意图[3]

更难做的也是更重要的是在机器运行过程中的“实时检测”。就像有些心脏病患者只有在发病时心电图才会出现大的异常,平静时去做的心电图却往往看不出什么大问题。机器也有这个情况,因此要做“实时检测”,像心脏病患者装心脏起博器那样,医生可以随时检查,及时采取措施。特别是对于在高速运行中的机械,在运行时进行实时检测,其难度将是相当大的,然而却是特别重要的。因为这时一旦有了损伤,发展起来是很快的。汽轮发电机的工作温度高转速快,若有一个小部件破坏,可导致整个机器散架四射,冲破房顶造成巨大灾难,这种事情还时有发生,因而尤为重要。这时一般要采用非接触式的传感方法,有光学方法,电阻应变片方法,电容方法等,还可以用电视监视等遥感办法。图 2 表示在旋转叶片上贴应变片,再通过遥感办法检测的一个示意图[4]。这时重要的是先要找到装传感器的适当位置,因为机器在高速运行,找不对会有隔靴抓痒的问题。事先还需要做好理论分析,从力学上研究清楚机器内部不同部位受损时,和正常状态下运行时,在响应上的差别,并要知道在什么地方安放传感器最好。然后就要从检测信号中推算出受损部位和受损程度,这仍是一个力学的反问题(图 2)。

4　反问题和正问题的关系与区别

根据一个系统表现出来的“蛛丝马迹”来判断系统内部的实际情况，以找出其中的规律。这是反问题的任务。它和正问题不同，正问题是已经知道了事物的规律来求它的表现。可以想象，反问题要比正问题困难得多，而且它的解一般是不唯一的。特别是当这些“蛛丝马迹”的表现只是片段的，因而常常寻求的是一个或几个优化解。而且要注意的是，前述那样检测的反演只是概率统计性的，不仅由于真实材料内部损伤分布具有概率性质，在一个大的结构中损伤、破坏的位置也具有这种性质。我们只能在部分地点布设传感器，因此应该明确“健康检测”“寿命估计”给出的都具有概率性质，而正问题在一定条件下的解则是确定性的。

以上关于破坏发生和破坏检测牵涉到力学的两个方面，既有正问题也有反问题，既有理论分析也有实验研究，既有严格确定性的分析，也有概率统计性的推演。它们是相辅相成的。只是一味研究实时检测而不研究受损部件的响应，不研究材料的破坏过程，还是做不好机械设备的保养和延长寿命工作的。由于实际问题的多样性，理论工作只是一个导向，还需要实时监测来具体测定和推算。

5　修 补 工 作

至于“小洞”怎么修补，其中也不是没有困难，就像比萨斜塔虽然提出过许多方案，至今还没有得出比较理想的办法，力学工作者在这方面也还有用武之地。澳大利亚科学家用复合材料来对受到损伤的民用和军用飞机部件进行修补，取得了很好的社会效益和经济效益。加拿大工程师利用力学原理，提出用碳纤维增强高聚物(FRP)的薄片，粘贴在混凝土桥梁的两侧，可以只用15％的换梁经费，而提高桥梁30％的承载能力。这方面力学工作者也大有可为(图3)。

承武际可，王建祥，白树林，励争，刘宝丰等同志做有益的讨论，特此致谢。

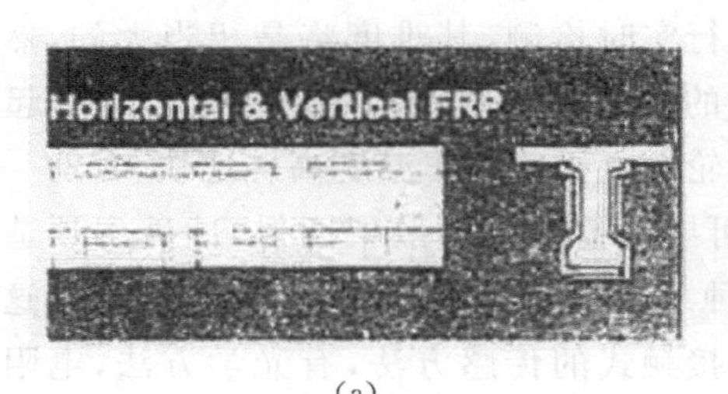

(a)

(b)

图3　用FRP薄片加强桥梁

参 考 文 献

[1] lemaitre J, Chaboehe J L. Mechanica of Solid Materials. Camb Univ Press, 1985: 362

[2] Wong T F. Post-failure Behavior of Westerly Granite at Elevated Temperature. Ph D thesis MIT. Nov 1980: 45

[3] 王仁. 力学的反演和反演的力学. 力学与实践,2000,22(1):71－74
[4] 张如一,沈观林,李朝弟. 应变电侧与传感器. 北京:清华大学出版社,1999:146

院 士 简 介

王仁院士简介请参见本书第 275 页。

力学模型及其局限性*

王　仁
（北京大学力学与工程科学系）

研究自然界任何事物，由于它本身和它所处环境的复杂性，必须根据所要研究的具体问题，分清主次、抓住其主要矛盾，建立模型以便于数学处理寻求答案，眉毛胡子一把抓，固然无法解决问题，主次不分，抓住一点就去求解，很可能给出一个错误解答，引入歧途使情形变得更糟。而若模型是对的，却不顾条件，任意外推，超出所建模型的局限性，同样是有害无益。

我们这里要讲的力学是指一般工程技术上用的宏观力学，不包括研究微观世界的量子力学，以及速度与光速相近的相对论力学。那些就是从空间尺度上和时间尺度上给予宏观力学的局限。

1　质点与刚体模型

力学中最简单的模型就是质点，也是最早的模型，只讲究物体重心的运动。最早从研究天文开始，现在天文学也还把星球看作一个质点研究它的轨迹。弹道学也主要把子弹看成质点求它的轨迹。牛顿三大定律讲的就是质点运动的力学规律。由于任何物体都是由微小质点组成的，这些质点之间受力后的相互作用就成为现代力学的基础，贯彻在全部宏观力学之中。

在实际生产、生活中要用到的下一个模型就是刚体，它认为组成物体的各质点之间的距离和相对位置保持不变，也就是不考虑物体的变形。这时不但考虑整个物体重心的运动，还考虑物体的转动。运动的自由度从质点的 3 个，扩展到刚体的 6 个刚体模型的局限性显然就是它不考虑变形。在工程建筑的分析中常常由于变形量小，采用“刚化原理”忽略物体的变形来分析各构件间力的传递，这样做的局限性就是变形要小，一般就是和物体本身尺寸来比较是一个可忽略的小量. 它不但在结构静力分析中用，在机构学中，在多刚体运动，在陀螺仪的运动分析中也经常用。刚体动力学中提出的虚位移原理、虚功原理、变分原理在结构变形分析时也将用到。在运动的分析中，它则受到运动稳定性的局限，受运动的大小的限制。牛顿和他以后一些人曾把地球作为一团液体在做自转运动，导出了当自转速度超过一定值以后，它将解体。有一种学说认为月亮是从地球的一部分飞出去的，即起源于这些理论。

水当然不能用刚体模型来模拟，但当它是静止时，它对压力的传递也和刚体一样，甚至于水压机在各种拐弯管道中，压力也像刚体一样传递，也用上了刚化原理。

* 原文刊登在《力学与实践》2001 年第 23 卷第 2 期。

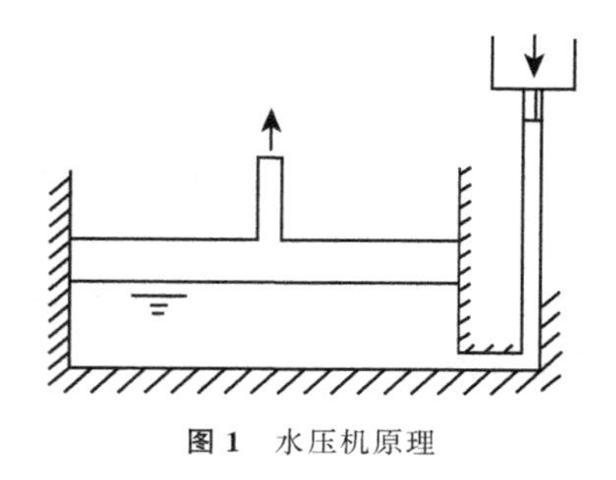

图1 水压机原理

2 变形体模型或称连续介质模型

物体在受力以后都是要变形的,只有大小之别。质点和刚体是当我们可以不考虑变形影响时的模型,描述质点的运动实际上只考虑重心的运动。它的3个自由度只要求解3个方程。描述刚体的运动则需要解6个方程。若要求解物体内的变形,那就要考虑体内各质点之间的距离变化和相对位置的变化。体内有无限多个质点,那就会有无限多个自由度,需要解无限多个方程,其难度就不仅是量变,而要引起一个质变了。

流体是最容易变形的,放在什么样的容器里就变成什么形状,它也是最容易运动的。因而变形体的模型最先从它开始。我们站在一个固定的地方,譬如在河边观察河流,它是一个连续的过程,一边流进,另一边流出,中间这一段似乎保持不变。欧拉最先这样定义了流体质点的速度和加速度,列出在驱动压力下的运动方程。这时流体是考虑成体积不可压缩,没有黏性力的理想流体模型.它的用途很广,整个水力学都是建立在这个模型上的。它的局限性由于飞行器设计中要考虑边界层,涡旋等而被突破,在以下再说。

变形体内部的力和变形关系是由纳维和柯西开始建立的。纳维是从单个分子间距离变化与分子力的关系得出只含一个物性(黏性)系数的运动方程。他首先区分出内力和附加内力,实际上提出应力的概念。接着柯西就从数学上考虑建立了应变张量和应力张量的概念,并从主应力和主应变方向应该重合出发,得出2个弹性常数的基本方程,以及对弹性固体中的广义胡克定律含有21个弹性系数的关系。他们所讨论的模型,实际上已把物体内的质点看成我们现在所说的、具有物理统计性质的微团了。

在连续介质力学中的一个点实际上代表一个具有物质统计性质的微团,这些性质称为宏观量,微团的大小是要能给出稳定的统计性质,一般认为其线性尺寸要大于100nm($\mathrm{nm}=10^{-9}\mathrm{m}$)。比它更小就要进入量子力学研究的范围了。这是空间尺寸的限度,在时间尺度中也是不能小于1ns或100ps,比它更小的时间尺度就要进入研究分子碰撞的时间范围了。这些是连续介质力学的局限性。在做金属材料力学实验来求材料的力学性质时,标本(认为内部是均匀的)尺寸一般至少$1\mathrm{cm}^3$,其中至少已包含了10^6个单晶体,能给出稳定的统计力学性质。对于岩石的力学性质由于它含有的晶粒大。一般要取5cm直径以上的标本。在工程施工处,有用4m见方的岩块在现场做力学试验,用以代表当地的“微团”力学性质。然而为求地核中处于高温高压下的介质力学性质时,由于实验困难其标本只有几个毫米直径,但从上述分析看,仍能给出恰当的宏观力学性质。这里重要的是不要把描述运动方程中的一点看成数学上的不占空间的点,而是代表一定物理特性的一个微团。在结构力学中当我们说边界上作用了一个集中力,实际上它也是作用在一个微团上的。

有了微团的概念以后，就把物体看成一个连续体，不再细分其中的原子、分子结构了。物体内部是处处连续的，各点在受力后的附加内力和变形特征分别由各有 6 个独立变量的应力和应变张量表示。运动方程可用 3 个偏微分方程表示。再加上位移与应变的关系式，6 个联系应力张量与应变张量的材料本构关系，就形成了一个完整的连续介质力学数学体系。进一步的模型化就体现在本构关系的表示法上，由此解决了无限自由度的问题。

这里强调的一点是既然是连续介质力学，它的局限性就是物体保持连续，但是在现实世界中又不能把计算结果推广到无限制的变形上去，因为物体总是要破坏的。断裂力学就是研究这个局限性的限度。

弹性力学模型在变形小的情况下，用的是胡克定律，应力与应变之间呈线性关系。随着变形的增加，它们之间会呈非线性关系。有的材料如橡胶虽经很大变形，在卸载以后也完全消失，这就需要非线性弹性模型。而大部分材料在卸载以后，物体不再恢复原状，所谓进入塑性状态，从而又建立了弹塑性模型，若弹性变形部分远小于塑性变形部分，又有刚塑性模型，把弹性变形部分忽略掉了.还有的材料弹性变形随着时间的发展而不断地增长，卸载后则又缓慢地恢复原状，其变形特性采用黏弹性模型以及黏弹塑性模型。

塑性模型中最简单的是理想塑性模型。它是在将低碳钢作为主要结构材料时提出来的。它的材料力学性质如图 2(a)所示，在弹性极限 A 点以后，应力保持不变，而变形却继续进行，直到 B 点以后，应力才需要增长，B 点的变形可以是弹性极限变形的 8 倍以上。于是在结构分析时，把模型做成图 2(b)所示的理想塑性以便于计算。它的局限性显然是变形不能超过 B 点，在一般构件分析中，只要稍加注意，这倒也够用。特别是在塑性极限分析时，由于计算方便，常在初步计算中用。需要注意的是，塑性极限设计是对一次性使用的结构如火箭、导弹等用的。当用于一般结构分析时，应用理想塑性模型要注意到它的局限性。由于它计算方便，对一般强化塑性材料如图 2(c)实线所示，也常用一个理想塑性模型替代，如图 2(c)中虚线所示，对所得结果应进行相应的检验。

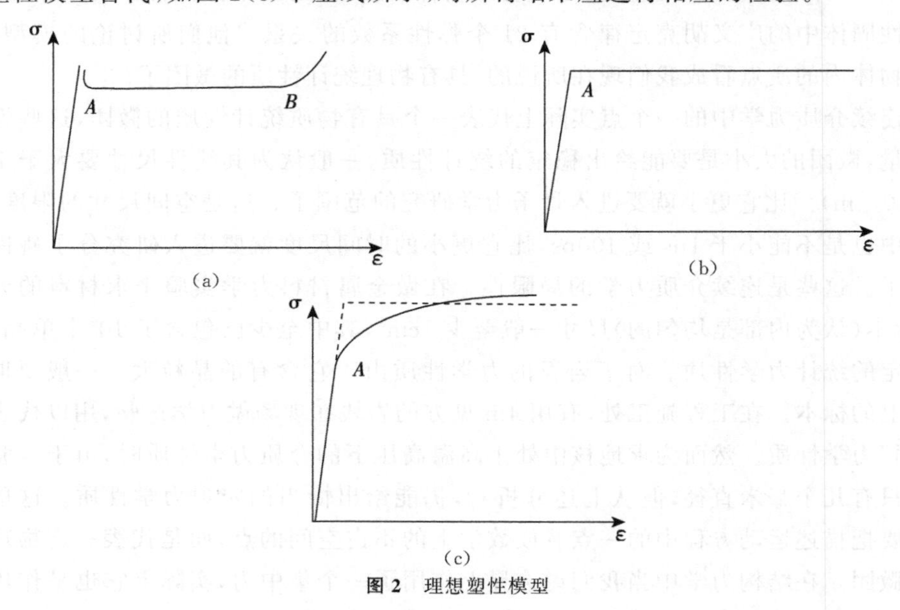

图 2　理想塑性模型

上述连续介质模型是基于由 3 个自由度的质点组成的微团,得出对称的应力张量。如果物质组成变动或所处环境为磁场、放射性场等,有时还要考虑微团可以转动,应力张量就不再是对称的,需要建立微极弹性固体模型或微极流体模型。在这里就不多进行讨论了。

前面提到理想流体在静止条件下是不能抵抗剪应力的,然而在运动情况下它是能抵抗应力的,体现了黏性性质。它的运动方程组和固体力学中的相似,只是在固体力学中考虑的是位移,而在流体力学中考虑的是速度,导致运动方程是非线性的。另外由于温度的进入除应力应变关系外,还加上能量方程和状态方程,形成一组十分复杂的非线性方程组。一般情况如果只考虑稳定的层流运动,问题能够通过理论、计算和实验方法较好地解决。其局限在于确定从层流流动过渡为湍流流动的稳定性条件,牵涉到所受扰动的性质和扰动的大小。这个问题以及湍流流动内部的结构正是现今流体力学研究的最大难度和热点。

随着生产和科技的发展,流体力学的应用面有很大的发展,又提出众多的模型,如孔隙流体模型、物理化学流体模型、生物流体模型等,这里就不具体介绍这些模型了,可以参看大百科全书力学卷的有关栏目。

人们还提到散体力学模型,它似乎不好算是连续体力学,但是人们处理散体地基的承载能力,或煤粉、谷物的管道运输时,也常用固体和流体的模型,只是在处理组成散体的各颗粒之间的相互作用时有不同的考虑。如考虑地基、边坡时就是主要考虑各颗粒之间的摩擦力和黏结力。其局限性乃是防止雨水的渗入,以及大地震的振动是否会引起沙土的液化作用等。在管理城市内街道上车流时也可用流体力学模拟,这时则需考虑各车辆之间的联系,车辆必要的间隔,启动车辆必要的滞后时间等,显然其局限性则是开车人是要守驾驶规则的,或是有什么特别干扰会破坏正常的流动。

3 结 束 语

以上讲了一些力学模型,主要想说明在建立模型时突出了主要矛盾,不免就有它的局限性。连续介质模型比质点、刚体模型大大跨前了一步。它可以考虑变形和受力的关系,从而可以充分地利用材料的强度和变形。但同时也要考虑它的局限性。超出了限度,材料就要破坏。塑性变形大大扩张了弹性使用范围,然而材料内部将发生变化,产生损伤,再不小心就产生断裂。

总之,建立恰当的模型,研究模型的使用范围两者是同样重要的。建模主要靠精细的实验,并分析主次矛盾。使用方面,则有使用条件和环境的变化,前者我想再说明一个时间因素,材料受到静态的或缓慢的加载和受到迅猛的加载时,其反映是很不同的。后者情况下抵抗力会增强然而变形能力减弱,即变脆。但在爆炸、穿甲条件下,由于高压、高速的瞬时作用和产生的高温条件,冲击的压力远大于材料的弹性极限应力,材料行为接近于流体,从而建立了流体弹塑性体模型。除了高速加载和变形外,长时期的缓慢加载和变形也会有不同的反应,那就是蠕变特性,需要建立流变学模型。有的高分子材料在室温下,在固定载荷下也会不断地变形,它可以在较长时间内变形很小,但过了一定时间变形逐渐加速,最后会突然破坏。这时应力、变形和时间都要建立在一个模型里面。

另一个就是环境因素对于模型的影响，最普遍的因素是温度，温度高了，材料变软了、变弱了，从而会蠕变。另外就是有的材料如岩石、散体怕水的入侵，下雨会引起边坡崩溃. 前面还提到磁场、放射性等因素对某些材料有较大影响，在这些情况下的模型就需做相应考虑。有人说，计算机发展了，可以同时考虑多种因素。计算机固然帮了很大忙，但终究是有限的，对结果的分析也会是繁复的. 人们总是要先分析主次矛盾，建立简明合用的力学模型，这里只是强调了要注意模型的局限性。有兴趣的同志还可从武际可著的《力学史》(重庆出版社)看力学诸模型的发展史，以及大百科全书力学卷中各种力学模型的具体内容。

院士简介

王仁院士简介请参见本书第 275 页。

力学几落几起,源于生活之树长青*

白以龙
(中国科学院力学研究所)

力学是以宏观世界为主要对象,研究力和运动的关系的一门学问。从古至今,不断有人深入钻研力学,成就大事业,如牛顿、拉格朗日、冯·卡门、钱学森等。可能是因为这些对象和现象大多是普通人都能看得见,摸得着的。所以,也不断有人否认,抹杀力学,甚至扼杀力学。使力学的发展受阻。但是,生活这棵常青之树,催生了力学,更繁荣着力学。

聪明的阿基米德(公元前 287～公元前 212)奠定了静力学的基础,堪称力学的先驱。他在洗澡盆里洗澡时悟出了浮力的原理,并用来为叙拉古的亥厄洛王测量黄金王冠真伪的故事,脍炙人口。但是,他竟然被罗马入侵军杀死。他的一些成果晚至二十世纪初才被发掘出来。无独有偶,中国古代文献“墨经”记载的力学知识(公元前 5 世纪～公元前 3 世纪)也被湮没着了两千年。人类早期对力学知识的探索,就这样被延误,湮没着。

但是,不断增长的人类的生产活动依然有力地推动着对力学规律的探索。出于生产和算历的需要,人们必须认识天体的运行。于是,伽里略在《关于托勒密和哥白尼两大世界体系的对话》一书中,试图阐明宇宙的力学。但是,他竟遭宗教裁判终身禁锢。著名的牛顿运气要好得多,27 岁的牛顿受到老师巴罗的提拔,40 岁的巴罗把教授位子让给了牛顿。牛顿最终在《自然哲学的数学原理》中,阐明了经典力学的基本规律,但他依然未能逃脱教会的压力和攻击。巴克莱主教针对牛顿的学说写道:“自然哲学者的任务是研究和了解上帝所造的那些标记物。……所谓必然的和本质的,那只是完全依靠于主宰万物的精神的意志的。”拉普拉斯把大自然看成是一部遵循一定的规律的机器,而不是全能的上帝。因此,有人向当时的皇帝拿破仑告状,说拉普拉斯在《天体力学》一书中不提上帝,真是大逆不道。但是,所有这一切都未能阻止力学成为近代科学形成的里程碑,力学蓬勃发展起来了。

一个学说在获得巨大成就之后,又总会有人认为这个学科也发展到头了,就在发生上面关于拉普拉斯的故事的时代,也是在法国,就连著名的学者狄德罗也曾说过:“这门学科很快就会停滞不前……我们将不能越过那个地方”。狄德罗为什么会这么讲呢? 让我们稍微仔细地看一看那时的力学。表 1 勾画了一幅近代自然科学以前(16 世纪以前),和 17 至 18 世纪力学发展的简图。

---

* 原文刊登在《力学与实践》2000 年第 24 卷第 2 期。

表 1

年代	人物	主题	社会背景	学科
16 世纪以前				
287～ 212 BC	阿基米德	“论平面图形的平衡” “论浮体”	简单工具和建设	静力学
16～17 世纪				
1589	伽里略	落体，加速度	天体运动，航海	
1609	开普勒	天体运动三定律		
1687	牛顿	“自然哲学的数学原理”		经典(动)力学
18 世纪				
1717	伯努利	虚位移	机械	
1743	达朗贝尔	达朗贝尔原理		
1788	拉格朗日	“分析力学”		刚体(分析)力学

看起来，跨海的探险，机械的发展，微积分的出现，一批法国分析大师们的杰出努力，造就了力学的空前繁荣。非常凑巧，相隔一百年，分别接近两个世纪末，牛顿(1687)和拉格朗日(1788)，各自集大成，总结并形成了经典动力学和分析力学的学科体系。倘若站在 18 世纪末的门坎上，背靠过去两个世纪的宏伟成就，展望 19 世纪的前景，确实会使人产生力学已经功德圆满，难以再有新的重大作为的感慨。这大概就是前面引述的狄德罗论断的原由。

与狄德罗悲观的预言相反，在 19 世纪竟然又耸立起新的力学高峰。表 2 是 19 世纪力学的一个大大简约了的图示。其最引人注目之处是连续介质力学的创立和统计力学的引入。显然，面对当时大规模的水利、土木和机械工程，只有牛顿(质点)力学，不考虑力场和变形场之间的关系，是无法阐明世界和改造世界的。而从质点到连续介质，这又是科学概念上一个极大的飞跃，是科学家们百年心血的结晶。于是又隔一百年，接近 19 世纪末，兰姆(1878)和乐夫(1893)，集大成，形成了连续介质力学。这是 18 世纪末的人所未曾预料到的。它是 19 世纪大规模工业革命的产物，也是这个工业革命的杠杆。对连续介质力学的巨大成就，学术价值和对整个现代科学的历史影响，如果不看下面爱因斯坦的评论，恐怕许多现代学者还没有真正意识到。

爱因斯坦于本世纪 20 和 30 年代，曾多次评论连续介质力学。他写道：“连续介质力学，它不去考虑把物质再分为实在的质点，……假想……都是连续的。而且相互作用中那个不是明白规定的部分能被看作是面力。这种力也是位置的连续函数。”“除了它们的伟大实际意义以外，科学的这些部门还创造了一些形式的工具(偏微分方程)。这些工具是为以后寻求全部物理学新基础的努力所必须的。”

表 2

年代	人物	主题	社会背景	学科
19 世纪				
1821	纳维	流体,弹性体方程	水利,土木	
1823	柯西	应力,应变		
1834	汉密尔顿	正则方程		
1878	兰姆	"流体运动的数学理论"		
1893	乐夫	"数学弹性理论"		连续介质力学
1860	麦克斯韦	气体速度分布		
1877	波尔兹曼	熵的统计解释		
1903	吉布斯			统计力学

另一方面,如果我们真的"去考虑把物质再分为实在的质点",哪怕只是观察一个连续介质单元,那么将会如何呢?麦克斯韦和波尔兹曼从分子运动的角度来思考这个问题。设想 1 mL 的气体中含有 10^{19} 个气体分子,这是多么巨大的,难以处理的一个质点体系呀!但是,统计力学以气体为出发点,却沟通了质点和还续体。

毋庸讳言,连续介质力学和统计力学属于 19 世纪的几个科学高峰之列。可悲的是,统计力学的奠基人之一的波尔兹曼,当时竟遭冷遇和拒绝。他曾悲愤地写道:"我只是作为个人对时代的潮流进行微弱的抵抗,但我为捍卫它而作出的贡献,有力量使气体理论继续存在下去。"但是,他终究不堪忍受压力,于 1906 年自杀身亡。

进入 20 世纪,相对于物理学在微观世界里的突飞猛进,一些人又怀疑,力学还能有哪些发展。他们问,力学还是科学的前沿吗?事实上,奋斗在生活、工程和科学第一线的人们,在重重压力下却又开始了艰难的探索,去开拓新的原野了。普朗特,冯·卡门,泰勒,谢多夫,钱学森等是这个时代的杰出代表。他们从工程应用的角度,率先突入了非线性世界,揭示了边界层,冲激波,涡街,湍流,薄壳失稳,自模拟,一系列新现象,新规律,在 20 世纪形成了应用力学,造就了宏伟的航空和航天业。

表 3

年代	人物	主题	社会背景	学科
20 世纪(A)				
1904	普朗特	边界层	航空,航天	
1912	卡门	涡街		
1942	普朗特	"流体力学概论"		应用力学

当时,面临正在兴起的航空和航天业,三方面的非线性问题提到了人们的面前。一是因飞行速度跨越声速引起的声障,二是因飞行器的薄壁结构的大变形引起的几何非线性,三是因使用新型材料带来的物理非线性。前辈的成就没有留下足够的方法,来解决这些问题。怎么办?对此,冯·卡门大声疾呼"工程师们与非线性问题拼搏!"他写道:"在许多情况下,工程师靠简化假设,就能将他的问题线性化,并且一部数学教材,就能容易地提供他所需的全部工具。但是,如果他遇到的是一个真正的非线性问题,也就是说,线性化会使其变得毫无意义,此时,工程师就不得不靠自己与非线性拼搏了!"正是这种无情开拓,勇于拼搏的精神,为我们带来了 20 世纪力学的蓬勃发展。

正当大多数人，甚至力学界的人，沉缅于应用力学的这些伟大的成就，感慨今后的力学将辉煌不再时，另一批有识之士，却以其敏锐的触角和坚韧不拔的毅力，为人类观察世界，又开辟了一扇崭新的窗口。

表 4

年代	人物	主题	社会背景	学科
20 世纪(B)				
1899	庞加莱	三体问题，稳定性	(多)天体，振动，大气	
1963	洛伦兹	混沌		
196x	柯尔莫哥洛夫等	KAM 定理		非线性科学

事实上，早在 1744 年欧拉就发现了非线性问题中的分岔现象。他发现，一根弹性杆在其两端受压时，起初仍保持为笔直。但当两端的压力增加到某个临界值后，杆就发生弯曲，但弯向哪一边却表现出任意性。这就带来了变形的多样性和复杂性。庞加莱，洛仑兹等从类似的视角更深入地考察了非线性带来的多样性和复杂性。庞加莱考察的是针对天体运动的三体问题。他被他的发现所震惊。庞加莱写道“这一图形的复杂性令人震惊，我甚至不想画出来。没有什么能给我们一个三体问题复杂性的更好的概念。”庞加莱敏锐地感觉到，“一种非常微小，以至于我们察觉不到的起因可能产生一个显著的，我们决不会看不到的结果。”而洛仑兹则称他是“在天气预报的理论方面做开拓性实验时，偶然发现了一种后来被称作‘混沌’的现象”。他回忆道：“我……键入一行数，它是前不久打印出来的模拟数值。然后再重新让计算机计算。我在走廊上喝了一杯咖啡，……打印出的数值怎么也不像老的数值。……如果我键入的不正好是原来的数值，而是键入原来打印输出的结果的四舍五入值，那么这种初始的舍入误差是故障的真正原因，这种误差被不断放大，直到它们主宰了方程的解。用今天的术语来说，这就是混沌。”

今天，人们意识到，自己正在打开一扇不同于牛顿、爱因斯坦观察世界的窗口。通过这扇刚刚打开了一点的窗口，我们看到的是确定性与随机性结合的，简单性与复杂性结合的世界。有人比喻说，线性问题就像一班在教堂优雅和谐唱诗的男童歌手，而非线性问题则像一群桀骜不驯的烈马。

现在，假想我们正处于 19 世纪末，刚刚认识了不用马拉，不用蒸汽自己就会跑的“汽车”(Beuz，1880S)。那时，我们虽然已强烈地感受到了牛顿力学、热力学和电磁学以及它们所创造的巨大的生产力，不过，要在当时去想象人能在天上飞，而且还要飞出地球去，去展望什么桀骜不驯的混沌(庞加莱感到了这个气息)，却太困难了。或许就像现在幻想人类可以控制天气，可以控制地震一样天方夜谭。所以，现在又有相当一些人断言，主要以宏观世界的运动和力的关系为研究对象的力学，对人类知识的创新已无足轻重，这实不足为怪。但是，三个世纪力学的成就清楚地告诉我们，生活和周围的世界是常青之树，它永不停息地推动着力学向前跃进。无情开拓，勇于拼搏的精神，为人类带来了过去三个世纪力学的蓬勃发展，无疑，它也是推动力学继续向前的原动力。

力学的丰富多彩，是宏观世界中的运动形态的丰富多彩和复杂性的反映。生活中真实的系统和介质，远比现有的力学模型和理论中假设的复杂多得多。这可能是力学尚不能对一些常见的力学现象，如湍流、破坏等，作出清楚理论阐述的原因。这里，我们举一个小例子来说明力学对象的复杂性。假设人类生活的世界，只涉及由微观质点（如分子）到连续体单元（如沙粒），大约为几埃（10^{-10} 米）到微米（10^{-6}）的跨度。这样，从最简单的一维角度看，沙粒约含 1000 个微观质点。设想这颗沙粒，像计算机一样，由两种微观质点组成，如 0 和 1，黑和白，好和坏，等等。那么，这颗沙粒有多少种不同的形态呢？对这颗一维的沙粒，一个粗略的估计是，约有 2^{1000} 种形态，即约 10^{300}。人们早就知道，我们无法逐一穷尽这些形态，即使使用最决的计算机，也需要大大超过宇宙年龄的机时。更重要的是，组成这颗沙粒的微观质点会在力的作用下，在 0 和 1 两态间变化。从平均的角度来看，什么是表征这种动力学演化的分布函数？从现实来看，又确实存在一些可能会被平均化抹杀掉的，对某些微观结构极其敏感的演化模式，并形成小概率的大灾难。波尔兹曼曾开拓性地把动力学的研究，从单个质点转向大量质点集体的行为。但是，大量质点体系中的远离平衡的丰富多彩的运动形态和复杂性，这种新的挑战，呼唤着新的力学。

正如诺贝尔奖获得者普里高津写道："过去三个世纪里追随牛顿综合法则的科学历史，真像一桩富于戏剧性的故事。曾有过一些关头，经典科学已近于功德圆满，决定性和可逆性规律驰骋的疆域似乎已尽收眼底。但是每每这个时候总有一些事情出了差错。于是，方案又必须扩大，待探索的疆域又变得宽广无际了。今天，只要我们放眼一望，就会发现演变，多样化和不稳定性。"另一位诺贝尔奖获得者安德孙也持类似的观点，"在每个复杂的层面都会出现全新的特征，每个阶段都需要全新的法则，概念和普遍化，需要与上一阶段同样多的灵感和创造性"。总之，长青的生活之树中，包含着不竭的丰富多彩的挑战性问题，这些问题将继续推动着力学从一个高峰走向另一个高峰。

院士简介

白以龙院士简介请参见本书第 62 页。

水面下的波浪——海洋内波*

李家春
(中国科学院力学研究所)

21世纪是海洋的时代。

海洋占地球表面积的71%。海洋中蕴藏着丰富的矿物、油气、能量、水产和空间资源。人口的增长,经济的发展,资源的需求,人类的生存空间将从陆地向海洋延伸。世界各国都关注海洋的开发,已经开始开采水深达2000~3000m的油气资源,人工岛,海底空间站等海洋空间利用计划也已提到议事日程。中国石油年产量维持在1.6亿吨左右,陆上石油进入开采后期,发展潜力严重不足,但对石油需求日益增长:1993年起就成为石油净进口国;2004年,中国进口石油9000万吨;到2020年,每年约需进口2亿吨石油。为了弥补石油资源的缺口,国家十分重视海上石油的开发,并把目标瞄准我国南海的海洋石油资源,这是一项关系我国能源安全的重大决策。

由于海洋远离大陆,严峻的风、浪、流、潮环境,使海洋观测比气象观测困难得多,资料极为稀少。近30年来,理论研究和数值模拟取得进展,尤其是高新技术的仪器和空间对地观测手段的发展,各国开展了大规模的联合科学研究计划,使海关科学有了长足的进步。但是,仍然有许多未知的领域需要进一步探索,同海洋工程,海洋环境,水声学紧密相关的海洋内波就是其中之一。

1 水下的轩然大波

由于海洋内波发生在水体内部,在水面上往往不易觉察到内波的存在和活动,使海洋内波的观测和研究蒙上一层神秘的面纱。

1893~1896年,挪威"弗雷姆"号考测船在北极探险过程中,F.南森发觉船只驶入上层有冰融化淡水区域时突然减速。经研究知道,"Dead water"现象是由于船舶航行在密度跃层上,为产生海洋内波做功需要耗费能量,所以船舶难于前进,这是海洋内波的早期发现[1]。

19世纪70年代,经过在安得曼海上4个月的观测和随后EXXON公司的钻井作业,发现该海域可以有高达1.8m/s的流速。后来的卫星图片显示,那里曾有孤立子内波通过(图1)。Amoco公司也注意到在南中国海的内潮和内孤立波现象。所以人们决不可以轻视这些隐藏在水下的轩然大波的威力[2,3]。

为什么同样的外界因素,在海洋表面只能引起微小的扰动,而在海洋内部却能掀起轩然大波呢?究其原因,原来在分层海洋中,由于密度差远小于大气和海水的密度差,因

---

* 原文刊登在《力学与实践》2005年第27卷第2期。

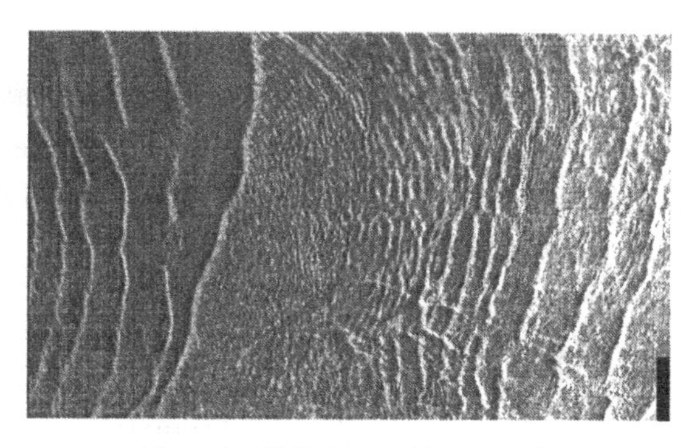

图 1 安达曼海内孤立子的卫星图像

此,相当于将分层介质置于微重力场中,其约化重力加速度为

$$g' = \frac{\Delta\rho}{\rho}g$$

因此,恢复力也减小,仅为表面波的 1‰量级,从而使波幅增大。从能量的观点来看,波幅与重力的平方根成反比,因此,在能量相同的条件下,内波波幅可以是表面波的 20～30 倍。内波波幅达数十米,乃至百米并不罕见,所以,内波是水下的巨浪。由于同样的原因,内波的频率低,介于惯性波频率

$$f = \Omega\sin\phi$$

和 Brunt-Vasala 频率

$$N^2 = -\frac{g}{\rho}\frac{\mathrm{d}\rho}{\mathrm{d}z}$$

之间,其中 Ω 是地球旋转角速度,ϕ 是当地纬度。周期为 10min 到 24h。根据观察,海洋内波长度尺度范围很宽。对海洋结构有影响的内波,波长可以是几百米到百公里,温跃层处,内波振幅可以在百米量级,所诱导的内波流场的最大流速可以达到 2m/s 或以上。在连续分层的流体介质内,内波是一种体波,波的群速度与波阵面法向垂直,表明能量沿波阵面传播;流体质点运动速度也是如此,所以内波是一种横波[4]。

2 海洋的密谋分层结构

海洋内波是指在稳定层结的海洋中发生的、最大振幅出现在海洋内部的波动,了解海洋密度分层的结构是内波研究的前提。

实际上,大洋沿垂直方向大致可以分三层:海洋表层由于风剪切和表面波破碎造成上层混合层(UML),在那里由于湍流混合,温度几乎是均匀的,厚度约数十米;在海底为厚 10m 左右由剪切产生的湍流边界层(BBL);在上述两层中,平均速度满足对数分布规律。海洋的中间层是相对平静的大洋内部,在那里由内波产生间隙性的微弱扰动,并呈现片状的微结构[5,6]。在混合层底部可以由于外部的强迫:风应力、加热和冷却发生卷挟现象。室内实验研究发现,混合层的无量纲卷挟速度是总体 Richardson 数的负次幂函数。研究这种卷挟可以预测混合层或温跃层的演化,所以也称为温跃层动力学[7]。

海洋中普通存在的层结现象可以由海水的温度和盐度差异引起,所以,在海洋的一定深度上存在着温跃层(thermocline)和盐跃层(halocline),并导致密跃层(pycnocline)的

出现。主跃层出现在深度约 300～1000m 处。沿纬向,在赤道附近主温跃层强而较浅,在中纬度地区,主温跃层变弱变深,高纬度处又出现在浅层。季节性跃层一般在 50～100m 左右,一般发生在春夏(图 2)。此外,还有周日温跃层存在,因此,在全球范围的海域内广泛存在着内波。这种分层结构可以用 Holmboe 密度模式近似,在密度梯度较大处往往用界面波代替[1]。实际上,水表面波是大气海洋系统内的界面波。

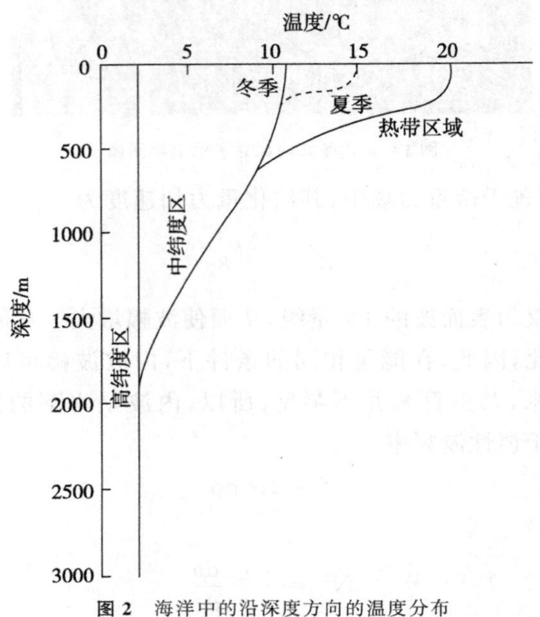

图 2　海洋中的沿深度方向的温度分布

3　内波的时空分布

海洋内波主要可以通过链式传感器和综合孔径雷达(SAR)进行探测。前者通过沿深度分布的传感器来测量电传导率、温度和盐度,这就是电导率温深仪(CTD)和盐度温深仪(STD)。通过上述仪器可以测量等温面变化的数据,从而获取内波的信息(图 3)[8];后者利用在内波波峰后和波谷后处分别产生幅聚和幅散现象,从而使水表面改变粗糙度,形成条纹结构,并由此发现内波的踪迹。虽然也可以用可见光和其他雷达进行探测,但 SAR 灵敏度高,不受云层影响,因此是主要的手段。

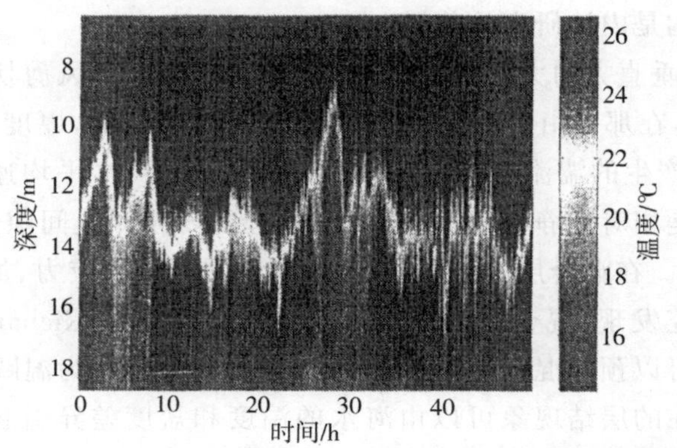

图 3　1992 年 8 月 23～25 日在黄海由 32 通道链式传感器测得的温度场

30 年来,通过各国在 ERST/LAND STAT-1 空间站上的遥感和现场观测,可以绘制出全球的内波分布图。人们会发现大部分内波经常出现在层结、地形和洋流条件适合的大洋边缘区域,时间多数在夏季有强跃层出现的时候(图 4)。

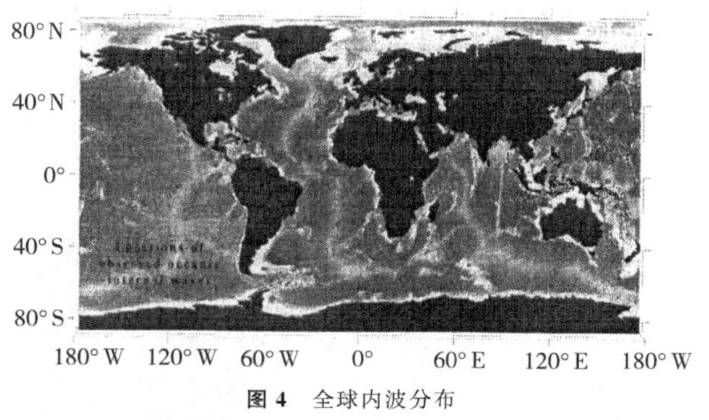

图 4 全球内波分布

内波发生的海域可以扩展到北极白令海峡、南极 Weddel 海附近。也有一些例外,比如:可以在大西洋中部海洋中脊 Azores 北观察到孤立波;也可以用多普勒流速仪(ADCP)在南太平洋 Bismark-Solomon 群岛东北观察到孤立子波包。前者是由于墨西哥湾流通过海底山脊,后者是在 Bismark-Solomon 群岛的岛屿间有海槛所致[9]。我国南海北部地区,因为春、夏会有季节性温跃层出现,加上那里的地形由东南向西北逐渐变浅,东部菲律宾地区有狭窄水道,由正压潮同地形相互作用产生或发生分裂[10],是内潮的多发地区[11-16]。

4 形形色色的内波

内波的形式多样,包括:内潮、内孤立波、周期内波,小尺度内波。实际上,在湖泊和峡湾有层结的水体中,也可以有内波。类似于水表面波,在问题中存在 4 个长度尺度,波幅 A、波 L,水深 H 和密度显著变化的长度尺度,对于界面波有两个深度参数,综合起来,我们可以构成类似于 $Ur=AL^2/H^3$ 数的特征参数,表征非线性和频散效应的大小,从而划分各种波浪理论的适用范围。

周期波,可以有小振幅的线性波,对于波幅略高者,可进行弱非线性修正;内孤立波表征了非线性同频散效应的平衡,一般用 KdV 方程描述,可以有孤立波解和椭圆余弦解。在上下层深度接近于 1 的临界情况,服从修正的 KdV 方程。在大洋中,如果密度变化限于表层,远小于波长,而在深水区,密度为常数,可以用中长波方程(ILW)描述。当深度趋于无穷时,变成 Benjamin-Ono 方程;弱二维的内孤立波服从 Kadomtsev-Patviashivili(KP)方程。浅水内波,可以描述内潮在大陆架上的运动[10]。可以用积分变换、强迫 KdV 方程、数值方法研究由外界扰动的分层介质中的瞬变波[1,10,17]。

5 海洋结构物的安全隐患

曾有石油钻井机被扭转了 90°,并推移了 30.48m 和内波把潜艇托出水面或拖下水底的报道。迄今,我国已在南海北部地区建采油气平台 18 座,包括:南海西部的涠州、崖城、东方、文昌油田和南海东部的惠州、流花、陆丰、西江油田等(图 5)。1992 年,中国南海东部石油公司在东沙群岛附近的石油钻井机在孤立子内波经过时无法操作,锚定的油罐箱在不到 5min 内摇摆了 110°[18]。人们注意到在内波活动频繁的海区,石油钻井平台设计必须考虑它能经受内波产生的作用力[2]。

图 5 我国 1996 年投产的南海东部的海洋平台,水深 310m

中国科学院南海海洋研究实验三号科学考察船于 1994,1996,1998 年在离珠江口 300km 的东沙群岛西南(20°40'N,115°51'E)、西部(22°22'N,116°58'E)和南部地区(20°21'N,116°50'E)观测,那里水深 300～500m。根据观察,发现内波出现深度在 0～150m,多数在 40～60m。最大流速达 1.5～2.0m/s,波速 2.0m/s。出现时间一般在大潮后 4～5 天最频繁,间隔 12h。内波诱导的突发性强流出现形式有:单锋:持续 15min,流速 1m/s;多锋:每个持续 15～25min;间隔 1.5h,强度逐渐减弱,方向向岸:NW-W。

以往的内波研究仅关注波浪的运动和变形,忽视内波流场的分析,只有少数工作涉及内波流场及其同结构物的相互作用[19]。近年来,我们通过和中国海洋石油总公司的合作项目,对内波流场进行分析,得出如下结论[20]:在跃层上下,存在着速度剪切,跃层上下密度差愈大,跃层愈薄,剪切强度也愈大,这一结论已为地中海西西岛 Messena 海峡的观察证实;存在临界深度,当水深由小于该深度到大于该深度时,内孤立波由下凹变成上凸[21];由于水深同波长比是小量,内波诱导的流场的水平速度几乎均匀,因此可以产生巨大的水平推力,使海洋结构物发生整体推移或扭转;同内波波长相比,海洋结构物的尺度较小,因此,可以用 Morison 公式计算作用力。因 $K_c = O(10^2)$,黏性力起主要作用。周期波的剪切可以导致疲劳破坏。孤立波波峰到达时,对结构物呈冲击作用[22,23]。针对内波力的特征,可以增强温跃层附近结构;减小盛行波方向的迎风面;尽量注意盛行风向左右结构设计的对称性,加强基础,隔振防振等工程措施来保证生产的安全性。

6 水下声道的背景噪声源

同电磁波、可见光相比,声波是在水中传播最远的波动源。1912 年 Titanic 号客轮同冰山相撞,为了寻找沉船,美国科学家发明了利用回声探测水下目标的仪器,1914 年测到 3000m 外的水下冰山。随着压电换能器的发明,结合电子管放大技术,利用水声在水中进行距离探测,第一次收到了潜艇回波,法国物理学家研制成了声纳,开创了近代水声学的研究,被广泛应用于舰船、鱼群、水深、地貌、油矿的探测。

水声传播的速度依赖于水的压力和密度。海洋的密度分层结构导致特定的海洋声速分层结构,并形成水下声道,水声可在其中折射和反射,向一定方向远距离传播。在表层,声速具有正梯度,该区域海水密度均匀,但受风、表面波的随机影响,称为混合层声道。混合层到1000m左右深度是有负声梯度的主跃层声道。1000m以下是较为平静的深海声道,声速具有正梯度。在水深1000m处,声速最小,成为声道轴[24]。

为了正确识别目标,一方面要了解目标声信号的特征,包括:目标反射信号(主动探测)和目标辐射(被动探测)信号。目标反射信号是发射信号从目标镜面反射、散射、内反射和诱发共振构成,它们可以使发射信号发生多普勒频移,调制和延时,目标强度和谱特性可以用于识别。目标辐射信号,如:潜艇来自机械噪声、螺旋桨噪声等。机械噪声是强线谱和弱连谱的叠加;螺旋桨噪声则是水流引起的叶片振动(千赫和低频线谱)和空化噪声(具有100～1000Hz谱峰的连续谱)构成。在进行声信号处理时,必须把目标信号从背景噪声和混响效应中提取出来。内波是海洋中的重要背景噪声源,可以引起声信号起伏:起伏同内波活动有强关联,夏季可以达20dB,振幅和相位起伏谱非单调下降,有相同的峰值位置等。也可据此间接研究内波的特性。20世纪70年代发现了深水的GM谱,具有普遍意义。由于浅海的影响因素多,特别是内潮、内孤立波同地形的相互作用,所以,浅海内波的研究是学术界、工程界关注的重点[8]。

7 深部海水混合的"搅拌器"

海洋环流是能量和物质输运的载体,影响着全球气候和海洋生态环境。一般认为,风生环流造成洋流的水平运动,热盐环流导致洋流在子午面内垂向运动。也就是说,像大气的Hardy环流一样,水团冷却、蒸发变重后在两极下沉,到赤道因降水、加热变轻后上升,所以浮力是子午面环流的主要驱动力。

有人对这种解释提出了质疑。因为海洋环流系统大都处于稳定层结状态(只有尺度为数公里、持续数小时的不稳定水团偶尔出现),加热、冷却源构形也不同于Rayleigh-Benard对流和大气环流。早在1916年,Sandstrom就得出结论,水平、垂直分离的冷、热源只能在热源低于冷源的情况下,在冷热源水平位置间的空间存在对流。实际上,在赤道太阳加热只能穿透数十米,极地冷却仅限于表层,所以浮力只能引起表层的混合。最近,黄瑞新、王伟的实验进一步证实了Sandstrom的原理。于是,必须要回答导致深海混合的能量来源问题。

研究表明,造成深水混合的能量仍来自于风和潮汐。前者通过风应力从大气输入20TW功率到海洋,其中95%产生表面波和混合层湍流,4%产生海洋环流,1%产生中尺度涡;后者输入3.6TW功率,其中75%在大陆架耗散,25%转化成内潮。地热和大气压力在输入功率中占很小的份额。以往的观测只有0.1TW的功率转化成小尺度的内波。考虑到因中尺度涡失稳可以补充0.6TW的能量源,所以,小尺度内波可以分出0.2TW功率进行深水混合。由于有内波起着混合深水的"搅拌器"作用,合理解释了子午面上垂向对流的维持机制[6,25]。尽管这个模型还有许多方面有待研究,它从能量平衡角度根本改变了过去对海洋环流的认识,从而影响海洋物质、水体和热量的输送,乃至未来气候的预测。

参考文献

[1] 富永政英. 海洋波动-基础理论和观测成果. 北京:科学出版社,1976. 423－456

[2] Osborne AR, Burch TL, Scarlet RI. The influence of internal waves on deep-water drilling. J Petro Tech, 1978, 30: 1497－1504

[3] Osborne AR, Burch TL. Internal solitons in the Andaman sea. Science, 1980, 208: 451－460

[4] Tritton DJ. Physical Fluid Mechanics. Van Nostrand Reinhold Company, 1977

[5] Li JC. Turbulence in Atmosphere and Ocean. In: New Trends on Fluid Mechanics and Theoretical Physics. Peking University Press, 1993. 427－433

[6] Wuest A, Lorke A. Small scale hydrodynamics in lakes. Ann Rev Fluid Mech, 2003, 35: 373－412

[7] Turner JS. Development of geophysical fluid dynamics: the influence of laborator experiments. Appl Mech Rev, 2000, 53(3): R11－R22

[8] Wang T, Gao TF. Statistical properties of high frequency internal waves in Qingdao offshore area of the Yellow sea. Chinese J Oceanology and Limnology, 2002, 20(1): 16－21

[9] Jackson CR, Apel JR. An Atlas of Internal Waves and Their Properties. Global Ocean Associates, 2002

[10] Grimshaw R. Internal solitary waves. In: Liu Philip L-F, Eds. Advances in Coastal and Ocean Engineering. Vol. 3 World Scientific, 1997: 1－30

[11] Hsu MK, Liu AK. Evolution of nonlinear internal waves northeast of Taiwan. In: Proc. Eighth Int Offshore and Polar Eng Conf, Montreal, Canada, May 24－29, 1998: 18－24

[12] Hsu MK, Liu AK, Liu C. A study of internal waves in the China Seas and Yellow Sea using SAR. Cont shelf Res, 2000, 20: 389－410

[13] Liu AK, Chang YS, Hsu MK, et al. Evolution of nonlinear internal waves in the East and South China Seas. J Geophys Res, 1998, 103(C4): 7995－8008

[14] 蔡树群,甘子均,龙小敏. 南海北部孤立子内波的一些特征和演变. 科学通报, 2001, 46(15): 1245－1250(Cai Shuqun, Gan Zijun, Long Xiaomin. Some Characteristics and evolvement of the internal solution in the northern South China sea. Chinese Science Bulletin, 2001, 46(15): 1245－1250(in Chinese))

[15] 杜涛,吴巍等. 海洋内波的产生与分布. 海洋科学, 2001, 25(4): 25－28(Du Tao, Wu Wei, et al. The generation and distribution of ocean internal waves. Marine Sciences, 2001, 25(4): 25－28(in Chinese))

[16] 方文东,陈荣裕,毛庆文. 南海北部大陆坡区的突发性强流. 热带海洋, 2000, 19(1): 70－75(Fang Wendong, Chen Rongyu, Mao Qingwen. Abrupt strong currents over continental slope of northern south China sea. Tropic Oceanology, 2000, 19(1): 70－75(in Chinese))

[17] Li JC. Transient waves in stratified flows. Acta Mechanica Sinica, 1983, 15(6): 611－621

[18] 蔡树群,甘子均. 南海北部孤立子内波研究进展. 地球科学进展, 2001, 16(2): 215－219(Cai Shupun, Gan Zijun. Progress in the study of the internal solution in the notherry Sourth China sea. Advances in Earch Sciences, 2001, 16(2): 215－219(in Chinese))

[19] Cai SQ, et al. A method to estimate the force exerted by internal solitons on cylinder piles. Ocean Eng, 2003, 30: 673－689

[20] Cheng YL, Li JC, Liu YF. The induced flow field by internal solitary wave and its action on cylindrical piles in the stratified ocean. In: Zhuang FG, Li JC, Eds. Recent Advances in Fluid Mechanics, Qinghua-Springer, 2004. 296 − 299

[21] Orr MH, Mignerey PC. Nonlinear internal waves in the South China Sea: Observation of the conversion of depression internal waves to elevation internal waves. J Geophys Res, 2003, 108(C3): 3064 − 3076

[22] Sarokaya T, Isaacson M. Mechanics of Wave Forces on Offshore Structures. New York: Van Nostrand Reinhold, 1981

[23] Chakrabarti SK. Fluid Structure Interaction in Offshore Engineering. Computational Mechanics Publication, 1994

[24] Caruthers JW. Elementals of Marine Acoustics. Elsvier Company, 1977

[25] Wunsch C, Ferrari R. Verticaal mixing, energy and the general cir-culation of the oceans. Ann Review of Fluid Mech, 2004, 36: 281 − 304

院 士 简 介

李家春院士简介请参见本书第 65 页。

鱼类波状游动的推进机制*

童秉纲
（中国科学技术大学研究生院）

1 引　　言

鱼类是最早的真骨类脊椎动物，已经进化了几亿年，为了攫取食饵、逃避敌害、生殖繁衍和集群徊游等生存需要，经历了漫长的环境适应的自然选择过程，因此发展了各具特色的在水中运动的非凡能力，既可以在持久游速下保持低能耗、高效率，也可以在拉力游速或爆发游速下实现高机动性。

水生动物的运动方式一般可分为三大类。第一类是多种原生动物和腔肠动物所采用的纤毛推进，即依靠其体表的大量纤毛来完成运动。第二类是射流反冲推进，即依靠其体内射出的喷流来实现运动，采用这种运动方式的有腔肠动物中的类水母体纲和软体动物中的头足纲（如鱿鱼）等。第三种是波状摆动推进，即水生动物的身体作横向扭曲，往复摆动，以横波的方式由前向后传播（也有逆向传播之例），这是各类水生动物最广泛采用的一种推进方式，小至像鞭虫那样的原生动物和微生物，中至真骨类脊椎动物，即鱼类，大至海洋哺乳类动物，如鲸、海豚等，都采用这种基本的或衍生的游动方式。本文只讨论鱼类（隐含海洋哺乳类动物在内）游动的推进机制。

鱼类好比一台有生命的机器，在它的神经信号控制下，指挥其体内肌肉中占很大比例的一种叫做推进肌，产生收缩动作（相当于原动机），带动鱼体内的被动生物组织（包括皮肤和脊柱），一起实现波状摆动，将肌肉中蕴藏的生化能转化为机械能，从而得以在水中自主游动。经过漫长的进化过程，这种生命机器的整体功能是接近于最优的。因此，鱼游运动生物力学的研究任务是要从整体上探索鱼作为一种生命机器的力学设计概念及其理论，包括神经控制、肌肉力学、生物材料性能、鱼的形态和运动观测（运动学）、水中推进机制（外部流体力学）、能量转换及其效率（力能学）等。

研究鱼游的运动生物力学有什么意义呢？其一，生物学家研究鱼类的比较生物学时需要探索鱼游的力学效应对鱼类的生理学、生态学、动物行为、微观进化和宏观进化的影响。其二，是工程技术专家研究鱼游的仿生学的需要，希望对这一生命机器的力学设计思想获得启示。应该说，当前人造机器的性能还很不理想，例如船用螺旋桨的流体推进效率不超过 40%，而鱼游的相应效率可达 80%以上，鱼游的高机动性和稳定性以及低噪声等先进指标更使潜艇望尘莫及。

在流体力学中用雷诺数（$Re=UL/\nu$）来表示惯性力和黏性力之比，以反映流体对运

* 原文刊登在《力学与实践》2000 年第 22 卷第 3 期。

动物体的黏性作用的相对大小。它与鱼的游速 U 和体长 L 成正比,与运动黏性系数 ν 成反比。在鱼游问题中,由于水介质的运动黏性系数变化很小,自然是体形越大,游速越高,则其雷诺数越高。据统计,鱼和海洋哺乳动物游动的雷诺数范围介于 $10^4 \sim 10^8$ 量级。在这个范围内,可以按照鱼体的形态及其运动形式粗分为三种模式(以雷诺数从低到高为序):鳗鲡模式、鲹科模式和月牙尾推进。鳗鲡模式(例如水蛇)是指整个鱼体从头到尾作波状摆动,而且波幅基本不变,或向后略有增加。鲹科模式(例如鲤鱼)的鱼体后段逐渐缩小,形成尾柄,然后连接展弦比大的尾鳍;鱼的前体基本失去柔性,波状摆动主要集中于后体,特别是从尾柄到尾鳍处,波幅急剧增大。月牙尾推进是指海洋大型鱼(例如鲨)和海洋哺乳动物(例如鲸、海豚)具有大展弦比的月牙形尾鳍,这些动物主要依靠月牙尾的大幅摆动,实现高速和高效推进,其巡游速度可高达 20 节(相当于 36km/h),流体推进效率可高达 80%以上。所以月牙尾推进机理现成为仿生推进研究的一个热点,人们往往将它简化为刚性的拍动翼模型来做实验和计算。

最近,随着高新技术的发展,生物模仿机器学提上了日程,已研制出了模拟鱼游动的局部功能的机器鱼。麻省理工学院的 M. Triantafyllou 研究群(以下用 MT 表示)于 90 年代中后期先后制成了机器蓝鳍金枪鱼(长 1.24m)和机器白斑狗鱼(长 0.81m)。前者主要模拟月牙尾推进的功能,后者模拟鱼的加速、转弯功能。这些机器鱼是作为代替真鱼放置在拖曳水池中作实验测试用的。日本三菱公司也已推出了人造红鳍鱼,长 0.6m,重 2.6kg,鱼皮由硅制成,鱼眼内装有摄像机,充电后可以 0.5m/s 的最快速度游动半小时。这种机器鱼是供人们观赏用的,据说用 100 万日元可买一条。机器鱼的真正用途是军事侦察、海洋考察、寻找污染源头等。这无疑是一个重要的新动向,其研制过程需要多学科的专家们的协同,但是其前提是先要弄清楚鱼波状游动的推进机制。

2 鱼游动的能耗、效率和推力

鱼为什么会自主游动?其体内的能源供给和转换过程及其效率如何?鱼的推力是怎样产生的?这些都涉及研究鱼游的流体动力性能,人们最为关心的指标是推力大小和推进效率的高低。

类似于人的运动过程,鱼游动时依靠其神经系统指挥其强劲的推进肌在鱼两侧依次作周期性的收缩和舒展动作,使鱼体实现波状摆动。能量的来源是鱼体内储藏的化学物质(如血脂等),经过生化过程提供必需消耗的生化能,又通过肌肉收缩将生化能转换为机械能。这一过程的能量转换效率用 μm。表示,一般只有 20%左右。下一个过程是鱼体的波状摆动与其周围的介质(水)的相互作用,依靠水对鱼体的反作用产生流体动力,其中沿着鱼游方向的分量便是鱼的推力。与此同时,鱼必然受到阻碍其前进的水的阻力。当推力与阻力大小相等时,是匀速巡游状态;当推力大于或小于阻力时,便是加速或减速前进状态。上面说的转换来的机械能只有一部分会发出有用的功率(推力 T 乘以游速 U),其余的在尾迹中耗散成热,给废弃了,因此可以定义一个流体推进效率 μh,即有用功率与推进肌输出的能耗率之比。对于不同的推进模式,μh 大约在 0.5—0.9。将这两个过程连在一起,可以定义一个总效率 μ,即有用的功率与生化能耗率之比,据测量表明,总效率一般低于 20%。

接着，我们来说明鱼游动时推力有哪几个来源。在鱼游的雷诺数范围内，惯性力作用是主要的，黏性作用仅限于边界层和尾迹区，因此后面要讲到的模拟鱼游的流体力学模型，可以简化为无黏势流问题。

2.1　惯性力作用

当单位长度的一段鱼体在其横截面（y-z 平面）内左右摆动时（图 1），也带动了鱼体周围的一部分流体一起改变动量，因此流体对鱼体的反作用力，除了由鱼体本身的动量变化引起的反作用力以外，还要考虑被带动的流体的这部分附加质量（或称虚质量）的动量变化引起的侧向力 F，这就是非定常流动中特有的附加质量效应，这是一种惯性力，即

$$F=-\frac{\mathrm{D}}{\mathrm{D}t}(mV) \tag{1}$$

其中，V 表示鱼体横向摆动的速度，m 表示附加质量。侧力 F 与鱼体表面正交，它在游动方向的投影就是这段鱼体对推力的贡献。

2.2　前缘吸力

当水流过鱼体上具有很大曲率的前缘时（如图 1 中 x_f 之前的鱼背上缘和 x_p 之后尾鳍上下侧前缘），流速很大，形成低压区，产生了前缘吸力。实际上，它只占鱼游总推力的 10%左右。

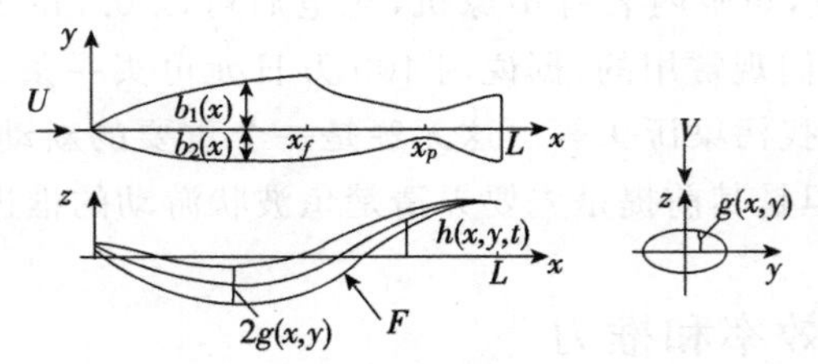

图 1　鱼游动的三面图及坐标系

2.3　尾涡作用

在运动物体的尾迹区，聚集着从物面边界层流下的涡量，如果物面上还发生流动分离，那么还有分离涡流进入尾迹。在这个区内黏性作用显著，尾涡不断耗散其机械能，形成低压区，引起压差阻力。但是，鱼游动中其尾鳍通过摆动，巧妙地实行涡控制，使鱼体上不发生分离，尾迹区变窄，每摆动一次，从尾缘上脱泻出两个涡，其图像见图 2。由于涡的转向与人们熟知的卡门涡街相反，因此在两个涡之间诱导出一股向后的射流，给鱼游增加了推力。应该指出，上述尾迹图像只有在很高的推进效率下（相当于以持久游速前进时）才会出现。当鱼处于爆发速度以及急剧机动状态，此时所需要的是大幅度改变推力，必然要舍弃效率，因此其尾涡的作用就类似于一般运动物体的尾迹那样，导致正的压差阻力。

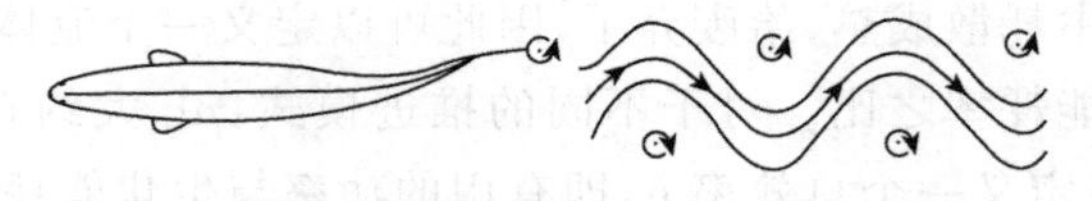

图 2　鱼游动的尾迹中的反向卡门涡街图像

2.4 月牙尾的升力作用

对于大型海洋水生动物，其推力主要来自大幅摆动的月牙尾，它相当于一个非定常机翼同时作沉浮(即上下平动)振动和俯仰振动，其俯仰角可达40°以上。大家知道，大攻角下的振动机翼具有动态过失速特性，可产生高升力。月牙尾正是利用了非定常机翼的高升力机制，从而在游动方向上获得高推力(图3)。

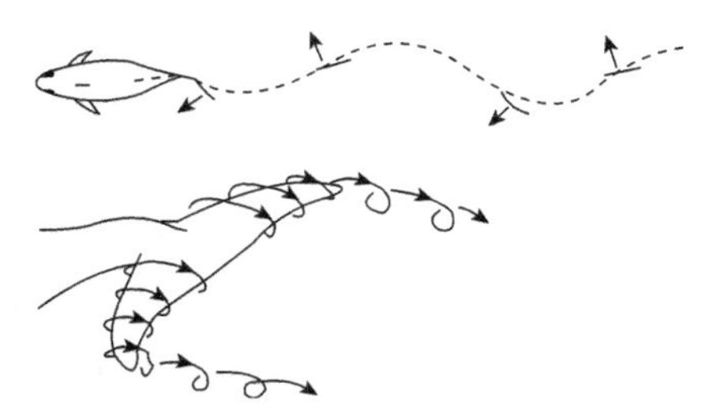

图3 月牙尾在不同摆动位置上产生的升和，沿游动方向构成推力

3 建立流体力学模型

力学研究的精髓在于学会建立模型，善于从复杂的问题中抓住主导因素，化简成力学模型和相应的数学模型，在实验的基础上，采用解析、数值或两者结合的手段求解，得出合理的结果，并揭示有关的规律。

Lighthill(1960)率先对体形瘦长的游鱼提出了细长体模型：在各个横截面内分别求出鱼体横向运动的势流线性解析解(即对2.1节中的式(1)求解)：假设各个截面间的流动互不相关，然后沿体长积分，最后得出鱼体上总的推力、输出功率、有用功率和流体推进效率。该细长体理论是个准定常解，只考虑了惯性力一个因素，可是它在一定范围内给出了正确的定性规律，且形式简单，便于为鱼类生物力学家广泛应用于研究肌肉力学、力能学、生物材料性能等各个分支问题，作为确定流体动力的工具，在欧洲一直沿用了几十年。

最近，MT(1999)[5]从鱼游的流动显示中观察到，在往复摆动的许多相位，鱼体周围的流场不符合细长理论所假定的在 y-z 横截面内的准二维流动，而是更为显著的在 x-z 纵截面内的流动(图1)，而且在鱼体的腹、背边缘处，更是复杂的三维流动。这项观测证实了二维和三维波动板理论的真实性。

加州理工学院的T.Y.Wu(吴耀祖，1961，1971)提出了二维波动板模型：在 x-z 纵截面内将鱼体的对称面当作一块厚度为零、展长无限的二维柔板，令它作变幅的行波状运动。这个模型同时计入了惯性作用，前缘吸力和尾迹展向涡的作用，由此得出了二维非定常的线性解析解。

本文作者和庄礼贤、程健宇[3,4]将二维波动板模型拓展到三维情况，即研究任意平面形状和任意展弦比的波动板。我们用半解析-半数值的方法给出了三维非定常线性解。这个三维波动板模型除了计入惯性力作用和前缘吸力之外，还考虑了兼有流向祸和展向涡的尾涡面作用，并在一定程度上涵盖了月牙尾的作用。因为月牙尾也可认为是一块有限展弦比的波动板，只要令波数 $k=0$，也可以当作刚性翼，所欠缺的是我们给出的线性理论不能反映大振幅情况，但是仍可以在某种程度上给出定性的结果。这个三维波动板理论不断被国际同行引用，而且在今年的流体力学年鉴上 MT(2000)的总结文章[5]中，两次提到它起的作用。

最近，国际上已经有基于 N-S 方程直接求解鱼游动的论文，例如，Liu 等(1997)求解了蝌蚪游动($Re=7200$)。这是基本上不需要提炼模型的做法，其计算结果对人们了解流动的细节非常有益。但是它很难被生物学家用于研究鱼类生物力学的其他分支中去，因为要掌握这种计算流体动力的工具，太复杂了，生物学家是不好用的。几个模型给出的鱼游基本规律在定性上是一致的。例如，鱼要产生正推力，必须满足 $c/U>1$ 的条件，其中 c 是行波传播的相速度，它是圆频率 ω 和波数 k 的比值 $c=\omega/k$；U 是游速。只有波的相速度大于游速的条件下，鱼方可推进。还有，c/U 的比值越大，则推力越大，推进效率越小，反之亦然。也就是说，推力和推进效率的高指标不可能兼得。

经过检验，三维波动板理论表明，只要波动板的展弦比小于 5，则给出的推力和其他物理量，基本上与细长理论的结果一致。当展弦比显著超过 1 时，则其结果又接近于二维波动板理论的对应值，三维波动板理论还揭示了一个有趣现象。对于鳗鲡模式，我们用具有等幅波型的矩形波动板进行分析。利用了实测结果，鳗鲡波状摆动的无量纲圆频率约等于 10，其波长约等于体长，即 $k\approx 2\pi$，这时的相速度约是游速的 1.6 倍。图 4 表示展弦比 $AR=8,1.0,0.5$ 和圆频率为 $\omega=8$ 和 10 时的矩形等幅波板的无量纲的平均推力系数 $\overline{C}_T$、平均输出功率系数 $\overline{C}_E$ 和推进效率 μ 对波数 k 的关系曲线。从中不难发现，当 $k\approx 2\pi$ 时，不同展弦比导致的不同三维效应这时几乎消失。也就是说，不管展弦比大小，推进性能都一样，即使是体形很窄的鳗鱼，同样有较高的推进性能。其原因是波动板两侧出现的上洗或下洗气流，由于波峰和波谷依次排列，使形成的流向涡彼此对消，因此接近于二维波板的流动情况。

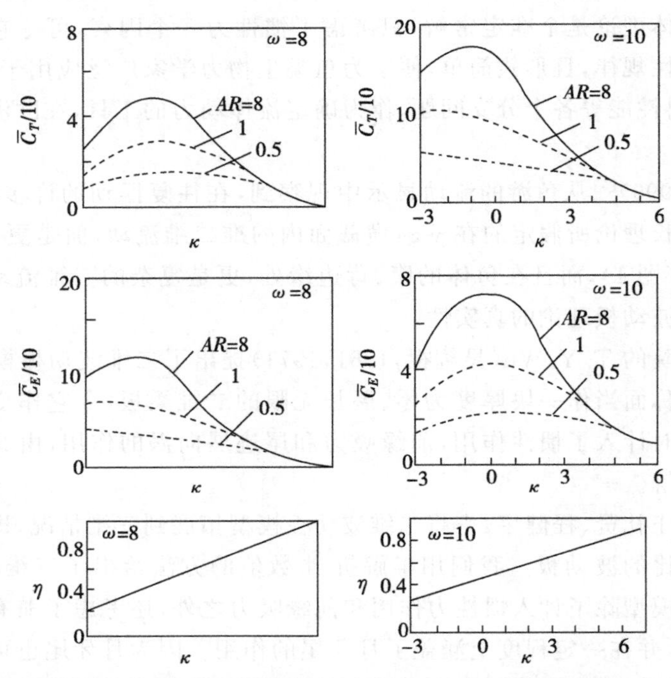

图 4 鳗鲡模式的等波幅矩形波动板在不同展弦比下的推进性能与波数的关系曲线

4 关于非定常流动控制和减阻问题

鱼在水中具有非凡的巡游性能和机动性能,如海豚的巡游速度高达 20 节,黄鳍金枪鱼的爆发速度竟可达 40 节,白斑狗鱼的加速性能可达 20 倍重力加速度。鱼的转弯半径(以鱼体长相除的无量纲量)一般只有 0.1~0.3,转弯时不需要先减速;而船的转弯半径大一个量级,通常在转弯前先要减速一半。关于推进效率,大型海洋动物的巡游推进效率接近 0.9,使舰船望尘莫及。鱼还可以利用一切可以利用的水流中的能量,如波浪、涡流等,来提高推进效率。例如,人们早就观察到,海豚喜欢跟在船的尾涡中游动,欢腾跳跃,全不费劲。以上事实说明,鱼善于利用水流的非定常性,及时协调鱼身和尾鳍、胸鳍的动作,对流动实行控制,改善周围的流动结构,以提高推力和减少能量损耗。因此出于仿生推进研究的需要,我们必须弄清楚鱼游动的非定常流动控制机制。

关于流动控制的名词,现在已用得很多了。早先,我们致力于研究流体与物体的相互作用规律,这叫做认识世界。现在,我们除了不断认识世界以外,还要利用已知的规律,采用适当的手段对原有的流动进行有目的的激励,以改善流动结构、兴利减弊。例如,静态机翼的攻角到 10°左右就要失速(升力急剧减小),但如果将机翼作往复平动或俯仰振动:则失速攻角可大大提高。好比放风筝,在来回牵引的激励下,对风筝周围的流动作了控制,那么风筝可以在 40°攻角下不失速,而且产生高升力。

在 2.3 节中已经提到游鱼的尾迹涡结构对推进性能的影响。要获得向前的推力,则尾迹的时间平均速度场必须具备向后喷流的特征(正如喷气飞机一样的道理)。要获得高效率,则尾迹的形态必须是反向卡门涡街,而不是阻力型的尾迹形态。近年来,许多学者使用各种流动显示手段,特别是可以量化的三维粒子影像测速法,对鱼或者类似仿生机构的游动情况,显示出其尾迹的涡结构以及鱼体、背鳍、胸鳍和尾鳍周围的涡量分布形态,表明鱼确实具有对流动实行有效控制的高超技术,总能很快地通过鱼体和鳍的运动调节,使其尾迹成为反向卡门涡街的形态,从而得到高推进效率。所谓流动控制,实际上就是涡控制,即通过外界的激励,使涡量场改善结构,达到提高运动物体的流体动力性能的目的。

4.1 拍动翼的推进性能研究

前面已讲过,鱼尾的摆动可以用大展弦比刚性翼做相同频率的沉浮振动和俯仰振动的组合来模拟。对拍动翼做流动控制的机理研究,可以在一定程度上揭示活鱼的流动控制的机制,特别对月牙尾推进而言更为真实。将拍动翼模型放在拖曳水池中,一面匀速前进,一面做沉浮和俯仰振动。人们发现[5],影响其推进性能的比较主要的参数有 5 个:①沉浮振幅与翼弦长度之比;②名义攻角(沉浮引起的气流偏角与俯仰角之差的最大值);③沉浮与俯仰两种振动的相位差;④无量纲频率(用 $St=fA/U$ 表示,此处 f 是振动频率,A 是尾迹宽度,U 是前进速度);⑤俯仰轴在翼弦上的相对位置。流动显示的尾迹形态有几种可能:没有大涡的波状尾流,或者是每个周期脱泻下二个大涡,也可能是四个大涡。凡是尾迹呈现反向卡门涡街的形态时,推进效率就会升高。

为了获得高推进效率，对上面列出的若干个参数的取值范围应该怎样选定呢？根据实验结果[5]，认为以下三个条件是可行的：①沉浮振幅接近于翼弦长度；②名义攻角大约是20°；③拍动翼的无量纲频率正好对应于其尾迹出现反向卡门涡街。为此，MT(1993)对怎样选择无量频率 St 做过理论分析，他们对反向卡门涡街的时均流场（射流速度剖面）做线性稳定性分析，选取扰动的最大增长率的对应频率区作为拍动翼的最佳频率范围，得出的结果是 $St=0.25\sim0.35$。根据对虹蹲、黑鳍尖鳌、鳕鱼、红大麻哈鱼、茄克竹荚鱼、鲟、雅鲁鱼和海豚在巡游状态时其尾鳍拍动频率的观测，发现基本上都落在上述理论结果的频率范围之内。

为了研究海豚为什么跟在船后的涡流中变得轻松自如。MT(1994)也采用上述拍动翼模型做实验，先调整到使其尾迹呈反向卡门涡街的状态，类似于图2所示。然后在拍动翼的上游，用振动圆柱（其频率与拍动频率相同）产生卡门涡街，这里旋涡的尺寸要求和翼弦相当，而且在每个周期内有两个涡分别在拍动翼的两侧流向尾迹。由于拍动翼的前后位置和相位可以调节，因此当来流的涡与拍动翼产生的涡相互作用时，可以出现三种情况：①尾迹两侧分别产生二涡合并，由于涡的转向相同，因此形成新的反向卡门涡街，其涡强度增大了；②与①情况相似，不同的是每一侧由不同转向的二涡合并，其结果是涡强减弱了；③与④情况相似，所不同的是不同转向的二涡不合并，形成涡对，于是尾迹由二个涡对组成，它们会向两侧方向平动，于是扩大了尾迹宽度。测量结果表明，对应上述情况②的拍动翼推进效率最高，可以超过100%。这个事实说明，鱼类进行流动控制的本领也包括它们怎样调节本身的运动以充分汲取外界的能源这一方面，最常见的一个现象是鱼集群徊游时要保持某个有利形状的队列。

4.2　鱼的减阻问题

英国生物学家Gray(1936)提出了一个疑题。他做了一个刚性海豚模型以大约20节的速度在水中运动，对这个模型为了克服阻力所需的功率作了估计。他又对海豚的肌肉能提供的功率进行估算，发现只有所需功率的1/7。其推理是活海豚必然存在很重要的减阻机制有待揭示，人们将他对海豚的减阻之谜推广到整个鱼类，称为Gray疑题。

由于活鱼的阻力是无法直接测量的，因此长期以来，人们不得不假设，将死鱼、麻醉的鱼，或者鱼的刚性模型放在水洞中测出的阻力，就相当于活鱼的阻力。由于当时的测试水平所限，许多人测出的阻力数据相差达1～2个量级，个别结果与基于平板层流边界层或湍流边界层估算出的阻力较为接近，但是绝大多数结果无法对得上。于是有一派人认为Gray疑题不存在，只是一个测不准和算不准的问题。

另一派人则认为Gray疑题是值得研究的，确实需要探索活鱼减阻之谜。除了鱼类本身具有低阻外形之外，还开展了以下几方面的研究：

(1)边界层流动控制。第一类情况是保持层流流态。例如有些鱼在皮上有孔，皮下有槽，可以沟通边界层前后的压力差，增强流动稳定性。还有一些鱼可从后体上的许多孔中喷、吸水，其原理与当今的环量控制机翼相似。第二类情况是控制湍流边界层以减阻。许多游速较高的鱼类表面不是光滑的，由鱼鳞或其表皮形成凸凹槽。当今在航空领域中，表面棱纹的减阻效应已经证实，正付诸实际应用。第三类情况是控制流动分离。

如蓖麻油鱼皮上有许多突出物,具有旋涡发生器的作用,以阻滞分离。又如月牙尾前的尾柄上、下侧往往有锯齿状鳍片,以减少月牙尾前的横流,并延迟气流分离。

(2)鱼体表面黏液的减阻作用。从鱼眼和鱼体表面分泌的黏液含有某种高分子聚合物,在某些条件下可对边界层中的湍流起抑制作用,从而可以减少摩阻。Hoyt(1975)的研究表明,鲟鱼、大比目鱼、鳟鱼等的黏液减阻作用都很可观,特别有一种鲟鱼,在1.5%聚合物的浓度下减阻竟达60%。但是对于鲭鱼和鲣鱼的黏液,却未发现有减阻作用。有人推测,加速性能好的鱼才有这种减阻机制。Daniel(1981)还发现,黏液还对鱼表面上的旋涡生成起抑制作用。

(3)鱼体表皮的柔顺壁减阻作用。Taneda等(1977)做过一个实验,将一块充分柔软的薄板放在湍流态的来流中,薄板顺着外流作行波状的上下摆动,只要波动的相速度c大于来流速度U,这块柔顺板上没有流动分离,而且湍流被抑制,因此摩阻减小。当c/U比值越大,湍流的层流化越显著,减阻效果越好。最近的数值模拟也证实了上述结果。鱼体表皮具有充分的柔性,可以预测,鱼也会存在柔顺壁减阻作用。

上述这些减阻机制虽然在各种不同的鱼中或多或少地存在,可是只能认为属于个别因素,而且一般说来减阻的幅度不大,还不能就此作为解开Gray疑题的普遍性答案。

最近,MT(1999)用他们的机器金枪鱼放在拖曳水池中做模拟活鱼的阻力试验。一种情况是让机器鱼作波状摆动;另一种情况是不摆动,模拟死鱼。对这两种情况都可以测出其输出功率,并可间接换算出两种情况下阻力的比值。实验结果表明,如果机器鱼处于低推进效率时,“活”鱼的阻力甚至会比死鱼大许多;只有机器鱼的波状游动处于最佳推进效率范围,“活”鱼会大大减阻,相对于死鱼可减阻50%以上。减阻的原因就在于鱼善于利用其尾鳍作涡控制,达到理想的推进效率减少无用功的耗费。

当前要测量活鱼的阻力的唯一可能途径是对活鱼的尾迹作出定量的流动显示,然后再基于动量方程进行换算,这已成为一个研究热点,估计不久就可以看到这方面的新结果。欧洲比较生理学和生化学协会将主办“比较环境生理学和生化学,2000”会议,其中一个分组会的题目是“动物生命中的涡”,其主题便是研究动物运动的尾迹中的涡结构和做功、能耗问题。

参考文献

[1] Lighthill J. Mathematical Biofluiddynamics. SIAM,1975

[2] Wu T Y,et al (ed). Swimming and Flying in Nature. New York: Reinhold Publ. Corp.,1975

[3] 童秉纲,庄礼贤.描述鱼类波状游动的流体力学模型及其应用.自然杂志,1998,20(1):1~7

[4] Cheng JY, Zhuang LX,Tong BG. Analysis of swimming three-dimensional waving plate. J Fluid Mech,1991,232:341~355

[5] Triantafyllou MS,et al. Hydrodynamics of fishlike swimming. Ann Rev Fluid Mech,2000,32:33~53

院士简介

童秉纲

流体力学家。1927年9月28日生于江苏张家港。1950年毕业于南京大学机械工程系。1953年哈尔滨工业大学力学专业研究生毕业。中国科学院研究生院教授。1997年当选为中国科学院院士。

主要从事非定常流与涡运动、运动生物流体力学、空气动力学与气动热力学的研究。在非定常空气动力学领域，结合国家航天工程的需要率先开拓和发展了一套从低速直到高超声速的动导数计算方法，并发展了以有限元方法为主体的计算气动热力学，建立了模拟鱼类运动的三维波动板理论，对鱼类形态适应的内在机制做出了流体力学解释。在钝体尾迹的涡运动机理、可压缩性旋涡流动结构、二维涡方法等研究领域均取得重要进展。

核武器研制中的力学问题*

朱建士　陈裕泽
（中国工程物理研究院）

核武器是利用能自持进行的原子核裂变或聚变反应瞬时释放的能量，产生爆炸作用，并具有大规模杀伤破坏效应的武器[1]。它的反应动作过程非常复杂，要做好核装置的物理设计，必须深入了解其反应过程，弄清其必须具备的条件与各种物理参数，掌握其中多种因素的内在联系与变化规律，其中要解决大量的力学、物理和数学问题。在核装置的工程设计和工程实施中，也有大量的物理、化学、力学问题需要解决。而核装置的研制实践又会反过来带动和促进这些学科的发展。

1　核装置物理设计中的力学问题

核装置的物理设计是为满足特定的技术、战术指标而决定装置的材料、用量和构型，即装置使用哪些材料，每种材料的使用量是多少，整个装置的结构和形状是什么样子。为此，要进行原子核物理、中子物理、辐射物理、等离子体物理、高温高压凝聚态物理、流体力学、爆轰学、计算数学和材料科学等多学科的一系列科学技术问题的研究。由于核装置的整个动作过程很快，只有 100μs 的量级，放能过程则更快，放出能量很大，系统处于高温高压状态。材料经受高速压缩或高速膨胀过程，宏观力学运动在任何阶段都是重要的，只是这些力学运动多与其他物理过程同时发生，如高速流体力学运动与高温辐射过程耦合的辐射流体力学问题；辐射流体力学与中子输运、核反应耦合的过程；流体力学与化学反应耦合的化学流体力学问题等。可见，核武器研制中力学问题的明显特点是：强烈的非定常性；与其他物理过程的强烈耦合，即学科交叉性。

过去 50 多年来，为了建设和维持核武库，形成了一套保证武器性能先进、安全可靠的研究方法。这套方法，不论是核的还是非核的，一般是以试验为中心的。这就是说，为了保证武器设计得更小、更轻，改进和提高其可靠性和安全性，在大量理论研究和实验研究的基础上，研制了一套核武器物理过程数值模拟程序，形成程序包（以下简称整体程序包或程序包）。因为武器物理过程的复杂性，对其了解还不够完备，不可避免地将一些经验因子和可调参数引入整体程序包，使它包含有相当的经验成分。又由于计算机能力的限制，整体程序包绝大多数是一维或二维的，目前还不能用严格的三维程序来计算整体过程。在用数值模拟计算设计新的武器型号时，对一些局部的物理过程，一般用非核爆的流体力学实验和工程试验来进行程序和参数的校正和标定，对于与核反应有关的物理过程，则要以核试验结果校正程序包，使程序包日趋完善。实验，特别是核试验消除了程

* 原文刊登在《力学与实践》2002 年第 24 卷第 1 期。

序包的局限性,成为最后的综合检验手段。这种工作方法,使核试验和数值计算有很强的相互依赖性。可以认为,过去核武器研制的方法,是以试验为基础的[2]。

由于全面禁止核武器实验条约的签定,禁止了核试验,过去工作的一根重要支柱被抽去了,禁试对核武器研究的工作方式提出了严重挑战,对各学科,包括力学学科也提出了更高要求。现在各核大国都在积极开展广泛的研究,力求对武器过程有更深入的了解。

1.1　核反应开始前阶段的力学问题

核武器的整个动作过程可分为核反应开始前和核反应开始后两个大的阶段。

核反应开始前的力学问题可以用一个简单的模型来说明。

如图 1 所示,当炸药在左端起爆后,将有一爆轰波自左向右传播。爆轰波前的固体炸药经过一个很薄的爆轰波阵面后变成气体的反应产物,这种在很小区域内迅速发生的过程是化学流体力学过程。

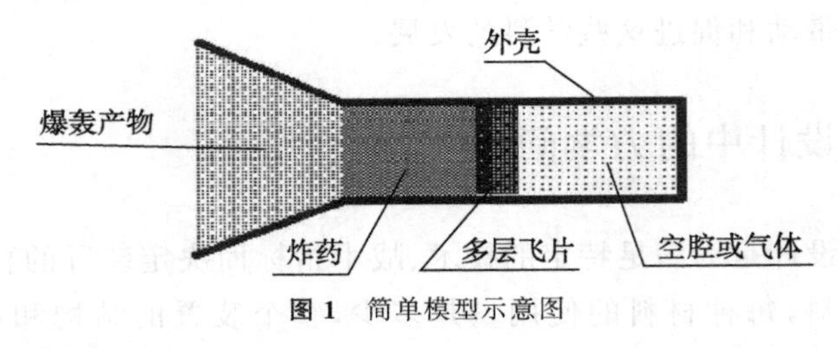

图 1　简单模型示意图

1.1.1　爆轰基本过程的模拟

当考虑炸药的起爆过程,研究炸药在事故(可以是撞击或火烧)条件下的安全特性时,固体炸药向气体产物转变的化学流体力学过程必须仔细研究。实验发现,固体炸药受冲击而起爆时,并不是受冲击区域整体同时开始化学反应,而是首先在孔隙、杂质、裂纹处形成局部高温区(称为热点)首先发生化学反应,释放能量,再引发周围炸药反应。对起爆过程的研究涉及的学科就更多了,需要有固体炸药的物态方程、爆轰产物的物态方程、炸药与产物混合物的物态方程、炸药的化学反应率等基础参数。在对含有炸药和其他含能材料的系统进行数值计算及评估时,对含能材料性能的预计能力是十分重要的[3-5]。需要研究的课题有:

(1)化学反应率的计算。含能材料按其本性是处于亚稳态,在任何条件下都会以一定速率分解。在理想爆轰时,化学能决定了所有的爆轰特性。然而,实际炸药和含能材料的性质是由反应动力学控制的,反应历史也改变材料的性质,所以,要模拟反应进行中的状态。典型途径是用量子方法计算分子间势能以决定反应路径。分子动力学方法则被用来描述凝聚态系统怎样修正与这路径相伴随的分解率。这些计算对气体反应已被广泛使用,如何确定凝聚态对分解率的影响则是目前存在的问题。

(2)分子势函数。分子势函数是预计含能材料性质的基础。为了预计含能材料在爆轰时和爆轰后的行为,需要在很大压力范围内有准确的相互作用势。为了模拟含能材料对着火后的撞击或不太严重的长期加热的响应,要求模型能应用到可能引发起爆的事故现场整个过程。为了预计老化对炸药性能与安全性的影响,不只要求有高温(不同压力)的分子相互作用势,也要有武器在其寿命期内很广的温度变化范围(例如,－84.4℃～

48.8℃)的分子相互作用势。为了模拟加工过程，必须对加工条件下的性能有一基本了解。

(3)含能材料物理性质和输运系数。为了模拟含能材料，需要知道各种输运系数和从分子尺度直到很大的时间和距离尺度的物理性质。根据第一原理，从分子势函数出发应该能够提供很多基本物性参数。必须有的物性参数包括密度、能量、比热、等温、等压膨胀系数、弹性常数和各种导出的模量、力学强度等。这些量对固体和液体都是温度和压力的函数。发展一个实用的方法计算应力-应变曲线和输运系数(扩散、黏性、热传导)，也是很重要的。对异常的热和力学刺激的响应可以由材料的孔隙、渗透性和扭曲度来决定。

(4)分子激发机制。为了确定被冲击晶体在振动、转动和平动模之间达到热平衡所需的时间，必须能模拟分子激发机理。目前已能模拟简单系统 $2AB \rightarrow A_2 + B_2$ 和 $2O_3 \rightarrow 3O_2$ 中充分发展的爆轰波。还要探索冲击阵面上的激发过程及波后化学反应起来前的能量弛豫过程。处理大群分子的动力学，要求发展大规模并行算法以计算分子系统而不是简单的原子系统，这种重要的扩展，要求像快速多极算法那样处理长程(不同分子中各原子间)相互作用的能力。

(5)含能材料晶体的断裂。不论是压缩或拉伸，我们对炸药晶体破坏与应变率的关系及机理仍了解很少。主要困难围绕分子键的搀合、高频振动、长程对势力和能量计算的影响效果等。需要常温常压以外的数据，例如，对很快传播的裂纹热尖端处液化炸药的黏性和热传导效应就必须有所了解。提供这些数据所进行实验的巨大花费和困难，都说明了数值计算的迫切性。

(6)颗粒间及颗粒与黏结剂的相互作用。这一研究集中在用离散有限元方法在更大尺寸下进行第一原理模拟。问题是：在颗粒-颗粒和颗粒-黏结剂相互作用的水平上，炸药行为受到多大程度的影响。更小尺寸的模拟和相关实验将提供颗粒和黏结材料的性质，作为计算机的输入数据。这包括颗粒的破坏性质，黏结剂的流变学和本构特性等。这种尺寸上的模拟，有助于明确含能材料的动力响应和起爆是否能分解为互不耦合的两个问题，即颗粒性质的微观计算和颗粒相互作用的大尺寸计算。

(7)含能材料的老化效应。其他研究工作的结果，可能受到老化过程的影响。按其本性，含能材料是亚稳态分子，随着时间推移，将分解，产生气体，在高温时将改变分子成分和结构。这将导致宏观行为的改变，也将对包含它的系统产生深远的非线性效果。降解机理和化学反应必须了解清楚，在输运系数上老化效应也很重要，如黏结剂的放气，晶体的破坏，化学和分子结构关系等都要搞清楚。还有老化后成分和爆轰性能的关系，对异常的热和力学刺激的响应特性等。

1.1.2 内爆过程的模拟

核武器动作的第一步，是在炸药中产生聚心爆轰波，驱动核材料向内收缩压紧，称为内爆过程。内爆过程的物理问题也可用上面的简化模型加以说明。

当所有固体炸药起爆完毕并全部变成气体的爆轰产物后，只需考虑爆轰产物对多层飞片的驱动和压缩作用，问题就简化为纯流体力学问题。这时计算的可靠性主要依赖于爆轰产物及飞片材料的物态方程，以及内爆过程的力学计算[3,6]。由于爆轰是在高温高压(几十万大气压)下迅速(0.01υs 量级)发生的，要得到好的爆轰产物物态方程在理论上和实验上都是很难的课题，既要用到很多物理知识，也要有深入的力学基础。

当爆轰波撞上多层飞片后，将在飞片中产生极强的应力波。由于爆轰波后压力为几十万大气压，在飞片中产生的应力波压力也在几十万大气压量级，这时介质中的静水压力比应力偏量大得多，固体的弹塑性可以忽略，可当成流体处理，流体力学的公式和方法都能应用，只是物态方程是专门研究出来的固体在高压下的物态方程。所以，在核武器研究中，虽然处理的对象绝大部分是固体，但流体力学方法用得很多，流体力学这个名词也广泛应用，如流体力学实验、流体核试验等都是在这种意义下使用的。在流体假定下，压缩应力波和冲击波就是一个东西，可以不加区别。冲击波在多层飞片中传播，在不同介质界面上将发生透射和反射，透射波一般是冲击波，反射波依据界面两边介质的不同特性可以是冲击波或稀疏波，形成复杂的波系。冲击波传到飞片与气体（或空腔）界面时，向气体传入冲击波，向飞片中反射稀疏波，这时情况就复杂了。由于气体容易压缩，反射稀疏波使固体中的压力大大下降，这时弹塑性就不能忽略了。同时，因为两个相向的稀疏波相互作用，不但使压力下降，还可能形成动态拉伸，产生断裂，称为层裂。研究层裂细致发展过程和层裂发生的判据仍然是核武器研究的重大课题[6]。总之，材料在高温高压下受冲击作用的动态响应，包括高压物态方程、高压本构方程、动态弹塑性参数等[7]，由于实验和理论工作都非常困难，需要有大的投入进行研究。要研究的课题有：

(1)模拟固体的动态响应。

包括两个子课题：

(i)材料的变形和破坏机理；

(ii)多晶相变（由一个固相向另一固相变化，原子重组形成新的晶体结构）。

需要发展多维欧拉和拉格朗日算法。由于问题跨度大，从原子论到连续统，已发展了准连续统方法，具有原子论和连续统的长处，并能同时考虑多重尺度。将扩展这种方法，由二维扩展到三维，由纯静态扩展到动态。准备研究 Fe，FeO，Be，B，Th，U 等材料（对 Pu 的多晶相变了解很不够）。

(2)材料特性的第一原理计算。

问题又涉及大的尺寸跨度。需要用量子力学通过对大范围的尺度和时间平均求出各种参数。通过这方法可以求出连续统参数，这是描述裂纹产生、层裂、化学分解等所必须的，这些计算技术将直接用于计算金属的相特征、反应动力学、合金的结构等。

冲击波到飞片-气体界面还会引起飞片物质的微喷射，即微量飞片物质以微粒形式向气体喷射，并与气体混合。这种喷射量虽很少，但有时对核武器的性能将产生致命的后果，需要认真研究。此外，当飞片将气体压缩到一定的压缩度后，飞片将开始减速。在减速过程中界面不稳定性的发展是一个值得重视的问题，界面上原有的小不平度会迅速发展，最终使飞片上的重物质与气体发生湍流混合，严重影响气体的压缩度[8]。正在进行的可压缩湍流和混合的研究，将此问题分为三阶段：冲击波接触界面产生初始涡度的阶段；界面上包含涡度并发生混合的薄层增长阶段；随之而起的可压缩湍流阶段。

1.2　核反应开始后阶段的力学问题

核反应开始以后，由于反应释放巨大的能量，材料处于极高的温度和压力状态，此阶段的时间特性为亚微秒，最短过程为 10^{-9}s。其空间特性：大到几十厘米的辐射输运和中子输运问题，小到毫米量级内还有状态变化。其状态特性：核反应可使某些区域的温度

达到 10^8～10^9 K（亿～10 亿度），压力到 10^{15}～10^{16} Pa（百～千亿大气压），形成等离子体状态，且有非平衡现象出现。在这样的高温高压状态下，通过辐射传输能量是重要的输能方式[9]，问题是求解与中子输运方程、核反应方程耦合的辐射流体力学方程。这种复杂问题当然要在计算机上进行数值计算，需要在计算方法上解决一系列的难题，同时，要有可靠的高温高压物态方程（这时温度、压力是极高的）、高温下的辐射不透明度、核反应和中子截面、反应放能等数据。由于力学运动极猛烈，不同介质界面的不稳定性发展迅速，其后果将严重影响核反应的正常进行。禁试后，各核大国都在研究惯性约束聚变（ICF）问题，建造大型高功率激光装置（如美国的国家点火装置 NIF），作为在实验室研究反应后复杂物理过程的工具。

2 工程设计中的力学问题

为了保证核武器在指定环境历程中的作战能力、保证安全和严格受控。必须具有将科学思想和实验室技术综合集成的能力，使研制的核装置能装备部队以形成战斗力。核武器全寿命过程，包括研制、储存、作战、退役等，涉及结构的静力学和动力学行为。经几十年的研究实践，已经在以下诸方面形成国内具有特色的研究领域。

2.1 工程力学

武器工程设计需要进行武器工程结构的研制、鉴定和评估，从多学科交叉和相互渗透中，分解和提出力学问题，并应用于武器工程设计的实践，从而促进了理论分析、数值模拟和实验技术的不断延拓和发展。研究内容涉及机械学、武器工程、物理学、材料学等相关学科，专业范围有弹塑性力学、结构力学、振动和冲击、爆炸力学、计算力学、碰撞与穿甲等。

研究内容有：

（1）武器全寿命环境的分析和模拟[10]。武器全寿命环境影响的综合分析、论证以及条件的制定，武器各子系统环境条件的确认，提出并实现在实验模拟环境的方法。环境条件又分为正常环境、非正常环境。建立环境条件的力学载荷模型和模拟手段是重要的研究课题。

（2）复杂结构的强度和刚度分析[11,12]。涉及的结构材料是多种多样的，金属、非金属、软体材料和胞体材料；宏观力学特性是非线性、黏弹性的；结构间的多个接触面，装配预紧和间隙等不定因素的影响，边界联结受各结构件的刚度匹配的制约；作战和勤务多工况状态的作用等，这些因素的组合就给力学模型、数值建模或实验模拟带来难度。几十年来的实践，无疑也为这个古老的学科分支增添了新的内涵。

（3）极端条件下结构的动力响应[13]。除振动、冲击、噪声、静力和气候等的极值条件外，包括它们之间的复合效应；力学与物理学相结合的工况，例如，材料的表面腐蚀、辐照效应再经各种正常环境的作用；高能沉积引起的结构响应[14]；异常环境中冲击、火烧等工况及其组合引起的结构响应，低湿、水浸、高温等条件的结构行为等。

（4）颗粒混合材料和胞体材料的宏细观力学行为[15]。颗粒混合材料和胞体材料作为连续介质是有条件的，某些材料必须从细观层次开展研究，从而揭示细观规律以解释某些宏观的力学特性，例如，颗粒混合材料的界面物理、化学特性的不稳定性可能是裂纹源的重要来源，混合物中不同物质的刚性，诱发细观的应力的不均匀性，胞体材料的胞体特性也会影响材料的宏观力学特性等。

(5)材料和结构的失效模式[16]。结构的完整性包括强度和刚度指标，同时还包括结构间的相互位置的变化，大型结构间的柔性系统或间隙特性也会对结构系统完整性产生影响，软体结构和胞体结构的细观特性和宏观力学性能失效的关系。通常，将失效模式概括为性能失效和功能失效。

数值建模与大型程序的应用开发。

2.2　环境试验技术[10]

在武器的研制、鉴定和评估过程中，需要有完善的适用于各种材料力学性能的试验能力，建立了振动、冲击、噪声、离心、静力和气候等环境试验能力，还要有与之相配套的试件制作、实验系统标定等技术保障条件。对战略武器、常规兵器以及相关军用和民用产品要进行国标或军标规定的模拟鉴定试验，要完成各种力学载荷、边界模拟的模型研究性试验，涉及的专业范围有实验力学、计算力学、传动与自控、传感技术、实验诊断与测试技术、信号处理技术等。

研究内容有：

(1)材料的腐蚀与防护。

(2)高应变率下材料动态力学性能。在冲击动力学的爆炸、应力波、碰撞、穿甲、侵彻中，均关心高应变率下材料的动态力学性能研究，在固体力学范畴，对拉、压、剪受力状态下要作应变率在$10^4 s^{-1}$之内的材料性能测定，进行本构关系研究。

(3)材料在高温升率下的力学行为[17]。在高温升率条件下，材料的力学性能涉及冶金、热处理工艺状态的变化，呈现出高温升率下材料和结构的力学行为的变化，近年已获一些新的认识。随着近代物理学的发展，这类问题日益重要。

(4)复合载荷模拟试验能力。这里的模拟试验是创造大型结构的加载环境试验，例如在离心场中施加气压的技术，在离心场中施加激振的技术等，模拟涉及离心场中实现相应载荷的技术，包括力学状态的模拟性研究、自适应控制和标定技术等。

(5)高能辐照的结构试验技术。高能辐照包括X光辐照的冲量加载技术、激光辐照材料的大电流加热技术、激光辐照结构的综合试验技术以及中子辐照和电磁脉冲辐照试验等。

(6)结构在冲击条件下的失效模式[18]。对于金属靶穿甲、混凝土侵彻以及跌落撞击等各研究对象的破坏失效模式将以其性能和功能确定，利用耐撞、破坏变形耗能等概念，在实验范畴开展研究，为武器设计直接提供参考。

(7)微电量的抗干扰技术。在强辐照场、强电磁场下的微电量电测技术。

精密的光、声、电、磁综合测控技术

(8)多路数字化数据采集的实时处理技术。近年，从单项环境试验向复合环境试验发展，完善复合环境试验系统，确保武器的可靠性；开展异常环境适应性研究，确保武器的安全性；开展高技术下的环境模拟，以提高武器的生存能力。开展计算机虚拟环境的模拟试验研究，以增强对武器的环境适应性的研究能力。

总之，通过不断加深和延拓力学基础，对武器的发展提供有力的支持，同时武器的发展，不断推动着力学学科新的研究内容。

3 禁试后核武器研制对科学技术的影响

美国在二战期间研制第一颗原子弹的曼哈顿计划，奠定了战后科学研究的很多基础。他们认为曼哈顿计划有两个重要的特点：

· 管理科学家(Scientist-administrator)(不同于学院式或研究式科学家)站到研究的前沿指导大科学研究；

· 自动数值计算技术(不同于人工解析计算技术)被用于解决各种科学问题。

战后这些关键人物将这些观点，同时也将 Los Alamos 早期的组织原则扩散出去，对美国的科学和工业都有重大影响。这一次，美国又制定庞大的计划，准备对核武器的各个方面，进行全面的提高和发展，可以预计将对美国的科学技术，其中也包括对力学的各个领域，都将产生重大而深远影响。

参考文献

[1] 朱光亚. 核武器. 中国大百科全书，军事卷. 北京：中国大百科全书出版社，1989

[2] Paine CE, McKinzie MG. The U. S. Government's Plan for Designing Nuclear Weapons and Simulating Nuclear Explosions under the Comprehensive Test BaTreaty. 1997. 8 (Interim Report on the Department of Energy Stockpile Stewardship & Managemet Program)

[3] 孙锦山，朱建士. 理论爆轰物理. 北京：国防工业出版社(中国工程物理研究院科技丛书)，1995

[4] 董海山，周芬芬，高能炸药及相关物性能. 北京：科学出版社(中国工程物理研究院科技丛书)，1989

[5] 章冠人. 凝聚炸药起爆动力学. 北京：国防工业出版社(中国工程物理研究院科技丛书)，1991

[6] 周毓麟. 一维非定常流体力学. 北京：科学出版社，1990

[7] 经福谦. 实验物态方程导引(第二版). 北京：科学出版社(中国工程物理研究院科技丛书)，1999

[8] 王继海. 二维非定常流和激波. 北京：科学出版社(中国工程物理研究院科技丛书)，1994

[9] 李世昌. 高温辐射物理与量子辐射理论. 北京：国防工业出版社(中国工程物理研究院科技丛书)，1992

[10] 任行祥，胡辉. 环境试验技术. 北京：强激光与粒子束杂志社，1996

[11] 刘新民，韦日演. 特种结构分析. 北京：国防工业出版社，1995

[12] 陈裕泽. 中国工程物理研究院多学科综合研究中结构力学发展 40 年. 见：现代力学与科技进步. 北京：清华大学出版社，1997

[13] 陈裕泽. 低功率密度激光辐照结构的热动力失效. 爆炸与冲击，1996，16(2)：149－157

[14] 孙承纬等. 激光辐照效应. 北京：国防工业出版社，2002

[15] 罗景润. PBX 的损伤、断裂及本构关系研究. [博士学位论文]. 中国工程物理研究院，2001

[16] 余同希等. 结构在强冲击下的动力失效. 见：现代力学与科技进步. 清华大学出版社，1997

[17] 杨运民等. 考虑温升率历史的 LY12 的拉伸响应特性的实验研究. 金属学报，2000，36(9)：926－930

[18] 陈裕泽等. 关于薄板穿甲弹靶变形现象的研究. 见：塑性力学与地球动力学文集. 北京：北京大学出版社，1990

院 士 简 介

朱建士(1936.3.28—2011.12.18)

流体力学、爆炸力学专家。湖南省长沙市人。1958年毕业于北京大学数学力学系力学专业。北京应用物理与计算数学研究所研究员。长期从事核武器的理论研究、设计及检验核武器爆炸性能的试验结果分析工作。为我国原子弹和氢弹的突破作出了重要贡献。参加了第一代核武器的改进和小型化工作,在极端困难的条件下完成了研制任务;完成一系列有关理论研究,为以后小型初级中子点火的理论工作奠定基础。在第二代核武器的研制中,参与的核武器初级研制取得突破性进展,使我国核武器的物理设计接近国际先进水平。作为技术负责人之一,从目标规划的制定,技术路线的选取,组织实施到具体技术工作都作了大量卓有成效的工作,为各次核试验的成功和我国核武器事业的发展作出了重要的贡献。

1995年当选为中国工程院院士。

体育运动中的空气动力学*

贾区耀　崔尔杰
（中国航天空气动力技术研究院）

引　　言

体育运动是一种竞技运动，运动成绩的提高，除了人的力量，各种技术技巧之外，空气动力学与体育运动的结合在某种条件下对运动成绩的提高将起决定性的作用。

1984 年 5 月国内著名空气动力学专家庄逢甘院士和中国航天空气动力研究院的科技人员一起来到了中国女排训练现场，为了弄清排球发飘球与空气动力学的关系，以便更好地掌握发飘球的技术，之后又开展了标枪、铁饼的空气动力学研究，团体自行车比赛项目中跟骑技巧的实车风洞试验与气动的研究以及游泳项目的流体动力学研究等。

现只以排球飘球与标枪优化设计等两项研究为例，做一简要介绍。

1　排球飘球运动[1]

运动员发球后，通常排球在由初速 $\boldsymbol{V}_0$ 与重力方向 $\boldsymbol{g}$ 组成的 L 平面内作近于抛物曲线的运动，如图 1 所示。但在某些条件下排球在与速度 $\boldsymbol{V}$ 垂直平面（与平面 L 也垂直）的某一方位上由于空气绕流的分离引起随时间周期变化的侧向气动力，排球在该方位上交替摆动（图 1 上表示为左右摆动）。这就是所谓的“飘球”运动。当产生“飘球”时，比赛防守方接球的运动员难以控制接球的作用点与用力大小，致使“一传”出界或不到位、二传手组织不好高质量的进攻，导致防守失分。

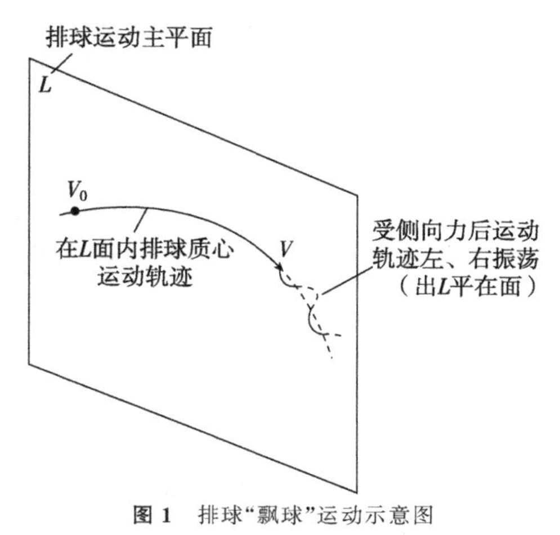

图 1　排球“飘球”运动示意图

* 原文刊登在《力学与实践》2008 年第 30 卷第 3 期。

众所周知，在空气中运动的球体，速度达到某一临界值时，由于绕过球体流场特性的变化和非对称分离尾涡的形成，会在球体上产生侧向交变的气动力，这就是排球飘球运动的力学机理。排球风洞实验与排球从高处自由落体的实验均证实了约在 10m/s 速度时，将产生侧向交变气动力。在排球比赛中，产生侧向交变气动力的临界速度多大，又如何将其转化为发"飘球"的技术指标，这就是"飘球"研究需回答的问题。

1984 年 5 月用每秒 300 幅的高速摄影，记录了之后获五连冠的中国女排 8 位运动员的发球过程，图 2 展示了二位运动员发球击球的记录图像。由图像判读可获取排球离手时刻运动速度 V_0，姿态角 θ_0（速度与水平线夹角）及排球离地高度 h_0。

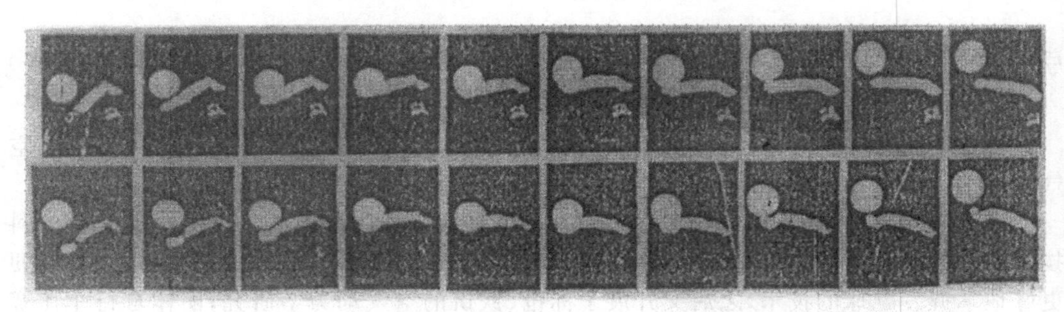

时间顺序 ⟹

图 2　女排运动员发球击球高速摄影记录(1#，4# 运动员)

排球"离手"后仅受空气动力与重力作用，给出排球在速度方向的气动阻力后，即可计算出排球在 L 平面内的运动轨迹。由 8 位运动员发球记录，作一系列排球运动轨迹的数值计算，可知结果：当排球运动速度达 17～18m/s 时，即发生"飘球"。有了这个临界速度值，即可由运动员击球的力量产生相应的初速度 V_0 与位置（影响 θ_0，h_0）来决定与掌握发飘球的技术指标。发飘球的另一个要领是，击球时作用力线一定要通过球心，使球不产生旋转，这样，球在达到一定速度时，便产生上下或左右的飘晃。

由 V_0，θ_0，h_0 计算排球运动特点后曾得出 1# 运动员的发球容易出界（排球落在对方场地区域外），几乎不会出现飘球。3#，4# 运动员发飘球的概率极高，但发球容易触网（排球过中场线时高度低于 2.24m）。在向中国女排负责技术工作的现场教练介绍这一结果时，该教练认为：这一结果与运动员在训练和比赛中的实际情况很一致。

2　标枪外形的优化设计及标枪投掷运动初参数与最大投掷距离相关性

标枪运动员在决赛的 6 次投掷中，最大与最小的投掷距离差十几米的情况经常发生。为什么在投掷力量（这里以标枪从运动员手中脱离时刻的运动初参数——速度 V_0 来评定）几乎相同的条件下，用同一支标枪投掷，距离可差 10%～20%。影响投掷距离最敏感的运动初参数是什么？增加标枪投掷距离与标枪外形的优化设计是否有关？这些就是提高标枪运动成绩，必需回答的技术难点。

标枪从运动员手中脱离以后，仅受重力与空气动力的作用，因而只有精准地给出作用在标枪上的气动力，才能准确地回答：哪个投掷运动初参数对投掷距离的影响最敏感？如何优化设计标枪以增加标枪的投掷距离？

标枪全尺寸气动实验见文献[2]～[4]，国外[2]与国内北京大学[3]、中国航天空气动力研究院院[4]给出的气动轴向力与气动法向力比较一致。但是气动压力中心的位置文献[2]没有给出。文献[3][4]又明显不一致，且在小攻角状态下数据分布极其离散有正有负。众所周知，不给出精准的不同攻角下的压心位置，是无法计算标枪在空中飞行的轨迹(以下又称“弹道”)，也就无法评估运动初参数对投掷距离的影响，外形优化设计就无从入手。

中国航天空气动力研究院于1983年提出了标枪压力中心计算公式[5]，并由全尺寸标枪气动风洞实验及简化的类似于标枪外形的模型(缩比1∶2，长细比＞85与标枪一致)风洞实验结果所证实。

为了得出了精准的气动力，作了一系列的数值模拟[6]。给出了如下2个重要的结论：

(1)影响投掷距离最敏感的运动初参数是俯仰方向的初始角速度ω_{zo}。

图3给出了标枪投掷距离与运动初参数俯仰初角速度ω_{zo}的关系。计算模拟中初速度$V_0=28\mathrm{m/s}$，初始弹道角(速度V_0与水平线夹角)$\theta_0=36°$，初始攻角(标枪中心轴与速度V_0夹角)$AF_0=0°$，初始俯仰角速度ω_{zo}与投掷距离s如表1所示。

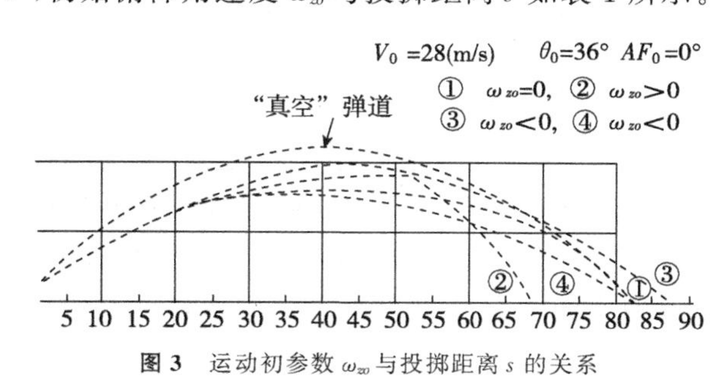

图3　运动初参数ω_{zo}与投掷距离s的关系

表1　俯仰初角速度与投掷距离的关系

ω_{zo}	s/m	落地时攻角值
＞0	68	小
＝0	83	小
＜0(小)	88	小
＜0(大)	82.5	大

注：落地时攻角值过大，无法保证枪尖着地，比赛成绩无效。

图3中还给出了标枪在“真空”(即不考虑气动阻力)中飞行，当$\theta_0=45°$时最大投掷距离80m。不同的ω_{zo}可以使s相差20m，合适的ω_{zo}比“真空”中的s大。

(2)标枪外形的优化设计与V_0值的大小相关

国际田联(IAAF)对标枪外形与重心位置等有一系列规定。标枪外形的优化设计首先必须符合国际田联的规则。有了与标枪外形有关联的标枪气动压力中心的计算公式[5]，可作出一系列标枪外形的设计，由数值模拟给出优化设计准则。经大量数值模拟结果证明：在不同V_0下，必须控制标枪纵向剖面面心与重心的距离，才能保证取得最大投掷距离。

专门制作了标枪发射装置，将国外名牌标枪与国内自主设计的优化外形的飞鹿牌标枪作对比发射试验，我国经优化设计后的飞鹿牌标枪发射距离更远，如图 4 与表 2 所示。

图 4　专用的投掷发射装置

表 2　国内外标枪的发射距离对比

		发射状态 1/m	发射状态 2/m
男枪	国外名牌	90.8	93.6
	飞鹿牌	97.5	98.3
女枪	国外名牌 A	99.1	65.1
	国外名牌 B	98.6	65.3
	飞鹿牌	101.5	67.7

早在 1985 年全国田径冠军赛期间，前 8 名中的 5 名女子标枪运动员用飞鹿牌标枪超过用世界名牌标枪取得的成绩。从 1985 年开始国产标枪首次进入国内正式大赛的比赛用枪，之后进入世界大赛的比赛用枪，女子标枪亚洲纪录，男子标枪全国纪录均是用飞鹿牌标枪创造的。

由于种种原因，如何控制运动员出手瞬时的 ω_{z0}，以有效快速地提高投掷成绩，没有机会经历实践验证，这实在令人遗憾，相信在今日大力提倡科技体育的今天，会有机会进行一些实践验证的。

结　束　语

许多体育竞赛项目，如球类、投掷、游泳、滑雪、赛车等，其运动成绩的提高和运动器材性能的改进，都与空气动力学密切相关。通过空气动力学风洞试验、数值模拟计算和现场实地测量，可以找出与改进器材性能和提高运动成绩相关的各种参数，为改进训练方法提供有效的技术支持。文中以排球发飘球和标枪及其投掷运动为例，对此作了简要的介绍。从这里给出的例子，可以看出加强体育科学的研究，对我国体育运动的发展具有非常重要的现实意义。

参 考 文 献

[1] 崔尔杰，贾区耀．排球飘球运动．第五届全国风工程及工业空气动力学会议论文集，1998.8，PI-40-I-45

[2] Hoerner SF. Fluid-dynamic lift. P. 19-12, Published by Mrs. Liseloffe A. Hoerner
[3] 林荣生等. 标枪的空气动力学特性. 体育运动和流体力学座谈会, 广州, 1983, 10
[4] 蔡国华等. 标枪几何物理参数和气动力测量. 北京空气动力研究所, 技术报告, 1983. 12
[5] 贾区耀. 两头尖细细长体压力中心的实验研究. 空气动力学学报, 1987, 5(1): 82 − 87
[6] 贾区耀. 标枪投掷运动的理论分析. 北京空气动力研究所, 技术报告, 1983

院 士 简 介

崔尔杰院士简介请参见本书第 212 页。

使用拐杖的力学*

俞鸿儒
（中国科学院力学研究所）

本人不幸被身后高速骑行的自行车撞倒，引起左腿股骨颈断裂错位。手术后康复过程中，开始阶段借双拐行走，身体两侧各用一拐。随后要过渡到用单拐助行，那么单拐究竟应放在身体的哪一侧呢？刚好观看电视剧“我想有个家”，剧中主人公左腿受伤，行走中拐杖放在患腿一侧。虽然是健康者扮演（患者有术后伤口疼痛与活动障碍），依然要双手扶拐，身体扭曲，姿态不自然。实践经验的结果是：单拐应放在健腿侧（参看北京医科大学第三附属医院编《股骨颈骨折知识手册》）。这种持拐方法是有力学根据的，现以受力分析给予简单说明。

先从健康者行走说起。当举左腿向前迈进时，身体重心在地面上的垂直投影点（以后称重心点）在右脚鞋底轮廓内。换举右腿时，重心点移至左脚（图 1a）。由于正常行走时，两脚间距离不大，重心横向摆幅不大。如果行走时故意增大两脚间距离，则行走时重心点轨迹横向摆幅增加。重心纵向移动属行走的目的。而横向摆动过大不仅浪费气力，且引起姿态失常（图 1b）.受伤者借助单拐行走，当举健康腿时，重心点位于患腿与拐杖之间，其位置决定于患腿承受体重的分量，受力愈小，重心点愈靠近拐杖。当拐杖置于健腿侧，则行走时重心点轨迹（图 2a）类似正常行走，横向摆幅小。若拐杖置于患腿侧，举健康腿时，重心点将移出患腿外侧（图 2b），不仅行走时费力，姿态别扭。更严重的问题是由于横向摆幅大降低横向稳定性，容易摔倒.

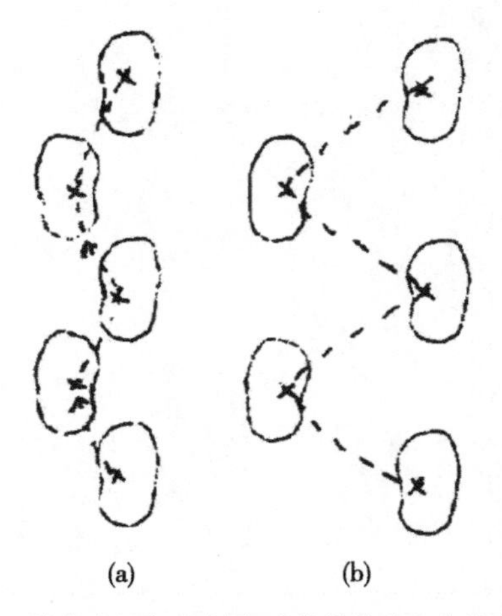

图 1　健康者行走示意图（虚曲线为重心点轨迹）

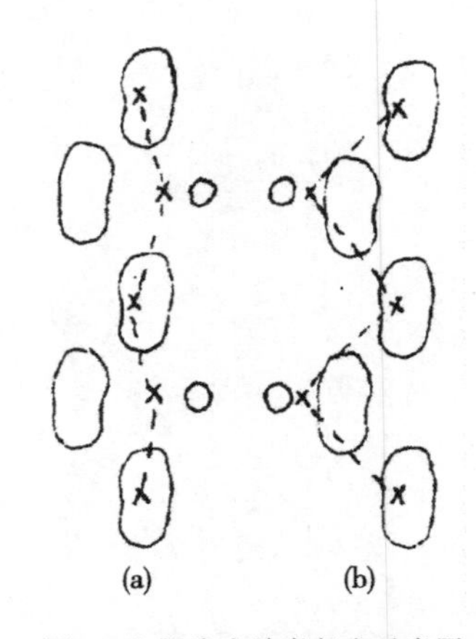

图 2　左腿为患肢者行走示意图

* 原文刊登在《力学与实践》1998 年第 20 卷第 2 期。

院士简介

俞鸿儒

气体动力学家。1928 年 6 月 15 日生于江西广丰。1953 年毕业于大连工学院机械系。1963 年中国科学院力学研究所高速空气动力学研究生毕业。中国科学院力学研究所研究员。1991 年当选为中国科学院院士（学部委员）。

在国内首先开展激波管研究，建成高性能激波风洞和配套的瞬态测量系统。提出方案并参与实现对激波管流动和有关瞬态测量的关键难点的突破。开创了在航天器研制中广泛应用激波风洞的实践，为中国高超声速流实验开创出一条节省资金的独具特色的新途径，并促进了国内激波管事业的发展。提出了一种利用普通激波管产生完整爆炸波的构思，已成功地用于冲击伤试验装置中。提出并采用爆轰驱动新方法建成爆轰驱动激波风洞，为提高实验气流焓值开辟了一条新的途径。致力于将气体动力学原理和方法应用于改善和革新与气体流动有关的生产工艺研究。

力学与沙尘暴*

郑晓静　王　萍
（兰州大学）

说到力学，您可能马上会联想到力学家开普勒、伽利略和牛顿完成的“观察、实验、理论”科学方法三部曲；想到普朗特边界层和升力线理论使飞机的科学设计成为可能以及冯·卡门等突破声障和热障、逾越声速，使人类进入空间时代；想到钱学森——中国力学学会的首任理事长，以及周培源、郭永怀、钱伟长等一批杰出的力学家以及中国的“两弹一星”……但是，您可能很难联想到沙尘暴。本章就简单介绍一下在沙尘暴预报和防治过程中所涉及的力学问题。

毋庸置疑，沙尘暴其实就是不同大小的沙粒在风力作用下的各种不同形式的运动集合（图 1）。在风场的作用下，较大粒径的沙粒主要沿地表滚动或滑动——蠕移运动，较小粒径的沙粒（尘）大多悬浮于空中跟随气流运动——悬移运动，而更多的中等粒径的沙粒在风场作用下上扬进入气流，在气流中不断获得能量加速前进，又在自身重力作用下以一个相对于水平线很小的锐角迅速下落回地面——跃移运动，其轨迹类似弹道[文献 1]。通常情况下，这些在风场作用下的沙粒运动构成在近地表 1 米左右高度的风沙流（图 2），就像由沙粒构成的溪流一般。同时，形成沙波纹（见图 3）、沙丘以及沙丘场（见图 4）。在极端情况下，突发为沙尘暴，从地面至高空都弥漫着大小不同的沙粒，一派沙粒漫天飞舞的景象，并形成数百米高的沙墙壁（图 5）。当风速减弱后，它还意犹未尽，无数沙尘悬浮空中持续数天，甚至漂至数千公里以外（图 6）。这一系列自然现象在本质上是颗粒物质的机械运动，构成一种典型的力学系统，必然遵循基本力学规律。也正因为如此，沙尘暴的形成和演化乃至整个风沙运动，不可避免地存在着与力学——关于力与运动的科学——相关的问题，需要借鉴力学的理论与方法，通过研究沙尘暴（包括风沙运动、孕育、发生、演化、时空分布的定量规律和致灾机理以及临界条件的诊断方法）以更好地认识这些自然现象和规律，为准确地预测、预报提供有效途径，为合理防治方案的设计提供理论依据。

图 1　风沙运动系统示意图

图 2　风沙流

* 原文见郑晓静，王萍编著，《力学与沙尘暴》，高等教育出版社，2011。

图 3 沙波纹

图 4 沙丘场

图 5 强沙尘暴来临时形成的沙尘壁

(a)1993 年 5 月 5 日强沙尘暴卫星遥感照片

(b)1998 年 4 月 17 日起源于中国新疆的特强沙尘暴

图 6 沙尘暴后的浮尘及其输运

以沙尘暴的数值预报为例。显然，沙尘暴的预报是大气科学家的一个主要任务。中国气象局及其下属的各地区的气象部门与中国科学院的有关科研机构，如中国科学院大气物理所等，对沙尘暴的预报做了大量的工作，并已经开展了对沙尘天气和沙尘暴的预报工作。但是，沙尘暴预报模式中的一些直接影响预报准确性的关键环节，其本身也是典型的力学问题。

相比天气预报，对沙尘的预报要晚得多，其中所用到的沙尘数值模式是 1982 年左右才发展起来的，当时还仅限于用一维模型关注沙尘的垂向交换律。随后，相继发展了多个高维数的全球或区域的沙尘数值模式，如：IWEMS，DREAM，DEAD，COAMPS，NARCM 等等，以期实现对沙尘天气的定量模拟。这种沙尘天气数值预测系统主要由大气模块、陆面模块、起沙模块、传输模块和下垫面地理信息系统数据模块组成，各模块之间相互联系（见图7）。

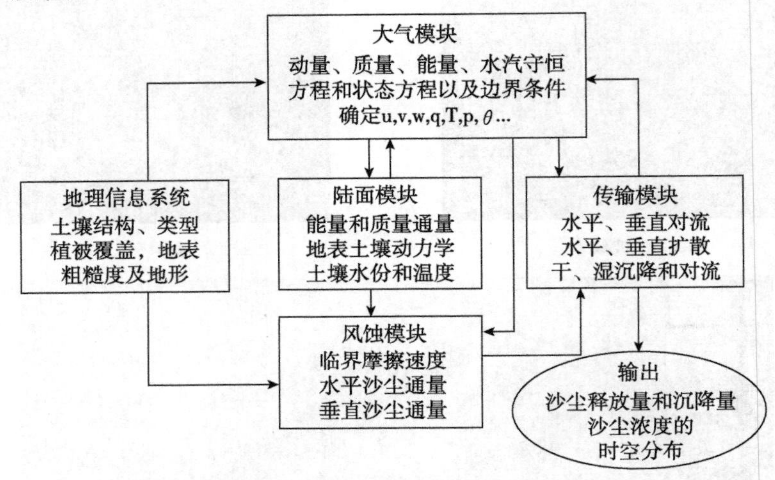

图7　沙尘模式示意图[引自文献3]

大气模块和传输模块分别提供气象背景场和模拟沙尘的传输过程，而陆面模块和地理信息系统模块主要是通过遥感反演及数值模拟的手段，给出下垫面粗糙度、土壤湿度、土壤类型以及沙源地的分布（即可风蚀区域）等信息。通过这些信息，结合大气模块输出的风场，风蚀模块便可用参数化方法来确定可蚀地表沙尘释放的水平通量以及垂直通量，为传输模块提供边界条件。由此可见，沙尘暴预报模式中的核心就是大气模块和传输模块，其中主要涉及的就是流体力学最常用的连续性方程与动量方程等，至于其他模块的功能可以看作是为这些方程提供相应的参数和初、边值条件。然而，迄今为止，在沙尘预报模式及其理论本身还存在着很多未能有效解决的问题，难以避免的应用了大量的简化处理。对于初学者来说，这些知识或许有些艰深晦涩，我们还是列举其中的一些典型例子，以便更好的说明这一问题吧！

大气模式即一组复杂的闭合流体方程组。大气物理现象在时间和空间上的变化研究即转化为求这一组描写大气运动方程在给定边界条件和初始条件下的解的问题。由于流场复杂、计算量大，又要求计算速度快以满足预报要求，因此，在现有沙尘模式所使用的大气动力学方程中，将大气视为不可压缩的流体，忽略大气粘性对风速的影响，并对实际大气湍流运动方程进行平均化处理（流体力学中的湍流K理论）的方式，导致了湍流瞬时信息的丢失。因此，各种流体计算方法和理论，尤其是适合并行的模式框架还需要进一步发展，以期能精确捕捉激波、分辨漩涡运动、处理湍流、识别沙尘暴发生的动力条件、模拟沙尘输送及其与大气过程的耦合问题。

同样在传输模块的沙尘粒子输送方程中，用梯度输送理论（K理论）确定沙尘的扩散系数，各组粒径沙尘的沉降末速度一般被处理为常数。但事实上，湍流导致的作用在沙尘粒子上的拖曳力的非线性会使得沙粒的平均沉降末速度低于用平均流方法获得的沉降末速度值；同时，梯度输送理论也不能描述实际大气中的逆梯度输送现象。因此，这些简化在什么程度上是合适的，目前还不十分太清楚。

沙尘的粒径在数十微米的量级，而大气模式中，无论采用气压坐标或地形坐标，其垂直网格高度最小也在几十米的量级，二者很难匹配。为此，沙尘模式对输沙通量的处理是根据精度要求进行参数化。那么，如何进行参数化，直接影响预报模式的准确性和实时性。除此之外，其它模块是否能提供准确的参数和初、边值条件，也直接影响沙尘暴预报的准确性。例如，风蚀模块所需要的地表土壤参数——土壤塑性压力，根据目前的研究在500～50000Pa之间，范围大，导致输沙通量计算误差大；再如，陆面模块中的土壤湿度强烈影响沙尘的临界起动风速，当土壤湿度误差达到1%时，起动风速的计算误差就可以达到10%以上。

由以上分析可以看出，尽管沙尘暴的预报模式研究是大气科学家的主要工作，并涉及到地学、计算机科学，甚至化学、生物学等学科，但是，它更强烈的依赖于力学理论和方法对风沙运动各个过程的机理和规律的准确认识和定量描述。

除了对沙尘暴的预测和预报外，在沙尘暴的防治方面，也有许多问题直接与力学相关。比如：在防沙工程方面，无论是固沙、阻沙、输沙或导沙，其设施的设计和有效性，往往都是通过反复试验摸索出来的，不仅需要花费大量的人力、物力，还会大大延长设计施工的时间。而已有的防沙工程设施设计的理论依据简单，所采用的模型过于理想化，比如将草方格沙障(图8)、栅栏沙障(图9)、防护林(图10)等处理为刚体，风场也大多处理为平稳的均匀来流。实际上，这些柔性材料制成的防沙设施在风中的摆动或振动会对流场产生强烈的影响，来流风场的脉动性和地表的复杂性使得风速不仅随时间也随空间变化。因此，需要同时考虑风沙两相流与沙障或植物的耦合作用。这类问题在力学上称为流固耦合问题，其解决肯定需要力学家们的努力。

图8　草方格

图9　栅栏沙障

图10　农田防护林

然而，沙尘暴的形成和演化乃至整个风沙运动系统中的相关的力学问题远比牛顿当年处理的那些问题要复杂得多，也比近代力学所涉及的那些我们所熟悉并成功解决的问题要复杂得多。这主要是因为沙尘暴的形成和发展过程是一个诸多因素驱动下的多相多组分、复杂介质、多尺度、非线性、非平稳复杂输运的(或流动)过程。

首先，引发沙尘暴的风场在时间和空间上都呈现出强烈的非线性和非平稳特性，这一点我们在下一章会详细介绍。这种风场也是强烈的热对流——大气环流的冷空气与太阳辐射地表后的热空气相互作用的结果。沙尘暴通常出现在午后和傍晚，而夜间至午前相对较少就是证明，因为午后和傍晚地表温度高，近地大气层结不稳定。有风不一定引起沙尘运动，因为地表条件包括地表含水率、植被的高度、覆盖度等都会影响地表沙尘的粘结力以及作用在地表的风力，进而影响沙尘的起动。这也就是为什么沙尘暴多发生在春末夏初地面干燥、植被较少季节的原因了。沙尘暴中有很强的风沙电场，这是因为运动沙粒间的摩擦碰撞引起电荷转移而使沙粒带电，这一方面影响了沙尘暴期间的无线电波的传播、引发输电线的火花放电，另一方面，所形成的风沙电场反过来又会影响沙粒运动。所以，沙尘暴是一个风场—沙尘—热对流—电场相互耦合的系统。

其次，流动的空气与离开地表在气流中运动的沙尘构成了风沙流，这是一类典型的气固两相流。沙尘受到气流作用而运动，对气流也会产生反作用，这种负反馈机制导致在来流风速值不变的情况下，风沙流存在一个从形成、发展到饱和的过程。除了沙尘之外，大尺度的沙尘暴中还有水汽、化学微粒、冰粒等，粒子在被远距离输送的同时还会发生复杂的物理和化学反应，如沙尘作为凝结核可影响水汽分布。这就是我们说的沙尘暴中的多相多组分复杂介质。

除此之外，粒径在微米量级的沙粒造就了尺度在数厘米量级的沙波纹、数米量级的风沙流、数十米量级的沙丘、数百米高的沙尘壁、数千米量级的沙山和沙垅，沙尘暴影响的范围则可达到数千公里，其空间尺度跨越 8～9 个数量级；从时间尺度上来看，沙粒的碰撞时间是瞬间完成的、风沙流在数秒内达到饱和、一场沙尘暴的持续时间可长达几个小时或几天，而沙波纹和沙丘场形成的时间分别是数分钟和数十年，其时间尺度跨越也有 8～9 个数量级。不仅如此，风沙运动系统中的这些不同尺度上的现象和行为，有着不同的结构层次，不同的演化物理机制和速率，充分体现出不同时空尺度上的物理多样性和耦合特性——这是典型的时空多尺度问题。

因此，从另一个角度来看力学与沙尘暴，我们可以发现，有关沙尘暴的相关研究也是对力学学科的一个新挑战。

例如：沙尘暴来临时，犹如一堵沙墙，大有排山倒海之势。通常，这堵沙墙高数百米，向前移动的速度大于10m/s，瞬时可达20～30m/s。沙墙内部沙尘流不断向外翻滚，有点像原子弹爆炸时的蘑菇状烟云的翻滚，但呈莲花状结构。强沙尘暴的沙尘壁前下部向内陷，中前部呈“鼻”型向前突出，“鼻”尖的高度大约在几十米左右。风沙墙的颜色上下不同，上层常显黄至红色，因为上层的沙尘稀薄，颗粒细，大部分阳光能穿过沙尘透射下来，越往下沙尘浓度越大，颗粒越粗，阳光几乎全被沙尘吸收或散射，所以中层呈灰黑色，下层发黑(见图 5)。这些只是定性的描述和解释，力学学科体系中的建模、分析、计算、实验有机结合的研究模式和风格，尽管十分有利于对自然现象发生的机理和基本规律的定量揭示，但目前还不能对如上所述的沙尘暴结构给出定量的模拟，甚至是全方位的测量。

原因之一：沙尘暴的野外测量非常困难。一方面是由于沙尘暴多发地区生存条件恶劣、影响因素复杂，另一方面也是由于耐磨的合适的实验仪器缺乏，实验仪器的精度和效率也难以保证。而对沙尘暴准确有效地测量，不仅是认识并揭示其规律的基础，也是检验预报理论模式和数值结果可靠性的依据。另一种选择是进行室内风洞实验。风洞实验需要应用相似原理，将研究对象如大气边界层和地形下垫面条件，缩小至实验尺度。风沙运动的实验研究大多是在可控条件好、实验周期短的室内环境风洞中进行。但由于尺寸限制，目前的风洞实验还很难同时达到几何相似、物理相似和动力相似的各种相似性要求，以满足大气边界层中风—沙尘相互作用的时空动力学特性，更何况是针对沙尘暴演化过程的实验研究。众所周知，风洞的设计和风洞实验是力学家们的拿手好戏，无论是早期的还是目前的风洞，都是力学家们根据需要，依据空气动力学原理设计的。不仅如此，风洞实验的对象，从飞机到桥梁，几乎都是力学家们将之推广的；风洞实验及其结果也已成为许多工程设计的必要环节和依据。所以，沙尘暴野外和风洞测量的实现很有可能取决于力学学科在测量原理、测量仪器和测量方法等方面的新贡献。

原因之二：定量模拟无从下手。一方面，气体是连续的，称为连续介质，可以用连续介质理论中的流体力学基本方程来描述，但沙尘是颗粒物质，称为散体，如果也用连续介质理论中的固体或流体力学基本方程来描述，显然不能满足连续介质的假定。另外，对于图 5 所示的沙尘暴中，沙尘流从内向外翻滚、呈莲花状的沙尘壁结构，如果我们按牛顿力学的方法建立一颗颗沙粒的运动方程，别的不说，就这如此巨多的颗粒，其变量的数目也让人望而却步！即使使用巨型计算机能够得到所有颗粒的相应控制方程的通解，仅仅因为要耗费大量的时间和纸张，我们就不可能将每一个颗粒的初值代入方程中。所以，“传统的求解 3 个场方程（连续方程，动量方程，能量方程）以及本构方程的力学范式，对于跨尺度耦合的问题是不够的。我们必须探讨新的范式来包括跨尺度耦合的过程”[文献 4]。而这类多尺度耦合问题广泛存在于生物、物理和工程等研究领域，“多尺度模拟是一个学科高度交叉的领域，包含了在各个领域内独立的发展”[文献 4]。力学学科体系中的建模、分析、计算、实验有机结合的研究模式和风格，很有可能率先提出解决沙尘暴演化过程的定量模拟，进而深化对沙尘暴发生机理和基本规律的定量把握，也为多尺度模拟提供可供借鉴的尝试。

原因之三：风沙运动机理未完全认识清楚。首先，对一系列基本问题或是有待于进一步深入研究，或是因为模型缺乏物理解释而定量结果不准确，比如：单颗沙粒在脉动风场作用下的起动机制；植被盖度和地表含水率以及地形如何影响起动风速进而影响水平输沙通量，现有参数化方案是否合理；参与大气输送的粉尘从地表起动的机制及垂直粉尘通量如何确定；湍流和阵风如何导致了实际风沙运动的强间歇性；各种风沙地貌如沙波纹和沙丘等如何形成演变；沙尘暴带电结构和规律及风沙电场对沙尘输送过程的影响，等等。其次，大气与下垫面（有植被、无植被、地面、海洋、冰雪等）的相互作用及传热传质等过程均要在边界层内发生，现有研究多在中性大气边界层假定下进行，而实际情况是沙尘暴爆发时，大气层结不稳定，湍流迅速增强，加之初、边界条件复杂，因此，如何准确并有效地描述这种复杂的湍流运动，还需要基于对边界层理论的深入研究。

所以，尽管关于沙尘暴的研究，近半个多世纪以来取得了许多卓有成效的进展，为进一步的研究奠定了基础，但仍有许多重要的问题有待亟待解决。这些问题的提出和解决不仅有利于提高沙尘数值模拟的准确性，也为各种防治措施的实施提供了依据。与此同时，也能够促进力学学科不断地拓展研究领域，发展新理论和新方法。而具有复杂介质、多相多组分、多尺度、时空强非线性、多过程耦合以及复杂边界条件特征的非平稳流动和输运过程也是许多其他其他环境问题，如：水沙、污染物扩散以及许多其他基础学科面对的共性科学问题。因此，对沙尘暴和风沙运动系统中的这些问题的解决也将是促进解决科学前沿共性问题的一种有益尝试。

参考文献

[1] Zheng X J. Mechanics of Wind－blown Sand Movement [M]. German: Springer, 2009.

[2] 秦大河 主编，杨德保，尚可正，王世功 编著. 全球变化热门话题丛书－沙尘暴[M]. 北京：气象出版社，2003.

[3] 邵亚平. 沙尘天气的数值预报[J]. 气候与环境研究，2004，9(1)：127－138.

[4] 白以龙，汪海英，夏梦棼，柯孚久. 固体的统计细观力学－连接多个耦合的时空尺度[J]. 力学进展，2006，36(2)：286－305.

院士简介

郑晓静院士简介请参见本书第 284 页。

关于鸣沙*

郑晓静　杨　堃
（兰州大学力学系）

一说起沙漠，让人不由得联想到浩瀚无垠、人迹罕见、干燥酷热、黄沙滚滚并望而却步。然而，沙漠也并非只是满目荒凉。沙漠中那绵延数十公里的沙山，那嵌套在沙山上大大小小的沙丘，那铺满沙丘表面大至数米小至几厘米的沙波纹，是那样的错落有致，层层相套，自成体系，又是那样的气势磅礴，不可抗拒。不信，你试试：即便那小小的沙波纹，也是不容侵犯的。当它们被你用手或脚抹平后，不久，它们一定会顽强地恢复原状。更奇的是：沙子还会唱歌，会呜咽，会怒吼。这就是我们要说的鸣沙现象。

鸣沙现象是世界各地沙漠中比较普遍存在的一种自然现象。从美国的长岛、马萨诸塞湾、威尔斯两岸到英国的诺森伯兰海岸、丹麦的波恩贺尔姆岛以及波兰的科尔堡，从蒙古戈壁滩到智利阿塔卡玛沙漠和沙特阿拉伯的一些沙滩和沙漠，都听到过沙子发出的奇特声响。在中国，也有很多鸣沙地。最著名的有 4 处，分别是甘肃省的敦煌鸣沙山、宁夏回族自治区中卫县的沙坡头鸣沙山、内蒙古自治区达拉特旗南库布齐沙漠的响沙湾和新疆巴里坤盆地东缘的柳条河鸣沙山。据统计，世界上已经发现了 100 多处能发出声响的沙滩和沙漠。

分布在世界各地的鸣沙发出的声音也是多种多样的。美国夏威夷群岛上的沙子，因会发出一阵阵像狗叫一样的声音而被人们称之为“犬吠沙”；相反，苏格兰爱格岛上的沙子却能发出一种犹如拨动琴弦所发出的尖锐响亮的声音。与它类似，据史书记载，天气晴朗的时候，敦煌鸣沙山会发出丝竹弦的声音，好像在演奏音乐一样，加之敦煌鸣沙山附近沙丘如林，因此被称之“沙岭晴鸣”，成为敦煌的一大景观。而如果你从宁夏沙坡头的鸣沙山上滑下来，那沙子就会像竺可祯描述的那样“发出轰隆的巨响，像打雷一样。”而且，据说每逢农历端阳节，这里的沙子会发出轰隆的巨响。新疆的柳条河鸣沙山也是如此：当人们从鸣沙山顶向下滑动时，沙粒发出“嗡嗡嗡”“嘶嘶嘶”似轰炸机掠空般的轰鸣声。当多人共同下滑时，其声响震耳欲聋。最为美妙的是库布齐沙漠的响沙湾。人们只要一走进响沙湾，就会听到各种声音。有的好像手风琴拉出的低沉的乐声；有的又好像叮当作响的银铃；有的好像飞机擦过天空发出的轰鸣声；有的又好像航行在大海上的轮船拉响的汽笛声。而这些沙子发出声响并不依赖于风的作用，没风的情况下也能够发出声音。因此，响沙湾又叫“银肯响沙”。

中国是目前世界上鸣沙保留最多和对鸣沙了解最早的国家，历代文献对鸣沙都有明确的记载。最早见于两千多年前的东汉《辛氏三秦记》，其云：“河西有沙角山，峰愕危峻，逾于石山，其沙粒粗色黄，有如干粮……”；《后汉书 · 郡国志》纪云：“水有悬泉之神，山有

* 原文刊登在《力学与实践》2004 年第 26 卷第 2 期。

鸣沙之异。”；唐书《元和郡县志》云：“鸣沙山一名神沙山，在山南七里，其山积沙为之……”敦煌遗书中的有关记载更为详细。因此，敦煌鸣沙山古称沙角山、神沙山。

沙子为什么会发出声响？这是世界各国的科学家一直关心并试图解决的问题。人们首先考察了鸣沙现象发生的地理条件。根据中国的4处著名鸣沙地的环境共同之处，有学者认为[1]出现鸣沙现象要具备三个条件：一是沙丘高大且陡；二是背风向阳，背风坡沙面呈月牙形；三是沙丘底下有水渗出形成泉潭或有大的干河槽。可问题似乎并不那么简单，因为人们发现即使沙子被带回家，在一定条件下也会发出声响。在风沙物理学方面做出卓越贡献的英国科学家拜格诺(Bagnold)的实验室里，就长年摆放着一个装着鸣沙的瓶子。这位风沙动力学的开山鼻祖对鸣沙进行了多年的研究，可直到去世，也始终没有明白为什么当他摇动那瓶沙子的时候，它会发出美妙的声音。

究竟鸣沙的发声机制是什么？为了揭开鸣沙的奥秘，科学家们一直不懈努力着，付出了大量的心血和劳动，但谜底仍是“犹抱琵琶半遮面”。科学家们目前只能给出一些关于鸣沙现象的假说。而众多假说一般可分为3类：

第1类可称为空气振动说。19世纪晚期，美国学者Julien和Bolton[2]首先提出了空气振动说：认为空气在沙粒之间产生振动，从而发出响声。沙粒滑动时，它们中的空隙一会儿扩大，一会儿缩小，空气时而钻进这些空隙，时而又被挤出这些空隙，导致沙粒产生振动，发出响声。根据这一假说，可以认为沙粒表面的光洁度对鸣沙也有影响。于是，有人采用SEM分析和声学测试的方法，对沙丘发声现象进行了模拟，通过对敦鸣沙山鸣沙、机械粉碎的石英砂、海滩哑沙以球磨机冲洗500小时后变鸣的海滩鸣沙、未经球磨机冲洗的海滩哑沙以及日常淀粉这5种样品的发声现象的比较，发现敦煌鸣沙的发声效果最好，这是因为敦煌鸣沙石英颗粒边棱钝化，表面有风蚀环境下形成的形态不一的撞击坑，并有典型的碟形坑，脊部有小有不规则撞击坑生成，进而可能使得沙粒间的空隙增大，钻进并被挤出这些空隙的空气增多。与此类似的喷气理论说则认为声音是沙粒快速受压时喷射出的空气引起的。然而这类空气振动假说不能解释当新的滑动产生之后，在已经被扰动的沙面滑动时，还能再次出现轰鸣声[3]。

第2类是摩擦说。这也是大多数学者的观点，因为摩擦产生声音是众所周知的事实。Poynting[4]认为摩擦可引起弹性波，从而达到沙粒的自然振动。这类假说又可分为摩擦静电说[5]、压电学说[2]、剪切面理论[6]和黏结滑动理论[7]等。摩擦静电说[5]认为组成鸣沙的石英沙粒相互摩擦产生静电，于是发出音频。苏联学者雷日科还根据这一原理制造了人造鸣沙现象。而压电学说[2]则以结晶石英的压电性为理论基础，认为如果这种材料的一个圆球在两块平行压力板间滚动，当压力沿着晶体中某一个轴的两头作用时，会发生带电现象，就很有可能在沙粒连续发生滚动以后，轴线的排列使得细微的电荷累积起来，结果引起沙粒振动而产生轰鸣声。前苏联的一位学者考察了内蒙古的响沙湾后，发现该地石英质地的沙粒占沙粒总数的52%～62%。他认为鸣沙中的石英沙粒对压力十分敏感，一旦受到挤压就会带电。电压越高，鸣声就越响亮。然而此种假说不能解释有的鸣沙并非由石英组成。剪切面理论[6]的提出是依据拜格诺的实验。他的实验结果显示鸣沙在滑动时，沙层内部存在着剪切面。沙粒在剪切面上有规律的膨胀是振动产生的本质。Humphriers[7]通过对埃及沙漠鸣沙和哑沙的剪切实验研究，提出可能在沙层地表以下4英寸处存在一个音板，表层沙层运动作用于该音板时，通过沙粒在音板上的剪切而发声。日本学者三轮茂雄研究了海岸鸣沙与哑沙内摩擦特征，利用贯入仪对比研究鸣沙和哑沙动态和静态摩擦角度差的变化。研究发现:鸣沙的静态摩擦角度是哑沙的五倍,从而推测内摩擦角的差异是鸣沙和哑沙的本质区别,并进而认为海水污染可能是造成鸣沙变哑的主要原因。黏结滑动理论[7]认为声音是黏结滑动摩擦引起的振动造成的。总之,摩擦说认为:鸣沙的发声源即声音产生于摩擦和振动。

第3类是水分共鸣箱说[1]。人们发现湿度对鸣沙声响有影响。在对南非的Kalahare沙漠鸣沙进行实验时偶然发现:当在沙丘表面用力下滑时,沙丘产生了隆隆声。当沙粒吸收水分时,鸣沙随之消失。当将水分蒸发沙层干燥时,沙鸣声又重新恢复。显然,湿度是控制沙鸣的主要因素。于是,在对内蒙古库布齐沙漠的响沙湾和敦煌鸣沙山的鸣沙进行考察后,有人推测:鸣沙形成的必要条件是,鸣沙坡的沙丘形态为新月型沙丘,沙丘下要有水源,水经过毛细作用通过沙面蒸发到空中,在新月型落沙坡处形成天然的"水分共鸣箱"。所以,当一定厚度的干沙层下为湿沙层时,人体下滑,干沙层中空气急剧受压并向下逃逸,受湿沙层的阻挡,于是发生振动,形成声音,后经"水分共鸣箱"而放大,形成隆隆声。然而,莫高窟鸣沙丘形态并非新月型沙丘,而是金字塔沙丘,沙山下更无水源,落沙坡不全是具有共鸣的凹形坡而有些是凸形坡,或直线形坡。因此,此种假说不能解释所有的鸣沙现象。

尽管上述几类假说在解释鸣沙机理时的观点不尽相同,并且有的还缺乏实验验证,还未能系统地解释鸣沙发声这一奇特的自然现象,但这些假说都可以认为是从振动和摩擦这些力学观点的角度出发对鸣沙的发声机理进行定性的解释。然而,要最终揭示鸣沙这一奇特的自然现象,需要更为系统的理论分析和定量模拟。例如:沙粒间的空气究竟如何流动导致发声,湿度和电荷究竟对摩擦和振动产生什么程度的影响,沙粒表面的缺陷对空气流动和产生的摩擦与振动有什么作用,连续介质力学理论和它的模型能否用于描述沙粒系统,……这些问题,显然与目前科学前沿的热点问题,如多场耦合的复杂动力系统问题,微细观与宏观的多尺度和跨尺度问题等是相关的。也许通过对鸣沙的发声机理进行定量研究,不仅能揭开鸣沙的神秘面纱,同时也是解决这些科学前沿关键科学问题的有益尝试;也许我们可以通过对鸣沙材料的特殊处理使之发出与岩石形成共振的频率,使岩石因震动而分裂,从而找到一种新的采矿手段——"音钻",或产生能抑制沙尘暴的声音,使沙漠不再黄沙滚滚;也许我们还可以通过各种人工手段来实现沙粒发声,恢复、改造甚至再造鸣沙山,……到那时,沙漠将不再使你望而却步。你将在欣赏一幅幅匪夷所思的沙漠奇景的同时,聆听到来自鸣沙的交响乐。这种感觉不是比在海边更奇妙吗?

参考文献

[1] 马玉明.响沙、沙响与共鸣箱之奥秘.内蒙古林业科技,2000(4):10－14

[2] Julien AA,Bolton HC. Musical sand. Science,1883(43):713

[3] 屈建军,代枫年等.鸣沙研究及其展望.地球科学进展,1993(4):59－61

[4] Poynting JH. Musical sand. Nature,1908:248

[5] 王进玉.鸣沙奇观的奥妙.科学与文化.1990(1):35

[6] 拜格诺RA.译.风沙和荒漠沙丘物理学.科学出版社,1959:238－239

[7] Humphriers DW. The booming sand of Korizo Sahara,and the squeaking and of Gower. Swales: A comprison of the fundamental charactrisics of two musical sands. Sedimentology,1966(6):135－152

院 士 简 介

郑晓静院士简介请参见本书第 284 页。